中国科学院科学出版基金资助出版

气体放电与等离子体及其应用著作丛书

大气压气体放电及其等离子体应用

邵　涛　严　萍　主编

科学出版社

北　京

内 容 简 介

本书主要阐述大气压放电等离子体的基础理论、数值模拟、诊断方法、放电特性及等离子体应用等。全书分三部分,共18章。第一部分基础篇,共5章,介绍等离子体基础和气体放电基本理论、流体数值模拟、粒子模拟、放电非线性和等离子体光谱诊断。第二部分特性篇,共6章,介绍介质阻挡均匀放电、纳秒脉冲弥散放电、表面介质阻挡放电、等离子体射流、合成射流和射频等离子体。第三部分应用篇,共7章,介绍大气压放电等离子体技术在材料表面处理、废水处理、医学应用、流动控制、生物育种、氧化处理、果汁保鲜七个典型领域的应用。

本书适合放电等离子体及其应用领域的科研人员和工程技术人员,以及高等院校相关专业的教师及研究生阅读,也可作为准备从事大气压放电等离子体研究的科技人员和学生了解专业基础的参考用书。

图书在版编目(CIP)数据

大气压气体放电及其等离子体应用/邵涛,严萍主编. —北京:科学出版社,2015.9

(气体放电与等离子体及其应用著作丛书)

ISBN 978-7-03-045744-8

Ⅰ.①大… Ⅱ.①邵… ②严… Ⅲ.①大气压气体放电 Ⅳ.①O461 ②O53

中国版本图书馆 CIP 数据核字(2015)第 225247 号

责任编辑:牛宇锋 / 责任校对:郭瑞芝
责任印制:徐晓晨 / 封面设计:蓝正设计

科 学 出 版 社 出版
北京东黄城根北街 16 号
邮政编码:100717
http://www.sciencep.com

北京虎彩文化传播有限公司 印刷
科学出版社发行 各地新华书店经销
*
2015 年 9 月第 一 版 开本:720×1000 1/16
2019 年 8 月第四次印刷 印张:39 3/4
字数:770 000

定价:248.00元
(如有印装质量问题,我社负责调换)

序　一

等离子体是物质的第四态,占宇宙空间可见物质总量的99%,但在大气压、低温的自然界中却较少存在。近年来,人们利用气体放电产生了多种形式的大气压低温等离子体,并成功应用于环境保护、生物医学、材料改性、气流控制等领域。相比于现代工业中广泛应用的低气压低温等离子体,大气压低温等离子体无需真空腔,成本低,操作方便,应用对象更多样化(如可用于临床治疗)。大气压气体放电及其等离子体应用是新兴的重要学科方向,展现了丰富的科学探索价值与广阔的市场应用前景。

这一新兴科学方向在过去20年里取得了重要突破,特别是对大气压低温等离子体在稳定性、均匀性、化学活性及其与物质相互作用等方面建立了定量/半定量的理论体系与控制策略,推动了理论与应用向多学科交叉领域发展。虽然如此,大气压低温等离子体往往包含多物理场与复杂化学过程的强烈耦合,一些关键科学与技术问题有待进一步研究,如等离子体的混沌过程、纳秒脉冲放电的发展机制、等离子体中活性粒子的定量诊断、等离子体的生物医学效应等。总结当前大气压气体放电及其等离子体应用的研究成果,指明最前沿的学术问题与发展方向,有助于低温等离子体的科学研究与人才培养事业。

鉴于此,进入21世纪以来国际上出版了10余部英文专著,而中文专著已成为国内学者共同的期待。《大气压气体放电及其等离子体应用》一书正是在这一期待下应运而生的。在中国科学院电工研究所同仁的组织下,该书汇集了国内十余家科研院所近10年的研究成果,从大气压气体放电基础理论、大气压等离子体的关键特性、大气压等离子体应用技术三个层面报道了最新进展,具有系统性、准确性、完整性、先进性的特点。相信该书的出版,可为科技工作者提供一个深入了解大气压气体放电及其等离子体应用的窗口,为青年学生提供教学参考,从而推动我国在该领域研究和应用的发展。

教授/IEEE Fellow

2015年5月于西安交通大学

序 二

自 1903 年英国科学家汤生建立了著名的汤生放电理论开始,气体放电作为一个专门的学科得到了不断的发展。气体放电研究的发展与气体放电应用领域的拓展密不可分。早期的大气压气体放电研究主要局限于电力系统,主要研究对象是电晕、流注及电弧。近年来大气压气体放电及其等离子体应用领域不断拓展,尤其在材料表面改性、生物医学、流动控制、环境保护等方面都呈现出诱人的应用前景。因此,相关研究人员非常需要这么一本关于大气压气体放电及其等离子体的理论、研究方法和应用的学术专著。

与其他气体放电专著相比,《大气压气体放电及其等离子体应用》一书的重要特点是它的新颖性和实用性,因为该书各章节分别由国内多年来一直从事相关研究的专家学者撰写,这些作者对国内外相关研究的最新动态和研究成果最为了解,并结合了各自的研究成果和心得。因此,该书对从事相关研究的科技人员、研究生以及本科高年级学生会有很好的参考价值。

相信该书的出版发行对我国大气压气体放电及其等离子体应用领域的教学和科研发展将有很大的促进作用。衷心希望读者能喜欢这本书。

2015 年 5 月
于清华大学气体放电与等离子体实验室

前　言

　　等离子体是固体、液体和气体三态以外的物质第四态,主要由电子、离子、原子、分子、活性自由基等组成。从 19 世纪中叶起,人类开始利用电场和磁场来产生和控制等离子体,当前大气压冷等离子体被广泛应用于臭氧合成、废气处理、辅助燃烧、表面改性、医用灭菌、生物育种等多个领域,已成为研究的热点方向,是集基础研究与应用研究于一体的多学科强交叉的全新研究领域,涵盖物理学、材料学、流体力学、高电压技术、电力电子技术等诸多方向,具有重要的应用预期和广阔的发展前景,其研究成果不仅对民用等离子体技术领域的应用具有重要意义,而且在国防和科学研究中起着重要的作用。

　　目前国内出版的有关气体放电及等离子体方面的书籍相对较少,主要的参考书目是清华大学杨津基于 1983 年在科学出版社编著出版的国内第一本《气体放电》,复旦大学徐学基和诸定昌于 1996 年在复旦大学出版社编著出版的《气体放电物理》,以及武占成、张希军和胡有志于 2012 年在国防工业出版社编著出版的《气体放电》,非常缺乏展现我国大气压放电和等离子体应用方面的最新科技研究成果和发展动态的学术著作。2010～2012 年,中国科学院电工研究所连续组织研讨了大气压放电等离子体及应用的学术研讨会。其中,2012 年 11 月 5～6 日,由中国科学技术协会主办,中国电工技术学会承办的以"大气压放电等离子体关键技术与应用前景"为主题的中国科协第 66 期新观点新学说学术沙龙在中国科学院电工研究所成功举行。2013 年,在多位领域专家的建议和支持下,中国科学院电工研究所组织国内同行编写了《大气压气体放电及其等离子体应用》一书。本书汇集国内 14 家科研院所在大气压放电等离子体研究领域的研究和应用进展,给相关科技工作者提供一个深入了解国内大气压低温等离子体及其放电应用的窗口,在材料组织和全书编写过程中努力体现以下特色:①内容尽可能全面和系统,力图囊括本领域的基础知识和基本概念;②尽可能汇集近年来国内相关研究单位在大气压放电等离子体领域取得的重大进展和重要成果,并附有参考文献以利于读者追踪;③各章节的编写尽量做到内容前后连贯、结构紧凑,避免概念重复。全书力求通俗易懂并具有资料可查阅性和实用性,以适合放电等离子体及其应用领域的科研人员和工程技术人员阅读,也可作为相关专业学生的教学参考。作者期待以本书作为起点,后续能形成放电等离子体基础研究及在各个应用领域的系列专著性科技丛书。

　　本书借鉴国外等离子体方面书籍的分章著作出版模式,由中国科学院电工研究所邵涛和严萍担任主编,邀请国内有关同行撰写章节。本书在组织材料上,力求做到系统性、准确性、完整性、先进性，各个章节均为作者所著。全书分为基础篇、特性篇、应用篇三部分，共 18 章。各章节负责编写的人员分别是：第 1 章，欧阳吉庭（北京理工大学）；第 2 章，张远涛（山东大学）；第 3 章，李永东和刘纯亮（西安交通大学）；第 4 章，戴栋（华南理工大学）；第 5 章，杨德正和王文春（大连理工大学）；第 6 章，罗海云和王新新（清华大学）；第 7 章，章程等（中国科学院电工研究所）；第 8 章，车学科等（装备学院）和邵涛（中国科学院电工研究所）；第 9 章，江南和曹则贤（中国科学院物理研究所）；第 10 章，罗振兵等（国防科技大学）；第 11 章，刘大伟（华中科技大学）；第 12 章，方志（南京工业大学）和邵涛（中国科学院电工研究所）；第 13 章，李杰等（大连理工大学）；第 14 章，刘定新（西安交通大学）；第 15 章，吴云等（空军工程大学）；第 16 章，李和平等（清华大学）；第 17 章，张芝涛等（大连海事大学）；第 18 章，张若兵等（清华大学深圳研究生院）。全书的修改和统稿工作由邵涛完成。

本书各章节的编写人员均为国内长期从事该领域研究的专家学者，并获得了来自多个国家自然科学基金重点项目/面上项目、国家重点基础研究发展计划（973 计划）、国家高技术研究发展计划（863 计划）、国家科技支撑计划和省市科技计划及国际合作项目等多方面的资助；各章节撰写人员主要是目前工作在科研一线的青年研究学者，其中三位全国优秀博士学位论文获得者，一位中国科学院优秀博士学位论文获得者。

　　作者对为本书作出过贡献的所有同志和被参阅过的文献作者表示衷心的感谢！本书的出版得到了国家自然科学基金优秀青年科学基金（51222701）和 973 计划（2014CB239505）资助。

　　本书由国内多家单位的多位专家学者共同参与完成，各部分写作风格亦不尽相同，不足与疏漏之处在所难免，恳请读者和同行予以批评指正。

邵 涛 严 萍

2015 年 5 月于北京中科院电工所

目　　录

第三篇　放电及等离子体应用

第一篇　放电及等离子体基础

大气压下的气体放电相较于低气压放电而言，有其独特之处，这主要体现在，在大气压条件下，气体中的碰撞非常频繁，带电粒子的平均自由程非常短，放电过程的演化比较剧烈，因此决定了大气压气体放电及等离子体有其独特性。

第 1 章介绍等离子体的一般性质，包括等离子体的基本参数、离子运动形式和规律，并对汤生理论和流注理论等气体放电基本理论作了回顾。

第 2 章以大气压射频放电等离子体为例，结合等离子体的流体描述方法，采用数值模拟的手段分析研究大气压射频放电模式及频率与尺度效应等，同时介绍射频放电等离子体化学活性的模拟和主要活性粒子演化特性。

第 3 章利用粒子模拟技术来模拟大气压瞬态放电过程，首先介绍粒子模拟的基本原理和纳秒脉冲气体放电的建模方法，然后给出流注放电初始过程、针-板结构纳秒脉冲电晕放电初始过程的模拟结果。

第 4 章指出大气压介质阻挡放电（DBD）系统本质上是一个非线性动力学系统，在一定的条件下会呈现丰富的非线性现象，如分岔和混沌；介绍大气压 DBD 中各种分岔和混沌现象的实验结果，并从非线性动力学的角度对其进行解释和分析。

第 5 章利用发射光谱技术测量纳秒脉冲 DBD、正弦交流、电晕放电等等离子体光谱，研究等离子体中激发态物种光谱发射强度、活性物种相对浓度、振动温度和转动温度随外部参数的变化规律，并讨论等离子体中发生的主要物理化学过程。

第1章 等离子体基础和气体放电理论

欧阳吉庭

北京理工大学

大气压放电等离子体是一种高气压低温等离子体,产生方式包括直流放电、DBD、脉冲放电、射频放电、微波放电和电弧放电等。由于放电形式的不同,大气压等离子体的特性和放电过程也各不相同。但是作为导电气体的一种,放电等离子体都具有等离子体的基本共性,遵循气体放电的一般规律。本章介绍等离子体的一般性质(包括等离子体的基本参数、离子运动形式和规律),以及气体放电的一般理论(包括汤生理论和流注理论)。

1.1 引 言

等离子体是由大量带电粒子组成的非束缚态宏观体系。与固体、液体、气体一样,等离子体是物质的一种聚集状态。常规意义上的等离子体态是中性气体中产生了相当数量的电离。当气体温度升高到其粒子的热运动动能与气体的电离能可以比拟时,粒子之间通过碰撞就可以产生大量的电离过程。因此,等离子体也通常被理解为导电气体。并非只有完全电离的气体才是等离子体,但需要有足够高电离度的电离气体才具有等离子体性质。即,当体系的"电性"比"中性"更重要时,这一体系即可称为等离子体。对于处于热力学平衡态的系统,提高温度是获得等离子体态的唯一途径。按温度在物质聚集状态中由低向高的顺序,等离子体态是物质的第四态。

等离子体的基本粒子元是带正、负电荷的粒子,而不是其结合体;异类带电粒子之间是相互"自由"和"独立"的。等离子体粒子之间的相互作用力是长程的电磁力。原则上,彼此相距很远的带电粒子仍然感觉得到对方的存在。在相互作用的力程范围内存在着大量的粒子,这些粒子间会发生多体的、彼此自洽的相互作用,结果使得等离子体中粒子运动行为在很大程度上表现为集体的运动。存在"集体运动"是等离子体最重要的特点。由于等离子体的微观基本组元是带电粒子,一方面,电磁场支配着粒子的运动,另一方面,带电粒子运动又会产生电磁场,因而等离子体中粒子的运动与电磁场的运动紧密耦合,不可分割。

等离子体的产生方法很多,但最重要和最普遍的是气体放电法[1,2]。按气体气压高低,放电等离子体一般为低气压(<10 Torr*)、中等气压(10～100 Torr)和高气压放电等离子体。按击穿模式,可分为辉光放电等离子体(包括汤生放电)和流注放电等离子体。

　　大气压放电等离子体是在约 1 atm** 下的气体环境中产生的放电等离子体。对于工业应用来说,大气压放电等离子体具有很多独特的优点。例如,不需要真空系统、工艺流程设计灵活等,因此大气压等离子体成为近年来等离子体领域的热点问题。最常见的大气压放电等离子体产生方式包括直流放电、DBD、射频放电、微波放电和脉冲放电等,其中通过不同的电极设计和模式选择,可以实现大气压等离子体射流。大气压等离子体放电模式与放电条件有关,既可以是辉光的,也可以是流注的。无论哪种模式,大气压放电的基本过程原理是相似的,都是基于汤生过程,从气体击穿发展到稳定放电的。

1.2　等离子体的一般性质

　　等离子体的状态主要取决于其带电粒子(包括正负离子和电子)的密度和温度,这也是等离子体的基本参量,其他性质和参量大多与等离子体密度和温度有关[3,4]。

1.2.1　离子密度和电离度

　　一般地,等离子体的基本成分除了正负带电粒子外还有中性粒子。设电子密度为 n_e,正离子密度为 n_i,在电中性条件下,$n_e \approx n_i$,称为等离子体密度。若未电离的中性粒子密度为 N,则等离子体的电离度 α 为

$$\alpha = n_e/(n_e+N) \tag{1-1}$$

当 α 较大(大于 0.1)时称为强电离等离子体。当 $\alpha=1$ 时则称为完全电离等离子体。低温等离子体的电离度 α 都比较小,一般小于 0.01,此时 $\alpha \approx n_e/N$。在热力学平衡条件下,电离与离子的复合并存且达到电离平衡,α 仅与粒子种类、密度和温度相关。这时,电离度和电离条件满足萨哈(Saha)方程:

$$\frac{\alpha^2}{1-\alpha^2} = \left(\frac{2\pi m_e}{h^2}\right)^{3/2} \frac{(kT)^{5/2}}{p} e^{-\frac{eV_i}{kT}}, \frac{\alpha^2}{1-\alpha^2} = 0.033 \frac{T^{5/2}}{p} e^{-\frac{eV_i}{kT}} \tag{1-2}$$

其中,h 为普朗克常数;k 为玻尔兹曼常数;m_e 为电子质量;p 为气体气压(Pa);V_i 为气体的电离电位(V);T 为电子温度(K)。由此可知,气体气压、电离电位越低,或电子温度越高,则电离度越大。萨哈方程(1-2)同时也给出了平衡态的粒子密度对温度的依赖关系。

---

* Torr,气压单位,约 133 Pa
** 1 atm=101.325 kPa

1.2.2　电子温度和离子温度

从热力学的角度,温度是物质内部微观粒子的平均平动动能的量度。在热力学平衡态下,粒子的平均动能与热平衡温度的关系为

$$\frac{1}{2}mv^2 = \frac{3}{2}kT \tag{1-3}$$

其中,m 是粒子质量;v 是均方根速度;k 是玻尔兹曼常数。这种对应关系是确定的,因此经常将粒子的动能和温度等同。

等离子体中存在多种粒子,通常它们并不能达到统一的热力学平衡态,因此各种粒子有其自己的平衡温度。一般用 T_g、T_e 和 T_i 表示中性粒子、电子和离子温度,其单位通常用电子伏特(eV)来表示,1 eV 相当于温度 $T=11600$ K。

等离子体的宏观温度取决于重粒子的温度。根据等离子体的温度,可将等离子体分成高温等离子体和低温等离子体。其中,低温等离子体又分为热平衡等离子体和非热平衡等离子体两类。大气压放电等离子体是一种典型的低温等离子体。当 $T_e \sim T_i$ 时,称为热平衡态等离子体或热等离子体。严格意义的热等离子体在实际应用中或实验室难以达到,比较容易形成的是各种粒子组成接近平衡、温度近似相等的等离子体,称为局域热等离子体,一般温度为 $1 \times 10^3 \sim 2 \times 10^4$ K,可在大气压水平的高气压下产生。当 $T_e \gg T_i$ 时,称为非热或冷等离子体,其电子温度 $T_e > 10^4$ K,而离子温度 $T_i = 300 \sim 500$ K。在冷等离子体中,一方面电子具有足够高的能量使气体分子/原子激发、离解或电离,另一方面系统保持低温(接近于室温)。

1.2.3　等离子体的准电中性

宏观电中性是等离子体的基本特征,但这只在特定的尺度上成立。由于受内部粒子热运动的扰动或外部干扰,等离子体内局部可能出现电荷分离,电中性条件被破坏。偏离电中性的局部由于电荷间的库仑力的作用,使电中性得到恢复。由于偏离量 $|n_i - n_e| \ll n_e$,故称为"准电中性"。这种"偏离"和"恢复"在空间和时间的尺度有限,通常由德拜(Debye)长度和等离子体周期来表述。

1. 德拜屏蔽和德拜长度

若扰动使等离子体内某处出现电量为 q 的电荷积累,由于该团电荷的静电场效应,其周围将吸引电子而排除正离子,结果出现带负电的"电子云"包围该"正电荷"。从远处看,电子云削弱了正电荷的作用,即它对远处带电粒子的库仑力,这种现象在等离子体物理中称为"德拜屏蔽"。

假定正电荷中心处于坐标原点,对空间电荷分布为 $\rho(r)$ 的平衡态带电粒子系,空间距中心 r 处的电势分布 $\phi(r)$ 满足泊松(Poisson)方程

$$\nabla^2 \phi(r) = -\rho(r)/\varepsilon_0 \tag{1-4}$$

由于德拜屏蔽，$\rho(r)$ 由 r 处的正、负电荷密度差决定，即

$$\rho(r) = e[n_i(r) - n_e(r)] \tag{1-5}$$

没有空间电荷积累时，电子和离子分布是均匀的，而且 $n_{i0} = n_{e0} = n$。出现电荷积累后，$n_i(r)$ 和 $n_e(r)$ 不再均匀。通常总是质量小的电子首先达到热平衡，$n_e(r)$ 服从麦克斯韦（Maxwell）分布，而质量大的离子仍在原来大致电中性的正电荷中心，这样

$$n_e(r) = n_{e0} \mathrm{e}^{-V_e(r)/kT_e}, n_i(r) \approx n_{i0} \tag{1-6}$$

其中，$V_e(r) = -e\phi(r)$ 是电子的电势能。对于等离子体，平均热运动动能远大于平均电势能，即 $kT_e \gg e\phi$。将式(1-6)做泰勒级数展开，并取二级近似，得到

$$n_e(r) \approx n_{e0}[1 + e\phi(r)/kT_e] \tag{1-7}$$

由此得到

$$\rho(r) = -\frac{ne^2}{kT_e}\phi(r) \tag{1-8}$$

代入泊松方程，得

$$\nabla^2 \phi(r) = -\frac{ne^2}{\varepsilon_0 kT_e}\phi(r) \quad \text{或} \quad \nabla^2 \phi(r) = -\phi(r)/\lambda_D^2 \tag{1-9}$$

其中，$\lambda_D = \sqrt{\varepsilon_0 kT_e/ne^2}$ 具有长度量纲，称为德拜长度，可写成 $\lambda_D = 7.4 \times 10^2 \sqrt{T_e(eV)/n}$。

利用电势分布的球对称性，在球坐标中，考虑径向分布，泊松方程可写成

$$\frac{1}{r^2}\frac{\mathrm{d}}{\mathrm{d}r}\left[r^2\frac{\mathrm{d}\phi(r)}{\mathrm{d}r}\right] = \frac{\phi(r)}{\lambda_D^2} \tag{1-10}$$

边界条件是：$\phi(r \to \infty) = 0$。因此可得到电势的解为

$$\phi(r) = \frac{q}{4\pi\varepsilon_0}\frac{1}{r}\mathrm{e}^{-r/\lambda_D} \tag{1-11}$$

这就是屏蔽库仑势。它是以电荷 q 为中心的真空库仑势乘以衰减因子 $\exp(-r/\lambda_D)$，如图 1.1 所示。

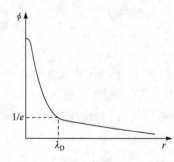

图 1.1　球对称电荷的电势
和德拜长度

由于衰减因子的作用，电势分布随着距电荷距离的增加迅速衰减。一般地，屏蔽库仑势的有效作用力程大致为德拜长度 λ_D，即以 λ_D 为半径的球，称为"德拜球"。德拜球外的库仑势可以忽略。德拜长度的物理意义：

（1）等离子体对作用于它的电势具有屏蔽作用，屏蔽半径（或距离）为德拜长度；

（2）德拜长度是等离子体电中性条件成立的最小空间尺度，即从 $r > \lambda_D$ 的范围来看，等离子体是电中性的；

（3）德拜长度是等离子体宏观空间尺度的下限，即等离子体存在的空间尺度 $L \gg \lambda_D$。

2. 朗谬尔振荡和频率

当等离子体内由于热涨落等原因出现电荷分离时，就会产生强电场，使宏观电中性具有强烈的恢复趋势。由于电子的质量小，电子运动是等离子体集体运动的根本原因。考虑一维运动，设某一区域内的电子以相同速度沿 x 方向移动产生位移 δ 使该区域的两边出现正负电荷过剩区，从而产生一电场 E，如图 1.2 所示。该电场将电子拉回原位，以恢复电中性。然而，由于惯性，电子并不会在平衡位置停止，而要冲过并反向达到最大位移。这样又会引起相反方向的电荷分离，产生反方向回复电场，电子再次被拉回，并冲过平衡位置。如此反复，电子就在平衡位置附近来回做集体振荡。离子由于质量大，对电场的变化响应很慢，近似认为不动，仍作为均匀的正电荷背底。这就是等离子体振荡，又称为"朗谬尔振荡"。

等离子体振荡是等离子体的固有特征之一，其振荡频率叫做"等离子体频率"或"朗谬尔频率"。设等离子体密度为 n_e，形成电荷分离后，面电荷密度为

$$\sigma = e n_e \delta \qquad (1\text{-}12)$$

形成的电场为

$$E = \frac{\sigma}{\varepsilon_0} = \frac{e n_e \delta}{\varepsilon_0} \qquad (1\text{-}13)$$

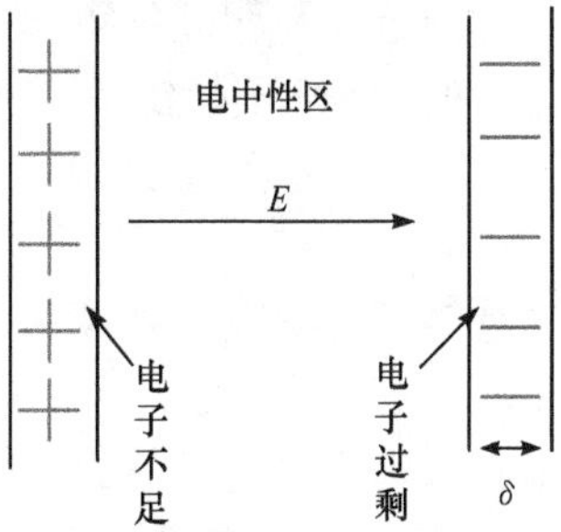

电子在电场中受到的电场力（即回复力）与位移成正比

图 1.2　等离子体振荡示意图

$$m_e \frac{\mathrm{d}^2 \delta}{\mathrm{d}t^2} = F = -eE = -\frac{e^2 n_e}{\varepsilon_0} \delta \qquad (1\text{-}14)$$

因此，电子将做简谐振动，角频率 ω_{pe} 为

$$\omega_{pe} = \sqrt{\frac{e^2 n_e}{\varepsilon_0 m_e}} \qquad (1\text{-}15)$$

这就是电子振荡频率。

离子虽然对电场变化的响应慢，但也能产生振荡，只是幅度小得多。其角频率为

$$\omega_{pi} = \sqrt{\frac{e^2 n_i}{\varepsilon_0 m_i}} \qquad (1\text{-}16)$$

由于 $m_i \gg m_e$，所以 $\omega_{pe} \gg \omega_{pi}$。令等离子体角频率为 ω_p，频率为 ν_p，则

$$\omega_p = \sqrt{\omega_{pe}^2 + \omega_{pi}^2} \approx \omega_{pe} \qquad (1\text{-}17)$$

代入各常数的值,得到角频率和频率分别为

$$\omega_p = 5.6 \times 10^4 \sqrt{n_e (\text{cm}^{-3})} (\text{rad/s}) \text{或} \nu_p = 8.98 \times 10^3 \sqrt{n_e (\text{cm}^{-3})} (\text{Hz})$$

$$(1\text{-}18)$$

等离子体振荡的时间周期 τ_p 为

$$\tau_p = 1/\omega_p (\text{s}) \qquad\qquad (1\text{-}19)$$

等离子体振荡周期的物理意义是:

(1) 等离子体对热涨落具有阻止作用,振荡周期是等离子体阻止热涨落并转入朗谬尔振荡的最短时间;

(2) 振荡周期是等离子体电中性条件成立的最小时间尺度,即只有从时间间隔 $\tau > \tau_p$ 的范围来看,等离子体才是宏观电中性的;

(3) 振荡周期是等离子体存在的时间下限,即等离子体持续时间 $\tau \gg \tau_p$。

3. 等离子体参量和等离子体判据

德拜长度和朗谬尔频率,都只与等离子体密度和温度相关,可以引入基于密度和温度的"等离子体参量"来描述等离子体,定义为德拜球内的粒子数

$$N_D = n \cdot \frac{4}{3} \pi \lambda_D^3 = 1.38 \times 10^3 \sqrt{T^3/n} (\text{cm}^{-3}) \qquad (1\text{-}20)$$

等离子体准电中性的条件或判据为

$$L \gg \lambda_D, \quad \tau \omega_p \gg 1, \quad N_D \gg 1 \qquad (1\text{-}21)$$

只有满足这些条件的电离气体才是等离子体。否则,即使气体中有部分原子、分子电离,也仅是各种粒子的简单堆积,不具备等离子态的特性,仍是气体。

1.2.4　等离子体鞘

当等离子体与容器壁接触时,在表面将形成一个电中性被破坏的薄层并将等离子体包围,其电位为负。这一薄层即"等离子体鞘"(plasma sheath),简称"鞘"(sheath),如图 1.3 所示。

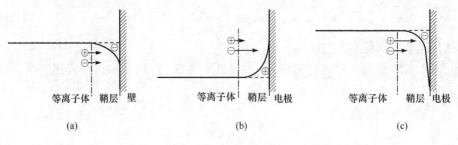

| (a) | (b) | (c) |

图 1.3　等离子体鞘层

1. 浮置板处的鞘

若将绝缘体插入等离子体,由于电流不能流过基板,所以绝缘体表面的荷电粒子要么停留在表面,要么在表面复合后以中性粒子返回等离子体区。为使表面电流为零,单位时间内达到表面处的电子数和离子数必须相等,但要达到稳定状态需要一个过程。

假定开始时等离子体电中性条件成立,由于离子质量比电子大得多,电子速度要大些。即使二者的热运动动能相同,离子的运动速度也比电子要小得多。因此开始时,达到绝缘体表面的电子数目比离子要多得多,除了一部分参加复合外,电子将过剩,从而使绝缘体表面相对于等离子体呈现负电位。这个负电位将排斥电子而吸引正离子,这个电位也发生相应的变化,直到绝缘体表面的负电位达到某个确定的值,使离子和电子流相等为止,绝缘体表面的电位趋于稳定,这个插入等离子体中的绝缘体称为浮置基板,而其表面形成的稳定电势称为浮置电位 V_f (floating potential)。显然,浮置电位相对于等离子体是一个负电位,在浮置基板与等离子体之间形成一个由正离子构成的空间电荷区,也就是离子鞘层。在简单情况下的等离子体相对于绝缘的器壁的电势要高约几倍的 T_e/e 值,如图 1.3(a)所示。

实际上,不仅是浮置基板,凡是与等离子体交界的任何绝缘体(包括放电管壁),都会保持一定的浮置电位,其近旁也都会形成离子鞘。结果是,浮置电位相对于等离子体总是负的;或者说,等离子体电位相对于任何与之接触的绝缘体总是正的。

2. 电极近旁的鞘

对于插入等离子体中的导体电极,电位为 V_s。改变它使其与等离子体之间有一个电位差,在电极有电流的情况下,电极相对于等离子体的电位可正可负。由于有外电势作用于等离子体,等离子体因此必然对此做出反应。结果,等离子体将不再保持原来的状态。

若 $V_s > V_p$(即电极相对于等离子体电势为正值),电极附近的电场将吸引电子而排斥正离子,使电子密度超过离子密度($n_e > n_i$),最终在电极近旁形成电子空间电荷层,称为电子鞘。此时,流向电极的电子流较大,如图 1.3(b)所示。

反之,若 $V_s < V_p$(即电极相对等离子体电势为负值),电极附近的电场吸引离子而排斥电子,使离子密度超过电子密度($n_i > n_e$),最终形成正离子空间电荷层,称为离子鞘。此时,流向电极的离子流较大,如图 1.3(c)所示。

在放电等离子体中,通常阴极附近的离子鞘更为重要。

1.2.5　放电等离子体中的基本过程

等离子体(导电气体)中存在电子、正负离子、原子、分子等粒子,其中粒子运动的基本过程是相似的,即"能量分布广泛的电子与各种粒子碰撞,产生动量和能量转移,并随之产生激发、离解、电离和复合等各种基元反应"。碰撞是两个或多个粒子之间的相互作用而引起动量、动能或内能变化的过程。碰撞是引发原子(分子)激发、电离、电荷转移和复合的根源,也是等离子体元过程[5,6]。这些基元过程产生的热、力、光、电和化学活性等效应是放电等离子体应用的基础。我们主要考虑低温等离子体范围内的带电粒子(电子、离子)的运动过程。

1. 弹性碰撞和非弹性碰撞

碰撞大致分为两类:弹性碰撞和非弹性碰撞。发生弹性碰撞时,粒子遵循动量守恒和动能守恒定律,即粒子之间只有动量和动能交换而没有内能的变化。粒子间的多数碰撞是弹性碰撞。发生非弹性碰撞时,粒子间交换内能,遵循动量守恒和能量守恒定律。

2. 激发和电离

激发和电离是气体导电中的基本过程,是粒子之间发生非弹性碰撞产生的现象。电子碰撞引起原子或分子激发必须具有大于激发电位 V_{ex} 的能量,但这并非充分条件。实际上,即使是高能电子与分子碰撞,也只有部分是非弹性碰撞,使分子激发或电离。激发或激发概率与截面有关。电子与分子的激发(电离)概率和截面通常是与电子能量的函数。离子碰撞亦然。

产生电离和激发的过程主要有电子碰撞、离子碰撞、激发态粒子碰撞和光作用等。

3. 电荷转移

离子和中性粒子碰撞时,可以发生电荷转移,转荷将产生一个高速中性粒子和一个低速离子(或低速激发态离子)。该过程相当于借助电场把中性粒子的速度(能量)提高,离子的漂移速度(能量)降低,使离子与中性粒子的速度接近,促使气体中各种粒子能量趋于平衡。电荷转移大致包括:

(1) 正离子与同类中性粒子的转荷 $A_1^+ + A_2 \longrightarrow A_1 + A_2^+$;

(2) 正离子与不同类中性粒子的转荷 $A^+ + B \longrightarrow A + B^+ \pm \Delta\varepsilon$;

(3) 负离子的转荷 $A^- + B \longrightarrow A + B^-$。

4. 电荷的消失

等离子体带电粒子(空间电荷)的损失主要来自于扩散和复合。其中,扩散是带电粒子由于扩散作用,逃离放电等离子体区,最终落到器壁或电极而消失。而复合则是正负带电粒子再结合的过程,主要包括正离子与电子的辐射复合、离解复合、三体复合及正负离子复合。

1.2.6　带电粒子的迁移和扩散

1. 电子的迁移

电子在与离子或粒子碰撞后,运动方向是随机的,而两次碰撞之间,将沿电场方向被加速。电子在这种随机运动中整体沿电场方向的运动,称为迁移或漂移。

与两次碰撞之间的平均时间 τ_c 相比,碰撞散射过程的时间极短,电子速度方程可表示为

$$m_e \frac{\mathrm{d}\vec{V_e}}{\mathrm{d}t} = -eE + \sum_i m_e \Delta V_i \delta(t - t_i), \quad \Delta V_i = V'_e - V_e \tag{1-22}$$

其中,ΔV_i 是在 t_i 时刻第 i 次碰撞的速度改变;$\delta(t - t_i)$ 是 δ 函数。对电子取平均,可得到电子动量的变化率 $m_e \langle \Delta v \rangle / \tau_c$,这就是媒质对电子的"摩擦力"。

考虑电子速度的改变 ΔV 在速度方向和垂直方向的分量,在对心系中可知

$$\langle \Delta \vec{v}_\perp \rangle = \langle \Delta \vec{v}_\perp{}' \rangle = 0 \tag{1-23}$$

因为电子质量 m_e 远小于分子质量 M,在弹性碰撞中电子的速度大小几乎不变,因此

$$\langle \Delta \vec{v}_{/\!/} \rangle = \langle \Delta \vec{v}_{/\!/}{}' \rangle - \vec{v} = \vec{v} \langle \cos\theta \rangle - \vec{v} = -\vec{v}(1 - \overline{\cos\theta}) \tag{1-24}$$

电子与粒子的非弹性碰撞也改变电子的速度,但概率比弹性碰撞小得多,常常被忽略。这样可以得到关于电子平均速度的方程

$$m_e \frac{\mathrm{d}\vec{v}}{\mathrm{d}t} = -eE - m_e \vec{v} \nu_m, \quad \Delta \nu_m = \nu_c(1 - \overline{\cos\theta}) \tag{1-25}$$

式中,$\nu_c = 1/\tau_c = N\bar{v}\sigma_c$ 是电子碰撞频率,$N(\mathrm{cm}^{-3})$ 是分子数密度,σ_c 是电子与粒子的弹性碰撞截面,$\sigma_{tr} = \sigma_c(1 - \overline{\cos\theta})$ 是"有效动量转移碰撞截面";ν_m 是"有效动量转移碰撞频率";v 是随机热运动速度,它比电子的迁移速度 v_d 要大得多。

2. 电子迁移速度和迁移率

将电子运动方程积分得到

$$\vec{v}(t) = -\frac{e\vec{E}}{m_e \nu_m}(1 - e^{-\nu_m t}) + \vec{v}(0)e^{-\nu_m t} \tag{1-26}$$

经过若干次碰撞后,初始速度消失,平均速度变成迁移速度,即

$$\vec{v}_d = -\frac{e\vec{E}}{m_e \nu_m} \tag{1-27}$$

电子的迁移率定义为迁移速度与电场强度的比,即

$$v_d = \mu_e E, \quad \mu_e = e/m_e \nu_m = 1.76 \times 10^{15}/\nu_m (\mathrm{s}^{-1})(\mathrm{cm}^2/\mathrm{V} \cdot \mathrm{s}) \tag{1-28}$$

由于电子的平均能量是电场强度的函数，v_d 与 E 并不是线性关系，因此迁移率亦与电场强度相关。在低温等离子体模拟计算中，通常假定式（1-28）是线性的，即 μ_e 是常数。

3. 扩散

1）连续性方程和扩散系数

如果等离子体中的带电粒子密度不均匀，则将出现扩散。一般地，正负粒子的流密度包括迁移流和扩散流

$$\vec{\Gamma}_\pm = \pm n\mu\vec{E} - D\,\vec{\nabla}n \tag{1-29}$$

其中扩散系数

$$D = \langle v^2/3\nu_m \rangle \approx l\bar{v}/3, \quad D \propto p^{-1} \tag{1-30}$$

粒子密度满足连续性方程

$$\frac{\partial n}{\partial t} + \vec{\nabla} \cdot \vec{\Gamma} = S \tag{1-31}$$

其中，S 是单位时间、单位体积内粒子产生和衰灭的"源"，$\mathrm{cm}^{-1}\mathrm{s}^{-1}$。

2）扩散系数、迁移率及平均能量的关系

如果碰撞频率是常数，可以得到

$$D_e/\mu_e = m\overline{v^2}/3e = \frac{2}{3}\bar{\varepsilon}/e \tag{1-32}$$

如果电子能量分布符合麦克斯韦分布，式（1-32）与碰撞频率对速度的依赖无关。再利用热运动能量定义，可以得到爱因斯坦关系

$$D/\mu = kT/e \tag{1-33}$$

对电子来说，即使电子能量分布不是麦克斯韦分布，碰撞频率也不是常数（在弱电离气体中往往如此），比值 D_e/μ_e 仍然对应着电子温度 T_e（或特征能量），不过它是折合电场 E/p 的函数。

3）径向扩散和横向扩散

在电子迁移速度的径向和横向，D_e/μ_e 是不同的。这是因为径向扩散系数 D_L 和横向扩散系数 D_T 与电子的碰撞频率相关。根据粒子流方程，粒子流速度也包含漂移和扩散两部分

$$\vec{v} = \vec{\Gamma}_e/n_e = \vec{v_d} - D_e\,\vec{\nabla}n_e/n_e \equiv \vec{v_d} + \vec{v_{dif}} \tag{1-34}$$

在"零级近似"下，D_e 是垂直于漂移速度方向的"正常"扩散系数。若存在粒子密度梯度，在漂移方向（即径向）由于扩散作用，电子还将获得与粒子密度梯度相关的速度和能量，即 $\vec{v}_{dif,/\!/} = -D_e\,\vec{\nabla}_{/\!/}n_e/n_e$。它将引起电子径向扩散系数的减小。在"一级近似"下

$$D_{\mathrm{T}}=D_{\mathrm{e}},D_{\mathrm{L}}=\left(1-\frac{\hat{\nu}_{\mathrm{m}}}{1+2\hat{\nu}_{\mathrm{m}}}\right)D_{\mathrm{e}},\hat{\nu}_{\mathrm{m}}\equiv\frac{\partial\ln\nu_{\mathrm{m}}}{\partial\ln\varepsilon} \tag{1-35}$$

导数量 $\hat{\nu}_{\mathrm{m}}$ 是碰撞频率 ν_{m} 对能量的缓变函数。若 $\nu\sim\varepsilon^{k}$，则有 $\hat{\nu}_{\mathrm{m}}=k$。实验表明，径向扩散系数 D_{L} 大致是横向系数 D_{T} 的 $1/2$ 左右。

4. 双极扩散

当离子浓度达到 10^{8} cm^{-3} 以上时，离子之间的相互影响不能忽略。假定正负离子的浓度相同（即 $n_{\mathrm{i}}=n_{\mathrm{e}}$），而且开始是均匀分布，由于 $D_{\mathrm{e}}\gg D_{\mathrm{i}}$，正负离子的浓度变化不同而引起电荷分离，于是在等离子体内产生宏观的电场，使得正负离子得到相应的漂移运动。内电场阻碍电子的扩散运动但却加速正离子的扩散运动，建立的离子的总运动是漂移和扩散之和。这种同时存在正负两种离子的扩散称为双极扩散，它决定于离子/电子的浓度分布和漂移率。在气体放电过程中，双极扩散是很重要的，特别是在高密度等离子体中。

设离子/电子的初始浓度相同，且沿圆柱体径向分布也相等，如图 1.4(a) 所示，由于扩散，离子向管壁运动。

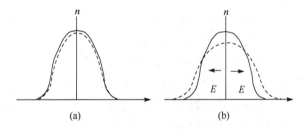

图 1.4　双极扩散示意图

电子的扩散速度为

$$\upsilon_{\mathrm{e,f}}=-\frac{D_{\mathrm{e}}}{n_{\mathrm{e}}}\frac{\mathrm{d}n_{\mathrm{e}}}{\mathrm{d}x} \tag{1-36}$$

离子的扩散速度为

$$\upsilon_{\mathrm{i,f}}=-\frac{D_{\mathrm{i}}}{n_{\mathrm{i}}}\frac{\mathrm{d}n_{\mathrm{i}}}{\mathrm{d}x} \tag{1-37}$$

由于 $D_{\mathrm{e}}\gg D_{\mathrm{i}}$，电子的扩散速度远大于离子扩散速度，中心为富正离子区，管壁附近为富电子区，空间电荷产生分离，如图 1.4(b) 所示，电荷分离产生附加电场 E。显然，该电场使离子/电子产生附加的迁移运动，它加强正离子的扩散运动而使电子向外扩散减弱。

离子的速度实际上是热扩散和附加漂移运动的合成，所以电子向管壁的运动速度为 $\upsilon_e = -\dfrac{D_e}{n_e}\dfrac{dn_e}{dx} - \mu_e E$。

离子向管壁的运动速度为 $\upsilon_i = -\dfrac{D_i}{n_i}\dfrac{dn_i}{dx} + \mu_i E$。

通常在放电过程中,这种运动对空间电荷的分布影响很小。

当达到稳定时,电子与离子将以同样的速度向管壁运动。这种运动称为双极扩散运动,其速度称为双极扩散速度。

根据扩散方程,可得到电荷分离的双极电场为

$$\vec{E} = -\frac{D_e - D_i}{\mu_e + \mu_i}\frac{1}{n}\vec{\nabla}n \tag{1-38}$$

同样可得到双极扩散速度为

$$\upsilon_a = -\frac{D_e\mu_i + D_i\mu_e}{\mu_i + \mu_e}\frac{1}{n}\frac{dn}{dx} \tag{1-39}$$

从而双极扩散系数为

$$D_a = \frac{D_e\mu_e + D_i\mu_i}{\mu_e + \mu_i} \tag{1-40}$$

由于 $\mu_e \gg \mu_i$,式(1-40)可简化为 $D_a = D_e\mu_i/\mu_e + D_i$。

根据爱因斯坦关系,又可得到 $D_a = D_i(1 + T_e/T_i)$。

对低温等离子体,一般 $T_e \gg T_i$,所以 $D_a \approx D_i T_e/T_i = D_e\mu_i/\mu_e = kT_e/e \cdot \mu_i$。

对平衡等离子体,一般 $T_e = T_i = T$,所以 $D_a = 2D_i = 2kT/e \cdot \mu_i$。

由于 D_e 和 D_i 都与气压 p 成反比,故 D_a 亦与 p 成反比。实验也证实, $D_a p$ 乘积是常数。这一关系是由气体放电的相似律决定的。

1.3 气体放电理论

实际应用的等离子体大多是由气体放电的方法产生的,一般是低温等离子体。一切电流通过气体的现象称为气体放电或气体导电。气体放电可以按维持放电是否必需外界电离源而分为非自持放电和自持放电。非自持放电是指在外加电压建立的电场作用下,要使电流通过气体,必须要有外界的电离源,如紫外光或放射源照射气体,使之产生足够的带电粒子,它在电场作用下形成电流;若撤去电离源,电流就会很快减小,最后消失。而自持放电则是在撤去电离源后,气体仍处于导电状态,能够继续维持电流的放电。由非自持放电转变为自持放电的过程称为气体击穿或着火。

本节介绍气体击穿的汤生理论和流注理论[6~8]。

1.3.1　汤生放电理论

汤生理论是第一个气体放电的定量理论,它是气体导电最基本、最经典的基础理论之一。1903 年,汤生(J. S. Townsend)首先提出了气体放电理论——电子雪崩理论,随后提出气体击穿判据,用于分析非自持放电、自持暗放电及过渡区。其基本假设包括三个汤生过程和系数。

汤生认为,电子在电场运动并获得能量,它们与原子碰撞引起电离,在平衡状态下,这两部分的能量相等。新的电子在电场中又引起新的碰撞电离,结果向阳极运动的电子越来越多,像雪崩一样增长,这种现象称为电子雪崩,如图 1.5 所示。电子雪崩理论适用于电子沿电场的定向运动占优势、热运动占次要地位的情况。为了描述气体放电中

图 1.5　电子雪崩过程

的电离现象,汤生提出三种电离过程,并引出三个对应的电离系数。

1) 汤生第一电离系数——α 系数

它是指每个电子在沿电场反方向运动 1 cm 距离的过程中,与气体原子发生碰撞电离产生的电子-离子对的数目,即气体中的电子碰撞电离过程。

在均匀电场中,若单位时间内,在空间某处 x_0 的初始电子数为 n_0(如源于阴极表面发射或空间中的光电离等),由于电子碰撞电离,x 处的电子密度和电流密度为

$$n_e(x)=n_{e0}\,e^{a(x-x_0)}, \quad J_e(x)=en_e(x)v_e=J_{e0}\,e^{a(x-x_0)} \tag{1-41}$$

在放电空间新产生的电子-离子数为

$$\Delta n_e(x)=n_e(x)-n_{e0}=n_{e0}(e^{ax}-1) \tag{1-42}$$

汤生假定:

(1) 电子发生电离碰撞后失去全部动能;

(2) 电子的漂移速度大于热运动速度,即沿电场反方向运动为主;

(3) 碰撞时,电子能量大于或等于电离能则电离概率 P_i 为 1,否则为 0。

设电子的平均自由程为 l_e,则 α 系数可表示为

$$\alpha=\frac{1}{l_e}\times P_i \tag{1-43}$$

电子在电场中获得的能量为 eEl_e,满足电离碰撞条件(即 $eEl_e>eV_i$)的最小自由程为 $l_{min}\geqslant V_i/E$。根据自由程分布律,$l\geqslant l_{min}$ 的概率为

$$P(l\geqslant l_{min})=\exp\left(-\frac{l_{min}}{l_e}\right)=\exp\left(-\frac{V_i}{El_e}\right) \tag{1-44}$$

这一概率也就是电离碰撞概率。因此 α 系数为

$$\alpha=\frac{1}{l_e}\exp\left(-\frac{V_i}{El_e}\right) \tag{1-45}$$

令 $1/l_e=Ap$，$V_i/pl_e=B$，α 系数可表示

$$\frac{\alpha}{p}=A\exp\left(-\frac{B}{E/p}\right) \tag{1-46}$$

它与电场强度和气压有关，实际上是约化电场 E/p 的函数。其中，A、B 是与气体种类有关的常数。这一结果与实验惊人相似。在一定范围内，大多数气体的 A、B 值基本确定。

2）汤生第二电离系数——β 系数

它是指一个正离子沿电场方向运动 1 cm 路程所产生的碰撞电离（即 β 过程）的次数。通常，$\beta\ll\alpha$，因此实际计算中经常忽略 β 过程。

3）汤生第三电离系数——γ 系数

它是指正离子打上阴极表面时产生的次级电子发射数，即正离子表面二次电子过程。它与金属电极的逃逸功、气体电离电位、阴极表面附近电场和离子的动能等元素有关。

但实际上 γ 过程不仅包括正离子过程 γ_i，也包括亚稳态原子二次电子过程 γ_m 和光子二次电子过程 γ_{ph} 等多种过程，即 $\gamma=\gamma_i+\gamma_m+\gamma_{ph}+\cdots$

1. 气体击穿判据

气体自持放电的条件是：放电空间单位时间内产生的带电粒子数目等于各种消电离因素引起的带电粒子损失数目。这就是气体击穿判据，也称为汤生判据。

若 n_0 个电子从阴极出发，在电场作用下向阳极运动，到达阳极时的新产生的电子数目为

$$\Delta n_a=n_{ea}-n_{e0}=n_{e0}(e^{ad}-1) \tag{1-47}$$

而新产生的正离子则向阴极漂移，在运动过程中也可能发生电离碰撞，但因离子碰撞气体原子的电离概率很小，可近似认为 $\beta=0$。这样空间新产生的离子数也就是达到阴极的离子数。根据 γ 系数的定义，这些正离子打到阴极产生的二次电子发射数为

$$\gamma n_0(e^{ad}-1) \tag{1-48}$$

经过多个周期后，到达阳极的电子数为

$$n_a=n_0e^{ad}\{1+\gamma(e^{ad}-1)+[\gamma(e^{ad}-1)]^2+\cdots\}$$

$$=\frac{n_0e^{ad}}{1-\gamma(e^{ad}-1)} \tag{1-49}$$

相应的阳极电流密度 j_a 为

$$j_a=\frac{j_0e^{ad}}{1-\gamma(e^{ad}-1)} \tag{1-50}$$

当式中分母趋于零时，j_a 将趋于无穷大，这时放电转变为自持放电。由此得到自持放电的条件是电离增长率 μ 为 1，即

$$\mu = \gamma(e^{ad-1}) = 1 \qquad (1\text{-}51)$$

它表示，在没有其他外电离源时，消失在阳极上的电子必须由阴极二次电子及时补充，消失多少就得补充多少。

2. 巴申定律

根据汤生判据可得

$$\alpha d = \ln(1 + 1/\gamma) \qquad (1\text{-}52)$$

不考虑空间电荷影响，击穿时的电场 $E_{br} = V_{br}/d$。其中，V_{br} 为击穿电压。结合 α 系数的表达式，得到

$$\alpha = Ap\exp\left(-\frac{Bpd}{V_{br}}\right) = \frac{1}{d}\ln\left(1 + \frac{1}{\gamma}\right) \qquad (1\text{-}53)$$

因此，$V_{br} = \dfrac{Bpd}{\ln(pd) - \ln\left[\dfrac{1}{A}\ln\left(1 + \dfrac{1}{\gamma}\right)\right]}$，即击穿电压 V_{br} 是 pd 的函数：$V_{br} = f(pd)$。这就是著名的巴申（Paschen）定律。$V_{br} \sim pd$ 曲线也称为巴申曲线，如图 1.6 所示。

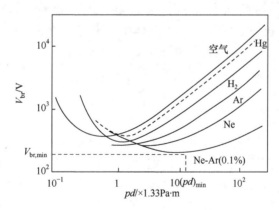

图 1.6　几种常用气体的巴申曲线

从式（1-53）中还可以得到巴申曲线的最小击穿电压和此时的 pd 值：

$$V_{br,min} = 2.718\frac{B}{A}\ln\left(1 + \frac{1}{\gamma}\right), \quad (pd)_{min} = \frac{2.718}{A}\ln\left(1 + \frac{1}{\gamma}\right) \qquad (1\text{-}54)$$

影响击穿电压的因素主要有：

（1）pd 值的作用。

巴申定律表明，当其他因素不变时，pd 值的变化对击穿电压的变化起了决定

性的作用。

（2）气体种类和成分。

气体种类不同，击穿电压 V_{br} 也不同。通常当原子的电离能较低时，其 V_{br} 值偏低。气体的纯度对 V_{br} 也有很大影响。当在基本气体中混入微量杂质气体时，若两种气体间满足彭宁（Penning）电离条件（如在 Ne 气中混入少量 Ar 气或 Xe 气），则可使气体的击穿电压下降。击穿电压下降的大小还与两种气体的性质和它们量的混合比有非常密切的关系。

（3）阴极材料和表面状况。

阴极材料与表面状况的变化直接影响到正离子轰击下的二次电子发射系数 γ 值的大小，从而影响到击穿电压的大小。在其他条件相同的情况下，γ 系数越高，击穿电压越低。

（4）预电离。

在没有外加电压时，由于外界电离源的作用，放电管内初始带电粒子的状态称为预电离。预电离越强，初始电子（也称为种子电子）密度越大，击穿电压越低。例如，加强紫外光照射阴极、放电管周围放微量放射性元素、加辅助电极等方式产生预电离可以有效降低击穿电压。

（5）电场分布的影响。

电极结构和极性决定击穿前电极间隙的电场分布。电场分布对汤生 α 系数和 γ 系数的数值与分布起决定性作用，影响气体中电子与离子的运动轨迹以及电子崩过程，从而对击穿电压产生很大影响。在不均匀电场中，击穿条件要复杂得多，这时的击穿判据为 $\gamma(\mathrm{e}^{\int \alpha(x)\mathrm{d}x} - 1) = 1$。

3. 气体放电的相似定律

巴申定律表明，在两平行板电极放电管中，气体的击穿电压是 pd 的函数。也就是说，当放电管的阴极材料、结构相同且气体相同时，只要 pd 相同，击穿电压就相同，而与电极间距无关。Holm 在此基础上，提出气体放电的相似定律，即两个相似的放电空间具有相同的伏安特性。

对于两个相似放电系统，若空间尺度相差因子为 a（即 $d_1 = ad_2$，其中 d_1、d_2 是两个系统的空间尺度），在相同的电压下，其放电物理量的相似关系如下。

（1）相同量。

pd 值：$p_1d_1 = p_2d_2$。

约化电场：$E_1/p_1 = E_2/p_2$。

电流：$I_1 = I_2$。

离子/电子温度：$T_1 = T_2$。

（2）相似量。

空间线度：$x_1/x_2=a$。

粒子的平均自由程：$l_1/l_2=a$。

面积：$A_1/A_2=a^2$。

时间尺度：$t_1/t_2=a$。

电场强度：$E_1/E_2=1/a$。

气压：$p_1/p_2=1/a$。

粒子密度：$n_1/n_2=1/a^2$。

空间净电荷密度：$\rho_1/\rho_2=1/a^2$。

放电电流密度：$j_1/j_2=1/a^2$。

表 1.1 给出气体放电中满足和不满足相似定律的部分物理过程。

表 1.1 满足或不满足相似定律的过程

满足	不满足
电子一次碰撞电离	所有多级电离
彭宁电离	除彭宁电离外的第二类非弹性碰撞
电子吸附	光致电离
离子/电子的漂移与扩散	热电离
离子→快中性粒子的电荷转移	快中性粒子→离子的电荷转移
高气压下的离子复合	除高气压外的所有复合过程

4．汤生放电理论的局限性

汤生理论从物理概念上清晰解释了中低气压的气体导电现象，并建立了击穿判据和击穿电压的基本理论公式，但对高气压火花放电，它却无法解释。

（1）放电形成时间（放电时延）：当电极间加上击穿电压，从非自持放电到自持放电需要一定的时间。按汤生理论，击穿与电子崩、阴极二次电子有关，该放电时延为 $10\sim100~\mu s$。而实际在 10^5 Pa 气压时仅为 $0.01~\mu s$ 量级，在这么短的时间内离子基本来不及运动。

（2）汤生理论认为，击穿的原因是电流增长率 $\mu=\gamma(e^{ad}-1)$ 的增长，这与阴极上的 γ 过程有关，阴极材料和表面状态对击穿有重要影响。但实际上在高气压火花放电中，阴极性质对击穿没有明显影响，γ 过程对击穿几乎是无关紧要的。

高气压火花放电必须用另外的理论描述，即流注放电理论。

1.3.2 流注放电理论

1940 年，J. M. Meek 和 L. B. Loop 提出流注理论（Streamer 或流柱理论），它

是以汤生电子崩理论为基础,并考虑空间电荷电场的影响和放电雪崩中的光致电离效应。其电离通道的形成与汤生过程明显不同,电离通道是线状和分枝的,可以发展到很长距离(即流注),由流注转化为火花击穿,称为"流注击穿机制"(streamer breakdown mechanism)。它与汤生理论是互补的。

1. 流注理论的定性说明

高气压下,气体击穿过程中带电粒子的产生除电子崩外,还有其他形式的电离过程,使空间电离度大大增大,并伴有强的光辐射,即流注。流注可以在空间任何地方形成,并向电极扩展。由阳极向阴极发展的流注称为正流注,由阴极向阳极发展的流注称为负流注。

1) 正流注

如图 1.7 所示,若放电空间初始电子出现在任意点,如阳极附近,则在阳极空间首先形成主电子崩,同时在电子崩中辐射出大量的光电子,当电子崩头部的电子接触阳极时,由于离子运动速度较慢,在它还来不及离开原来的空间时,阳极前就积累了大量的正离子,导致空间电场畸变,使靠近阴极空间的电场增强。在强电场作用下,光电子产生次电子崩,次电子崩头部的电子进入主电子崩的空间电荷区,使流注向阴极方向发展。由于次电子崩的不断汇入,流注迅速发展到阴极。

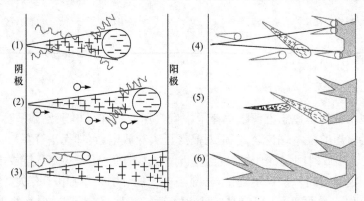

图 1.7　正流注发展过程

2) 负流注

如图 1.8 所示,从阴极发出的初始电子形成主电子崩 I,在电子崩过程中形成的激发态原子辐射出大量光子,在光子的辐射路径上(由波纹线表示)气体原子产生光电离,由大量光电子形成大量的次电子崩 II、III、IV 等,当主电子崩与次电子崩汇合时便形成流注,形成迅速向阳极发展的负流注。

由此可知,在流注形成的过程中,光电离起着决定性的作用,而光电离可以在任意点产生,次电子崩的形成位置也是随机的,因而流注的扩展路径是曲折、分叉

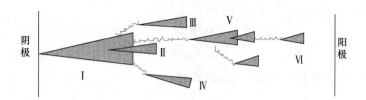

图 1.8　负流注发展过程

的。火花击穿是主、次电子崩汇合的结果,所以形成时间很短,约 10^{-8} s(10 ns)的量级。显然,流注击穿不需要电极的帮忙。在均匀电场中,一个流注就能导致击穿。

2. 雷特和米克判据

由于流注形成的主要因素是强电离,它决定于电子崩中不均匀分布的空间电荷形成的强电场。显然这是一个很复杂的因素。建立流注理论最重要的假设是雷特和米克的假设。

1) 雷特判据

雷特假设:由一个电子在空间形成电子崩,崩中产生的电子都集中在电子崩的最前部的一个球体内。在这种简化模型下可以根据泊松方程得到空间电场。若外电场均匀,强度为 E,电子碰撞电离系数为 α,电子沿电场反方向运动 x(即电子崩的长度为 x 时)的电子增长为 $e^{\alpha x}$。根据雷特假设,它在电子崩头部半径为 r 的球体面上的电场为

$$E_r = \frac{e e^{\alpha x}}{4\pi\varepsilon_0 r^2} \tag{1-55}$$

考虑电子在 x 路径上的迁移,同时向外扩散,为简化问题,取电子的扩散长度等于电荷球体的半径,即有

$$r \approx \sqrt{3D_e t} \tag{1-56}$$

在这段时间内电子的迁移距离为

$$x = \upsilon_{de} t = \mu_e E_0 t \tag{1-57}$$

由此得到

$$r \approx \sqrt{\frac{3D_e x}{\upsilon_{de}}} = \sqrt{\frac{3D_e x}{\mu_e E_0}} \tag{1-58}$$

球体表面电场为

$$E_r = \frac{e e^{\alpha x}}{4\pi\varepsilon_0 (3D_e x / \mu_e E_0)} \tag{1-59}$$

令电子温度和能量分别为 T_e 和 $eV(3kT_e/2 = eV)$,并利用爱因斯坦关系,得

$$\frac{D_e}{\mu_e} = \frac{kT_e}{e} = \frac{2V}{3} \tag{1-60}$$

代入电子崩半径表达式(1-56)得到

$$r = \sqrt{\frac{2Vx}{E_0}} \qquad (1\text{-}61)$$

因此，电子崩头部球体表面的电场又可以表示为

$$E_r = \frac{e e^{\alpha x}}{4\pi\varepsilon_0 (2Vx)} E_0 \qquad (1\text{-}62)$$

设比例系数 $K = \dfrac{e e^{\alpha x}}{4\pi\varepsilon_0 (2Vx)}$，当 $K \geqslant 0.1$ 时，电场出现明显畸变；当 $K=1$ 时，畸变很强。假定形成流注的临界距离为 x_c（即电场严重畸变的距离），可以得到

$$\exp(\alpha x_c)\frac{E_r}{E}\frac{4\pi\varepsilon_0}{e}(2Vx_c) \quad \text{或} \quad \alpha x_c = \ln\left(\frac{8\pi\varepsilon_0 V}{e}\right) + \ln x_c + \ln\frac{E_r}{E} \qquad (1\text{-}63)$$

由于电子质量远小于离子，电子迁移率为 $\mu_e = 0.89 e l_e / m_e \upsilon_e$，再结合 $eV = m_e \upsilon^2 / 2$，得到

$$V = \frac{1}{2}(0.89)^2 \frac{e}{m_e} \frac{E^2 l_e^2}{\upsilon_d^2} \qquad (1\text{-}64)$$

用"伏特"表示的电子能量 V 一般为 $1\sim 6$。对于空气，$V = 1.6$ V，代入式(1-64)得到

$$\alpha x_c = \ln\frac{8\pi\varepsilon_0 V}{e} + \ln x_c + \ln\frac{E_r}{E} \qquad (1\text{-}65)$$

而对空气为 $\alpha x_c = 17.7 + \ln x_c + \ln(E_r/E)$。

根据流注形成判据 $K = 0.1 \sim 1$，计算表明，K 值的变化对 x_c 的影响不十分明显。例如，若放电空间距为 2 cm，K 取 0.1 和 1 时，临界距离 $x_c = 1.42$ cm 和 1.6 cm；若放电空间距为 1 cm，K 取 0.1 和 1 时，$x_c = 1.03$ cm 和 1.2 cm。为简化计算，通常可以取 $K=1$，于是得到

$$\alpha x_c = 17.7 + \ln x_c \qquad (1\text{-}66a)$$

这就是雷特判据。临界距离 x_c 亦即流注的最小行程，它和电极间距 d 没有固定的关系。

在均匀电场中，如果电子迁移临界距离后形成流注并导致间隙击穿形成火花放电，则 $x_c \sim d$，于是有

$$\frac{\alpha}{p} \cdot (pd) = \ln 17.7 + \ln d \qquad (1\text{-}66b)$$

若击穿瞬间的电压为 V_{br}，则有

$$f\left(\frac{V_{br}}{pd}\right) \cdot (pd) = \ln 17.7 + \ln d \qquad (1\text{-}67)$$

这表明，火花放电的击穿电压与巴申定律有偏差，它同时是 pd 和 d 的函数。

2) 米克判据

米克采用了另一种计算雪崩电场的方法。他也假设雪崩前部的电子分布呈球体,但一次电子崩产生的电子并不集中在球体内,而只有电子运行 $\mathrm{d}x$ 路程所产生的电子 $\mathrm{d}n_e$ 集中在 $\mathrm{d}V=\pi r^2\,\mathrm{d}x$ 的球壳内,密度为 n_e',$\mathrm{d}n_e=n_e'\mathrm{d}V=n_0\alpha\mathrm{e}^{\alpha x}\,\mathrm{d}x$。取 $n_0=1$(即一个电子产生的电子崩),它在空间产生的电场为

$$E_r=\frac{e}{4\pi\varepsilon_0 r^2}n_e'\frac{4}{3}\pi r^3=\frac{en_e'r}{3\varepsilon_0}=\frac{e\alpha\mathrm{e}^{\alpha x}}{3\pi\varepsilon_0 r} \tag{1-68}$$

以 s 表示电子热运动和漂移速度之比,它同时也是平均自由程 l 与在漂移方向(即自由程在电场方向)的分量 l_E 的比,$s=v/v_d=\bar{l}/\bar{l}_E$

电子在电场中达到稳定,即碰撞的能量损失等于从电场中获得的能量。假定电子碰撞的能量损失率为 f,则

$$eE=f\frac{1}{l_E}\cdot\frac{1}{2}m_ev^2=f\frac{s}{\bar{l}}\frac{1}{2}m_ev^2 \tag{1-69}$$

将自由程 $\bar{l}=(1/0.815)(m_e/e)\bar{v}\mu_e$ 代入式(1-69)

$$eE\bar{l}=\frac{1}{0.815}m_e\bar{v}\mu_eE=1.227m_e\bar{v}v_d \tag{1-70}$$

因此

$$\frac{v}{v_d}=\sqrt{2.45/f} \tag{1-71}$$

若电子速度是麦克斯韦分布,则 $\bar{v}=(8/3\pi)^{1/2}v$,因此

$$\frac{\bar{v}}{v_d}=\sqrt{\frac{8}{3\pi}}\cdot\sqrt{\frac{2.45}{f}}=1.44\sqrt{1/f}=s \tag{1-72}$$

一般 E/p 值高时,$v_d\gg\bar{v}$,s 很小,f 很大,每次碰撞电子失去大部分能量。E/p 值低时,$v_d\ll\bar{v}$,s 很大而 f 小,碰撞时能量损失可以忽略。

比较上式得到

$$\frac{\frac{1}{2}m_ev^2}{eE}=\bar{l}\frac{1}{f}\frac{\sqrt{f}}{1.44}=\frac{\bar{l}_e}{1.44\sqrt{f}}\quad\text{及}\quad\frac{V}{E}=\frac{\bar{l}_e}{1.44\sqrt{f}} \tag{1-73}$$

所以电子崩头部的半径(与雷特的计算相似)为

$$R=\left(\frac{2x\bar{l}_e}{1.44\sqrt{f}}\right)^{1/2} \tag{1-74}$$

球面上的电场为

$$E_r=\frac{e}{3\pi\varepsilon_0(1.39\bar{l}_0/\sqrt{f})^{1/2}}\left(\frac{p}{x}\right)^{1/2}\alpha\mathrm{e}^{\alpha x} \tag{1-75}$$

取经验值 $f=0.03$ 并代入其他常数,得

$$E_r=5.27\times10^{-7}\left(\frac{p}{x}\right)^{1/2}\alpha e^{\alpha x}\ (\text{V/cm}) \tag{1-76}$$

击穿时,$E=V_{br}/d$,$K=E_r/E=0.1\sim1$。对式(1-75)取对数得

$$\alpha x+\ln\frac{\alpha}{p}=14.46+\ln\frac{KV_{br}}{pd}-0.5\ln px+\ln x \tag{1-77}$$

这就是米克判据。它可以通过逐次逼近方法求解,即先假定一定间隙的一个 E 值,α 和 α/p 的值都可以从实验表格查出,代入式(1-77),得到 E_r 及 K,如果 $K<1$,就取更大的 E 值;一直到 $K=0.1$(当然也可以取 1)。实际上在 $0.1\sim1$ 区间,K 的确切值对 E_{br} 的影响并不大。

表 1.2 给出根据两个判据计算的击穿场强与相同情况下实验值的比较。注意,E_{br} 不是常数,当 $d<1$ cm 时,间距 d 增大,E_{br} 下降很快。$d>10$ cm 后,E_{br} 的减小就缓慢多了。可以看到,理论值和实验值偏差不大。

表 1.2　雷特和米克判据计算的击穿场强与实验值的比较

放电间隙/cm	击穿电场/(kV/cm)		
	测量	雷特判据	米克判据
2	29.8	28.9	29
6	27.4	25.7	25.8
10	26.4	24.9	24.9
16	25.8	24.1	23.8

3. 流注击穿理论公式

雷特-米克判据认为,当电子崩产生的电荷建立的空间电场强度到达外加电场的数量级时,气体发生击穿。

击穿状态是初始电子必须有一个后续电子,因此对雷特-米克判据,可以近似认为,形成流注的阈值就是击穿的阈值。

设半径为 R 的电荷球的离子密度为 n_i',离子数为 N_i,在 r 处产生的电场为

$$E(r)=eN_i/4\pi\varepsilon_0r^2;\quad N_i=n_i'4\pi R^3/3;\quad n_i'=\alpha e^{\alpha x}/\pi R^2 \tag{1-78}$$

将米克判据得到的电子密度公式应用于离子,得到电荷球的场强为

$$E_r=\frac{en_i'}{4\pi\varepsilon_0r^2}\left(\frac{4}{3}\pi R^3\right)=\frac{e\alpha Re^{\alpha x}}{3\pi\varepsilon_0r^2} \tag{1-79}$$

电荷电场从中心指向四周,它使阴极一侧的电场增强到 $E_0+E(r)$。电离系数 α 强烈依赖于空间电场 E,电场强度越大,电离越强,光辐射也越激烈,光子被气体原子吸收又产生光电离,而光电子在电场作用下又可形成次电子崩。

如图 1.9 所示,假定主电子崩向各方向辐射的电子数与产生的激发态粒子数相等,电子碰撞产生的激发态粒子数 n_{ex} 与 α 成正比。令 $g = n_{\text{ex}}/\alpha$,则在球荷中心 r 处,激发态粒子数和光子数为

$$n_{\text{ex}} = n_{\text{p}} = gN_{\text{e}} = g\,\frac{4}{3}n_{\text{e}}'\pi R^3 = g\,\frac{4}{3}\alpha R e^{\alpha x} \tag{1-80}$$

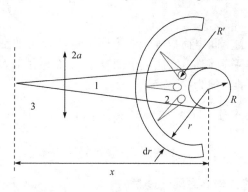

图 1.9 流注形成扩展示意图

1. 阴极表面的主电子崩;2. 光电子形成的次电子崩;
3. 有效光子圆柱体空间

只有以半径为 a 的圆柱体内的光电子产生的次电子崩才能汇入主电子崩,形成流注向阴极发展。柱外的光电子对流注发展影响很小(不在空间电荷电场的强电场中)。由电子崩头部球体中心发射到半径为 r 球面和半径为 a 的圆柱体面之间的光子为

$$P = gN_{\text{e}}\,\frac{\pi a^2}{4\pi r^2} \tag{1-81}$$

令气体对光子的吸收系数为 μ,圆柱体限制的球壳 dr 内被吸收的光子数为

$$P' = gN_{\text{e}}\,\frac{\pi a^2}{4\pi r^2}e^{-\mu r}\mu\,dr \tag{1-82}$$

为简化计算,假设放电过程辐射的光子具有相同频率,它们被气体吸收的概率为 p,则有效球壳内产生的光电子为

$$N_{\text{v}} = pgN_{\text{e}}\,\frac{\pi a^2}{4\pi r^2}e^{-\mu r}\mu\,dr \tag{1-83}$$

这些光电子处于强电场中,分别形成次电子崩。其头部电荷密度为

$$n_{\text{e}}' = \frac{1}{\pi R'^2}\alpha(r)\exp\left(\int_R^r \alpha(r')dr'\right) \tag{1-84}$$

根据扩散半径公式,$\left(\dfrac{R'}{R}\right)^2 = \dfrac{r}{x} = \dfrac{r}{d}$,代入式(1-84)得到次电子崩内的离子数为

$$N'_i = \frac{4}{3} R \sqrt{\frac{r}{d}} \alpha(r) \exp\left(\int_R^r \alpha(r') dr'\right) \tag{1-85}$$

因此产生的总离子数为

$$N''_i = N_v \times N'_i = \int_R^r pg N_e \frac{a^2}{4r^2} e^{-\mu r'} \times \mu \frac{4}{3} R \sqrt{\frac{r}{d}} \alpha(r) \exp\left(\int_R^r \alpha(r') dr'\right) dr'$$

$$\tag{1-86}$$

当所有次电子崩产生的空间电荷数等于主电子崩空间产生的空间电荷数,即当主电子崩中 N_e 个电子漂移到阳极,而次电子崩产生 N_e 个电子时,就可认为发生了流注击穿。即流注击穿的判据为(式中已取 $a = R$)

$$\frac{1}{3} pg R 3\mu \frac{1}{\sqrt{d}} \int_R^r \alpha(r') r'^{-3/2} e^{-\mu r'} \times \exp\left(\int_R^r \alpha(r') dr'\right) dr' = 1 \tag{1-87}$$

式(1-87)具有汤生判据 $\gamma e^{\int \alpha dx} = 1$ 的形式,但要复杂得多。

1.3.3 汤生放电与流注击穿之间的过渡

这里介绍的两种击穿机制是公认的两种典型的气体击穿理论,他们并不是对立和独立分开的。事实上,流注理论是在汤生理论基础上建立起来的。

相对于流注机制,汤生放电机制比较慢,其击穿过程是:电子从阴极出发,在气体中漂移并多次碰撞产生雪崩,即 α 过程,产生的大量离子打在阳极上引起二次电子,即 γ 过程。发射的电子又重复 α 过程和 γ 过程。如此反复,经过多个周期,直到阴极的二次电子数与前次发射的电子数相等,即满足 $\gamma[\exp(\alpha d) - 1] = 1$ 的条件时,就发生击穿。这个过程可能需要很长时间。

流注理论的击穿是从一个电子崩直接发展起来的,它在非常短的时间完成。电子崩使空间电荷的积累达到某一临界值时,它们在空间产生足够大的电场,与外加电场可以比拟,使空间电场出现严重畸变,使空间产生强电离与强的光辐射,电子崩向流注转变,大量光电子产生的次级电子崩不断汇合,流注不断发展,从而形成击穿。和汤生理论不同,光致电离在流注的发展中起重要作用。流注的发展是在曲折的分支通道中进行的,而汤生击穿则是在较大的放电空间内发生。

这两种机制之间存在着它们的过渡形式。气体的击穿状态意味着放电空间积累了足够高密度的离子。在均匀电场中,汤生击穿的条件为 $\gamma[\exp(\alpha d) - 1] = 1$;但若 $\exp(\alpha d) \geqslant n_{cr}$,则满足形成流注的条件。在这种情况下,两种机制可以相互转化。虽然,在一般的实验中未能观察到汤生击穿和流注击穿的突然转变,但它们是可以过渡的。通常,放电是从汤生机制开始的,当电子崩内的电子数达到临界值时,在阳极空间出现流注,并迅速向阴极传播,最终导致气体的击穿。转变的过程如图 1.10 所示,其中图(a)表示阴极发射的初始电子,在电极间形成一个电子崩,辐射出大量光子,使阴极产生光发射;图(b) 表示由阴极发射的大量电子产生大小不等的次电子崩,电子崩中电子的漂移速度大,积聚在崩头,其他地方则形成正离子云;图(c)表示电子跑到阳极,在阳极空间积聚大量的正电荷,使电场发生畸变,阳极附近的电场降低,而阴极附近的电场加强,由于 α 过程随电场指数增长,空间产生强烈的电离,电子崩中的电子数猛增,电子崩的电子数 n 达到向流注过渡的临界值,电子崩便转化为流注;图(d)表示从阴极方向来的次电子崩不断汇入主电子崩,使流注向阴极方向控制,当流注到达阴极时,气体被击穿。

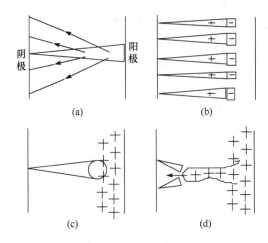

图 1.10　汤生放电与流注放电的过渡

1.4　大气压放电等离子体

大气压放电等离子体是在约 1 atm 下的气体环境中产生的放电等离子体。大气压通常为 760 Torr 左右,但也依不同的地域有所不同,如高原地区的大气压约为 500 Torr 左右。对于工业应用来说,大气压放电等离子体具有很多独特的优点,如不需要真空系统、工艺流程设计灵活等,因此大气压等离子体成为近年来等离子体领域的热点,被广泛应用于材料制备和表面改性、流动控制、助燃、环境保护、臭氧制备以及生物医学(包括灭菌消毒、诱变育种、战地生化洗消)等方面。

热平衡与否是区分等离子体的重要特征。由于放电等离子体的特殊性,一般它都难以处于热平衡状态,电子温度与离子(近似为气体温度)不相同,通常电子温度远大于离子或气体温度,这就是所谓的低温非平衡等离子体。但等离子体的局域热平衡(LTE)是可能的,其电子温度接近离子温度,如大气压电弧。

由于不同气压下电子-分子碰撞频率不同,气压对等离子体平衡产生决定性的影响,图 1.11 是典型的等离子体电子温度和离子(气体)温度随气压的变化。在低气压下,电子碰撞以产生等离子体化学过程的非弹性碰撞为主,对气体加热的弹性碰撞相对较弱。但在高气压下,电子碰撞极为频繁,强烈的非弹性碰撞和弹性碰撞产生化学反应并加热气体,使电子温度和气体温度接近,但并不平衡。等离子体的这种性质差异导致等离子体输运,促进其趋于热平衡状态。放电时能量密度的馈入也强烈影响等离子体的平衡状态。一般地,大功率能量馈入可以产生 LTE 等离子体(如电弧),而小功率能量馈入通常产生非 LTE 等离子体。

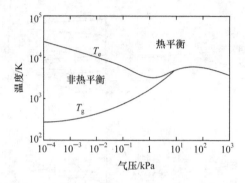

图 1.11　等离子体电子温度和气体温度随气
压的变化(汞辉光放电)

常见的大气压放电等离子体产生方式包括直流放电、中频 DBD、射频放电、微波放电和脉冲放电等,通过不同的电极设计和模式选择,可以实现各种形式的大气压等离子体。大气压等离子体放电模式与放电条件有关,既可以是辉光的,也可以是流注的。无论哪种模式,大气压放电的基本过程原理上是相似的,都是基于汤生过程,从气体击穿发展到稳定放电的。

稳定的大气压等离子体源是等离子体工艺的基础。从实际应用的角度,均匀的辉光放电等离子体是人们期待的目标,而基于气体放电的基本理论,产生稳定辉光放电的根本方法是降低电子崩的倍增速度和大小、减小放电能量的馈入。前者可以通过降低电场强度、减小电极间隙(实际上应该是 pd 值)实现,这正是电晕放电、微放电等离子体的出发点;而后者则需要放电电压(电场)作用的时间尽量短,它通常可以利用介质阻挡、脉冲或高频电压驱动来实现。表 1.3 给出一些工业和实验室大气压等离子体源及其特性。这方面的知识可以查看大气压等离子体源的综述(如文献[9]~[11])。

表 1.3　各种大气压等离子体源的特性

等离子体源	激励方式	等离子体性质	工作气体
电晕	直流/低频/脉冲	$T_e \sim 8000 \sim 14000$ K, $T_g < 400$ K $n_e \sim 10^9 \sim 10^{13}$ cm^{-3}	空气
DBD（dielectric barrier discharge）	中频/脉冲	$T_e \sim 10000 \sim 100000$ K, $T_g < 600$ K $n_e \sim 10^{11} \sim 10^{15}$ cm^{-3}	惰性气体,空气
射频等离子体	射频	$T_e \approx T_g \sim 6000 \sim 11000$ K $n_e \sim 10^{15} \sim 10^{20}$ cm^{-3}	惰性气体
大气压放电等离子体射流（atmospheric pressure plasma jet, APPJ）	中频/脉冲/射频	$T_e \sim 10000 \sim 20000$ K, $T_g < \sim 400$ K $n_e \sim 10^{11} \sim 10^{15}$ cm^{-3}	惰性气体(He)
微空心阴极放电（micro-hollow cathode discharge, MHCD）	直流/脉冲	$T_e \sim 3000 \sim 11000$ K, $T_g < \sim 700$ K $n_e \sim 10^{11} \sim 10^{15}$ cm^{-3}	惰性气体
电弧(炬)	直流/低频	$T_e \approx T_g \sim 8000 \sim 14000$ K $n_e \sim 10^{15} \sim 10^{20}$ cm^{-3}	惰性气体,空气
微波等离子体	微波	$T_e \sim 10000 \sim 20000$ K $T_g \sim 2000 \sim 7000$ K $n_e \sim 10^{13} \sim 10^{16}$ cm^{-3}	惰性气体

大气压放电等离子体通常是在开放空气环境下产生和维持的,等离子体工作气体一般处于流动状态。除等离子体自身的相互作用外(包括弹性碰撞和非弹性碰撞过程),等离子体中的各种活性粒子也将随着气体做宏观的整体运动,并与环境气体间进行质量、能量和动量的交换。大气压放电等离子体实际上是一个电、磁、热、流动、化学反应等多个物理场的耦合体系,因此,面向应用的大气压放电等离子体技术及其基础研究势在必行。

1.5　小　　结

本章介绍了等离子体的基本特性和气体放电的基本理论。

（1）等离子体是准电中性的电离气体,最基本的参数是等离子体密度和温度。等离子体具有德拜屏蔽和朗缪尔振荡的特征;在与介质或导体交界处将产生等离子体鞘。等离子体中带电粒子相互碰撞,产生激发、离解、电离和复合等各种基元反应。这些基元过程产生的热、力、光、电和化学活性等效应是放电等离子体应用的基础。

（2）气体击穿是非自持放电向自持放电转换的过程。不同电极和气体条件下，气体击穿机制和等离子体放电过程不同，但遵循气体放电的击穿理论；在较低气压（或较小 pd 值）下服从汤生放电理论，而在高气压（严格地说是高 pd 值下）则是流注击穿机制的。两种击穿机制都以电子崩发展为基础，具有形式相同的击穿判据。它们是互补的，在一定条件下可以相互转换。

（3）大气压放电等离子体具有与低气压等离子体不同的特性。实验上通过放电电流、辐射光谱、等离子体鞘特性，可以诊断放电等离子体的参数和特性。但要了解大气压放电等离子体的微观过程，必须利用等离子体理论和气体放电理论对放电过程进行模拟。

参 考 文 献

[1] Roth J R. Industrial Plasma Engineering [M]. Vol 1. Philadelphia：IOP Publishing，1995.

[2] Bogaert A，Neyts B，Gijbels R，et al. Gas discharge plasmas and their applications [J]. Spectrochimica Acta-Part B：Atomic Spectroscopy，2002，57：609-658.

[3] Chen F F. 等离子体物理学导论[M]. 林光海，译. 北京：人民教育出版社，1980.

[4] 刘万东. 等离子体物理导论[M]. 合肥：中国科技大学（近代物理系讲义），2002.

[5] 陈宗柱，高树香. 气体导电[M]. 南京：南京工学院出版社，1988.

[6] Raizer Y P. Gas Discharge Physics [M]. Berlin：Springer，1991.

[7] 杨津基. 气体放电[M]. 北京：科学出版社，1983.

[8] 徐学基，诸定昌. 气体放电物理[M]. 上海：复旦大学出版社，1996.

[9] Tendero C，Tixier C，Tristant P，et al. Atmospheric pressure plasmas：A review [J]. Spectrochimica Acta-Part B：Atomic Spectroscopy，2006，61(1)：2-30.

[10] Bárdos L，Baránkov H. Cold atmospheric plasma：Sources，processes，and applications [J]. Thin Solid Films，2010，518(23)：6705-6713.

[11] Bruggeman P，Brandenburg R. Atmospheric pressure discharge filaments and microplasmas：physics，chemistry and diagnostics [J]. Journal of Physics D：Applied Physics，2013，46(46)：464001.

第2章 大气压射频气体放电数值模拟

张远涛

山东大学

大气压下的气体放电相较于低气压放电而言,有其独特的特点。这主要体现在,大气压条件下,气体中的碰撞非常频繁(在皮秒范围内),带电粒子的平均自由程非常短(几十纳米范围内),放电过程的演化比较剧烈,非常容易出现不稳定的放电,特别对于较大空间尺度的放电更是如此;在大气压条件下的碰撞主要以多体碰撞为主,电离过程也多是逐步进行的,这样就容易形成大量的激发态(或者中间价态)的中性或带电粒子,这些粒子的化学活性在实际应用中起着非常关键的作用,众多活性成分是大气压气体放电各种应用的主要载体,这与在低气压放电中往往使用高能离子不同。正是由于这些特点,大气压下气体放电的数值模拟研究相较于低气压下而言面临更多的挑战,其多时空尺度、多物理场特征更为明显,物理化学过程更为复杂,边界过程(相互作用)与边界条件更为重要。本章将以大气压射频放电为例,讨论大气压下气体放电的一些常用理论与数值计算方法。

2.1 引 言

大气压下气体放电是近年来发展起来的一项崭新的等离子体产生技术,由于该技术在工业生产中不需要昂贵的真空装置,可以实现流水线式的连续作业,并能产生大体积均匀且具有很高活性的非平衡等离子体,从而在薄膜生长、材料改性及杀菌消毒等领域得到越来越多的应用,甚至催生了等离子体医学这样的新兴学科,是目前国际上放电与等离子体研究领域的热点之一[1~6]。反过来讲,许多等离子体的生物医学应用,特别是作用于活体的应用,也需要是在大气压下进行,这也是该类应用的必然要求。

在大气压下,气体放电参量的实验诊断更为困难,一些在低气压常用的诊断方法在大气压下可能未必适用。同时,所需测量的物理量更多更复杂,特别是众多活

───────────────

本章工作得到国家自然科学基金(11375107,51007048)和山东省自然科学基金(ZR2010AQ007)的支持。

性粒子(ROS、RNS 等)的诊断,如基态的氧原子、氮原子等,更是具有挑战性的工作,相关介绍参见本书其他章节。数值模拟作为另一种研究大气压下气体放电的重要方法能有效弥补实验研究的不足,可以比较直观地揭示大气压放电等离子体的多尺度、多物理场特性,特别是对于深入了解其微观分布等非常关键(数值模拟的必要性)[7~11]。

一般来说,常用的大气压非平衡等离子体数值模拟方法主要有两种:粒子模拟(通常与蒙特卡罗方法相结合,particle-in-cell Monte Carlo collision model,PIC-MCC)与流体模拟,其中粒子模拟可以全面地提供等离子体的动理学(Kinetic,旧译作动力学)信息,是精确描述等离子体的模拟手段。但是在大气压气体放电中,等离子体中不同粒子之间的碰撞非常剧烈,粒子模拟的时间步长大约在 10^{-14} s 的量级上,同时需要跟踪的粒子数众多,从而导致粒子模拟的工作量异常巨大。尽管一些提高计算效率的方法,如采用超粒子、耦合重整化与权重方法等,已经在粒子模拟中广泛使用,但是针对大气压气体放电等离子体的全区域长时间的模拟由于其巨大的计算量仍然是一件非常困难的工作,目前能见到的大气压放电粒子模拟的例子主要在大气压射频微等离子体、大气压纳秒脉冲放电等时空尺度都非常短的放电中[9,10]。当然,应该说这也是在大气压气体放电中对粒子模拟需求迫切的放电类型。由于放电间隙非常小(微米量级),或者外加激励电压的变化非常快(纳秒量级),电子能量分布的变化非常剧烈,必须采用粒子模拟才能准确地反映其放电特性。如文献[9]中的研究所述,在大气压射频微等离子体的模拟中,借助于粒子模拟得到电子能量分布函数随时间的变化是明显的。

可以这样说,虽然大气压下粒子模拟的工作量极其巨大,但却是许多类型的大气压气体放电物理本质的必然需求,不采用粒子模拟,就无法描述其动理学特性。当然,正是由于计算工作量过于巨大,大气压粒子模拟对于涉及多种粒子的混合气体模拟,以及二维或三维的高维度模拟还比较难以实现。

相较而言,流体模拟通过数值求解带电粒子的连续性方程、动量方程、能量方程,并耦合泊松方程,若算法选取得当,会具有较高的计算效率。流体模拟是大气压气体放电数值模拟中运用最多的模拟方法,其直接得到的电流、电压、电子密度、电子温度等宏观参量也便于同实验结果直接比较。同低气压下相比,大气压下的流体模型需要考虑的粒子种类更多,涉及粒子产生与消失的连续性方程一般为多个,在讨论活性粒子的产生的时候甚至可以达到二十余个,其源项里涉及的反应可能上百种。这种规模的计算在大气压下流体模拟是可以完成的[8]。如图 2.1 在大气压射频氦氧放电的模拟中,就考虑了十几种粒子及其中几十种主要的等离子体化学反应。

而且,需要特别指出的是,讨论大气压放电中带电粒子、短生存周期的活性粒子、长生存周期的活性粒子分别对应着不同的时间尺度(从亚纳秒到秒乃至分钟量级)[12],如何能高效而准确地描述各种活性粒子,既能捕获短生存周期粒子的快速演化,又可描述长生存周期粒子的反应与运动,同时不同时间尺度粒子之间的相互作用也可以正确地体现出来。这对流体模拟提出了新的要求,也是大气压气体放电流体模拟需要迫切解决的问题[11,15]。

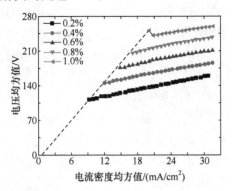

图 2.1　基于流体模拟的大气压射频氦氧放电的伏安特性曲线[11]

另一方面,由于大气压下的放电非常容易由大体积均匀的放电转化到集聚的(如射频放电)或是丝状的放电[13,14](如 DBD),再现并解释这种转化,进而在实际应用中避免这种转化就成为数值模拟研究中的重要问题。而这需要二维乃至三维的数值模拟研究。借助于高效率的算法,基于流体的大气压放电的二维或三维模拟从目前来看都是可以实现的,这也是流体模拟的一大优势[16~18]。图 2.2 所示为用于模拟大气压介质阻挡径向演化的二维模拟。当然,由于放电比较剧烈,大气压下气体放电流体模拟中的多尺度问题、计算的稳定性问题等相较于低气压下放电而言都更为突出。这些具体的计算问题限于篇幅不再赘述,读者可参见相关的文献[19]。

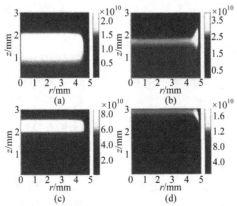

图 2.2　基于二维流体模拟的大气压 DBD 的径向效应、电子密度((a)
与(b))与离子密度((c)与(d))在不同时刻的空间分布[16]

　　粒子模拟虽能捕获大气压放电的动理学效应,但是计算量过于巨大,特别当放电的时空尺度较大的时候,流体模型具有较高的计算效率。如何有效地耦合粒子模型与流体模型,构建既能反映大气压放电的动理学效应,又能考虑多种活性粒子具有较高的计算效率的混合模型就成为一个非常重要的问题。比如许多射流装置是由纳秒脉冲驱动的,且放电空间的尺度有时也非常小(在微等离子体的尺度上),其动理学效应在数值模拟的时候就是必须要考虑的,而等离子体流动与传播的过程,就需要用流体模型来描述。这就需要构建能描述大气压气体放电的混合模拟,既能反映大气压等离子体的动理学效应,又能描述其传播过程和多种活性粒子的演化,目前在大气压下此类的工作还不多见。

　　在大气压气体放电的研究中,借助整体模型(global model)来模拟具有复杂化学反应的等离子体成为一个非常重要的方法,其在大气压放电的模拟中具有特殊的重要性,当然这也是由大气压气体放电本身的特点决定的。在大气压放电中,特别是当涉及混合气体的放电中,如空气中放电,惰性气体含水(气态或液态)、氧气、氮气等混合气体放电中,所涉及粒子种类有几十种,化学反应几百种,如果把这些粒子和反应都包含到流体模拟中,流体模拟的计算效率与计算精度都有可能受到极大的影响,甚至导致整个计算过程无法顺利完成。从另一个角度,把如此众多的粒子与反应放到流体模型中可能也是没有必要的,因为有些粒子和反应只是中间过程中产生的,而且有时候我们所关注的往往只是关键粒子种类、粒子密度、功率消耗等信息。这时,整体模型就体现出极大的优势,整体模型由于忽略了粒子的空间分布,从数学上来说将流体模型中的偏微分方程组转为常微分方程组,计算速度非常快,能较高效和准确地给出带电粒子密度等信息,可以非常方便地从数量众多的粒子与反应中筛选出较少的关键粒子与反应。特别是近年来整体模型本身也有了一些新的发展,在大气压气体放电中使用起来也比较方便[20,21]。

2.2　常用理论与算法

2.2.1　描述大气压容性射频放电的基本方程

　　容性耦合射频放电是低气压下工业应用中非常成熟的放电方式。容性耦合射频放电的结构比较简单,一般有两个金属电极,两电极之间充满工作气体,外加激励电压在兆赫兹范围内,最常用的为 13.56 MHz。当然,电极表面覆盖有介质层的容性耦合射频放电也有许多报道[22,23]。如果射频放电的时空尺度相对较大、频率也较高,那么电子能量分布函数基本满足麦克斯韦分布。所以,采用流体模型来描述大气压射频放电是合适的,并且由于人们往往关注的是大体积均匀放电的 α 模式,计算模型也以一维情形为主。当然,当涉及放电模式转换时,为了捕获放电等离子体由大体积均匀转化到径向集聚的形态,就需要用到二维流体模拟。

在大气压放电中,粒子的产生与消失可以由连续性方程给出,其动量方程则由扩散漂移近似方程代替。在一维模型中,描述大气压射频放电的主要方程如下:

$$\frac{\partial n_{\mathrm{e}}(x,t)}{\partial t}+\frac{\partial j_{\mathrm{e}}(x,t)}{\partial x}=S(x,t) \tag{2-1}$$

$$\frac{\partial n_{\mathrm{i}}(x,t)}{\partial t}+\frac{\partial j_{\mathrm{i}}(x,t)}{\partial x}=S(x,t) \tag{2-2}$$

$$j_{\mathrm{e}}(x,t)=-\mu_{\mathrm{e}}E(x,t)n_{\mathrm{e}}(x,t)-D_{\mathrm{e}}\frac{\partial n_{\mathrm{e}}(x,t)}{\partial t} \tag{2-3}$$

$$j_{\mathrm{i}}(x,t)=-\mu_{\mathrm{i}}E(x,t)n_{\mathrm{i}}(x,t)-D_{\mathrm{i}}\frac{\partial n_{\mathrm{i}}(x,t)}{\partial t} \tag{2-4}$$

其中,$n_{\mathrm{e}}(x,t)$、$n_{\mathrm{i}}(x,t)$ 和 $S(x,t)$ 代表电子密度、离子密度和源项;$j_{\mathrm{e}}(x,t)$ 和 $j_{\mathrm{i}}(x,t)$ 表示电子和离子通量;μ_{e} 和 μ_{i} 是电子和离子迁移率;D_{e} 和 D_{i} 分别是电子和离子的扩散系数;$E(x,t)$ 表示极板之间的电场,此电场由泊松方程决定

$$\frac{\partial E(x,t)}{\partial t}=\frac{e}{\varepsilon_0}\rho(x,t) \tag{2-5}$$

其中,e 表示基本电荷;ε_0 是真空介电常数;ρ 表示放电区域的空间电荷。

通过引入放电空间的总电流密度 $I(t)$,可以得到电流平衡方程

$$\varepsilon_0\frac{\partial E(x,t)}{\partial t}=I(t)-j_{\mathrm{g}}(x,t) \tag{2-6}$$

其中,$j_{\mathrm{g}}(x,t)$ 是放电间隙中的传导电流。因此,放电电流密度可以表示为

$$I(t)=\frac{\varepsilon_0}{d}\frac{\mathrm{d}V(t)}{\mathrm{d}t}+\frac{1}{d}\int_0^d j_{\mathrm{g}}\mathrm{d}x \tag{2-7}$$

其中,d 是极板距离。电流密度 $I(t)$ 由两部分组成,分别是位移电流密度和传导电流密度,进一步可以将总传导电流密度 I_{c} 简化为

$$I_{\mathrm{c}}=\frac{1}{d}\int_0^{d_{\mathrm{g}}} j_{\mathrm{g}}(x,t)\mathrm{d}x \tag{2-8}$$

$$=\frac{1}{d}\int_0^{d_{\mathrm{g}}} e\Big(\mu_{\mathrm{i}}En_{\mathrm{i}}-D_{\mathrm{i}}\frac{\partial n}{\partial x}+\mu_{\mathrm{e}}En_{\mathrm{e}}-D_{\mathrm{e}}\frac{\partial n_{\mathrm{e}}}{\partial x}\Big)\mathrm{d}x \tag{2-9}$$

$$\approx\frac{1}{d}\int_0^{d_{\mathrm{g}}} e(\mu_{\mathrm{i}}En_{\mathrm{i}}+\mu_{\mathrm{e}}En_{\mathrm{e}})\mathrm{d}x \tag{2-10}$$

$$=\frac{1}{d}e\mu_{\mathrm{e}}N_{\xi}(t)\int_0^{d_{\mathrm{g}}} E\mathrm{d}x \tag{2-11}$$

$$=e\mu_{\mathrm{e}}N_{\xi}(t)\frac{V(t)}{d} \tag{2-12}$$

从方程(2-9)到方程(2-10)的过程中,电子和离子的扩散项被忽略。在方程(2-11)中应用了积分中值定理,这里 $N_{\xi}(t)$ 代表在放电空间一个特定位置的电子密度,可以

近似地当作平均电子密度。进而,放电等离子体的等效电导率 σ_p 可做如下定义:

$$\sigma_p(t) = e\mu_e N_\xi(t) \tag{2-13}$$

该物理量反映了放电等离子体导通电流的能力。进一步,放电等离子体的弛豫时间 $\tau_p(t)$ 和相应的弛豫频率 f_p 也可给出:

$$\tau_p(t) = \frac{\varepsilon_0}{\sigma_p(t)} \tag{2-14}$$

$$= \frac{\varepsilon_0}{e\mu_e N_\xi(t)} \tag{2-15}$$

$$f_p(t) = \frac{1}{2\pi\tau_p(t)} \tag{2-16}$$

$$= \frac{1}{2\pi\varepsilon_0}e\mu_e N_\xi(t) \tag{2-17}$$

这样,方程(2-7)可以进一步写成

$$I(t) = \frac{\varepsilon_0}{d}\frac{dV(t)}{dt} + \frac{2\pi\varepsilon_0}{d}f_p V(t) \tag{2-18}$$

进而可有

$$\frac{dV(t)}{dt} = \frac{d}{\varepsilon_0}I(t) - 2\pi f_p V(t) \tag{2-19}$$

为了得到电子温度,电子能量方程也需要被自洽地求解

$$\frac{\partial}{\partial t}\left(\frac{3}{2}kN_e T_e\right) = -\frac{\partial q_e}{\partial x} - ej_e E - \sum k_t N_e N_t H_t - 3K_B\frac{m_e}{m_d}(T_e - T_g)\bar{v}_e \tag{2-20}$$

其中,k、N_e 和 T_e 分别是玻尔兹曼常数、电子密度和电子温度;k_t 代表反应速率;H_t 表示非弹性碰撞的阈值能量,相应的值可以从文献[24]中得到;T_g 是气体温度;$\bar{v}_e$ 是电子和背景气体的碰撞频率。另外,q_e 是电子能量通量,可由下式给出

$$q_e = \frac{5}{2}j_e k T_e - \eta_e\frac{\partial T_e}{\partial t} \tag{2-21}$$

式中,η_e 可以表示为

$$\eta_e = \frac{5}{2}kD_e N_e \tag{2-22}$$

通过求解(2-20)和如下的边界条件:

$$q_e^s = \frac{5}{2}j_e^s K T_e \tag{2-23}$$

其中,q_e^s 和 j_e^s 表示极板表面的电子能量通量和电子电流通量。这样就可以求出电子温度的时空分布,进而更精确地计算各种反应的反应系数及各种粒子的输运系数。

另一方面,尽管在相对较大间隙下,在 α 模式下气体温度变化并不大,但是有时为了更准确地研究气体加热效应,气体温度方程也需要包括进来,用如下的形式给出:

$$\frac{\partial}{\partial t}\sum_h N_k h_{k,\mathrm{sens}} = -\frac{\partial q_k}{\partial x} - ej_k E + \sum k_t N_e N_t H_t + 3k\frac{m_e}{m_d}(T_e - T_g)\bar{v}_e$$

$$(2\text{-}24)$$

其中,$h_{k,\mathrm{sens}}$ 是粒子 k 的焓,可以用下式给出:

$$h_{k,\mathrm{sens}} \approx C_{pk} T_g \qquad (2\text{-}25)$$

其中,C_{pk} 对于单原子和双原子粒子分别为 $(5/2)k$ 和 $(7/2)k^{[25]}$。另外,q_k 可以表示为

$$q_k = \frac{5}{2} j_k k T_g - \eta_k \frac{\partial T_g}{\partial x} \qquad (2\text{-}26)$$

其中,η_k 由下式给出:

$$\eta_k = \frac{5}{2} k D_k N_k \qquad (2\text{-}27)$$

通常在电极表面,气体温度的边界条件取为室温 300 K。更详细的关于气体温度方程的讨论可以在文献中找到[25]。

如前所述,一些分析结果是在忽略扩散项的情况下得到的,如从方程(2-9)到方程(2-10),但是在密度梯度较大的地方,如鞘层边界处,扩散所起的作用还是比较明显的。为估计在大气压射频放电中忽略扩散项可能带来的影响,图 2.3 给出了由方程(2-9)和方程(2-10)计算出的传导电流密度,给定的条件为放电功率 8 W/cm² 及在 20 MHz 频率下。由于忽略了扩散项,由方程(2-10)得到的结果比方程(2-9)的小一些。然而,总体来说,在一个周期中有相同的演化趋势,只有当电压很高时两个电流密度波形的偏差才较为明显。为估计这个偏差,比率 c 定义为

$$c \triangleq \frac{(I_c(t) - I'_c(t))_M}{I_{cM}} \times 100\% \qquad (2\text{-}28)$$

符号 M 代表最大值。比率 c 随频率的变化由图 2.4 给出,随着频率由 20 MHz 上升到 55 MHz,c 值由 10.74% 迅速下降到 3.55%,而后缓慢下降至 100 MHz 时的 3.16%。这表明随着频率的提高,$I'_c(t)$ 可以以较高的精度代替 $I_c(t)$。因此,即使忽略了电子和离子的扩散项,仍可以比较准确地估计放电特性,尤其在频率很高时。

还要重申的是,在本章的模拟计算中,扩散项是没有被省略的,是完整的求解整个气体放电方程组的结果,只是在做一些分析推导时采用了方程(2-10)中所用到的近似,以便能得到一些相对简明的解析结果。

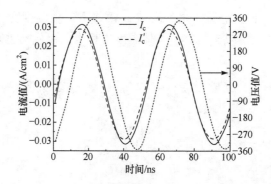

图 2.3 考虑 $(I_c(t))$ 与不考虑 $(I'_c(t))$ 电子与离子扩散项分别
计算出的传导电流密度[26]

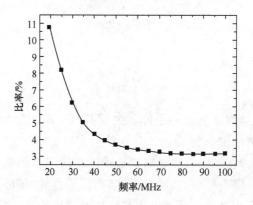

图 2.4 比率随频率的变化[26]

2.2.2 以电流为输入参数的流体模型

在大气压射频放电的模拟中,往往以电流(密度)为输入参数,以正弦形式给出,即 $I(t) = I_0 \sin(2\pi f t)$,这里 I_0 是总电流幅值。解式(2-19)得

$$\frac{\mathrm{d}V(t)}{\mathrm{d}t} = \frac{d}{\varepsilon_0} I_0 \sin(2\pi f t) - 2\pi f_p V(t) \quad (2\text{-}29)$$

因此由式(2-29)可得放电电压

$$V(t) = \frac{dI_0}{2\pi\varepsilon_0 \sqrt{f_p^2 + f^2}} \sin(2\pi f t - \varphi) + \frac{2\pi f dI_0}{2\pi\varepsilon_0 (f_p^2 + f^2)} \exp(-2\pi f_p t) \quad (2\text{-}30)$$

一般来说,当放电发生后,弛豫频率 f_p 是非常大的,如在放电频率为 13.56 MHz 的射频放电中,当电子密度为 3×10^{11} cm^{-3} 时,弛豫频率为 97.68 MHz[26],所以式(2-30)右边的第二项衰减得非常快,因此式(2-30)实际上可改写为

$$V(t) = \frac{dI_0}{2\pi\varepsilon_0 \sqrt{f_p^2 + f^2}} \sin(2\pi f t - \varphi) \quad (2\text{-}31)$$

这里，φ 为放电电压和放电电流之间的相位差，可以由以下式子给出：

$$\varphi = \arctan\left(\frac{f}{f_{\mathrm{p}}}\right) \tag{2-32}$$

从式(2-31)来看，当以电流为输入参数时，严格来讲，放电电压 $V(t)$ 并不是一个正弦函数。从式(2-32)也可以看出，由于弛豫频率 f_{p} 不是一个固定的常数，导致放电过程中，电压与电流的相位差 φ 也不再是一个常数。从式(2-31)可以得到，电压幅值的形式为

$$V_0 = \frac{dI_0}{2\pi\varepsilon_0 \sqrt{f_{\mathrm{p}0}^2 + f_2}} \tag{2-33}$$

此处，$f_{\mathrm{p}0}$ 为 f_{p} 在 $V(t)$ 取得最大值 V_0 时的取值。在放电击穿前，电子密度非常低，相较于射频频率 f，弛豫频率 $f_{\mathrm{p}0}$ 非常小，几乎可以忽略不计，因此，式(2-33)还可以进一步改写为

$$V_0 = \frac{d}{2\pi\varepsilon_0 f}I_0 \tag{2-34}$$

显然电压与电流是线性关系，这点从图 2.5 也可以看得非常清楚。而气体击穿以后，电子密度变得很高，从而弛豫频率要远远大于外加频率，式(2-33)可以近似写成

$$V_0 = \frac{d}{2\pi\varepsilon_0 f_{\mathrm{p}0}}I_0 \tag{2-35}$$

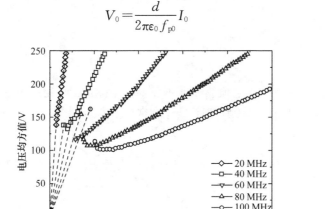

图 2.5　基于流体模拟得到的不同射频频率下的伏安
特性曲线[23]（相应的实验结果参见文献[28]）

从这里可以看到，放电之后在 α 模式下，由于放电变化并不剧烈，电流增加导致的电子密度变化也不明显，即 $f_{\mathrm{p}0}$ 也近似为一常数，则电流与电压仍旧近乎线性关系，只不过由于 $f_{\mathrm{p}0}$ 要大于 f，相应的直线斜率要小得多。这点从实验与数值计算的伏安特性曲线上也可以看得比较清楚[28,23]。通过对比实验测量[28]与数值模

拟(图 2.5)得到的不同频率下的伏安特性曲线,可以发现两者吻合得较好。这初步表明上述模型的有效性,说明该模型是能够正确地反映大气压射频放电的物理特性的。

2.2.3　以电压为输入参数的流体模型

从目前来看,以正弦电流作为输入参数的模型用得较多,特别是当讨论放电模式的转换时,这种模型非常方便。但是在有些情况下,将正弦电压作为输出参数,对讨论一些问题也是比较方便的(其实对于很多其他形式的放电的模拟,比如正弦激励的 DBD、脉冲激励的 DBD,都是以电压为输入参数的)。虽然从放电本质来讲,电流与电压作为输入参数没有什么本质的区别,只是为了研究问题的方便而采取的计算策略而已。

在以电压($V(t) = V_0 \sin(2\pi ft)$)为输入参数的情况下,总电流方程式(2-18)可以改写为

$$I(t) = \frac{2\pi f \varepsilon_0 V_0}{d} \cos(2\pi ft) + \frac{2\pi \varepsilon_0}{d} f_p V(t) \tag{2-36}$$

$$= \frac{\varepsilon_0}{d} 2\pi f V_0 \cos(2\pi ft) + \frac{\varepsilon_0}{d} 2\pi f_p V_0 \sin(2\pi f) \tag{2-37}$$

$$= \frac{2\pi \varepsilon_0 V_0}{d} \sqrt{f_p^2 + f^2} \sin(2\pi ft + \varphi) \tag{2-38}$$

$$= I_a \sin\theta \tag{2-39}$$

从式(2-37)可以看出,总电流密度具有对称的结构,位移电流和传导电流有着相似的表达式,不同的是电源频率 f 是一个常数,而弛豫频率 f_p 是一个时间的函数,则电流幅值为

$$I_a = \frac{2\pi \varepsilon_0 V_0}{d} \sqrt{f_p^2 + f^2} \sin\theta \tag{2-40}$$

而电压与电流之间的相位角则由下式给出:

$$\varphi = \arctan\left(\frac{f}{f_p}\right) \tag{2-41}$$

特别是在脉冲调制的大气压射频放电的模拟中,采用电压输入是非常合适的。脉冲调制是一种新的且较为有效的提高放电稳定性的方法,它主要是通过调制使得功率输入处于一种不连续的状态,根据需要进行开关。这样不仅功率损耗减小,放电稳定性也将增加。而脉冲调制是以电压为输入参数,其输入电压的表达式需改为

$$V(t) = \begin{cases} V_0 \sin(2\pi ft) & t \in T_1 \\ 0 & t \in T_2 \end{cases} \tag{2-42}$$

其中，T_1 为功率输入阶段的时间，在此时间内，电压输入依旧为正弦波形式；T_2 为功率停止阶段的时间，在此时间内，电压输入为 0。而 T 为整个调制周期的时间，包括功率输入阶段的时间和功率停止阶段的时间（$T = T_1 + T_2$）。其中，占空比与调制频率是脉冲调制射频放电中两个重要的参数。

图 2.6 给出了脉冲调制的电压电流波形示意图，调制频率为 50 kHz，射频频率为 12.5 MHz，占空比为 50%，整个调制周期有 250 个射频周期，射频功率输入周期为 125 个。图 2.6 中上半部分为电压波形，下半部分为电流波形，内嵌的小图为两个射频周期内电压电流的波形。由图 2.6 中下半部分可以看出，电流密度在输入电压的作用下逐渐增加，但是在最后几个射频周期，电流密度并没有达到最大值（未调制时的电流密度，在固定电压为 400 V 时，其值为 14.36 mA/cm²，虚线表示）。

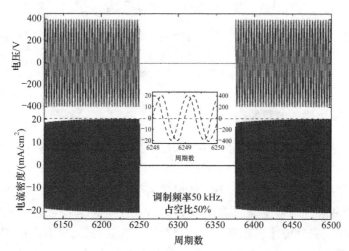

图 2.6　调制频率为 50 kHz，占空比为 50% 时，仿真所得的脉冲调制后的电压与电流波形

图 2.7 给出了不同占空比，调制频率为 12.5 kHz 时的 *I-V* 特性曲线，虚线部分表示预击穿阶段，此时总电流密度主要由位移电流组成。由于实际搭建实验平台时需要匹配电路等，所以在 *I-V* 曲线上，实验所测的值要大于仿真所得到的值。由图 2.7 可知，当占空比由 20% 增大到 50% 时，实验所测的击穿电压由 530 V 减小到 450 V，减小 15%。而在仿真模拟中，当占空比由 20% 增大到 50% 时，击穿电压从 230 V 减小到 205 V，减小 11%，两者之间的变化率差距不大。另外，当占空比从 20% 增加到 80%，放电击穿时，实验所测的电流密度由 31 mA/cm² 降低到 27 mA/cm²，降低 13%，而在同样的条件下，计算所得的电流密度由 12 mA/cm² 降到 10 mA/cm²，降低 17%。因此，模拟数据还是很好地反映了实验的结果，这也表明了本模型的有效性。

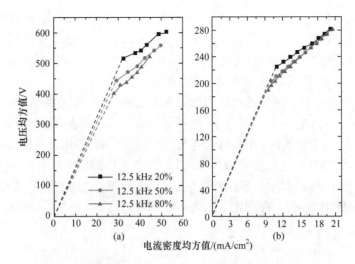

图 2.7   调制频率为 12.5 kHz,占空比分别为 20％、50％和80％时,
纯氦气放电的 I-V 特性曲线[29]

(a) 实验所测数据;(b) 模拟数据

2.2.4   以功率为输入参数的流体模型

上面两节分别介绍了以电流(密度)和电压为输入参数的计算模型,但是众所周知,在实际的大气压射频放电中往往是以放电功率(或功率密度)为考量的,也就是往往考虑在相同功率条件下来考察放电的特性。比如,要考察射频放电的频率效应,在同功率条件下来比较,显然要比在同电流或同电压来比较更为有效。在同功率条件下研究放电特性这在实验上是相对容易实现的,简单地讲,只需控制电源的输入功率就可以了(当然还要涉及损耗在匹配电路上的功率与耦合到放电空间的功率),但是在数值计算上来实现可能就要麻烦一下。一般说来,总是通过以电流为输入参数,通过不断改变输入电流,计算出一条相对完整的电流-功率曲线。当然这条曲线是离散的,若要得到特定的功率值,则可以通过数据拟合的方法。但是这种方法的精度是受到 I-P 曲线上数据点的多少影响的。而这样做计算量是相当可观的,而且精度不够的话,甚至会曲解同功率条件下的一些放电趋势。为了克服这些困难,在本小节中,给出一种以功率密度为输入参数的算法。

对于给定的功率密度 P_0,首先设定一个正弦形式的电流密度 $I^{(n)}$ 也被当作输入量,然后放电稳定时会得到真正的功率密度 $P^{(n)}$。如果

$$|P^{(n)}-P_0|\leqslant\varepsilon \tag{2-43}$$

的条件得到满足(其中 ε 是给定误差),则此时的电流密度 $I^{(n)}$ 就是想要得到的电流输入值,然后相应的其他参数,像电子密度、电子能量等,都可以在模型中得到。若

条件(2-43)不满足,则根据下面的式(2-44),电流密度 $I^{(n)}$ 进一步更新到电流密度 $I^{(n+1)}$:

$$I^{(n+1)} = I^{(n)} + \lambda(P_0 - P^{(n)}) \tag{2-44}$$

其中,λ 是一个很小的常数(如可以取做 0.0001)。如此迭代下去,直到算出的功率密度能满足条件(2-43)。

　　为了证实这种算法的有效性,图 2.8 给出了电流输入算法与功率输入算法得到结果的比较。两者的结果落在同一条直线上,表明功率输入的算法与电流输入的算法吻合得很好。这样就可以借助于该算法比较方便地研究同功率条件下大气压射频放电的演化过程,从而得到的结果可以与实验更好地进行对比。例如,图 2.9 的计算结果表明,在相同的功率下随着频率的增加,放电电流是增加的,电压是下降的,这与实验测量的结果[28]是定性一致的。这进一步表明,该算法是可以用来较为方便地研究同功率(密度)下大气压射频放电的演化特性的。

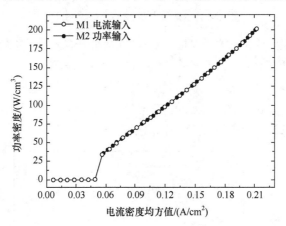

图 2.8　分别由电流输入算法(M1)与功率输入算法
(M2)得到的电流-功率曲线[23]

2.2.5　粒子种类与反应集合的选择

　　对于纯氦气或者纯氩气等惰性气体的放电,在计算中应该使用的粒子种类与反应集合目前已经相对明确,甚至氦氮混合气体的粒子种类及反应集合也比较清楚,在这里就不再赘述,请直接参考文献[24]。对于大气压射频氦氧放电,很多文献中对其所需要考虑的粒子种类及反应都有过讨论[21~27]。综合考虑已有的文献,以及为了提高计算的准确性及效率,在模型中一共考虑了 17 种粒子 65 个化学反应,详细的反应集合参见文献[11]。为了进一步提高计算速度,同时更加突出关键反应,该反应集合还可以进一步缩减为 48 个(粒子总数[30]还为 17 种),具体反应参考相关文献。从图 2.10 可以看到,计算表明两种反应集合得到的结果非常接

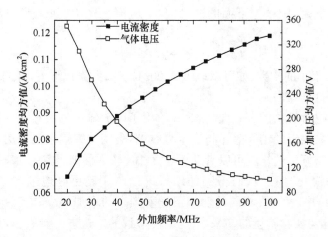

图 2.9　基于流体模拟的同功率下电流密度与电压对频率的依
赖关系[23]（实验结果参见文献[28]）

近。在模型中,除了基本的粒子氦原子(He)和氧分子(O_2)外,还包含了以下粒子:
电子(e)、基态氧原子(O)、臭氧分子(O_3)、激发态氧原子(O(^{1}D))、激发态氧分子
(O_2($^1\Delta_g$)简称 SDO,O_2($^1\Sigma_g^+$))、激发态氦离子(He*)、激发态氦分子(He$_2^*$)、氧正
离子(O^+)、氧分子正离子(O_2^+)、氧负离子(O^-)、氧分子负离子(O_2^-)、臭氧分子负
离子(O_3^-)、氦正离子(He^+)、氦分子正离子(He_2^+)。

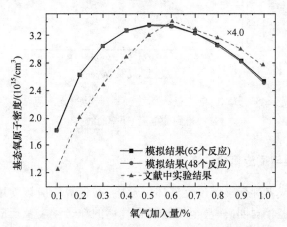

图 2.10　固定电压峰值为 330 V,基态氧密度随氧气加
入量的变化趋势[30]

　　考虑上述粒子与化学反应计算所得的伏安特性曲线(图 2.1)与实验测量[31]符
合得非常好。实验测量(数据来自文献[32])及计算所得基态氧原子密度随氧气加
入量增加的变化趋势由图 2.10 给出。从模拟结果可知,基态氧原子密度随着氧气

加入量的增加,先增加后减小,在氧气加入量为 0.5% 时到达最大,而在文献[32]中,实验测量基态氧原子密度在 0.6% 中到达最大,趋势基本一致。相较于文献[32]中的实验数据,仿真数据的值是实验数据的值的大约 4 倍。这可能由两方面的原因造成:其一,实验所得的数据是在等离子体射流装置的出口处测得,由于基态氧原子和空气中氧分子的复合作用,此处所测的基态氧原子的密度将小于放电区域中心的数据,而仿真所求的数据正是放电区域中心的数据;其二,仿真所用的各个反应速率的数据是在低气压中测量的,而本书所模拟的放电是在大气压下进行的[30]。应该说,不论从宏观的伏安特性曲线上,还是微观的基态氧原子密度的变化上,都初步表明,该模型中粒子种类与反应集合的选择还是比较合适的,计算结果与实验数据更为详细的比较将在下面相关章节中给出。

2.3　放电物理特性的数值模拟

2.3.1　放电模式及其转化

实验与计算均表明,在大气压射频放电中存在两种放电模式:α 模式与 γ 模式,这同低气压与中气压下放电模式基本一致。在 α 模式下,放电比较稳定,可以产生大体积均匀的射频等离子体,电子能量较高而气体温度较低,是比较理想的产生低温非平衡等离子体的放电模式;而随着功率的增加,等离子体出现径向集聚,气体温度升高的同时电压降低,放电进入到 γ 模式,极易发生烧蚀电极的情况[22,24,26]。可以这样说,在大多数大气压射频放电应用中,总是希望放电能维持在 α 模式下,而避免进入到 γ 模式。

1. 大气压射频放电模式转化点的理论

从大气压射频放电的伏安特性曲线可以看到,放电在 α 模式下有正的微分电导,而在 γ 模式下有负的微分电导。因此,在 α-γ 模式转换发生的转换点处微分电导应为零,即

$$\frac{dV_0(I_0)}{dI_0}\bigg|_{I_t}=0 \tag{2-45}$$

其中,I_t 是 α-γ 模式转换点处电流密度的幅值。

考虑到 $V_0(I_0)$ 的表达形式,在模式转换点处射频放电应满足的微分方程为

$$\frac{d}{2\pi\varepsilon_0}\frac{1}{\sqrt{f_{p0}^2+f^2}}-\frac{d}{2\pi\varepsilon_0}\frac{f_{p0}I_0}{\sqrt{(f_{p0}^2+f^2)^3}}\frac{df_{p0}}{dI_0}\bigg|_{I_t}=0 \tag{2-46}$$

其中,f_{p0} 是施加电压达到峰值时的弛豫频率值。进一步简化式(2-46),有如下等式:

$$\frac{\mathrm{d}f_{p0}}{\mathrm{d}I_0}\bigg|_{I_t} = \frac{f_{p0}^2 + f^2}{I_0 f_{p0}} \tag{2-47}$$

此方程提供了模式转换发生时 f_{p0} 和 I_0 的关系。当放电模式转换发生时,通常电流密度比较大,从而 f_p 会显著增强,此时

$$f_p \gg f \tag{2-48}$$

的条件会得到满足。此时,方程(2-47)可以进一步简化为

$$\frac{\mathrm{d}f_{p0}}{\mathrm{d}I_0}\bigg|_{I_t} = \frac{f_{p0}}{I_0} \tag{2-49}$$

将 f_p 的定义式代入式(2-49),得到

$$\frac{\mathrm{d}N_{e\xi 0}}{\mathrm{d}I_0}\bigg|_{I_t} = \frac{N_{e\xi 0}}{I_0} \tag{2-50}$$

其中,$N_{e\xi 0}$ 指弛豫频率取式(2-46)中的瞬时值 f_{p0} 时的相应电子密度。方程(2-50)给出了在 α-γ 模式转换发生时电子密度和总电流密度的关系。

另外,如果放电发生在 α 模式下,即微分电导为正,在转换点附近产生的电子密度应该相当高,并且足以满足式(2-48),有

$$\frac{\mathrm{d}N_{e\xi 0}}{\mathrm{d}I_0} < \frac{N_{e\xi 0}}{I_0} \tag{2-51}$$

但是在放电发展到 γ 模式并且微分电导变为负值时,又可得如下的不等式:

$$\frac{\mathrm{d}N_{e\xi 0}}{\mathrm{d}I_0} > \frac{N_{e\xi 0}}{I_0} \tag{2-52}$$

在数值模拟中,为了方便,可以取伏安特性曲线上微分电导为正的最后一个点作为发生模式转换的点。图 2.11 给出了在不同的放电间隙和不同的驱动频率下,当发生模式转换时的电流值与电压值。可以看到,随着极板间隙的增大,为了维持放电必须增大外施电压,而在发生 α-γ 模式转换时电流密度却随之减小。这个结果和文献[22]中提到的实验结果相吻合。另一方面,当驱动频率增加时,在发生模式转换时,电压下降而电流密度却是增大的。这表明在窄间隙放电或者施加高频率时,放电进入 γ 模式之前更容易获得较大的电流密度,同时外施电压也会降低。

在高气压下,鞘层击穿理论可以较好地解释两种放电模式的转换,在模式转换点的鞘层特性是值得关注的。图 2.12 给出了在不同极板间隙下和不同频率下当模式转换时的鞘层厚度和鞘层电压。随着极板间隙的增大,在转换点处鞘层厚度在增大,然而鞘层电压在减小,从图 2.12 中还可以计算出鞘层厚度占整个放电空间的比例在减小,从 30.3% 到 16.7%,下降了 45%。另一方面,从图 2.12 中还可以看到,随着频率的增大,鞘层厚度和鞘层电压都在减小,鞘层厚度占放电空间的比例从 35.7% 下降到 15.7%,下降了 56%。在这两种情况下,等离子体区的宽度都明显增大,几乎覆盖了所有的放电区域。

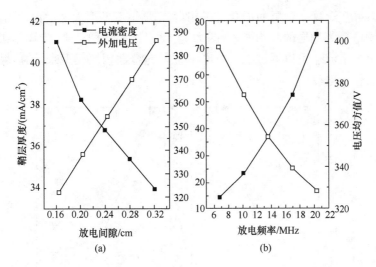

图 2.11　不同放电间隙(a)与不同放电频率(b)下大气压射频放电模式
转换时电流与电压

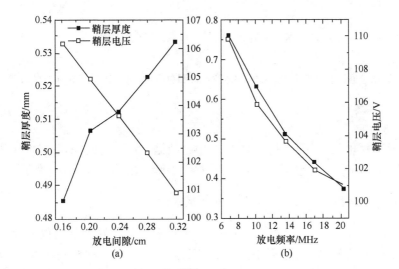

图 2.12　不同放电间隙(a)与放电频率(b)下模式转换发生时鞘层电压与鞘层厚度

根据鞘层击穿原理,外加电压在转换点处可以由鞘层的击穿电压来计算

$$V_{t} = \frac{Bpd_{s}}{\ln(Apd_{s}) - \ln(\ln(1 + \gamma^{-1}))} \qquad (2\text{-}53)$$

其中,d_{s} 是鞘层厚度;A 和 B 分别取 3 $cm^{-1} \cdot Torr^{-1}$ 和 34 $V/cm \cdot Torr$;p 代表气压,单位为 Torr。借助式(2-53)计算的结果已在图 2.13 中给出,与图 2.11 中给出的有相同的趋势,甚至在一些特殊点的数值都是相同的。对于图 2.13 给出的两

种情况,转换电压(即 α 鞘层的击穿电压)随着鞘层厚度的增大而增大。当然,由于计算所用的电压为鞘层的时均电压,图 2.11 模拟结果和图 2.13 计算结果也有一些差异。放电电流也可以通过射频放电中常用的容性鞘层模型来计算,鞘层中一般假设只有位移电流:

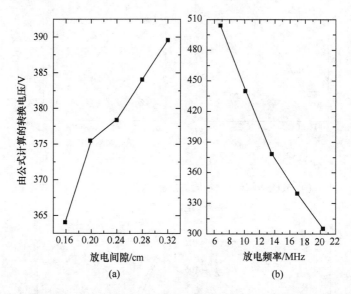

图 2.13　通过公式估计的不同放电间隙(a)和放电频率(b)下模式转换时的电压

$$I_0 = 2\pi f \varepsilon_0 \frac{V_s}{d_s} \tag{2-54}$$

其中,V_s 是鞘层电压。因此,基于图 2.12 中的数据,放电电流会随着极板间隙的增大而减小,随着频率的增大而增大,这和图 2.11 所给出的趋势是一致的。

2. 从二维模拟看大气压射频放电模式的转化

在从 α 模式转化到 γ 模式的过程中,一个比较明显的特征就是放电等离子体从大体积均匀的状态转变为径向集聚的状态,为了能再现这种转化,就需要借助于二维的流体模拟。关于二维模拟的具体方程及离散化方法详见文献[16]。由图 2.14 可以看出,随着电流的增加,电子密度一开始是均匀的(图 2.14(a)),随着电流的进一步增加,电子密度进一步提高并出现了收缩的迹象(图 2.14(b)),当电流超过转换点的电流后,电子密度非常高,但是其分布不再是均匀的,而是集聚在中间的位置(图 2.14(c))。这表明,流体模拟还是可以抓住射频放电模式转换的主要特征的,当然动理学效应是否需要考虑也是值得注意的。

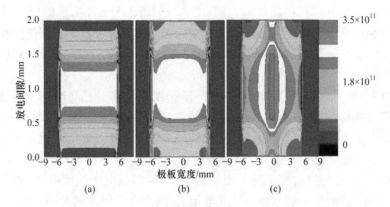

图 2.14　二维流体模拟的从 α 模式到 γ 模式的转变(等离子体从大体积的
均匀状态转化到径向集聚状态)

2.3.2　频率效应与尺度效应

1. 频率效应

一般说来,为了准确地得到射频放电的频率效应,需要在相同的功率(功率密度)下比较射频放电各个物理量的变化。图 2.9 给出了在相同的功率下,放电电流与电压随频率的变化。随着频率的增加,在给定的频率范围内,电流增加而电压下降,当然相应的相位角也会自洽地变化。

实验观察[28]和计算结果[26]表明,提高激励频率有助于放电维持在 α 模式下,并明显增强放电等离子体的稳定性,这也可以借助于解析的理论定量的讨论。在模式转换点,总电流密度大大增加,传导电流密度一般占据主导地位。根据式(2-51),可以有如下关系:

$$\frac{N_{e\xi0}}{I_0} < \frac{N_{e\xi0}}{I_t} \tag{2-55}$$

$$= \frac{dN_{e\xi0}}{e\mu_e N_\xi(t)V(t)} \tag{2-56}$$

$$< \frac{d}{e\mu_e}\frac{1}{V_0} \tag{2-57}$$

从式(2-56)到式(2-57),$N_{e\xi0}$ 几乎等于 $N_\xi(t)$,电压 $V(t)$ 在这儿取为 V_0,因此不等式(2-51)又可写为

$$\frac{dN_{em}}{dI_0} < \frac{d}{e\mu_e}\frac{1}{V_0} \tag{2-58}$$

当此不等式满足时,大气压射频放电就运行于 α 模式。实验和计算结果表明,尽管击穿电压随频率略微升高(图 2.5),但维持放电的电压是减小的(图 2.9),导致

$1/V_0$ 增大。因此,式(2-58)定性地表明,由更高射频频率驱动的放电更易运行于 α 模式,而不会出现模式转换。鉴于图 2.9 中随着频率的增加放电电压的降低,不等式(2-58)表明,如果低频放电运行于 α 模式,那么在相同功率下,高频率放电也运行于 α 模式。

虽然在高频下,放电更为稳定,而且电子密度也会略微有增加,但是数值计算表明,随着频率的增加,在相同的功率下射频放电的鞘层电压与时均鞘层厚度都出现下降,如图 2.15 所示,这将不可避免地影响放电中电子温度的变化。实际上,实验测量[28]与数值模拟[23]均表明,随着放电频率的增加,在相同的功率下,在给定的频率范围内电子温度有所下降。而一般说来,较低的电子温度将影响到其他活性粒子的产生,进而影响射频放电的化学活性,这将在下面的章节中讨论。

从另一个角度来看,在给定的电压下,在大气压下鞘层对频率的依赖关系更容易讨论一些,在低气压射频放电中,频率的标度率研究得较为充分[27]。图 2.16 给出通过模拟得到的在相同的电压下鞘层厚度关于频率的标度关系[33],在电压分别的为 250 V、290 V 和 300 V 的情况下,其标度率分别为 $f^{-0.844}$、$f^{-0.804}$ 和 $f^{-0.801}$。这与低气压下借助于粒子模拟得到的结果非常吻合[34],也与在大气压下氩气射频放电下结果比较一致[35]。

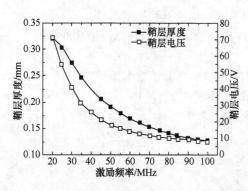

图 2.15　相同功率下鞘层厚度与鞘层电压随频率的变化[23]

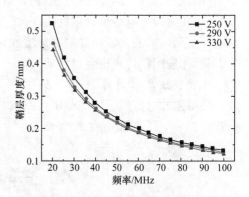

图 2.16　在给定电压下鞘层厚度对频率的依赖关系[33]

2. 尺度效应

一般说来,大气压下气体放电中,大尺度的放电更不容易稳定,而在较小的尺度下,不但放电更为稳定,而且可以耦合进更高的功率密度。因而,在同功率密度下探讨一下大气压射频放电的尺度效应是有意义的。

为了保证在大间隙与小间隙情况下的计算精度,需要进一步优化模型及其边界条件。图 2.17 表明,当极板距离从 1 mm 到 3 mm 变化时,在 40.68 MHz 击穿电压几乎和极板距离成线性关系,就像巴申曲线的左半分支。并且与在文献[36]

实验测量的在 40 MHz 下三种极板间隙(1.0 mm、1.5 mm、2.0 mm)时的击穿电压结果近乎定量地吻合,进一步证明了模型和边界条件选择上的有效性。

借助于同功率算法,可以得到在相同的功率密度下,电流密度与电压对放电间隙的依赖关系。一般说来,在相同的功率密度下,电流密度和驱动电压随着放电间隙的增加而增大,如在 80 W/cm³ 功率密度和 40.68 MHz 频率下,随着极板间隙从 1 mm 增大到 3 mm,总电流密度从 89.5 mA/cm² 到 115.3 mA/cm²,增大了 29%,而同时施加的电压从 193.9 V 到 296.1 V,增加了 50%。因此,根据如下的公式(2-59),随着 d/V_0 的增大,在同一功率密度下,电子密度 $N'_{e\xi}$ 也应增大。这一点可以在图 2.18 中清楚地看到。

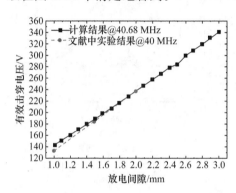 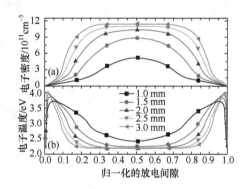

图 2.17 数值模拟与实验测量的不同放电间隙下的击穿电压[37]　　图 2.18 同功率密度下不同放电间隙下时均电子密度与电子温度的空间分布

$$N'_{e\xi} = \frac{2P_0}{e\mu_e}\left(\frac{d}{V_0}\right)^2 \tag{2-59}$$

从图 2.18 中可以看到,在较大的极板间隙下,可以有更高的电子密度和更宽阔的等离子体区。尽管鞘层所占的比例随着极板距离的增大在减小,但鞘层的厚度基本维持在 0.3 mm,因为在较大的极板距离下,鞘层可以发展得很完整[38]。但是电子温度在鞘层内与鞘层外随放电间隙的变化是不同的。对于鞘层内部,大间隙下的电子温度要高于小间隙下的电子温度,而在鞘层外,特别是等离子体区,趋势则相反,大间隙下的电子温度要低于小间隙下的电子温度值。这也部分地说明,在射频放电中小间隙下更容易耦合进更高的功率密度而保持在 α 模式下。

2.3.3 射频微等离子体的结构

在射频放电中,当放电间隙进一步缩小至微等离子体尺度内(1 mm 左右),特别是到了几百微米的量级,射频微等离子体出现了一些新的特点。

图 2.19 给出了在相同的电流下,射频微等离子体鞘层区与等离子体区的分布

比例。在给定电流密度 0.06 A/cm²，当放电间隙逐渐增加，实验与计算均表明鞘层开始逐渐增加，而当极板间隙增加超过 500 μm 后，鞘层厚度几乎保持在 215 μm 不变。而对于等离子体区的厚度，其从 100 μm 到 900 μm 一直在单调增加。该图表明，当放电间隙小于 500 μm 时，放电等离子体由传统的辉光放电结构转化为一种鞘层主导的结构，即鞘层成为放电空间的主要部分。同时，数值模拟还表明，在鞘层主导的放电结构中，整个放电空间失去了电中性，呈现为电正性，如图 2.20 所示。

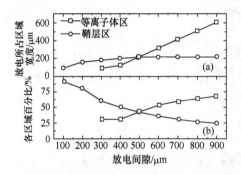 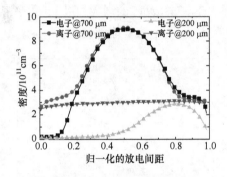

图 2.19　数值模拟得到的射频微等离子体的　　图 2.20　频率 13.56 MHz，间隙为 700 μm
放电结构[38]（相应的实验结果参见文献[39]）　和 200 μm 时的电子、离子密度空间分布

　　如果想在射频微等离子中继续获得正常的辉光结构，保证放电间隙内的电中性，提高放电频率是一种可行的方法。图 2.21 给出了在不同频率下两个周期电子密度的时空分布。在图 2.21(a) 中频率为 13.56 MHz 时，只有在电极附近才有大量的电子，其密度近似 3.06×10^{11} cm^{-3}。而当频率增加到 27.12 MHz 时，产生的 3.15×10^{11} cm^{-3} 的电子密度在极板间随着外加电压的改变来回振荡，从一个极板到另一个极板，几乎占据了整个间隙，如图 2.21(b) 所示。随着频率进一步增加到 54.24 MHz，在放电间隙产生的高密度电子，形成一个稳定的中性等离子体区。这些数据表明，随着频率的增加，放电结构发生改变，传统的辉光结构也可以出现。

　　当然，正如在引言中提到的，在射频放电中，当放电间隙非常小的时候（几百微米），电子能量分布函数已经偏离麦克斯韦分布，这时候使用粒子模拟是一种更准确的选择，特别是频率较低的情况下。

2.3.4　脉冲调制射频放电等离子体

　　一般说来，即使射频放电运行在 α 模式下，当功率较高或运行时间较长时，气体加热效应仍旧比较明显，导致产生的等离子体的温度较高，这将给射频等离子体的应用带来不利的影响。借助于脉冲调制的方法，一方面可以有效地抑制气体加热效应，另一方面也可以节约输入功率。但是问题在于，如何选择合适的调制频率

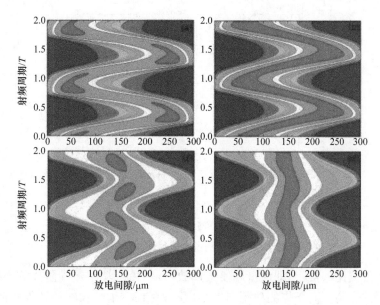

图 2.21　放电间隙为 300 μm,给定功率为 2 W/cm² 时两个周期的时空电子密度

所对应的频率为(a)13.56 MHz;(b) 27.12 MHz;(c) 40.68 MHz;(d) 54.24 MHz

与占空比,在实现上述目标的同时而不影响其他的等离子体参数,如电子密度与电子温度等。

图 2.22 给出了不同调制频率下,实验测量与数值模拟的电流密度随占空比的变化趋势。由图可以看出,在固定调制频率时,电流密度随着占空比的增大而增大,而在占空比固定时,电流密度随着调制频率的增大而减小,这主要是由于调制频率增加时,功率输入阶段的射频周期数减小,导致耦合到等离子体的功率密度下降。如占空比固定为 50%,当调制频率为 6.25 kHz 时,其功率输入阶段的射频周期数为 1000,而当调制频率增大到 12.5 kHz 时,其功率输入阶段的射频周期数为 500,只有 6.25 kHz 时的一半。而更多的变化细节通过仿真模拟在图 2.22(b)中给出。值得注意的是,当调制频率足够小时,即使占空比很小,电流密度也能到达未调制时的值,而相反的是,当调制频率太大时,即使占空比很大,电流密度也比较小。所以,功率输入阶段的射频周期数对电流密度的增大是非常重要的。因此,通常选择一个较低的调制频率外加较高的占空比(如大于 30%),这样可以得到一个较大的放电电流密度。

图 2.23(a)给出了固定 50 kHz 调制频率下,不同占空比时最大电子密度随射频周期的演化趋势。而图 2.23(b)给出了固定占空比为 40%,最大电子密度在不同调制频率下随射频周期的演化趋势。由图 2.23(a)可以看出,一旦进入功率停止阶段,由于扩散及复合反应,最大电子密度近似于线性减小。因此,固定调制频

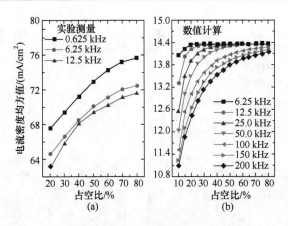

图 2.22　不同调制频率下实验测量(a)和仿真模拟(b)
最大电流密度随占空比的变化趋势

率时,假如占空比非常小,即使可以使气体放电,但由于功率输入阶段的射频周期
数太少,即耦合到等离子体的功率非常小,并且存在一个较长的功率停止阶段,将
会极大地降低剩余电子密度,相当于可作为下次放电的种子电子密度也减小。这
样,下次放电时,其可得到的电流及电子密度也不会很大。总之,当固定调制频率
时,选取较大的占空比,将会产生高密度的等离子体,并且在功率停止阶段放电区
域也会有较高密度的剩余电子。

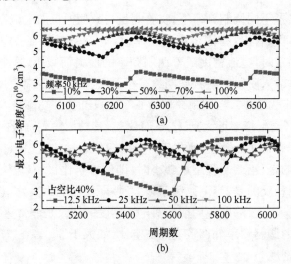

图 2.23　在给定调制频率的情况下,占空比对最大电子
密度的影响(a),以及在给定占空比的情况下,调制周期
对最大电子密度的影响(b)

　　另外,由图 2.23(b)可以看出,对于小的调制频率,如 12.5 kHz,在整个调制

周期内将会有 1000 个射频周期,即使占空比只有 40%,功率输入阶段也将有 400 个射频周期来激励放电。因此放电时,电子密度可以达到最大值(未调制时的电子密度)6.46×10^{10} cm^{-3}。但是,一个较长的功率停止阶段(600 个射频周期),由于扩散及复合反应,剩余电子密度将会变得非常低,只有 2.87×10^{10} cm^{-3},下降了 55%。当调制频率升高时,在功率输入阶段,激励放电的射频周期数变少,放电时的最大可得到的电子密度下降,但是由于功率停止阶段时间变短,其剩余电子密度在增加。例如,当调制频率升高到 100 kHz 时,功率输入阶段的 50 个射频周期,其最大可得到的电子密度只有 5.84×10^{10} cm^{-3},但是由于其功率停止阶段也只有 75 个射频周期,所以剩余电子密度将达到 5.28×10^{10} cm^{-3},相较于功率输入阶段的电子密度,仅下降 5.6%。因此,在固定占空比时,要想在功率输入阶段获得较大的电子密度,应该采用一个较小的调制周期,但是假如要想在功率停止阶段获得一个较大的电子密度,应该采用一个较大的调制周期,并且此时,电子密度在整个调制过程中不会出现较大的波动,放电依旧处于比较连续的状态。

产生 He($^3S_1$)需要高能电子(>22 eV),因此 706 nm 光谱(He(^2S_i)→He($^3P_2$)$+$ $h\lambda$)通常被用来测量等离子体中的高能电子。由图 2.24(a)可知,随着占空比的增加,706 光谱强度也在增加,相似的变化趋势也可以通过模拟得到(图 2.24(b))。在调制频率固定时,最大电子温度随着占空比的增大而增大,当增大到一定程度时,电子温度的增加就比较缓慢。因此,为了提高放电区域中的高能电子的比例,占空比应该取在一个合适的范围内(大于 30% 同时小于 60%)。另外,实验和模拟数据都表明,当占空比固定、调制频率增加时,由于功率输入阶段拥有更少的射频周期,最大电子温度将下降。

图 2.24(a)中也给出了调制频率为 6.25 kHz 时气体温度随占空比的变化趋势,虽然气体温度也是随着占空比的增大而增大,但是其增大的趋势却是和 706 nm 光谱相反,当占空比小于 60% 时,气体温度增加并不明显,但是当占空比大于 60% 时,气体温度急剧增加。这个相似的变化趋势在其他文献的实验测量中也曾给出[68]。通常,在很多对温度比较敏感的应用中,过高的气体温度一般会限制等离子体的应用,另外气体温度过高也会影响放电的稳定性。因此,在实际应用中,应该选择占空比小于 60%,这样会抑制气体温度的上升,不至于使气体温度过高,但是电子温度却可以达到比较高的值。

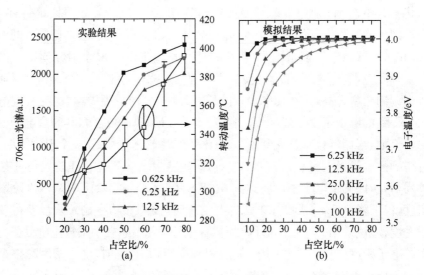

图 2.24　不同调制频率下,实验所测的 706 nm 光谱随占空比的变化趋势(a)及
模拟所测的最大电子密度随占空比的变化趋势(b)

2.4　放电化学活性的数值模拟

在大气压放电中,由于频繁的多体碰撞,非常容易形成活性较强的激发态(或中间价态)的带电粒子或中性粒子。特别是当工作气体掺杂有其他成分,如氧气、氮气、水等,此时所形成的活性粒子种类更多且密度也较高,这些活性粒子是大气压气体放电中的主要应用载体。有效地控制和优化活性粒子的产生是大气压放电等离子体应用中的关键问题之一,本节将以氩氧混合气体为例,研究大气压射频放电中几种主要的活性粒子产生与消失的关键过程。相较于实验研究,利用数值模拟可以定量地分析特定活性粒子产生与消失所涉及的化学反应,并进而明确哪些反应对于该粒子的产生与消失是最主要的,并且可以更为清楚地给出活性粒子密度对于放电参数的依赖关系。这一方面可以深化对大气压放电等离子体中物理与化学过程的理解,另一方面可以对这些活性粒子的应用提出一些优化的原则。

2.4.1　主要活性粒子的演化特性

众所周知,氧气是一种具有电负性的气体,随着氧气加入量的增多,氩氧混合气体的击穿电压及维持电压都上升。击穿发生之后,放电通常处于 α 放电模式,形成均匀的、大面积的大气压等离子体,而本节的研究也是集中于 α 放电模式。借助于同功率算法,在相同的功率下数值模拟的结果表明,随着氧气的增加,电子与氧气分子的作用更为频繁,由于氧的吸附作用,电子密度与电子能量都下降,如

图 2.25所示。

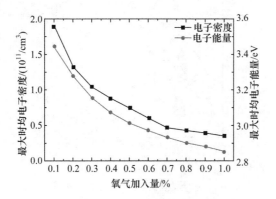

图 2.25 输入 30 W/cm³ 功率密度情况下电子密度
与电子温度随氧气加入量的变化趋势

基于实验测量及数值计算,可以合理地认为基态氧原子密度和功率密度存在着一个近似线性的关系,即基态氧密度可以近似表示为

$$N_O = aP + b \qquad (2\text{-}60)$$

其中,N_O 代表基态氧原子的密度;P 代表功率密度;a、b 分别是斜率和与横轴的截距,a、b 的值可以由仿真结果计算得出(通过对仿真数据的曲线拟合)。这样,如果在 a、b 已知的情况下,只要给定输入功率密度,任何氧气加入量所产生的基态氧原子的密度都可以通过式(2-60)近似计算得到。

为了进一步估计基态氧原子的演化,图 2.26 给出了不同功率密度下,基态氧原子密度随氧气加入量增加的变化趋势,在固定功率密度下,随着氧气加入量的增加,氧原子密度先增加,在氧气加入量为 0.6% 时达到最大,然后减小。这个趋势和文献[40]中实验所得到的结果是一致的。另外,为了进一步验证式(2-60)的准确性,在图 2.26 中给出了模拟所得数据与通过式(2-60)计算结果的对比,虚线所代表的是仿真模拟所得到的数据,而实线代表的是通过式(2-60)计算所得到的数据。由图 2.26 可知,仿真得到的数据和通过式(2-60)计算所得到的数据非常吻合,说明关于线性增长的假设还是合理的。

为了进一步探讨基态氧原子的产生和消耗机制,主要的产生和消耗反应的最大时间平均反应速率分别在图 2.27(a)和(b)中给出。由图 2.27(a)可知,主要产生基态氧原子的反应包括抑制反应-激发态氧原子和氧分子碰撞失去能量恢复到基态氧原子状态(R42 O(^{1}D)+O$_2$=O+O$_2$,R43 O(^{1}D)+O$_2$=O+O$_2$($^1\Sigma_g^+$))和高能电子与氧分子的解离激发反应(R13 e+O$_2$=O+O(^{1}D)+e),以及激发反应(R19 e+O$_2$=O+O+e)。由图 2.27(b)可知,两个三体碰撞合成反应(R29 O+O+He=O$_2$+He,R30 O+He+O$_2$=He+O$_3$)是基态氧原子消失的主要途径。

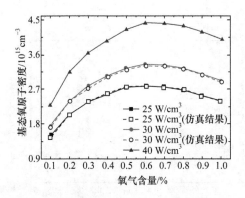

图 2.26　基于数值仿真的给定功率密度下基
态氧原子密度随氧气加入量的演化[11]（实验
结果参见文献[40]）

　　一方面,虽然氧气加入是产生基态氧原子的必要条件,但是,随着氧气加入量
的增加,由于氧的电负性,电子温度和密度将会降低,从而抑制基态氧原子的产生,
这个现象可以大致由 R42 反应速率的变化趋势反映出来(见图 2.27(a))。刚开
始,由于氧气加入量的增加,R42 的反应速率开始增加。然而,随着氧气加入量的
增加,电子密度及电子温度减小,R42 的反应速率于氧气加入量为 0.8% 处开始下
降,抑制了基态氧原子的产生。另一方面,由于氧气加入量的增加加剧了三体碰撞
反应 R30(见图 2.27(b)),从而加大了基态氧原子的消耗。因此,由于氧气加入量
的增加与由它所引起的电子密度及电子温度减小的竞争机制,基态氧原子密度在
氧气加入量增加初期时上升,在氧气加入量为 0.6% 时达到最大,然后随着氧气加
入量的继续增加而减少,见图 2.26。

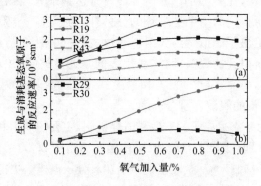

图 2.27　主要产生(a)和消耗(b)基态氧原子的
反应的最大时间平均速率随氧气加入量增加的
变化趋势(功率密度为 30 W/cm³)

图 2.28 给出了在不同氧气加入量下,SDO 密度随氧气加入量的变化趋势。在相同功率下,SDO 的密度并不是单调变化的,而是在某一个氧气加入量(0.2%~0.4%之间)时达到最大,这与图 2.27(a)中的实验结果趋势大体一致。从模拟数据可以知道,激发反应 R15(e+O$_2$===O$_2$($^1\Delta_g$)+e)和抑制反应 R45(O(^{1}D)+O$_3$===O$_2$($^1\Delta_g$)+O$_2$)及 R46(O(^{1}D)+O$_3$===2O$_2$($^1\Delta_g$))是与 SDO 相关的主要反应,其中 R15 在产生项中起主要作用。SDO 密度最优值现象出现的原因和基态氧原子的演化类似,氧气加入量的增加有益于 R15 产生 SDO,然而氧气加入量的增加引起的电子密度及温度的下降也抑制了 R15,并且同时由于随着氧气加入量的增加,臭氧密度的增加促使了 SDO 消耗反应 R52 的不断加强。因此,SDO 密度随着氧气加入量的增加,先增加后减小,在氧气加入量为 0.3% 时,SDO 密度达到最大。

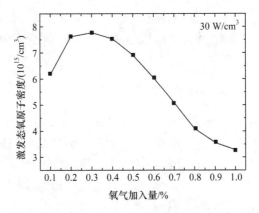

图 2.28　基于数值模拟的不同功率密度下 SDO
分子密度随氧气加入量的变化趋势(相应的实验
结果参见文献[42])

图 2.29 给出了固定电压为 330 V 峰值,随着氧气加入量的增加,臭氧密度的变化趋势(分别来自模拟及实验数据)。由图可知,实验及仿真数据都表明,臭氧密度随着氧气加入量的增加而增加,不过仿真的数据要小于实验所测得的数据,而之所以在数值上会出现这样的差距是因为实验测量是在等离子体射流装置的出口 3 mm 处所测。由于基态氧原子及氧分子的复合反应,此处所测的臭氧密度将大于放电区域中心处所测的数据,而模拟所测的数据是来自放电中心区域。然而对于臭氧密度,由于输入电压的增加使得激发态氧原子增加,从而增强了复合反应 R22。因此,在刚开始,当输入电压的增加时,臭氧密度呈现出增加趋势,但是由于另一个方面,输入电压的增加也导致 SDO 密度的增加,从而通过反应 R52 加强了臭氧的消耗。由于这两者之间的竞争关系使得臭氧密度随着输入电压的增大并不呈现出单调趋势,而是随着输入电压的增大先增大后减小,在输入电压 RMS 值为

325 V 时达到最大,见图 2.30。这一趋势和文献[32]中的实验所测相同(相同参数下实验测量的在 245 V_{rms} 时臭氧密度最大)。

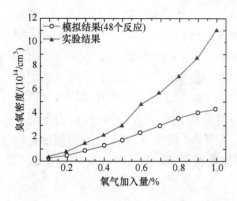

图 2.29　固定电压为 330 V 峰值,随着氧气加入量的增加臭氧密度的变化趋势[30]

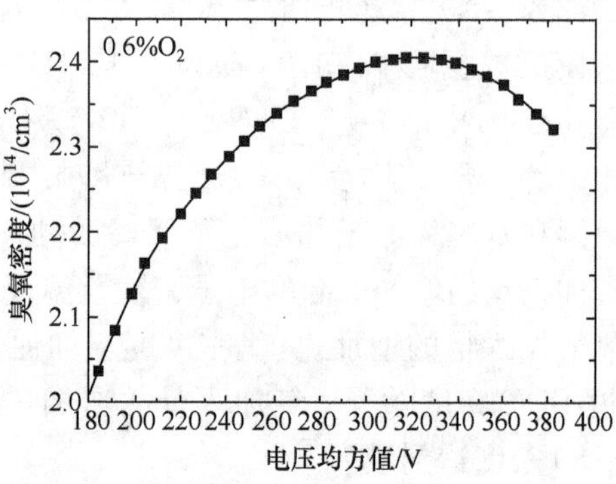

图 2.30　基于模拟的氧气加入量为 0.6% 时臭氧随输入电压的变化趋势(相应的实验结果参见文献[32])

2.4.2　活性粒子产生的频率与尺度效应

放电参数,包括电源频率及放电间隙,会对放电产生重要的影响。其中增加频率是维持等离子体均匀性的有效途径,同时耦合更多的功率到放电区域[58~61]。然而,频率的增加也会降低放电时的电子温度,进而可能影响到放电中活性成分的产生。放电间隙对放电稳定性及活性成分也有着很大的影响,因此研究放电间隙对活性粒子影响对于实际放电装置的设计有着重要的指导作用。

图 2.31 中给出了输入功率为 40 W/cm^3,氧气加入量分别为 0.2%、0.6% 和 1.0% 时最大时间平均电子温度随电源频率增加的变化趋势。由图可以看出,平均

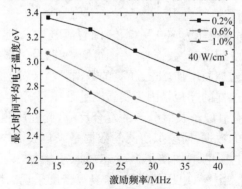

图 2.31　输入功率为 40 W/cm^3,氧气加入量分别为 0.2%、0.6% 和 1.0% 时最大时间平均电子温度随电源频率的变化[15]

电子温度随着电源频率的增加单调减小,其中高能电子的比例也相应地随着电源频率的增加而减小,这一点已经被许多文献中的实验及计算所证实[23,28]。例如,当氧气加入量为 0.6% 时,最大平均电子温度从 3.07 eV 降到 2.45 eV,降低率为 20.2%。另一方面,在频率固定时,最大平均电子温度将随着氧气加入量的增加而减小[11]。而计算结果表明,在氦氧放电中频率对电子密度的影响并不大。

图 2.32 进一步给出了频率对活性粒子密度的影响。当电源频率从 13.56 MHz 增加到 40.68 MHz 时,基态氧原子密度由 4.18×10^{15} cm^{-3} 降低到 1.51×10^{15} cm^{-3},降低率为 63.87%。在固定氧气加入量时,由于电子温度及其中高能电子比例的下降,随着电源频率的增加,激发态氧原子的密度将下降,见图 2.32(a)。同时,这个反应也是主要产生基态氧原子的反应,另外一个主要产生基态氧原子的途径是激发态氧原子碰撞氧分子的反应(R28 O(^{1}D)+O$_2$==O+O$_2$,R29 O(^{1}D)+O$_2$==O+O$_2$($^1\Sigma_g^+$))。因此,基态氧原子密度随着电源频率的增加而下降。另外由图 2.32(b)可知,臭氧及 SDO 的密度也是随着电源频率的增加而减小。反应 R22 O+He+O$_2$==He+O$_3$ 是主要产生臭氧的反应,基态氧原子密度的减小将降低 R22 的反应强度,所以臭氧的密度随着电源频率的增加而减小。主要产生 SDO 的反应是 R14 e+O$_2$==O$_2$($^1\Delta_g$)+e,根据上述分析,虽然电子密度随着电源频率的增加基本不变,但是电子温度在下降,因此将抑制 SDO 的产生。因而定性地说,SDO 的密度将随着电源频率的增加而减小。

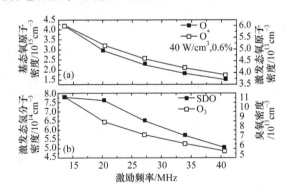

图 2.32　输入功率为 40 W/cm^3 时活性成分随电源频率增加的变化趋势

所以说,虽然提高电源频率有助于增强放电的稳定性,同时也将会降低电子温度及高能电子的比例,从而导致活性粒子密度的减小,因此在实际应用中要注意选择电源频率,兼顾放电稳定性以及活性成分的密度。进一步的计算表明,随着电源频率的增加,氧气加入量的最优值将增加,但是最大基态氧原子密度却会减小。然而在较高的频率下,通过提高输入功率密度(在高频下,此时放电稳定性还可以得到保持),基态氧原子的密度还是可以得到提升。

　　放电间隙对活性粒子密度也有重要的影响,了解这种影响对于放电间隙的优化是非常重要的。基于模拟的数据,即使处于不同放电间隙时,基态氧原子密度依旧是随着氧气加入量的增大先增加后减小,只是在相同的功率下,较低的放电间隙可以获得更高的基态氧原子密度,而且随着放电间隙的增加,氧气加入量的最优值在略微地减小。例如,在放电间隙为 1.0 mm 时,基态氧原子密度是在氧气加入量为 0.6% 时取得最大,但是在放电间隙为 2.0 mm 及 3.0 mm 时,基态氧原子密度分别在氧气加入量为 0.5% 及 0.4% 时取得最大。特别是进一步的研究表明,当工作气体为氦氧混合气体的时候,即使在非常小的间隙下,在正常的射频功率激励下,放电等离子体依旧呈现稳定的辉光放电模式,如图 2.33 所示,这与纯氦气的情况是不同的。其主要原因在于,在氦氧等离子体中,电子已经不是主要的带负电粒子,以 O^-、O_2^- 等为主的较重的负离子与以 O^+、He_2^+ 为主的正离子构成了稳定的等离子体区,而电子则主要集中在阳极附近。

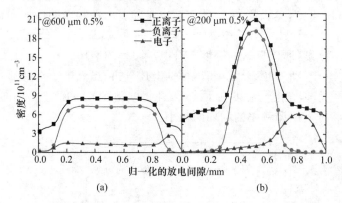

图 2.33　相同功率下氦氧射频放电中微等离子体的结构

2.4.3　脉冲调制对活性粒子的影响

　　通过前面章节的讨论可知,借助于脉冲调制的方式,在合适的调制频率与占空比的条件下,射频放电可以有效降低气体加热效应,增强放电的稳定性。本节将讨论在脉冲调制射频放电中当工作气体为氦氧混合气体时,脉冲调制对活性粒子产生与消失的影响。射频频率为 13.56 MHz,电压输入固定,其峰值为 450 V,放电间隙为 2 mm。在所给出的图中,100% 的数据表示的是未调制时的数据。

　　图 2.34 中给出了氧气加入量为 0.6%,不同调制频率下,最大电流密度随占空比增大的变化趋势。由图中可以看出,固定占空比时,随着调制频率的增加,电流密度在减小,这和对纯氦气射频放电调制之后的趋势一致。然而固定调制频率时,随着占空比的增大,电流密度并不是单调地变化,是先增加后变小,并且和未调制时所得到的数据相比,在占空比较小时,调制所得到电流密度要小于未调制时的值。但是随着占空比增大到一定的程度,调制所得到电流密度逐渐大于未调制的

值。这表明,由于射频电压只是施加在有限的周期内,这样电子与氧气可能不能充分地相互作用,氧气对电子吸附减弱,导致电子密度比没有调制的射频放电反而高,相应的电子密度与电子能量也会略微高一点。

由于脉冲调制的影响,电子与氧原子的相互作用可能不如在没有调制的情况下充分,这将有可能导致某些与此相关的活性粒子密度的下降,基态氧原子就是一个明显的例子。图 2.35 给出了固定占空比为 50%,不同调制频率情况下,基态氧原子密度随着氧气加入量增大的变化趋势。由图中可以看出,即使处于调制状态,氧气加入量的最优值依旧存在,并且随着调制频率的变化保持不变,都是在氧气加入量为 0.5% 时候达到最大。但是其密度要低于调制前的值,在密度最高点(0.5%)大约降低了 30%。然而,如果考虑到在占空比为 50% 的情况下,功率的消耗大约降低了 50%,这样算来的话,基态氧原子的产生效率还是可以接受的。关于脉冲调制射频放电中活性粒子产生的更为详细的结果参见文献[43]。

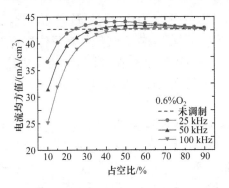 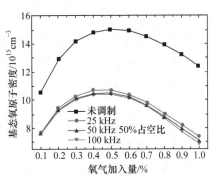

图 2.34 氧气加入量为 0.6%,不同调制频率下电流密度随占空比的变化趋势　　图 2.35 不同调制频率下基态氧原子密度随着氧气加入量增加的变化趋势

2.5 小　结

本章基于大气压气体放电的基本特点,以大气压容性耦合射频放电为例,给出了大气压气体放电理论与数值模拟中常用的一些理论与方法。重点讨论了如何借助数值模拟的手段分析研究大气压放电的稳定性与化学活性,以期深化对大气压射频放电的认识。

(1) 对于射频放电而言,α 模式是更为稳定的一种放电模式,且在该模式下可以产生大体积均匀的非平衡等离子体。本章在流体模拟的框架下,分析研究了在射频放电中 α-γ 转换点的物理特性,并讨论了射频放电的频率与尺度效应,为放电参数的选择给出了一些理论依据。为了能更好地与实验结果进行比较,本章还给出了一种同功率算法,并深入分析了射频微等离子体的特性。

(2) 本章还以大气压射频氦氧放电为例,研究了大气压放电中活性问题。大气压放电中数量众多的活性粒子是大气压等离子体应用的主要载体,借助于数值模拟的方法,可以比较明确地给出活性粒子产生与消失所涉及的主要途径,通过分析与之相关的关键反应,并与实验结果相互印证,可以对活性粒子的产生机理有更为清晰的认识。本章还讨论了放电参数对活性粒子的影响,并与实验数据进行了对比,这对于放电参数的选择有一定的意义。

目前,大气压气体放电的数值模拟研究面临着一些新的挑战,这主要缘于大气压下气体放电过程比较复杂,现象非常丰富,而且许多新的应用正在不断涌现。在综述文集 The 2012 Plasma Roadmap[44] 中,Kushner 写的专题文章"Plasma Modeling at a Crossroad"对低温等离子体的数值模拟所面临的问题给出了深刻的分析。这里仅就大气压气体放电模拟给出几点展望。

(1) 首先一个问题就是如何基于大气压气体放电的物理特点,提出新的算法,更为准确地模拟大气压等离子体[45,46]。例如,提出新的算法构建耦合了粒子模拟与流体模拟的混合模拟,在考虑动理学效应的基础上来模拟大气压放电的演化,从而更准确地描述大气压等离子体;如何借助于新的算法对大气压等离子体进行大尺度、长时间、高维度的数值模拟等。新算法的应用将使模拟效率与精度有大幅度的提升。当然新算法的构建是需要建立在对大气压气体放电物理特性的深入理解上的。

(2) 另一个相关的问题是,如何将各种高性能计算手段,如新近发展起来的GPU 计算、云计算等,应用到大气压等离子体的模拟当中。在许多情况下,大气压气体放电模拟的工作量是相当可观的(即使在采用了高效算法的情况下),如粒子模拟的使用、高维流体模拟的实现、多种活性粒子体系中快慢粒子的耦合等。如何借助于正在兴起的高性能计算手段,实现某些计算量巨大的大气压放电模拟工作,是一件具有挑战性的工作,这需要与高性能计算工作者通力合作。

(3) 再就是,如何从理论上自洽地描述大气压等离子体与其他材料,特别是生物物质的相互作用,还有待于进一步研究。例如,在等离子体医学中,如何描述等离子体中各种活性成分与细胞的相互作用,乃至与基因的相互作用,还需要深入研究,特别是需要借鉴其他相关学科的一些处理方法。

可以说,大气压气体放电的数值模拟研究已经取得了许多重要的进展,在深化人们对大气压气体放电的认识方面起到了不可替代的作用,但是其面临的挑战更为艰巨,希望有更多的气体放电与等离子体工作者参与进来,共同推进气体放电数值模拟研究的进一步发展。

参 考 文 献

[1] Kunhardt E E. Generation of large-volume atmospheric-pressure non-equilibrium plasmas [J]. IEEE Transactions on Plasma Sciences,2000,28(1):189-200.

[2] Fridman G, Friedman G, Gutsol A, et al. Applied plasma medicine[J]. Plasma Processes and Polymers, 2008, 5: 503-533.

[3] Massines F, Rabehi A, Decomps P, et al. Experimental and theoretical study of a glow discharge at atmospheric pressure controlled by dielectric barrier[J]. Journal of Applied Physics, 1988, 83(6): 2950-2957.

[4] Zhang Y T, Wang D Z, Kong M G. Complex dynamic behaviors of nonequilibrium atmospheric dielectric-barrier discharges[J]. Journal of Applied Physics, 2006, 100: 063304.

[5] 张远涛. 大气压介质阻挡放电时空演化行为理论研究[D]. 大连: 大连理工大学, 2006.

[6] Iza F, Kim G J, Lee S M, et al. Microplasmas: sources, particle kinetics, and biomedical applications[J]. Plasma Processes and Polymers, 2008, 5(4): 322-344.

[7] Golubovskii Y B, Maiorov V A, Behnke J, et al. Modelling of the homogeneous barrier discharge in helium at atmospheric pressure[J]. Journal of Physics D: Applied Physics, 2003, 36(1): 39-49.

[8] Lee H W, Park G Y, Seo Y S, et al. Modelling of atmospheric pressure plasmas for biomedical applications[J]. Journal of Physics D: Applied Physics, 2011, 44: 053001.

[9] Iza F, Lee J K, Kong M G. Electron kinetics in radio-frequency atmospheric-pressure microplasmas[J]. Physical Review Letters, 2007, 99: 075004.

[10] Sang C, Sun J, Wang D Z. Plasma density enhancement in atmospheric-pressure dielectric-barrier discharges by high-voltage nanosecond pulse in the pulse-on period: a PIC simulation[J]. Journal of Physics D: Applied Physics, 2010, 43: 045202.

[11] He J, Zhang Y T. Modeling study on the generation of reactive oxygen species in atmospheric radio frequency helium-oxygen discharges[J]. Plasma Processes and Polymers, 2012, 9: 919-928.

[12] Hoft H, Kettlitz M, Hoder T, et al. The influence of O_2 content on the spatial-temporal development of pulsed driven dielectric barrier discharges in O_2/N_2 gas mixtures[J]. Journal of Physics D: Applied Physics, 2013, 46: 095202.

[13] Zhang Y T, Wang D Z, Wang Y H. Two-dimensional numerical simulation of the splitting and uniting of current-carrying zones in a dielectric barrier discharge[J]. Physics of Plasmas, 2005, 12: 103508.

[14] 张远涛, 王德真, 王艳辉. 大气压介质阻挡丝状放电时空演化数值模拟[J]. 物理学报, 2005, 54(10): 4808-4815.

[15] Zhang Y T, He J. Frequency effects on the production of reactive oxygen species in atmospheric radio frequency helium-oxygen discharges[J]. Physics of Plasmas, 2013, 20: 13502.

[16] Zhang Y T, Wang D Z, Kong M G. Two-dimensional simulation of the low-current dielectric barrier discharge in atmospheric helium[J]. Journal of Applied Physics, 2005, 98: 113308.

[17] Zhang Y T, Wang D Z, Wang Y H, et al. Radial evolution of the atmospheric pressure glow discharge in helium controlled by dielectric barrier[J]. Chinese Physics Letter, 2005, 22: 171-174.

[18] Stollenwerk L, Amiranashvili1 S, Boeuf J P, et al. Measurement and 3D simulation of self-organized filaments in a barrier discharge[J]. Physical Review Letters, 2006, 96: 255001.

[19] 王艳辉. 均匀大气压介质阻挡放电数值模拟研究[D]. 大连: 大连理工大学, 2006.

[20] Kim H Y, Lee H W, Kang S K, et al. Modeling the chemical kinetics of atmospheric plasma for cell treatment in a liquid solution[J]. Physics of Plasmas, 2012, 19: 073518.

[21] Lazzaroni C, Lieberman M A, Lichtenberg A J, et al. Comparison of a hybrid model to a global model of atmospheric pressure radio-frequency capacitive discharges[J]. Journal of Physics D: Applied Physics, 2012 , 45(3): 49520.

[22] Park J, Henins I, Herrmann H W, et al. Discharge phenomena of an atmospheric pressure radio-frequency capacitive plasma source[J]. Journal of Applied Physics, 2001, 89: 20-28.

[23] Zhang Y T, Li Q Q, Lou J, et al. The characteristics of atmospheric radio frequency discharges with frequency increasing at a constant power density[J]. Applied Physics Letters, 2010, 97: 141504.

[24] Yuan X, Raja L L. Computational study of capacitive coupled high-pressure glow discharges in Helium[J]. IEEE Transactions on Plasma Sciences, 2003, 31(4): 495-503.

[25] Sitaraman H, Raja L L. Gas temperature effects in micrometer-scale dieletric barrier discharges[J]. Journal of Physics D: Applied Physics, 2011, 44: 265201.

[26] Zhang Y T, Cui S Y. Frequency effects on the electron density and α-γ mode transition in atmospheric radio frequency discharges[J]. Physics of Plasmas, 2011, 18: 083509.

[27] Lieberman M A, Lichtenberg A J. Principle of Plasma Discharges and Materials Processing[M]. New York: Wiley, 2005.

[28] Walsh J L, Iza F, Kong M G. Atmospheric glow discharges from the high-frequency to very high-frequency bands[J]. Applied Physics Letters, 2008, 93(25): 251502.

[29] He J, Hu J, Liu D, et al. Experimental and numerical study on the optimization of pulse modulated radio-frequency discharges[J]. Plasma Sources Science and Technology, 2013, 22: 035008.

[30] He J, Zhang Y T. Generation of reactive oxygen species in Helium-Oxygen radio-frequency discharges at atmospheric pressure[J]. IEEE Transactions on Plasma Sciences, 2013, 41: 2979~2986.

[31] Li S Z, Lim J P, Kang J G, et al. Comparison of atmospheric-pressure helium and argon plasmas generated by capacitively coupled radio-frequency discharge[J]. Physics of Plasmas, 2006, 13: 093503.

[32] Ellerweg D, Benedikt J, Keudell A V, et al. Characterization of the effluent of a He/O$_2$ microscale atmospheric pressure plasma jet by quantitative molecular beam mass spectrometry[J]. New Journal of Physics, 2010, 12(1): 013021.

[33] Zhang Y T, Shang W L. Frequency scaling laws of plasma bulk in atmoshperic radio frequency discharges[J]. Plasma Processes and Polymers, 2012, 9: 513-521.

[34] Surendra M, Graves D B. Capacitively coupled glow discharges at frequencies above 13. 56

MHz[J]. Applied Physics Letters,1991,59:2091-2093.

[35] Atanasova M,Sobota A,Brok W,et al. Driving frequency dependence of capacitively coupled plasmas in atmospheric argon[J]. Journal of Physics D:Applied Physics,2012,45:335201.

[36] Walsh J L,Zhang Y T,Iza F,et al. Atmospheric-pressure gas breakdown from 2 to 100 MHz[J]. Applied Physics Letters,2008,93(22):221505.

[37] Zhang Y T,Lou J,Li Q,et al. Electrode-gap effects on the electron density and electron temperature in atmospheric radio-frequency discharges[J]. IEEE Transactions on Plasma Sciences,2013,41(3):414-420.

[38] Zhang Y T,Shang W L. The recovery of glow-plasma structure in atmospheric radio frequency microplasmas at very small gaps[J]. Physics of Plasmas,2011,18(11):110701.

[39] Wagner A J,Mariotti D,Yurchenko K J,et al. Experimental study of a planar atmospheric-pressure plasma operating in the microplasma regime[J]. Physics Review E, 2009, 80:065401.

[40] Knake N,Niemi K,Reuter S,et al. Absolute atomic oxygen density profiles in the discharge core of a microscale atmospheric pressure plasma jet[J]. Applied Physics Letter, 2008, 93 (13): 131503.

[41] Waskoenig J,Niemi K,Knake N,et al. Atomic oxygen formation in a radio-frequency driven micro-atmospheric pressure plasma jet[J]. Plasma Sources Science and Technology,2010, 19:045018.

[42] Sousa J S,Niemi K,Cox L J,et al. Cold atmospheric pressure plasma jets as sources of singlet delta oxygen for biomedical applications[J]. Journal of Applied Physics,2011,109(12): 123302.

[43] Zhang Y T,Chi Y Y,He J. Numerical simulation on the production of reactive oxygen species in atmospheric pulse-modulated RF discharges with He/O$_2$ mixtures[J]. Plasma Process and Polymers,2014,11(7):639-646.

[44] Samukawal S,Hori M,Rauf S,et al. The 2012 plasma roadmap[J]. Journal of Physics D: Applied Physics,2012,45:253001.

[45] Garsia A J,Bell J B,Crutchfield W Y,et al. Adaptive mesh and algorithm refinement using direct simulation monte carlo[J]. Journal of Computational Physics,1999,54:134-155.

[46] Li C,Ebert U,Hundsdorfer W. Spatially hybrid computations for streamer discharges:II Fully 3D simulations[J]. Journal of Computational Physics,2012,231:1020-1050.

第3章　纳秒脉冲放电粒子模拟

李永东　刘纯亮

西安交通大学

纳秒脉冲气体放电是重复频率脉冲功率技术的重要基础研究领域,其放电机理及理论描述是当前需要深入研究的重要问题。粒子模拟是一种适用于气体放电模拟的第一性原理方法,相比于流体模拟,粒子模拟可以模拟瞬态放电过程中的非线性现象。本章首先介绍粒子模拟的基本原理以及纳秒脉冲气体放电建模的相关理论和方法;然后给出流注放电初始过程、针-板结构纳秒脉冲电晕放电初始过程的粒子模拟算例。

3.1　引　言

数值模拟是研究纳秒脉冲气体放电的重要方法,它有助于揭示脉冲放电的瞬态演变过程,节省研究开支和研究时间。气体放电现象的数值模拟方法主要有流体模拟(fluid simulation)[1]和粒子模拟(particle-in-cell simulation,PIC)[2]两种。流体模拟方法基于特定分布函数假设,更适用于对静态物理过程进行快速模拟。而粒子模拟方法通过跟踪大量带电粒子在自洽场和外加电磁场作用下的运动来模拟等离子体,它基于第一性原理(麦克斯韦方程和牛顿-洛仑兹方程),对物理过程的描述所作假设极少,充分考虑了物理过程中的非线性效应,而且是对实际过程的实时、瞬态模拟。相比而言,粒子模拟方法更适用于对纳秒脉冲气体放电过程的研究。

粒子模拟应用到纳秒脉冲气体放电现象研究的一个关键问题是计算量太大。事实上,通过在传统粒子模拟算法中建立气体碰撞的新型蒙特卡罗(Monte Carlo)算法模型,放宽气体碰撞模型对时间步长的限制[3];并基于质量守恒、电荷守恒、能量守恒和动量守恒原理建立宏粒子合并模型,可减小总体计算量[4];另外,采用高性能并行计算[5],可以较大程度提高计算效率,从而实现纳秒脉冲气体放电过程的粒子模拟。

本章工作得到国家自然科学基金(50977076,51277147)的支持。

流体模拟主要是通过求解玻尔兹曼方程和泊松方程,得到空间中的能量、电流、电荷分布等数据。以往高气压气体放电现象的模拟工作大多采用流体模拟方法,并取得了一定的成果。Kulikovsky 利用流体模拟中的漂移-扩散近似模型模拟了平板电极间和针-板电极间的空气流注形成过程,并得到一种流注头的合理结构[6,7]。Kanzari 等用不考虑带电粒子能量守恒方程源项的二阶流体模型模拟了平板电极间的大气放电[8]。Vitello 等在流体模拟结果的基础上探讨了流注结构对其动力学性质的影响[9]。Dmitry 等和 Montijn 等分别运用自适应网格方法进行了流体模拟流注放电[10,11]。Li 等引入了一个全三维的流体模型计算流注放电过程和逃逸电子的产生[12]。

粒子模拟方法是由 Buneman[13] 和 Dawson[14] 提出的,而后经过 Boswell 和 Morey 将蒙特卡罗碰撞(Monte Carlo collision,MCC)方法引入到 PIC 程序中,形成 PIC-MCC 模型[15]。Vahedi 和 Surendra 引入随能量变化的碰撞截面及空碰撞方法对 PIC-MCC 模型进行了改良,应用于氩气和氧气的放电模拟[16]。随后,粒子模拟逐渐应用到高气压气体放电研究当中,取得了一定的进展。Kunhardt 等对电子崩-流注的转变过程进行了二维 PIC-MCC 模拟[17],但由于模拟后期粒子数增多和计算机运算能力的限制,模拟只进行到流注初始形成阶段。Soria 等用二维粒子模拟方法模拟了大气压下流注的初始和发展过程[18]。Dowds 等用粒子模拟方法模拟了从电子碰撞电离到电子崩产生再到流注形成的过程[19]。Zhang 等用 PIC-MCC 方法模拟了短间隙中的离子产生过程,模拟的结果与汤生放电理论和实验吻合[20]。Li 等用粒子模拟方法初步模拟了电子崩到流注的转变过程,其结果与流体模拟相似,但是模拟中因为粒子合并而产生了较大数值噪声[21]。Worts 等基于等效原理减小放电间隙尺寸从而减小计算量实现了间隙火花放电现象的粒子模拟[22]。

虽然粒子模拟已经被初步用于高气压和纳秒脉冲气体放电情况的研究,但一般都局限于放电初始过程的模拟。这主要是由于粒子模拟的计算开销大,对于较高密度等离子体和密度变化范围较大的放电过程(如大气放电、高电压脉冲放电)的模拟,普通计算机难以承受,这也成为制约粒子模拟高气压气体放电的瓶颈。近年来,随着计算机硬件和软件技术的飞速发展,在粒子模拟技术中引入并行算法、多尺度算法和宏粒子合并算法等高效算法,使得粒子模拟逐渐打破这种束缚。Luque 等利用多处理器模拟了全三维大气流注放电,发现了两个相邻流注相互作用的机制主要是电荷的排斥和非局部光电离造成的相互吸引[23]。Shon 等研究了一维和二维粒子模拟中的粒子合并策略[24]。在国内,一些高校和研究所也开展了粒子模拟软件研制和算法研究工作[25~28]。随着粒子模拟技术的成熟,它将逐步成为纳秒脉冲气体放电数值模拟研究的重要方法。

3.2　粒子模拟技术

3.2.1　粒子模拟的基本原理

粒子模拟方法的基本思想是对电离气体(或等离子体、带电粒子束等)中每个带电粒子的受力和运动进行单独计算和推进,从而实现整体物理过程的实时模拟。为了减小计算量,需要引入宏粒子概念,以一个宏粒子代表相空间中接近的较大数目的真实粒子,并引入空间网格来离散电磁场参量,通过求解离散的麦克斯韦方程组来推进电磁场,并耦合求解离散的牛顿-洛仑兹方程来推进粒子。以上两组方程都是所谓的第一性原理方程,对实际物理过程忽略比较少,所以粒子模拟方法也称为第一性原理方法,可以模拟带电粒子与电磁场相互作用过程中的许多非线性现象。

1. 带电粒子-场互作用过程基本方程

电磁场满足麦克斯韦方程:

$$\frac{\partial}{\partial t}\left(\int \boldsymbol{D} \cdot \mathrm{d}S\right) = \oint \boldsymbol{H} \cdot \mathrm{d}l - \int \boldsymbol{J} \cdot \mathrm{d}S \tag{3-1}$$

$$\frac{\partial}{\partial t}\left(\int \boldsymbol{B} \cdot \mathrm{d}S\right) = -\oint \boldsymbol{E} \cdot \mathrm{d}l \tag{3-2}$$

电磁场中,带电粒子的运动满足牛顿-洛仑兹方程:

$$\frac{\mathrm{d}}{\mathrm{d}t}\gamma m \boldsymbol{v} = q(\boldsymbol{E} + \boldsymbol{v} \times \boldsymbol{B}) \tag{3-3}$$

$$\frac{\mathrm{d}\boldsymbol{x}}{\mathrm{d}t} = \boldsymbol{v} \tag{3-4}$$

其中,$\boldsymbol{E}$、$\boldsymbol{D}$、$\boldsymbol{H}$、$\boldsymbol{B}$、$\boldsymbol{J}$ 分别为电场强度、电位移矢量、磁场强度、磁感应强度和电流密度;m、q、$\boldsymbol{x}$、$\boldsymbol{v}$、γ 分别为带电粒子的质量、电量、位置、速度和相对论因子。

2. 宏粒子

前面提到,宏粒子是用来代表在相空间中接近的大量真实粒子的一种虚构粒子,主要目的是减小计算量。只要每个宏粒子中的真实粒子数目设置合理,宏粒子能维持真实等离子体基本物理参量不变,保持真实粒子几乎所有的物理特性(除了会增加粒子的近程碰撞效应)。

一般,对宏粒子存在两种不同的看待方法,一种认为宏粒子无体积,处于网格之中,即所谓的 PIC 方法,如图 3.1 所示,宏粒子所处的离散网格也称为 Yee 网格。PIC 方法按照线性插值的权重分配方案将宏粒子的电荷分配到临近的网格节点,用于计算电荷分布和电流分布,如式(3-5)~(3-12)所示。而在计算宏粒子所受电磁力时,则采用逆向方法进行差值。另一种方法将宏粒子视为具有一定体积的粒子云,即 CIC(cloud-in-cell)方法[25],最简单的二阶精度方法是把宏粒子看作是内部分布均匀的、与网格单元大小相等的粒子云,如图 3.2 所示,根据粒子云与相邻各节点对应辅助网格单元的体积重叠区域占比来分配电荷,在直角坐标系的均匀网格中,电荷分配公式与 PIC 方法相同,在非均匀网格和轴对称坐标系中,CIC 方法具有较高的精度。

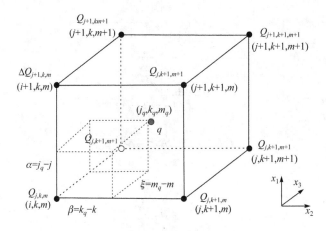

图 3.1 PIC 方法分配电荷

在图 3.1 中,电荷 q 的坐标为 (j_q, k_q, m_q),临近 8 个网格节点上分配得到的电荷量分别为

$$Q_{j,k,m} = (1-\alpha)(1-\beta)(1-\xi)q \tag{3-5}$$

$$Q_{j+1,k,m} = \alpha(1-\beta)(1-\xi)q \tag{3-6}$$

$$Q_{j,k+1,m} = (1-\alpha)\beta(1-\xi)q \tag{3-7}$$

$$Q_{j+1,k+1,m} = \alpha\beta(1-\xi)q \tag{3-8}$$

$$Q_{j,k,m+1} = (1-\alpha)(1-\beta)\xi q \tag{3-9}$$

$$Q_{j+1,k,m+1} = \alpha(1-\beta)\xi q \tag{3-10}$$

$$Q_{j,k+1,m+1} = (1-\alpha)\beta\xi q \tag{3-11}$$

$$Q_{j+1,k+1,m+1} = \alpha\beta\xi q \tag{3-12}$$

其中,$\alpha = j_q - j$;$\beta = k_q - k$;$\xi = m_q - m$。

电荷的运动会产生电流,假设运动距离不超过一个网格,那么电荷 q 运动造成 8 个节点上电荷量的变化。根据电荷守恒原理,必然在 12 条边上产生电流,如图 3.3 所示。

根据电流连续性方程,可得每条边上的电流大小,将所有宏粒子推进完后,每条网格边上分配得到的电流累加起来就是通过该边的总电流。

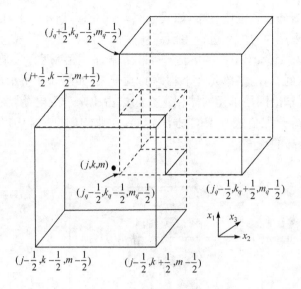

图 3.2　CIC 方法分配电荷

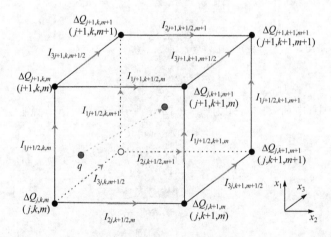

图 3.3　三维电荷守恒电流分配

3. 场方程的数值离散

采用 Yee 网格的离散方式,对麦克斯韦方程进行中心差分离散:

$$\frac{\widetilde{\boldsymbol{D}}^{n+1}-\widetilde{\boldsymbol{D}}^{n}}{\Delta t}=\widetilde{\boldsymbol{H}}^{n+1/2}-\boldsymbol{I}^{n+1/2} \qquad (3\text{-}13)$$

$$\frac{\widetilde{\boldsymbol{B}}^{n+1/2}-\widetilde{\boldsymbol{B}}^{n-1/2}}{\Delta t}=-\widetilde{\boldsymbol{E}}^{n} \qquad (3\text{-}14)$$

其中，$\widetilde{E} = \oint E \cdot \mathrm{d}l, \widetilde{H} = \oint H \cdot \mathrm{d}l; \widetilde{B} = \int B \cdot \mathrm{d}S, \widetilde{D} = \int D \cdot \mathrm{d}S; I = \int J \cdot \mathrm{d}S$ 为电磁场
参量在网格上的线积分和面积分离散量。这几个量满足电磁场的本构方程 $\widetilde{E} =$
$C^{-1}\widetilde{D}, \widetilde{H} = L^{-1}\widetilde{B}$。其中 C 和 L 分别为电容和电感矩阵，它们由网格步长、介电常数
以及磁导率决定，n 为时间步长数，Δt 为时间步长。每次推进时，磁场分量是从
$(n-1/2)\Delta t$ 时刻推进到 $(n+1/2)\Delta t$ 时刻，而电场分量则从 $n\Delta t$ 时刻推进到
$(n+1)\Delta t$ 时刻，交错推进。但这种方式对于电磁场的诊断，尤其对能量平衡因子的
计算不方便。通过引入中间变量 $\widetilde{B}^n = \dfrac{1}{2}(\widetilde{B}^{n-1/2} + \widetilde{B}^{n+1/2})$，对以上差分格式(3-14)
进行变换，可得到

$$\frac{\widetilde{B}^{n+1/2} - \widetilde{B}^n}{\Delta t/2} = -\widetilde{E}^n \tag{3-15}$$

$$\frac{\widetilde{B}^{n+1} - \widetilde{B}^{n+1/2}}{\Delta t/2} = -\widetilde{E}^{n+1} \tag{3-16}$$

4. 粒子运动方程的数值离散

对式(3-3)和式(3-4)进行中心差分离散可得

$$\frac{u^{n+1/2} - u^{n-1/2}}{\Delta t} = \frac{q}{m}\left(E^n + \frac{u^{n+1/2} + u^{n-1/2}}{2\gamma^n} \times B^n\right) \tag{3-17}$$

$$\frac{x^{n+1} - x^n}{\Delta t} = \frac{1}{\gamma^n}u^{n+1/2} \tag{3-18}$$

其中，$u = \gamma v; E$ 和 B 是粒子所在位置处的电磁场，需要由所在网格节点上对应的电
磁场通过后面所述的插值方法得到。

式(3-17)为隐式格式，为了求解方便，可将其化为显式格式。先引入中间变
量 $u^n = \dfrac{1}{2}(u^{n-1/2} + u^{n+1/2})$，并将它代入式(3-17)，得到

$$\frac{u^{n+1/2} - u^n}{\Delta t/2} = \frac{q}{m}\left(E^n + \frac{u^n}{\gamma^n} \times B^n\right) \tag{3-19}$$

$$\frac{u^{n+1} - u^{n+1/2}}{\Delta t/2} = \frac{q}{m}\left(E^{n+1} + \frac{u^{n+1}}{\gamma^{n+1}} \times B^{n+1}\right) \tag{3-20}$$

进一步，将式(3-20)按如下方式化为显式，并得到一种非交错的推进格式

$$u^- = u^{n+1/2} + \frac{q\Delta t}{4m}E^{n+1} \tag{3-21}$$

$$u'' = u^{n+1/2} + \frac{q\Delta t}{2m\gamma^{n+1}}u^{n+1/2} \times B^{n+1} \tag{3-22}$$

$$u' = u^- + \frac{q\Delta t}{2m\gamma^{n+1}}u^- \times B^{n+1} \tag{3-23}$$

$$u^+ = u^- + (2u' - u'') \times \frac{q\Delta t B^{n+1}}{2m\gamma^{n+1}\left[1 + (\Omega_c \Delta t/2)^2\right]} \tag{3-24}$$

$$u^{n+1} = u^+ + \frac{q\Delta t}{4m} E^{n+1} \tag{3-25}$$

其中，$\Omega_c = \dfrac{q|B^n|}{m\gamma^n}$；相对论因子 γ^n 由 u^- 决定。

5. 粒子碰撞的 PIC-MCC 模型

粒子碰撞是指粒子在运动过程中与区域中其他粒子间发生的碰撞过程，它可能造成电离、激发、电荷交换等现象，主要包括带电粒子与中性粒子之间、各种带电粒子之间的碰撞，在粒子模拟中，采用 PIC-MCC 方法来实现碰撞之间的随机模拟[16]。

PIC-MCC 方法不同于一般的蒙特卡罗方法。一般方法采用的碰撞时间是随机的，而在粒子模拟方法中，粒子推进和场推进的时间步长是固定的，所以，为了使两者相结合，采用了在一个时间步长内随机决定两个粒子间是否发生碰撞的方法来实现对碰撞过程的随机。粒子模拟时，一般将粒子的碰撞和其在一个时间步长内的运动分开考虑，认为碰撞的时候宏粒子位置保持不变，而运动的时候不发生碰撞。一般情况下，粒子碰撞的时间尺度远小于粒子的平均运动时间，这种近似方法是可行的。

PIC-MCC 方法中粒子有两种角色，即源粒子和靶粒子。靶粒子是被碰撞的粒子，它一般是气体成分中占很大比重的中性气体原子或分子，运动速度相对较慢，空间上均匀分布，速度上遵循麦克斯韦分布；而源粒子一般是运动速度较快的粒子，如成分上占较小比例却对放电起重要作用的带电粒子。如果碰撞中两个粒子的运动速度相当，那么可以把任何一个粒子视为源粒子，而把另一个视为靶粒子。

在气体放电过程中，存在很多种类型的碰撞，其中有弹性碰撞、电子与中性原子的激发、电离碰撞以及离子与中性原子之间的电荷交换碰撞等类型。按照统计学的观点，每一种碰撞类型都存在一定的碰撞概率，而碰撞概率可由碰撞截面来确定。源粒子与靶粒子的碰撞截面 $\sigma(\varepsilon)$ 是源粒子动能 ε 的函数，单位是 m^2，常用数据可以在文献或网络数据库中查询获得[29]。假设第 i 个源粒子和靶粒子（粒子密度为 $n_t(x)$）之间可发生 N 种碰撞，设第 j 种（$j \in (1,N)$）碰撞的碰撞截面为 $\sigma_j(\varepsilon_i)$，那么，总碰撞截面为所有类型的碰撞截面之和 $\sigma_T(\varepsilon_i) = \sigma_1(\varepsilon_i) + \sigma_2(\varepsilon_i) + \cdots + \sigma_N(\varepsilon_i)$，则第 i 个源粒子与靶粒子发生碰撞（包括所有 N 种碰撞）的概率——总碰撞概率 $P_i = 1 - \exp(-\sigma_T(\varepsilon_i) n_t(x_i) v_i \Delta t)$。其中，$x_i$、$v_i$ 为第 i 个源粒子的位置和速度；发生第 j 种碰撞的概率 $P_{ij} = \dfrac{\sigma_j(\varepsilon_i)}{\sigma_T(\varepsilon_i)} P_i$。

　　每个时间步长内,对于每一个源粒子(以第 i 个源粒子为例),用随机数发生器产生一个 0 到 1 之间的随机数 R_1。如果 R_1 小于总碰撞概率(第 i 个源粒子的总碰撞概率为 P_i),则源粒子与靶粒子一定发生一次碰撞。假设第 i 个源粒子一定发生碰撞,由于各种碰撞类型发生的概率与其碰撞截面成正比,则再利用一个 0 到 1 之间的随机数 R_2,根据 R_2 取值所处的范围来决定该碰撞是 N 种碰撞中的哪一种碰撞,如表 3.1 所示。

表 3.1　碰撞类型的随机确定

R_2 所处范围(相对碰撞截面)	对应碰撞类型
$0 \sim \sigma_1/\sigma_T$	第 1 种碰撞
$\sigma_1/\sigma_T \sim (\sigma_1+\sigma_2)/\sigma_T$	第 2 种碰撞
……	……
$(\sigma_1+\sigma_2+\cdots+\sigma_{N-1})/\sigma_T \sim 1$	第 N 种碰撞

　　PIC-MCC 方法人为地假设了在每一个时间步长 Δt 内,源粒子与靶粒子最多发生一次碰撞,将多次碰撞的概率取零,必然会产生截断误差。在这种假设中,无论 Δt 为多大,总碰撞概率 P_i 总是小于 1。事实上,当 Δt 增大时,源粒子在此时间间隔中发生多次碰撞的概率增大,所以,截断误差也会相应增大。源粒子与靶粒子发生 n 次碰撞的概率为 P_i^n,所以截断误差 r 约等于发生 2 次以上碰撞的概率之和,即 $r \approx \sum\limits_{k=2}^{\infty} P_i^k = \dfrac{P_i^2}{1-P_i}$。要使 $r < 0.01$,必须使 $P_i < 0.095$,则有 $\upsilon_i \Delta t \leqslant 0.1$,其中 υ_i 为碰撞频率。如果合理选取时间步长 Δt 使该条件得以满足,则截断误差可忽略不计。但是,在高气压气体放电现象的模拟中,碰撞频率限制将成为限制模拟时间步长的主要因素。文献[30] 根据 PIC-MCC 模型中碰撞次数的概率分布推导出一种补偿 MCC 模型,在同等精度下将时间步长提高到传统 MCC 模型的两倍以上。

　　6. 计算流程

　　在时域有限差分求解时,首先要对宏粒子的位置和速度、电磁场参量等物理量进行初始化,然后在每个时间步长 Δt 内进行推进。比如,在第 n 个时间步长内推进时,先根据宏粒子的位置和速度通过加权分配方法得到每个网格节点上的电荷密度和电流密度,然后求解麦克斯韦方程,将电磁场推进到第 $n+1$ 时间步长;根据新时刻的网格节点电磁场,通过插值,可以计算得到网格内每个宏粒子新的受力,并进一步将宏粒子的位置和速度推进到下一个时间步长,如此往复。计算流程如图 3.4 所示,其中下标 j、k 表示二维网格节点。

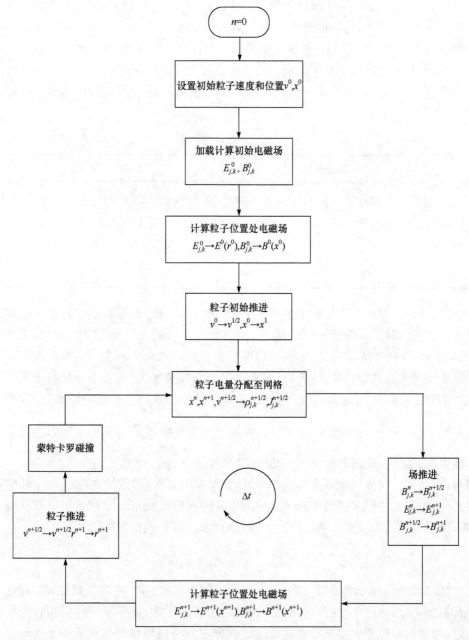

图 3.4　粒子模拟的计算流程

　　上述流程与求解方法是基于时变电磁场的,因此又称之为电磁 PIC 方法。纳秒脉冲放电过程的外加场往往可以视为准静态场,因此,麦克斯韦方程的求解可以退化为泊松方程求解,忽略位移电流和徙动电流产生的磁场。因此,如果没有外加

磁场的话,宏粒子的受力也可以忽略磁场力,从而将粒子运动方程简化,这种基于
静电场或准静电场的方法称为静电 PIC 方法。

3.2.2　纳秒脉冲放电物理过程的建模方法

纳秒脉冲放电的关键物理过程主要包括气体分子/原子碰撞过程、器件内表面
二次电子发射过程,以下以空气放电情况为例加以介绍。

1. 气体分子/原子碰撞过程

带电粒子和气体分子/原子之间碰撞反应的类型众多,但是对放电特性起主导
作用的是电子与分子/原子之间的电离、激发和弹性碰撞。另外,吸附、电荷交换、
彭宁电离等碰撞类型在某些情况中也起重要作用。在数值模拟的建模中,需要根
据各种碰撞类型的碰撞截面大小来决定考虑哪几种碰撞反应。在粒子模拟时,通
常把碰撞截面数据用数据文件或拟合曲线方程的形式作为模拟的输入条件。

2. 空气的碰撞截面模型

空气的主要成分是氮气(N_2)和氧气(O_2),一般的放电过程忽略其他气体成
分,且只考虑电子碰撞电离、电子碰撞激发和弹性碰撞,电晕放电中有必要考虑 O_2
的吸附碰撞,消电离过程中有必要考虑复合碰撞。带电粒子的密度相对于中性粒
子密度小得多,因此忽略带电粒子之间的碰撞。

1) 电离碰撞

空气中电离碰撞反应包含:气体分子一价电离(N_2^+ 和 O_2^+)、气体分子离解后
得到的单原子的一价电离(N^+ 和 O^+)、气体分子的二价电离(N_2^{2+} 和 O_2^{2+})和气体
分子离解后得到的单原子的二价电离(N^{2+} 和 O^{2+})。在这四种反应中,以气体分
子的一价电离碰撞为主。因此可以只考虑一价电离,且采用总电离碰撞截面来近
似,反应方程如式(3-26)和式(3-27)所示:

$$e + N_2 \longrightarrow N_2^+ + 2e \tag{3-26}$$
$$e + O_2 \longrightarrow O_2^+ + 2e \tag{3-27}$$

采用文献[29]的碰撞截面数据,通过拟合,可得图 3.5 所示的电子碰撞电离的
总碰撞截面曲线。

2) 激发碰撞

氮气和氧气中电子的激发碰撞反应方程如式(3-28)和式(3-29)所示。

$$e + N_2 \longrightarrow N_2^* + e \tag{3-28}$$
$$e + O_2 \longrightarrow O_2^* + e \tag{3-29}$$

图 3.6 是氮气和氧气中电子碰撞激发的总的碰撞截面曲线。

3) 弹性碰撞

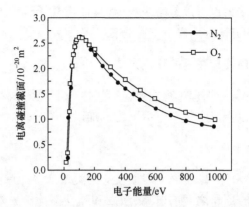

图3.5　氮气和氧气中电子碰撞电离的总碰撞截面

弹性碰撞是各种碰撞中能量范围分布最广、碰撞概率最大的一种碰撞。弹性碰撞的反应如式(3-30)和式(3-31)所示：

$$e+N_2 \longrightarrow N_2+e \qquad (3\text{-}30)$$

$$e+O_2 \longrightarrow O_2+e \qquad (3\text{-}31)$$

图 3.7 是氮气和氧气中电子和气体分子发生弹性碰撞的总碰撞截面曲线。

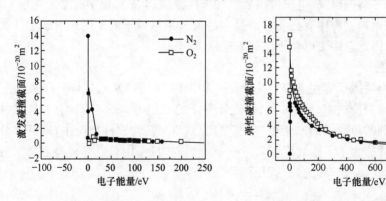

图 3.6　氮气和氧气中电子碰撞激发的总　　图 3.7　氮气和氧气中电子的弹性碰撞截面
　　　　碰撞截面

3. 二次电子发射

在粒子模拟中，由于时间尺度和空间尺度不同，不能对电子在材料内部经历散射最终产生二次电子发射的过程进行自洽模拟，需要使用能直接给出二次电子发射系数的唯象模型。常用的唯象模型有 Vaughan 模型[31] 和 Furman 模型[32]。

根据 Vaughan 模型，二次电子发射系数 δ 是初始电子入射能量 $\mathscr{E}$ 和入射角 θ 的函数，即

$$\delta(\mathscr{E},\theta)=\delta_{\max 0}\left(1+k_{\mathrm{s}}\frac{\theta^2}{2\pi}\right)\times f(w,k) \tag{3-32}$$

其中,$\delta_{\max 0}$是初始电子垂直入射时的最大二次电子发射系数;k_{s}是表面光滑度因子;$f(w,k)$是以经验参数为自变量的拟合函数,它满足

$$f(w,k)=\begin{cases}(w\mathrm{e}^{1-w})^k & k=\begin{cases}0.56 & w\leqslant 1\\0.25 & 1<w\leqslant 3.6\end{cases}\\1.125w^{-0.35} & w>3.6\end{cases} \tag{3-33}$$

$$w=\frac{\mathscr{E}-\mathscr{E}_0}{\mathscr{E}_{\max 0}-\mathscr{E}_0} \tag{3-34}$$

其中,$\mathscr{E}_0$为二次电子发射阈值。在该模型中,二次电子发射系数在初始电子入射能量小于 50 eV 时趋近于 0,与实验有明显差异。在此基础上,Vicente 又提出了一个修正模型[33],将初始电子入射能量小于 50 eV 的二次电子发射系数人为设为 0.5。

Furman 模型根据产生机制的不同,将二次电子分为反射电子、散射电子和真二次电子,分别建立起不同的发射系数模型,其中入射能量为 $\mathscr{E}$,入射角为 0 和 θ 时的反射系数分别为

$$\delta_{\mathrm{e}}(\mathscr{E},0)=P_{1,\mathrm{e}}(\infty)+(\hat{P}_{1,\mathrm{e}}-P_{1,\mathrm{e}}(\infty))\mathrm{e}^{-(|\mathscr{E}-\hat{\mathscr{E}}_{\mathrm{e}}|/W_{\mathrm{e}})^p/p} \tag{3-35}$$

$$\delta_{\mathrm{e}}(\mathscr{E},\theta)=\delta_{\mathrm{e}}(\mathscr{E},0)\times[1+e_1(1-\cos^{e_2}\theta)] \tag{3-36}$$

其中,$P_{1,\mathrm{e}}(\infty)$代表电子垂直入射时入射电子能量趋于无穷大时的反射系数;$\hat{P}_{1,e}$ 代表电子垂直入射时反射系数的峰值;$\hat{\mathscr{E}}_{\mathrm{e}}$ 代表电子垂直入射时反射系数达到峰值所对应的入射电子能量值;W_{e} 和 p 为拟合参数,共同决定函数 $\delta_{\mathrm{e}}(\mathscr{E},0)$ 的峰值宽度和曲线变化趋势;e_1 和 e_2 共同决定函数 $\delta_{\mathrm{e}}(\mathscr{E},\theta)$ 的变化趋势。

散射系数为

$$\delta_{\mathrm{r}}(\mathscr{E},0)=P_{1,\mathrm{r}}(\infty)[1-\mathrm{e}^{-(\mathscr{E}/\mathscr{E}_{\mathrm{r}})^r}] \tag{3-37}$$

$$\delta_{\mathrm{r}}(\mathscr{E},\theta)=\delta_{\mathrm{r}}(\mathscr{E},0)\times[1+r_1(1-\cos^{r_2}\theta)] \tag{3-38}$$

其中,$P_{1,\mathrm{r}}(\infty)$代表电子垂直入射时入射能量趋于无穷大时的散射系数;$\mathscr{E}_{\mathrm{r}}$和 r 共同决定函数 $\delta_{\mathrm{r}}(\mathscr{E},0)$ 的变化趋势;r_1 和 r_2 共同决定函数 $\delta_{\mathrm{r}}(\mathscr{E},\theta)$ 的变化趋势。

真二次电子发射系数为

$$\delta_{\mathrm{ts}}(\mathscr{E},\theta)=\hat{\delta}(\theta)D(\mathscr{E}/\hat{\mathscr{E}}(\theta)) \tag{3-39}$$

其中

$$D(x)=\frac{sx}{s-1+x^s} \tag{3-40}$$

$$\hat{\delta}(\theta)=\hat{\delta}_{\mathrm{ts}}\times[1+t_1(1-\cos^{t_2}\theta)] \tag{3-41}$$

$$\hat{\mathscr{E}}(\theta)=\hat{\mathscr{E}}_{\mathrm{ts}}\times[1+t_3(1-\cos^{t_4}\theta)] \tag{3-42}$$

其中，$\hat{\delta}_{ts}$ 代表电子垂直入射时真二次电子发射系数的峰值；$\hat{\mathscr{E}}_{ts}$ 代表电子垂直入射时真二次电子发射系数峰值对应的入射电子能量值；s、$t_1 \sim t_4$ 为由实验结果拟合得到的经验参数，共同决定函数 $\delta_{ts}(\mathscr{E}, \theta)$ 的变化趋势。

无论 Vaughan 模型还是 Furman 模型，在应用时，都需要根据实验测量获得的二次电子发射系数拟合确定模型参数。相比而言，Vaughan 模型参数较少，因此应用起来相对简单，但对实际实验数据的拟合精度较差。Furman 模型具有较高的精度，但其真二次电子发射系数模型仍然不能对实验数据进行高精度拟合。考虑到产生真二次电子发射的入射电子能量范围大多在 1 keV 以内，对放电具有重要的影响，因此有必要对二次电子发射模型作进一步优化。通过对比发现，Vaughan 模型的分段函数形式很适合用来描述 Furman 模型中的真二次电子发射。将两种模型的优点结合到一起，可以建立起一种复合唯象模型，具体模型方程参见文献[34]。

根据二次电子发射模型计算得到发射系数后，再根据系数大小来确定发射的二次电子数目。系数中小数点以前的数为必然会发射的二次电子数，小数点以后的数则作为随机发射 1 个额外二次电子的依据。二次电子的出射角度根据余弦分布随机确定，初速度根据麦克斯韦分布随机确定。

3.3　模拟计算与分析

3.3.1　流注放电产生逃逸电子的粒子模拟

1. 物理问题

在纳秒脉冲放电中，当外加电压峰值较高时，放电通道会变得曲折甚至分叉。另外，放电形成时间大为缩短，即出现汤生理论无法解释的流注放电。对于流注放电的物理机制，主要有两种理论解释：一种是基于光电离和空间电荷效应的经典流注理论，认为气体击穿的时候之所以产生流注是由于主电子崩内的电子碰撞中性原子，使中性原子激发放射出光子，这些光子又会使主电子崩外部的中性原子发生光电离；另一种是逃逸电子理论，认为会有一部分电子可以被加速到很高的能量，放电由这些高能逃逸电子主导。一般认为，汤生理论适用于过电压倍数小于 20% 时的放电过程；当过电压倍数达到百分之几十的时候，电子崩内的空间电荷场的大小与外电场的大小接近，经典流注理论适用；当过电压倍数大于 2~3 时，则需要用逃逸电子理论来解释。Korolev 和 Mesyats[35] 给出了区分汤生放电和经典流注理论起作用的区域的曲线，如图 3.8 所示。

Frankel 等[36] 在实验室进行的大气压放电实验证实了高能电子的存在；Babich[37] 通过分析提出了空气中产生逃逸电子的阈值场强的理论计算公式，采用粒子模拟方法对流注放电的初始过程进行模拟，可以对该公式加以验证。

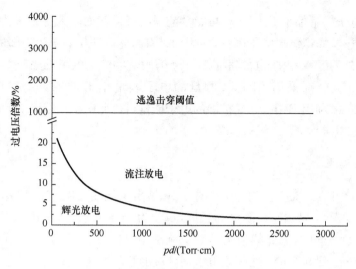

图 3.8　不同放电机理的适用范围

2. 几何模型与参数设置

简化起见,以平行平板间隙中 N_2 的放电过程为例。平行平板放电间隙的三维几何模型如图 3.9 所示,两个极板的间距沿 x 方向,取间距 $X=1.1776$ mm, y 方向和 z 方向的空间长度取值为 $Y=Z=\dfrac{1}{2}X$。模拟空间的网格剖分为 $128\times64\times64$,三个方向的网格步长为 $\Delta x=\Delta y=\Delta z=9.2\ \mu m$。间隙中, N_2 的气压为 760 Torr,考虑的反应类型包括电子与 N_2 分子的弹性碰撞、激发碰撞及电离碰撞。设置阴极板的电位为 0,间隙电压设置为 11800 V,相应的电场强度大约为 100 kV/cm。取时间步长 $\Delta t=0.015$ ps,并在阴极表面加入 100 个初始电子。

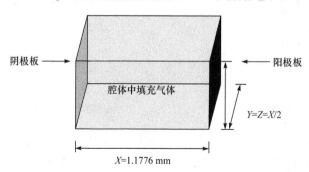

图 3.9　三维平行平板放电间隙的几何模型

由于在高电压情况下,电子的动能会达到 1 keV 以上。而一般碰撞截面的实验测量中,电子能量都小于 1 keV,高能量范围的碰撞截面则人为地设为 0。这种设置会严重影响模拟结果的正确性,因为如果有高能电子从电子崩头部逃出,运动到电子崩以外的区域,由于电离碰撞截面为 0,则这些逃逸电子无法产生次级电子崩。作为对比,分别采用 Itikawa 测量的电子能量小于 1 keV 的碰撞截面数据[38,39]和 Rieke 利用 Bethe 公式扩展的电子能量可达兆电子伏特以上的碰撞截面数据[40]来模拟。

3. 模拟结果

采用 VORPAL 软件[41]模拟[42],图 3.10 给出了流注发展到 0.195 ns 时的一维电场分布情况,x 轴为距离阴极的长度,单位为 mm,y 轴为电场强度 E,电场方向是沿 x 轴负方向的,因此幅值为负数。从图中可以看出,由于空间电荷场的作用,在 0.06 mm 到 0.3 mm 之间主电子崩区域的总的电场强度相比于外加场已经小了很多。而从 $x=0.3$ mm 开始,总电场开始快速增长,在电子崩头部($x=0.36$ mm 处)达到最大,大约为 207 kV/cm。之后电场开始减小,在 $x=0.6$ mm 处和外加场已经基本相同。该电场的趋势与逃逸电子理论所描述的电场趋势完全一致,显示在电子崩头部具备产生逃逸电子的条件。

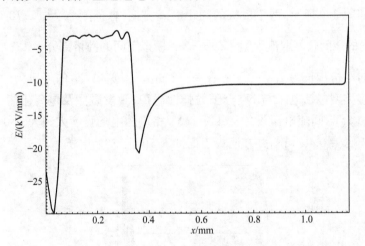

图 3.10　0.195 ns 时沿 x 方向电场强度的一维分布

图 3.11 给出了在 0.195 ns 时电子能量随距离阴极的长度 x 的分布情况。在该时刻,流注的头部发展到 $x=0.36$ mm 的位置,对应于总电场最大的位置,而在电子崩头部的电子,存在一部分电子,其能量明显高于其他电子的能量,这部分电子就是电子崩头部的高能电子。但是由于电子的能量尚未达到相应电场下的逃逸能量,这些高能电子仍然是在电子崩头部和其他电子一起向前运动。

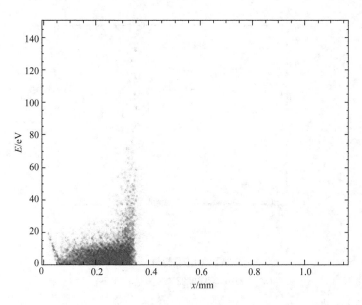

图 3.11　　0.195 ns 时电子能量随 x 的分布情况

图 3.12 给出了电子能量随时间演化的图像,结合图 3.11,可以看出,随着流注不断朝着阳极方向发展,电子崩头部内的电子在电场的作用下能量不断增大,其中存在着部分能量远大于电子平均能量的电子,当这部分电子的能量足够大时,便会从电子崩头部逃逸出来。在 0.24 ns 时,可以明显观察到个别电子已经运动到电子崩头部较远处,这部分电子的能量非常大,可以达到 3000 eV 以上,并且这部分电子的能量基本呈现出一条直线。这是由于它们逃逸出后被外电场进一步加速;同时,可以发现电子崩头部的前方较近处仍有一小部分能量不很高的电子被俘获而无法逃出,这是它们与中性气体分子碰撞造成的。

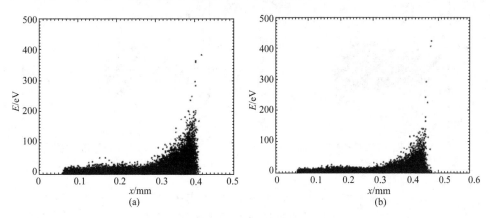

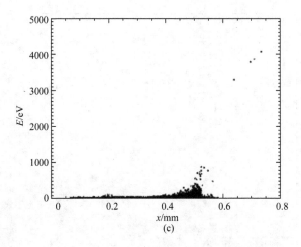

图 3.12　电子能量分布

(a) 0.21 ns；(b) 0.225 ns；(c) 0.24 ns

　　从图中可以估算出电子发生逃逸的阈值能量约为 300 eV，通过数值诊断可得电子崩头部的总电场强度为 247.78 kV/cm，相应的约化场强 E/P 为 326.02 V/cm·Torr。将外加电场强度改变为 90 kV/cm，则电子发生逃逸的阈值能量为 495 eV，电子崩头部的总电场为 157.35 kV/cm，约化场强为 207.04 V/cm·Torr。根据文献[37]的计算公式，两种情况下的阈值能量分别为 239 eV 和 603 eV，结果基本一致。

　　对于外加场强为 100 kV/cm 的情况，对是否考虑高能碰撞截面的影响进行比较，得到 N^+ 实空间分布，如图 3.13 所示。显然，使用高能电子碰撞截面能模拟得到逃逸后的电子在主电子崩前面产生次级电子崩的现象。因此，在对高电压放电情况进行粒子模拟时，不能忽视高能电子碰撞截面。

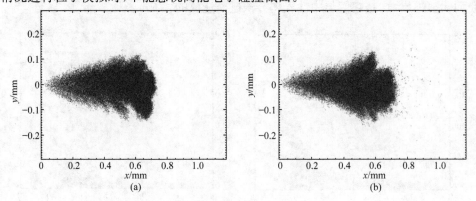

图 3.13　0.285 ns 时，N^+ 实空间分布图

(a) 不使用高能碰撞截面；(b) 使用高能碰撞截面

Nijdam 等[43~45]均在实验上证实了在高气压情况下流注会形成明显的分叉,而且分叉的分支数会随着气压的增加而增多。作为验证,在此对氮气放电和氮、氧混合气体流注放电随气压的变化情况进行了模拟,得到其出现分叉的物理图像。

首先对电场强度为 100 kV/cm、间距为 0.118 mm 的平板电极的氮气放电进行三维粒子模拟,分别取气压为 896 Torr、760 Torr、600 Torr 和 500 Torr,得到的电子实空间分布如图 3.14~图 3.18 所示。

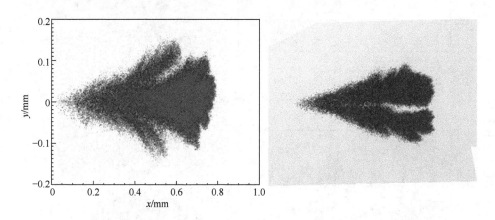

图 3.14　气压 896 Torr、0.357 ns 时氮气流注的二维和三维实空间图像

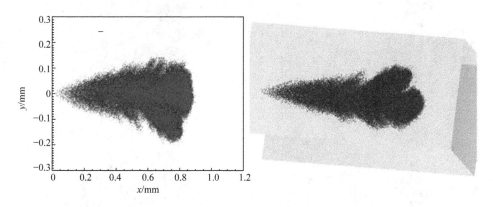

图 3.15　气压 760 Torr、0.315 ns 时氮气流注的二维和三维实空间图像

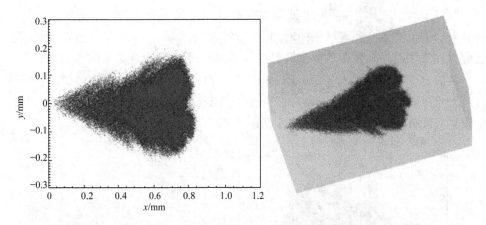

图 3.16　气压 600 Torr、0.255 ns 时氮气流注的二维和三维实空间图像

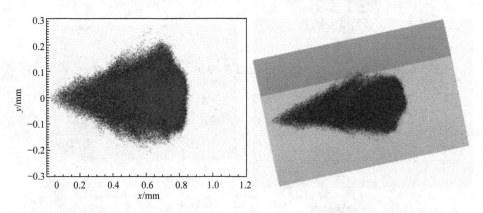

图 3.17　气压 500 Torr、0.21 ns 时氮气流注的二维和三维实空间图像

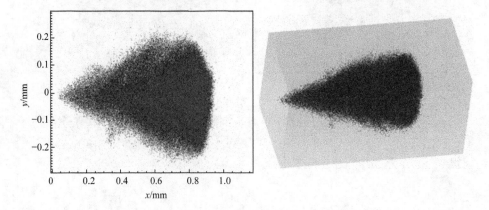

图 3.18　气压 400 Torr、0.195 ns 时氮气流注的二维和三维实空间图像

　　以上各图中显示,不同气压下流注在空间上发展到 0.8 mm 的位置处,气压在 600 Torr 以上时,流注发生了明显分叉,随着气压的降低,这种分叉现象越来越不明显,在气压为 400 Torr 时几乎不能观察到分叉现象。

　　另外,作为比对,使用 20% 的氧气、80% 的氮气混合气体来近似空气,并对这种混合气体的流注发展过程进行模拟。保持电场强度和极板间距不变,分别模拟获得气压为 896 Torr、760 Torr、600 Torr 和 500 Torr 这四种情况下的流注发展过程物理图像。图 3.19～图 3.22 给出了四种情况下电子的二维和三维实空间分布图。

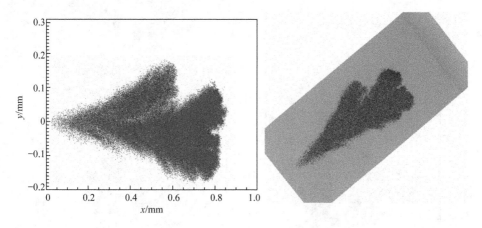

图 3.19　气压 896 Torr,0.36 ns 时氮氧混合气体流注的二维和三维实空间图像

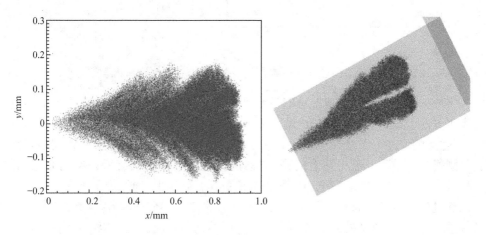

图 3.20　气压 760 Torr,0.315 ns 时氮氧混合气体流注的二维和三维实空间图像

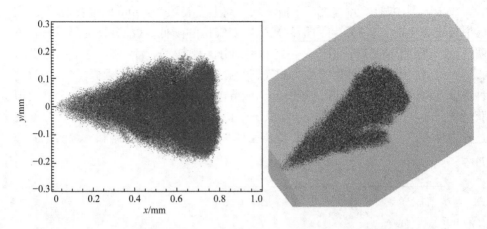

图 3.21　气压 600 Torr,0.24 ns 时氮氧混合气体流注的二维和三维实空间图像

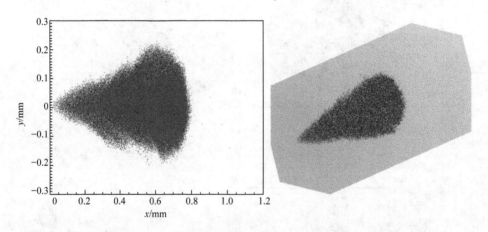

图 3.22　气压 500 Torr,0.195 ns 时氮氧混合气体流注的二维和三维实空间图像

　　类似地,在 760 Torr 情况下能观察到明显的分叉现象,600 Torr 情况下的流注产生了一个细小分支,但是在 500 Torr 时这种分叉现象已经很难观察到。总体而言,空气的流注分叉受气压影响的规律与氮气基本相同,也与文献中的实验观察到的规律基本一致。值得注意的是,本书模拟的模型中并没有考虑空间光电离。可见,流注分叉现象并非完全由空间光电离引起。事实上,通过观察不同气压下流注发展过程中电场分布和电子实空间分布可以发现,在高气压情况下,流注发生分叉现象时,每一个分叉处的电场强度高于周围的电场强度。之所以出现这种情况,是由于一部分高能电子在逃逸出电子崩的头部之后并没有达到临界逃逸能量而减速,并在流注头部的周围产生电离,产生空间电场,这些电子电离产生的空间电场的作用,导致流注向着这些方向发展并产生了分叉,而逃逸出流注头部的逃逸电子并没有对分叉现象产生明显的贡献,这部分电子会被不断加速到达阳极。这与过

去认为逃逸电子是形成分叉的原因的观点不一致。另外,在模拟中还发现,在低气压下更容易产生逃逸电子,这是由于有效阻力与气压成正比,当气压较低时,有效阻力较小,所以逃逸电子更容易产生并迅速逃逸出流注。

3.3.2　纳秒脉冲电晕放电粒子模拟

1. 物理问题

气体开关是目前脉冲功率系统中应用很广的一种高功率开关。气体开关面临着两大重要问题:开关间隙的提前击穿和均压电阻的老化问题。目前国内外研究较多的是采用电晕放电的方法来解决这两个问题[46]。图 3.23 是多级气体开关非触发间隙的结构图。图中外圈椭圆形电极间的间隙为主放电间隙,中间两杆为支撑杆。在其中一个支撑杆上增加了一个电晕针,电晕针曲率半径非常小,使得电晕针附近局部电场非常强。当电晕针附近局部电场超过气体击穿电场阈值就会导致气体放电;而远离电晕针区域的局部电场低于气体击穿电场阈值,气体不发生放电,这种气体中的局部放电过程就是电晕放电。通过这种局部气体放电可以降低主放电间隙间的电场,从而降低开关提前击穿的可能性,提高开关的稳定性。另外,电晕放电虽然没有形成放电通道,但是放电产生的带电粒子会在电场中迁移,从而形成一定的泄漏电流。负电晕放电产生数微安到百微安的泄漏电流,每个间隙可等效为数百兆欧的电阻,利用电晕放电结构代替均压电阻可以避免均压电阻的老化问题。

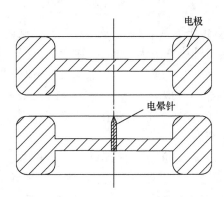

图 3.23　多级气体开关非触发间隙结构图

采用粒子模拟方法,可以获得气体开关中电晕针附近气体产生电晕放电的特性,寻求获得较为稳定的电晕放电来改善气体开关稳定性的参数。简化起见,将上述间隙近似为针-板结构。

2. 几何模型与参数设置

目前脉冲功率技术中实际应用的气体开关间隙尺寸在几十毫米量级；由于总尺寸大并且针和平板的尺度相差太大、工作气压高等原因，要求模拟时的空间步长和时间步长都非常小，在目前计算机条件下对实际模型进行模拟比较困难。因此，模拟中需要对针-板结构进行等效缩小，一方面，模拟最关注电晕放电的局部，可以只选取放电电晕所在的区域；另一方面，模型的尺寸不能太小，必须保证针附近的电场分布与实际器件相应区域的电场分布基本一致。综合上面两个因素，选取的针-板结构模型如图 3.24 所示。

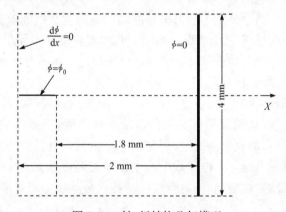

图 3.24　针-板结构几何模型

计算区域被定义为直角坐标系下的一个矩形区域，区域内包含一个针尖电极和一个平板电极。针-板结构轴线方向为 x 方向，在 x 方向上计算区域长度为 2 mm；y、z 方向为板延伸方向，在 y、z 方向的长度都为 4 mm，针尖到板的距离固定为 1.8 mm。针尖直径作为变量分别取 0.25 mm、0.2 mm、0.1 mm、0.05 mm。在整个计算区域内注入一定压强的氮氧混合气体，并在针尖和平板之间施加稳定的电压。采用 VORPAL 软件进行模拟。

电晕放电产生的等离子体密度约为 1×10^{14} m^{-3} 量级，初始电子温度约为 300 K，等离子体的德拜长度为 0.1 mm 量级，因此取网格步长为 0.1 mm，取时间步长为 0.08 ps，保证满足稳定性条件。在模拟初期，在针尖附近加入 100 个宏粒子作为种子电子。模拟中，考虑 O_2 和 N_2 的电子碰撞电离、激发和弹性碰撞，由于 VORPAL 软件无法模拟吸附反应，忽略了电子和负电性气体 O_2 分子的吸附碰撞，该碰撞主要影响特里切尔脉冲的周期性质，因此忽略吸附碰撞对放电的初始形成和发展过程不会产生显著影响。

3. 模拟结果

1）电晕放电的初始形成过程

取针尖直径为 0.25 mm，气压为 1.0 atm，针-板间施加电压为 −1400 V。图 3.25 给出的是针、板间电场分量 E_x 在 $z=0$ 平面二维分布图。从图中可以看出，在针-板结构间施加静电场后，针-板结构中的电场分布很不均匀，曲率半径非常小的针尖附近有很显著的场增强效应。

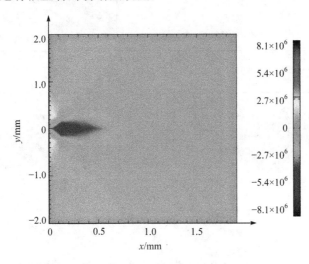

图 3.25 电场分量 E_x 在 $z=0$ 平面分布图

图 3.26 给出的是负电晕放电过程中不同时刻带电粒子在 $z=0$ 平面上的空间分布图。放电初期，在针尖附近加载了一定数量的种子电子。种子电子在电场的作用下向阳极运动，在运动过程中，电子不断被加速而获得动能，并且与 N_2 分子和 O_2 分子发生碰撞。当电子的动能达到电离能，就可能发生碰撞电离而产生正离子和新的电子。由于针尖附近场强很大，该位置附近的电子最容易被加速到电离能，因而在电场加速下，会导致电子数目的雪崩增长，如图 3.26(a)所示。随着电子数目的增加，正离子数目也会同比增长，在电场作用下，电子和正离子会分别向阳极（平板）和阴极（针尖）运动。从图 3.25 可以看出，在电子运动的方向，离针尖电极越远，外加电场越小，电子在运动的过程中从外加电场中获得的能量越少，使后续新产生出来的电子无法在外加电场中获得足够的能量来发生电离碰撞，以致电子雪崩增长逐步减弱，直到终止。图 3.26(b)显示的是电子在雪崩过程中不断向阳极运动。图 3.26(c)显示的是当电子越往阳极运动，电子在电场中获得的能量越少，碰撞电离过程逐步减弱，并且电子和正离子在外加电场的作用下分别向阳极和阴极运动形成明显的分离。本书把发生碰撞电离的区域称为电离区域，当

电子移出电离区域,只与中性气体发生弹性碰撞和激发碰撞,并在外加电场的作用下向阳极漂移,这个区域被称做漂移区域。随着电子和正离子在外加电场中分别向阳极和阴极漂移,如图 3.26(d)所示,一定时间后电子和正离子最终都会被相应电极吸收。

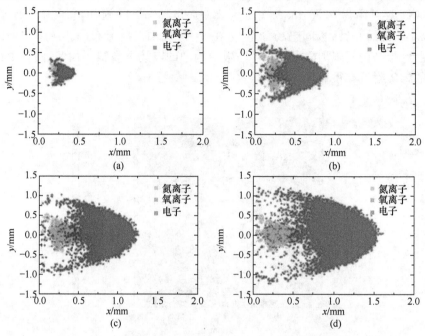

图 3.26　不同时刻各带电粒子在 $z=0$ 平面的投影图

(a) 1.6 ns;(b) 16 ns;(c) 48 ns;(d) 80 ns

2) 针尖尺寸对电晕放电电离区域的影响

保持气压为 1.0 atm,针-板间施加电压改为 -1350 V,改变针尖直径,分别取 0.25 mm、0.2 mm、0.1 mm、0.05 mm。由于正离子质量比电子质量要大得多,正离子相对于电子的惯性也就大得多,因此可以认为雪崩过程中正离子是静止的。所以,可以将放电截止(电子不再发生电离碰撞)时正离子的分布区域来近似电晕放电的电离区域。图 3.27 给出的不同针尖直径时得到的放电截止时刻正离子在 $z=0$ 平面的投影图,即电晕放电电离区域图。

从图 3.27 可以看出,不同针尖直径时电晕放电电离区域具有相似的放电形状,类似横向水滴状。但是,随着针尖直径的增加,电晕放电电离区域的大小也会增加。图 3.28 给出的是电晕放电电离区域大小随针尖直径的变化图。电离区域长度指电离区域在 x 方向延伸长度;电离区域宽度指电离区域在横向延伸宽度。

电晕放电电离区域随针尖直径增大而增大的原因归结于电场分布的变化。针尖直径越小,针尖处的曲率半径越小,就会使得针尖附近的电场分布越集中(电压降越陡峭),强场区域就会越向针尖收缩,从而使得电离区域也随之收缩。

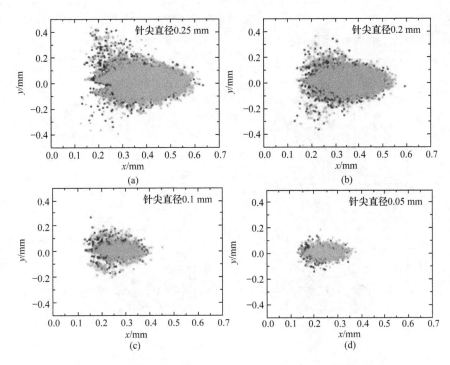

图 3.27　不同针尖直径时电晕放电电离区域在 $z=0$ 平面的投影图

(a) 0.25 mm；(b) 0.2 mm；(c) 0.1 mm；(d) 0.05 mm

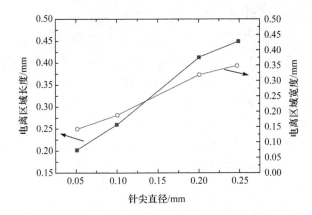

图 3.28　电晕放电电离区域大小随针尖直径的变化图

电离区域长度指电离区域在 x 方向的延伸长度；电离区域宽度指电

离区域在 y 方向的延伸宽度

3）气压对电晕放电电离区域的影响

维持针尖直径为 0.25 mm，针-板间施加电压取 -1700 V，气压分别取

1.0 atm、1.4 atm、1.8 atm 和 3.0 atm。图 3.29 给出了不同气压下电晕放电的电
离区域在 $z＝0$ 平面的投影图。

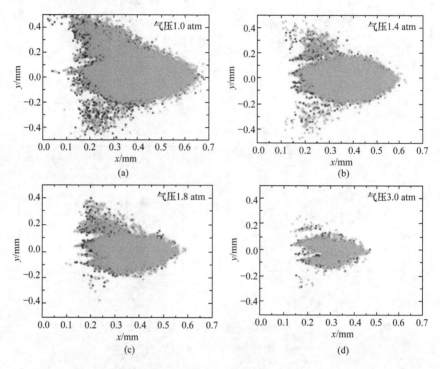

图 3.29　不同气压下电晕放电电离区域在 $z＝0$ 平面的投影图
(a) 1.0 atm；(b) 1.4 atm；(c) 1.8 atm；(d) 3.0 atm

　　从图 3.29 中可以看出,不同气压下电晕放电电离区域维持相似的横向水滴状
形状,但是,随着气压的增加,电离区域大小会减小。

　　图 3.30 给出了电晕放电电离区域大小随气压的变化图,可以看出,电离区域
随气压的增大而减小。这是因为随着气压的增加,气体分子的密度增加,电子平均
自由程减少,从而使一个平均自由程之内电子被外电场加速获得的能量减少,在相
同外加电场情况下,动能超过电离能的电子数目变少,使放电变弱,所以电晕放电
电离区域就会越小。

　　通过系列模拟,可得电晕放电的伏安特性曲线。图 3.31 是针尖直径为 0.25 mm,
不同气压下电晕放电伏安特性曲线,其中电流通过在针尖收集离子流获得,因为模
拟中未考虑离子与中性气体分子的碰撞,所以离子的迁移速度比实际要偏大,不过
其变化趋势基本可信。图 3.32 是空气压强为 3 atm,不同针尖尺寸下电晕放电伏
安特性曲线。由图 3.31 和图 3.32 中可以看出,不同气压或不同针尖直径电晕放
电的伏安特性曲线都表现出相似的变化规律,即随着板对针电压降的增加,电晕放

电伏安曲线会出现一个先缓慢增长后急剧增长的转变过程,即电晕放电本身造成的器件阻抗会显著降低。但相同针尖直径和电极电压下,气压越大,电晕放电电流越小,阻抗越大。相同气压和电极电压下,针尖直径越小,电晕放电电流越小,阻抗也越大。

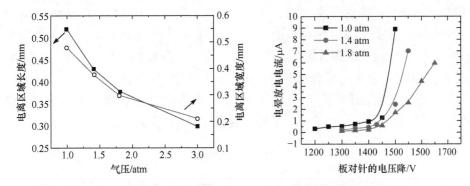

图 3.30　电晕放电电离区域尺寸随气压变化趋势图

图 3.31　针尖直径为 0.25 mm,不同气压下电晕放电伏安特性曲线

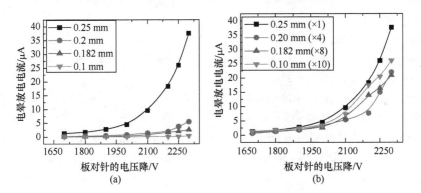

图 3.32　空气压强为 3 atm 时不同针尖直径电晕放电伏安特性曲线

(a) 原始曲线;(b) 放大曲线

3.4　小　　结

本章获得的主要结论如下:

(1) 纳秒脉冲放电主要物理过程包括气体分子/原子碰撞、二次电子发射,通过对碰撞截面和二次电子发射系数的唯象描述,利用 PIC-MCC 方法,可以实现纳秒脉冲气体放电过程的粒子模拟。

(2) 通过对气压为 760 Torr、外加场强为 100 kV/cm 的 N_2 的流注放电过程进行三维粒子模拟,获得了逃逸电子产生过程的物理图像,观察得到产生逃逸电子的阈值能量,与理论计算基本相符。另外还观察到,随着气压的升高,流注会产生分叉,与实际现象相符。

(3) 在模拟高电压放电情况时,有必要对高能电子与中性气体分子/原子碰撞的碰撞截面进行合理建模,否则难以模拟逃逸电子产生预电离等物理现象。

(4) 通过对针-板结构缩小模型中电晕放电过程进行粒子模拟,获得电晕放电的初始形成过程以及电离区域大小随气压、针尖尺寸等因素的变化规律。同时,通过计算,获得针尖收集的放电电流随外加电压变化的 I-V 特性。

(5) 随着高性能计算技术和粒子模拟技术的发展,通过提出并应用新的模拟算法,对纳秒脉冲放电过程进行粒子模拟的能力将不断提高。

参 考 文 献

[1] Lymberopoulos D P,Economou D J. Fluid simulations of glow discharges:Effect of metastable atoms in argon[J]. Journal of Applied Physics,1993,73(8):3668-3679.

[2] Birdsall C K,Langdon A B. Plasma Physics via Computer Simulation[M]. Bristol:Adam Hilger,1991.

[3] Wang H,Li Y,Wang R,et. al. Large-time-step particle-in-cell/Monte Carlo simulation of the streamer initiation process in a laser-triggered gas switch [J]. IEEE Transactions on Plasma Science,2011,39(11):2240-2241.

[4] Shon C H,Lee H J,Lee J K. Method to increase the simulation speed of particle-in-cell(PIC) code[J]. Computer Physics Communications,2001,141:322-329.

[5] Kulikovsky A A. Two-dimensional simulation of the positive streamer in N_2 between parallel-plate electrodes [J]. Journal of Physics D:Applied Physics,1995,28(12):2483.

[6] Kulikovsky A A. Positive streamer between parallel plate electrodes in atmospheric pressure air[J]. Journal of Physics D:Applied Physics,1997,30(3):441.

[7] Kulikovsky A A. Positive streamer in a weak field in air:A moving avalanche-to-streamer transition[J]. Physical Review E,1998,57(6):7066-7074.

[8] Kanzari Z,Yousfi M,Hamani A. Modeling and basic data for streamer dynamics in N_2 and O_2 discharges[J]. Journal of Applied Physics,1998,84(8):4161-4169.

[9] Vitello P A,Penetrante B M,Bardsley J N. Simulation of negative streamer dynamics in nitrogen[J]. Physical Review E,1994,49(6):5574-5598.

[10] Montijn C,Hundsdorfer W,Ebert U. An adaptive grid refinement strategy for the simulation of negative streamers[J]. Journal of Computational Physics,2006,219:801-835.

[11] Nikandrov D S,Arslanbekov R R,Kolobov V I. Streamer Simulations With Dynamically Adaptive Cartesian Mesh[J]. IEEE Transactions on Plasma Science,2008,36(4):932-933.

[12] Li C,Ebert U,Hundsdorfer W. 3D hybrid computations for streamer discharges and produc-

tion of runaway electrons[J]. Journal of Physics D: Applied Physics, 2009, 42: 202003.

[13] Buneman O. Dissipation of currents in ionized media[J]. Physical Review, 1959, 117(3): 503-517.

[14] Dawson J M. One-dimensional plasma model[J]. Physics of Fluids, 1962, (5): 445-459.

[15] Boswell R W, Morey I J. Self-consistent simulation of a parallel-plate rf discharge [J]. Applied Physics Letter, 1988, 52(1): 21-23.

[16] Vahedi V, Surendra M A. Monte Carlo collision model for the particle-in-cell method: Applications to argon and oxygen discharges[J]. Computer Physics Communications, 1995, 87: 179-198.

[17] Kunhardt E E, Tzeng Y. Development of an electron avalanche and its transition into streamers[J]. Physical Review A, 1988, 38(3): 1410-1421.

[18] Soria C, Pontiga F, Castellanos A. Two-dimensional numerical simulation of streamers using a particle-in-cell method[C]. 2000 IEEE Conference on Electrical Insulation and Dielectric Phenomena, 2000: 539-542.

[19] Dowds B J P, Barrett J K, Diver D A. Streamer initiation in atmospheric pressure gas discharges by direct particle simulation[J]. Physical Review, 2003, 68: 026412.

[20] Zhang W, Fisher T S, Garimella S V. Simulation of ion generation and breakdown in atmospheric air[J]. Journal of Applied Physics, 2004, 96(11): 6066-6072.

[21] Li C, Ebert U, Brok W J M. Avalanche to streamer transition in particle simulations[J]. IEEE Transactions on Plasma Science, 2008, 36(4): 910-911.

[22] Worts E J, Kovaleski S D. Particle-in-cell model of a laser-triggered spark gap[J]. IEEE Transactions on Plasma Science, 2006, 34(5): 1640-1645.

[23] Luque A, Ebert U, Hundsdorfer W. Interaction of streamer discharges in air and other oxygen-nitrogen mixtures[J]. Physical Review Letters, 2008, 101: 075005.

[24] Shon C H, Lee H J, Lee J K. Method to increase the simulation speed of particle-in-cell (PIC) code[J]. Computer Physics Communications, 2001, 141: 322-329.

[25] Li Y, He F, Liu C. A volume-weighting cloud-in-cell model for particle simulation of axially symmetric plasmas[J]. Plasma Science and Technology, 2005, 7(1): 2653-2656.

[26] 李永东, 王洪广, 刘纯亮, 等. 高功率微波器件 2.5 维电磁 PIC 通用模拟软件—尤普[J]. 强激光与粒子束, 2009, 21(12): 1866-1870.

[27] Zhou J, Liu D, Liao C, et. al. CHIPIC: An efficient code for electromagnetic PIC modeling and simulation[J]. IEEE Transactions on Plasma Science. 2009, 37(10): 2002-2011.

[28] 董烨, 陈军, 杨温渊, 等. 三维全电磁粒子模拟大规模并行程序 NEPTUNE[J]. 强激光与粒子束, 2011, 23(6): 607-1615.

[29] Raju G G. Gaseous Electronics-Tables, Atoms, and Molecules [M]. New York: CRC Press, 2012.

[30] Wang H, Li Y, Liu C, et. al. Compensated Monte Carlo collision model for particle-in-cell

　　　simulation in high-pressure plasmas[J]. IEEE Transactions on Plasma Science,2010,
　　　38(8):2062-2068.

[31] Vaughan J R M. A new formula for secondary emission yield[J]. IEEE Transactions on
　　　Electron Devices,1989,36(9):1963-1967.

[32] Furman M A,Pivi M T F. Probabilistic model for the simulation of secondary electron emis-
　　　sion[J]. Physical Review Special Topics-Accelerators and Beams,2002,5:124404.

[33] Vicente C,Mattes M,Wolk D, et. al. Multipactor breakdown prediction in rectangular
　　　waveguide based components[A]. 2005 IEEE MTT-S International Microwave Symposium
　　　Digest[C]. Long Beach,CA,IEEE,New York,2005,2:1055-1058.

[34] 李永东,杨文晋,张娜,等. 一种二次电子发射的复合唯象模型[J]. 物理学报,2013,62(7):
　　　077901.

[35] Korolev Y D,Mesiats G A. Physics of Pulsed Gas Breakdown[M]. Moscow:Nauka,1991.

[36] Frankel S,Highland V,Sloan T,et al. Observation of X-rays from spark discharges in a
　　　spark chamber[J]. Nuclear Instruments and Methods,1966,44(2):345-348.

[37] Babich L P. High-Energy Phenomena in Electric Discharges in Dense Gases:Theory,Exper-
　　　iment and Natural Phenomena [M]. Arlington:Futurepast Inc,2003.

[38] Itikawa Y. Cross sections for electron collisions with nitrogen molecules[J]. Journal of
　　　Physical and Chemical Reference Data,2006,35(1):31-53.

[39] Itikawa Y. Cross sections for electron collisions with oxygen molecules[J]. Journal of Physi-
　　　cal and Chemical Reference Data,2009,38(1):1-20.

[40] Reiser M. Theory and Design of Charged Particle Beams[M]. Weinheim:Wiley,1994.

[41] Nieter C,Cary J R. VORPAL:A versatile plasma simulation code[J]. Journal of Computa-
　　　tional Physics,2004,196(2):448-473.

[42] 王若鹏. 高气压流注放电粒子模拟研究[D]. 西安:西安交通大学,2012.

[43] Briels T M P,van Veldhuizen E M,Ebert U. Branching of positive discharge streamers in air
　　　at varying pressures[J]. IEEE Transactions on Plasma Science,2005,33(2):264-265.

[44] Nijdam S,van de Wetering F M J H,Blanc R,et al. Probing photo-ionization:experiments
　　　on positive streamers in pure gases and mixtures[J]. Journal of Physics D:Applied Physics,
　　　2010,43(14):145204.

[45] Nijdam S,Wormeester G,Veldhuizen E,et al. Probing background ionization:positive
　　　streamers with varying pulse repetition rate and with a radioactive admixture[J]. Journal of
　　　Physics D:Applied Physics,2011,44(45):455201.

[46] Kim A,Frolov S,Alexeenko V,et al. Prefire probability of the switch type fast LTD [A].
　　　2009 IEEE Pulsed Power Conference[C],2009:565-570.

第4章 大气压介质阻挡放电中的分岔与混沌现象

戴　栋

华南理工大学

　　大气压 DBD 是产生低温等离子体的重要方式。目前,对这种放电模式微观特性的研究已经取得了很大进展,但随着研究的不断深入,人们也逐渐认识到这种放电的内在复杂性。实际上,大气压 DBD 是一个复杂的耗散型非线性动力学时空系统,在一定条件下会呈现丰富的分岔和混沌现象。本章将介绍不同于常规对称周期一放电的其他放电形态的实验结果,并应用非线性动力学的基本理论和方法来解释和分析这些非常规的放电现象,从而更好地认识和理解大气压 DBD 所蕴含的各种动力学行为及其作用机理。

4.1 引　言

　　低温等离子体在现代工业中有着广泛的应用,具体的应用前景不在此赘述。而大气压 DBD 正是产生低温等离子体的一个重要手段,因此对大气压 DBD 的放电机理和放电特征进行深入的研究具有重要的理论意义和实际应用价值。目前,对大气压 DBD 模式和放电机理在微观层面上已经取得了很多进展[1~4],但是随着研究的不断深入,人们也逐渐认识到这种放电的内在复杂性。图 4.1 给出了大气压 DBD 的一个实验原理图,若从电路与系统的角度来分析可以将放电室视为一个

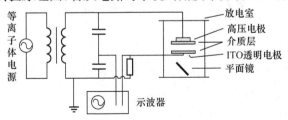

图 4.1　大气压 DBD 实验原理图

　　本章工作得到电力设备电气绝缘国家重点实验室(西安交通大学)开放基金(EIPE10210)和华南理工大学中央高校基本科研业务专项资金(2011ZM0016、2014ZZ0008)的支持。

黑箱,则整个放电系统可以简化为如图 4.2 所示的等效电路图。在图 4.2 中,$U(t)$为外施电压,$I(t)$为流过回路的放电电流,Z 表示与放电室等效的电路元件。在实际的实验研究中,可以测量得到该等效电路中的外施电压 $U(t)$ 与放电电流 $I(t)$。需要说明的是,外施电压既可以是正弦波也可以是脉冲形式,其频率范围可从千赫兹到兆赫兹,本章只讨论正弦形式的外施电压。

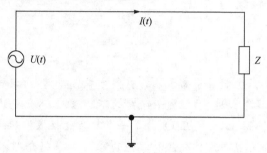

图 4.2　大气压 DBD 实验系统的等效电路图

图 4.3 给出了一个典型的放电电流与外施电压的波形图,可以看出放电电流的周期与外施电压周期保持一致,且在一个周期内放电电流的正负脉冲具有对称性,我们称这种放电形式为对称周期一放电,简记为 SP1(symmetrical period-1)放电。在以往的研究中,人们通常认为这种 SP1 放电是大气压 DBD 中的正常放电形态,而视其他形式的放电为非正常放电。在很长的一段时间里人们对这种所谓的“非正常放电”的产生机理并不清楚,甚至将其产生原因归结为实验中的噪声或干扰,并在实验观察中予以刻意的回避。

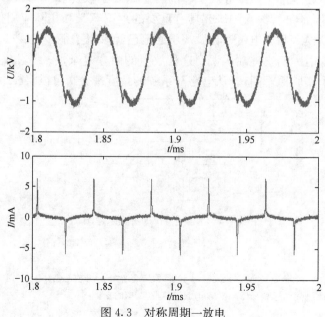

图 4.3　对称周期一放电

　　但是实际上,无论 SP1 放电还是其他放电形态,都是大气压 DBD 系统所呈现的确定性的放电现象。从非线性动力学角度来看,大气压 DBD 系统是一个复杂的耗散型非线性动力学时空系统,并且其动力学行为受到多个内、外部参数的影响,如电极和介质层的材料、结构和布置方式,所使用气体的性质,外施电压的类型以及具体的频率和幅值等。因此,即使常见的 SP1 放电也不是一个简单的线性过程的结果,而是在一系列内部因素和外部条件下形成的精细的动力学平衡态。那么,该系统在一定条件下呈现丰富的非线性动力学过程和行为也就并不奇怪了。事实上,SP1 放电只是大气压 DBD 系统在一定的条件下所产生的放电行为,当系统参数变化使得维持 SP1 放电的条件不能满足时,人们自然无法观察到 SP1 放电,取而代之的是其他的放电行为。本章的主旨正是从非线性动力学角度介绍大气压 DBD 中存在的分岔和混沌现象,通过一系列详细的实验结果展示大气压 DBD 系统所能呈现的各种非线性动力学行为,并利用非线性动力学理论和方法来分析这些复杂行为,具体内容包括不对称周期一放电、倍周期分岔、准周期态放电和混沌态放电。

　　大气压 DBD 只是众多气体放电方式中的一种特殊类型。实际上,早在 20 世纪 80 年代就已经有了关于气体放电中分岔和混沌现象的报道。1987 年,Cheung 和 Wong 首次在由脉冲电流驱动的无磁化等离子体放电试验中发现了倍周期分岔和混沌现象,并计算了相关的费根鲍姆常数[5]。之后,他们又在正弦驱动非磁化等离子体放电中观察到了阵发性混沌现象[6]。1989 年,Qin 等在稳恒无驱动等离子体放电中验证了阵发性混沌现象,并揭示了倍周期分岔到混沌的路径[7]。1993 年,Ding 等在无驱动非磁化等离子体放电中首次报道了由准周期到混沌的途径[8]。至此,三种通向混沌的路径在气体放电等离子体中均被发现。此后,针对等离子体放电系统,人们还进行了更加深入、细致的研究。Ma 等采集了混沌态的放电电流峰值,通过绘制类似单峰的返回映射描述了混沌的确定性行为,他们还通过计算李雅普诺夫指数和分形维数来定量地证明混沌行为的客观存在[9]。Ding 等在等离子体放电管中,发现了放电由准周期态向非混沌态的转化,并通过计算李雅普诺夫指数及分形维数证明了奇怪非混沌吸引子的存在[10]。

　　需要说明的是,以上列举的非线性现象都是针对低气压工作条件下的等离子体放电,而对于大气压 DBD 而言,阻挡介质的引入将使得放电的动力学机制更加复杂。近年来,已有学者开始关注大气压 DBD 中的分岔和混沌现象,并取得了初步的进展。2006 年,Zhang 等使用简化的一维流体模型对大气压氦气 DBD 进行了数值仿真,并通过微分电导特性研究了放电的稳定性[11]。他们认为随着外施电压幅值的增加,放电经历了一系列的分岔过程,虽然他们列举了放电中存在的周期三放电现象,但文中所研究的分岔现象主要是针对外施电压每半个周期中的多脉冲放电现象。即便如此,他们的工作可以认为是非线性动力学在大气压 DBD 研究中的初步尝试。2007 年,Wang 等也通过一维流体模型进行了数值仿真,报道了大气压氦气 DBD 中的倍周期和混沌现象,他们发现在一定条件下随着外加电压频率的增加,放电电流将经历倍周期分岔至混沌的过程,并对其中的一些物理机理进行了定性分析[12]。随后,他们还通过数值仿真在大气压氩气 DBD 中也发现了类似的现象[13]。另外,他们还对大气压氩气 DBD 中周期二现象的特征进行了针对性研究,解释了在不同外加电压频率下得到的放电电流周期二现象及相应的空间分布特征[14],Zhang 等则更进一步的应用二维流体模型对周期二放电现象进行了仿真研究[15]。2013 年,Zhang 等还使用一维流体模型对大气压氦气 DBD 进行了仿真,重点研究了由对称周期一放电到周期二放电的转换机制[16]。2013 年,Zhang 等通过一维流体模型对采用三角波电源的大气压氩气 DBD 进行了数值仿真,研究发现在固定电压幅值下当三角波电源的频率增加时放电由周期一态变为准周期态,进一步增加频率还可以观察到锁相周期态和准周期环破裂而导致的混沌态[17]。

以上研究大多针对电源为千赫兹范围的正弦电压,Zhang 等通过一维流体模型的数值仿真还研究了外施电压频率在射频(radio frequency,RF)范围下大气压氩气 DBD 中的倍周期分岔和混沌现象[18],他们将电源频率固定在 13.56 MHz,通过改变电压幅值观察了一系列的分岔和混沌现象。同样使用一维流体模型,他们还研究了脉冲电源下大气压氦气 DBD 随脉冲电源参数改变而出现的倍周期分岔和混沌现象[19]。

可以看出,以上列举的大气压 DBD 中分岔和混沌现象的报道都是通过采用一维(或二维)流体模型进行数值仿真研究而得到的。虽然数值仿真在气体放电的机理研究中具有不可替代的作用,但是考虑到流体模型与实际情况的差异,纯粹由流体模型数值仿真得到的分岔和混沌现象是否能在现实实验中发生,仍然存在一定的争议和疑问。近年来,已有研究人员初步报道了大气压下射流等离子体中的分岔和混沌实验现象[20~23]。虽然大气压射流等离子体与之前数值仿真报道中采用平板电极装置的大气压阻挡放电有一定的相似性,但也并不能验证仿真报道中大气压 DBD 的分岔和混沌现象。本章以下内容将针对性地介绍平板电极装置下大气压 DBD 中分岔和混沌现象的各种实验研究结果,并通过计算最大李雅普诺夫指数来判定实验中的混沌现象。

4.2　不对称周期一放电

如前所述,图 4.3 给出的 SP1 放电是大气压 DBD 中常见的放电形式,SP1 放电的特点是放电电流在一个周期的正负半周上具有对称性。但是,大气压 DBD 在一定的条件还存在另一种类似的放电形式,其放电电流的周期依然与外施正弦电压周期相同,但电流波形在正负半周期内不对称,因而称之为不对称周期一(asymmetrical period-1,AP1)放电。

与较为常见、稳定的 SP1 放电相比,AP1 放电更类似于一种高频的不稳定放电。图 4.4 分别给出了 SP1 放电与 AP1 放电的波形图及其快速傅里叶变换(FFT)的实例。对比 SP1 放电与 AP1 放电的频谱图可以看出,SP1 放电电流的频谱中只有奇次谐波,而 AP1 放电电流的频谱中不仅含有奇次谐波,在高频区域还含有明显的偶次谐波(图中基波频率 f_0 为外施电压频率)。

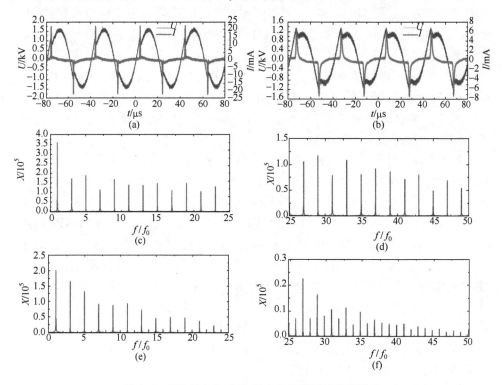

图 4.4　SP1 放电与 AP1 放电的波形图及其频谱图

(a) SP1 放电波形图;(b) AP1 放电波形图;(c) SP1 放电电流 $0\sim25f_0$ 频谱图(频率分辨率 250 Hz);
(d) SP1 放电电流 $25\sim50f_0$ 频谱图;(e) AP1 放电电流 $0\sim25f_0$ 频谱图(频率分辨率 250 Hz);
(f) AP1 放电电流 $25\sim50f_0$ 频谱图

目前,国内外已有一些关于 AP1 放电的零星报道。Golubovskii 等利用数值仿真研究外施电压参数和气隙宽度对大气压氦气 DBD 模式的影响时,观察到了 AP1 放电现象,他们认为上一次击穿中产生的正柱区在下一次放电发生之前未能完全消散是产生 AP1 放电的重要条件[24]。Mangolini 等在研究阻挡介质对大气压氦气辉光放电的影响时,发现在一定条件下实验和数值仿真中都存在着 AP1 放电现象,他们认为实验中的 AP1 放电可能是由高压电极与接地气罐壁之间杂散电容导致实验装置系统参数的不对称而引起的,数值仿真中的 AP1 放电则与放电时外施电压的相位有关[25]。但是,Shin 等在研究大气压氦气介质阻挡辉光放电时,观察到实验中 AP1 放电现象具有一定的随机性,与实验装置参数的不对称没有明显的相关性[26]。他们认为 AP1 放电可能是由放电初始阻挡介质表面二次电子发射系数的差异引起的,这种差异会随时间的演化而逐渐消失,因此接下来又可以观察到稳定的 SP1 放电。丁伟等在研究壁电荷对大气压空气 DBD 特性的影响时,发现实验中存在 AP1 放电现象,他们认为 AP1 放电可能是由壁电荷导致放电时刻驱动电压正负半周期不对称,即相邻两次放电时间间隔长短交替而引起的[27]。此外,当放电出现倍周期分岔或混沌时,通常也会伴随出现放电电流正负脉冲不对称的现象[11~14,28,29]。

可以看出,国内外学者对大气压 DBD 中 AP1 放电现象的形成机理与特征已经有了初步的认识,但以上关于 AP1 放电的报道都是在对其他课题的研究中间或提到,并非针对性地开展研究,甚至对实际实验中能否广泛的观察到 AP1 放电还存在一定的疑问。

本章作者曾基于一维流体模型数值仿真研究了气隙宽度对大气压氦气 DBD 中 AP1 放电的影响,结果表明较宽的气隙会使上一次击穿过程中产生的正柱区无法在下一次放电触发前完全消散,使得下一次放电发生时气隙空间电场分布极不均匀,进而导致下一次放电发展不充分,因而放电会出现强—弱相间的 AP1 放电现象[28]。在此基础上,Ha 等使用相同的流体模型通过数值仿真进一步探讨了 AP1 放电的发生机理,他们认为未完全消散的正柱区在空间中起着等效阳极的作用,使气隙的等效宽度减小,放电模式变为脉冲幅值较小而脉宽较大的汤森放电,因而在一个周期内放电会呈现不对称现象[29]。由于文献[28]、[29]中数值仿真模型的参数是对称的,这说明对于具有对称参数的一维流体模型在一定条件下可以产生不对称放电现象。因此,完全有理由推测 AP1 放电是一种系统固有的放电行为,而非只是由系统参数的不对称引起的。

本小节将对平行电极大气压氦气 DBD 中的 AP1 放电进行针对性的实验研究,通过观察不同气隙宽度和外施电压频率下放电电流随外施电压幅值增加发生变化的演化过程,初步验证文献[28]中气隙宽度对 AP1 放电影响的结论,并进一步探讨外施电压频率对 AP1 放电的影响。此外,在实验中观察到大量 AP1 放电现象,充分说明 AP1 放电在实际中是广泛存在的。

4.2.1 实验装置与步骤

本章所有实验结果都是基于同一个实验平台,图 4.1 已经给出了该实验平台的原理图。如图 4.1 所示,实验装置主要包括电源、放电室和测量装置三个部分。电源部分由低温等离子体实验电源和调压器组成,测量装置包括高压探头、用于测量气隙放电电流的采样电阻和数字存储示波器,具体型号和参数如表 4.1 所示。

表 4.1　实验装置及其参数

设备	型号	参数
低温等离子体实验电源	苏曼 CTP-2000 K	3~10 kHz,10~47 kHz,0~30 kV,0~500 W
调压器	正泰 TDGC2-1	50 Hz,0~250 V,1 kW
高压探头	Tektronix P6015 A	1∶1000
测量电阻	—	无电感,400 Ω
数字存储示波器	Tektronix DPO4104	1 GHz,10 GS/s

放电室可抽真空至 2.5 Pa 以下,并充以纯度为 99.99％的氦气至大气压。上电极为直径 60 mm 的圆形铝平板;下电极为圆形平板透明电极,由 100 mm×100 mm 石英玻璃的中心喷涂直径为 60 mm 的圆形掺锡氧化铟(indium tin oxides,简记为 ITO)导电薄层制得,通过平面反光镜可观察放电时电极表面的发光情况。阻挡介质是相对介电常数为 3.6 的 100 mm×100 mm×1 mm 石英玻璃,覆盖在上电极表面。

具体的实验步骤如下:

(1) 设置气隙宽度。

(2) 将电源频率固定在某一个值,逐渐增加电压峰-峰值,观察并记录放电电流波形。

(3) 待该频率下的实验结束后,先关闭电源 30 s 左右,再重复一次实验。若实验现象可重复则再关闭电源 30 s 左右,然后进行下一个电源频率下的放电实验。

(4) 一个气隙宽度下的实验完成后,重新调整气隙宽度,重复步骤(2)、(3)。

本小节的实验采用了 1 mm、4 mm、7 mm 和 10 mm 四种不同气隙宽度,外施电压频率范围为 4~30 kHz,电源频率间隔约为 2 kHz。

4.2.2　实验结果与分析

实验中,若放电电流周期与外施电压周期一致,则认为是周期一放电。对于周期一放电,若放电电流在一个周期正负半周上近似具有对称性,且正、负半周电流幅值相差小于 2％,则视放电为 SP1 放电,反之则视放电为 AP1 放电。按照上述实验步骤进行了大量实验研究,发现在一定的参数条件下可以观察到明显的 AP1 放电现象。下面给出不同气隙宽度以及外施电压频率下典型的放电波形。

图 4.5 给出了气隙宽度为 1 mm、频率为 14 kHz 时的放电波形图。当电源电压峰-峰值(记为 U_{pp})升高到 958 V 时气隙击穿,呈 SP1 放电,如图 4.5(a)所示。图 4.5(b)~(d)记录了 U_{pp} 继续升高至 1167 V、2101 V 和 2654 V 时的放电波形。在此气隙宽度和电压频率下,随着电压峰-峰值增加,放电一直保持为 SP1 放电。

保持气隙宽度 1 mm 不变,电压频率提高到 18 kHz,当 U_{pp} 达到 990 V 时气隙击穿,呈 SP1 放电。增加 U_{pp},放电仍然为 SP1 放电,图 4.6(a)给出了 U_{pp} 为 1706 V 时的放电波形。但当 U_{pp} 增加至 1864 V 时,出现 AP1 放电,放电电流的负脉冲幅值大于正脉冲幅值(记为 AP1N 放电),如图 4.6(b)所示。进一步升高 U_{pp},至 2007 V 时,放电又呈现为 SP1 放电,如图 4.6(c)所示。此后,再继续增加 U_{pp},气隙一直保持 SP1 放电。对比电压频率为 14 kHz 时的实验结果可以看出,虽然气隙宽度不变,但是在较大的电压频率下,随电压幅值的增加气隙会在一段区间内出现 AP1 放电。

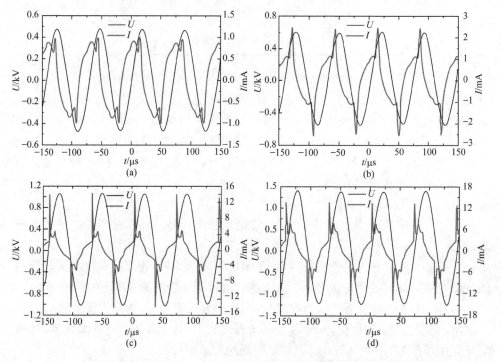

图 4.5　$d=1$ mm,$f=14$ kHz 下的放电波形图

(a) $U_{pp}=958$ V,SP1 放电;(b) $U_{pp}=1167$ V,SP1 放电;(c) $U_{pp}=2101$ V,SP1 放电;(d) $U_{pp}=2654$ V,SP1 放电

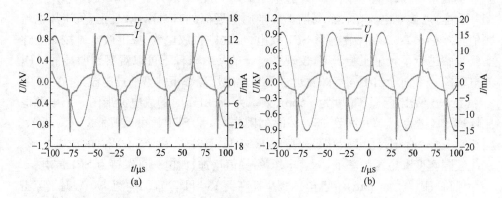

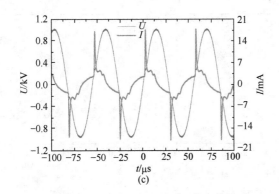

(c)

图 4.6　$d=1$ mm，$f=18$ kHz 时的放电波形图

(a) $U_{pp}=1706$ V，SP1 放电；(b) $U_{pp}=1864$ V，AP1N 放电；(c) $U_{pp}=2007$ V，SP1 放电

图 4.7 给出了气隙宽度为 4 mm、外施电压频率为 22 kHz 时的放电波形图。当 U_{pp} 升高到 1498 V 时，气隙击穿，发生 SP1 放电，如图 4.7(a) 所示。当 U_{pp} 增加到 1612 V 时，SP1 放电消失，放电呈现为正脉冲电流幅值大于负脉冲电流幅值的 AP1 放电（记为 AP1P 放电），如图 4.7(b) 所示。继续升高 U_{pp} 至 3358 V 时，放电又进入了 SP1 放电，如图 4.7(c) 所示。再继续升高 U_{pp} 到 3574 V 时，SP1 放电又消失，放电变为 AP1N 放电，如图 4.7(d) 所示。将 U_{pp} 增加至 4044 V 时，气隙又再次进入 SP1 放电，如图 4.7(e) 所示。此后继续升高电压，气隙一直保持为 SP1 放电。4 mm 气隙宽度下，随 U_{pp} 的增加放电呈现出 SP1→AP1P→SP1→AP1N→SP1 的变化过程，对比气隙宽度为 1 mm 时的实验结果，可以看出，4 mm 气隙宽度下更容易出现 AP1 放电现象。

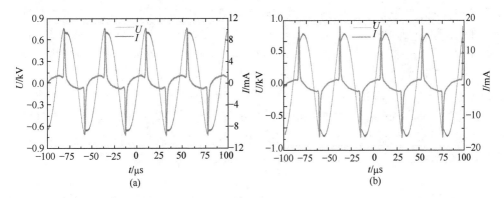

(a)　　　　　　　　　　　　　　　　　　(b)

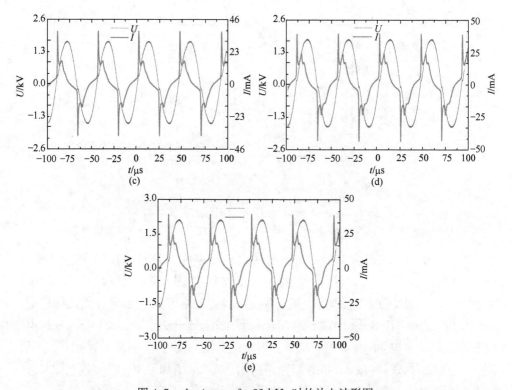

图 4.7 　$d=4$ mm，$f=22$ kHz 时的放电波形图

(a) $U_{pp}=1498$ V，SP1 放电；(b) $U_{pp}=1612$ V，AP1P 放电；(c) $U_{pp}=3358$ V，SP1 放电；(d) $U_{pp}=3574$ V，
AP1N 放电；(e) $U_{pp}=4044$ V，SP1 放电

　　图 4.8 给出了气隙宽度 7 mm、外施电压频率为 10 kHz 时的放电波形。U_{pp} 升至 1775 V 时，气隙发生放电，放电电流周期为外施电压周期的 8 倍，正负半周期放电脉冲对称，记为 SP8（symmetrical period-8）放电，如图 4.8(a) 所示。随着 U_{pp} 升高到 2398 V，SP8 放电转变为 AP1P 放电，如图 4.8(b) 所示。继续升高 U_{pp} 至 3256 V，AP1P 放电转变为 AP1N 放电，如图 4.8(c) 所示。再升高 U_{pp} 到 3502 V，放电变为 SP1 放电，如图 4.8(d) 所示。此后继续升高 U_{pp}，放电将一直处于 SP1 放电状态。在 7 mm 的气隙宽度和 10 kHz 的外施电压频率下，随 U_{pp} 增加，放电呈现出 SP8→AP1P→AP1N→SP1 的变化过程。对比气隙宽度为 1 mm 和 4 mm 时的实验结果可以看出，在 7 mm 气隙宽度下，首次放电甚至不能呈现稳定的 SP1 放电。

　　保持气隙宽度 7 mm 不变，将外施电压频率由 10 kHz 提高至 28 kHz，U_{pp} 达到 2039 V 时气隙击穿，出现 AP1N 放电，如图 4.9(a) 所示。当 U_{pp} 升高至 2102 V 时，AP1N 放电消失，放电呈现为周期二的不对称放电，记为 AP2（asymmetrical period-2）放电，如图 4.9(b) 所示。继续增加 U_{pp} 至 2358 V 时，AP2 放电转变为

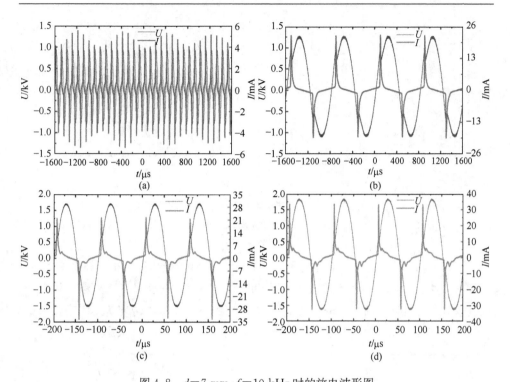

图 4.8　$d=7$ mm, $f=10$ kHz 时的放电波形图

(a) $U_{pp}=1775$ V, SP8 放电；(b) $U_{pp}=2398$ V, AP1P 放电；(c) $U_{pp}=3256$ V, AP1N 放电；(d) $U_{pp}=3502$ V,
SP1 放电

AP1N 放电，如图 4.9(c) 所示。进一步升高 U_{pp} 至 2786 V 时，AP1N 放电消失，放电进入 SP1 放电状态，如图 4.9(d) 所示。此后，随着 U_{pp} 的增加，气隙一直保持为 SP1 放电。在气隙宽度 7 mm、外施电压频率 28 kHz 下，随 U_{pp} 的增加，放电呈现为 AP1N→AP2→AP1N→SP1 的变化过程。对比前面 10 kHz 时的实验结果，同样是在 7 mm 的气隙宽度下，更高的外施电压频率使得初始放电不再是高倍周期的 SP8 放电，而是周期性更为稳定的 AP1N 放电。

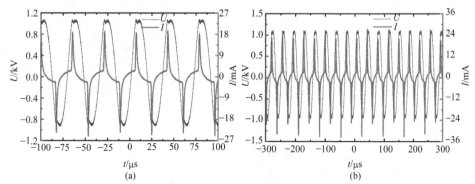

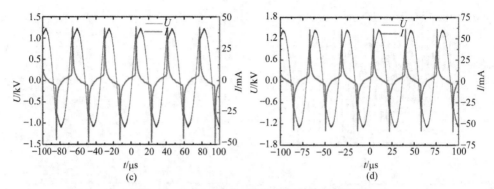

图 4.9　$d=7$ mm,$f=28$ kHz 下的放电波形图

(a) $U_{pp}=2039$ V,AP1N 放电;(b) $U_{pp}=2102$ V,AP2 放电;(c) $U_{pp}=2358$ V,AP1N 放电;

(d) $U_{pp}=2786$ V,SP1 放电

将气隙宽度增加至 10 mm,图 4.10 给出了外施电压频率为 6 kHz 时的放电波形。U_{pp} 达到 2429 V 时,气隙击穿,但此时放电不呈现任何周期性,是一种混沌态放电,如图 4.10(a)所示。进一步增加 U_{pp} 至 2599 V,放电转变为 SP1 放电,如图 4.10(b)所示。继续升高 U_{pp} 到 4163 V 时,SP1 放电消失,进入 AP1N 放电,如

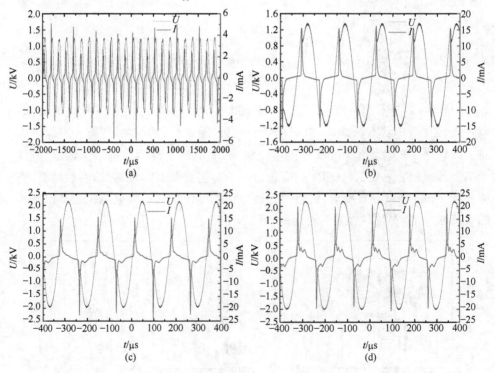

图 4.10　$d=10$ mm,$f=6$ kHz 下的放电波形图

(a) $U_{pp}=2429$ V,混沌;(b) $U_{pp}=2599$ V,SP1 放电;(c) $U_{pp}=4163$ V,AP1N 放电;(d) $U_{pp}=4256$ V,SP1 放电

图 4.10(c)所示。当 U_{pp} 再增加至 4259 V 时,放电又恢复为 SP1 放电,如图 4.10(d) 所示。此后继续升高 U_{pp},放电将一直处于 SP1 放电。可以看出,在 10 mm 的气隙宽度和 6 kHz 的外施电压频率下,随 U_{pp} 的增加,放电呈现出混沌→SP1→AP1N →SP1 的变化过程。

保持气隙宽度 10 mm 不变,将外施电压频率由 6 kHz 提高至 24 kHz,升高 U_{pp} 达到 2701 V 时,气隙击穿,发生 AP1N 放电,如图 4.11(a)所示。继续升高电压,在很长的一段电压范围内气隙一直处于 AP1N 放电状态。当 U_{pp} 增加到 5409 V 时,放电由 AP1N 放电进入 SP1 放电,此后继续升高 U_{pp} 放电将一直处于 SP1 放电状态,如图 4.11(b)所示。可以看出,在 10 mm 的气隙宽度和 24 kHz 的外施电压频率下,气隙很容易在较宽的电压范围内出现不对称放电。

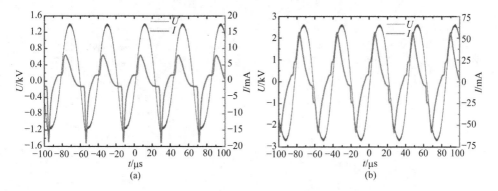

图 4.11　$d=10$ mm,$f=24$ kHz 时的放电波形图
(a) $U_{pp}=2701$ V,AP1N 放电;(b) $U_{pp}=5409$ V,SP1 放电

文献[28]提出较大的气隙宽度会使正柱区更不易消散,因而更容易产生 AP1 放电。由图 4.5～图 4.11 给出的实验结果可以看出,气隙宽度对 AP1 放电具有显著影响。当气隙宽度较小时几乎无法观察到 AP1 放电,或只能在很窄的参数区间内观察到 AP1 放电。随着气隙宽度增加,AP1 放电现象逐渐增多和明显,可以在更大的参数区间内观察到。气隙宽度继续增加,可以观察到 AP1 放电的参数区间也继续增大,并且出现气隙首次击穿时即为 AP1 放电、随着 U_{pp} 增加又呈现 SP1 放电的现象。上述实验结果可以初步验证文献[28]的数值仿真结果和结论的正确性。

外施电压频率对 AP1 放电也有很大影响。由文献[28]的分析可知,在保持气隙宽度不变的情况下增加外施电压频率,由于电压换向更快,也会使正柱区更不易消散,因而也会更容易出现 AP1 放电现象。前面的实验结果也初步验证了这一观点的正确性:在同一气隙宽度下,外施电压频率较高时更容易观察到 AP1 放电。

为了更好地说明气隙宽度和外施电压频率对 AP1 放电的影响,图 4.12 分别给出了 4 mm、7 mm 和 10 mm 气隙宽度下、频率范围为 12~30 kHz 首次击穿时的 U_{pp} 以及首次出现 AP1 放电时的 U_{pp}。由图 4.12 可以明显看出，在某个气隙宽度下当外施电压频率较低时，首次击穿并不是 AP1 放电（视气隙宽度大小可能是 SP1 放电、SP8 放电或混沌放电），但是当外施电压频率增加至某临界值后则首次击穿即为 AP1 放电。实验结果表明，气隙宽度 4 mm、7 mm 和 10 mm 下的外施电压频率临界值分别为 28 kHz、18 kHz 和 14 kHz，随气隙宽度增加呈递减趋势。这说明气隙宽度较大时在较低的外施电压频率下首次击穿就可以呈现 AP1 放电。由此可以看出，AP1 放电是受气隙宽度和外施电压频率两个因素综合影响的。

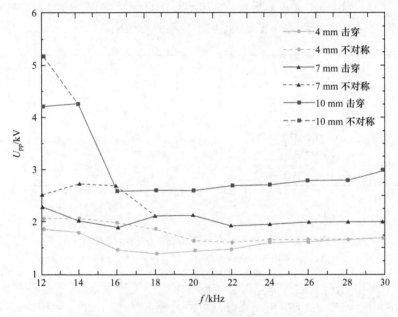

图 4.12　不同气隙宽度和外施电压频率下的击穿电压

4.3　倍周期分岔及通往混沌路径

混沌是确定性的非线性动力系统所呈现的一种看似随机的状态，而倍周期分岔是通向混沌最常见的一种路径。近年来，已有一系列关于大气压 DBD 中倍周期分岔及其通向混沌的研究报道，但这些报道都是基于一维流体模型的数值仿真[12~16,18,19]。因此，本小节将对平行电极大气压氦气 DBD 中的倍周期分岔现象进行实验研究，实验装置与参数如 4.2.1 小节所述。在本小节的实验研究过程中，气隙宽度固定在 2.08 mm，外施电压频率 f_0 维持在 26.6 kHz 不变，只改变外施电压峰-峰值 U_{pp}，即将 U_{pp} 作为分岔参数。

逐渐升高电压,当 U_{pp} 达到 1400 V 时,气隙被击穿发生放电。观察波形可以发现此时为 SP1 放电。气隙击穿之后,在很长的一段电压区间内保持为 SP1 放电。图 4.13(a)给出了 U_{pp} 为 1755 V 时的 SP1 放电电流波形。图 4.13(b)为对放电电流进行快速傅里叶变换(fast Fourier transform,FFT)后得到的频谱图,图 4.13(c)、图 4.13(d)分别是 $0\sim25f_0$、$25f_0\sim50f_0$ 的频谱局部放大图。可以明显地看出,放电电流频谱仅在 nf_0(n 为自然数)处才具有显著的频率分量,因此可以确认放电电流的频率为 f_0。

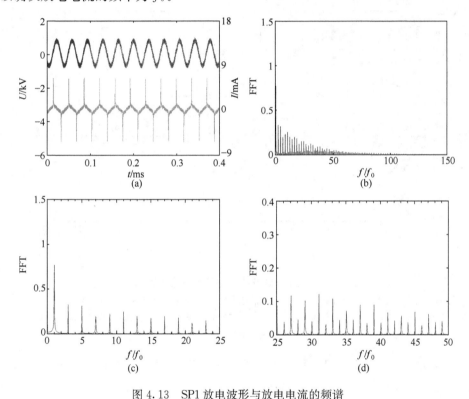

图 4.13　SP1 放电波形与放电电流的频谱

(a) 电源电压波形(上)与放电电流波形(下);(b) 放电电流频谱(频率分辨率为 1 kHz);(c) $0\sim25f_0$ 的频谱局部放大图;(d) $25f_0\sim50f_0$ 的频谱局部放大图

当电压增加到 1800 V 时,SP1 放电无法维持,这时放电电流周期为外施电压的二倍,放电进入周期二(period-2,简记为 P2)态,图 4.14(a)给出了 U_{pp} 为 1800 V 时的 P2 放电波形。图 4.14(b)为放电电流的频谱图,图 4.14(c)、图 4.14(d)、图 4.14(e)和图 4.14(f)则分别是 $0\sim10f_0$、$10f_0\sim20f_0$、$30f_0\sim40f_0$ 和 $90f_0\sim100f_0$ 的频谱局部放大图。可以明显看出,放电电流的谱线仅在频率 $nf_0/2$ 处比较明显,因而可以确认放电电流的频率为 $f_0/2$。

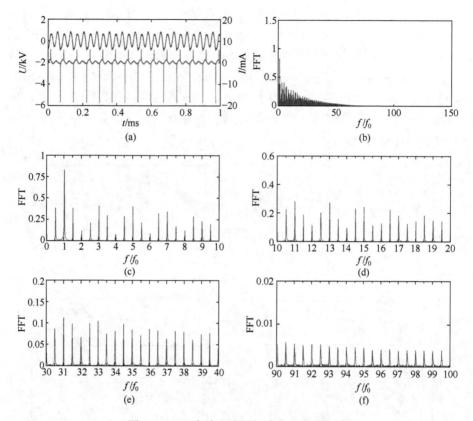

图 4.14　P2 态放电波形与放电电流的频谱

(a) 电源电压波形(上)与放电电流波形(下);(b) 放电电流频谱(频率分辨率为 250 Hz);(c) 0~10f_0 的频谱局部放大图;(d) 10f_0~20f_0 的频谱局部放大图;(e) 30f_0~40f_0 的频谱局部放大图;(f) 90f_0~100f_0 的频谱局部放大图

　　继续增加 U_{pp} 至 1830 V,可以观察到放电由 P2 态进入周期四(period-4,简记为 P4)态,图 4.15(a)给出了此时的放电波形。图 4.15(b)为放电电流的频谱图,图 4.15(c)、图 4.15(d)、图 4.15(e)和图 4.14(f)则分别是 0~10f_0、10f_0~20f_0、30f_0~40f_0 和 50f_0~60f_0 的频谱局部放大图。可以看出,放电电流频谱仅在 $nf_0/4$ 处才具有明显的频率分量,因而可以确认放电电流的频率为 $f_0/4$。

　　进一步升高 U_{pp} 至 1847 V,放电电流波形呈现无规则波动,不具有明显的周期性,放电进入混沌态。图 4.16(a)为此时的放电波形,图 4.16(b)为放电电流的频谱图,图 4.16(c)、图 4.16(d)则分别是 0~25f_0、25f_0~50f_0 的频谱局部放大图。可以发现,在 f_0 的整数倍频率与非整数倍频率下均有一定的频率分量存在。在低频处,谱线分布稀疏且不均匀;在高频处,谱线密集近似呈连续状。总之,此时放电电流的频谱与周期态放电电流的频谱存在显著差异,并具有一定的混沌态频谱特征。

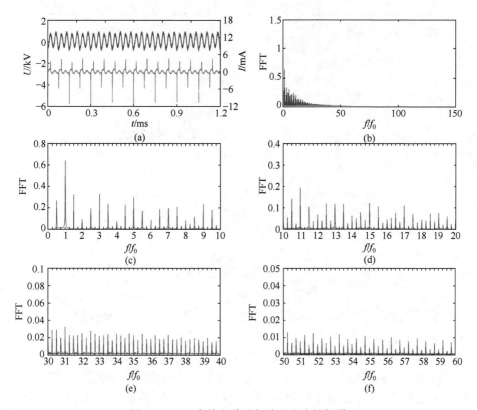

图 4.15　P4 态放电波形与放电电流的频谱

(a) 电源电压波形(上)与放电电流波形(下)；(b) 放电电流频谱(频率分辨率为 250 Hz)；(c) $0\sim10f_0$ 的频谱局部放大图；(d) $10f_0\sim20f_0$ 的频谱局部放大图；(e) $30f_0\sim40f_0$ 的频谱局部放大图；(f) $50f_0\sim60f_0$ 的频谱局部放大图

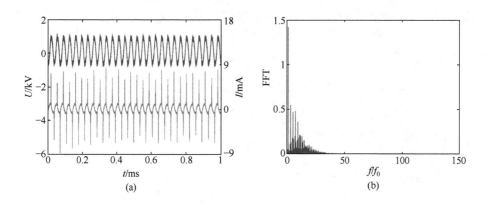

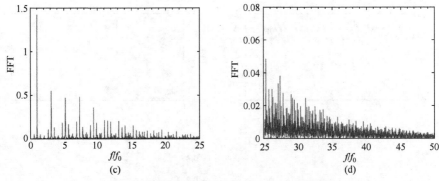

图 4.16　混沌态放电波形与放电电流的频谱

（a）电源电压波形（上）与放电电流波形（下）；（b）放电电流的频谱（频率分辨率为 250 Hz，最高频率为
5000f_0）；（c）0～25f_0 的频谱局部放大图；（d）25f_0～50f_0 的频谱局部放大图

4.4　准周期态放电

　　从准周期通向混沌也是非线性动力系统通向混沌的一个典型道路。文献[17]
通过一维流体模型数值仿真报道了采用三角波电源的大气压氩气 DBD 中的准周
期及混沌现象，本小节将对平行电极大气压氦气 DBD 中的准周期态放电进行实验
研究，实验装置与参数如 4.2.1 小节所述。与 4.3 中的实验过程类似，在本小节的
实验研究过程中，气隙宽度固定在 8.02 mm，外施电压频率 f_0 维持在 25.0 kHz 不
变，只改变外施电压峰-峰值 U_{pp}，即将 U_{pp} 作为分岔参数。

　　逐渐升高电压，当 U_{pp} 达到 2542 V 时，气隙发生放电。观察波形可以发现放
电电流的周期是外施电源电压周期的九倍，称之为周期九（period-9，简记为 P9）放
电。图 4.17(a)给出了 U_{pp} 为 2651 V 时的 P9 态放电电流波形。图 4.17(b)为对
放电电流进行快速傅里叶变换后得到的频谱图，图 4.17(c)、图 4.17(d)分别是
0～20f_1、180f_1～200f_1 的频谱局部放大图（这里，$f_1 = f_0/9$）。可以明显地看出，放
电电流频谱仅在 nf_1（n 为自然数）处才具有显著的频率分量，因此可以确认放电电
流的频率为 $f_1 = f_0/9$。

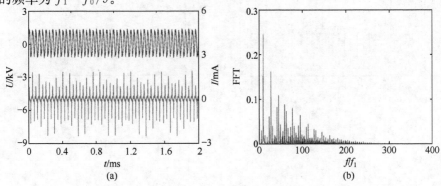

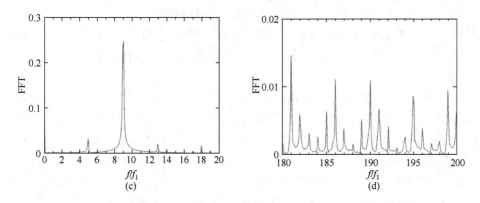

图 4.17　P9 态放电波形与放电电流的频谱

(a) 电源电压波形(上)与放电电流波形(下)；(b) 放电电流频谱(频率分辨率为 250 Hz，$f_1 = f_0/9$)；

(c) 0～20f_1 的频谱局部放大图；(d) 180f_1～200f_1 的频谱局部放大图

当 U_{pp} 增加到 2689 V 时，P9 态放电无法维持，这时放电电流周期变为外施电压周期的十一倍，放电进入周期十一(period-11，简记为 P11)态，图 4.18(a)给出了

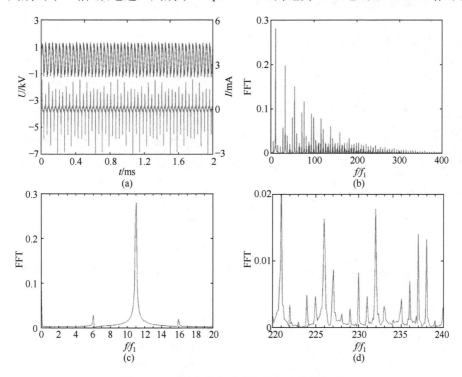

图 4.18　P11 态放电波形与放电电流的频谱

(a) 电源电压波形(上)与放电电流波形(下)；(b) 放电电流频谱(频率分辨率为 250 Hz，$f_1 = f_0/11$)；

(c) 0～20f_1 的频谱局部放大图；(d) 220f_1～240f_1 的频谱局部放大图

此时的周期 11 放电波形。图 4.18(b)为放电电流的频谱图,图 4.18(c)、图 4.18(d)则分别是 $0\sim20f_1$、$220f_1\sim240f_1$ 的频谱局部放大图(这里,$f_1=f_0/11$)。可以明显看出,放电电流的谱线仅在频率 nf_1 处比较明显,因而可以确认放电电流的频率为 $f_1=f_0/11$。

进一步增加 U_{pp} 至 2695 V 时,放电电流呈现出一定的准周期态特征。图 4.19(a)给出了此时的放电波形,图 4.19(b)为放电电流的频谱图,图 4.19(c)、图 4.19(d)则分别是 $0\sim10f_0$、$10f_0\sim15f_0$ 的频谱局部放大图。从图 4.19(c)和 4.19(d)可以看出,其频谱分布比周期态杂乱,在基波 f_0 的分频和倍频之外出现了不可约的频率分量 f_n,频谱中所有分量皆可表示为基波 f_0 与 f_n 的线性组合。例如,图 4.19(d)中 f_n 为 $11f_0$ 右侧的某个不可约的频率分量,则 $12f_0$ 右侧的频率分量可表示为 f_0+f_n。不可约频率分量 f_n 的出现,说明在放电中激发了新的振荡模式,两种振荡模式之间的弱耦合使得放电进入准周期态[8]。

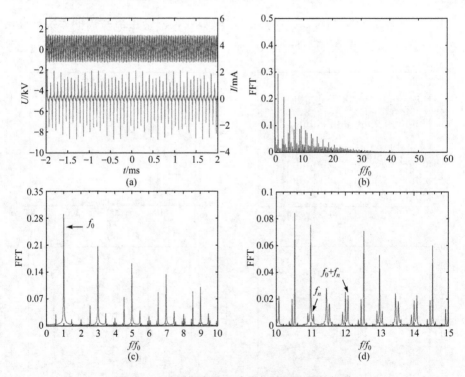

图 4.19 准周期态放电波形与放电电流的频谱

(a) 电源电压波形(上)与放电电流波形(下);(b) 放电电流频谱(频率分辨率为 250 Hz);(c) $0\sim10f_0$ 的频谱局部放大图;(d) $10f_0\sim15f_0$ 的频谱局部放大图

继续增加 U_{pp} 至 2731 V 时,准周期态放电消失,这时可以观察到稳定的 SP1 放电。图 4.20 给出了 $U_{pp}=3263$ V 时 SP1 放电波形和频率分析结果。由图 4.20(c)

和图 4.20(d)给出的频谱局部放大图可以清楚地看出放电电流仅在频率 nf_0 处存在谱线,因而可以确认放电电流的频率为 f_0。

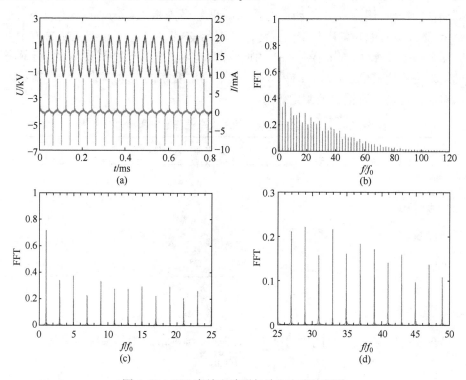

图 4.20　SP1 态放电波形与放电电流的频谱

(a) 电源电压波形(上)与放电电流波形(下);(b) 放电电流频谱(频率分辨率为 250 Hz);(c) 0~25f_0 的频谱局部放大图;(d) 25f_0~50f_0 的频谱局部放大图

4.5　李雅普诺夫指数计算及混沌现象的判定

在 4.3 节中,我们采用频谱分析法对放电电流数据进行了定性分析,直观地显示了四组数据的周期性和混沌性。但对于实验数据来说,在某些情况下,多周期、准周期和混沌的频谱特征十分相似,用频谱分析法难以准确判断其状态,因此需要采用一种更为客观的定量分析方法。蝴蝶效应(butterfly effect)是非线性理论中最常见的概念之一,也是区别混沌同其他确定性运动的最重要标志,其实质表达了混沌系统对初始状态的敏感依赖性,即不同初始条件下形成的运动轨道,将随时间演化以指数速度分离[30]。也就是说,即使初始值仅有微弱的差别,也会引起结果的巨大差异,这是混沌运动一个关键特性。最大李雅普诺夫指数就是表征动力学系统趋近或分离趋势的一个量,是判定混沌运动是否存在的一个特征指标[31]。但大气压 DBD 一般以正弦交流电压作为外施电压,是一个由周期性外施力驱动的复杂动力学系统,放电电流信号中的一些非线性行为特征往往被外施高电压引发的强周期性所掩盖,用常规方法计算的最大李雅普诺夫指数(largest Lyapunov exponent)难以有效地判别出其中的混沌性。因此,本节采用基于小波变换的最大李雅普诺夫指数计算法,对 4.3 节的倍周期分岔实验数据进行分析,并与常规计算方法的结果进行比较(表 4.2)。结果表明,基于小波变换的最大李雅普诺夫指数计算法对混沌运动有着更好的判别效果。

表 4.2　运动类型与其对应的最大李雅普诺夫指数值[31]

运动类型	最大李雅普诺夫指数
稳定点	$\lambda_1 < 0$
稳定的有限环	$\lambda_1 = 0$
混沌	$0 < \lambda_1 < \infty$
噪声	$\lambda_1 = \infty$

4.5.1　李雅普诺夫指数

令 x_n 代表一维状态空间中的某个点,那么一维离散动力学系统可表示为

$$x_{n+1} = F(x_n) \tag{4-1}$$

初始值不同的两个点在迭代后的演化趋势,取决于导数 $\left| \dfrac{\mathrm{d}F}{\mathrm{d}x} \right|$:如果 $\left| \dfrac{\mathrm{d}F}{\mathrm{d}x} \right| > 1$,迭代使两个点分离;反之,若 $\left| \dfrac{\mathrm{d}F}{\mathrm{d}x} \right| < 1$,迭代使两个点靠近。

在动力学系统的演化过程中,运动轨道有时会靠近,有时会分离,$\left| \dfrac{\mathrm{d}F}{\mathrm{d}x} \right|$ 的值也会随之发生变化。因此,为了从整体上评估两个相邻状态点的演化趋势,需要对时间(或迭代次数)取平均值。

设平均每次迭代引起的指数分离的指数为 λ,初始距离为极小量 ε 的两个点 $(x_0$ 和 $x_0 + \varepsilon)$ 经过 n 次迭代后,距离变为

$$\varepsilon e^{n\lambda(x_0)} = F^n(x_0 + \varepsilon) - F^n(x_0) \tag{4-2}$$

取极限 $\varepsilon \to 0, n \to \infty$,则由式(4-2)可得

$$\lambda(x_0) = \lim_{n \to \infty} \lim_{\varepsilon \to 0} \frac{1}{n} \ln \left| \frac{F^n(x_0 + \varepsilon) - F^n(x_0)}{\varepsilon} \right|$$

$$= \lim_{n \to \infty} \frac{1}{n} \ln \left| \frac{\mathrm{d}F^n(x)}{\mathrm{d}x} \right|_{x = x_0} \tag{4-3}$$

式(4-3)取极限后,便与初始点 x_0 无关,于是得到

$$\lambda = \lim_{n \to \infty} \frac{1}{n} \sum_{i=0}^{n} \ln \left| \frac{\mathrm{d}F}{\mathrm{d}x} \right|_{x=x_i} \tag{4-4}$$

式(4-4)中的 λ 表示系统在迭代大量次数后,平均每次迭代所引起的指数分离中的指数,被称为李雅普诺夫指数。

由上述讨论可知,如果 $\lambda < 0$,则相邻状态点最终会汇聚为一点,形成不动点或周期运动;若 $\lambda > 0$,则相邻点最终会分离,形成混沌运动。

n 维动力学系统具有 n 个李雅普诺夫指数,对应于每个维度上收缩或扩张的趋势。通常将全部李雅普诺夫指数按大小排列为

$$\lambda_1 \geqslant \lambda_2 \geqslant \lambda_3 \geqslant \cdots \geqslant \lambda_n \tag{4-5}$$

其中最重要的是最大李雅普诺夫指数 λ_1,λ_1 是否为正即可判定系统是否为混沌运动。

4.5.2　时间序列最大李雅普诺夫指数的计算方法

对于运动方程已知的动力学系统,可根据定义准确计算出全部李雅普诺夫指数。但对于实验中测得的一维时间序列来说,需要先进行相空间重构,找到原状态空间吸引子的一个合适的微分同胚嵌入维,在此基础之上才能进行李雅普诺夫指数计算。

动力学系统状态的演化是由该系统所有影响因素共同决定的,系统某一分量的变化,体现着所有分量的信息。因此可以利用某一分量的测量值,通过延迟法来重构吸引子的相空间,实现对运动方程不可知的非线性时间序列的分析。

延迟法重构相空间的方法如下[32]:

对于一维时间序列 $\{x_n\}$,选取合适的时间延迟量 τ 和重构维度 m,重构的 m 维相空间矢量可表示为

$$y_i = \{x_i, x_{i+\tau}, \cdots, x_{i+(m-1)\tau}\} \tag{4-6}$$

时间延迟量 τ 和嵌入维度 m 的选取非常重要,特别是对于有噪声影响、序列长度和精度有限的实验数据而言,参数选择的适当与否,决定了重构是否能表达出原系统吸引子的特性,影响着重构相空间的质量。

如果选取的时间延迟量 τ 太小,则重构空间的矢量之间非常接近,所有状态点会聚集在嵌入空间的对角线附近。如果选取的 τ 太大,则不同状态点之间几乎完全独立,使重构吸引子变得非常复杂。

自相关函数法是一种比较成熟的求取时间延迟量 τ 的方法,利用计算时间序列的自相关数,选取适当的时间延迟量 τ,使得重构后的序列矢量之间相关性较低,但是又不至于完全独立。

时间序列$\{x_n\}$的自相关函数为

$$C(\tau) = \frac{\frac{1}{N}\sum_{i=1}^{N}(x_{i+\tau}-\overline{x})(x_i-\overline{x})}{\frac{1}{N}\sum_{i=1}^{N}(x_i-\overline{x})^2} \tag{4-7}$$

其中,$\overline{x} = \frac{1}{N}\sum_{i=1}^{N}x_i$。

　　绘制出自相关函数关于时间延迟 τ 的函数图像,一般可取自相关函数下降至初始值 $1/e$ 处的 τ 值作为重构时间延迟量。

　　选取嵌入维度 m 的目的是重构一个与原状态空间吸引子拓扑等价的吸引子,若 m 选取的过大,会增大计算量,并放大噪声的影响。若 m 选取的过小,重构吸引子的分布结构不能充分展开,拓扑结构被破坏,发生折叠甚至自相交,使原本在高维空间不相邻的点重构空间时映射为邻点。随着嵌入维度的增大,虚假近邻的数量会逐渐减少。因此可以绘制出虚假近邻比例随 m 值增加而变化的函数图像,选取虚假近邻百分比下降为零时的 m 值作为最佳嵌入维度,这种方法被称为虚假最近邻点法。在实际运用中,由于时间序列中可能存在噪声、不稳定性等因素,虚假近邻的百分比不会下降至零,一般选取其值小于某一值或随着 m 值增加虚假近邻比例不再发生较大变化时的 m 值为嵌入维度。

　　对于由时间序列重构形成的相空间,李雅普诺夫指数的计算比较复杂,存在多种算法,每种算法都具有各自的优势和局限性。本书采用了 Kantz 提出的一种算法[31],该方法比较容易实现,计算结果可靠性好,因而被广泛接受和使用。

　　选择时间序列嵌入空间的一个点 β_{n_0},选取与其距离小于 ε 的邻近点。计算随动力系统演化时该点与每个邻近点距离的平均值。

$$S(\Delta n) = \frac{1}{N}\sum_{n_0=1}^{N}\ln\left(\frac{1}{|m\mu(\beta_{n_0})|}\Big|_{\beta_{n_0}}\sum_{\in m\mu(\beta_{n_0})}|S_{n_0+\Delta n}-S_{n+\Delta n}|\right) \tag{4-8}$$

其中,$\mu(\beta_{n_0})$ 是 β_{n_0} 直径为 ε 的领域;Δn 为演化步数。

　　如果在 Δn 的一定范围内,函数 $S(\Delta n)$ 显示出稳健的线性增长,则其斜率可作为最大李雅普诺夫指数的一个估计值。

4.5.3　小波分解

　　小波是一类长度有限、均值为 0 的特殊函数,小波函数 $\psi(t) \in L^2(R)$,且满足

$$\int_{-\infty}^{+\infty}\psi(t)\mathrm{d}t = 0 \tag{4-9}$$

　　小波变换将基本小波函数 $\psi(t)$ 平移 τ 后,在不同尺度 a 下与被分析信号 $x(t)$ 做内积,将信号分解为一系列小波函数的叠加:

$$WT_x(a\tau) = \frac{1}{\sqrt{a}}\int_{-\infty}^{+\infty} x(t)\psi^* \left(\frac{t-\tau}{a}\right)\mathrm{d}t, \quad a > 0 \qquad (4\text{-}10)$$

尺度 a 越大,意味着小波函数在时间上越长,即被分析的信号区间越长,频率的分辨率就越低,反映信号的低频特性。反之,尺度越小,意味着只与信号的局部进行比较,主要获取的是信号的高频特性。

离散小波变换将尺度 a 按幂级数进行离散化,即令尺度 $a = a_0{}^0, a_0{}^1, a_0{}^2, \cdots,$ $a_0^j, j = 1, 2, \cdots, N$,当尺度扩大 a_0^j 倍时,频率降低 a_0^j 倍,因此采样间隔可以扩大 a_0^j 倍,根据采样定理,将时间位移同样以 a_0^j 进行离散化,信号的信息不会丢失。

因此可以利用离散小波变换对信号进行多尺度分解和重构,分析其不同频段上的特征,图 4.21 以三层分解为例给出了小波分解的示意图。

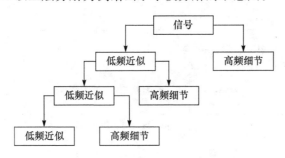

图 4.21　小波三层分解示意图

4.5.4　计算与分析

本节采用了 4.3 节的放电电流数据,用 P1、P2、P4 和 CHAOS 分别代表周期一、二、四和混沌态数据。

首先,计算并绘制出四组数据自相关函数关于延迟量的函数图像,如图 4.22 所示。自相关函数下降至初始值 $1/e$ 处的延迟量分别为 77、70、74 和 85,取其均值,采用 76 作为延迟量。

然后计算并绘制出四组数据虚假近邻比例关于嵌入维度 m 的函数图像,如图 4.23所示。可以看出,当 $m \geqslant 14$ 时,各组数据的虚假近邻比例均已下降至 5% 左右,且函数曲线趋于平坦,因此取嵌入维度 $m = 14$。

根据 $\tau = 76$、$m = 14$ 重构相空间,计算并绘制出 $S(\Delta n)$-Δn 曲线图,线性拟合后得到四组数据的最大李雅普诺夫指数,分别为 0.001、0.0009、0.0007 和 0.0006,如图 4.24 所示。从理论上来说,李雅普诺夫指数大于零,即可认定时间序列为混沌,但实际实验数据中存在噪声,会增大计算结果,而且数据的精度和长度有限,也会影响到计算结果的准确性。这四个最大李雅普诺夫指数仅略大于零,可以认为四组数据均表现为周期性,而且随着周期的增加,最大李雅普诺夫指数呈减小趋

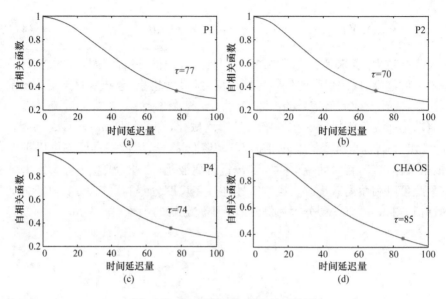

图 4.22　自相关函数-延迟量函数图

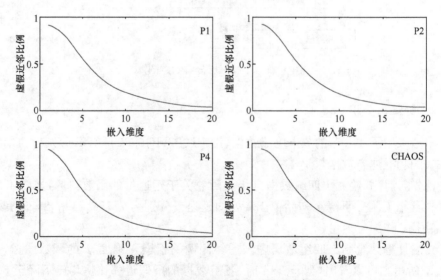

图 4.23　虚假近邻比例-嵌入维度函数图

势,这可能是因为在采集较高周期的电流波形时,气隙上所施加的外施电压较大,而更高的周期性外施电压增强了放电电流中的周期性成分。

从图 4.25 中可以看出,四组数据的空间点与每个临近点距离的平均值-演化步数($S(\Delta n)$-Δn)曲线混杂在一起,无法区分。

采用小波变换对四组数据进行分解,过滤掉其中变化最慢的低频周期成分,保留高频细节数据重构信号。这里采用了"db1"小波,分解层次为 12 层。

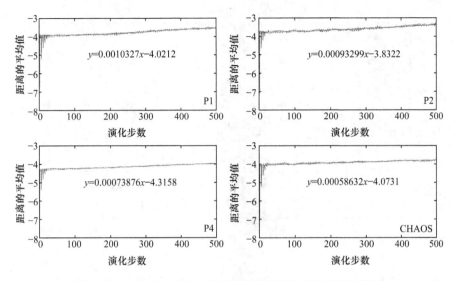

图 4.24　空间点与每个临近点距离的平均值-演化步数函数图

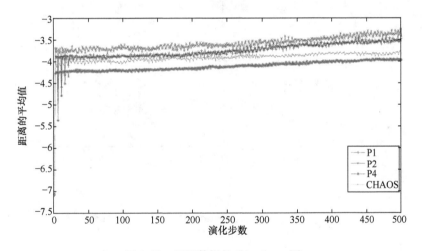

图 4.25　四组数据的 $S(\Delta n)$-Δn 图

图 4.26 为过滤掉的低频部分的频谱图,可以看出四组数据过滤掉的部分频谱非常近似,表现出强烈的周期性(频谱表现为等间隔的分离谱线)。

对四组数据的高频细节部分计算最大李雅普诺夫指数,结果分别为 0.001、0.0008、0.0006 和 0.0016。经过小波分解、过滤之后,周期一、二和四这三组数据的最大李雅普诺夫指数变化不大,但是混沌数据的最大李雅普诺夫指数有了较大提高,从 0.0006 变为 0.0016。从图 4.27 中可以看出,过滤低频成分后的混沌数据的 $S(\Delta n)$-Δn 曲线与其他周期性数据有了明显的区分,可以认为,相较其他三组数据而言,这组数据中的高频细节部分表现出了更强的混沌性。

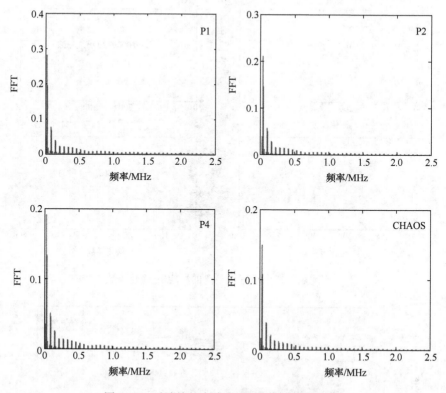

图 4.26　过滤掉的小波变换低频部分的频谱图

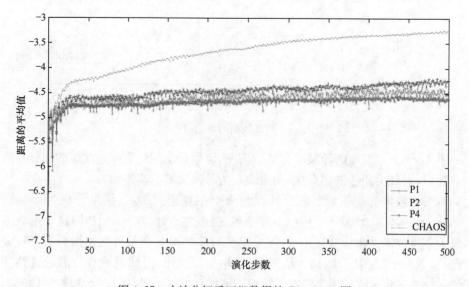

图 4.27　小波分解后四组数据的 $S(\Delta n)$-Δn 图

4.6　结　　论

本章总结了大气压氦气 DBD 中关于不对称周期一、倍周期分岔、准周期以及混沌的实验结果,并利用基于小波变换的李雅普诺夫指数计算进一步验证了混沌现象的存在。通过这些实验结果及其分析可以初步确认之前基于流体模型数值仿真观察到的这些分岔和混沌现象在实际实验中是确实存在的。具体的结论有:

(1) 大气压氦气 DBD 在一定的气隙宽度和外施电压参数区间内会出现不对称周期一(AP1)放电,气隙宽度越大 AP1 放电越容易出现,气隙宽度保持不变则外施电压频率较高时相对更容易观察到 AP1 放电。

(2) AP1 放电并不只是由系统参数的不对称引起的,很可能是放电系统固有的、内在的放电行为,相对对称周期一放电而言可以将 AP1 放电视为一种快尺度分岔现象。

(3) 大气压氦气 DBD 在一定的参数条件下随外施电压幅值增加会呈现典型的周期一、周期二、周期四、混沌演化过程,这是典型的倍周期分岔现象和经倍周期分岔通向混沌的路径。

(4) 大气压氦气 DBD 在一定的参数条件下随外施电压幅值增加会呈现周期九、周期十一、准周期、周期一的演化过程,可以确认大气压 DBD 在一定的参数条件下会出现准周期态放电。

(5) 大气压 DBD 中放电电流的非线性行为特征往往被外施电压引发的强周期性所掩盖,利用基于小波变换的李雅普诺夫指数计算可以更明显地判定放电电流是否处于混沌态。

(6) 大气压 DBD 系统同时受多个参数(如气隙宽度、外施电压频率和幅值)影响,其动力学行为极其丰富多样,尝试不同的参数组合一定还可以发现更多的非线性动力学现象。

参 考 文 献

[1] 王新新. DBD 及其应用[J]. 高电压技术,2009,35(1):1-11.

[2] Kogelschatz U. Dielectric-barrier discharges: their history, discharge physics, and industrial applications [J]. Plasma Chemistry and Plasma Processing,2003,23(1):1-46.

[3] Roth J R,Rahel J,Dai X,et al. The physics and phenomenology of one atmosphere uniform glow discharge plasma reactors for surface treatment applications [J]. Journal of Physics D: Applied Physics,2005,38(4):555-567.

[4] Valdivia-Barrientos R,Pacheco-Sotelo J,Pacheco-Pacheco M,et al. Analysis and electrical modelling of a cylindrical DBD configuration at different operating frequencies [J]. Plasma Sources Science and Technology,2006,15(2):237-245.

［5］ Cheung P Y,Wong A Y. Chaotic behavior and period doubling in plasmas ［J］. Physical Review Letters,1987,59(5):551-554.

［6］ Cheung P Y,Donovan S,Wong A Y. Observations of intermittent chaos in plasma ［J］. Physical Review Letters,1988,61(12):1360-1363.

［7］ Qin J,Wang L,Yuan D P,et al. Chaos and bifurcation in periodic windows observed in plasmas ［J］. Physical Review Letters,1989,63(2):163-166.

［8］ Ding W X,Huang W,Wang X D,et al. Quasiperiodic transition to chaos in a plasma ［J］. Physical Review Letters,1993,70(2):170-173.

［9］ Ma L X,Wang L. Characterizing the chaos in a steady-state plasma discharge ［J］. Chinese Physics Letters,1999,16(10):742-744.

［10］ Ding W X,Deutsch H,Dinklage A,et al. Observation of a strange nonchaotic attractor in a neon glow discharge ［J］. Physical Review E,1997,55(3):3769-3772.

［11］ Zhang Y T,Wang D Z,Kong M G. Complex dynamic behaviors of nonequilibrium atmospheric dielectric-barrier discharges ［J］. Journal of Applied Physics,2006,100(6):063304 (9p).

［12］ Wang Y H,Zhang Y T,Wang D Z,et al. Period multiplication and chaotic phenomena in atmospheric dielectric-barrier glow discharges ［J］. Applied Physics Letters,2007,90(7):071501(3p).

［13］ Shi H,Wang Y H,Wang D Z. Nonlinear behavior in the time domain in argon atmospheric dielectric-barrier discharges ［J］. Physics of Plasmas,2008,15(12):122306(6p).

［14］Wang Y H,Shi H,Sun J Z,et al. Period-two discharge characteristics in argon atmospheric dielectric-barrier discharges ［J］. Physics of Plasmas,2009,16(6):063507(5p).

［15］ Zhang D Z,Wang Y H,Sun J Z,et al. Two-dimensional numerical study of a period-two dielectric-barrier discharge in atmospheric argon［J］. Physics of Plasmas,2012,19(4):043503 (9p).

［16］ Zhang D Z,Wang Y H,Wang D Z. The transition mechanism from a symmetric single period discharge to a period-doubling discharge in atmospheric helium dielectric-barrier discharge［J］. Physics of Plasmas,2013,20(6):063504(6p).

［17］ Zhang J,Wang Y H,Wang D Z. Numerical simulation of torus breakdown to chaos in an atmospheric-pressure dielectric barrier discharge ［J］. Physics of Plasmas,2013,20(8):082315 (5p).

［18］ Zhang J,Wang Y H,Wang D Z. Numerical study of period multiplication and chaotic phenomena in an atmospheric radio-frequency discharge ［J］. Physics of Plasmas,2010,17(4):043507(6p).

［19］ Zhang J,Wang Y H,Wang D Z. Nonlinear behaviors in a pulsed dielectric barrier discharge at atmospheric pressure ［J］. Thin Solid Films,2011,519(20):7020-7024.

［20］ Qi B,Huang J J,Zhang Z H,et al. Observation of periodic multiplication and chaotic phenomena in atmospheric cold plasma jets ［J］. Chinese Physics Letters, 2008, 25 (9):

3323-3325.

[21] Walsh J L, Iza F, Janson N B, et al. Three distinct modes in a cold atmospheric pressure plasma jet [J]. Journal of Physics D: Applied Physics, 2010, 43(7):075201(14p).

[22] Liu J J, Kong M G. Sub-60℃ atmospheric helium-water plasma jets: modes, electron heating and downstream reaction chemistry [J]. Journal of Physics D: Applied Physics, 2011, 44(34):345203(13p).

[23] Walsh J L, Iza F, Janson N B, et al. Chaos in atmospheric-pressure plasma jet [J]. Plasma Sources Science and Technology, 2012, 21(3):034008(8p).

[24] Golubovskii Y B, Maiorov V A, Behnke J, et al. Modelling of the homogeneous barrier discharge in helium at atmospheric pressure [J]. Journal of Physics D: Applied Physics, 2003, 36(1):39-49.

[25] Mangolini L, Anderson C, Heberlein J, et al. Effects of current limitation through the dielectric in atmospheric pressure glows in helium[J]. Journal of Physics D: Applied Physics, 2004, 37(7):1021-1030.

[26] Shin J, Raja L L. Run-to-run variations, asymmetric pulses, and long time-scale transient phenomena in dielectric-barrier atmospheric pressure glow discharges[J]. Journal of Physics D: Applied Physics, 2007, 40(10):3145-3154

[27] 丁伟, 何立明, 兰宇丹. 壁电荷对 DBD 特性的影响 [J]. 高电压技术, 2010, 36(2):456-460.

[28] Dai D, Hou H X, Hao Y P. Influence of gap width on discharge asymmetry in atmospheric pressure glow dielectric barrier discharges [J]. Applied Physics Letters, 2011, 98(13):131503(3p).

[29] Ha Y, Wang H J, Wang X F. Modeling of asymmetric pulsed phenomena in dielectric-barrier atmospheric-pressure glow discharges [J]. Physics of Plasmas, 2012, 19(1):012308(5p).

[30] 刘秉正, 彭建华. 非线性动力学 [M]. 北京:高等教育出版社, 2004.

[31] Kantz H, Schreiber T. Nonlinear time series analysis [M]. Cambridge:Cambridge University Press, 2004.

[32] 吕金虎, 陆君安, 陈士华. 混沌时间序列分析及其应用 [M]. 武汉:武汉大学出版社, 2005.

[33] 飞思科技产品研发中心. MATLAB 6.5 辅助小波分析与应用 [M]. 北京:电子工业出版社, 2003.

第5章 脉冲放电等离子体发射光谱诊断

杨德正　王文春

大连理工大学

作为一种非介入式诊断技术,等离子体光谱法是大气压非平衡等离子体诊断中最重要的方法之一。本章介绍近年来大连理工大学在等离子体发射光谱诊断方面取得的研究进展,利用发射光谱技术,测量纳秒脉冲 DBD、正弦交流 DBD、电晕放电等放电的发光图像及发射光谱,研究等离子体中激发态物种光谱发射强度、活性物种相对布居、振动温度和转动温度随电源极性、脉冲峰值电压、脉冲重复频率等外部参数的变化规律,并根据光谱诊断技术讨论等离子体中发生的主要物理化学过程。本章首先在针-板式电极结构中双极性纳秒脉冲弥散型 DBD 等离子体中,测量和研究氮分子第二正带 $N_2(C^3\Pi_u \rightarrow B^3\Pi_g)$、氮分子离子第一负带 N_2^+ $(B^2\Sigma_u^+ \rightarrow X^2\Sigma_g^+)$、NO 分子 γ 谱带 $NO(A^2\Sigma \rightarrow X^2\Pi)$ 和 OH 自由基发射光谱谱带 $OH(A^2\Sigma \rightarrow X^2\Pi)$ 随放电参数的变化。在板-板电极结构中,研究由正弦交流电压驱动大气压氦气中均匀 DBD 和双极性纳秒脉冲驱动的大气压氮气、空气均匀 DBD 发射光谱,并讨论双极性纳秒脉冲放电与单极性脉冲放电在发射光谱上的差异。另外,根据氮分子第二正带发射光谱,拟合计算出等离子体的振动温度和转动温度,并研究等离子体中振动温度、转动温度随电源极性、脉冲峰值电压和放电频率等参数的变化规律。

5.1 引　　言

等离子体光谱诊断技术具有操作简便、选择性好、灵敏度和准确度高、对等离子体本身无干扰等优点,目前被广泛应用于等离子体特性诊断研究中,成为研究等离子体工艺、机理,观测等离子体参数变化和监测工艺过程中一种非常有效的工具。从诊断方法上讲,光谱诊断技术主要包括发射光谱法、吸收光谱法和激光诱导荧光法。

发射光谱法是一种分析等离子体中活性物种的重要方法,其特点是装置简单、仪器系统操作简便灵活、适用范围广、环境条件要求低、对放电体系完全没有干扰,

本章工作得到国家自然科学基金(51377014,51177008 和 50977006)的支持。

可以作为便携式在线诊断工具。通过发射光谱测量可以了解被测粒子的能级结构、运动状态、粒子同电磁场之间或粒子与粒子之间相互作用等。根据测得的光谱形状,发射光谱可以分为线状光谱、带状光谱和连续光谱。其中线状光谱由原子的电子能态之间的跃迁产生。在分子电子能态跃迁中,由于总伴随着转动能态和振动能态之间的跃迁,因而许多光谱线密集在一起产生若干组光带,形成带状光谱。炽热的固体、电子同步辐射加速器等可产生连续光谱。

吸收光谱法在等离子体活性物种诊断中也非常重要,它既能测定某种基态物种密度,又能够测定激发态物种的密度。根据吸收谱线的位置能够鉴别物种种类,而谱线吸收前后相对强度又可以提供某种物种密度的信息。与发射光谱相比,吸收光谱的一大优势是,在绝对定量过程中,仅仅需要测定吸收前后谱线相对强度,从而避免了发射光谱法中需要加入内标物及随之而来的一系列问题。其被测物种的密度可根据比尔定律确定:

$$\frac{I}{I_0} = e^{-\sigma l n} \tag{5-1}$$

其中,I_0 是入射光强;σ 为吸收截面;n 为密度;I 为通过光程长为 l 的某种物种(或称介质)后的透射光强。

需要注意的是,应用吸收光谱法时需要区分等离子体自身发射的光和光源发篡的光。如□后者强度远大于前者,就可以通过比较入射光与出射光之间光强的变化来计算某种物种的密度[1~3]。但是,用传统吸收光谱测定物种密度,当物质吸收属于弱吸收时,由于光源发出的□很强,入射光强度与出射光强度之间的差别很小,导致信噪比很差,所以用它探测自由基等密度小的物种时存在困难,且测量值也不够准确。为了克服传统吸收光谱的这个缺点,一种新型的吸收光谱技术——光腔衰荡光谱技术近年来逐渐发展并应用[4]。光腔衰荡光谱中,由探测光强绝对值变化转为探测光强在谐振腔中的衰减时间,因此光源强度的波动对探测结果影响非常小。而反射率高达 99.996% 的高反镜使得激光束在两片高反镜间能够多次反射,这大大增加了吸收的程长(可达几千米),所以该方法很适合于微量物种密度的测定。

激光诱导荧光光谱是一种半定量浓度诊断工具。激光诱导荧光(laser-in-duced fluorescence, LIF)技术是用一束已经调谐至特定波长的激光辐照某种原子或分子,使之恰好发生由低电子态向高电子态的共振跃迁。这种激发态的分子随即自发辐射放出荧光。激光器通常采用脉冲输出频率连续可调的染料激光器,可以用氮分子激光器、Nd-YAG 激光器、准分子激光器或闪光灯激励。而连续的输出可以用氩离子或氪离子激光器激励。用准分子或 Nd-YAG 激光器激励的染料激光器具有最高的峰值输出功率,也是目前最通用的调频脉冲源[5]。LIF 技术的优点是,它具有极高的灵敏度(可探测到低于 10^8 cm^{-3} 的粒子密度)和选择性(通常不会探测到来自其他形式的干扰信号），LIF 技术还具有良好的空间分辨能力。但是，此方法的缺点是很难应用于大分子的诊断研究。这是因为随着分子数的增大，能级数量急剧增加，导致谱图的分辨非常困难；同时，分子的荧光量子效率也随之降低。除此之外，它也不能直接测定物种的绝对浓度，碰撞弛豫和碰撞猝灭以及精确碰撞截面数据的缺乏都将导致一定的实验误差。

5.2　国内外研究现状

经过长时间的发展，发射光谱理论已日臻完善，其存在的各种效应、谱线展宽机制等已被人们认知，并已发展成为诊断等离子体密度、温度及活性粒子反应动力学过程的重要技术手段。如利用线状光谱的光谱发射强度分布测量等离子体的电子激发温度，利用分子光谱谱带强度分布计算等离子体的振动温度和转动温度，利用线状光谱的斯塔克（Stark）效应测量等离子的电子密度，利用高分辨发射光谱发射强度对等离子体中动力学过程进行分析等。

等离子体发射光谱可以实现等离子体中的活性物种和温度特性诊断研究。作为一种高活性状态，等离子体中存在大量的电子、离子和以自由基形式存在的原子、分子。根据分子不同的自由度特性，等离子体还存在电子温度（electron temperature，T_e）、电子激发温度（electron excitation temperature，T_{exc}）、振动温度（vibrational temperature，T_v）和转动温度（rotational temperature，T_r）等温度特性。发射光谱作为一种非介入式测量手段，具有不干扰被测区域、不需要外加激发源、灵敏度高、无干扰、光谱信息丰富等优点，是一种较理想的诊断方法，被广泛应用于各种等离子体特性诊断过程中。Staack 等[6]采用针-板电极结构在大气压空气中获得了正常辉光放电，并通过测量放电产生的发射光谱，拟合计算出了等离子体的振动温度和转动温度，并研究了振动温度和转动温度随外部参数的变化规律。卢新培等[7]研制出一种可以在大气压下产生室温等离子体射流的装置，并利用发射光谱技术测量了等离子体中的活性物种并拟合计算了等离子体气体温度。Lim 等[8]利用同轴圆柱形电极在大气压空气中获得了 Ar/O_2 放电等离子体，研究了 O_2 含量对杀菌效率的影响。Britun 等[9]为表征氮气和氮气-氩气体系下射频放电等离子体中振动、转动和平动自由度以及它们之间作用过程，测量了等离子体的发射光谱并拟合计算了等离子体的振动温度和转动温度，其结果也表明非平衡等离子体中存在 $T_e > T_v > T_r$ 关系。Moon 等[10]利用发射光谱测量了射频大气压辉光放电等离子体振动温度和转动温度，在输入功率为 300 W 的情况下，等离子体的振动温度和转动温度分别为 3000 K 和 550 K。

用 ICCD 或光电倍增管成像技术，还可以获得等离子体的时间分辨光谱，并用于等离子体的瞬态诊断。由于随时间演化的等离子体在光辐射过程中，包含等离子体电场、电子密度和电子温度等重要信息的时间分布数据,随着各种非稳态等离子体相关技术的产生和研究的深入,发射光谱可以实现对等离子体中活性物种和反应动力学的准确诊断[11],如高压开关设备中电弧燃弧状态温度的特性诊断[12],在激光烧蚀等离子体中各种烧蚀产物的形成过程和空间分布等[13]。Massines等[14]利用时间分辨光谱,探测了大气压 He 均匀放电中主要激发态活性粒子随时间演化特性,并根据该特性推断了激发态 He 原子、OH、N_2^+ 等产生及淬灭机制。王文春等[15,16]利用发射光谱仪与光电倍增管,测量了大气压纳秒脉冲 DBD 中 $N_2(C^3\Pi_u \rightarrow B^3\Pi_g, 0\text{-}0, 337.1 \text{ nm})$ 发射光谱强度随时间的演化规律,并依此分析了纳秒脉冲 DBD 的击穿机理及演化过程。

利用发射光谱还可以实现等离子体电子密度、活性物种种类等重要参数的诊断,特别是对电子密度、电场等参数的测量。大气压条件下,电子具有非常短的平均自由程,且放电需要在较高的电场强度下进行,传统的低气压探针已经不适用于等离子体特性的测量,因此这些参数的测量一直是困扰国内外科研工作者的难题。由于等离子体间粒子与场相互作用(如电场、磁场等)会对等离子体发射光谱产生一定影响,并形成一定的谱线展宽[17](如仪器展宽、自然展宽、共振展宽、多普勒展宽、范德瓦尔斯展宽和斯塔克展宽等),在仪器展宽等主要谱线展宽机制已知的情况下,利用特定谱线展宽可以实现对特定等离子体参数的测量,如利用斯塔克展宽计算等离子体中电子密度。斯塔克展宽是由于自发辐射的激发态原子在等离子体中的自由电子和离子所形成的局部电场作用下引起的谱线展宽。忽略作用较小的离子,其半高宽表达式可以写为[18]

$$\Delta\lambda_{\text{stark}} = 2 \times 10^{-11} (n_e)^{2/3} \tag{5-2}$$

其中,$\Delta\lambda_{\text{stark}}$ 代表由斯塔克展宽的半高宽;n_e 代表电子密度。

根据式(5-2),通过去卷积分离得到由斯塔克效应引起的谱线展宽,就可以直接计算得到电子密度。利用该原理,Laux 等[17]计算了大气压空气局部热力学平衡等离子体的电子密度,并对等离子体发射光谱中存在的多种谱线展宽行为进行了深入的探讨。Torres 等[19]研究大气压 Ar 等离子体放电时,分别通过氢原子巴尔末谱线 H_α、H_β 和 H_γ 的斯塔克展宽来诊断电子密度,并讨论了分别由这三条氢原子谱线斯塔克展宽诊断电子密度的利弊。他们的研究表明,H_α 谱线在氢等离子体放电中最容易自吸收,自吸收过程就会造成谱线过大的斯塔克展宽,从而导致诊断出的电子密度过高。另一方面,H_γ 谱线的信噪比较低,但在实验中难以采集到。大连理工大学任春生等[20]通过在大气压 Ar 等离子体射流中添加少量氢气,应用 $H_\beta(486.13 \text{ nm})$ 谱线的斯塔克展宽方法实现了对电子密度的诊断,并发现在大气压 Ar 射流中电子密度数量级为 10^{14} cm^{-3},而且随着驱动电压的升高而增加。

激光的出现使许多弱的光学过程也成为等离子体诊断的重要依据,其高功率密度使激光散射成为一种可用的诊断工具。汤姆逊散射的光谱线型提供了电子密度和能量分布的信息,等离子体中的中性成分的瑞利散射强度包含了中性成分密度的信息,更有意义的是拉曼散射谱也已被用于等离子体诊断。激光的相干性质使得等离子体集体现象的诊断成为可能,激光干涉图像成为实时反映等离子体密度起伏变化的最直观工具。高分辨激光诱导荧光谱是利用斯塔克效应测量电场强度的有效方法。2011 年,物理学权威杂志 *Phys. Rev. Lett.* 刊登了 Ito 等[21]利用电场诱导相干拉曼散射(electric-field-induced coherent Raman scattering,E-CRS)测量大气压空气纳秒脉冲 DBD 的电场强度,并结合 ICCD 相机获得的光辐射快速演化数据,揭示了纳秒脉冲放电中的快速击穿机制与人们熟知的慢速汤生电离机制存在的区别。

　　截至目前,虽然等离子体光谱诊断包含以上多种诊断技术,并且各有优缺点,但发射光谱法作为一种普适性方法,其优点非常明显,如仪器系统简单、适用范围广、环境条件要求低等,是一种最为常用的光谱诊断技术。本章将利用发射光谱技术对近年来的研究热点——纳秒脉冲放电等离子体(nanosecond pulsed discharge plasma,NPDP)进行诊断研究,并介绍纳秒脉冲放电中活性物种光谱特性、温度特性、放电均匀性等参数随驱动电压形式、电极结构等参数的变化规律。

5.3　针板电极结构纳秒脉冲放电等离子体发射光谱诊断

5.3.1　光谱诊断实验装置

　　大气压双极性高压纳秒脉冲 DBD 实验装置分为五个部分,即纳秒高压脉冲电源、等离子体反应器及电极、发射光谱测量系统、电学特性测量系统和配气系统,实验装置示意图如图 5.1 所示。

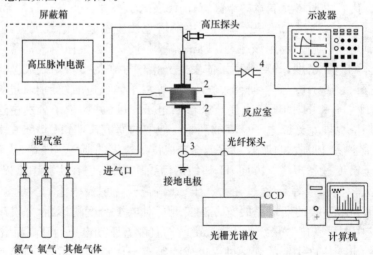

图 5.1　双极性高压纳秒脉冲 DBD 装置

1. 高压电极;2. 介质板;3. 电流探头;4. 出气口

实验中采取了三种极性的高压纳秒脉冲电源,即正脉冲高压电源、负脉冲高压电源这两种单极性的高压脉冲电源,以及双极性脉冲高压电源。三种电源均采用了火花隙开关结构,输出脉冲电压上升沿约为 20 ns,脉宽为 80 ns 左右,输出最高脉冲峰值电压约为 45 kV,脉冲的重复频率在 0~400 Hz 之间连续可调。三种电源输出电压及放电电流波形图如图 5.2 所示,其中图(a)、图(b)和图(c)分别代表了正脉冲高压电源、负脉冲高压电源和双极性脉冲高压电源的输出电压波形。实验中电极结构采取板-板电极结构,放电电压和放电电流波形通过示波器(Tektronix TDS5054 500 MHz)、高压探头(Tektronix P6015A 1000×3.0 pF 100 MΩ; Iwatsu HV-P60 2000×5.0 pF 1000 MΩ)和电流探头(Tektronix TCP312 100 MHz)进行测量。为了减小放电对测量系统及其他仪器设备的干扰,脉冲电源置于双层屏蔽箱内,电源、放电反应器、屏蔽箱外壳等牢固接地。

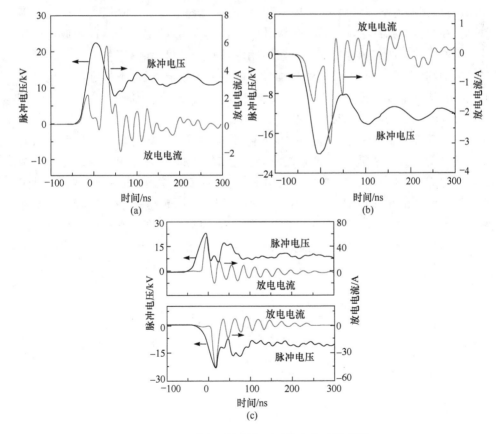

图 5.2 三种电源输出电压及放电电流波形图
(a)正脉冲电源;(b)负脉冲电源;(c)双脉冲电源

从图 5.2 中可以看出,由于放电回路中存在容性器件,所以在脉冲的第一个峰结束后,高压端存储电荷并不能完全释放,而是在第一个脉冲结束后仍存在多个纳秒级的振荡脉冲,该振荡持续一段时间后降至零点附近。从图5.2中还可以看出,正脉冲高压电源和负脉冲高压电源除极性不同外,输出电压和放电电流波形较为相似。从放电电流上看,单个脉冲峰内存在两次明显的放电,它们分别发生在脉冲的上升沿和下降沿,其中上升沿处电流峰值较小,具有较大峰值的电流峰出现在脉冲的下降沿。单极性脉冲出现的电流波形与日本科学家 Ito 在 *Phys. Rev. Lett.* 上报道的研究结果相似[21]。根据 Ito 的研究结果,在上升沿位置处,尽管出现了一个幅值较小的电流,但是放电间隙内未出现明显的光辐射过程,该微弱过程主要用于空间电荷和介质板表面电荷的积累,以促进下降沿位置处较强的放电。

采用双极性脉冲电压驱动时,存在与单极性脉冲放电时完全不同的击穿过程,在脉冲上升沿处未发生电荷积累的微弱放电,单个脉冲时间内仅存在一次较为强烈的击穿,其放电电流峰值可达 40~50 A,击穿位置根据电压峰值大小存在较大差异。在双极性脉冲中,由于正、负极性的脉冲交替出现,上一个脉冲中放电积累的电荷产生的电场与脉冲峰值电压极性相反,即记忆电荷能够有效地参与到下一次放电中,有利于实现对 DBD 的激励。从放电电流幅值上看,双极性脉冲放电的电流可以达到单极性脉冲放电的 3~4 倍,因此,采用双极性脉冲产生的等离子体具有更高的电子密度与瞬时功率密度。

本章实验研究中采用的等离子体反应器及电极均由不锈钢(白钢, 1Cr18Ni9Ti)制成,根据不同实验需求,电极结构可以分为针-板、多针-板、板-板等,分别如图5.3所示。其中针-板结构中上电极为针电极,电极尖端被磨圆,针尖直径约为 0.8 mm;下电极为板电极,直径为 30 mm,并覆盖一层直径为 50 mm、厚度为 1 mm 的介质板(石英或者 GTT 陶瓷);针-板电极间隙在 0~30 mm 范围内可调。多针-板电极结构中上电极为电极数目可改变的多针电极,针与针之间间隙

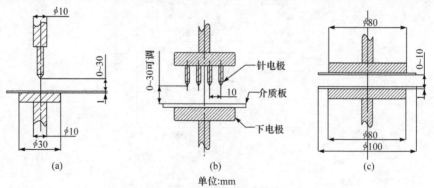

图 5.3　实验中采用的电极结构示意图

(a) 针-板;(b) 多针-板;(c) 板-板

可根据需要设置为 5 mm 或 10 mm,下电极为直径为 80 mm 的不锈钢圆盘,与单针-板结构类似,板电极表面覆盖 1 mm 厚的介质板。板-板式电极(5.4 节)由两个水平放置的直径为 80 mm 的不锈钢圆盘制成,上下电极表面分别上覆盖着 1 mm 厚的介质片。

等离子体产生的发射光谱由光谱测量系统测量,其主要由光纤、光栅光谱仪(单色仪)、CCD 探测器和计算机组成。光纤探头面向高压电极,距高压电极 80 mm 并保持水平。光纤探头固定在千分尺上,可根据实验要求实现在竖直方向和水平方向上的位置调节。等离子体区域发出的光信号由光纤探头采集后经光纤传输至光栅光谱仪(Andor SR750、MODEL 2500i 等)进行分光,分光后的光信号由 CCD 探测器将光信号转变为数字信号后由计算机收集以得到光谱信号。另外,分光后的光信号还可以通过光电倍增管将光信号转换为电信号,并由示波器收集以测量特定谱线的时间分辨光谱。实验过程中,为减小高压纳秒脉冲放电带来的强电磁辐射对其他仪器以及测量系统的干扰,高压纳秒脉冲电源置于双层屏蔽箱内并可靠接地,所有的光谱及电学特性测量均在高性能屏蔽室内进行。

5.3.2　放电图像及发射光谱

针-板电极结构是一种典型的极不对称电极结构,由于针电极曲率半径非常小,当电压施加在针电极上时,针电极附近会形成较强的电场,这将有利于初始放电的形成与发展。因此,利用针-板电极结构可以获得更高电子能量和活性物种密度的等离子体。这不仅利于实际应用,结合脉冲放电的优点,还能够实现对不平整表面的材料改性、热敏感材料处理等特殊应用。利用双极性纳秒脉冲激励,在针-板和多针-板介质阻挡电极结构下产生了一种弥散型的大气压氮气或空气 DBD 等离子体,并利用发射光谱技术对等离子体中活性物种进行诊断研究,同时讨论放电机理和主要物理化学过程。

为直观显示纳秒脉冲 DBD 等离子体,利用针-板电极结构双极性纳秒脉冲 DBD 等离子体图像如图 5.4 所示。其中图 5.4(a)和(b)分别由双极性纳秒脉冲电压和中频正弦交流电压驱动。这两幅图像均在 5 mm 的电极间隙和 26 kV 峰值电压下获得。不同的是,脉冲重复频率和中频正弦电源的驱动频率分别为100 Hz 和

(a)　　　　　　　　　　　　　　　(b)

图 5.4　大气压空气中针-板电极结构的纳秒脉冲介质阻挡放电(NPDBD)图像(a)和正弦
交流介质阻挡放电(ACDBD)图像(b)

10 kHz。为便于比较,图 5.4 记录了相同周期数下的放电图像,即曝光时间分别为 500 ms 和 50 ms。从图中可以看出,在较长曝光时间下,纳秒脉冲 DBD 整体上是弥散的,并具有类辉光放电特征。其放电强度在针电极尖端附近最强,随着在针-板方向上距离针电极位置增大,发光强度逐渐减弱,在靠近板电极位置,发光强度又呈现一个稍微变强的趋势。与正弦交流 DBD 相比,纳秒脉冲 DBD 外观柔和、没有明显的放电通道收缩现象,这主要是因为单次脉冲放电的持续时间大约在几十纳秒,远小于放电热转换特征时间[22],热不稳定现象和电子不稳定现象不明显,放电通道的收缩得到了有效的控制。其中,在空气中或者其他电负性气体中,电子的不稳定性将对放电起重要的影响,由于边界场的扰动以及电负性气体原子、分子对电子的吸附作用使电子能量分布向高能量端偏移,气体的电导率升高,放电通道在正反馈作用下向弧光放电过渡。热不稳定性主要是因为中性粒子被加热膨胀,造成单位体积内粒子数量减少,从而导致约化电场(E/n)增加,平均电子能量升高,电流密度增大,放电由辉光放电转变为火花放电、弧光放电。

针电极附近,双极性纳秒脉冲 DBD 具有类似电晕放电的形式,但在较高电压下未发生向火花或者丝状放电的转变,其放电强度是相同电极间隙下电晕放电最高强度的数百倍,因此,针电极附近的放电是一种增强的电晕放电,这主要归结于介质板的存在。在大气压条件下,电晕放电的强度非常低,原子、分子的有效解离、激发、电离主要发生在比较薄的电晕层内,放电的体积及产生的激发态分子、原子、自由基等活性成分密度很低,难以实现工业上的应用。随着脉冲峰值电压的增大,电晕放电击穿后的放电通道内电流密度的正反馈效应使电晕放电极易转换成火花放电甚至弧光放电,难以获得较高放电强度的电晕放电。当在板电极表面覆盖一层介质板时,介质板对电流密度的负反馈效应使火花放电和弧光放电得到有效控制,因此增大电压时针电极附近电晕层可以得到持续增强并贯穿整个电极间隙。

从击穿机理方面讲,双极性纳秒脉冲 DBD 可以分为正脉冲电子雪崩放电和负脉冲羽毛状电晕击穿放电两部分。加入介质片后介质板积累的电荷形成记忆电场,有效地参与到正脉冲电子雪崩放电和负脉冲电晕击穿放电中。正脉冲放电过程中,上半个周期介质板表面积累的电荷起到增大空间记忆电场的作用,可以导致电子雪崩击穿形式的转变。研究表明,在没有介质板的情况下,电晕放电空间电场的流注放电存在三种放电形式,即初始流注、不稳定的辉光和击穿流注[20]。介质板可以有效地避免流注击穿通道的产生,增大电压带来的大量不稳定电子雪崩通道在纵向、横向发展的过程中相互交连成一片,使放电宏观呈现弥散特性。对于负脉冲流注放电,可以分为与负直流类似的羽毛状电晕、薄的辉光层和火花放电三种放电形式[20]。与正脉冲放电相同,火花放电得到抑制,羽毛状负电晕和辉光层相互叠加,使放电具有弥散的特性。

针-板电极结构大气压氮气和空气纳秒脉冲 DBD 在 $200\sim320$ nm 和 $300\sim$

500 nm 范围的发射光谱分如图 5.5 所示,实验中针-板电极间隙均为 5 mm,脉冲峰值电压和脉冲重复频率分别为 26 kV 和 150 Hz。其中,实线为氮气中纳秒脉冲 DBD 发射光谱,作为对比,相同实验条件下空气中放电等离子体发射光谱用虚线表示。从图中可以看出,大气压氮气纳秒脉冲 DBD 发射光谱主要由氮分子的第二正带 $N_2(C^3\Pi_u \rightarrow B^3\Pi_g)$、NO 分子 γ 谱带 $NO(A^2\Sigma \rightarrow X^2\Pi)$、OH 自由基发射光谱谱带 $OH(A^2\Sigma \rightarrow X^2\Pi)$ 以及氮分子离子的第一负带 $N_2^+(B^2\Sigma_u^+ \rightarrow X^2\Sigma_g^+)$ 等组成。与氮气中放电相比,空气中放电产生的发射光谱要弱得多,其发射光谱主要为氮分子的第二正带 $N_2(C^3\Pi_u \rightarrow B^3\Pi_g)$,光谱发射强度仅为氮气发射光谱的 1/5,氮分子离子的第一负带 $N_2^+(B^2\Sigma_u^+ \rightarrow X^2\Sigma_g^+)$ 发射光谱也可以清晰地被分辨出来,但 NO 分子 γ 谱带 $NO(A^2\Sigma \rightarrow X^2\Pi)$、OH 自由基发射光谱 $OH(A^2\Sigma \rightarrow X^2\Pi)$ 在分辨上有一定困难。

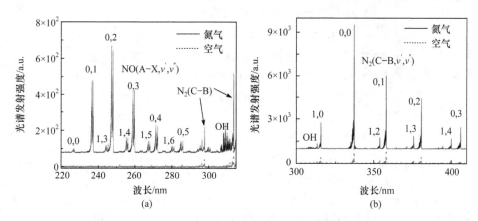

图 5.5　大气压氮气和空气纳秒脉冲 DBD 在 200~320 nm 和 300~500 nm 的发射光谱[23]

在针-板式电极结构纳秒脉冲 DBD 产生的等离子体中,高能量电子与氮气及微量杂质气体中的 N_2、O_2、H_2O 等中性分子通过非弹性碰撞可以有效地引起中性粒子的解离、激发和电离,进而产生 $N_2(C)$、N_2^+、OH、NO、O、H 等激发态原子、分子、自由基等活性粒子,激发态粒子向基态跃迁产生相对的发射光谱。在氮气中,放电产生的电子直接激发和间接激发产生 $N_2(C^3\Pi_u)$ 的过程分别如反应式(5-3)和式(5-4)所示。由于在纯的氮气中,存在大量的氮分子的亚稳态 $N_2(A)$,所以反应式(5-5)也是产生 $N_2(C^3\Pi_u)$ 的重要过程[24]。

$$e + N_2(X) \longrightarrow e + N_2(C) \quad 1.1 \times 10^{-10} \text{ cm}^3 \text{ s}^{-1} \tag{5-3}$$

$$e + N_2^* \longrightarrow e + N_2(C) \tag{5-4}$$

$$N_2(A) + N_2(A) \longrightarrow N_2(C) + N_2(X) \quad 8 \times 10^{-11} \text{ cm}^3 \text{ s}^{-1} \tag{5-5}$$

其中,$N_2(X)$ 和 N_2^* 分别是 N_2 分子的基态和激发态。反应式(5-3)~式(5-5)中反应速率常数来自文献[25]、[26]。

对于 NO,通过反应式(5-6)~式(5-8)生成大量的 $NO(X^2\Pi)$,大量的 NO 通过反应式(5-9)激发形成 NO($A^2\Sigma$)激发态分子。

$$N+O_2 \longrightarrow NO+O \quad 9\times10^{-15} \text{ cm}^3/\text{s} \tag{5-6}$$

$$N_2+O \longrightarrow NO+N \quad 2\times10^{-11} \text{ cm}^3/\text{s} \tag{5-7}$$

$$N_2(A^3\Sigma_u^+)+O \longrightarrow NO+N \quad 7\times10^{-12} \text{ cm}^3/\text{s} \tag{5-8}$$

$$N_2(A^3\Sigma)+NO(X^2\Pi) \longrightarrow N_2(X^1\Sigma)+NO(A^2\Sigma) \quad 6.9\times10^{-11} \text{ cm}^3/\text{s} \tag{5-9}$$

通过以上反应可以看出,反应式(5-9)快速地将 $N_2(A^3\Sigma)$ 能量转移 $NO(X^2\Pi)$,因此 $NO(A^2\Sigma)$ 的存在可以用来表征亚稳态分子 $N_2(A^3\Sigma)$ 的存在[27]。

在本实验中,由于杂质及反应器器壁上吸附有残余的水分子,导致在氮气放电中存在较强的 OH 发射光谱谱带。对于激发态自由基 OH 和粒子 N_2^+,存在以下反应通道:

$$e+H_2O \longrightarrow e+H+OH \quad 2.6\times10^{-12} \text{ cm}^3/\text{s} \tag{5-10}$$

$$e+H_2O \longrightarrow H^-+OH \quad 2.6\times10^{-12} \text{ cm}^3/\text{s} \tag{5-11}$$

$$e+H_2O \longrightarrow 2e+H^++OH \quad 4.4\times10^{-16} \text{ cm}^3/\text{s} \tag{5-12}$$

$$e+H_2O^+ \longrightarrow H+OH \quad 3.8\times10^{-7} \text{ cm}^3/\text{s} \tag{5-13}$$

$$O(^1D)+H_2O \longrightarrow 2OH \quad 2.3\times10^{-10} \text{ cm}^3/\text{s} \tag{5-14}$$

$$N_2(A)+H_2O \longrightarrow OH+H+N_2 \quad 4.2\times10^{-11} \text{ cm}^3/\text{s} \tag{5-15}$$

$$e+N_2 \longrightarrow 2e+N_2^+ \quad 2.4\times10^{-12} \text{ cm}^3/\text{s} \tag{5-16}$$

$$e+N_2(A) \longrightarrow 2e+N_2^+ \quad >2.4\times10^{-12} \text{ cm}^3/\text{s} \tag{5-17}$$

$$N^++N_2 \longrightarrow N+N_2^+ \quad \ll 1.0\times10^{-12} \text{ cm}^3/\text{s} \tag{5-18}$$

反应式(5-10)~式(5-18)中反应速率常数来自文献[28]、[29]。在目前的实验条件下,$OH(A^2\Sigma)$ 自由基主要由反应式(5-10)、式(5-11)和式(5-15)生成,N_2^+($B^2\Sigma_u^+$)主要由反应式(5-16)和式(5-17)生成。考虑到较小的反应速率和较小的 H_2O^+、$O(^1D)$、N^+ 的浓度,反应式(5-12)~式(5-15)和式(5-18)可以忽略。

5.3.3 电压极性和脉冲峰值对等离子体发射光谱的影响

根据 5.3 中电流波形,不同极性的脉冲电压驱动产生的 DBD 等离子体在击穿模式和强度上存在较大的差异,正脉冲、负脉冲和双极性脉冲驱动下脉冲峰值电压对等离子体中 N_2($C^3\Pi_u \rightarrow B^3\Pi_g$)发射光谱强度的影响如图 5.6 所示。电极结构仍采用 5.3 中所描述的针-板电极结构,放电工作气体为空气,三种脉冲极性的等离子体均在相同的脉冲重复频率和电极间隙下进行。从图中可以看出,双极性脉冲在有效激发 DBD 等离子体上具有绝对的优势。

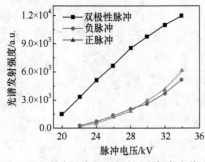

图 5.6 不同驱动电压极性下脉冲峰值电压对等离子体发射光谱的影响

当脉冲峰值电压为 28 kV 时,使用双极性脉冲驱动产生的 $N_2(C^3\Pi_u \rightarrow B^3\Pi_g)$ 光谱发射强度约为单极性脉冲驱动(正脉冲或者负脉冲)时的 4～5 倍,另外,双极性脉冲还具有放电击穿电压低、等离子体区域较大等显著优点。脉冲峰值电压也是对大气压双极性纳秒脉冲 DBD 造成影响的重要参数,随着脉冲峰值电压的升高,不同极性脉冲峰值电压驱动下的等离子体中 $N_2(C^3\Pi_u \rightarrow B^3\Pi_g, 0\text{-}0, 337.1 \text{ nm})$ 的发射光谱强度均随脉冲峰值电压的升高而增强。稍有不同的是,在双极性脉冲中,等离子体发射光谱强度随脉冲峰值电压升高的增强是近似线性的。

双极性脉冲在驱动 DBD 存在优势的原因,归结于介质板表面记忆电压的积累。在使用双极性脉冲时,上一个脉冲中在介质板表面积聚的电荷可以有效地参与到下一个脉冲中施加电压叠加,起到降低击穿电压的作用。

在高压纳秒脉冲 DBD 中,电压的升高会增强在电极间隙内的平均电场强度,提高电极间隙内的电离效率,进而使电子的产生效率提高,即升高脉冲峰值电压可以有效地提高放电区域内高能量电子的密度,从而导致 $N_2(C^3\Pi_u)$ 粒子数目的增加。因此 $N_2(C^3\Pi_u \rightarrow B^3\Pi_g)$ 发射光谱强度随脉冲峰值电压的增强而增加。在 DBD 中,由于介质板表面电荷的积累是放电的一个关键过程,单极性脉冲(正脉冲和负脉冲)和双极性脉冲中电荷积累分别发生在放电当次脉冲的上一次脉冲,因此其发射光谱强度和变化趋势存在较大的差异。

通过图 5.6 可以看出,在光谱发射强度上,双极性纳秒脉冲相比单极性脉冲放电有不可比拟的优势,因此,本章中我们主要利用双极性脉冲驱动产生 DBD 等离子体,并对其特性进行诊断。

5.3.4　电晕放电发射光谱强度空间分布

等离子体中的活性粒子空间分布特性对于建立等离子体动力学模型以及研究等离子体中物理化学过程机理等方面都具有重要意义。本章研究了在大气压下氮气含水蒸气体系线-板式正脉冲电晕放电中产生的 $OH(A^2\Sigma \rightarrow X^2\Pi, 0\text{-}0)$ 和 $N_2^+(B^2\Sigma_u^+ \rightarrow X^2\Sigma_g^+, 0\text{-}0)$ 粒子的发射光谱空间分布,并对其主要产生机理进行讨论。

大气压下正脉冲电晕放电产生的非热平衡等离子体中,电子具有高的迁移率,在瞬变电场中得到加速获得很高的动能。高能电子与周围的分子发生非弹性碰撞,产生 OH、O、H、N、HO_2、N^+、N_2^+ 和 O_2^- 等活性粒子。图 5.7 为大气压下氮气含水蒸气体系线-板式正脉冲电晕放电产生的发射光谱。脉冲峰值电压为 30 kV,脉冲重复频率为 150 Hz,主要包括 $OH(A^2\Sigma \rightarrow X^2\Pi)$、$N_2^+(B^2\Sigma_u^+ \rightarrow X^2\Sigma_g^+)$ 及 $N_2(C^3\Pi_u \rightarrow B^3\Pi_g)$ 的发射光谱。

氮气含水蒸气体系线-板式正脉冲电晕放电 $OH(A^2 \rightarrow X^2\Pi, 0\text{-}0)$ 和 $N_2^+(B^2\Sigma_u^+ \rightarrow X^2\Sigma_g^+, 0\text{-}0)$ 的发射光谱强度在脉冲峰值电压分别为 28 kV、30 kV 和 32 kV 时的

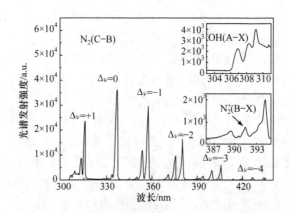

图 5.7　氮气含水蒸气体系线-板式正脉冲电晕放电产生的发射光谱[30]

空间分布如图 5.8 所示。实验中脉冲重复频率为 150 Hz,电极间隙为 7 mm。从图中可以看出,在线-板电极之间空间相同位置上,OH($A^2\Sigma \rightarrow X^2\Pi$,0-0)的发射光谱强度随脉冲峰值电压升高而增强,在线-板方向上随着与线电板的距离增加而减弱。N_2^+($B^2\Sigma_u^+ \rightarrow X^2\Sigma_g^+$,0-0)的发射光谱强度在线-板方向距线电极 0~3 mm 区间变化不大,在靠近板电板处发射光谱强度陡然增加。

　　在板电极表面未被介质板覆盖时,利用线-板电极结构可以产生电晕放电。根据前面的讨论,增加脉冲峰值电压会导致高能电子密度的增加,进而产生更多的激发态 OH 自由基和 N_2^+。因此,OH($A^2\Sigma \rightarrow X^2\Pi$,0-0)和 N_2^+($B^2\Sigma_u^+ \rightarrow X^2\Sigma_g^+$,0-0)的发射光谱强度随脉冲峰值电压的增加而增强。在放电通道内,由于电子密度在线-板方向随着与线电板的距离增加而降低,OH($A^2\Sigma \rightarrow X^2\Pi$,0-0)的发射光谱强度在线-板方向随着与线电极的距离增加而减弱。但是,根据表 5.2,电离并激发氮分子需要较高的电子能量(接近 18.9 eV),在放电通道内,达到如此高电子能量的电子数目相对较少,因此在靠近线电极处,N_2^+($B^2\Sigma_u^+ \rightarrow X^2\Sigma_g^+$,0-0)的发射光谱强度较弱。在正脉冲电晕放电中,气体主要的击穿机制属于正流注击穿[22],等离子体中电子向各个方向扩散形成电子雪崩,电子雪崩中正离子的浓度可以达到一个很高的值,增强局部电场,加剧分子或原子的电离,引起许多新的电子雪崩,这时阳极积累的正离子向阴极发展,形成向阴极发展的电离通道(流注),且电离通道数目由阳极向阴极逐渐增加,流注头部电场强度可达到 100 kV/cm,电子平均能量可以达到 12~16 eV 以上。因此,流注头部的高能电子在极板附近与 N_2 分子碰撞可产生大量的基态和激发态的 N_2^+,从而使流注头部可产生大量的正离子(主要是 N_2^+ 和 H_2O^+),即 N_2^+($B^2\Sigma_u^+ \rightarrow X^2\Sigma_g^+$,0-0)的发射光谱强度在板电极附近陡然增强。

　　氮气含水蒸气体系线-板式正脉冲电晕放电脉冲重复频率对 OH($A^2\Sigma \rightarrow X^2\Pi$,0-0)和 N_2^+($B^2\Sigma_u^+ \rightarrow X^2\Sigma_g^+$,0-0)的发射光谱强度空间分布的影响如图 5.9 所示。实

验中脉冲电压为 26 kV,电极间隙保持在 7 mm。由图 5.9 可以看出,$OH(A^2\Sigma \to X^2\Pi, 0\text{-}0)$ 和 N_2^+ $(B^2\Sigma_u^+ \to X^2\Sigma_g^+, 0\text{-}0, 391.4 \text{ nm})$ 的发射光谱强度随脉冲重复频率的增加而增强。$OH(A^2\Sigma \to X^2\Pi, 0\text{-}0)$ 的发射光谱强度随着在线-板电极之间沿着从线到板电极方向空间距离的增加而减弱。N_2^+ $(B^2\Sigma_u^+ \to X^2\Sigma_g^+, 0\text{-}0, 391.4 \text{ nm})$ 的发射光谱强度在线-板方向距线电极 0~3 mm 区间内基本保持不变,在距离板电极 1~3 mm 处,发射光谱强度陡然增强。

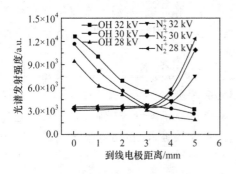 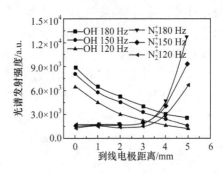

图 5.8　脉冲峰值电压分别在 28 kV、30 kV 和 32 kV 时测得的 $OH(A^2\Sigma \to X^2\Pi, 0\text{-}0)$ 和 N_2^+ $(B^2\Sigma_u^+ \to X^2\Sigma_g^+, 0\text{-}0)$ 发射光谱强度的空间分布[30]

图 5.9　脉冲频率对 $OH(A^2\Sigma \to X^2\Pi, 0\text{-}0)$ 和 N_2^+ $(B^2\Sigma_u^+ \to X^2\Sigma_g^+, 0\text{-}0)$ 的发射光谱强度的空间分布[30]

增加脉冲重复频率会导致高能电子密度的增加,产生更多的激发态 OH 自由基和 N_2^+ 离子。因此 $OH(A^2\Sigma \to X^2\Pi, 0\text{-}0)$ 和 N_2^+ $(B^2\Sigma_u^+ \to X^2\Sigma_g^+, 0\text{-}0)$ 的发射光谱强度随脉冲重复频率的增加而增强。因为高能电子密度在线-板方向随着与线电极之间的距离增加而减小,$OH(A^2\Sigma \to X^2\Pi, 0\text{-}0)$ 的发射光谱强度在线-板方向随着与线电极之间的距离增加而减弱。根据前面讨论,正脉冲电晕放电等离子体中阳极附近积累的正离子向阴极发展,形成向阴极发展的电离通道(流注),且电离通道数目由阳极向阴极逐渐增加,流注头部电场强度很强(局部电场强度可达到 100 kV/cm)具有大量平均能量很高的高能电子(12~16 eV 以上)和 N_2^+,引起板电极附近 N_2^+ 密度大大增加,因此 N_2^+ $(B^2\Sigma_u^+ \to X^2\Sigma_g^+, 0\text{-}0)$ 发射光谱强度在板电极处陡然增强。

5.4　板-板电极结构大气压 DBD 等离子体发射光谱诊断

5.4.1　正弦交流驱动下 He 均匀放电发射光谱

特定条件下,利用板-板电极结构可以获得大气压均匀放电等离子体,其具有对真空系统要求较低、设备投资少、运行功耗低、产生等离子体活性物种浓度高,且能量分布均匀、功率密度适中,具有较高的电子温度和较低的离子和中性气体温度等优点,在材料表面处理、薄膜沉积、杀菌消毒、污染物处理等领域具有广阔的应用前景。获得大气压均匀 DBD 的方式,如在中频正弦交流电压驱动且以 He、Ne 等惰性气体为工作气体,或利用双极性纳秒脉冲电压代替传统的正弦交流电压驱动,通过陡峭的纳秒脉冲上升沿和较短脉冲持续时间抑制等离子体热不稳定性和电子不稳定性的产生,实现均匀 DBD。其中,利用纳秒脉冲电源驱动,不仅可以在较为廉价的氮气甚至空气中获得均匀放电,还具有能量利用率高、功耗低、电子温度高和气体温度低等优点。

图 5.10 是由正弦交流驱动产生的大气压 He 均匀 DBD 的照片,曝光时间为 100 ms,电极间隙为 7 mm,应用电压和驱动频率分别为 4.5 kV 和 9 kHz。从图中可以看出,大气压 He 均匀 DBD 等离子体径向分布均匀性较好,无丝状放电通道,并具有分层发光特征,靠近介质板处发光强度较强,而在两电极之间的中间位置处发光强度较弱。

图 5.10   大气压 He 均匀 DBD 图像[31]

图 5.11 记录大气压 He 均匀 DBD 发射的在 300～510 nm 和 580～730 nm 范围内的发射光谱,其中电极间隙为 7 mm,应用电压和驱动频率分别为 4.5 kV 和 9 kHz。从图中可以看出,大气压 He 均匀 DBD 发射光谱主要由 He 原子谱线 He $(3p^3P^0 \rightarrow 2s^3S, 388.9\ nm)$、He$(3p^1P^0 \rightarrow 2s^1S, 501.6\ nm)$、He$(3d^3D \rightarrow 2p^3P^0, 587.6\ nm)$、He$(3d^1D \rightarrow 2p^1P^0, 667.8\ nm)$ 和 He$(3s^3S \rightarrow 2p^3P, 706.5\ nm)$ 等,氮分子第二正带 $N_2(C^3\Pi_u \rightarrow B^3\Pi_g)$、氮分子离子第一负带 $N_2^+(B^2\Sigma_u^+ \rightarrow X^2\Sigma_g^+)$ 以及 OH 发射光谱 OH$(A^2\Sigma \rightarrow X^2\Pi)$ 等构成。尽管实验中采用了高纯 He(99.999%),由微量杂质 $(N_2$ 和 $H_2O)$ 产生的 $N_2(C^3\Pi_u \rightarrow B^3\Pi_g)$、$N_2^+(B^2\Sigma_u^+ \rightarrow X^2\Sigma_g^+)$ 和 OH$(A^2\Sigma \rightarrow X^2\Pi)$ 等发射光谱强度仍然比较强烈。

在大气压 He 均匀 DBD 产生的非热平衡等离子体中,电子、原子、分子参与了许多等离子体物理化学过程,如分步电离、碰撞电离、彭宁电离等。亚稳态 He 原子$(2s^1S_0$ 和 $2s^3S_1)$、OH(A)、N_2(C)、N_2^+(B)、He$(3p^3S)$ 等激发态粒子可以通过解离、激发、电离等反应过程有效地产生。由于 He 原子具有较高的激发和电离电位,如表 5.1 所示,大部分的 He 原子被激发到亚稳态 He$(2s^1S_0)$ 和 He$(2s^3S_1)$ 上。而杂质粒子 N_2、N_2^+、H_2O 和 OH 等常见的激发和电离电位较低(如表 5.2 所示),

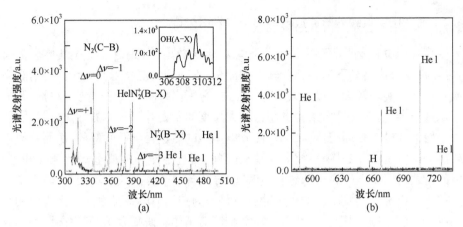

图 5.11　大气压 He 均匀 DBD 发射光谱[31]

亚稳态 He 原子的彭宁过程便可以大量的产生 OH(A)、N_2(C)、N_2^+(B) 等激发态粒子,故 $N_2(C^3\Pi_u \rightarrow B^3\Pi_g)$、$N_2^+(B^2\Sigma_u^+ \rightarrow X^2\Sigma_g^+)$ 和 $OH(A^2\Sigma \rightarrow X^2\Pi)$ 等发射光谱强度较强。由于杂质气体在大气压 He 均匀介质阻挡可以通过彭宁电离为放电提供种子电子,因此对大气压均匀 DBD 的形成具有重要的作用。

表 5.1　He 原子常见激发电位和自发辐射寿命

激发态	激发电位/eV	自发辐射寿命/ns
$3p^3P^0$	23.01	94.7
$3p^1P^0$	23.09	1.7
$3d^3D$	23.07	14.2
$3d^1D$	23.07	15.8
$3s^3S$	22.72	36.0
$2s^1S_0$	20.62	—
$2s^3S_1$	19.82	—

表 5.2　大气压 He 均匀 DBD 中常见粒子能级和自发辐射寿命

基态粒子	激发态	能级/eV	能级类型	自发辐射寿命/ns
N_2(X)	N_2(C)	11.03	激发	38
N_2(X)	N_2^+(X)	15.63	电离	—
N_2^+(X)	N_2^+(B)	3.17	激发	63
H_2O(X)	—	5.12	解离	—
OH(X)	OH(A)	4.02	激发	690

5.4.2 大气压空气纳秒脉冲放电等离子体发射光谱

　　尽管利用中频电压驱动可以获得均匀稳定的放电,但是由于工作气体较为昂贵,且在正弦交流驱动下需要耗费较多的能量,不利于大规模工业应用,因此,在空气或者氮气中实现较大尺度的均匀放电已成为国内外科研工作者研究的重要方向。从理论上讲,在大气压条件下获得较大尺度非平衡等离子体的方法分为两类:其一是增加放电的表面与体积比值,使放电产生的热量得到及时释放,从而让放电远离热平衡状态;其二是缩短放电的弛豫时间,通过控制单次放电的持续时间,使放电的持续时间小于等离子的热转换时间,导致等离子体热效应不明显,避免了等离子体热不稳定性的发展。纳秒脉冲放电是作为控制放电弛豫时间最为有效的手段,近年来被大量地利用于产生低温非平衡等离子体。研究表明,利用高压纳秒脉冲电压代替传统的正弦交流电源驱动 DBD,可以在更大的电极间隙、气体成分、电压频率等参数变化范围内产生均匀非平衡等离子体。

　　图 5.12 为利用可调节脉宽的高压双极性纳秒脉冲驱动在大气压空气中产生的板-板电极结构的均匀 DBD 等离子体,其中电极间隙分别为 2 mm 和 4.5 mm。从图中可以看出,在较小电极间隙下,脉宽为 20~200 ns 的双极性脉冲均可驱动产生均匀放电等离子体,作为对比,相同条件下由正弦驱动产生的放电则呈明显的丝状放电模式。在较大电极间隙下,较短的脉宽更有利于在大气压空气中获得均匀放电。当脉宽为 20 ns 时,均匀放电可以在高达 4.5 mm 的电极间隙下产生,但是随着脉宽的增加,放电的均匀性逐渐下降。当电压脉宽为 200 ns 时,放电间隙内出现了明显的丝状放电通道,气体的击穿模式转为流注放电模式。

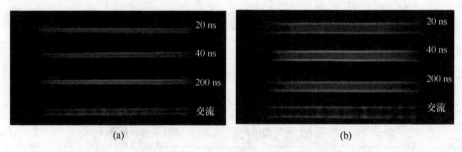

图 5.12　不同脉冲宽度下的双极性纳秒脉冲 DBD 图像[32]
(a) 电极间隙 2 mm;(b) 电极间隙 4.5 mm

　　板-板电极结构的双极性脉冲 DBD 发射光谱与相同条件下针-板电极结构放电类似,但是,当放电为均匀放电模式时,由于等离子体中电子能量低于流注放电等离子体,直接电离并激发基态氮分子形成的激发态氮分子数目较少,氮分子离子第一负带 $N_2^+(B^2\Sigma_u^+ \rightarrow X^2\Sigma_g^+)$ 较为微弱。图 5.13 为指数坐标下板-板电极结构等离子体发射光谱,实验中脉冲峰值电压和脉冲重复频率分别控制在 26 kV 和 150 Hz,电极间隙为 2 mm。由于采用了指数坐标,光谱中微弱的信号将被放大显示,有利于对氮分子离子的第一负带 $N_2^+(B^2\Sigma_u^+ \rightarrow X^2\Sigma_g^+)$ 的观察。尽管如此,该谱带仍难以分辨,因此,从电子能量角度讲,当前条件下获得的大气压纳秒脉冲 DBD 是均匀的。

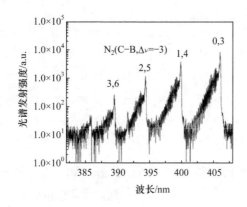

图 5.13　指数坐标下板-板电极结构 $N_2(C^3\Pi_u \rightarrow B^3\Pi_g, \Delta\nu = -3)$ 发射光谱[16]

5.4.3　添加 Ar、He 及 O$_2$ 对氮气放电发射光谱的影响

在实际应用中,为降低放电的击穿电压、增强放电的均匀性、提高电离效率或者为便于研究复杂条件下气体放电的机理等,通常会将少量杂质气体加入到背景气体中。根据大量实验结果,部分气体的添加会对放电产生明显的作用。利用发射光谱技术,通过测量添加气体对等离子体发射光谱的影响,可以测定因加入微量其他气体对放电等离子体的物理化学反应起到的作用。本部分内容中,将重点研究添加 Ar、He 及 O$_2$ 对大气压氮气纳秒脉冲放电等离子体发射光谱的影响。

图 5.14 是在大气压氮气中添加不同浓度的 Ar 对 $NO(A^2\Sigma \rightarrow X^2\Pi)$、$OH(A^2\Sigma \rightarrow X^2\Pi)$、$N_2(C^3\Pi_u \rightarrow B^3\Pi_g)$、$N_2^+(B^2\Sigma_u^+ \rightarrow X^2\Sigma_g^+)$ 的发射光谱强度的影响,实验中脉冲峰值电压和脉冲重复频率分别控制在 26 kV 和 150 Hz,电极间隙为 5 mm。从图中可以看出,随着 Ar 的浓度的增加,$NO(A^2\Sigma \rightarrow X^2\Pi)$、$OH(A^2\Sigma \rightarrow X^2\Pi)$、$N_2(C^3\Pi_u \rightarrow B^3\Pi_g)$、$N_2^+(B^2\Sigma_u^+ \rightarrow X^2\Sigma_g^+)$ 的发射光谱强度均出现不同程度的增强,当 Ar 的浓度从 0 增加到 25% 时,$OH(A^2\Sigma \rightarrow X^2\Pi)$ 和 $N_2(C^3\Pi_u \rightarrow B^3\Pi_g)$ 的发射光谱强度增加约 120%,而 $NO(A^2\Sigma \rightarrow X^2\Pi)$ 和 $N_2^+(B^2\Sigma_u^+ \rightarrow X^2\Sigma_g^+)$ 的发射光谱强度只增加 50% 左右。

在 N$_2$ 体系中添加 Ar,在电场的作用下,部分 Ar 原子被激发到了亚稳态 $Ar^*(^3P_2)$ 和 $Ar^*(^3P_0)$ 上,一方面 $Ar^*(^3P_2)$ 和 $Ar^*(^3P_0)$ 通过彭宁反应会导致放电体系中更多的

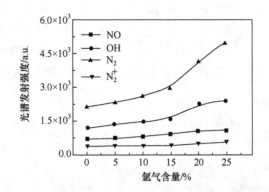

图 5.14　在氮气中单针-板式电极结构添加不同浓度的氩气
对 NO($A^2\Sigma \rightarrow X^2\Pi$)、OH($A^2\Sigma \rightarrow X^2\Pi$)、$N_2$($C^3\Pi_u \rightarrow B^3\Pi$)、$N_2^+$
($B^2\Sigma_u^+ \rightarrow X^2\Sigma_g^+$)的发射光谱强度的影响[33]

电子产生,从而导致放电的增强。另一方面,亚稳态 Ar^*($^3P_2$)和 Ar^*($^3P_0$)上存储的能量能够解离 H_2O 产生激发态的 OH($A^2\Sigma$),反应过程如反应式(5-19)[34]所示;也能够通过反应式(5-20)将 N_2($X^1\Sigma_g^+$)激发到 N_2($C^3\Pi_u$) [35]。

$$Ar^*(^3P_{2,0}) + H_2O \longrightarrow OH(A^2\Sigma) + Ar + H \tag{5-19}$$

$$Ar^*(^3P_{2,0}) + N_2(X^1\Sigma_g^+) \longrightarrow Ar(^1S_0) + N_2(C^3\Pi_u) \tag{5-20}$$

而且根据碰撞理论,高能态粒子具有的能量与低能态粒子跃迁所需要的能量相近时,粒子间的能量传递是高效的[36]。亚稳态 Ar^*($^3P_2$)和 Ar^*($^3P_0$)的激发能分别为 11.55 eV、11.72 eV,与 N_2($C^3\Pi_u$)的激发电位 11.05 eV 相近,因此,亚稳态Ar^*原子与 N_2($X^1\Sigma_g^+$)碰撞更多地用于生成 N_2($C^3\Pi_u$),而不是亚稳态的 N_2($A^3\Sigma$)。因此添加 Ar 也不会直接导致 NO($A^2\Sigma$)的粒子数的直接增多。另外,N_2 的电离能为 15.63 eV,从而使亚稳态 Ar^*($^3P_2$)和 Ar^*($^3P_0$)不能直接与 N_2碰撞反应生成 N_2^+。因此,随着 Ar 的浓度的增加,OH($A^2\Sigma \rightarrow X^2\Pi$, 0-0)和 N_2($C^3\Pi_u \rightarrow B^3\Pi_g$, 0-0, 337.1 nm)的发射光谱强度比 NO($A^2\Sigma \rightarrow X^2\Pi$)和 N_2^+($B^2\Sigma_u^+ \rightarrow X^2\Sigma_g^+$, 0-0, 391.4 nm)的发射光谱强度增长明显。

图 5.15 为向大气压氮气体系单针-板式电极结构 NPDBD 中添加不同浓度的 He 对 OH($A^2\Sigma \rightarrow X^2\Pi$, 0-0)、$N_2$($C^3\Pi_u \rightarrow B^3\Pi_g$, 0-0) 和 N_2^+($B^2\Sigma_u^+ \rightarrow X^2\Sigma_g^+$, 0-0)的发射光谱强度的影响,实验中脉冲峰值电压和脉冲重复频率分别控制在 26 kV 和 150 Hz,电极间隙保持在 5 mm。从图中可以看出,随着加入到氮气中 He 浓度的增加,等离子体中由激发态分子跃迁产生的 OH($A^2\Sigma \rightarrow X^2\Pi$, 0-0)、$N_2$($C^3\Pi_u \rightarrow B^3\Pi_g$, 0-0)、$N_2^+$($B^2\Sigma_u^+ \rightarrow X^2\Sigma_g^+$, 0-0)的发射光谱强度均出现明显的增强。

在有 He 原子参与的非热平衡等离子体中,相比纯氮气放电,电子、原子、分子参与了更多等离子体物理化学过程,如分步电离、碰撞电离、彭宁电离等。亚稳态

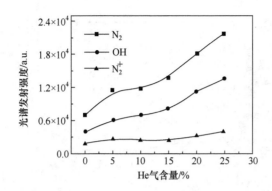

图 5.15　氮气中单针-板式电极结构下不同 He 浓度对 NPDBD 中 OH($A^2\Sigma{\rightarrow}X^2\Pi$,0-0)、$N_2$($C^3\Pi_u{\rightarrow}B^3\Pi_g$,0-0)、$N_2^+$($B^2\Sigma_u^+{\rightarrow}X^2\Sigma_g^+$,0-0)发射光谱强度影响[37]

He 原子($2s^1S_0$ 和 $2s^3S_1$)、OH(A)、N_2(C)、N_2^+(B)、He($3p^3S$)等激发态粒子可以通过解离、激发、电离等反应过程有效地产生。由于 He 原子具有较高的激发和电离电位,如表 5.1 所示,大部分的 He 原子被激发到亚稳态 He($2s^1S_0$)和 He($2s^3S_1$)上。由于 N_2、N_2^+、H_2O 和 OH 等常见的激发和电离电位较低(如表 5.2 所示),亚稳态 He 原子的可以通过彭宁过程可以产生更多的 OH(A)、N_2(C)、N_2^+(B)等激发态粒子。另一方面,由于亚稳态 He 原子可以通过彭宁电离为放电提供数目较多的种子电子,利于降低放电的击穿电压,提高放电强度。

　　考虑到实际应用中的运行成本,在空气或者接近空气的气体组分中获得的具有弥散形态的大气压纳秒脉冲 DBD 是理想的等离子体来源。基于该目标,研究了 O_2 浓度对大气压双极性纳秒脉冲均匀 DBD 的影响。图 5.16 为大气压双极性纳秒脉冲均匀 DBD 中 NO($A^2\Sigma{\rightarrow}X^2\Pi$)、OH($A^2\Sigma{\rightarrow}X^2\Pi$,0-0)和 N_2($C^3\Pi_u{\rightarrow}B^3\Pi_g$)发射光谱强度与 O_2 浓度的变化关系。实验中电极间隙为 5 mm,脉冲峰值电压和脉冲重复频率分别保持在 26 kV 和 150 Hz。从图 5.16 可以看出,在纯氮气中,随着少量 O_2 的加入,NO($A^2\Sigma{\rightarrow}X^2\Pi$)和 OH($A^2\Sigma{\rightarrow}X^2\Pi$,0-0)发射光谱强度均出现增长,并在 O_2 浓度为 0.4% 时出现最大值。当 O_2 浓度大于 0.3% 时,NO($A^2\Sigma{\rightarrow}X^2\Pi$)和 OH($A^2\Sigma{\rightarrow}X^2\Pi$,0-0)发射光谱强度随 O_2 浓度的增大而急剧减弱,并在 O_2 浓度约为 5% 时基本接近于零。然而,对于 N_2($C^3\Pi_u{\rightarrow}B^3\Pi_g$),随着 O_2 浓度的增加发射光谱强度没有出现极大值,而是随 O_2 浓度的增大而急剧减弱,当 O_2 浓度大于 5% 时,N_2($C^3\Pi_u{\rightarrow}B^3\Pi_g$)发射光谱强度随 O_2 浓度增加的减弱幅度放缓,当 O_2 浓度约为 20% 时,N_2($C^3\Pi_u{\rightarrow}B^3\Pi_g$)发射光谱强度仅为纯氮气中的 1/3。

　　当反应器中加入少量 O_2 时,O 原子和亚稳态原子 O(^{1}D)可以通过反应式(5-21)~式(5-23)产生:

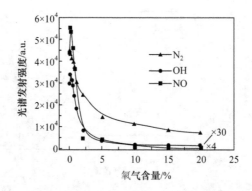

图 5.16　O_2 浓度大气压双极性纳秒脉冲均匀 DBD 中 NO
$(A^2\Sigma \rightarrow X^2\Pi)$，$OH(A^2\Sigma \rightarrow X^2\Pi, 0\text{-}0)$ 和 $N_2(C^3\Pi_u \rightarrow B^3\Pi_g$，
0-0)发射光谱强度的影响[16]

$$e + O_2 \longrightarrow O^- + O \quad 1.2 \times 10^{-12} \ cm^3/s \qquad (5\text{-}21)$$

$$e + O_2 \longrightarrow e + O + O(^1D) \quad 3.2 \times 10^{-11} \ cm^3/s \qquad (5\text{-}22)$$

$$e + O_2 \longrightarrow O^+ + O + 2e \quad 4.6 \times 10^{-16} \ cm^3/s \qquad (5\text{-}23)$$

由于电极间隙存在着大量的 N_2 分子、亚稳态分子 $N_2(A^3\Sigma_u^+)$ 以及杂质 H_2O 分子，O 原子和亚稳态原子 $O(^1D)$ 可以与 N_2、$N_2(A^3\Sigma_u^+)$、H_2O 分子通过反应式(5-6)～式(5-8)、式(5-14) 生成 OH 自由基和 NO 分子。因此，随着少量 O_2 的加入，可以产生的 NO 分子和 OH 自由基数量增长。

但是，随着 O_2 的继续加入，亚稳态分子 $N_2(A^3\Sigma_u^+)$ 和自由基 $OH(A^2\Sigma)$ 被添加 O_2 及通过放电产生的 O、O_3 等大量淬灭，如式(5-24)～式(5-28)所示：

$$N_2(A) + O_2 \longrightarrow N_2(X) + O + O \quad 2.54 \times 10^{-12} \ cm^3/s \qquad (5\text{-}24)$$

$$N_2(A) + O_2 \longrightarrow N_2(X) + O_2(a,b) \quad 1.29 \times 10^{-12} \ cm^3/s \qquad (5\text{-}25)$$

$$O_2^- + N_2(A) \longrightarrow O_2 + N_2 + e \quad 2.1 \times 10^{-9} \ cm^3/s \qquad (5\text{-}26)$$

$$OH + O \longrightarrow H + O_2 \quad 3.8 \times 10^{-11} \ cm^3/s \qquad (5\text{-}27)$$

$$OH + O_3 \longrightarrow HO_2 + O_2 \quad 6.5 \times 10^{-14} \ cm^3/s \qquad (5\text{-}28)$$

在激发态分子 $NO(A^2\Sigma)$ 和自由基 $OH(A^2\Sigma)$ 的产生过程中，亚稳态分子 $N_2(A^3\Sigma_u^+)$ 的彭宁过程起重要作用[24]，随着 O_2 浓度的升高，$NO(A^2\Sigma \rightarrow X^2\Pi)$ 和 $OH(A^2\Sigma \rightarrow X^2\Pi)$ 发射光谱强度出现急剧的下降。当 O_2 浓度为 5% 时，根据反应式(5-24)，$N_2(A)$ 可以在 $t = 1/([O_2]^2 k_{24}) = 2.5 \times 10^{-7}$ s 的时间内被淬灭，这意味着极少量的 $N_2(A)$ 可以参与到生成激发态分子 $NO(A^2\Sigma)$ 和自由基 $OH(A^2\Sigma)$ 中。因此此时 $NO(A^2\Sigma \rightarrow X^2\Pi)$ 和 $OH(A^2\Sigma \rightarrow X^2\Pi, 0\text{-}0)$ 发射光谱强度基本接近零。从这个角度上讲，$NO(A^2\Sigma \rightarrow X^2\Pi)$ 发射光谱是亚稳态氮分子 $N_2(A)$ 存在的重要指示标志。

对于氮分子第二正带发射光谱 $N_2(C^3\Pi_u \rightarrow B^3\Pi_g)$，在纯度较高的氮气中，亚稳态氮分子 $N_2(A)$ 的彭宁过程在形成激发态分子 $N_2(C^3\Pi_u)$ 的过程中起重要作用，亚稳态氮分子 $N_2(A)$ 的大量淬灭导致产生的激发态分子 $N_2(C^3\Pi_u)$ 数量急剧减少，因此当 O_2 浓度小于 5% 时，$N_2(C^3\Pi_u \rightarrow B^3\Pi_g)$ 发射光谱强度随 O_2 浓度的增加出现急剧减弱。当 O_2 浓度大于 5% 时，亚稳态氮分子 $N_2(A)$ 对放电的影响已经较弱，电子与氮分子的直接碰撞激发成为生成 $N_2(C^3\Pi_u)$ 的主要过程。因此，在该情况下，O_2 的电负性成为导致 $N_2(C^3\Pi_u \rightarrow B^3\Pi_g)$ 发射光谱强度减弱的主要原因，其主要反应通道如式(5-29)、式(5-30)吸附电子：

$$e + O_2 \longrightarrow O_2^- \tag{5-29}$$

$$e + O_2 + M \longrightarrow O_2^- + M \quad 3.0 \times 10^{-31}\ cm^3/s \tag{5-30}$$

其中，M 指 N_2、O_2 或者 H_2O 分子。因此 O_2 浓度的增加导致自由电子密度的下降，从而使产生的激发态分子 $N_2(C^3\Pi_u)$ 数量减少，$N_2(C^3\Pi_u \rightarrow B^3\Pi_g)$ 发射光谱强度减弱。

5.5　等离子体温度测量与诊断

5.5.1　振动温度与转动温度诊断原理

非热等离子体(non-thermal plasma，NTP)，又称做非热平衡等离子体(non-equilibrium plasma)或者冷等离子体(cold plasma)，代表性特征主要体现在等离子体的电子温度(T_e)、振动温度(T_v)、转动温度(T_r)和平动温度(translational temperature，T_{trans})上。由外加电场驱动产生的非热等离子体中各温度存在以下关系：

$$T_e > T_v > T_r = T_{trans} \tag{5-31}$$

在诸多应用领域中(如等离子体材料改性、生物样品处理等)，考虑到等离子体产生的活性物种与材料、样品表面直接作用，等离子体产生的热效应可以导致样品表面的损坏，因此，等离子体的气体温度(gas temperature，T_g，即平动温度 T_{trans}) 在应用中常被关注。由于分子间的转动能级间隙非常小，在大气条件下分子之间频繁的碰撞可以使分子的转动能和平动能达到平衡，即可认为等离子的气体温度与分子的转动温度基本相等。另一方面，在应用中等离子体中高能量的电子也是一个起重要作用的因素，人们总是期望获得较高能量的电子，即等离子体具有较高的电子温度。在大气压放电中，由于探针等诊断技术的无法实施，等离子体的电子温度是难以被测量的。但是，在等离子体气体的加热过程中，分子的振动-转动弛豫是实现等离子体电子能量向转动能转变的重要过程，即电子能级上的能量一般是通过分子的振动过程来传递给转动、平动能级，因此振动温度的高低在一定程度上反映了等离子体电子温度的高低。而振动温度、转动温度则可以很方便地从等离子体分子的发射光谱中获得。

对于振动跃迁来说,各个振动跃迁的相对发射光谱强度存在以下关系:

$$I_{v'v''} \propto N_{v'} (FC)_{v'v''} R_e^2 (r_{v'v''}) v_{v'v''}^3 \tag{5-32}$$

式中,$I_{v'v''}$ 是振动谱带的积分发射强度;$N_{v'}$ 是电子激发态振动能级 v' 上的布居;$(FC)_{v'v''}$ 是相应振动带的 Frank-Condon 因子(如表 5.3 所示);$R_e(r_{v'v''})$ 是电子跃迁矩,可以近似看做常数;$v_{v'v''}$ 是相应的跃迁辐射频率。

表 5.3　　N₂第二正带 Franck-Condon 因子(v'代表上态振动能级,v''代表下态振动能级)[31]

v''	v'				
	0	1	2	3	4
0	4.55×10^{-1}	3.88×10^{-1}	1.34×10^{-1}	2.16×10^{-2}	1.16×10^{-3}
1	3.31×10^{-1}	2.92×10^{-2}	3.35×10^{-1}	2.52×10^{-1}	5.66×10^{-2}
2	1.45×10^{-1}	2.12×10^{-1}	2.30×10^{-1}	2.04×10^{-1}	3.26×10^{-1}
3	4.94×10^{-2}	2.02×10^{-1}	6.91×10^{-2}	8.81×10^{-2}	1.13×10^{-1}
4	1.45×10^{-2}	1.09×10^{-1}	1.69×10^{-1}	6.56×10^{-2}	1.16×10^{-1}
5	3.87×10^{-3}	4.43×10^{-2}	1.41×10^{-1}	1.02×10^{-1}	2.45×10^{-3}
6	9.68×10^{-4}	1.52×10^{-2}	7.72×10^{-2}	1.37×10^{-1}	4.70×10^{-2}
7	2.31×10^{-4}	4.68×10^{-3}	3.32×10^{-2}	9.93×10^{-2}	1.09×10^{-1}
8	5.36×10^{-5}	1.33×10^{-3}	1.23×10^{-2}	5.26×10^{-2}	1.04×10^{-1}
9	1.21×10^{-5}	3.57×10^{-4}	4.12×10^{-3}	2.31×10^{-2}	6.67×10^{-2}
10	2.61×10^{-6}	9.15×10^{-5}	1.27×10^{-3}	8.95×10^{-3}	3.40×10^{-2}

由相对振动布居可通过下式得到 N₂(C)的振动温度:

$$N_1/N_0 = e^{-\Delta E/kT_v} \tag{5-33}$$

式中,N_1 和 N_0 是振动态 1,0 之间的相对振动布居;ΔE 是振动态 1,0 之间的能量差;k 是玻尔兹曼常数;T_v 是振动温度。

对于转动温度而言,针对各转动分支,将不随转动能级变化的因子视为常数。谱线的发射强度如式(5-34)所示:

$$S = N_{v'J'} A_{v'J'v''J''} \tag{5-34}$$

其中,$v'J'$ 表示上能级的振动和转动量子数;$v''J''$ 表示下能级的振动和转动量子数;$N_{v'J'}$ 表示上转动能级的粒子布居数;$A_{v'J'v''J''}$ 表示上下能级之间的爱因斯坦自发辐射常数,即跃迁偶极矩的平方。由于分子的转动量子数 J' 是 $2J'+1$ 重简并的,将与转动量子数无关的因子写为常数后,式(5-34)式可写为

$$S = N_{v'J'} A_{v'J'v''J''} = N_{v'J'} \frac{Cv'J''}{2J'+1} \tag{5-35}$$

其中,$C_{v'J'}$ 为常数,在确定的电子-振动态的各个转动能级上,粒子数分布遵从玻尔

兹曼分布,即

$$N_{v'J'} = \frac{N_0}{Q_r} g_e g_{v'} g_{J'} \exp\left(-\frac{E_{J'}}{kT_r}\right) \tag{5-36}$$

其中,Q_r 表示转动态配分函数;g_e、$g_{v'}$、$g_{J'}$ 分别为电子能级、振动能级、转动能级的统计权重;$E_{J'}$ 为对应能级能量;T_r 为转动温度。

Specair 软件[17]是一款根据跃迁中上能级粒子布局(population)玻尔兹曼分布(Boltzmann distribution)来计算等离子体光谱的软件,由于其特征参数包括等离子体的各个特征温度,因此通过比较等离子体实际测量光谱和计算得到的光谱,可以方便地实现对等离子体中常见温度的快速计算。大气压纳秒脉冲 DBD 中,考虑到实际测量的光谱,将重点研究等离子体振动温度和转动温度(气体温度)随各放电参数的变化。

为确定等离子体的气体温度,实验测量的氮分子第二正带 $N_2(C^3\Pi_u \rightarrow B^3\Pi_g$, $\Delta v = -2$)发射光谱被用来与利用 Specair 模拟的光谱比较,以确定氮分子的振动温度和转动温度,如图 5.17 所示。其中实验中采用了单针-板电极结构,所采集的发射光谱是在电极间隙为 5 mm,脉冲峰值电压为 26 kV,脉冲重复频率为 150 Hz 的条件下获得。从图 5.17 可以看出,当 Specair 中振动温度和转动温度分别设定为 3600 K 和 330 K 时,模拟光谱和实验测量得到的光谱吻合程度非常好。这表明,当电极间隙为 3.5 mm,脉冲峰值电压为 26 kV,脉冲重复频率为 150 Hz 时,大气压氮气均匀纳秒脉冲 DBD 的振动温度为(3600±20) K,转动温度(气体温度)约为(330±5) K。在没有气流冷却的条件下,大气压氮气双极性脉冲均匀 DBD 等离子体的气体温度保持在接近室温的水平上,说明其热效应不明显,因此在处理温度敏感材料方面具有明显的优势。

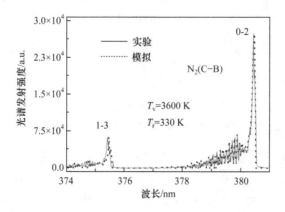

图 5.17 大气压氮气双极性纳秒脉冲均匀 DBD 与
Specair 模拟的 $N_2(C^3\Pi_u \rightarrow B^3\Pi_g$, 0-2)发射光谱[16]

5.5.2　电极间隙、脉冲峰值电压和脉冲宽度对振动温度和转动温度的影响

不同极性下脉冲峰值电压对等离子体振动温度和转动温度影响如图 5.18 所示。实验中采用了针-板电极结构,电极间隙为 5 mm,脉冲重复频率保持在 150 Hz。纳秒脉冲电压具有较快的上升沿,电子可以在其平均自由程内得到最大限度的加速,因此可以获得高非平衡度的等离子体,其具有振动温度高、转动温度低等特点,特别是使用双极性脉冲驱动时,当脉冲峰值电压较低时,在接近室温的等离子体气体温度的情况下,振动温度可以接近 4000 K。脉冲极性对等离子体振动温度有明显影响,在相同实验条件下,由负脉冲电压驱动产生的等离子体具有最高的振动温度,比双极性脉冲驱动产生等离子体高约 100～150 K,而由正脉冲驱动产生的等离子体具有最低的振动温度,比双极性脉冲低约 150～200 K。随着脉冲峰值电压的升高,三种极性的脉冲放电等离子体振动温度均随脉冲峰值电压的升高而下降,特别是当脉冲峰值电压较低时(主要针对双极性脉冲),等离子体的振动温度随脉冲峰值电压的升高出现陡然下降的趋势。随着脉冲峰值电压的持续增大,当电压大于 26 kV 时,振动温度仅随脉冲峰值电压的升高缓慢下降。由于单极性脉冲(正脉冲或者负脉冲)放电的击穿电压较高,振动温度陡然下降的趋势难以观测到,其仅随脉冲峰值电压的升高出现小幅下降。

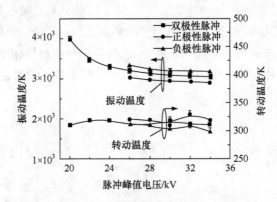

图 5.18　不同极性脉冲电源驱动下脉冲峰值电压对
等离子体振动温度和转动温度的影响

当脉冲峰值电压较低时,由于采用了极不对称电极结构,击穿发生后针尖附近电场出现严重畸变,放电主要发生在针尖附近的高场强区域,因此可以获得较高的约化场强(E/N),根据邵涛等[38]的研究,电子的平均能量可以通过爱因斯坦方程得出,如式(5-37)所示:

$$kT_e/e = D_e/\mu_e \tag{5-37}$$

式中,k 为玻尔兹曼常数;T_e 为电子温度;D_e 为电子的迁移常数。

　　由于 D_e/μ_e 与约化场强 E/N 成比例关系,较高的约化场强意味着较高的电子平均能量 kT_e。在非平衡等离子体中,相比转动温度,振动温度的高低更能反映出电子温度,因此,此时氮分子具有较高的振动温度。随着脉冲峰值电压的升高,尽管放电间隙间总的平均电场升高,但是由于放电区域增大,放电区域内电导率上升,导致加载在放电区域内气体上的电场强度降低,更多的电压降施加到了介质板和未放电区域上,因此等离子体的振动温度反而下降。

　　对不同极性的脉冲电压驱动,等离子体气体温度随脉冲峰值电压升高没有发生明显的变化,基本保持在 300～350 K 范围内。这说明无论采用何种形式的脉冲驱动,等离子体的热效应均不明显。这主要是由两方面的原因造成,一方面,在纳秒脉冲电场中,电子可以在其平均自由程内得到最大程度的加速,而较短的脉冲持续时间使中性气体分子和离子基本不发生运动,焦耳热效应不明显,这也说明了使用纳秒脉冲放电可以获得更高的能量利用率。另一方面,由于实验采用纳秒脉冲的脉冲重复速率较低,气体可以在未放电时间段内得到充分冷却,因此等离子体的气体温度可以在较大的脉冲峰值电压变化范围内保持在室温附近。

　　电极间隙对大气压氮气双极性纳秒脉冲 DBD 等离子体气体温度影响如图 5.19 所示,实验中脉冲峰值电压和脉冲重复频率分别保持在 26 kV 和 150 Hz。从图 5.19 中可以看出,气体间隙对等离子体气体温度有较大的影响,特别是电极间隙大于 3.5 mm 时,等离子体气体温度随电极间隙的增加而明显上升。当电极间隙小于 2.5 mm 时,等离子体气体温度随电极增加上升不明显,当电极间隙由 0.5 mm 增加到 1.5 mm 时,等离子体的气体温度甚至出现了小幅度的下降。当电极间隙增大时,电场强度的减小,导致注入气体间隙的能量减小,因此在电极间隙小于 1.5 mm 时等离子体气体温度随电极间隙的增加出现了小幅度的下降。但随着电极间隙的增大,大气压氮气双极性纳秒脉冲 DBD 的均匀性下降,导致注入的

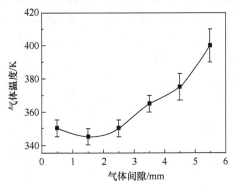

图 5.19　电极间隙对大气压氮气双极性纳秒
脉冲 DBD 等离子体气体温度的影响[16]

能量密度分布不均匀,特别是当电极间隙大于 3.5 mm 时具有高电流密度的放电细丝的出现,等离子体气体温度明显上升,从而导致电极间隙大于 3.5 mm 时等离子体气体温度随电极间隙的增加而明显上升。

大气压氮气中,脉冲宽度对不同电极间隙的双极性纳秒脉冲 DBD 等离子体振动温度和转动温度的影响如图 5.20 所示,实验中采用了 2 mm 和 4 mm 的电极间隙,脉冲峰值电压和脉冲重复频率分别保持在 26 kV 和 150 Hz。从图中可以看出,脉冲的持续时间对等离子体的振动温度和转动温度都有明显的影响。随着脉冲宽度的增加,等离子体的振动温度出现明显下降,当电极间隙为 2 mm 时,脉冲宽度由 20 ns 增加到 200 ns,振动温度下降了约 600 K。振动温度的高低在一定程度上反映了等离子体中电子温度的高低,因此较长的脉冲持续是不利于获得高非平衡度的等离子体的。

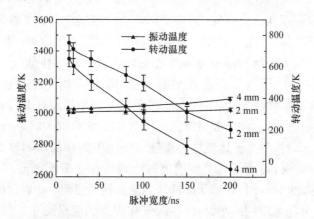

图 5.20　不同电极间隙下脉冲宽度对等离子体振动温度和转动温度的影响

根据式(5-37),约化场强的增加可以导致电子的平均能量 kT_e 的增加。当放电持续时间较长时,电荷在空间的积聚会形成与施加电场极性相反的明显的空间电场,空间电场较大幅度地弱化放电间隙的电场,从而大幅降低等离子体电子温度。根据日本科学家 Ito 的研究,脉冲电压上升沿对空间电荷的积聚存在明显的影响。当脉冲持续较长时,在气体击穿前存在一个明显的空间电荷积聚过程,因此放电间隙的真实约化场强较小,造成等离子体的电子温度较低。

另一方面,等离子体的气体温度(转动温度)随着脉冲宽度的增加也出现一个明显增长过程,当脉冲持续时间由 20 ns 增加到 200 ns,等离子体的气体温度增加了约 50 K。这主要是由气体加热机制和能量注入改变引起的,根据 Aleksandrov 等[39]对空气等离子体的研究表明,当约化电场为 103 Td,电子能量转化为热能所需的时间非常短,在大气压下,大约 100 ns 时间内有 50% 的能量转化为热能。气体放电中,存在多种有效的气体加热机制,特别是在持续时间较长的放电中,分子间的振动-转动弛豫过程是一种有效的气体加热方式,由于该过程持续较长,当脉冲持续时间较短时,该气体加热方式对等离子体的加热不明显,从而使等离子体表现出较低的气体温度。随着脉冲持续时间增长,通过该过程转换到分子转动、平动上的能量明显增多,等离子体的气体温度出现明显的升高。

5.6　小　　结

本章介绍了利用发射光谱技术,对针-板和板-板电极结构纳秒脉冲 DBD、正弦交流均匀 DBD、线-板电极结构正脉冲电晕放电等放电产生的等离子体发射光谱进行了测量,并研究了电极结构、电源极性、脉冲宽度、工作气体等参数对等离子体中激发态物种光谱发射强度、振动温度和转动温度的影响,取得主要结论如下:

(1) 在针-板电极结构中,测量了大气压氮气和空气中纳秒脉冲 DBD 发射光谱,相同实验条件,大气压氮气中放电氮分子的第二正带 $N_2(C^3\Pi_u \rightarrow B^3\Pi_g)$ 发射光谱强度是大气压空气中的 4~5 倍。此外,在大气压氮气还可以清晰地分辨 NO$(A^2\Sigma \rightarrow X^2\Pi)$、OH$(A^2\Sigma \rightarrow X^2\Pi)$ 等激发态活性物种的发射光谱。该电极结构下,单极性纳秒脉冲(正脉冲和负脉冲)和双极性纳秒脉冲均被用来驱动产生 DBD 等离子体,双极性脉冲在有效激发 DBD 等离子体上具有绝对的优势。当脉冲峰值电压为 28 kV 时,使用双极性脉冲驱动产生的 $N_2(C^3\Pi_u \rightarrow B^3\Pi_g)$ 光谱发射强度约为单极性脉冲驱动(正脉冲或者负脉冲)时的 4~5 倍。另外,还具有放电击穿电压低、等离子体区域较大等显著优点。

(2) 板-板电极结构中,测量了正弦交流驱动大气压 He 中均匀 DBD 和双极性脉冲驱动的大气压氮气、空气均匀 DBD 发射光谱,并讨论了等离子体中活性物种主要生成和淬灭机制。在大气压氮气双极性纳秒脉冲 DBD 中,脉冲持续时间、脉冲峰值电压和添加杂质气体均会对放电造成明显的影响。驱动脉冲电压的持续时间越短,越容易在板-板电极结构中产生均匀放电等离子体。当 He、Ar 等惰性气体被添加到放电体系时,可以对放电强度产生很好的促进作用,$N_2(C^3\Pi_u \rightarrow B^3\Pi_g)$、OH$(A^2\Sigma \rightarrow X^2\Pi)$、NO$(A^2\Sigma \rightarrow X^2\Pi)$ 和 $N_2^+(B^2\Sigma_u^+ \rightarrow X^2\Sigma_g^+)$ 光谱发射强度均会出现一定程度的增加。当 O_2 被添加到放电体系中时,NO$(A^2\Sigma \rightarrow X^2\Pi)$ 和 OH$(A^2\Sigma \rightarrow X^2\Pi)$ 发射光谱强度在 O_2 含量小于 0.3% 时随 O_2 含量的增加而增长,并在 O_2 含量在 0.3% 时出现最大值,但是 $N_2(C^3\Pi_u \rightarrow B^3\Pi_g)$ 发射光谱强度随 O_2 含量的增加而减弱。

(3) 线-板电极结构中,测量了大气压氮气携带水蒸气体系下正脉冲电晕放电

产生的 $OH(A^2\Sigma \rightarrow X^2\Pi)$ 和 $N_2^+(B^2\Sigma_u^+ \rightarrow X^2\Sigma_g^+)$ 发射光谱空间分布,在线-板电极之间空间相同位置上,$OH(A^2\Sigma \rightarrow X^2\Pi)$ 的发射光谱强度随脉冲峰值电压升高而增强,在线-板方向上随着与线电板的距离增加而减弱。$N_2^+(B^2\Sigma_u^+ \rightarrow X^2\Sigma_g^+)$ 的发射光谱强度在线-板方向距线电极 $0\sim3$ mm 区间变化不大,在接近板电极处发射光谱强度陡然增加。

(4) 根据氮分子第二正带发射光谱,拟合计算了等离子体振动温度和转动温度,并研究了等离子体中振动温度、转动温度随电源极性、脉冲峰值电压、电极参数等参数变化规律。在纳秒脉冲电源驱动下,各种电极结构下产生的等离子体均具有较高的振动温度和接近室温的气体温度。脉冲持续时间对振动温度和转动温度均有明显作用,等离子体振动温度随脉冲宽度的增加而降低,而等离子体气体温度随脉冲宽度的增加出现一定程度的升高。

参 考 文 献

[1] Ropcke J, Lombardi G, Rousseau A, et al. Application of mid-infrared tuneable diode laser absorption spectroscopy to plasma diagnostics: a review [J]. Plasma Sources Science and Technology, 2006, 15(4): 148-168.

[2] Hempel F, Davies P B, Loffhagen D, et al. Diagnostic studies of H_2-Ar-N_2 microwave plasmas containing methane or methanol using tunable infrared diode laser absorption spectroscopy [J]. Plasma Sources Science and Technology, 2003, 12(4): 98-110.

[3] Lombardi G, Stancu G D, Hempel F, et al. Quantitative detection of methyl radicals in non-equilibrium plasmas: a comparative study [J]. Plasma Sources Science and Technology, 2004, 13(1): 27-38.

[4] O'Keefe A, Deacon D. Cavity ring-down optical spectrometer for absorption measurements using pulsed laser sources [J]. Review of Scientific Instruments, 1988, 59: 2544-2551.

[5] Orlando A, Daniel L F. 等离子体诊断,第一卷: 放电参量和化学[M]. 郑少白, 胡建芳, 郭淑静, 等译. 北京: 电子工业出版社. 1994.

[6] Staack D, Farouk B, Gutsol A F, et al. Spectroscopic studies and rotational and vibrational temperature measurements of atmospheric pressure normal glow plasma discharges in air [J]. Plasma Sources Science and Technology, 2006, 15: 818-827.

[7] Lu X P, Jiang Z H, Xiong Q, et al. A single electrode room-temperature plasma jet device for biomedical applications [J]. Applied Physics Letters, 2008, 92: 151504.

[8] Lim J P, Uhm H S, and Li S Z. Influence of oxygen in atmospheric-pressure argon plasma jet on sterilization of Bacillus atrophaeous spores [J]. Physics of Plasmas, 2007, 14: 093504.

[9] Britun N, Gaillard M, Ricard A, et al. Determination of the vibrational, rotational and electron temperatures in N_2 and Ar-N_2 RF discharge [J]. Journal of Physics D: Applied Physics, 2007, 40: 1022-1029.

[10] Moon S Y, Choe W, Kang B K. A uniform glow discharge plasma source at atmospheric pressure [J]. Applied Physics Letters, 2004, 84: 188-190.

[11] Richard A D, Allen K D. Atomic chlorine concentration measurements in a plasma etching reactor. I. Acomparison of infrared absorption and optical emission actinometry[J]. Journal of Applied Physics, 1987, 62: 792-798.

[12] Sarfaty M, Maron Y, Alexiou S, et al. Spectroscopic investigations of the plasma behavior in a plasma opening switch experiment[J]. Physics of Plasmas, 1995, 2: 2122-2137.

[13] Vanderelde T, Nesladek M, Stals L. Optical emission spectroscopy of the plasma during CVD diamond growth with nitrogen addition[J]. Thin Solid Films, 1996, 290: 143-147.

[14] Ricard A, Decomps P, Massines F. Kinetics of radiative species in helium pulsed discharge at atmospheric pressure [J]. Surface and Coatings Technology, 1999, 112: 1-4.

[15] Yang D Z, Wang W C, Li S Z, et al. A diffusive air plasma in bi-directional nanosecond pulsed dielectric barrier discharge [J]. Journal of Physics D: Applied Physics, 2010, 43(45): 455202.

[16] Yang D Z, Yang Y, Li S Z, et al. Homogeneous dielectric barrier discharge plasma excited by bipolar nanosecond pulse in Nitrogen and air [J]. Plasma Sources Science and Technology, 2012, 21(3): 035004.

[17] Laux C O, Spence T G, Kruger C H, et al. Optical diagnostics of atmospheric pressure air plasmas [J]. Plasma Sources Science and Technology, 2003, 12(2): 125-138

[18] Griem H R. Principles of Plasma Spectroscopy [M]. Cambridge: Cambridge University Press, 1997.

[19] Torres J, Palomares J M, Sola A, et al. A Stark broadening method to determine simultaneously the electron temperature and density in high-pressure microwave plasmas[J]. Journal of Physics D: Applied Physics, 2007, 40(19): 5929-5936.

[20] Qian M Y, Ren C S, Wang D Z, et al. Stark broadening measurement of the electron density in an atmospheric pressure argon plasma jet with double-power electrodes[J]. Journal of Applied Physics, 2010, 107: 063303

[21] Ito Tsuyohito, Kanazawa T, and Hamaguchi S. Rapid Breakdown Mechanisms of Open Air Nanosecond Dielectric Barrier Discharges [J]. Physical Review Letters, 2011, 107: 065002.

[22] 徐学基, 诸定昌. 气体放电物理[M]. 上海: 复旦大学出版社, 1996.

[23] 杨德正. 大气压双极性纳秒脉冲介质阻挡放电光谱特性研究与应用[D]. 大连: 大连理工大学, 2012.

[24] Brandenburg R, Kozlov K V, Morozov A M, et al. Behaviour of dielectric barrier discharges in nitrogen/oxygen mixtures[C]. Proceedings of 26th International Conference on Phenomena in Ionized Gases(ICPIG-26)Greifswald, Germany, 2003, 4: 43.

[25] Kossyi I A, Kostinsky A Y, Matveyev A A, et al. Kinetic scheme of the non-equilibrium discharge in nitrogen-oxygen mixtures [J]. Plasma Sources Science and Technology, 1992, 1(3): 207-220.

[26] Golubovskii Y B, Telezhko V M, Stoyanov D G. Excitation of the radiating states $C^3 \Pi_u$ and

$C^3 \Pi_u$ of the nitrogen molecule during binary collisions of $N_2(A^3\Sigma)$ metastables [J]. Optics and Spectroscopy,1990,69(2):322-327.

[27] Uddi M,Jiang N,Adamovich I V. Nitric oxide density measurements in air and air/fuel nanosecond pulse discharges by laser induced fluorescence [J]. Journal of Physics D: Applied Physics,2009,42(7):075205.

[28] Eichwald O,Yousfi M,Hennad A,et al. Coupling of chemical kinetics,gas dynamics,and charged particle kinetics models for the analysis of NO reduction from flue gases [J]. Journal of Applied Physics,1997,82(10):4781-4794.

[29] Tang S K,Wang W C,Liu J H,et al. Diagnosis of positive ions from the near-cathode region in a high-voltage pulsed corona discharge N_2 plasma [J]. Journal of Vacuum Science and Technology A,2000,18(5):2213-2216.

[30] 刘峰. 脉冲电晕放电与直流辉光放电中 OH 自由基等活性物种的光谱诊断[D]. 大连:大连理工大学,2008.

[31] Yang D Z,Wang W C,Wang K L,et al. Spatially resolved spectra of excited particles in homogeneous dielectric barrier discharge in helium at atmospheric pressure [J]. Spectrochimica Acta, Part A:Molecular and Biomolecular Spectroscopy,2010,76:224-229.

[32] Yang D Z,Wang W C,Zhang S,et al. Multiple current peaks in room-temperature atmospheric pressure homogenous dielectric barrier discharge plasma excited by high-voltage tunable nanosecond pulse in air [J]. Applied Physics Letters,2013,102(19):194102.

[33] Nie D X,Wang W C,Yang D Z,et al. Optical study of diffuse bi-directional nanosecond pulsed dielectric barrier discharge in nitrogen [J]. Spectrochimica Acta, Part A:Molecular and Biomolecular Spectroscopy,2011,79:1896-1903.

[34] Derouard J,Nguyen T D,Sadeghi N. Symmetries,propensity rules,and alternation intensity in the rotational spectrum of N_2($C^3 \Pi_u$) excited by metastables Ar($^3 P_{2,0}$) [J]. Journal of Chemical Physics,1980,72(12):6698-6705.

[35] Dong L F,Liu F C,Liu S H,et al. Observation of spiral pattern and spiral defect chaos in dielectric barrier discharge in argon/air at atmospheric pressure[J]. Physical Review E,2005, 72(4):046215.

[36] 孙传红,蔡忆昔,王军,等. 介质阻挡放电的电子密度及放电均匀性[J]. 光谱实验室.2011, 28(3):1046-1049.

[37] Yang Y,Wang W C,Yang D Z,et al. Experimental research of diffuse bi-directional pulsed dielectric barrier discharge plasma [J]. Journal of Electrostatics,2012,70(4):356-362.

[38] Shao T,Long K,Zhang C,et al. Experimental study on repetitive unipolar nanosecond pulse dielectric barrier discharge in air at atmospheric pressure [J]. Journal of Physics D: Applied Physics,2008,41(21):215203.

[39] Aleksandrov N,Kindysheva S,Nudnova M,et al. Mechanism of ultra-fast heating in a nonequilibrium weakly ionized air discharge plasma in high electric fields [J]. Journal of Physics D:Applied Physics,2010,43(25):255201.

第二篇 放电及等离子体特性

大气压放电等离子体的产生方式包括直流放电、DBD、脉冲放电、射频放电、微波放电和电弧放电等。由于放电形式的不同,大气压等离子体的特性和放电过程也各不相同,决定着大气压放电等离子体特性各异。

第 6 章综述 DBD 的研究历史、均匀放电的定义和产生条件,分别介绍大气压惰性气体、氮气以及空气中介质阻挡均匀放电的实验研究结果,包括电学与光学诊断、放电属性的判断和均匀放电的物理机制。

第 7 章介绍大气压纳秒脉冲弥散放电的研究进展,给出纳秒脉冲气体放电中三种典型的放电模式(电晕、弥散和火花),研究弥散放电特性及影响因素,并分析传导电流的特征及其影响因素,探讨大气压纳秒脉冲弥散放电的形成机理。

第 8 章介绍表面 DBD 等离子体流动控制技术相关的数值模拟和实验研究,基于流体力学模型仿真研究等离子体体积力的产生机制,使用多场松耦合方法模拟临近空间纳秒脉冲放电等离子体,并给出脉冲表面 DBD 等离子体特性的实验结果。

第 9 章指出等离子体合成射流技术是基于等离子体加热和零质量合成射流技术的新型流动控制技术,采用三维唯象模拟等离子体合成射流发展演变过程,实验研究两电极和三电极等离子体高能合成射流特性。

第 10 章介绍大气压冷等离子体射流特性,对等离子体射流的产生机理与传输特性、等离子体与气流相互作用、彭宁效应的作用,以及氦气和氩气等离子体射流特性等均进行实验研究和分析。

第 11 章介绍射频等离子体特性,比较 DBD 和金属极板间直接产生等离子体的放电模式以及动态过程等异同,分析射频等离子体的电子加热机制以及放电模式转换过程。并通过脉冲射频放电降低等离子温度和产生单管等离子体射流。

第6章 大气压介质阻挡均匀放电

罗海云 王新新

清华大学

DBD 可以在大气压下产生低温等离子体,因而具有广泛的工业化应用前景。大气压 DBD 通常表现为大量的时空随机分布的放电细丝,即所谓细丝放电,其本质上是流注放电。但是对于某些应用而言(如材料表面改性),人们更希望使用大气压均匀放电,即放电充满整个气隙,并且不含放电细丝。目前,人们可以在大气压惰性气体(氦气、氖气)中很容易地实现 DBD 均匀放电,并且这种均匀放电属于亚正常辉光放电;在大气压氮气和空气中,只有在特定的条件下,人们才能实现 DBD 均匀放电,其放电属性为汤生放电。本章综述清华大学近年来在大气压 DBD 均匀放电方面的研究,对大气压惰性气体、氮气以及空气中 DBD 均匀放电的产生条件、放电属性和形成机理进行综述。本章结构安排如下:首先简要回顾 DBD 的研究意义和历史及国内外进展等,接着分别论述大气压惰性气体、氮气及空气 DBD 均匀放电的特性,包括均匀放电的判定方法、放电属性的判断、均匀放电产生的物理机制和条件等。

6.1 DBD 研究概况

6.1.1 引言

近 20 年来,气体放电产生的低温等离子体得到越来越广泛的应用,等离子体处理技术应运而生,而 DBD 可以在大气压下产生低温等离子体,特别适合于低温等离子体的工业化应用[1]。

众所周知,大气压下气体放电的几种常见形式是电晕放电、电弧放电、介质阻挡丝状放电。近来,人们还发现了所谓的大气压下辉光放电(atmospheric pressure glow discharge,APGD)。辉光放电是一种典型的低气压下均匀放电形式,它可以产生具有较高电子能量的非热平衡等离子体,并且它还具有放电均匀和功率密度适中的优点,尤其适用于等离子体材料表面处理,然而在大气压下如何得到大

本章工作得到国家自然科学基金(50537020,5107708 和 51107067),全国优秀博士论文作者专项基金(201336)的支持。

面积均匀的放电等离子体是近十几年来气体放电领域的难点与热点。

使用 DBD 结构是获得大气压下辉光放电最方便也最具有可行性的手段,这是因为其他几种放电通常不适合产生大面积均匀等离子体。电晕放电发生在极不均匀电场中,常见的极不均匀电场有棒板电极、线筒(板)电极等。电晕放电可以产生稳定的非热平衡冷等离子体,目前这种形式的放电已经广泛应用于工业污染治理上。然而电晕放电只局限在极不均匀电场中的强电场区,并且放电较弱,产生等离子体及活性粒子的效率太低,因此,电晕放电应用范围有限,不能适用于均匀性要求较高的大处理等这样上规模的工业应用。电弧放电产生热(平衡)等离子体,由于其电流密度大、温度高,容易对物体表面造成烧蚀,很难用于温度敏感材料的等离子体表面处理。

DBD 是将绝缘介质插入气体间隙的一种放电形式,又称其为无声放电[2,3]。DBD 电极结构主要有平行平板和线筒两种形式,见图 6.1。DBD 通常在大气压下进行,它是产生大气压冷等离子体的有效方法。大气压下 DBD 一般是丝状放电,即流注放电,它由大量的平均寿命在 10 ns 量级的放电细丝组成。DBD 用于表面处理时存在处理不均匀的缺点,并可能因细丝电流密度较大而损坏被处理表面。因此,如何产生不存在放电细丝的均匀 DBD 是目前研究的一个重要方向。

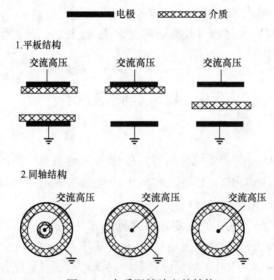

图 6.1　介质阻挡放电的结构

大气压下如何获得稳定的辉光放电始终是困扰人们的一个问题。1933 年,德国 von Engel 首次报道了研究结果[4]:利用冷却的裸电极在大气压氢气和空气中实现了辉光放电,但它很容易过渡到电弧放电,并且必须在低气压下点燃,仍离不开真空系统。1987 年,日本 Kanazawa 使用介质阻挡电极结构,在含氦气的大气压混合气体中获得均匀放电,并称之为"大气压辉光放电",这使人们看到了利用介质阻挡电极放电在大气压气体中实现均匀放电的可能性[5]。从此以后,大气压下介质阻挡均匀放电成为研究热点。

总之,气体放电等离子体表面处理技术具有诱人的应用前景,但缺乏大气压均匀放电等离子体源的现状严重阻碍了等离子体表面处理技术的工业化应用。因此,对大气压气体均匀放电进行研究具有重要的意义。

6.1.2　DBD 的研究历史与现状

DBD 已经有一百多年的历史了,其放电形态通常为大量的放电细丝此起彼伏[2]。1857 年,Siemens 利用同轴圆筒电极结构的 DBD 产生臭氧;1860 年,Andrews将此放电命名为无声放电(silent discharge)。从 1860 年到 1900 年的 40 年间,对 DBD 本身尚缺乏研究,只是利用这种放电来产生臭氧和氮氧化物(NO)。

20 世纪初,Warburg 开始了对 DBD 本身放电特性的研究。1932 年,Buss 利用平行平板电极结构研究了大气压空气 DBD 放电特性,同时拍摄了长曝光时间的放电图像,即所谓的 Liehtenburg 图,并用示波器记录了放电电流波形。结果表明,放电是由大量发光细丝(即流注)组成,与此相对应,电流波形是由大量的窄脉冲组成。1943 年,Manley 在 DBD 电流回路中串联一个电容器以收集放电电荷 Q,将对应于 Q 的电压信号送到示波器的 Y 输入;同时将外加电压送到示波器 X 输入。在每一个外加电压周期 T,示波器上得到一个封闭的四边形图形,即李萨如(Lissajous)图形。他还提出可以用李萨如图形所包围的面积 S 计算放电能量 W 或功率 P。

1970 年以后,人们开始对 DBD 进行物理诊断和数值模拟,以研究 DBD 等离子体中发生的物理和化学过程。1987 年,日本的 Kanazawa 利用含氦气的混合气体进行大气压下 DBD 实验,并用肉眼观察到了均匀放电现象[5]。从此以后,人们认识到,除了细丝放电模式外,大气压下 DBD 还存在均匀放电模式,并且将此均匀放电统称为大气压下辉光放电,即 APGD,大气压 DBD 的研究进入新的篇章。

虽然大气压下 DBD 存在两种放电模式,即细丝模式和均匀模式,但最常见的还是细丝模式,这是由大气压下气体放电特性所决定的。根据气体放电理论,气体中电子的平均自由行程 λ_e 反比于气压 p,大气压下 λ_e 非常短。因此,电子在距离为 d 的气隙中从阴极漂移到阳极所经历的碰撞次数 $M=d/\lambda_e$ 正比于 pd,即 M 非常大,电子雪崩将强烈发展而转变为流注(即细丝)。

为了避免大气压气体放电形成电弧,人们在气隙中引入绝缘介质,构成 DBD。DBD 抑制电弧的原理可以用图 6.2 来说明:气隙击穿前,DBD 相当于阻挡介质等效电容 C_m 和气隙等效电容 C_g 串联;气隙击穿后,图中开关闭合,C_g 并联上 1 个随时间变化的等离子体电阻 $R(t)$。

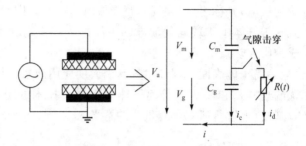

图 6.2　DBD 抑制电弧的原理图

显然,气隙上电压 V_g 可以用下式表示:

$$V_g = V_a - V_m = V_a - \frac{1}{C_m} \times \int i \mathrm{d}t \qquad (6\text{-}1)$$

式中,V_a 和 V_m 分别是外加电压和阻挡介质上电压。当气隙击穿后,电流 i 迅速增大,阻挡介质上堆积的电荷及产生的电压随之迅速增大,导致气隙电压 V_g 急剧下降,放电熄灭,这也就阻碍了电弧的形成。当放电气隙中引入绝缘介质后,人们通常观察到了大量稍现即逝、此起彼伏、随机分布的放电细丝。导致这种细丝模式的原因是:阻挡介质的绝缘特性使得 DBD 实际上应该等效成如图 6.3 所示的电路,它由大量的局部微电路并联而成。各微电路所对应的气隙可以独立地放电并迅速熄灭,形成大量的时空随机分布的放电细丝。只有当整个气隙同步均匀放电,即各微电路中开关同时闭合,且 $R(t)$ 相同时,DBD 才能采用图 6.2 所示的等效电路。

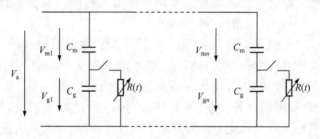

图 6.3　DBD 的等效电路

DBD 实验通常的参数为:大气压气体,气隙为 0.1 mm 到几厘米。典型的阻挡介质材料有耐热玻璃、石英、陶瓷、有机薄膜、硅橡胶,甚至还有电阻性阻挡介质[6]。阻挡介质厚度为几微米至几毫米。根据公式(6-1)我们知道,阻挡介质可以被看成放电的“熄灭器”,即放电电流给阻挡介质充电,使气隙上电压迅速下降,导致放电熄灭。显然,若施加直流恒定电压,气隙中放电一次并熄灭后,因堆积在阻挡介质上的电荷没有消失,下一次放电难以发生。因此,DBD 的外加电压通常为交变电压,其频率为 50 Hz～10 MHz。值得指出的是,除了交变电压源之外,也可以采用单极性的脉冲电压,但其电压幅值必须足够高,以致可以使阻挡介质上的最高充电电压大于气隙击穿电压。这样,在外加电压的下降沿,当外加电压降到足够低时,仅靠阻挡介质上残留电荷产生的电压,便可使气隙反向击穿,这消除了阻挡介质上的残留电荷,以便下一个外加电压脉冲到来时气隙再一次放电。

目前,大气压下介质阻挡均匀放电的研究主要集中在放电物理和放电等离子体应用两个方面。本章对大气压下介质阻挡均匀放电的机理展开研究,下面简述这方面的国内外研究现状。迄今为止,许多研究小组对大气压下介质阻挡均匀放电涉及的物理问题进行了大量的研究,研究内容包括击穿过程、电压电流特性、各种放电模式的形成和演化过程、均匀放电的形成的条件和机理、阻挡介质和电源特性对均匀放电的影响等。

对于大气压气体均匀放电中的气体击穿问题,清华大学王新新和法国 Massines 等进行了研究。王新新等对介质阻挡气隙中的电子雪崩发展过程进行了数值模拟,结果表明,实现大气压下均匀放电的关键在于降低气体的击穿场强[7]。法国 Massines 等将这种均匀放电所必需的低电场下击穿称为“汤生击穿”,以区别于导致放电细丝的流注击穿[11]。他们认为,击穿前气隙中种子电子必须足够多,它们在低电场下发展成为大量的小电子雪崩,这是形成汤生击穿的条件。日本 Okazaki 小组对介质阻挡均匀放电的电流特性进行了研究[12]。根据放电电流脉冲个数及李萨如图形的不同,并提出了区分辉光放电和丝状放电的方法。

大气压下 DBD 的各种放电模式的形成和演变过程一直是人们关注的问题。除了最常见的细丝放电之外,还有人们所希望获得的均匀放电(包括汤生放电和辉光放电)以及介于细丝放电和均匀放电之间的柱状放电[13]。根据实验拍摄的放电图像和数值模拟得到气隙中物理参量(电场、电子密度、离子密度)的空间分布,人们认为,大气压氦气和氖气的介质阻挡均匀放电是辉光放电,而大气压氮气介质阻挡均匀放电是汤生放电[14,15]。加拿大的 Radu 等在大气压惰性气体短间隙($d \leqslant 1$ mm)DBD 中还观察到了柱状放电现象,即放电由多个几何排列很规则的放电柱(spatio temporal pattern)构成[16]。柱状放电也被称为自组织放电斑图,河北大学的董丽芳小组利用它来研究放电中的自组织现象[17]。在一定条件下,一种放电模式可能演变为另一种放电模式。例如,柱状放电的柱半径随气隙或电场的增大而增大,最终融合成覆盖整个电极表面的均匀放电。又例如,美国明尼苏达大学研究人员对大气压氦气 DBD 过程进行了二维数值模拟[18],结果表明,放电细丝的数目随外加电压频率的升高而增加,最终大量细丝融合而形成均匀放电。

大气压气体介质阻挡均匀放电的形成条件和机理是最值得研究的问题。迄今为止,人们实际上只在三种气体(氩气、氖气和氮气)中真正实现了大气压下介质阻挡均匀放电,即放电均匀地覆盖整个电极表面并且没有放电细丝。由于不需要特殊的条件,几乎所有的研究小组都实现了大气压氦气介质阻挡均匀放电。而对于大气压氖气和氮气,介质阻挡均匀放电的形成条件比较苛刻,首先必须借助气流,其次外加电压的幅值和频率必须在一定的范围之内[19]。至于上述均匀放电的形成机理,人们对氦气和氖气基本上已经达成共识,对氮气仍未完全清楚。对于氦气和氖气这些惰性气体,它们存在高能量、长寿命的亚稳态原子,即 He(2^3S)和Ne(3^3S),它们的能量分别为 19.8 eV 和 16.6 eV,高于绝大多数气体的第一电离能。能量高使得它们足以电离几乎所有其他气体,寿命长使得前一个半周期电流脉冲期间产生的亚稳态原子可以存活到下一个半周期放电前,并通过彭宁电离为气体击穿产生大量的种子电子,这是汤生击穿及均匀放电所必需的。其他惰性气体虽然也有较高能量的亚稳态原子,如 Ar(4^3S)、Ke(5^3S)和 Xe(6^3S),它们的能量分别为 11.5 eV、9.9 eV 和 8.3 eV,但仍然低于几乎所有气体的电离能,不足以产生彭宁电离,这也正是惰性气体中只有氦气和氖气可以实现大气压下均匀放电的原因。对于大气压氮气介质阻挡均匀放电形成机理,人们给出了不同的解释[20]。鉴于氮气亚稳态分子 $N_2(A^3\Sigma_u^+)$ 和 $N_2(a'^1\Sigma_u^-)$ 之间可以发生彭宁电离[21],即

$$N_2(a'^1\Sigma_u^-) + N_2(A^3\Sigma_u^+) \longrightarrow N_4^+ + e \tag{6-2}$$

$$N_2(a'^1\Sigma_u^-) + N_2(a'^1\Sigma_u^-) \longrightarrow N_4^+ + e \tag{6-3}$$

并且在低气压氮气放电起始电压随这些亚稳态粒子密度的增大而降低[8]。法国Segur 等提出,式(6-2)和式(6-3)所示的彭宁电离为后续放电产生了大量种子电子,导致汤生击穿和均匀放电的形成[22]。在此基础上,他们还用"层流效应"解释了气流对均匀放电所起的作用。但是,俄罗斯 Golubovskii 等提出了不同的看法[8]:大气压下的频繁碰撞使得 $N_2(a')$ 的寿命不超过 1 μs,因此,式(6-2)和式(6-3)所示的彭宁电离不可能为下一次放电提供种子电子。他提出了新的假设:阻挡介质表面浅位阱($\leqslant$1 eV)中吸附电子的去吸附为下一次放电提供大量种子电子,导致汤生击穿和均匀放电的形成。

阻挡介质对大气压下介质阻挡均匀放电的影响也是人们感兴趣的一个问题[22]。最初向放电气隙中引入阻挡介质的目的是为了避免大气压下流注放电转变为电弧[2],后来人们发现阻挡介质对 DBD 特性还有其他影响。美国 Mangolini等的研究表明[23],通过选择不同的阻挡介质可以使得大气压氦气 DBD 的放电模式在辉光放电和汤生放电之间转换。法国的 Massines 等通过数值模拟发现[14]:由于阻挡介质使放电过早熄灭,大气压氦气介质阻挡均匀放电还未发展到正常辉光放电,而是停留在亚正常辉光放电。

加拿大 Radu 小组发现[24],堆积在阻挡介质表面上电荷产生的电场降低了放电从一个电极向另一个电极发展的速度,使得放电通道面积增大。俄罗斯Golubovskii 等提出阻挡介质表面浅位阱中吸附电子的去吸附有利于均匀放电的形成[8],华北电力大学李明等通过热刺激法实验证明了介质表面浅位阱的存在,并且介质表面浅位阱越多,越有利于均匀放电的形成[9,10]。

人们还研究了电源对大气压下介质阻挡均匀放电的影响[25,26]，从工频 50 Hz 到兆赫兹的射频电压。对于外加电压频率影响均匀放电的机理有着不同的解释，最容易作的猜测是：外加电压频率将影响气体温度和气隙中放电从阻挡介质表面刻蚀出来的杂质含量，进而影响均匀放电的形成。美国的 Roth 教授用"离子捕获"机制来解释均匀放电的形成[1]。纳秒级窄脉冲放电也是人们尝试获得大气压下介质阻挡均匀放电的方法[27]，其基本原理是：利用气体间隙脉冲过电压击穿的特性，使得气隙中外加电场起主导作用，减小空间电荷场对气隙电场的畸变作用，抑制流注的形成。另外，实验和理论研究均表明，电源容量不足将阻碍均匀放电的形成[28]，因此，必须考虑电源和负载的阻抗匹配[29]。

6.1.3　均匀放电的界定与必要条件

均匀模式的 DBD 对于等离子体表面改性技术的应用至关重要。首先，我们应该界定什么是均匀放电。均匀放电必须是充满整个放电空间的，并且没有放电细丝。根据气体放电理论，只有汤生放电和辉光放电属于均匀放电，而细丝放电属于流注放电。汤生放电是非常微弱的放电，用肉眼几乎无法观察到，故过去称之为"暗放电"。随着高增益的 CCD 相机的出现，汤生放电也成为可视放电。辉光放电是汤生放电的进一步发展，其外观特点是柔和的光充满了整个放电气隙，霓虹灯管和日光灯中的放电就属于辉光放电。均匀放电等离子体用于表面改性的优点为处理均匀和不损坏样品。

在以往 DBD 研究中，人们对均匀放电的判断存在误区。首先，常常仅凭肉眼观察和长时间曝光照片来判断放电是否均匀，该方法看到的只是时间积分的图像。图 6.4 是我们用 ICCD 相机的不同快门时间拍摄的大气压空气放电图像，其中图 6.4(a) 和 (b) 中都上下排列着两个图像，上方的窄矩形条图像是从侧面拍摄的，下方的圆形图像是从透明电极底面拍摄的；图 6.4(c) 和 (d) 中只有侧面拍摄的图像，并且侧面图像的上部是阳极，下部是阴极。从图中可以看到，虽然各照片中的放电对应的实验条件完全相同，放电细丝的数量及其分布的均匀度却均随着曝光时间的增大而增加。因此，对于细丝放电，仅凭长曝光时间的图像或肉眼观察，可能给人一种均匀放电的假象。

人们对均匀放电判断的另一个误区是依据电流波形或李萨如图形。在外加电压的每半个周期内，如果只有一个电流脉冲，则认为其属于均匀放电。该方法比前面的肉眼观察方法前进了一步，但仍然不够准确。因为它只能判断气隙中放电是否同步进行，而不能判断放电是否均匀地分布于整个电极表面。简单地说，它只能判断放电在时间上的一致性，而不能判断放电在空间上的均匀性。至于李萨如图形判断法，它将放电电荷在阻挡介质上产生的电压作为示波器 y 输入，外加电压作为 x 输入。若所得到的四边形的左右两边陡直向上，则判断为均匀放电。显

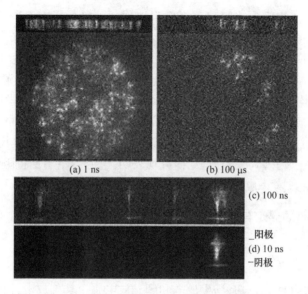

图 6.4　采用不同曝光时间获得的 DBD 图像

然,该方法和电流波形法没有本质区别,因而存在相同的缺陷。

　　综上所述,只有拍摄曝光时间 10 ns 左右的放电图像才能展现气隙中真实的放电形态,才能准确判断放电是否存在细丝。人们对大气压 DBD 均匀放电的属性判断也存在误区,即把它们统称为大气压辉光放电。实际上均匀放电包括汤生放电和辉光放电两种不同的放电形式。这部分的详细介绍在后面予以展开。

　　均匀放电的定义既已明确,那么是否可能实现大气压均匀放电,或者说实现这种放电必要条件是什么? 长期的 DBD 研究结果表明,实现大气压下均匀放电的难度非常大。目前,人们仅在大气压惰性气体(氦气、氖气)中实现了辉光放电,在特定条件下的氮气和空气中实现了汤生放电,除此之外的绝大部分都是细丝放电。导致这种结果的原因可以这样来理解。电子雪崩中电子数的倍增可以用式(6-4)表示:

$$n_e = \exp(\alpha d) = \exp\left(\frac{\alpha}{p} pd\right) \tag{6-4}$$

式中,α 是电子碰撞电离系数。

　　前面提到,电子从阴极到阳极经历的碰撞次数 N 正比于 pd,大气压下 N 的数值非常大。α/p 正比于 $\alpha\lambda$。代表电子每一次碰撞平均产生的电子数,也就是电子平均碰撞电离的能力。既然大气压下电子经历大量的碰撞不可避免,只能靠降低 α/p(即减弱电子碰撞电离能力)来减少每一次碰撞产生的电子数,以抑制电子雪崩的过度发展而转变为流注。因此,大气压下抑制细丝形成的唯一途径是降低 α/p。

根据气体放电理论,我们知道:

$$\frac{\alpha}{p} = A\exp\left(-\frac{Bp}{E}\right) \tag{6-5}$$

式中,E 是电场;A 和 B 都是依赖于气体种类的常数。显然,在大气压下降低 α/p 意味着要降低放电时的电场,也就是说必须在低电场下发展电子雪崩才可以避免流注的产生[6]。

　　下面分析降低 DBD 放电电场的方法。DBD 的电极尺寸通常远大于气隙距离,并且气隙击穿前气隙中的空间电荷场相比外电场通常可忽略不计。这样,可以认为气隙中为准均匀电场。均匀电场的汤生放电自持条件为

$$\gamma(\exp(\alpha d)-1) = 1 \tag{6-6}$$

式中,γ 是阴极的二次电子发射系数。若增大 γ,则 α 可以减小,即满足式(6-6)要求的电场 E 可以降低。对于 DBD,阴极通常被绝缘介质覆盖,γ 应该推广到气隙中所有途径产生的"种子"电子,即放电开始前气隙中的电子。因此,降低 DBD 放电电场的方法就是增加种子电子。

　　气体放电理论和 DBD 实验均表明,有以下几个具体措施可以达到增加种子电子的目的。

　　(1) 选择具有高能亚稳态粒子的气体。彭宁电离是激发态的 A 粒子碰撞电离 B 粒子。选择具有高能量亚稳态原子或分子的气体,利用这些亚稳态粒子的彭宁电离是增加种子电子的有效方法。亚稳态也是一种激发态,但它难以通过自发跃迁回到低能级,而只能通过和其他粒子碰撞返回低能级。因此,这些激发态粒子寿命很长,故称之为亚稳态。

　　对于彭宁电离产生种子电子而言,高能量和亚稳态两者缺一不可。首先,只有高能量粒子才足以碰撞电离其他粒子。例如,氦原子亚稳态(He 2^3S)能量为 19.8 eV,超过几乎所有其他气体原子或分子的第一电离能。其次,只有亚稳态其寿命才可能长达外加电压的半个周期,即上一个电流脉冲期间产生的亚稳态存活到气隙下一次击穿之前并发生彭宁电离。

　　(2) 选择 γ 系数大的阻挡介质。一般情况下,γ 系数是指金属阴极的二次电子发射系数。但是对于 DBD 而言,金属电极通常被绝缘介质覆盖,正离子和光子难以直接轰击阴极而产生二次电子发射。理论研究[8]和实验研究[9,10]表明,由于正离子和光子的轰击,覆盖阴极的阻挡介质也可能发射二次电子,只不过这些电子不是来自绝缘介质本身的束缚电子,而是来自阻挡介质表面浅位阱(<1 eV)内的入陷电子。这些入陷电子是在上一个电流脉冲期间从气隙进入介质表面浅位阱的。若阻挡介质表面浅位阱较多,则等效的 γ 系数也较大。

　　(3) 平行气流直达气隙。从事 DBD 研究的很多人都观察到这么一个实验现象:向放电气隙吹气可以明显地改善放电的均匀程度。但并不是很多人都认识到,吹气管道不应该仅仅接到放电室为止,而必须进入到放电室内直接抵达放电气隙,

这样才能提高气隙中的流速,增大对放电均匀度的影响。

除了上述三个措施,使用高能射线(如紫外射线)照射气隙也可以增加种子电子。另外,冷却阻挡介质可能有利于避免介质表面浅位阱内的入陷电子过早逃逸,这些对获得大气压下均匀放电均有帮助,由于篇幅所限不在本章中展开介绍。下面分别介绍大气压惰性气体(氦、氖、氩)、氮气和空气 DBD 的均匀放电。

6.2　大气压惰性气体介质阻挡均匀放电特性

惰性气体(尤其是氦气)是最容易获得大气压下介质阻挡均匀放电的工作气体。本节以氦气为主,总结和回顾几种惰性气体 DBD 的特点,对大气压氦气、氖气和氩气中介质阻挡均放电的放电特性、放电模式及其演化过程、均匀放电的机理进行探讨,并对其等离子体放电的发射光谱进行分析。

6.2.1　放电特性与放电属性

采用平行板结构金属圆电极,电极直径 50 mm,两个电极上各覆盖一片厚度为 1 mm 的石英玻璃,其相对介电常数为 3.9,气体间隙为 5 mm。电极与阻挡介质安放在放电室内,放电室先被抽真空至 5 Pa 以下,然后充入 99.999% 的氦气(或者氖气、氩气)。DBD 放电的侧面图像通过 ICCD 高速相机进行拍摄,使用 ITO 透明电极作为下电极并辅以 45°平面镜,可对放电区域进行底面拍摄,具体的实验布置和参数在文献[30]~[32]中。

图 6.5 给出了测量的外加电压 V_a、放电总电流 i 与计算得到的气隙电压 V_g 波形,其中准正弦虚线是外加电压波形(约 30 kHz,幅值 1.5 kV);细实线是电流波形(幅值约 45 mA,脉宽约 1 μs)。从图中可看到,外加电压每半个周期内有一个电流脉冲,这是大气压下介质阻挡均匀放电的典型特征之一。

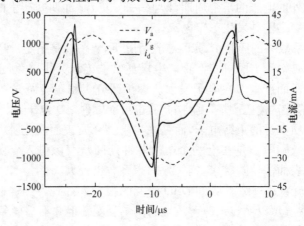

图 6.5　氦气 DBD 外加电压、气隙电压和电流波形图

　　在研究放电机理时,气体间隙上的电压 V_g 是人们更关心的参量;然而由于阻挡介质的存在,我们无法直接测量气隙上的电压。使用测量到的外加电压 V_a 和放电电流 i,结合 DBD 的等效电路,可计算得到 V_g。DBD 等效电路如图 6.2 所示,C_m 和 C_g 分别是两片石英玻璃和气隙的等效电容,在放电瞬间,C_g 两端相当于并联了一个可变电阻 R;由于气体电离度不高,C_g 可认为没有变化。这样就可根据测量到的外加电压 V_a 和放电总电流 i 计算出气体间隙上的真正电压 V_g,以及流过气体间隙的运流电流 i_d。

　　V_g 的计算公式如下:

$$V_g(t) = V_a(t) - V_m(t) \tag{6-7}$$

$$V_m(t) = \frac{1}{C_m} \int_{t_0}^{t} i(t) \cdot dt + V_m(t_0) \tag{6-8}$$

其中,$V_m(t_0)$ 表征 t_0 之前的放电在介质表面积累电荷的影响。在计算中取 $V_m(t_0)$ 使得 $V_m(t)$ 在一个外加电压周期内的均值为 0,即介质没有自极化。

　　从图 6.2 还可看出,无感电阻测量到的总电流 i 包括两部分,即流经气体气隙的运流电流 i_d 和气隙的位移电流 i_c。传导电流 i_d 的计算公式如下:

$$i_d = i - i_c = i - C_g \frac{d(V_a - V_m)}{dt} = \left(1 + \frac{C_g}{C_m}\right) i - C_g \frac{dV_a}{dt} \tag{6-9}$$

　　经计算,气隙上的电压波形 V_g 如图 6.5。氦气放电中位移电流 i_c 远小于运流电流 i_d,因此运流电流 i_d 与测量的总电流 i 近似相同,不再单独计算。从图中可看出,气隙上电压 V_g 随着外加电压 V_a 的增加而升高到 1.23 kV,然后随着气隙的放电迅速下跌。这个拐点对应气体间隙的击穿电压 V_b。

　　为了进一步验证放电的空间均匀性,在放电电流峰值附近拍摄曝光时间为 10 ns 的放电图像,得到图 6.6 所示放电侧面图像,发现放电没有明暗相间的放电细丝,说明这种放电在空间上是均匀的,因此在大气压氦气中比较容易得到的这种放电是一种均匀放电;同时在图 6.6 中还可观察到瞬时阴极附近有一个亮度较高的发光层,这是辉光放电的典型特征,因此可以断定,大气压氦气放电属于辉光放电。

图 6.6　大气压氦气放电侧面发光图像

　　氖气放电的电压、电流波形和侧面发光图像见图 6.7,电源频率约 33 kHz,气隙厚度 6 mm,上方是阳极,下方是阴极。对比图 6.5、图 6.6 和图 6.7 可发现,氖气和氦气 DBD 十分相似,不同之处只是其正柱区不明显,而法拉第暗区几乎观察不到。进一步的讨论可参考[33]、[34]。

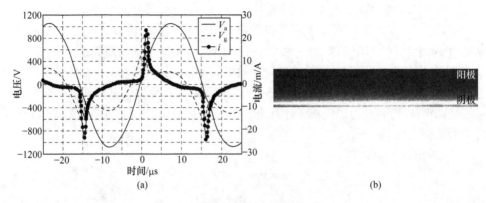

(a)　　　　　　　　　　　　　　　　(b)

图 6.7　大气压氖气 DBD 辉光放电实验结果($f=33$ kHz)
(a) 大气压氖气 DBD 的电压电流波形；(b) 侧面放电图像

　　从气隙电压 V_g 的波形可以计算其击穿场强，经过计算得到 6 mm 氖气击穿场强是 1 kV/cm(5 mm 氦气击穿场强是 2.5 kV/cm)，远小于大气压空气的击穿场强 30 kV/cm。如此之低的击穿场强是大气压氦气和氖气实现均匀放电的保证[35]。

　　氩气是相对于其他惰性气体来说是比较廉价的气体，因此较适合大规模的工业应用。本书对气隙距离 2 mm 的氩气 DBD 进行了研究。图 6.8 为放电波形和发光图像(发光区直径约为 35 mm，白色细线包围区域为直径 50 mm 电极)。从电压电流波形可以看到每半个电压周期内仅有一次放电，即时间上是均匀的，这与氦气和氖气的均匀放电波形相似。从图 6.8(a)的波形图中可以计算出 2 mm 的氩气的击穿场强为 7.5 kV/cm，这比氦气和氖气中的静态击穿场强都大。由图 6.8(b)

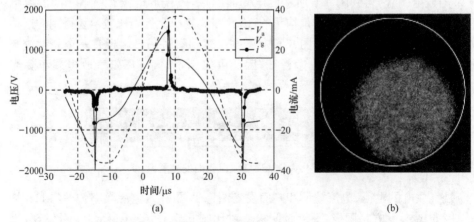

(a)　　　　　　　　　　　　　　　　(b)

图 6.8　大气压氩气 DBD 辉光放电实验结果(频率 22 kHz，曝光时间 20 ns)
(a) 大气压氩气 DBD 的电压电流波形；(b) 底面放电图像

所示曝光时间 20 ns 的底面图像可以看到,气隙中没有明显的放电细丝(亮斑),因此也可以称之为均匀放电。但在 2 mm 气隙下很难得到覆盖较大电极面积的均匀放电,这与氦气和氖气放电不同,也验证了氩气大气压均匀放电的相对困难。

大气压氩气 DBD 通常呈现为斑图(pattern)。在上述部分区域均匀放电的基础上略微升高外加电压,则放电呈现为由大量放电柱(column)自组织而形成的斑图。如图 6.9(a)所示为半周期单脉冲放电时的斑图;继续升高外加电压可得到图 6.9(b)所示的半周期多脉冲放电的斑图。通过对这种放电斑图进行高时间分辨的图像诊断,发现斑图中每个放电柱的发展演化过程和辉光放电的十分相似,都是从汤生放电起始,然后逐渐过渡到亚辉光放电的。图 6.9(c)是与图 6.9(b)对应的电流峰值附近的 20 ns 的侧面拍照,可以看到在靠近阴极区有一层明亮的发光层,同时也可看到气隙中多个放电柱明暗相间的存在。

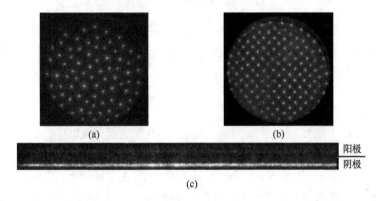

图 6.9　大气压氩气放电斑图(频率 22 kHz,气隙 2 mm,曝光时间(a)、
(b)为 10 ms,(c)为 20 ns)

实验还发现,在相同气隙距离下的大气压氦气、氖气 DBD 中也会出现放电柱,而且其单个放电柱的直径有这种趋势 $R_{He} > R_{Ne} > R_{Ar}$,Radu 和 Kogelschatz 也观察到了这种现象,后者还对此现象进行了理论解释[16,36]。

6.2.2　放电演化过程

在一个电流脉冲期间,从气隙侧面连续拍摄六幅放电图像[31]。图 6.10 所示为大气压氦气介质阻挡均匀放电的一个电流脉冲期间连续拍摄的六幅放电图像,每幅图像曝光时间均为 20 ns。若以电流脉冲峰值时刻为时间参考点 $t = 0$,则图 a~f 的拍摄时刻分别为 −460 ns、−260 ns、−140 ns、−60 ns、0 和 80 ns。

从图 6.10(a)可以看到,放电初期(见 a),靠近阳极有一个微弱发光层,随着放电的进行,该亮层逐渐扩展到整个间隙(见 b、c),然后,在靠近阴极区域形成一个明亮的发光层(见 d~f)。这种气隙中放电光强分布的演变过程代表着放电模式

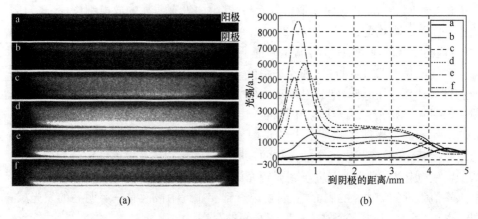

图 6.10　电流脉冲期间六幅侧面放电图像及其光强分布

的演化过程。对图 6.10(a)中各放电图像分别横向求均值,得到气隙中放电光强沿轴向(阴阳极连线方向)的分布,见图 6.10(b)。结合图 6.10(a)和(b),我们对放电模式演变过程进行分析如下。

1. 放电从汤生放电开始

放电前气隙中电场可以近似为均匀电场。在放电起始阶段,放电很弱致使空间电荷场可忽略不计,气隙中电场仍保持均匀分布。气体中电子的平均自由行程反比于气体分子的数密度 N,电子的平均动能与约化电场 E/N 成正比。当气隙中气体密度和电场都是均匀分布时,气隙中各处电子的平均动能是相同的,这也意味着气隙中各处电子的碰撞激发能力相同。因此,气隙中电子越多的地方发光越强,即放电光强分布 $I(x)$ 正比于电子密度分布 $n_e(x)$。在均匀电场中的汤生放电,电子密度可以用如下公式来表示:

$$n_e(x) = n_0 \cdot e^{\alpha x} \tag{6-10}$$

其中,x 是与阴极的距离;n_0 是从阴极出发的电子密度。

可见,随着与阴极距离的增大,气隙中放电发光强度将指数增大,并在靠近阳极处达到最强。这种汤生放电的光强分布正是我们在图 6.10(a)中所看到的。

2. 放电从汤生放电向辉光放电过渡

通过比较图 6.10(b)中曲线 a 和 b 右侧(阳极侧)光强峰值位置,即图 6.10(a)中 a 和 b 的阳极区亮层位置,我们发现该亮层以 2.2 mm/μs 的速度向阴极方向移动,它用 200 ns 时间移动了大约 0.44 mm。随着亮层逐渐向阴极移动,发光区域不断扩展,并逐渐充满了整个气隙中央区域,见图 6.10(b)中的曲线 c。随着放电的进行,正离子团更接近阴极,最终在它和阴极之间形成一个强电场区,即所谓的阴极位降区。从此时开始,如图 6.10(b)中的曲线 d 所示,我们在靠近阴极处看到了一个明亮的发光层。如果仔细观察放电图像,尤其是图 6.10(b)中的曲线 f,我们可以看到气隙中光强从上到下(从阳极到阴极)呈现明暗相间的分层结构:最上面是靠近阳极的暗层,然后是相对亮层,接着又是一个暗层,最下面是靠近阴极的明亮层。这种明暗相间的分层光强分布是辉光放电的典型特征,这些层分别是阳极暗区、等离子体正柱区、法拉第暗区、负辉光区。因此,这表明放电已经从汤生放电过渡到了辉光放电阶段。

3. 放电停止在亚正常辉光放电

图 6.10(a)的 d~f 图像中在靠近阴极处都存在一个明亮的发光层——负辉光区,它们对应图 6.10(b)中曲线 d~f 左侧的尖峰,我们将此尖峰称为负辉光峰。负辉光峰的位置减小到 0.4 mm 后就几乎不再减小了,这意味着阴极位降区长度 d_C 大约为 0.4 mm,远大于正常辉光放电对应的阴极位降区长度(约 0.07 mm)。因此,我们的放电并没有充分发展到正常辉光放电,而是停止在亚正常辉光放电。其原因在于:在 DBD 中,放电电流对阻挡介质充电,使得介质上电压迅速升高,气隙电压随之迅速下降直至不足以维持放电,放电熄灭。阻挡介质的存在,使得放电仅发展到亚正常辉光放电阶段就熄灭了。文献[30]中对负辉光峰特性参数(峰值、半高宽、位置)随时间及电流的变化给出了定量计算和分析,篇幅原因这里不再展开。

在一个电流脉冲期间,从放电电极的底面连续拍摄了七幅放电图像,得到图 6.11 可研究放电的径向发展过程。同样以电流脉冲峰值时刻为时间参考点 $t=0$,这七幅放电图像的拍摄时刻分别为 −480 ns、−260 ns、−160 ns、−80 ns、−20 ns、40 ns 和 120 ns,每幅图像的曝光时间仍为 20 ns。将这七幅图像分别画成三维图得到更直观的视觉效果。

在放电起始阶段,见图 6.11(a),放电光均匀地分布于整个电极表面;随着电流的增大,放电光逐渐增强,特别是电极的中央部分,在三维图上表现为中央鼓起,见图 6.11(b)和(c)。当 $t=-80$ ns 时,电极中央部分光强达到最大,见图 6.11(d)。从此以后,电极中央部分光强减弱,而电极边缘部分光强继续增大,在三维图上表现为中央部分塌陷,见图 6.11(e)。放电电流峰值过后,放电光从电极中央向边缘发展并逐渐熄灭,见图 6.11(f)和(g)。

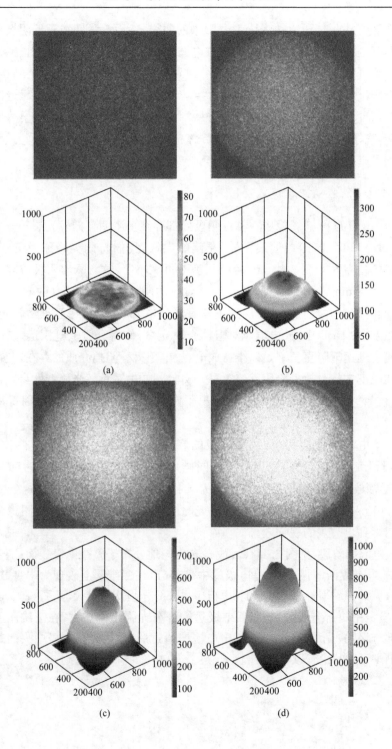

(a)

(b)

(c)

(d)

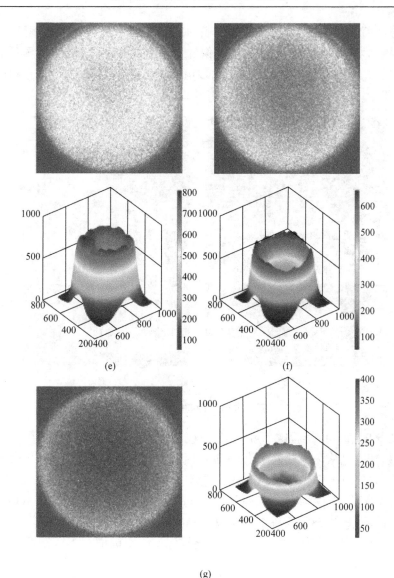

图 6.11　大气压氦气介质阻挡均匀放电的径向发展过程

　　根据图 6.11 及其上面的现象描述,我们可以得到以下结论:①放电在电极半径方向不是同步发展的,而是从中央向边缘的发展过程,这与美国学者 Mangolini 的发现是一致的[37];②先放电区域先熄灭,这是由于阻挡介质的限流作用存在;③均匀放电的形成不是由于大量电子雪崩同步发展,也不是由多个放电斑图融合而成,而是比较符合 Golubovskii 数值模拟结果[28]:放电经历汤生阶段、中心流注阶段、径向扩展阶段,直至放电覆盖整个电极表面。更详细论述可参见文献[31]。

　　为了研究大气压氦气介质阻挡均匀放电的演化过程,同样在一个电流脉冲期间从气隙侧面连续拍摄六幅放电图像[33]。图 6.12 所示为放电气隙侧面(a)和底面(b)拍摄的发光图,其中 a~f 每幅图像的上边界是瞬时阳极,下边界是瞬时阴极。每幅发光图像的曝光时间为 10 ns;以电流峰值为 0 时刻,a~f 的拍摄时刻分别为-1500 ns、-800 ns、-400 ns、0 、400 ns 和 1000 ns。

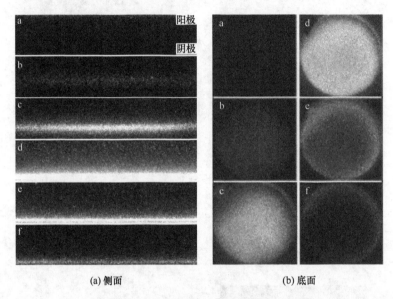

(a) 侧面   (b) 底面

图 6.12　氖气放电脉冲期间拍摄的六幅图像

从图 6.12(a)可看到,这个过程与大气压氦气介质阻挡均匀放电的演化过程十分相似,即放电从汤生过程开始,逐渐过渡到辉光放电。比较图 6.12 和图 6.10 可以看到,氖气放电辉光阶段的等离子体正柱区不明显,而法拉第暗区几乎观察不到,这与图 6.10 中 e 和 f 差别较明显。Trunec 等在 5 mm 大气压氖气放电中也观察到类似的现象[15],这不排除是由于负辉光层的发光亮度远高于等离子体正柱区和可能存在的法拉第暗区的亮度,从而导致 ICCD 相机增益不能观测到后者的存在。

从底面放电图像的演化过程(如图 6.12(b)所示),可看到此放电过程与同条件下的氦气放电发展过程也非常相似,底面发光不是完全同步发展的,而是呈现出明显的径向扩散式发展。这与氦气中的径向发展过程类似,只是角向的对称度欠佳。图 6.12(b)中的 a、b 与 e、f 呈现出很好的"互补"状态,这意味着在放电最先和最快发展的位置,其熄灭过程也将更早和更快。

氖气中覆盖部分电极的均匀放电其发展过程和氦气中大气压辉光放电类似,也是从汤生放电到辉光放电发展的,其中也有一个径向的发展过程。氖气中丝状放电的演化过程与大气压惰性气体的均匀放电的发展过程截然不同,这里不做过多介绍[34]。

6.2.3　放电光谱及彭宁电离

除了可以利用放电发光的特性拍摄放电图像之外,拍摄放电等离子体光谱是对 DBD 等离子体诊断的一个重要方法。使用美国 PI 公司生产的平面光栅光谱仪(SP2558,焦距 0.5 m)配合 ICCD 相机使用,利用 ICCD 相机拍摄时间分辨图像的功能,可得到时间分辨的发射光谱(350～800 nm)。实验发现,在大气压氦气 DBD 中,主要包括氦原子谱线、氮分子谱线和氢原子谱线,如图 6.13 所示。之所以存在杂质氮、氢的谱线在于放电室内气体不可能保持十分纯净,即便使用高纯度(99.999%)的工作气体。

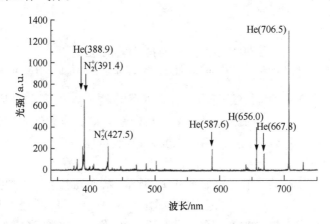

图 6.13　典型的氦气 DBD 等离子体发射光谱

波长为 706.5 nm 的氦原子线来自 $3s^3S$ 态向 $2p^3P_0$ 态的跃迁。将氦原子从基态直接激发到 $3s^3S$ 需要 22.7 eV 的能量,因此该谱线是和高能电子密切相关的。波长为 391.4nm 的谱线为 N_2^+ 第一负带系的跃迁($B^2\Sigma_u^+ \rightarrow X^2\Sigma_g^+$),其中 N_2^+($B^2\Sigma_u^+$)的电离激发电位高达 18.76 eV,主要来自于电子直接碰撞激发以及高能亚稳氦原子 $He(2^3S)$ 与杂质氮分子之间的彭宁电离。彭宁电离的典型反应式为 $M^* + Im \longrightarrow M + Im^+ + e$,其中 M^* 表示放电过程中惰性气体的亚稳态原子,具有能级高和寿命长的特点;Im 为杂质原子或分子,被电离后得到 Im^+;e 为彭宁电离所产生的"种子电子"。

在大气压氖气 DBD 发射光谱如图 6.14 所示,其中氖原子谱线主要集中在 580～730 nm 之间,属于 3p→3s 态的跃迁;氮分子第二正带系($C^3\Pi_u \rightarrow B^3\Pi_g$)的发射谱线强度较弱,在增加 ICCD 的增益后也可以观测到,主要集中在 360～440 nm;其他谱线如 H、O、OH 则没有观察到。氖原子谱线强度最高的 703.2 nm 对应氖的高能亚稳态 $^1P_2$ 能级为 16.6 eV,该谱线是和高能电子密切相关的。氮分子第二正

带系 v'-v''（如 1-3,0-2 等）表示氮分子第二正带系相应谱线的跃迁，v'' 和 v' 是上下态振动量子数，其中 $N_2(C^3\Pi_u)_{v'=0}$ 所需的激发能为 11.0 eV，可能是高能电子直接碰撞激发所产生的。

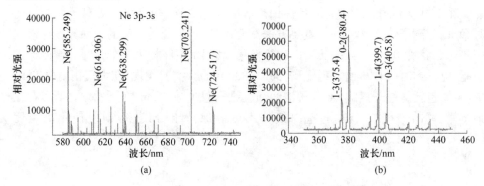

图 6.14　氖气 DBD 等离子体发射光谱

(a) 发射光谱 580～750 nm；(b) 氮分子第二正带系谱线（$C^3\Pi_u \rightarrow B^3\Pi_g$）

Trunec 等研究者认为氖气 DBD 中存在亚稳态粒子 Ne(3s) 与杂质 N_2 的彭宁电离[15]，但没有给出放电观测到的 N_2^+ 第一负带系光谱。作者的研究观测也没有发现这一谱线，可能是因为相关的谱线强度太弱，也可能是存在其他的彭宁电离过程，有待进一步研究。

大气压氩气 DBD 的发射光谱如图 6.15 所示，发现发射谱线主要是氩原子谱线，且集中在 690～800 nm 这一范围内，都是属于 4p→4s 的跃迁。其中波长为696.54 nm 和 763.51 nm 的氩原子谱线都很强，它们都与氩的高能亚稳态 $^3P_2$ 相关。强度也较高的氩原子谱线（772.4 nm）与氩原子高能亚稳态 $^3P_0$ 相关。

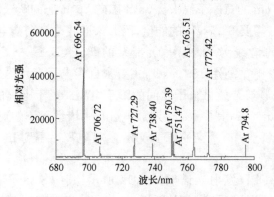

图 6.15　氩气 DBD 等离子体发射光谱

如果增加光谱仪和 ICCD 的增益也可观测到氩气放电中氮分子第二正带系（$C^3\Pi_u \rightarrow B^3\Pi_g$）的发射谱线。这一点与氖气 DBD 相似，即在氖气和氩气 DBD 中都没有发现波长为 391.4 nm 的第一负带系 N_2^+（$B^2\Sigma_u^+ \rightarrow X^2\Sigma_g^+$）谱线，而这一谱线在氦气 DBD 中很强。由于氮离子的 $B^2\Sigma_u^+$ 能级激发电位为 18.7 eV，而氖或氩原子的亚稳能级都较低，不足以激发产生此光谱，氦原子的亚稳能级能量很高，因此在氦气放电中能发现此谱线。

在氦气、氖气等惰性气体中容易得到均匀放电的原因主要被归结到亚稳态粒子与杂质之间的"彭宁电离"，它使得惰性气体在较低的电场强度（氦气的平均击穿场强为 2.5 kV/cm，氖气的平均击穿场强为 1 kV/cm）下即可击穿，从而避免了在放电向流注发展，是氦气、氖气中容易获得大气压介质阻挡均匀放电的重要因素。

表 6.1 中列出了氦、氖、氩的亚稳能级[16]。从表中可以看出，氦原子和氖原子的亚稳态分别为 He(2^3S) 和 Ne($^1P_2$)，它们的能量分别为 19.8 eV 和 16.6 eV，高于绝大多数气体的第一电离能。能量高使得它们足以电离几乎所有其他气体；寿命长使得前一个半周期电流脉冲期间产生的亚稳态原子可以存活到下一个半周期放电前，并通过彭宁电离为气体击穿产生大量的种子电子，这是大气压下得到汤生模式起始的均匀放电、避免丝状放电所必需的。

表 6.1　氦、氖、氩的亚稳态能级

原子	光谱项(L-S)	能级	
		波数/cm^{-1}	电子伏特/eV
He	2^1S	166272	20.6
	2^3S	159850	19.8
Ne	$^1P_0$	134821	16.7
	$^1P_2$	134044	16.6
Ar	$^3P_0$	94554	11.7
	$^3P_2$	93144	11.5

氮气和氧气是两种主要的杂质气体，因此氦气和氖气放电中高能亚稳态氦原子、氖原子通过与氮气分子的彭宁电离，可轻松地得到均匀稳定的放电。但是对于氩气来说，其亚稳态能级（$^3P_2$）只有 11.5 eV 的能量，不仅大大低于氦气和氖气的亚稳态能级，甚至比氮气（15.58 eV）和氧气（12.2 eV）的第一电离能还要小，因此氩气中的彭宁电离远不如在氦气和氖气中的强烈。这就是为什么在氩气中不容易实现覆盖整个电极的大气压均匀放电。

此外，作者还研究了纯净气流对大气压惰性气体介质阻挡均匀放电的影响，由于篇幅原因这里不再介绍，详见文献[38]。实验发现，在氦气和氖气 DBD 中，随着气流流速的增大，气隙击穿电压明显下降，其原因是气流减少了气隙中杂质的含量，延长了亚稳态原子的寿命，有利于增加彭宁电离及其产生的种子电子数量。而在氩气 DBD 放电中，气流对于改善氩气放电的均匀性的作用不大，这也可以说明氩气 DBD 中的彭宁电离要比氦气和氖气中弱得多。

6.3　大气压氮气介质阻挡均匀放电

氮气约占空气的 79%,它是空气中最主要的成分。研究大气压氮气 DBD 将有助于实现大气压空气均匀放电。

6.3.1　均匀放电的获得

与氦气相比,在大气压氮气中实现均匀放电的难度相对较大,并且只能在较短的(≤3 mm)气隙中实现。因此,我们在氮气放电实验中,将气隙长度缩短为 2 mm。除此之外,其余的实验布置和氦气实验时几乎完全相同。实验过程中先将放电室抽真空至 5 Pa 以下,然后充入纯净的氮气(99.999%),维持一定流速的纯净氮气流(如 30 cm/s)。设计吹气系统和抽气系统以动态维持放电室的气压在一个大气压。质量流量计控制流速范围为 0~30 slm(标准升/分钟),对应间隙内的气流速度为 0~167 cm/s[39,40]。

图 6.16(a)是外加电压幅值为 12 kV、频率 3 kHz 时得到的典型的外加电压 V_a、放电总电流 i_{total} 的波形图。从图 6.16(a)中可以看出,外加电压为准正弦波形;每半个电压周期中有一次放电,电流脉冲的幅值约为 4.5 mA,半高宽约为 50 μs。图 6.16(b)是气体间隙侧面拍摄的放电图像,从图中可以看出,间隙中靠近瞬时阳极的阻挡介质附近有一个薄薄的发光层,没有明暗相间的放电细丝。结合图 6.16(a)和(b)所示的电流波形与放电图像,可以判断该条件下获得的放电为一种均匀放电。

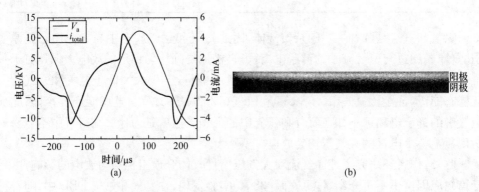

图 6.16　大气压氮气 DBD 均匀放电的典型波形图和放电图像
(a) 外加电压和放电总电流;(b) 侧面放电图像(正半周电流峰值时刻曝光 10 ns)

通过改变外加电压 V_a 或关闭纯净氮气流的不断吹入等手段,很容易得到图 6.17 所示的非均匀放电。可以看到这种放电与均匀放电有明显的差异。当放电剧烈时,大量的放电细丝此起彼伏,会给人的肉眼或长时间曝光的相机造成均匀放电的假象,其实质则是丝状放电。

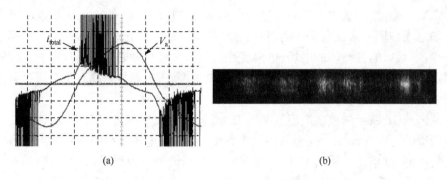

(a)   (b)

图 6.17 大气压氮气 DBD 丝状放电的典型波形图和放电图像
(a) 外加电压和放电总电流;(b) 侧面放电图像(曝光时间 1 μs)

图 6.18 是按照公式(6-2)、(6-3)和(6-4)计算后得到的气隙电压 V_g 和运流电流 i_d 波形图。由于氮气中 DBD 均匀放电的强度较弱,所以位移电流 i_c 不能忽略,即不能像氦气中那样把测量到的总电流 i_{total}(或 i)近似作为运流电流 i_d。从图 6.18 中可读出运流电流 i_d 的幅值、半高宽等信息。气隙电压 V_g 如图 6.18 中粗实线所示,可以看出它与氦气中的气隙电压 V_g 有明显的差异;氮气 DBD 均匀放电在间隙放电过程中没有下跌反而随着放电过程继续升高;同时随着 V_g 的持续升高电流反而很快衰减并熄灭了,这些现象称之为"反常熄灭",将在后面进行讨论。

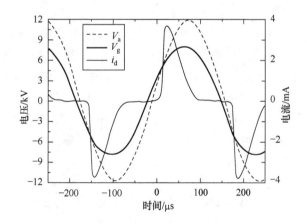

图 6.18 外加电压、气隙电压和运流电流波形图

6.3.2　放电属性

众所周知,均匀放电主要有汤生放电和辉光放电两种模式[41]。汤生放电电子在外加电场作用下通过电子雪崩而不断发展,其强度较辉光放电弱,产生的空间电荷很少,不足以畸变空间的电场,电离、激发、复合过程与发光主要出现在放电间隙里靠近阳极的区域。相比汤生放电,辉光放电强度较高,而且电离和发光等过程主要集中在靠近阴极的阴极位降区。

从图 6.18 所示的放电电流 i_d 的波形可以看出,大气压氮气 DBD 均匀放电的电流强度约为 3.5 mA,约是氦气中放电强度的 1/10;电流脉冲的半高宽 45 μs,约是氦气中的 30 倍。从图 6.16 所示侧面的放电图像中可明显看出,间隙中的发光亮层靠近瞬时阳极,这与图 6.10(a)所示的氦气 APGD 的早期汤生阶段相似。综合考虑电流波形和放电发光的高速摄影,可以判断大气压氮气介质阻挡均匀放电属于汤生放电,称其为 APTD(atmospheric pressure Townsend discharge)。

我们知道,在 DBD 丝状放电过程中,阻挡介质可等效为大量的小电容并联,每个丝状放电的通道中的自由电荷堆积在异号侧的阻挡介质表面;净电荷堆积产生的内建电场 E_{in} 抵消了外加电场 E_a,从而使得每一个放电细丝在产生后又迅速熄灭。大气压氦气介质阻挡均匀放电中,随着电流的增长,气隙电压 V_g 迅速由 1.23 kV 下跌到 400 V,然后电流迅速熄灭(见图 6.5)。然而在氮气均匀放电过程中,如图 6.18 所示,气隙电压 V_g 没有下降反而随着外加电压的升高而不断升高到 8 kV;在气隙电压 V_g 持续升高的过程中,电流没有增大反而逐渐衰减并熄灭。作者把这种 DBD 过程中气隙电压升高伴随着电流不是持续增强反而衰减熄灭的现象叫做"反常熄灭"[42]。

该现象此前并从未被研究者重视。作者认为,这个现象表明在氮气大气压 DBD 均匀放电中,介质表面陷阱捕获电子的二次发射作为"种子电子"的主要来源,是均匀放电得以维持的关键。放电过程中气隙电压 V_g 的持续上升是因为:氮气中 DBD 均匀放电属于汤生放电,其强度很弱,所以阻挡介质上异号电荷的堆积以降低气隙电压 V_g 的效果,远没有外加电压 V_a 的不断升高对 V_g 的作用大。那么在 V_g 持续升高的过程中,放电反而衰弱并熄灭的原因可以用汤生放电的自持条件来解释[41],详见 6.2 节的式(6-6),其中电子碰撞电离系数 α 与气隙内场强(或气隙电压 V_g)正相关。在氮气 DBD 均匀放电过程中,γ 表征阴极阻挡介质表面释放出自由电子的能力。上一次放电的电子被瞬时阳极阻挡介质表面的浅位阱所吸附,这些电子在这一放电过程中会作为二次电子被释放出来,为这一次放电提供种子电子[8]。由于上一次放电过程中介质表面捕获的电子是有限的[22],所以在这一次放电过程中,二次电子发射过程会减弱消失,即 γ 系数会随着放电的发展而迅速减小。那么即使 V_g 的上升令 α 系数不断增大也无法使放电自持,从而导致 V_g 在持续增加而放电却逐渐熄灭的反常熄灭现象。

6.3.3　工作区间与击穿电压

　　大气压下氮气 DBD 均匀放电的获得有一定的条件,如气隙厚度、电压的幅值和频率,以及气流速度等。能获得大气压下氮气 DBD 均匀放电的最大间隙厚度 d 是存在上限的(本实验中上限为 3 mm),这很容易理解:均匀电场中电子雪崩的发展与 $\exp(\alpha d)$ 成正比,因此对于更大的间隙距离 d,氮气中的电子雪崩的剧烈发展将转为流注放电[6]。

　　在间隙距离 $d=2$ mm 的条件下,固定一个合适的气流速度(21 cm/s)以研究得到大气压下氮气 DBD 均匀放电的外加电压 V_a 的幅值 V_m、频率 f 范围,从而获得大气压下氮气 DBD 汤生放电的工作区间,结果如图 6.19 所示。

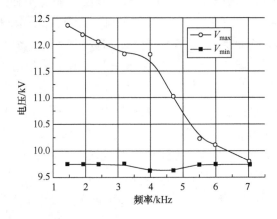

图 6.19　大气压 2 mm 氮气 DBD 均匀放电的外加电压工作区间

　　实验中发现,只有外加电压的幅值和频率处于一定的范围才能够获得稳定的汤生放电。从图 6.19 可看到,有两条曲线 V_{min} 和 V_{max},分别表示获得汤生放电的下限和上限。其中,V_{min} 是通过缓慢增加外加电压 V_a 的幅值 V_m 得到的。当 $V_m < V_{min}$ 时,间隙将不会放电,因此 V_{min} 是该条件下气隙放电所需的最低电压。获得汤生放电后继续升高电压,当 $V_m > V_{max}$ 时,均匀的汤生放电将转变为丝状放电。

　　受制于高压电源的输出频率限制,低于 1.4 kHz 的均匀放电工作区间在本书中没有研究。从图中还可以看到,V_{min} 与频率 f 无关,基本保持在 9.75 kV;而 V_{max} 却随着频率的升高而迅速下降。当频率高于 7 kHz 时,获得稳定的汤生放电基本很困难,气隙一旦放电则呈现强烈的丝状放电。

　　工作区间的下限 V_{min} 与静态击穿电压直接有关。大气压下 2 mm 氮气隙的静态击穿电压 V_{sb}(static breakdown voltage),在高过这个电压值的时候气隙放电则表现为电弧或流注。在外加电压的幅值 $V_m < V_{min}$ 时，间隙中并未放电，因此可将间隙等效为一个电容，与阻挡介质串联。此时，2 mm 氮气上的起始击穿电压 V_{ib}（initial breakdown voltage）可通过如下公式计算：

$$V_{ib} = \frac{\varepsilon_{rm}}{\varepsilon_{rm} + 1} V_{min} \tag{6-11}$$

其中，ε_{rm} 是阻挡介质的相对介电常数（取 3.9）。将 $V_{min} = 9.75$ kV 代入式(6-11)，得到 2 mm 氮气间隙的起始击穿电压 V_{ib} 为 7.8 kV，与文献[43]中统计的 8.2 kV 的静态击穿电压 V_{sb} 比较接近。

回到图 6.18 所示的气隙电压 V_g 波形上可以看到，对于气隙已经击穿的稳定汤生放电要得到准确的击穿电压 V_{Tb}（Townsend breakdown）很困难。如前所述，氮气中 DBD 均匀放电与氦气中的不同，前者在放电起始后不存在气隙电压 V_g 突然下降的拐点，因此 V_{Tb} 的读取只能从运流电流 i_d 上升的起始阶段进行估读。不论起始阶段的选择是否足够准确，读出的 V_{Tb} 都远小于 2 mm 氮气隙的静态击穿电压 8.2 kV（实验中 V_{Tb} 最小可达 4.9 kV），而这种现象恰恰是由于 DBD 放电中的"记忆效应"的存在，使得 2 mm 气隙可以在如此低的电压下就开始放电。

图 6.18 所示的气隙电压 V_g 波形上还可以看出一条重要信息，即 V_g 往往增加到接近 2 mm 氮气隙的静态击穿电压 $V_{sb} = 8.2$ kV。这一特点不论在汤生放电工作区间的哪个频率都存在，因为当气隙电压 V_g 超过 8.2 kV 时，电子雪崩将转变为丝状放电。在工作区间的上方，即外加电压 V_a 的上限 V_{max} 时，汤生放电向丝状放电过渡的过程中，丝状放电对应的电流窄脉冲也首先出现于 V_g 的峰值附近。

6.4　大气压空气介质阻挡均匀放电

在大气压空气中实现大气压下的 DBD 均匀放电具有极其诱人的工业化应用前景。然而迄今为止，空气中 DBD 均匀放电的获得仍然非常困难，对其放电均匀性的诊断缺乏可信的证据，因为一般条件下人们获得的 DBD 放电是通过肉眼或普通相机进行观察后看到的"貌似均匀"的放电现象，其实质往往是时间、空间上随机分布的大量的放电细丝。本节介绍两种获得大气压空气介质阻挡均匀放电的研究结果。第一种是采用 PET 薄膜覆盖金属丝网电极的方法，实现大气压下 2 mm 空气中 DBD 均匀放电；第二种是采用陶瓷片作为绝缘介质，在大气压 2～4 mm 空气隙中实现均匀 DBD。

6.4.1　驻极体薄膜＋丝网电极结构

1993 年日本学者 Okazakii 宣称其用金属丝网作为电极，用 PET（polyethylene

terephthalate,聚对苯二甲酸乙二醇酯)等驻极体材料薄膜作为阻挡介质和工频高压,在空气中实现了均匀放电,获得了大气压空气中的"辉光放电"[12];Tepper、方志等研究人员使用类似的方法获得了大气压氮气、空气的均匀放电[44,45];作者使用类似结构的驻极体薄膜＋丝网电极结构,实现了大气压 2 mm 空气均匀 DBD,并通过曝光时间 100 ns 的 ICCD 高速摄影确认了其放电的均匀性,从而在丝网电极覆盖 PET 薄膜的放电研究中首次提供了放电均匀性的证据。

1. 实验布置

实验布置与前面氦气、氮气的类似,详见文献[46]。正确地设计、安装电极系统(金属丝网与基座,PET 薄膜),对实现均匀放电是至关重要的。金属丝网电极和覆盖在丝网上的 PET 薄膜都是柔软之物,必须有电极基座支撑,才可能使它们保持平整。实验中的上下两个电极都是这样构成的:丝网电极放置于电极基座之上,然后在丝网电极之上覆盖 PET 薄膜。丝网电极直径 4 cm,由 325♯(325 丝/in,细丝直径 0.035 mm)不锈钢丝网构成。为了使气体间隙中电场径向分布尽可能均匀,我们摒弃了电极基座边缘倒圆角的方法,而采用气体激光器领域常用的 Rogowski 电极作为电极基座。使用 Ansoft 软件进行电场计算表明,这种电极电场仅比轴线处高 3%,远低于普通圆电极倒角边缘的 11%。为了使该薄膜和丝网电极紧密接触,使用了聚氯乙烯套环将丝网和薄膜一起平整而紧密地固定在电极基座上。

放电电流信号经过阶跃信号发生器 SVG,控制高速相机 ICCD 的触发,并分别从侧面和底面对空气隙进行拍摄。

2. 电特性

判断放电均匀性的最直接方式是拍摄高时间分辨(曝光时间 10 ns 量级)的放电图像,以观察是否存在时空上随机分布的放电细丝。但是,由于在这种高速 ICCD相机的价格昂贵,以往人们常常以放电电流及放电电荷的波形作为放电均匀性的间接判断依据。电流波形是判断均匀放电与否的另一个条件:在一个很短的时间范围内(0.1 μs 至 10 μs 数量级),放电在整个气体间隙中同时发生。而非均匀放电是由大量在时空上随机分布的放电细丝组成的,它在电流波形上就表现为众多的脉宽为 10 ns 数量级的电流窄脉冲。在改进丝网电极之前所得到的放电即是这样的丝状放电。

图 6.20(a)是改进之后典型的放电波形图,其实验条件是:丝网电极直径 4 cm,PET 薄膜厚度 0.1 mm,大气压空气间隙 2 mm。从图 6.20(a)可以看出,在每半个工频周期内只有一个电流脉冲。与之相对应,放电电荷波形上同时出现一个很陡的阶跃。显然,图 6.20 所示的放电很可能是均匀放电,这说明经过改进丝网

电极与 PET 薄膜的设计和安装,使得放电的均匀性提高了。

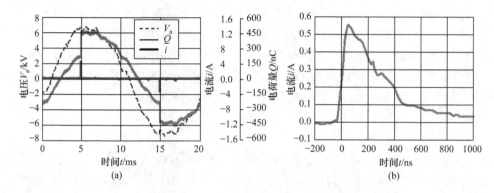

图 6.20　典型的均匀放电波形图

(a) 外加电压、放电电流、电荷波形;(b) 电流脉冲展开图

　　图 6.20(b)是对图 6.20(a)中电流波形沿时间轴的展开图,从该图可以看到,放电电流脉冲的幅值约为 0.55 A,半高宽约为 400 ns。更多讨论可参见文献[46]。

　　3. 放电图像的诊断

　　对这种貌似均匀的放电进行了高速摄影,如图 6.21 所示。该图是在放电电流脉冲峰值时刻拍摄的,其上方是侧面图像,下方是底面图像。当曝光时间为 1 μs 时,从图 6.21(a)可以看到,放电基本上均匀地发生在整个气体间隙。当曝光时间为 100 ns 时,从图 6.21(b)可以看到,侧面图像的明暗已经不太均匀,而底面图像明显地反映出放电不是覆盖整个圆形电极表面的。Tepper 在相似电极结构的氮

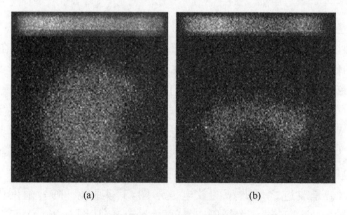

图 6.21　均匀放电时拍摄的图像

(a) 1 μs;(b) 100 ns

气放电图像中,曝光时间为 1 ms 拍摄到的底面放电图像表明,放电虽然是覆盖整个电极区域但是明显有亮度的不同,他解释这是由于放电过程中电荷在薄膜表面上积累不均匀造成的[44]。我们的实验却表明,如果丝网和薄膜的接触不是平整而紧密的,或者气体间隙长度的略微不一致将会导致整个气隙不同步击穿,或者某个区域始终不放电——而这种现象可能要在 ICCD 相机的快门速度为几十纳米到几百纳米级别才会发现。

尽管图 6.21(b)的放电没有覆盖整个圆形电极表面,但间隙中不存在任何放电细丝。由于上面拍摄的放电图像是电流峰值附近单次曝光的图像,可以看出信噪比并不理想,从间隙的轴向光强分布难以得到可靠的信息。这是因为单次放电所发出的光非常微弱,对于高增益的 ICCD 高速相机仍然很难获得高信噪比的图像。

通过改变外界条件(如使用制作不良的丝网薄膜电极)很容易得到丝状放电。用不同曝光时间拍摄的其侧面和底面详见图 6.4,其中图(a)和(b)的上方是侧面图像,下方是底面图像;图(c)和(d)只有侧面图像,并且图的上部是阳极,下部是阴极。从图中可以看到,相同实验条件下的细丝放电图像,细丝的数量及其分布的均匀度随着曝光时间的增大而增加。因此,对于细丝放电,长曝光时间的图像或仅凭肉眼观察,可能给人造成均匀放电的假象(图 6.22)。因此本书认为,要准确地判断放电的属性,需要拍摄曝光时间不超过 100 ns 的放电图像(侧

图 6.22　曝光 100 ms 的丝状放电

面和底面),才能确认放电的空间均匀性。另外,从图 6.4(c)和(d)可以观察到呈倒锥形(下细上粗)的放电细丝,这是由于电子雪崩从阴极向阳极发展过程中头部电子云因扩散而逐渐变粗的缘故。

4. 均匀放电的形成机理

关于金属丝网和 PET 薄膜结构的 DBD 为何可能得到大气压空气中的均匀放电,有多种不同的解释:俄罗斯学者 Golubovskii 通过数值模拟认为,PET 薄膜是一种驻极体材料,具有较强的保存电荷的能力,因此在上一个放电脉冲期间吸附在驻极体薄膜表面的电子有可能保留下来,成为下一个放电脉冲的种子电子。Buchta 等认为,金属丝网的电阻较高,这抑制了放电向流注细丝发展[47]。西安交通大学的方志实验研究并拍摄了大气压 2 mm 空气间隙的“均匀放电”和丝状放电的图像(曝光时间 50 ms),他认为击穿前丝网电极的电晕使大量电荷注入 PET 薄膜,在薄膜的另一面释放到气体间隙中成为放电的种子电子,这可能是导致均匀放电的原因[48]。作者对金属丝网的微观结构进行了仔细观测,并使用 Ansoft 软件

对丝网电极的 DBD 结构进行了三维的静电场有限元仿真。研究发现,单丝直径 35 μm 左右的丝网电极可以使丝网周围的电场强度发生强烈的畸变,在 PET 薄膜靠近空气侧的交界面处使电场强度达到 3.75 kV/mm,以及接近空气的静态击穿场强(2 mm 空气的静态击穿电压约 8 kV)。相比平板电极,这个场增强效应使得丝网电极在较低的外加电压下即可使间隙中靠近 PET 薄膜的地方激发电晕,从而可能为整个间隙的击穿提供种子电子。当 PET 薄膜的厚度超过 0.1 mm 时,金属丝网的对放电间隙的场增强效应会迅速降低,相关结果可参见文献[49]。

6.4.2　使用陶瓷片作为介质材料

在空气 DBD 的研究中,作者对比了多种玻璃与陶瓷介质,最终使用珠海粤科公司生产的陶瓷片为阻挡介质,在大气压 3 mm 空气隙中得到均匀 DBD,并通过 ICCD 高速摄影诊断以及电流波形的计算分析予以证实和解释。实验布置与前面三节的类似,其中阻挡介质厚度介于 0.5～3.25 mm,气隙厚度为 3 mm。测量的电压和电流信号使用 Lecroy WR610Zi 示波器进行显示与存储,字长最高达 16 M,以保证测量电流波形时 10 ns 级的电流窄脉冲不会失真。

1. 均匀放电的获得

通过选择不同厚度的陶瓷片,可发现如下明显的规律:每个陶瓷片的厚度 $d=0.5$ mm 时,放电呈现强烈的丝状放电模式,如图 6.23(a)所示。随着介质厚度的逐渐增加,放电呈现一个均匀放电和丝状放电的混合模式,即从放电电流的波形上可看到,每半个周期有一些放电窄脉冲随机叠加在容性电流的"鼓包"上(图 6.23(b));当介质厚度在 1.5 mm 时,电流波形上没有随机出现的窄脉冲,只剩下相对稳定的容性电流"鼓包"以及电压峰值附近出现的电流尖峰(如图 6.23(c)),这时的放电空间用肉眼已观察不到放电细丝的存在。由上可见,介质厚度对 3 mm 空气 DBD 的放电波形具有较大的影响。在单片陶瓷厚度 $d\geqslant1.5$ mm 时,可获得如图 6.23(c)所示的没有放电细丝的电流波形。

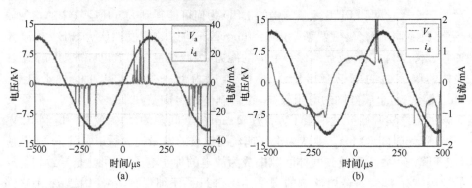

(a)　　　　　　　　　　　　　　　(b)

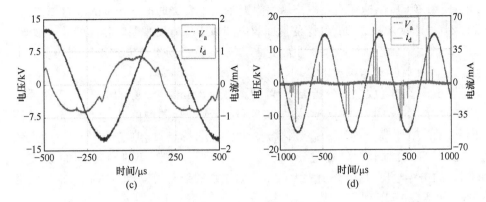

图 6.23 不同厚度陶瓷和石英对 3 mm 空气 DBD 的影响(f＝1.56 kHz)
(a) d＝0.5 mm 陶瓷；(b) d＝1mm 陶瓷；(c) d＝1.5 mm 陶瓷；(d) 1 mm 石英玻璃

阻挡介质的材料种类对空气 DBD 也有很大的影响。图 6.23(d)是使用两片 1 mm厚的石英玻璃做阻挡介质时,3 mm 空气 DBD 的电压电流波形图。实验发现,电流波形始终带有大量的放电细丝,即使将气压从 1 atm 降至 650 Pa,放电细丝仍然无法避免。

此外,电源频率的选择对放电细丝的避免也十分重要。研究发现,当电源频率高于 3 kHz 时,放电细丝同样难以避免。

2. 均匀放电的诊断与分析

图 6.24(a)是这种貌似均匀 DBD 的典型的电压电流波形图,气隙厚度为 3 mm,介质厚度 d＝2.3 mm,外加电压频率 f＝1.34 kHz。为验证其是否为均匀

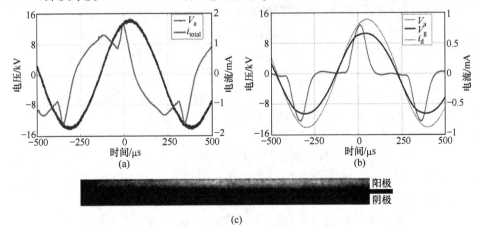

图 6.24 大气压空气 3 mm 均匀 DBD 波形图与放电发光图
(a) 外加电压和放电总电流；(b) 运流电流、气隙电压波形；(c) 放电气隙侧面图像

放电,使用 ICCD 高速相机在电流峰值附近拍摄了曝光时间 10 ns 的放电图像,如图 6.24(c)所示。从 3 mm 气隙的侧面放电图像中没有发现明暗相间的放电细丝,靠近瞬时阳极发现一个薄薄的亮层,这与 6.3 节氮气汤生放电中观察到的现象十分类似,因此可断定这种放电是均匀放电,且属于汤生放电。

与 6.3 节氮气放电的分析类似,可计算得到 3 mm 空气隙的电压 V_g 以及放电的运流电流 i_d(又叫放电电流),如图 6.24(b)所示。从图中可见,运流电流 i_d 的幅值不到 1 mA,半高宽约 85 ns,这符合汤生放电的特点;气隙电压 V_g 近似为正弦波,对应 i_d 起始时刻的气隙电压约为 5.7 kV,即稳态工作的均匀 DBD 仅需要 5.7 kV 的击穿电压,这个数值大大低于根据帕森曲线计算得到的 3 mm 空气的静态击穿电压(约 11.2 kV)。

与 6.3 节氮气放电部分的讨论类似,这种空气均匀 DBD 中气隙稳态击穿电压远小于静态击穿电压的现象,可用"种子电子"来解释,其来源仍可能与介质表面浅位阱的"二次电子发射"关系密切。

进一步观察气隙电压 V_g 和运流电流 i_d,可发现图 6.24 所示的 3 mm 空气汤生放电存在"反常熄灭"现象,即在气隙电压 V_g 逐渐升高的过程中,运流电流 i_d 逐渐减小至 0。这与大气压氮气汤生放电的"反常熄灭"现象极其相似,其原因归结为介质表面"浅位阱"中入陷电子的耗尽,详细讨论可参见文献[50]。

3. 阻挡介质对均匀放电的影响

阻挡介质最初引入到气隙放电的作用是限制电弧的发展,但是人们发现,介质的厚度对 DBD 有着重要影响[2]。Mangolini 使用不同厚度的介质可控制大气压氦气 DBD 处于辉光放电或汤生放电模式[23];作者使用不同厚度的陶瓷片对 3 mm 空气 DBD 也存在较大影响。介质厚度对 DBD 的影响可通过介质的等效电容来解释:由于 DBD 中介质可等效为一个电容,在放电过程中异号电荷堆积在介质表面削弱了外加电场,这使放电迅速熄灭。不同厚度的介质具有不同的电容,因此也具有不同的限流效果。

除了其厚度的影响,介质表面"浅位阱"特性似乎具有更大的影响。研究表明,介质表面浅位阱对 DBD 的起始和熄灭阶段都有重要影响。作者在大气压 2 mm 氮气和 3 mm 空气汤生放电的研究都发现:

(1) 汤生放电起始时刻对应的气隙电压显著低于静态击穿电压,如大气压 2 mm 氮气汤生放电起始电压仅需要 4.7 kV,对应的静态击穿电压为 8.2 kV。在空气 DBD 中同样存在类似的效应,以保证汤生放电在较低电压下起始。

(2) 在放电的发展阶段存在"反常熄灭"现象,即气隙电压不断上升的过程中放电逐渐熄灭。这种表面介质表面浅位阱对汤生放电的维持阶段也具有重要作用,因为数量有限的浅位阱电子在放电过程中逐渐消耗,导致汤生放电的"反常熄灭"。

(3) 使用两片 1 mm 厚的石英玻璃片做阻挡介质,在氮气中需配合纯净氮气流的吹动才可获得稳定的汤生放电;在空气中则不论选取什么电压幅值、频率,气压在 670 Pa 至 1 atm 的范围内都无法避免放电细丝的大量存在。1 mm 石英玻璃的介电常数与 2.3 mm 的陶瓷片相差无几,因此二者放电现象的显著差异将归结为介质材料特性的差异。同时发现,即使都是陶瓷片,由于厂家或批次的不同,其放电特性也略有差异:同样厚度的情况下,珠海粤科生产的陶瓷片比其他厂家产品所得到的均匀 DBD 更为稳定。

因此可以推测,陶瓷表面的浅位阱对获得大气压 3 mm 空气汤生放电具有至关重要的作用。下一步工作的研究内容将集中在介质表面浅位阱特性的测量及其对大气压介质阻挡均匀放电的影响上,相关研究正在进行中。

6.5　小　　结

本章总结了大气压介质阻挡均匀放电的领域的最新研究成果,主要结论如下:

(1) 大气压 DBD 通常表现为大量的放电细丝,其本质是大量 10 ns 级的流注。通过拍摄不同曝光时间(1 ms、100 μs、100 ns、10 ns)大气压空气放电图像,说明只有拍摄 10 ns 量级的放电图像,并结合电流波形的分析才能正确判断是否均匀放电以及放电的属性。选择具有高能亚稳态粒子的气体,选择 γ 系数大的阻挡介质,或者使用纯净气流(对于惰性气体和氮气)都有助于降低气体击穿场强,从而实现大气压介质阻挡均匀放电。

(2) 大气压惰性气体(氦气、氖气)中可很容易地实现均匀放电,并且其放电模式为辉光放电。使用高频电源在 2 mm 气隙的大气压氩气中不易实现覆盖整个电极的均匀放电,更容易出现斑图。ICCD 高速相机拍摄的时间分辨放电图像表明,大气压氦气和氖气介质阻挡均匀放电均是从汤生放电到亚正常辉光放电的演化过程,二者都存在径向扩展过程。对大气压氩气斑图研究结果表明,每个放电柱其本质也是从汤生放电向辉光放电的演化过程,而不是丝状的流注放电。光谱诊断结果表明,在氦、氖和氩 DBD 中都发现了它们的高能亚稳态离子。惰性气体的高能亚稳态离子与杂质分子的彭宁电离对放电的均匀性起着非常关键的作用。氦气放电等离子体中得到了氮离子的第一负带系 $N_2^+(B^2\Sigma_u^+ \rightarrow x^2\Sigma_g^+)$,而在氖气和氩气中没有发现这个带系,但是发现了氮分子第二正带系($C^3\Pi_u \rightarrow B^3\Pi_g$)的发射谱线,这说明氖原子和氩原子的亚稳态能级太低不足以激发氮离子的第一负带系。

(3) 在一定的实验条件下(如气隙 $d = 2$ mm、流速 $v \geqslant 21$ cm/s、电压频率 1.5 kHz$\leqslant f \leqslant$7 kHz、外加电压幅值 9.8 kV$\leqslant U_m \leqslant$12.3 kV),可获得稳定的大气压氮气介质阻挡均匀放电,并根据电流波形和放电图像判断该均匀放电属于汤生放电。大气压氮气介质阻挡均匀放电存在反常熄灭现象，即放电在气隙电压上升过程中熄灭，这表明介质表面吸附电子的去吸附对维持均匀放电是至关重要的。

（4）根据大气压氦气和氮气介质阻挡均匀放电发射光谱以及气隙击穿电压，进一步证实了亚稳态粒子对形成均匀放电的重要作用：氦气亚稳态原子 $He(2^3S)$ 和氮杂质之间的彭宁电离、氮气亚稳态分子 $N_2(A)$ 在阻挡介质表面吸附电子的去吸附。这些都为后续放电提供了大量种子电子，大大降低了气隙击穿电压，导致均匀放电的形成。纯净的气流可减小气隙中的杂质，延长亚稳态粒子的寿命，有助于均匀放电的形成。

（5）利用改进后的丝网电极＋PET 薄膜结构，大气压空气 2 mm 气隙中实现了均匀放电。根据气隙电场分布计算结果，提出了均匀放电的形成机理：丝网电极使得气隙中紧挨 PET 薄膜处的电场局部增强并导致电晕，为后续均匀放电产生了大量的种子电子，有助于均匀放电的形成。使用珠海粤科公司的陶瓷片做阻挡介质，也可在大气压 2～4 mm 空气隙中实现均匀放电，其放电属性为汤生放电。介质的限流作用以及陶瓷表面存在的浅位阱的共同作用，是获得大气压空气介质阻挡均匀放电的关键因素。

参 考 文 献

[1] Roth J R. Industrial Plasma Engineering, V. 1 and V. 2[M]. Bristol and Philadelphia: Institute of Physics Publishing, 1995, 2001.

[2] Kogelschatz U. Dielectric-barrier discharges: their history, discharge physics, and industrial applications[J]. Plasma Chemistry and Plasma Processing, 2003, 23(1):1-46.

[3] 王新新. 介质阻挡放电及其应用[J]. 高电压技术, 2009, 35(1):1-11.

[4] von Engel A. On the glow discharge at high pressure[J]. Zeitfuer Physik, 1933, 85:144-160.

[5] Kanazawa S, Kogoma M, Moriwaki T. Stable glow plasma at atmospheric pressure[J]. Journal of Physics D: Applied Physics, 1988, 21(5):838-840.

[6] Wang X X, Li C R, Lu M Z, et al. Study on atmospheric pressure glow discharge[J]. Plasma Sources Science and Technology, 2003, 12:358-361.

[7] 王新新, 卢明哲, 蒲以康. 空气中大气压下均匀辉光放电的可能性[J]. 物理学报, 2002, 51(12):2778-2785.

[8] Golubovskii Y B, Maiorov V A, Behnke J, et al. Influence of interaction between charged particles and dielectric surface over a homogeneous barrier discharge in nitrogen[J]. Journal of Physics D: Applied Physics, 2002, 35:751-761.

[9] Li M, Li C R, Zhan H M, et al. Effect of surface charge trapping on dielectric barrier discharge[J]. Applied Physics Letters, 2008, 92(3):1503-1505.

[10] Li C R, Wang X X, Li M, et al. Dielectric barrier discharge using corona-modified silicone rubber[J]. Europhysics Letters, 2008, 84:25002.

[11] Gherardi N, Massines F. Mechanisms controlling the transition from glow silent discharge to

Streamer discharge in nitrogen[J]. IEEE Transactions on Plasma Science,2001,29(3):536-544.

[12] Okazakii S. Appearance of stable glow discharge in air,argon,oxygen and nitrogen at atmospheric pressure using a 50 Hz source[J]. Journal of Physics D:Applied Physics,1993,26:889-892.

[13] Kogelschatz U. Filamentary, patterned, and diffuse barrier discharges[J]. IEEE Transactions on Plasma Science,2002,30(4):1400-1408.

[14] Massines F,Segur P,Gherardi N,et al. Physics and chemistry in a glow dielectric barrier discharge at atmospheric pressure:diagnostics and Modeling[J]. Surface and Coating Technology,2003,174/175:8-14.

[15] Znavr'atil,Brandenburg R,Trunec D,et al. Comparative study of diffuse barrier discharges in neon and helium[J]. Plasma Sources Science and Technology,2006,15:8-17.

[16] Radu I,Bartnikas R,Czeremuszkin G,et al. Diagnostics of dielectric barrier discharges in noble gases:atmospheric pressure glow and pseudoglow discharges and spatio-temporal patterns[J]. IEEE Transactions on Plasma Science,2003,31(3):411-421.

[17] 董丽芳,李雪辰,尹增谦,等. 大气压介质阻挡放电中的自组织斑图结构[J]. 物理学报,2002,51(10):2296-2301.

[18] Zhang P,Kortshagen U. Two-dimensional numerical study of atmospheric pressure glows in helium with impurities[J]. Journal of Physics D:Applied Physics,2006,39:153-16.

[19] Kossyi I A,Kostinsky A Y,Matveyev A A,et al. Kinetic scheme of the non-equilibrium discharge in nitrogen-oxygen mixtures[J]. Plasma Sources Science and Technology,1992,1:207-220.

[20] Bosan D A,Jovanovic T V,Krmpotic D. The role of neutral metastable N(A) molecules in the breakdown probability and glow discharge in nitrogen[J]. Journal of Physics D:Applied Physics,1997,30(22):3096-3098.

[21] Segur P,Massines F. The role of numerical modeling to understand the behavior and to predict the existence of an atmospheric pressure glow discharge controlled by a dielectric barrier[C]. Proceedings of 13th International Conference on Gas Discharges and their Applications,Glasgow,UK,2000:15-24.

[22] Čech J,Brablec A,S'ahel P,et al. The influence of ethane on the conversion of in a dielectric barrier discharge[J]. Czechoslovak Journal of Physics,2206,56(s2):1074-1078.

[23] Mangolini L,Anderson C,Heberlein J,et al. Effects of current limitation through the dielectric in atmospheric pressure glows in helium[J]. Journal of Physics D:Applied Physics,2004,37:1021-1030.

[24] Radu I,Bartnikas R,Wertheimer M R. Dielectric barrier discharges in helium at atmospheric pressure:experiments and model in the needle-plane geometry[J]. Journal of Physics D:Applied Physics,2003,36:1284-1291.

[25] 王新新,李成榕,蒲以康,等. 用 50 Hz 工频电压产生大气压下辉光放电[J]. 高电压技术,

2002,28(12):39-41.

[26] Shi J J,Kong M G. Evolution of discharge structure in capacitive radio-frequency atmospheric microplasmas[J]. Physics Review Letters,2006,96:105009.

[27] Walsh J L,Shi J J,Kong M G. Contrasting characteristics of pulsed and sinusoidal cold atmospheric plasma jets[J]. Applied Physics Letters,2006,88:171501.

[28] Golubovskii Y B,Maiorov V A,Behnke J F,et al. Study of the homogeneous glow-like discharge in nitrogen at atmospheric pressure[J]. Journal of physics D:Applied physics,2004,37:1346-1355.

[29] Chen Z,Roth J R. Impedance matching for one atmosphere uniform glow discharge plasma (OAUGDP) reactors[J]. IEEE Transactions on Plasma Science,2001,30(5):1922-1930.

[30] Luo HY,Liang Z,Lv B,et al. Observation of the transition from a townsend discharge to a glowdischarge in helium at atmospheric pressure. Applied Physics Letters,2007,91:221504

[31] Luo HY,Liang Z,Lv B,et al. Radial evolution of dielectric barrier glow-like discharge in helium at atmospheric pressure[J]. Applied Physics Letters,2007,91:231504

[32] 梁卓,罗海云,王新新,等. 大气压氮气介质阻挡放电的二维演化过程[J]. 高电压技术,2008,34(2):377-381.

[33] 冉俊霞,罗海云,王新新. 大气压氖气介质阻挡放电的实验分析[J]. 高电压技术,2011,37(6):10389-10395

[34] 罗海云,冉俊霞,王新新. 大气压不同惰性气体介质阻挡放电特性的比较[J]. 高电压技术,2012,38(5):11780-11787.

[35] Ran J X,Luo H Y,Wang X X. A dielectric barrier discharge in neon at atmospheric pressure[J]. Journal of Physics D:Applied Physics,2011,44(33):335203.

[36] Kogelschatz U. Filamentary and diffuse barrier discharges[J]. IEEE Transactions on Plasma Science,2002,30:1400-1408.

[37] Mangolini L,Orlov K,Kortschagen U,et al. Radial structure of a low-frequency atmospheric-pressure glow discharge in helium[J]. Applied Physics Letters,2002,80(10):1722-1174.

[38] Luo H Y,Liang Z,Wang X X,et al. Effect of gas flow in dielectric barrier discharge of atmospheric helium[J]. Journal of Physics D:Applied Physics,2008,41(20):205205.

[39] 王新新,李成榕. 大气压氮气介质阻挡均匀放电[J]. 高电压与绝缘技术,2011,37(6):1405-1415.

[40] Luo H Y,Liang Z,Wang X X,et al. Homogeneous dielectric barrier discharge in nitrogen at atmospheric pressure[J]. Journal of Physics D:Applied Physics. 2010,43(15):155201.

[41] Raizer Y P. Gas Discharge Physics[M]. Berlin:Springer-Verlag,1991.

[42] Luo H Y,Wang X X,Li C R. Extraordinary extinction of dielectric barrier Townsend discharge in nitrogen at atmospheric pressure[J]. Europhysics Letters,2012,97(1):15002.

[43] Dakin T W,Luxa G,Oppermann G,et al. The electric strength of nitrogen at elevated and small gap spacings[J]. Electra,1974,32:61-82.

[44] Tepper J,Lindmayer M. Investigations of two different kinds of homogeneous barrier dis-

charges at atmospheric pressure[C]. HAKONE VII Intern. Symposium on High Pressure Low Temperature Plasma Chemistry, Greifswald, Germany, 2000, 1: 38-43.

[45] Fang Z, Qiu Y, Luo Y. Surface modification of polytetrafluoroethylene film using the atmospheric pressure glow discharge in air[J]. Journal of Physics D: Applied Physics, 2003, 36: 2980-2985.

[46] 罗海云,王新新,毛婷,等. 用 PET 薄膜覆盖金属丝网电极实现大气压空气中均匀放电[J]. 中国物理学报, 2008, 57(7): 4298-4303.

[47] Buchta J, Brablec A, Trunec D. Comparison of ozone production in atmospheric pressure glow discharge and silent discharge[J]. Czech Journal of Physics, 2000, 50(s3): 273-278.

[48] 方志. 大气压辉光放电及其在材料表面改性中的应用[D]. 西安: 西安交通大学, 2005.

[49] Wang X X, Luo H Y, Liang Z, et al. Influence of wire mesh electrodes on dielectric barrier discharge. Plasma Sources Science and Technology, 2006, 15(4): 845-848.

[50] 罗海云,冉俊霞,王新新. 大气压空气介质阻挡汤生放电[J]. 高电压技术, 2012, 38(7): 1661-1666.

第7章 大气压下纳秒脉冲弥散放电

章 程 邵 涛 严 萍

中国科学院电工研究所

纳秒脉冲条件下的放电物理过程十分复杂,具有与常规放电(交流、直流)不同的放电特性。脉冲放电的电压持续时间短,流注不能充分发展,产生电弧的热电离条件受限,不易形成电弧通道。取而代之,放电过程会出现多通道交叠的弥散(diffuse)放电。这种放电通常在较高电场强度下形成,具有较高电子密度和较大放电体积等特点,成为近年来纳秒脉冲放电等离子体研究中的热点。本章综述中国科学院电工研究所在大气压纳秒脉冲弥散放电领域的研究进展。在介绍弥散放电国内外研究现状的基础上,首先从图像和电特性角度分析纳秒脉冲气体放电中三种典型的放电模式(电晕、弥散和火花),其中弥散放电表现为贯穿整个气隙的大面积均匀放电。随后对脉冲参数和实验条件等因素(气隙距离、脉冲重复频率和脉冲极性)对弥散放电特性的影响进行实验研究,获得维持弥散放电的电压范围。接着对弥散放电的电特性进行深入研究,分析传导电流的特征及其影响因素。最后从高能电子逃逸和粒子密度角度分析大气压纳秒脉冲弥散放电的形成机理。

7.1 引 言

气体作为最常见的绝缘介质,在直流、工频交流、冲击脉冲等常规条件下的研究内容丰富,应用极为广泛。气体放电的形式也多种多样,包括电晕放电、辉光放电、DBD和火花或电弧放电等[1]。不同的放电模式具有不同的特点,应用领域也不尽相同。电晕通常发生在极不均匀电场中场强较强的小范围空间内,可用于静电除尘、污水处理、空气净化等领域。辉光放电可通过在放置板状电极的真空腔内充入低压气体,并在两极间施加较高电压来获得,其功率密度适中且放电均匀,适合应用于材料表面改性及薄膜沉积等领域。DBD是有固体绝缘介质插入放电空间的一种气体放电形式,其运行气压范围较宽,能够在接近常温和大气压条件下产

本章工作得到国家自然科学基金(51207154,51222701)和国家重点基础研究发展计划(2014CB239505-3)的支持。

生大面积、高能量密度的低温非平衡等离子体,被广泛应用于材料表面改性、杀菌消毒、流动控制和三废处理等领域[2]。火花放电产生的等离子体宏观温度较高,可达 3000~50000 K,具有能量集中以及加热效率高等特点,可应用于等离子体点火和辅助燃烧领域。

采用不同激励形式和放电条件可实现不同的气体放电模式,对放电特性的研究也拓展了气体放电的研究内容和应用领域。由于大气压放电操作简便、环境友好,无需真空设备,故大气压放电与传统的低气压放电相比具有优势。随着放电应用技术的发展,大气压非平衡态等离子体的应用领域也越来越广泛。然而常规激励(交流、直流)产生的非平衡态等离子体在大气压条件下极易向局部热力学平衡等离子体转化,尤其在极不均匀电场条件下放电起始于电晕放电,在放电气隙中容易形成火花流注通道,限制了大气压放电等离子体在一些领域中的应用。因此如何能使大气压等离子体兼具低气压等离子体均匀和稳定的特点成为国内外的研究热点。

一般说来,电晕放电表现为气体的不完全击穿,仅在极不均匀电场的强场附近区域内产生。而火花放电是一个气体完全击穿的状态,表现为大电流和气隙内收缩的明亮通道。近年来,采用上升沿和脉宽均在纳秒量级的窄脉冲激励源来避免放电向热平衡或局部热平衡的模式过渡的研究受到广泛关注[3]。窄脉冲激励的气体放电能够提供高功率密度、高约化电场来产生具有高反应效率的活性粒子的大气压非平衡态等离子体,因此脉冲放电等离子体及其应用是脉冲功率技术在民用领域中极具前景的发展方向。窄脉冲条件下放电物理过程十分复杂,往往具有一些与常规放电(交流、直流)不同的放电特性,如电压持续时间短、流注不能充分发展、击穿电压较高;受时间尺度限制,产生电弧的热电离条件受限,不易形成电弧通道;高能电子的出现不单依靠空间光电离,放电可直接进入高能量、高密度的模式;高能电子逃逸存在随机性与统计性,放电会出现多通道交叠的弥散放电[4~6]。其中,纳秒脉冲条件下的弥散放电因能在常温常压下产生均匀的低温等离子体,而具有广阔的应用潜力。与电晕放电和火花放电不同的是,纳秒脉冲气体放电中的弥散放电表现为电流密度适中、等离子体分布均匀,兼具有能量密度高、放电区域大和气体温度接近室温的特点。弥散放电中的等离子体通道互相交叠,在施加一系列脉冲时拍摄的长时间曝光的积分图像中仍表现为扩散的大面积的形态,故可认为弥散放电是电晕放电和火花放电之间的一个过渡状态。总结弥散放电这种纳秒脉冲下常见放电模式的特性与机理的最新研究成果,有利于拓展弥散放电所涉及的一系列理论研究的开展和应用技术的推广。

7.2　国内外研究进展

纳秒脉冲条件下的弥散放电,通常在较高电场强度下形成,但不产生火花和电弧,具有较高电子密度和较大放电体积等特点。图 7.1 给出了典型的纳秒脉冲弥散放电图像,放电在管板电极结构中产生,这种结构构成了典型的极不均匀电场。图 7.1 中可见,放电空间充满了扩散的(紫色)辉光,这些辉光由贯穿两极的等离子体通道构成。这种放电不同于传统的电晕和火花放电,是因为电晕放电产生的等离子体区域在极不均匀电场的小曲率半径处的附近区域,而火花放电产生的等离子体通道为亮度较高的收缩的形态。然而,弥散放电目前没有确切的定义,仅是从放电形态上对放电的定义[4]。一般认为,弥散放电是电晕放电进一步发展并贯穿电极两端的一种放电形式,其等离子体通道未出现明显收缩且表现出大面积弥散形态,既不同于没有贯穿电极通道的电晕放电,也不同于明显收缩通道的火花/丝状放电。

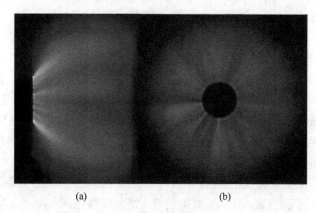

(a)   (b)

图 7.1 弥散放电图像
(a) 侧面;(b)正面

20 世纪 90 年代,研究人员开始对弥散放电的机理与特性进行研究。在一些文献中,这种放电也被称为脉冲电晕放电(pulsed corona discharge)或脉冲流注放电(pulsed streamer discharge)。Ono 等[7]测量了脉冲电晕放电中的 OH 自由基,研究表明其浓度可达 7×10^{14} cm^{-3}。他们还研究了正极性脉冲电晕放电的形成机制,在放电中发现了二次流注过程,采用 5 ns 曝光时间的高速摄影拍摄,图像表明,不同施加电压下一次流注和二次流注的放电通道的分叉随着施加电压的增大而减少。Namihir 等[8]采用高速摄影拍摄了大气压下同轴结构脉冲流注放电的图像,图像表明流注放电起始于中心电极的强场处。Pemen 等[9]研究了线板电极结构的大面积正极性流注的发展过程,实验结果表明最佳的化学反应条件为:脉冲电压 55 kV,每脉冲能量 0.4 J。此外,研究表明,脉冲重复频率在 400 Hz 范围内,频率对等离子体的产生影响不大。Macheret 等[10]通过实验和仿真手段研究了空气中重复频率纳秒脉冲放电等离子体的特性,他们在实验中获得了大面积辉光放电,并通过仿真模型估算出新产生的电子能量约为 100 eV,比直流和射频放电中的结果高两个数量级。Pai 等[11]研究了加热空气中的纳秒脉冲放电特性。他在大气压下把空气加热至 1000 K,并在重频纳秒脉冲放电中发现了三种不同放电模式:类电晕(corona-like)放电、类弥散(diffuse-like)放电和类丝状(filamentary-like)放电模式。其实验条件为:脉冲重复频率 10 kHz,上升时间 5 ns,脉宽 10 ns,气隙距离为 4.5 cm。产生类电晕、类弥散、类丝状放电时施加的电压分别为 5 kV、5.5 kV和 6 kV。电气特性和光学特性诊断结果分析,类弥散放电具有低光辐射、低电子温度和低电流的特点,计算得到的粒子密度最高可达 10^{13} cm^{-3}。而类丝状放电发光强烈,粒子密度达到 10^{15} cm^{-3}。Tarasenko 等[12]研究了空气中极不均匀电场下的脉冲放电特性。他们采用尖-尖、管-板等构成极不均匀电场,在大气压条件下获得了弥散放电。实验中施加的电压幅值为高于 150 kV,脉冲的上升时间低于 1.5 ns,脉宽低于 5 ns,重复频率为 0.5~1500 Hz。与常见的多射流(multi-jet)形态的弥散放电不同,Tarasenko 获得的弥散放电表现为大体积(Volume)形态,放电更均匀,面积更大。然而随着气压或者间隙距离的变化,弥散放电也会过渡到火花放电。Tarasenko 等认为在其实验条件下的弥散放电与逃逸电子和 X 射线辐射有关,放电中出现的高能快电子会预电离气隙,从而点燃弥散放电。此外,国内中国科学院电工研究所、大连理工大学和华中科技大学近年来也陆续对纳秒脉冲激励的弥散放电特性进行了研究[13~16]。

　　从上述研究可以看出,纳秒脉冲条件下的弥散放电是近年来的研究热点,产生这种放电的实验条件多为大气压和高过电压,这是因为利用纳秒脉冲提供的高过电压来激发大气压空气中的大面积放电具有广阔的应用前景。但弥散放电的机理尚未明了,一般说来弥散放电起始于小曲率半径处的场致发射(图 7.1 中管电极端部的亮点),通常出现在火花放电之前。Tarasenko 等[12]和 Babich 等[17]将弥散放电的形成归因于逃逸电子对气隙的电离,他们认为外施电场和阴极附近区域驻留的正离子加强了场致发射,从而在场致发射的初始电子中产生具有高能量的逃逸电子。这些高能电子迅速向阳极方向移动,处于电子崩的前部。当电子崩发展到临界状态时,高能逃逸电子是二次电子崩的来源。这些二次电子崩与主电子崩叠加并点燃弥散放电。Pai 等[11]和 Packan 等[18]认为大气压弥散放电模式的产生和转化与电子崩特性有关,在任何温度和气隙距离下都能获得稳定的电晕放电和火花放电,但在电子崩过渡到流注之前,有可能获得弥散放电。这种放电的形成与气隙内粒子密度有关。可见,两种观点对弥散放电形成的解释都是基于各自的实验条件,Tarasenko 和 Babich 通常在实验中采用高电压幅值和陡上升沿的脉冲来获得极高的过电压倍数,电压幅值通常在 150 kV 以上,脉冲上升沿在 0.1~1 ns 范围内[12,17]。而 Pai 和 Packan 等实验中常采用窄间隙、高重频、低电压的实验条件,他们施加的电压幅值通常在 20 kV 以下,脉冲上升沿为 5~10 ns[11,18]。因此在后者的实验条件下,他们并未测量 X 射线,而是结合光谱仪的测量结果计算放电中的粒子密度。Pai 给出了他们不考虑逃逸电子作用的原因,即逃逸电子要起作用时约化电场强度(E/p)需达到 $465.5\sim784.7$ V/(m·Pa)[19](以 N_2 为例),达到高能电子逃逸击穿理论起作用所需的电场强度较高。综上所述,弥散放电的形成机理尚未达成共识,有必要对其放电特性进行研究,并结合具体实验参数和结果分析纳秒脉冲弥散放电的形成机理。

7.3　纳秒脉冲弥散放电特性研究

7.3.1　纳秒脉冲气体放电特性

纳秒脉冲气体放电中的放电模式多种多样,本节通过改变施加电压幅值,获得不同的纳秒脉冲气体放电模式。实验在大气压空气中进行,放电由中国科学院电工研究所自行研制的重复频率纳秒脉冲电源(MPC-30L)激励。该电源基于单级磁压缩系统,输出脉冲的参数如下:上升时间 100 ns,脉宽 150 ns,脉冲重复频率 $1\sim1000$ Hz 连续可调,电压幅值的范围 $0\sim30$ kV。电极采用针-板结构,是典型的极不均匀电场,图 7.2 给出了实验中拍摄的典型的放电图像。实验时气隙距离为 12 mm,脉冲重复频率为 1000 Hz,曝光时间为 1 s。图 7.2(a)中可见针尖附近区域出现微弱的(紫色)发光,电极间隙内未观察到贯穿两极的等离子,符合电晕放电的特征。图 7.2(b)中的放电充满整个气隙,可以观察到许多等离子体通道,这些通道贯穿阴阳两极且互相交叠。值得注意的是,阴极附近区域有呈现扇形的强发光区,这表明此处放电强烈,该区域即为极不均匀电场的小曲率半径处附近的强场区域。虽然放电为 1000 个脉冲形成的放电的积分图像,但图中未观察到贯穿两极的放电细丝。上述放电特征表明此时放电处于弥散放电模式。图 7.2(c)中的放电图像中有若干贯穿两极的放电细丝,放电细丝的直径约 0.3 mm,此时放电最为强烈,表现为火花模式。图 7.2(c)中 ITO 玻璃后方的延伸是玻璃的反射造成的。

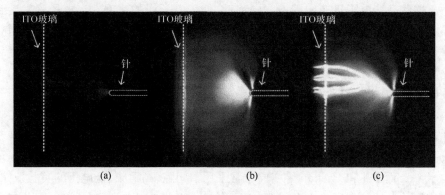

图 7.2　典型的纳秒脉冲放电模式

图 7.2 中三种放电模式对应的电压电流波形如图 7.3 所示。图 7.3(a)中施加的正极性电压幅值为 10.5 kV,测得的电流波形表现为双极性,同时具有正极性和负极性,电流与电压的相位一致,电流幅值仅为 80 mA。脉冲上升沿时,电流正脉冲幅值随着电压的增加先增大后减小。当电压到达最大值,电流为零。脉冲下降沿时,电流负脉冲幅值也随着电压的降低先增大后减小,可见电流与电压的变化率有关[20]。对比图 7.2(a)的放电图像可知,此时电流主要由位移电流组成。图 7.3(b)中施加的正极性电压幅值为 15 kV,电流波形表现为正极性。图中可观察到电流由两部分组成,第一部分为起始缓慢上升阶段(主要为位移电流),幅值约为 0.25 A,持续约 100 ns;第二部分为急遽上升阶段(主要为传导电流),幅值约为 1.5 A,此时放电电流的主要部分在电压最大值附近,随着电压的降低,电流迅速降低,电流的半高宽约为 40ns。对比图 7.2(b)的放电图像可知,此时放电电流为

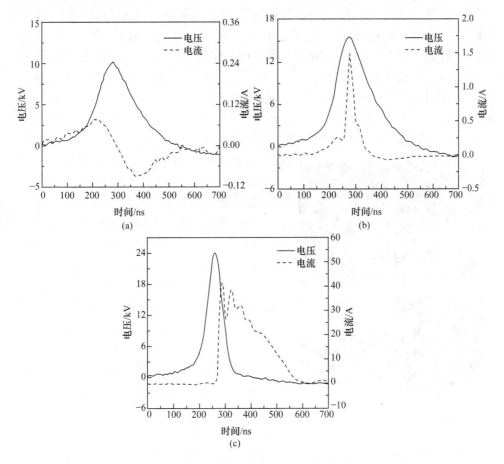

图 7.3 纳秒脉冲放电的电压电流波形

弥散放电模式时的电流。图 7.3(c) 中施加的正极性电压幅值为 24 kV,电流半高宽约为 200 ns,幅值达到 40 A,电流急遽上升部分位于电压最大值和其下降沿。这是因为形成贯穿两极的放电细丝后,等离子体阻抗急剧减小,放电电流增大。这与典型的火花放电的电流波形特点一致,图 7.2(c) 的放电图像验证了火花放电的形成。值得注意的是,火花放电时,施加电压的脉宽变窄,这是由于放电细丝形成后,等离子体通道的阻抗接近于零,电流急剧上升,电压下降[21,22]。

　　综上所述,施加电压影响放电模式。电压的幅值较低时,气隙未击穿,放电表现为电晕模式;电压的幅值较高时,气隙完全击穿,放电表现为火花模式;电压的幅值在一定范围内,放电表现为弥散模式,此时虽然气隙也已击穿,但等离子体通道的阻抗未接近零,因此放电电流的幅值在几安培。

　　由纳秒脉冲气体放电不同放电模式的比较可知,弥散放电是从形态对放电模式的描述,放电表现为向各个方向发散、蔓延,具有向前的、动态的特征。而传统火花放电的形态表现为贯穿两极的火花通道,电晕放电的形态表现为在强场附近区域各向发散。采用自行研制的两级脉冲磁压缩电源 MPC-50L,铜管与铜网构成的极不均匀电场,获得的弥散放电图像如图 7.4 所示。其实验条件为:施加正极性脉冲 37.5 kV,脉冲重复频率 500 Hz,相机曝光时间 2 s。图 7.4 中可见,虽然拍摄的图像为 1000 次放电叠加的效果,但放电仍表现为在极不均匀电场的强场所在的铜管端部发出弥散放电,并迅速贯穿整个间隙,如图(a)所示。图 7.4(c) 给出了对应的正面拍摄图像,可见阳极铜管端部直径约 0.5 mm 的亮点自端部向四周各个方向发散,气隙内可见许多各自独立的弥散通道互相交叠,形成了弥散放电,此时气隙距离为 25 mm。类似的放电图像在气隙距离为 20 mm 时也能获得,如图 7.4(b)、(d) 所示。图 7.4(b)、(d) 中整个气隙内充满弥散的等离子体通道,未观察到放电细丝,但放电强度比图(a)、(c) 增强。此外,由于气隙距离减小,弥散范围比图 7.4(a)、(c) 减小。

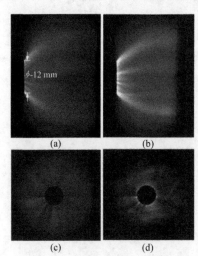

图 7.4　典型的弥散放电图像

气隙距离 25 mm 时对应的电压、电流波形如图 7.5 所示,图中虽然施加的是单极性脉冲,但测得的电流表现为双极性,具有一个正脉冲和一个负脉冲,电流幅值约为 15 A。这与 Pai 等在加热至 1000 K 和 2000 K 空气中测得的弥散放电的电流波形相似[11]。弥散放电时电流由两部分组成,分别为位移电流与传导电流。放电未产生火花通道,因此传导电流的幅值不大,故弥散放电电流幅值比位移电流稍大。

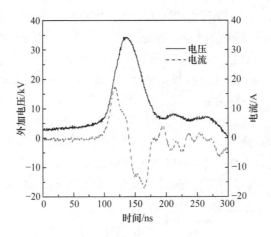

图 7.5　弥散放电的电压、电流波形

7.3.2　弥散放电影响因素分析

保持施加正极性脉冲 45 kV，脉冲重复频率 1000 Hz，气隙距离范围为20～45 mm。图 7.6 给出了不同气隙距离条件下拍摄的放电图像，相机曝光时间为1 s。当气隙距离为 30 mm 和 35 mm 时，放电表现为弥散放电模式，如图 7.6(c)、(d)所示。其中图 7.6(c)中由于气隙距离稍大，气隙中弥散的等离子体通道不明显，表现为互相交叠的大面积均匀放电，而图 7.6(d)中可以观察到多个独立的弥散放电通道。进一步增大气隙距离的放电图像如图 7.6(a)、(b)所示，此时放电在管状端部附近区域，表现为电晕放电的特点。而当气隙距离小于 30 mm 时，气隙内出现大量放电细丝，如图 7.6(e)、(f)所示，放电已过渡到火花放电。此时大量细丝同时出现在

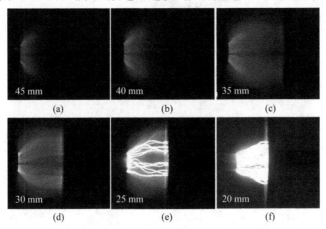

图 7.6　气隙距离对弥散放电图像的影响

气隙内,这是因为施加脉冲持续时间和流注理论中流注形成时间在同一量级,不会因为某处形成击穿后抑制其他放电通道的增长,有利于多个电子崩同时发展有关。

对应于图 7.6 的电压电流波形如图 7.7 所示。图中可见,气隙距离为 30 mm 和 35 mm 时,放电波形为双极性,幅值约为 10 A。随着气隙距离的增加,放电电流正极性脉冲的幅值几乎不变,负极性脉冲逐渐消失,放电波形向单极性转变。当气隙距离小于 30 mm 时,放电电流幅值显著增大,幅值可达上百安培,这表明气隙内放电距剧烈,已经形成火花放电通道。这与图 7.6(e)、(f)获得的放电图像一致。值得注意的是,火花放电条件下,对应的电压波形脉宽变窄,这是因为快速形成的等离子体通道贯穿两极,气隙内阻抗迅速减小,放电电压持续时间变短,脉宽变窄。

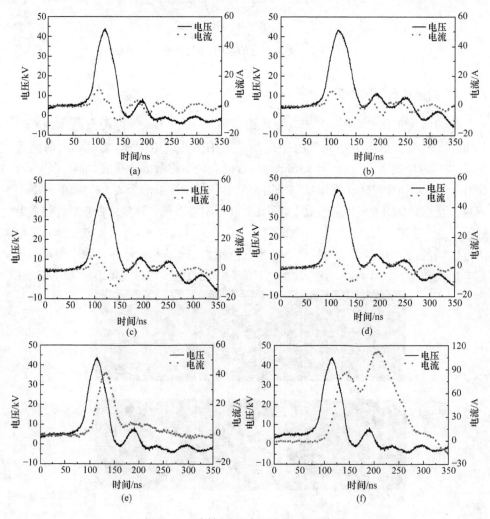

图 7.7　不同气隙距离下电压-电流波形

　　重复频率纳秒脉冲条件下放电产生的一些粒子有可能对下个脉冲的击穿特性
存在影响,不同的间隔时间对下一个脉冲的形成存的影响程度不同。因此本节研
究不同脉冲重复频率下弥散放电的特性。保持施加正极性脉冲幅值 37.5 kV,气隙
距离 25 mm,采用五种脉冲重复频率:100 Hz、250 Hz、500 Hz、750 Hz 和 1000 Hz,不
同脉冲重复频率下放电图像如图 7.8 所示。图中曝光时间为 1 s,图 7.8(a)~(e)为
从放电区域侧面拍摄的图像,图 7.8(f)~(j)为透过丝网电极从正面拍摄的图像。
图中可见各个频率范围内放电均表现为互相交叠的弥散放电模式。图像的亮度随
着重复频率的增加而增强,这表明放电强度也随着重复频率的增加而增强。

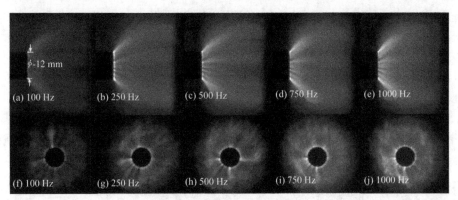

图 7.8　重复频率对弥散放电图像的影响(25 mm 间隙)

　　图 7.8 对应的电压、电流波形如图 7.9 所示。图 7.9 中可见,虽然放电图像均
表现为弥散模式,但电压、电流波形存在差异。图 7.9 中还可见,各脉冲重复频率
下测得的电流均为双极性模式,其中正极性脉冲的幅值相差不大,约 17.5 A,但负
极性脉冲的幅值随着脉冲重复频率的增加而减小。这是因为放电可能存在两个过
程,第一个过程为脉冲重复频率为 100~500 Hz 时,其幅值相差不大。第二个过程
为脉冲重复频率大于 500 Hz 时,其幅值随脉冲重复频率的增加而减小,放电模式

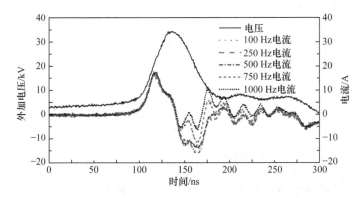

图 7.9　不同重复频率下电压-电流波形(25 mm 间隙)

有可能发生变化。一部分正极性的电流会抵消位移电流的负极性部分,导致测得的整个电流表现为负极性幅值随脉冲重复频率的增加而减小。

由图 7.9 可知,虽然放电模式没有改变,但放电电流幅值在增加,脉冲重复频率的增加造成传导电流幅值的持续增加,并将导致放电过渡到火花放电。保持图 7.8 图中其他条件不变,气隙距离减小到 20 mm,图 7.10 给出了脉冲重复频率对弥散放电的影响。图 7.10 中可见,当重复频率在 100~500 Hz 变化时,气隙内充满弥散的等离子体通道,这与图 7.9 的结果一致,但当重复频率超过 500 Hz 时,若干明亮的放电细丝出现在两极之间,同时伴随弥散的放电,这表明放电模式开始从弥散放电向火花放电转化。对应的电压、电流波形如图 7.11 所示,可见测得的电流波形在不同重复频率下表现出不同的特点,当重复频率小于 500 Hz 时,电流表现为双极性,负向脉冲的幅值随重复频率的增加而减小;当重复频率达到 750 Hz 时,负向脉冲消失,出现两个正向脉冲,这表明传导电流部分幅值较大,这通常是放电模式发生转变造成的;而当重复频率达到 1000 Hz 时,第二个正向脉冲幅值达 70 A,表明放电剧烈,这与图 7.10 的图像结果一致。此外与图 7.9 相比可知,重复频率 500 Hz 以下时,放电能够保持弥散放电模式,而重复频率大于 500 Hz 时,放电易于转化为火花放电。

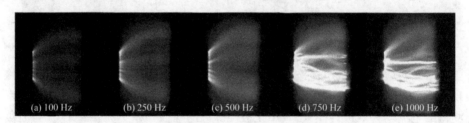

图 7.10　重复频率对放电模式转换的影响

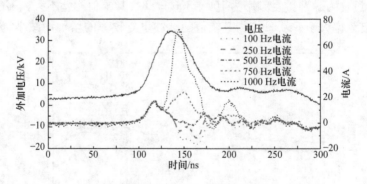

图 7.11　不同重复频率下电压-电流波形(20 mm 间隙)

两级磁压缩系统的纳秒脉冲电源 MPC-50L 能够方便地调节脉冲输出极性,

本节对该电源的不同输出脉冲极性下的弥散放电进行研究。保持施加脉冲电压45 kV,脉冲重复频率250 Hz,图 7.12 给出了不同脉冲极性下的放电图像,其中,图(a)~(d)施加的是正极性脉冲,图(e)~(f)施加的是负极性脉冲。图中可见,正极性脉冲下,气隙距离 25~35 mm 时放电均表现为弥散放电模式,气隙距离为 20 mm 时,放电向火花模式过渡。施加负极性脉冲时弥散放电在气隙距离 15~20 mm 时获得,而气隙距离 25~30 mm 时放电均表现为电晕模式。可见,重频纳秒脉冲放电中也存在极性效应,与正极性放电相比,负极性时需要更小的气隙距离才能获得弥散放电,对应的电场强度也更高。

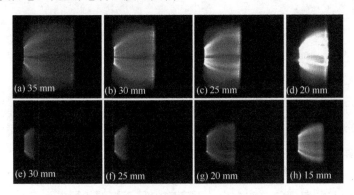

图 7.12　脉冲极性对弥散放电图像的影响
(a)~(d):正极性;(e)~(h):负极性

不同极性下重频纳秒脉冲放电的电压、电流波形如图 7.13 所示。图中可见,电流波形均表现为双极性模式,表明放电未出现火花模式。由于在负极性下弥散放电时的气隙距离要小于正极性条件下,故负极性条件下测得的电流幅值要高于正极性条件下。负极性条件下随着气隙距离的增加,测得电流中放电电流的幅值增加明显,而正极性下的放电电流部分增加不明显。由于放电电流与放电模式相关,表明与正极性下相比,负极性条件下的弥散放电易于过渡到火花放电模式。这是由于强场处所在电极施加电压的极性不同,放电产生的空间电荷对原电场的畸变程度不同造成的。当管状电极施加负极性脉冲时,产生的初始电子在管电极端部形成电子崩,正离子的浓度在管状电极附近增大。由于铜管施加负脉冲,这些正离子与铜管形成的电场加强了铜管附近区域的场强而削弱了空间电荷外部空间场强,流注的发展受到抑制。同时气隙内正离子浓度会下降,而负离子浓度上升。而当铜管施加正脉冲时,正离子与铜管形成的电场削弱了铜管附近区域的场强而增强了空间电荷外部空间场强,气隙内正离子浓度高,而负离子浓度低,有利于流注向板电极的发展。可见为了在较大场强范围获得弥散放电,应采用正极性脉冲激励纳秒脉冲放电。

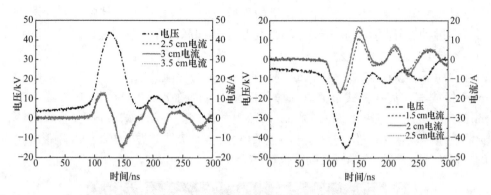

图 7.13　不同脉冲极性下电压-电流波形

7.3.3　弥散放电的维持电压范围

7.3.1 节和 7.3.2 节的结果表明,在大气压空气中的重复频率纳秒脉冲放电中,重复频率和气隙距离均能导致弥散放电向火花流注放电转换。掌握不同重复频率和气隙距离条件下弥散放电的维持电压范围,可以为实际应用提供参考。

实验中,弥散放电的电压范围指在这些电压能够激发并维持弥散放电,且不出现多种放电模式共存现象。放电模式共存现象是指施加相同电压幅值条件下放电不是仅出现一种模式,而是多于一种放电模式同时存在的情况,这种现象多发生在放电模式发生转换时。图 7.14 给出了放电模式转换时测得的电压电流的包络线波形。实验时气隙距离为 12 mm,脉冲重复频率为 500 Hz,每个包络线波形均为施加 100 个脉冲后测得的叠加结果。图 7.14(a)中施加电压的幅值约为 12.5 kV,图中可见电压的包络线波形重复性较好,存在的波动宽度属于高重频条件下干扰严重信号毛刺较多造成的"假象"。但电流的包络线波形中既有双极性的位移电流波形,也存在少量的单极性波形,这表明放电中同时存在电晕和弥散模式,电晕放电占多数。此时的电压幅值在电晕放电向辉光放电转换的电压范围内。图 7.14(b)中的施加电压幅值为 26 kV,图中可见电压的包络线波形的一致性比图 7.14(a)差,尤其是电压波形的半高宽变化范围较大,在 100~150 ns 区间波动。对应的电流的包络线波形均表现为单极性,但幅值变化较大,变化范围为 1~34 A,其中,8 A 以下的电流占多数,这表明放电中同时存在弥散和火花模式,且以弥散放电为主。此时的电压幅值在弥散放电向火花放电转换的电压范围内。弥散和火花放电共存的现象是由于空间内气体密度的变化。在标准大气压情况下,气体温度与气体密度成反比,火花放电中的传导电流较大,能在放电空间的局部区域产生焦耳热,从而加热气体,相应区域的气体密度降低,易于形成较为均匀的弥散放电。弥散放电又继续积累粒子浓度,当局部区域内粒子浓度提高,又形成了火花放电。

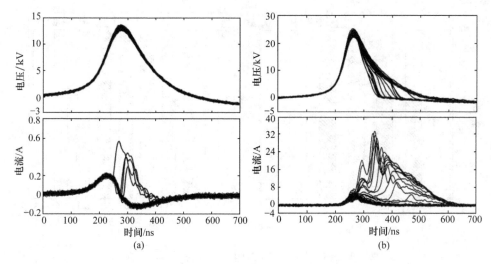

图 7.14　放电模式转换时的电压电流包络线波形

从图 7.14 可以看出,随着施加电压幅值升高,弥散放电是介于电晕和火花放电之间的一种模式,也是最易于实现大面积似均匀放电的一种放电。图 7.15 给出了不同电压下纳秒脉冲放电中出现弥散放电的概率。图 7.15(a) 的实验条件为:气隙距离 12 mm,脉冲重复频率 500 Hz。当施加电压幅值在 10 kV 以下时未观察到弥散放电,此时施加电压较低,放电表现为电晕模式。当施加的电压幅值为 12 kV 时,放电中观察到弥散模式,出现弥散放电的概率为 60%。继续增加施加的电压幅值,由图 7.15(a) 中可见,电压幅值在 14~24 kV 范围内能够获得稳定的弥散放电,高于 24 kV 后,弥散放电消失,出现火花放电。保持其他条件不变,脉冲重复频率降低至 100 Hz 时不同电压下出现弥散放电的概率如图 7.15(b) 所示。图 7.15(b) 中可见,当施加电压幅值在 16~33 kV 时能够获得稳定的弥散放电,弥散放电的范围要比图 7.15(a) 中大。电压幅值对放电模式的影响主要体现在气隙内电场强度的变化,当电压达到一定值时,电场能够维持气隙内的粒子浓度,放电就会向弥散放电和火花放电发展。

图 7.15 是 500 Hz 时弥散放电的电压范围为 16~24 kV,100 Hz 时弥散放电的电压范围为 16~32 kV,500 Hz 时维持弥散放电的电压范围小于 100 Hz 的结果,可见不同重复频率下纳秒脉冲弥散放电的电压范围存在差异。图 7.16 给出了不同重复频率下纳秒脉冲气体放电的三种放电模式的电压分布范围,其中,图(a) 对应的气隙距离为 12 mm,图(b) 对应的气隙距离为 10 mm。图 7.16 中可以看到,脉冲重复频率对弥散放电的激发电压影响不大,但对火花放电的激发电压影响显著。气隙距离 12 mm 时,不同脉冲重复频率条件下的弥散激发电压均在 11 kV 左右,但火花放电的激发电压随着脉冲重复频率的增加而减小。

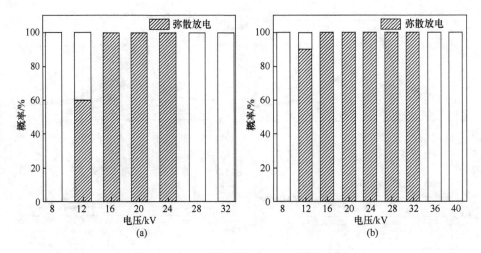

图 7.15　电压对弥散放电产生概率的影响

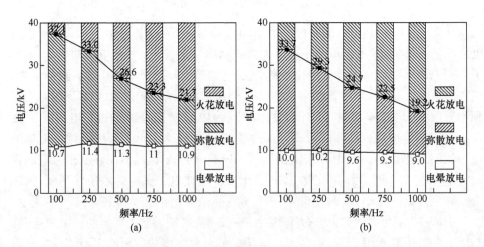

图 7.16　脉冲重复频率对弥散放电产生概率的影响

可以从三个方面的原因讨论上述结果。第一个原因是粒子的记忆效应。实验中采用了单极性脉冲,因此驻留粒子(正离子及其他空间电荷)构建的记忆电场与下一次放电的外加电场方向相同,能够促进放电的产生。这部分粒子能够降低气体间隙的击穿电压,提高气体间隙的电导率和放电强度,实际上起到种子电子的作用。在高脉冲重复频率时,气体间隙内存在的种子电子数量较多,因此放电强度较大。第二个原因是放电产生的热积累。重复频率纳秒脉冲放电时,脉冲持续施加在气隙上,气隙内的空气持续加热。当脉冲重复频率增加时,单位时间内施加的脉冲个数增加,没有足够的时间消散积累的热量。积累的热量使气隙内的等离子体通道电导率上升,放电强度增加。第三个原因可能是纳秒脉冲放电时存在的冲击波。针-板电极的针电极处有可能产生球状冲击波,板电极处可能产生平板型冲击波,高重复频率下单位时间内施加脉冲的增加会造成放电通道内粒子浓度的波动,影响放电模式的保持。综上三个原因,在弥散放电时,放电已经贯穿整个气隙,等离子体区域较大,高重复频率会造成记忆效应显著,极易形成火花流注,热效应和冲击波造成的粒子浓度变化也不利于模式放电的保持,因此火花放电的激发电压较低重复频率时低。电晕放电时,气隙内的粒子浓度较低,其放电区域集中在极不均匀电场的曲率半径较小的区域附近,即使脉冲重复频率增加,对要形成充满整个气隙的弥散放电影响不大,因此弥散放电的激发电压受脉冲重复频率影响较小。

7.4 纳秒脉冲弥散放电的电特性分析

7.4.1 传导电流的计算

电流反映了电荷的定向运动,主要有两种形式:传导电流和位移电流。传导电流是在电场作用下大量自由电子在导体中运行形成的电流;位移电流是电场变化所形成的电流。而总电流即为通过某一截面上的上述两种电流的代数和。在不同情况下,两种电流可以不同时存在。本章研究的对象为大气压纳秒脉冲弥散放电,测得的电流主要由位移电流和传导电流构成,可表达为[23~26]

$$I_t = I_d + I_c \tag{7-1}$$

式中,I_t为总电流,即为实验中测得的电流;I_d为位移电流;I_c为传导电流。传导电流是放电造成的自由电荷运动形成的,是真正由弥散放电产生的电流,能够反映放电的真实情况。由式(7-1)可知,将测得电流部分中的位移电流减去,即可得到弥散放电的传导电流,如式(7-2)所示:

$$I_c \approx I_t - I_d \tag{7-2}$$

为了计算出反映放电真实情况的传导电流,有必要计算放电中的位移电流。位移电流为介质等效电容随变化的电压感应的电流,可由式(7-3)计算:

$$I_d = C_{eq}\frac{du}{dt} \tag{7-3}$$

式中,C_{eq}为气隙的等效电容;u为施加脉冲的电压;du/dt为施加脉冲的电压对时间的导数。极不均匀电场条件下,利用公式直接计算气隙的等效电容误差较大,故考虑通过实验方法计算出气隙的等效电容。

极不均匀电场中的气体放电起始于电晕放电,电晕放电的电流主要由位移电流组成,传导电流不明显,故考虑采用不同电压下测得的电晕放电电流来计算气隙的等效电容。图7.17(a)给出了不同电压下测得的电晕放电的电流波形。实验条件为:气隙距离15 mm,脉冲重复频率1 kHz,施加正极性脉冲电压6~15 kV。图中可见,测得的电流波形随着电压的增加而增加,波形均表现为双极性模式,即同时

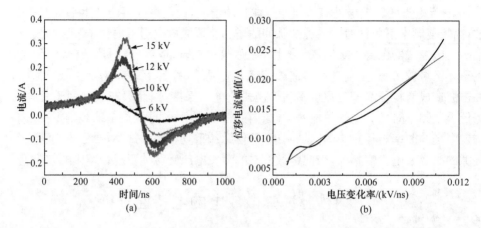

图 7.17　不同电压下位移电流波形和幅值

具有正极性和负极性。值得注意的是,这些波形相交于 0 点,这是因为此时电压达到极值,其随时间的变化率为 0。继续增加电压,可获得电压与电流的关系曲线,如图 7.17(b)所示。图中可见,电流幅值随着施加电压的增大而增加。采取基于电压变量的一元二次方程对电流进行曲线的线性拟合。拟合曲线方程表示式为:

$$I_d = 1.77 \frac{du}{dt} + 0.0048 \qquad (7\text{-}4)$$

式(7-4)中电压变化率的系数即为气隙的等效电容,其容值为 1.77 pF。将测得的电流减去根据式(7-4)计算出的施加电压条件下的位移电流,即可计算得到放电的传导电流。

　　图 7.18 给出了不同施加电压条件下的总电流、位移电流和传导电流。图 7.18(a)~(d)中的电压分别为 15 kV、20 kV、24 kV 和 27.5 kV。图中可见,当电压为 15 kV 时,传导电流较小,位移电流占测得电流的主要部分,此时放电为电晕放电。随着施加电压的提高,位移电流和传导电流的幅值均逐渐提高,但传导电流增加幅度更大,传导电流占测得电流的比例随之提高,这表明气隙内产生了弥散放电。值得注意的是,施加的电压为正极性脉冲,而图 7.18(b)中的测得电流为双极性,传导电流为正极性,这表明传导电流极性与施加电压的极性一致。此外,传导电流的相位要落后于位移电流。

　　位移电流法适用于测量回路杂散电感电容较小,测得电压电流波形较好的情况下,但在一些实验中,由于测量回路的杂散电感电容较大,测得的电压电流波形较差,振荡较多,此时直接利用电压波形对时间求导会造成计算得到的气隙等效电容有偏差,无法获得较好的传导电流波形。但是回路对电压电流的影响与电极结构和布置本身无直接关系,因此在重复频率和单次条件下回路对气隙等效电容计算的影响是一致的,所以可以采用单次放电法来近似获得放电的位移电流,从而计

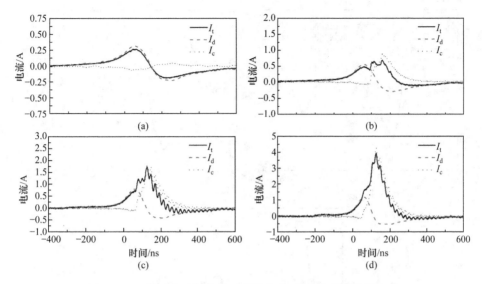

图 7.18　不同施加电压条件下的总电流、位移电流和传导电流

算得到弥散放电的传导电流。

　　在纳秒脉冲气体放电中,尤其是重复频率纳秒脉冲放电中的击穿比单次击穿更迅速,而这与放电空间积累的空间电荷或带电粒子对放电发展的记忆效应有关,因为空气放电中氮元素和氧元素的一些激发态要回到基态,以及一些带电离子的扩散和复合过程均需要时间。研究表明,虽然分子或原子处于激励态的寿命很短,很多在 $10^{-7} \sim 10^{-8}$ s 量级,但如果处于亚稳态时,其寿命就长得多,有的甚至达到秒级,这些均会影响放电发展过程[27]。重复频率越高,种子粒子越多,因此在其他条件相同情况下,实验中存在高重频发生放电,单次条件下不放电的情况。图 7.19 给出了典型的测得的单次放电电流与对施加电压求导算得的位移电流波形。其实验条件为:施加正极性电压 45 kV,气隙分别是 45 mm、35 mm 和 25 mm。单次放电电流指施加单个脉冲时测得的总电流,此时气隙内未观察到明显的放电。施加电压求导算得的位移电流波形指用重复频率条件下测得的电压波形对时间求导,这个波形乘以一个比例系数即可获得位移电流波形,这个比例系数即为气隙的等效电容。该比例系数是通过将图 7.19 中各条件下的单次放电电流除以重复频率条件下电压对时间的导数获得的。计算过程中不同气隙(45 mm、35 mm 和25 mm)中的比例系数分别为 3.78×10^{12}、3.19×10^{12} 和 1.79×10^{12},即 45 mm、35 mm 和 25 mm 下的气隙等效电容分别为 3.78 pF、3.19 pF 和 1.79 pF。图 7.19 中可见,单次电流波形和算的的位移电流波形均存在振荡,这表明回路中的杂散电感电容对波形的影响较大。但两个波形的前两个脉冲吻合得较好,这表明单次脉冲的放电电流波形与重复频率下的位移电流近似,可用来估算重复频率条件下的

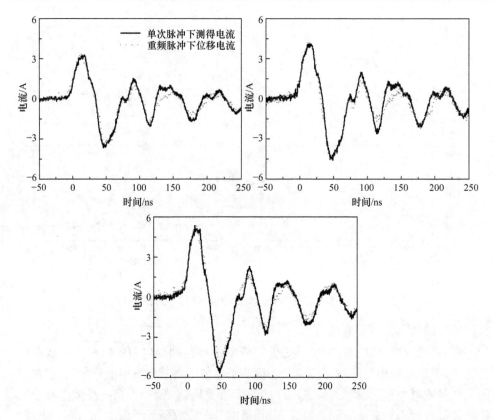

图 7.19　典型的测得的单次放电和算得的位移电流

传导电流。

　　利用单次放电法计算得到的纳秒脉冲弥散放电的施加电压 u、总电流 I_t、位移电流 I_d 和传导电流 I_c 波形如图 7.20 所示。实验条件为：施加正极性脉冲电压 45 kV，

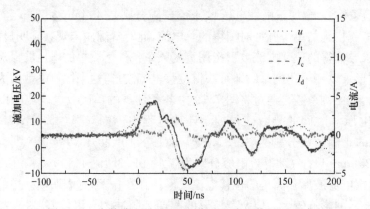

图 7.20　弥散放电的总电流、位移电流和传导电流波形

气隙距离 35 mm,脉冲重复频率 750 Hz。图中可见,弥散放电的传导电流与施加极性一致,均为正极性脉冲,其幅值约为 2.5 A,而位移电流的幅值为 4.5 A,两者在同一数量级上。值得注意的是,传导电流的相位要落后于位移电流,这正说明位移电流是随电压的变化而变化的,而传导电流是由放电产生的,能够真实反映电荷在弥散放电等离子体通道内形成的电流。

7.4.2 传导电流影响因素分析

极不均匀电场下的纳秒脉冲气体放电起始于电晕放电,随着电场强度的增加,放电经历弥散放电和火花放电。施加电压不变的条件下,气隙距离的变化直接影响气隙内的场强,从而导致放电模式的变化。本节计算不同气隙距离下传导电流,研究气隙距离对传导电流的影响。图 7.21 给出了不同气隙距离下施加电压、总电流、位移电流和传导电流。实验条件为:施加正极性脉冲高压 45 kV,脉冲重复频率 750 Hz,气隙距离分别是 45 mm、40 mm、35 mm、30 mm、25mm 和 20 mm。图 7.21 中可见,各气隙下传导电流的波形均为正极性,然而随着气隙距离的减小,传导电流的幅值增大。当气隙距离大于 30 mm 时,传导电流的幅值不超过 10 A,传导电流和位移电流在同一量级。气隙距离为 40 mm 和 45 mm 时,位移电流占主导地位。而当气隙距离小于 30 mm 时,传导电流的幅值在 40~60 A,传导电流的幅值远大于位移电流的幅值,在总电流中占主导地位。

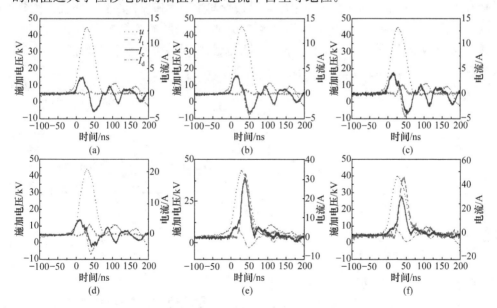

图 7.21 不同气隙距离下施加电压、总电流、位移电流和传导电流波形

图 7.21 对应的放电图像如图 7.22 所示,图像的曝光时间为 1 s。图 7.22 中

可见,当传导电流占主导时,放电为火花放电模式。而当位移电流占主导时,根据不同的传导电流幅值,放电模式为弥散和电晕放电。当传导电流在 1～10 A 区间时,放电表现为弥散模式,当传导电流小于 1 A 时,放电为电晕放电。

图 7.22　不同气隙距离下纳秒脉冲放电的放电图像

　　脉冲重复频率是影响纳秒脉冲放电的重要参数之一,7.3.2 节的结果表明,重复频率能够增强放电强度。本节从传导电流角度分析重复频率对纳秒脉冲放电的影响。采用单次放电法计算了不同重复频率下放电的传导电流,如图 7.23 所示。实验条件为:施加正极性脉冲高压 45 kV,气隙距离 35 mm。图 7.23(a)中施加电压的幅值为 45 kV,上升沿 25 ns,半高宽约 40 ns。位移电流为双极性,幅值约为 5 A。图 7.23(b)～(f)中可见,随着脉冲重复频率的降低,传导电流幅值逐渐减小,这与 7.3.4 节脉冲重复频率增加导致放电强度增加的结论是一致的。当脉冲重复频率为 1000 Hz 时,传导电流幅值为 3 A,极性与施加电压极性一致。当脉冲重复频率降低到 500 Hz 时,传导电流幅值为 1.5 A。而当脉冲重复频率小于 500 Hz 时,传导电流降低到 0.5 A 以下。值得注意的是,此时各个脉冲重复频率下的传导电流均小于位移电流。

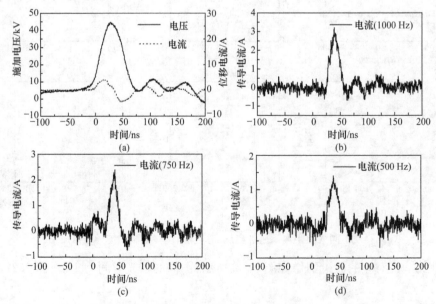

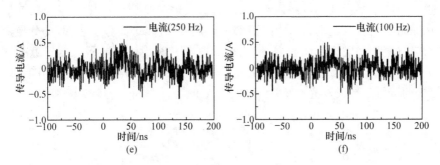

图 7.23　施加电压和不同脉冲重复频率下纳秒脉冲放电的传导电流

对应的放电图像如图 7.24 所示,实验中施加的脉冲个数设定为 200 个,从而保证各个频率下拍摄的放电图像均包含 200 次放电的光强。图中可见,随着脉冲重复频率的增加,放电强度有所增加,但放电均表现为弥散模式。这表明整个气隙内的等离子体通道尚存在一定阻抗,尚未形成传导电流显著增加的火花流注通道,传导电流的幅值不大,这与电流波形的结果一致。

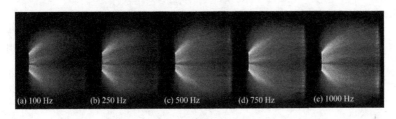

图 7.24　不同脉冲重复频率下纳秒脉冲放电图像

7.5　纳秒脉冲弥散放电的机理探索

7.5.1　弥散放电与逃逸电子

纳秒脉冲放电机理尚未明了,虽然已有的一些机理假说彼此之间存在差异,但不少研究认为纳秒脉冲下放电发展过程中二次电子的产生不再依赖空间光电离,放电由高能量电子逃逸击穿主导。图 7.25 给出了针板和管板电极分别施加第一个脉冲的放电图像,对应实验条件为:脉冲幅值 120 kV,气隙距离 8 cm,脉冲重复频率 1000 Hz,脉冲上升时间 15 ns,半高宽 30~40 ns。拍摄时采用闭门模式,感光度 ISO 为 3200。由于施加脉冲数较少,放电微弱,故调节放电图像的色调曲线,使放电通道更为清晰。图中可见,施加一个脉冲后在极不均匀电极结构的小曲率半径处能观察到发光点,如图 7.25(a)中的针尖处和图 7.25(b)中的管状阴极的端面。由于放电强烈,图 7.25(a)中更能看到尖电极附近区域小范围的发光。电晕的产生与小曲率半径处的场致发射有关,场致发射是金属电极中一些处在导带中的点在晶格之间自由运动,但由于施加外部电场使金属表面势垒变形,部分导带内的电子"透过"势垒脱离金属表面,形成初始电子。这些初始电子在与气隙中气体分子碰撞过程中形成激发态。这些激发态粒子在回复基态过程中多余的能量以光子形式辐射出,并形成发光[28]。

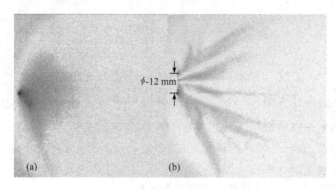

图 7.25　单脉冲纳秒放电图像
(a) 针板电极;(b) 管板电极

通常采用 Fowler-Nordheim(FN)理论描述场致发射过程,当施加外电场时,在金属表面电子的势能可以由式(7-5)描述[29]:

$$U(x) = -\frac{e^2}{4x} - eEx \tag{7-5}$$

式中,E 为外加电场强;x 为电子离金属表面的距离。方程式前半部分为镜像力的势垒,后半部分为外加电场的势能。可见外加电场的引入使得势垒变形,导带内的金属电子不需要获得超过势垒的能量就能脱离金属表面,形成纳秒脉冲放电中的初始电子。根据波动力学计算结果,场致发射的电流密度 j(单位为 A/mm²)为[30]

$$j = f\frac{E^2}{\phi}\exp(-g\phi^{3/2}u/E) \tag{7-6}$$

式中,$f=1.54\times10^{-6}$;$g=6.83\times10^9$;$u=(1\sim1.4)\times10^{-9}E/\Phi^2$;$E$ 单位为 V/m。实验中采用黄铜,若针尖外加电场为 2×10^9 V/m,黄铜的逸出功函数取 4.65 eV,则可算得场致发射电流为 0.08 A/mm²。实验中铜针曲率半径为 0.5 mm,其面积可估算为 0.8 mm²,则铜针发射出的电流为 6.4 mA。由计算可知,对于十分纯净的表面需要 10^4 kV/cm 的电场强度才能激励出毫安级的电流。然而实际应用中,铜针表面多含有杂质和微小凸起,因此在 $10^2\sim10^3$ kV/cm 的场强下即可得到微安级电流,激发出大量初始电子[31]。

　　研究表明,在电场作用下,上述初始电子中部分电子会转化为逃逸模式,只需外加电场强度高于临界电场强度,就能实现电子能量积累,从而有可能产生电子逃逸。气压也是影响电子逃逸的重要因素,气压较低时,气隙中的中性粒子数目少,电子的平均自由行程长,电子与中性粒子碰撞较少,电子在电场作用下有利于能量积累,易于产生逃逸电子。而在大气压条件下,气隙中存在大量气体分子,电子在放电发展过程中易于频繁与之碰撞,因此电子的自由行程短,不利于能量积累,不易产生逃逸电子。因此空气中产生逃逸电子所需的电场要求较高(7.2 节所述为 465.5～784.7 V/(mPa)),在大气压条件下即为 450～758 kV/cm[32,33]。而在大气压空气中能够实现能量积累的场强阈值也高达 270 kV/cm[34]。采用极不均匀电场可以在降低平均电场条件下的小曲率半径处获得较高场强。Babich 给出了针板电极结构针尖处场强(E_{ca})的估算公式[34]:

$$E_{ca} \approx \frac{2U_{max}}{r_{ca} \times \ln(4d/r_{ca})} \tag{7-7}$$

式中,U_{max}为施加脉冲幅值;r_{ca}为针尖处曲率半径;d为气隙距离。取 $U_{max}=45$ kV,$r_{ca}=0.5$ mm,$d=35$ mm,由式(7-7)可以算出针尖处场强为 319.44 kV/cm,实验中的最高场强在 305.8～354.67 kV/cm,高于大气压下逃逸电子所需要的电场阈值,因此放电满足实现能量积累的条件。

设场强中某点距离阴极针尖处 x,且 $r_{ca}/d \ll 1$,则该处场强可以通过式(7-8)计算[34]:

$$E(x) = E_{ca} \times \frac{\dfrac{r_{ca}}{d}}{1-(1-x/d)^2} \tag{7-8}$$

图 7.26 给出了由式(7-7)算得施加 45 kV 时的场强与气隙距离(即与针尖处的距离)的关系曲线,曲线中 0 点为针尖位置。图 7.26 中可见,虽然针尖处的场强大于 400 kV/cm,但随着与阴极距离的增大,场强急剧下降,在 1 cm 处即只有 10 kV/cm,因此平均场强很低。若大气压空气中产生逃逸电子的场强阈值设为 270 kV/cm[34],则在 10 cm 气隙施加 45 kV 条件下距离阴极 0.3 mm 处的场强即降低到该阈值,可见放电中的逃逸电子产生于阴极附近的区域。若不考虑碰撞,一个初始能量为 0 的电子在电场作用下积累的最高能量可以由式(7-9)计算[34]:

$$\varepsilon_e = e \times \int_0^{r_{cr}} E(x) \mathrm{d}x \tag{7-9}$$

式中,r_{cr}为场强降到 270 kV/cm 时电子与阴极的距离,取为 0.3 mm;e 为电子的电荷量,可估算出在此条件下电子累积的能量最高可达 10^4 eV 量级。而在大气压下碰撞较为剧烈,场致发射产生的初始电子能量不高,因此大多电子的能量达不到千电子伏特量,只可能有少数电子到达此能量等级,从而引导放电发展,这些电子即纳秒脉冲气体放电中的高能电子。

20 世纪 60 年代,研究人员发现纳秒脉冲放电过程中伴随 X 射线辐射,其主要

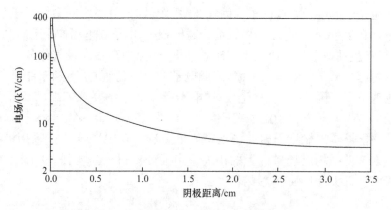

图 7.26　纳秒脉冲放电中场强与气隙距离关系曲线

来源于逃逸电子与气隙中中性粒子的碰撞激发和撞击阳极伴随的韧致辐射,因此研究人员通过探测放电中产生的 X 射线来研究高能电子的特性和逃逸行为规律。采用基于 NaI 晶体、光电倍增管和多道分析器组成的低能 X 射线探测系统测量了 X 射线的辐射计数,不同气隙距离下的 X 射线计数如图 7.27 所示。实验条件为:施加脉冲高压 90 kV,上升沿 15 ns,脉宽 30～40 ns,气隙距离 3～20 cm,重复频率 1000 Hz。由于单个脉冲放电中 X 射线计数较弱,为了获得足够多的 X 射线计数,实际探测中低能 X 射线探测系统运行时间为 45 s。实验中获得了典型的放电模式(电晕、弥散和火花等)。测得 X 射线计数表明,弥散放电模式时 X 射线辐射达到峰值,峰值能量约为 $60\%～70\%$ 的 eU(U 为外加电压)[35～38]。这表明纳秒脉冲弥散放电中 X 射线辐射最强,弥散放电的形成于逃逸电子与 X 射线密切相关。

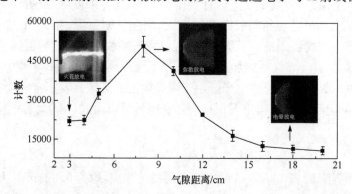

图 7.27　不同气隙距离下纳秒脉冲气体放电中 X 射线辐射计数

7.5.2　弥散放电与粒子密度

当施加电场方向指向阳极时,高压纳秒脉冲条件下放电起始于朝向阳极发展的电子崩,这是由电子运动方向决定的。电子在阳极附近积累并形成空间-电荷层,空间-电荷层建立起足够满足电子崩向流注转化。纳秒脉冲放电等离子体中的粒子密度(n_e)与等离子体传导率(σ_p)有关,关系表达式为[39,40]

$$n_e = \frac{\sigma_p m_e \nu_{e\text{-}h}}{e^2} \tag{7-10}$$

式中,m_e 为电子质量;$\nu_{e\text{-}h}$ 为电子与重粒子的碰撞频率。σ_p 可以根据等离子体阻抗(R_p)由 $R_p = l/\sigma_p A$ 算得,其中 l 和 A 分别为等离子体通道的长度与截面积。通道长度可以用气隙距离近似,截面积可以根据等离子体通道半径(r_p)由 $A = \pi r_p^2$ 算得。在相似实验条件下 Pai 等取 r_p 为 350 μm[41],式(7-10)可改写为

$$n_e = \frac{l m_e \nu_{e\text{-}h}}{\pi r_p^2 R_p e^2} \tag{7-11}$$

纳秒脉冲放电中两个重粒子的碰撞频率($\nu_{h\text{-}h}$)表达式为[40]

$$\nu_{h\text{-}h} = N_h Q_{h\text{-}h} \sqrt{\frac{8 k_B T_g}{\pi \mu_{h\text{-}h}}} \tag{7-12}$$

式中,N_h 为单位体积气体分子数目;$Q_{h\text{-}h}$ 为重粒子间碰撞截面;k_B 为玻尔兹曼常数;T_g 为转动温度;$\mu_{h\text{-}h}$ 为两个重粒子的质量。当空气中粒子平均直径 $d_h = 3.7 \times 10^{-8}$ cm 时,碰撞截面为 $Q_{h\text{-}h} = \pi d_h^2 = 4.3 \times 10^{-15}$ cm^2,空气的分子量为 29 g/mol,对应的 $\mu_{h\text{-}h} = 2.4 \times 10^{-26}$ kg。因此由式(7-12)可算得 $\nu_{h\text{-}h} = 7.3 \times 10^2$ s^{-1}。

为了获得空气中电子-重离子的碰撞频率($Q_{e\text{-}h}$),将式(7-12)中的 $Q_{h\text{-}h}$ 用 $Q_{e\text{-}h}$($\sim 10^{-15}$ cm^2)代替[41],T_g 用电子温度 T_e(约 3 eV,等价于 33000 K)代替,$\mu_{h\text{-}h}$ 用 m_e 代替,并假设弥散放电时单位体积电子数目(N_e)约为 10^{14},可由式(7-13)计算出 $\nu_{e\text{-}h}$:

$$\nu_{e\text{-}h} = N_e Q_{e\text{-}h} \sqrt{\frac{8 k_B T_g}{\pi m_e}} \approx 5 \times 10^5 \text{ s}^{-1} \tag{7-13}$$

等离子体阻抗 R_p 可以根据测得的电压除以放电电流计算,未发生火花放电时,其值为 $10^3 \sim 10^5 \Omega$[39],故 45 kV、3.5 cm 时弥散放电中最大粒子密度(n_{em})可由式(7-14)计算:

$$n_{em} = \frac{l m_e \nu_{e\text{-}h}}{\pi r_p^2 R_p e^2} \approx 1.74 \times 10^{15} \text{cm}^{-3} \tag{7-14}$$

若 R_p 取 $10^5 \Omega$,粒子密度也可达 4×10^{13} cm^{-3},故弥散放电中粒子密度的范围为 $10^{13} \sim 10^{15}$ cm^{-3}。

由于重频纳秒脉冲条件下脉冲间隔时间内气隙内的粒子发生复合,粒子密度会发生变化。由于弥散放电的光谱在 300~400 nm 辐射强烈,因此 Duten 等[42]通过 NO$^+$ 的复合时间来估算脉冲等待时间内粒子密度的变化。他们在 2000 K 的大气压空气等离子中以 NO$^+$ 的复合时间为例,计算了粒子密度在脉冲等候时间内的

变化。结果表明,在 1000 Hz 条件下脉冲等待时间内粒子密度下降 2～3 个数量级。

重复频率纳秒脉冲条件下脉冲间粒子密度的动态变化可以假设此时电子的复合过程主要是离解。假设等离子体中复合的主要离子为 N_2^+,粒子密度即为 N_2^+ 的密度,则粒子密度随时间变化($n_e(t)$)的表达式为[37]

$$n_e(t) \approx \frac{n_e(0)}{1 + n_e(0)k_{DR}t} \tag{7-15}$$

式中,k_{DR} 是复合离解率常数;$n_e(0)$ 为上个脉冲结束时的粒子密度。取 $k_{DR} = 2 \times 10^{-7}$ cm^3/s[43],$n_e(0)$ 为 1.74×10^{15} cm^{-3},脉冲重复频率为 1000 Hz,则脉冲间隔时间为 1 ms。由(7-15)算得在 1000 Hz 条件下,下一个脉冲来临前的初始粒子密度 n_{ei} 约为 5×10^9 cm^{-3}。

此外,可算得在 100 Hz 条件下的下一个脉冲来临前的粒子密度为 10^8 cm^{-3} 量级。可见弥散放电中初始粒子密度的范围为 $10^8 \sim 10^9$ cm^{-3}。通常认为,气体放电中形成流注时的粒子密度为 10^8 cm^{-3},而重频纳秒脉冲条件下放电初始时刻的粒子密度可达 10^8 cm^{-3} 以上,较高的初始粒子密度使得气隙内可同时产生多个放电通道,有利于形成弥散放电模式,且脉冲重复频率越高,初始粒子密度越大,放电越强烈。同时也可以看出,Pai 和 Packan 等通过提高空气反应温度来提高初始时刻粒子密度[18,43],能够获得稳定的弥散放电。

7.5.3　弥散放电形成机理

图 7.28 给出了从施加第一个脉冲开始计算的前 1 个、5 个、10 个和 50 个脉冲的放电图像,拍摄时采用 B 门模式,ISO 为 1600。第 1 个脉冲施在气隙时,阴极针尖出现一个小亮点,亮点附近出现电晕,表明该处为场强最高的区域,如图 7.28(a)所示。随着气隙上施加脉冲个数增加,放电通道向各个方向发展,但在针尖向阳极轴线方向的等离子体通道最长(图 7.28(b))。继续施加脉冲,放电区域逐渐增大,放电空间明显可见弥散放电通道,如图 7.28(c)所示。此时清晰可见气隙轴线方向的弥散通道区域最大,这表明该通道中驻留的正离子数量最多,放电过程中的高能电子更易出现在气隙的轴线方向。此外,阴极附近区域的弥散通道出现相互交叠的现象。当施加的脉冲个数达到 50 时,放电空间弥散的等离子体通道相互交叠,向气隙内各个方向发散,并逐渐贯穿两极,气隙充满弥散放电,未观察到明显的放电细丝,此时放电表现为弥散放电模式,如图 7.28(d)所示。从上述描述可知,在脉冲放电中极短的持续时间内,由于电子朝阳极运动而正离子运动缓慢。当某处电子崩头部空间电荷场与施加的电场在同一数量级时,流注开始发展。由于脉冲放电中高能电子的存在,引导流注以远大于主电子崩的速度迅速朝向阳极发展,并加强电子崩头部的空间电荷场,从而易于形成等离子体通道。此外,放电中逃逸

电子与气体分子和阳极金属碰撞产生 X 射线，两者共同作用预电离，有利于点燃大面积的弥散放电[44,45]。

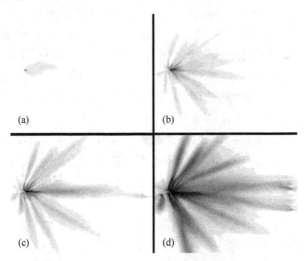

图 7.28　不同脉冲个数条件下放电图像

极不均匀电场下纳秒脉冲放电中场强的最高部分集中在小曲率半径区域，对应本章实验中的针尖或管端面区域。当负极性脉冲施加在针尖时，小曲率半径处的场致发射引起阴极处出现电流，即使平均电场强度只有 $10^2 \sim 10^3$ kV/cm 也能获得到微安级的场致发射电流，从而激发出大量初始电子。这与常规放电中初始电子产生的方式一致，但纳秒脉冲放电与常规放电电子在气隙中运动的过程存在差异。如实验中施加的脉冲上升沿和半高宽为 100 ns 以内，这与流注定理所强调的光电离时间在同一量级。纳秒脉冲条件下，阴极附近区域内的场强极度畸变，本章实验中最高达到 350 kV/cm，高于大气压空气中电子能够连续能量积累的场强阈值（270 kV/cm），有利于使场致发射产生的部分初始电子中的能量积累到千电子伏特量级，尤其是分布在距离阴极仅毫米量级的区域内。产生的高能电子具有逃逸能力，从而形成逃逸电子。这些电子在纳秒脉冲气体放电发展的初始阶段具有重要作用。初始电子产生后在外加电场作用下向阳极发展，初始电子与阴极附近区域的气体分子发生碰撞，产生二次电子，并形成正离子。正离子相对于电子的运动速度缓慢，因此正离子与阴极区域形成的场强进一步加剧了阴极区域的电场，同时使场致发射得以加强，从而电子源源不断地在阴极附近区域产生。上述过程中，阴极区域的部分场致发射产生高能电子会转化为逃逸模式，这些电子运动速度要比普通电子快，逃逸出电子崩头，迅速朝阳极运动，在与中性的气体分子碰撞后产生二次电子，多余的能量以 X 射线形式辐射出去。由于阴极区域的局部场强增加和整个气隙上电压的增加，这些逃逸电子能够获得几十甚至几百千电子伏特的能量。但是随着与阴极距离的增加,场强显著下降,这些电子的能量伴随碰撞后会减小到十几或几十电子伏特量级。在碰撞过程中,这些逃逸电子加强了气隙内的电离水平,并产生大量 X 射线,逃逸电子与 X 射线共同作用,继续电离主电子崩头的附近区域,形成新的电子崩,并与主电子崩同时存在气隙里。随着逃逸行为在气隙中不断发生,促进了电子崩头部在形成流注之前形成更多的互相叠加的等离子体通道,从而有利于获得大范围的弥散放电,引导流注向阳极发展。而常规放电中,一旦某个点的流注产生,会抑制附近其他流注的发展,不易形成均匀的弥散放电,因此放电往往直接过渡到火花模式。

大气压下要实现均匀性放电就是要避免气隙内出现火花流注击穿。流注击穿是由单个电子崩发展起来的空间电荷场通过倍增形成等离子体流注通道的过程。这个过程不再像汤生放电依赖阴极表面电荷,会在气隙内形成火花现象。在脉冲放电中极短的持续时间内,由于电子朝阳极运动而正离子运动缓慢,因此电子崩头部可简化为一个充满自由电子的半球,电子崩的形状由电子扩散决定。当某处电子崩头部空间电荷场与施加的电场在同一数量级时,流注开始发展[1~3]。在这个点会出现由光电离产生的二次电子崩并汇入主电子崩。流注发展的速度远大于主电子崩,朝向阳极的流注速度由于阳极和电子崩头部的空间电荷场加强而增加,朝向阴极的流注主要由正离子组成而在电子崩头部后方。在周围气体中,光子点燃二次电子崩,并沿着强场方向向主电子崩发展方向运动。当充满负电荷的主电子崩头部向阳极发展时,将会留下正电荷的"拖尾",这将会继续增长和加强积累速度,直至出现贯穿两极的自殖的等离子流注。可见当单个电子崩发展到引发流注的关键值时,气隙内将会发生击穿。

在上述流注击穿理论中,仅考虑单个主电子崩发展的情况,未考虑气隙内同时出现或者消失的其他主电子崩情况,因此击穿过程中无需考虑电子崩中的粒子密度,空间电荷发展成的强场梯度是放电电流增加形成火花放电的原因。当一个或少量主电子崩形成空间电荷场时,强的电场梯度会限制其他电子崩路径的扩散,从而主电子崩能够迅速形成流注并完成击穿。当气隙内粒子密度较高时,多个电子崩同时发展在阴极产生。当电子崩数量达到一定值时,相邻的电子崩路径会相互交叠。当交叠程度较高时主电子崩产生的二次电离不光会使随后产生的等离子体密度均匀,而且会使得空间电荷场局部的电场梯度降低到一定范围来完全抑制流注的形成。Levatter 等[46]通过建模给出了脉冲放电中形成均匀放电所需要的条件。结果表明,在电极不存在强烈边缘效应的条件下,形成均匀脉冲放电的最小预电离水平与电极上电压的上升时间、气压和各种气体组成成分有关。他们采用约 10 ns 上升沿的脉冲激励大气压平板电极结构放电,气体为 He∶Xe∶F$_2$＝200∶8∶1,用粒子密度来表征预电离水平。结果表明,当粒子密度高于 10^6 cm^{-3} 时,放电表现为均匀模式,而模型算得的获得均匀放电的最低粒子密度为 2×10^5 cm^{-3}。

7.5.2节中的结果表明,弥散放电的粒子密度在$10^8 \sim 10^9$ cm^{-3},满足获得均匀放电的最低粒子密度。

综上所述,Pai和Packan等用初始粒子密度来解释放电中弥散放电的形成符合Levatter提出的理论。而Tarasenko和Babich等认为放电中逃逸电子产生X射线对整个气隙进行预电离,也是为放电提供种子电子,有利于提高初始时刻放电的粒子密度。可见电子密度对于完成气隙内放电发展和形成弥散放电至关重要。但在极不均匀场强下,平均电场强度均在20 kV/cm以下,这个场强若在均匀电场下很难在大气压下形成弥散放电和火花放电,能够获得的电子密度也相当低。但是由于采用极不均匀电场,针板电极中阴极针尖处的电场强度高于大气压空气中产生逃逸电子所需要的电场强度,表明放电中逃逸电子起作用。但针尖附近区域场强下降较快,往往能产生逃逸电子的作用距离仅有毫米量级,但在这么小距离下初始电子中最高可获得千电子伏特量级的逃逸电子。这些逃逸电子向阳极方向发展,与气隙内的粒子发射碰撞,产生较高能级的X射线。这些逃逸电子与X射线共同作用,继续电离附近区域,是纳秒脉冲放电中二次电子的主要来源。这些二次电子继续电离电子崩崩头附近区域,形成新的电子崩,这些电子崩头部均为负电荷。可见逃逸电子与X射线主要对气隙进行预电离,从而提高气隙内的电子密度。当一些逃逸电子在电场下加速或电子崩到达阳极时,会在阳极处产生韧致辐射。由于韧致辐射具有发散方向具有高度各向异性,因此这些X射线会继续电离阳极附近的放电区域。可见逃逸电子和X射线对气隙起到预电离作用,从而进一步提高气隙内的电子密度。此时放电是多电子引燃,最终放电通道也是多通道的发展,这有利于形成弥散放电。

7.6　小　结

本章获得的主要结论有:

(1) 纳秒脉冲气体放电存在三种典型的放电模式:电晕放电、弥散放电和火花放电。其中,弥散放电表现为贯穿正负两极的等离子体通道互相叠加,易于形成电流适中、大面积的似均匀放电。

(2) 放电模式的转换受施加脉冲电压的幅值影响显著,随着施加电压幅值的增加,放电依次经历电晕、弥散和火花放电,重复频率纳秒脉冲放电在某一固定的电压幅值下放电可能同时存在两种模式,电压较低时电晕和弥散放电可能共存,电压较高时弥散和火花放电可能共存。

(3) 气隙距离和脉冲重复频率共同作用影响弥散放电的稳定性,过大或过小的气隙,弥散放电易过渡到电晕放电与火花放电。而脉冲重复频率对放电有增强放电的强度。

（4）极不均匀电场下大气压空气中重频纳秒脉冲放电也存在极性效应，小曲率半径处在正脉冲激励时，能够在较大气隙下形成稳定的弥散放电，而在施加负极性脉冲时，弥散放电在较小气隙内获得，且稳定性较正极性时差。

（5）弥散放电的传导电流的极性与施加电压的极性一致，能够反映放电的真实情况。其幅值与位移电流在同一量级，显著小于火花放电的传导电流幅值。传导电流的幅值随着气隙距离的增加而减小，随着脉冲重复频率的增加而增大。

（6）纳秒脉冲条件下具有的高粒子密度的初始电子，有利于多个电子崩同时产生并互相交叠，形成弥散放电模式。放电中的逃逸电子和 X 射线对气隙预电离，进一步增加气隙中的粒子密度。

参 考 文 献

[1] 卢新培,严萍,任春生,等.大气压脉冲放电等离子体的研究现状与展望[J].中国科学:物理学 力学 天文学,2011,41(7):801-815.

[2] 王新新.介质阻挡放电及其应用[J].高电压技术,2009,35(1):1-11.

[3] 张适昌,严萍,王珏,等.民用脉冲功率源的进展与展望[J].高电压技术,2009,35(3):618-631.

[4] 章程,邵涛,严萍.大气压下纳秒脉冲弥散放电[J].科学通报,2014,59(20):1919-1926.

[5] Shao T,Tarasenko V F,Zhang C,et al. Diffuse discharge produced by repetitive nanosecond pulses in open air,nitrogen,and helium[J]. Journal of Applied Physics,2013,113(9):093301 (10p).

[6] Zhang C,Shao T,Niu Z,et al. Diffuse and filamentary discharges in open air driven by repetitive high-voltage nanosecond pulses[J]. IEEE Transaction on Plasma Science,2011,39(11):2208-2209.

[7] Ono R,Oda T. Dynamics and density estimation of hydroxyl radicals in a pulsed corona discharge[J]. Journal of Physics D:Applied Physics,2002,35(17):2133-2138.

[8] Namihira T,Wang D,Katsuki S,et al. Propagation velocity of pulsed streamer discharges in atmospheric air[J]. IEEE Transaction on Plasma Science,2003,31(5):1091-1094.

[9] Winands G,Liu Z,Pemen A,et al. Temporal development and chemical efficiency of positive streamers in a large scale wire-plate reactor as a function of voltage waveform parameters [J]. Journal of Physics D:Applied Physics,2006,39(14):3010-3017.

[10] Macheret S O,Shneider M N,Murray R C. Ionization in strong electric fields and dynamics of nanosecond-pulse plasmas[J]. Physics of Plasmas,2006,13(2):023502(10p).

[11] Pai D Z,Lacoste D A,Laux C O. Transitions between corona,glow,and spark regimes of nanosecond repetitively pulsed discharge in air at atmospheric air[J]. Journal of Applied Physics,2010,107(9):093303(15p).

[12] Tarasenko V F,Baksht E K,Lomaev M I,et al. Transition of a diffuse discharge to a spark at nanosecond breakdown of high-pressure nitrogen and air in a nonuniform electric field [J].

Technical Physics,2013,58(8):1115-1121.

[13] Shao T,Zhang C,Niu Z,et al. Runaway electron preionized diffuse discharges in atmospheric pressure air with a point-to-plane gap in repetitive pulsed mode[J]. Journal of Applied Physics,2011,109(8):083306(7p).

[14] Shao T,Tarasenko V F,Zhang C,et al. Generation of runaway electrons and x-rays in repetitive nanosecond pulse corona discharge in atmospheric pressure air[J]. Applied Physics Express,2011,4(6):066001(5p).

[15] Shao T,Zhang C,Niu Z,et al. Diffuse discharge,runaway electron,and X-ray in an atmospheric pressure air in an inhomogeneous electrical field in repetitive pulsed modes[J]. Applied Physics Letters,2011,98(2):021513(3p).

[16] Yang D,Wang W,Jia L,et al. Production of atmospheric pressure diffuse nanosecond pulsed dielectric barrier discharge using the array needles-plate electrode in air[J]. Journal of Applied Physics,2011,109(7):073308(5p).

[17] Kutsyk I M,Babich L P,Donskoi E N,et al. Analysis of the results of a laboratory experiment on the observation of a runaway electron avalanche in air under high overvoltages [J]. Plasma Physics Reports,2012,38(11):891-898.

[18] Packan D. Repetitive nanosecond glow discharge in atmospheric pressure air[D]. Palo Alto: Stanford University,2003.

[19] Korolev Y D, Mesyats G A. Physics of Pulse Breakdown in Gases [M]. Moscow: Nauka,1991.

[20] 章程,顾建伟,邵涛,等. 大气压空气中重频纳秒脉冲气体放电模式研究[J]. 强激光与粒子束,2014,25(3):045029(7p).

[21] 章程,邵涛,许家雨,等. 大气压空气中纳秒脉冲弥散放电实验研究[J]. 高电压技术,2012,38(5):1090-1098.

[22] Zhang C,Shao T,Niu Z,et al. Pulse repetition frequency effect on nanosecond-pulse diffuse discharge in atmospheric-pressure air with a point-to-plane gap[J]. IEEE Transactions on Plasma Science,2011,39(11):2070-2071.

[23] Shao T,Jiang H,Zhang C,et al. Time behaviour of discharge current in case of nanosecond-pulse surface dielectric barrier discharge[J]. Europhysics Letters,2013,101(4):45002(6p).

[24] Shao T,Tarasenko V F,Zhang C,et al. Dynamic displacement current in subnanosecond breakdowns in an inhomogeneous electric field[J]. Review of Scientific Instruments,2013,84(5):053506(7p).

[25] Ma H,Zhang C,Shao T,et al. Diffuse discharges of multi-pin-plane gaps sustained by repetitive nanosecond pulses at atmospheric pressure [C]. 2013 Annual Report Conference on Electrical Insulation and Dielectric Phenomena,2013,Shenzhen,China:626-629.

[26] Zhang C,Shao T,Ma H,et al. Experimental study on conduction current of positive nanosecond-pulse diffuse discharge at atmospheric pressure[J]. IEEE Transactions on Dielectrics and Electrical Insulation,2013,20(4):1304-1314.

[27] Shao T, Tarasenko V F, Zhang C, et al. Runaway electrons and X-rays from a corona discharge in atmospheric pressure air[J]. New Journal of Physics, 2011, 13(11): 113035(19p).

[28] 章程, 邵涛, 牛铮, 等. 大气压尖板电极结构重复频率纳秒脉冲放电 X 射线辐射特性研究[J]. 物理学报, 2012, 61(3): 035202(9p).

[29] Fowler R H, Nordeim L. Electron emission in intense electric fields [C]. Proceedings of the Royal Society of London, 1928, 119(781): 173-181.

[30] 杨津基. 气体放电[M]. 北京: 科学出版社, 1983.

[31] 章程. 大气压空气中重复频率纳秒脉冲气体放电特性研究[D]. 北京: 中国科学院研究生院, 2011.

[32] Burachenko A G, Tarasenko V F. Effect of nitrogen pressure on the energy of runaway electrons generated in gas diode[J]. Technical Physics Letters, 2010, 36(12): 1158-1161.

[33] Zhang C, Tarasenko V F, Shao T, et al. Effect of cathode materials on the generation of runaway electron beams and X-rays in atmospheric pressure air[J]. Laser and Particle Beams, 2013, 31(2): 353-364.

[34] Babich L P. High-energy phenomena in electric discharges in dense gases: theory, experiment and natural phenomena [M]. Washington DC: Futurepast, 2003.

[35] Zhang C, Shao T, Tarasenko V, et al. X-ray emission from a nanosecond-pulse discharge in an inhomogeneous electric field at atmospheric pressure[J]. Physics of Plasmas, 2012, 19(12): 123516(7p).

[36] Zhang C, Shao T, Yu Y, et al. Detection of x-ray emission in a nanosecond discharge in air at atmospheric pressure[J]. Review of Scientific Instruments, 2010, 81(12): 123501(5p).

[37] Shao T, Tarasenko V F, Zhang C, et al. Spark discharge formation in an inhomogeneous electric field under conditions of runaway electron generation[J]. Journal of Applied Physics, 2012, 111(2): 023304(10p).

[38] Shao T, Tarasenko V F, Zhang C, et al. Repetitive nanosecond-pulse discharge in a highly nonuniform electric field in atmospheric air: X-ray emission and runaway electron generation[J]. Laser and Particle Beams, 2012, 30(9): 369-378.

[39] Pai D Z, Stancu G D, Lacoste D A, et al. Nanosecond repetitively pulsed discharges in air at atmospheric pressure-the spark regime[J]. Plasma Sources Science and Technology, 2010, 19(6): 065015(10p).

[40] Raizer Y P. Gas Discharge Physics [M]. Berlin: Springer, 1991.

[41] Pai D Z, Stancu G D, Lacoste D A, et al. Nanosecond repetitively pulsed discharges in air at atmospheric pressure-the glow regime[J]. Plasma Sources Science and Technology, 2009, 18(4): 045030(8p).

[42] Duten X, Packan D, Yu L, et al. DC and pulsed glow discharges in atmospheric pressure air and nitrogen[J]. IEEE Transaction on Plasma Science, 2002, 30(1): 178-179.

[43] Kossyi I, Kostinsky A, Matveyev A, et al. Kinetic scheme of the non-equilibrium discharge in nitrogen-oxygen mixtures [J]. Plasma Sources Science and Technology, 1992, 1(3):

207-220.

[44] 章程,邵涛,于洋,等.大气压空气中管-板电极结构重复频率纳秒脉冲的放电特性[J].高电压技术,2011,37(6):1505-1511.

[45] 邵涛,严萍,张适昌,等.纳秒脉冲气体放电机理探讨[J].强激光与粒子束,2008,20(11):1928-1932.

[46] Levatter J I, Lin S C. Necessary conditions for the homogenous formation of pulsed avalanche discharges at high gas pressure[J]. Journal of Applied Physics, 1980, 81 (1): 210-222.

第8章　表面介质阻挡放电流动控制

车学科　聂万胜　邵　涛
装备学院　中国科学院电工研究所

　　与传统流动控制技术相比,利用表面 DBD 等离子体诱导产生的空气射流进行流动控制具有显著优势,是低温等离子体在航空领域的重要应用方向之一。本章介绍装备学院、中国科学院电工研究所开展的表面 DBD 等离子体流动控制相关研究。首先总结等离子体激励器的主要类型及通常采用的实验、仿真方法;然后基于流体力学模型仿真方法,获得体积力的耦合机制、动量传递效率以及单向体积力产生机制;并使用多场松耦合模拟方法对临近空间纳秒脉冲放电等离子体进行计算,分析高度对放电过程、体积力和加热作用的影响;然后采用放电图像、李萨如图等方法对地面条件下的纳秒脉冲放电等离子体特性进行研究,分析激励条件、电极参数的影响;最后,采用激光粒子成像测速技术测量亚微秒脉冲放电等离子体的诱导漩涡,揭示诱导漩涡的产生过程,并讨论脉冲重复频率、脉冲数量的影响。

8.1　引　　言

8.1.1　技术原理

　　等离子体流动控制技术作为一个新兴的控制方法,是一项非常有潜力的新型技术,在军用、民用等方面都有广泛的应用前景。目前为止它主要有两种控制概念,第一种为磁流体动力学(magneto hydro dynamics,MHD),即将大功率等离子体发生器产生的高浓度等离子体注入控制气流中,并外加磁场通过等离子体将作用力传递到中性气体以达到所需控制效果。这种方法存在较多缺陷,如等离子体发生器功率大,一般需要携带工质,同时高强度磁场设备的体积、质量、功耗都很大,这些都限制了 MHD 等离子体设备的应用。

　　近年来,等离子体流动控制转向使用小尺度非平衡等离子体改变边界层流动,并通过黏性-无黏相互作用来控制主流,这就产生了第二种等离子体控制概念,即电流体动力学(electro hydro dynamic,EHD),它通过在控制对象表面上设置的电极产生强电场。该电场一方面电离空气产生等离子体,另一方面加速等离子体。

　　本章工作得到国家自然科学基金(11205244,51222701)的支持。

等离子体与中性气体发生碰撞从而将动量、动能传递到边界层的中性气体中,边界层流动状态的变化会进一步影响主流,从而达到流动控制目的。若为了加强控制效果,还可以再增加外部磁场,即电磁流体动力学(electro magneto hydro dynamic, EMHD)。

　　实现低温非平衡等离子体流动控制技术的一个主要障碍是如何在大气压下实现稳定的等离子体放电。1933 年, von Engle 等首先在一个大气压空气中得到直流正常辉光放电。但是他们的方法需要在真空中启动放电,随后逐步增加压力到一个大气压,而且需要对阴极进行大量冷却,以防止辉光放电变成电弧放电。由于存在辉光-电弧转化,这个放电是不稳定的,很少在工业或实验室中得到应用。1995 年 Roth 等[1]在电极上使用射频电源,从而可以在电极之间捕获离子但不捕获电子,并且用一个绝缘平板进一步抑制辉光-电弧的转变,这种方法极大地降低了阴极加热、腐蚀,以及等离子体污染,还使得等离子体稳定,增加了用于洛伦兹碰撞和流动加速的离子数密度。这类放电称为大气压均匀辉光放电等离子体(one atmosphere uniform glow discharge plasma, OAUGDP™)。自此之后,表面放电等离子体流动控制技术开始得到迅速发展。该控制技术概念的等离子体发生器包括直流电晕放电、表面 DBD(surface dielectric barrier discharge, SDBD)以及局部电弧丝状放电等。

　　最先使用等离子体放电来控制气体流动的工作就是电晕放电,不过当时主要研究的是体放电。直流电晕放电激励器的两个电极位于同一表面,且均不覆盖绝缘层,它主要利用放电产生的体积力和热共同作用于空气。直流电晕放电存在放电不稳定的问题,一些研究者使用交流电源代替直流电源来试图解决该问题,但是效果并不理想,更可行的方法则是在两个电极之间插入绝缘层,利用绝缘层熄灭电流来阻止电弧放电,这就是 DBD。DBD 包括体放电和表面放电两类,适合于流动控制的主要是表面放电。图 8.1 所示为 SDBD 激励器的一般电极结构,它由暴露电极、植入电极及两个电极之间的介质阻挡层组成,其中暴露电极直接暴露于空气中,植入电极表面则覆盖有绝缘材料,两个电极的厚度一般在微米量级。两个电极之间加载适当电压后空气放电产生等离子体,等离子体在静电场以及外加磁场的

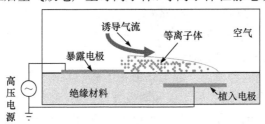

图 8.1　SDBD 激励器及作用机理[2]

作用下将电能转化、添加到物体壁面的空气边界层中,边界层流动状态的变化能够对主流造成重要影响,从而达到流动主动控制的目的。根据施加电源的类型不同,等离子体向主流传递的能量类型也不相同。通常情况下采用交流电源,它主要利用等离子体产生的静电体积力向空气传输动量、动能,而目前更为看重纳秒脉冲激励。此时等离子体主要向空气传输热能,采用微秒、亚微秒脉冲激励时则可能兼有前两种激励的共同特点。与直流电晕放电相比,SDBD 产生的等离子体更均匀,控制效果更好,是目前研究最多的等离子体流动控制方法。SDBD 激励器具有尺寸小、重量轻、无运动部件、气动灵活性好、可靠性高、价格低、带宽高、响应快、阻力小等优势。当前 SDBD 等离子体流动控制面临的一个最大问题是如何提高等离子体的控制能力,因为交流激励 SDBD 的诱导射流速度太低,最高不超过 10 m/s,目前看仅适用于低速、低雷诺数飞行器。为了解决这一问题,可以从三个方面入手。首先是优化激励器,提高激励强度,如优化激励器的结构、采用纳秒脉冲电源等,进行等离子体流动控制机理探索。数值仿真技术可在此类研究中发挥重要作用。其次是改变应用对象,用于微小型飞行器,通过减小飞行器尺寸降低雷诺数。最后是提高飞行器的高度,如用于临近空间飞行器,这是通过减小空气密度的方法降低雷诺数。

　　根据两个电极之间的关系可以将其分为非对称型(见图 8.1)和对称型(见图 8.2)两类,另外还有一些改进变形,主要目的是为了提高 SDBD 等离子体的作用力。在 SDBD 激励器上再添加一个暴露电极,该暴露电极与植入电极相连,这就是所谓的"滑移放电"。滑移放电的击穿电势非常小,放电产生的等离子体覆盖范围可以达到 1 m[3]。

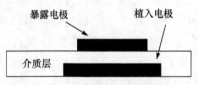

暴露电极　　　　　　植入电极

介质层

图 8.2　对称型 SDBD 激励器

　　第三种是局部电弧丝状放电激励器,这种激励器的电极形状比较特殊,是一个尖头、钝体铜圆柱[4],类似于一根削好的铅笔,其中尖头一端与电源相接,柱体穿过壁面上的孔后进入气流,端面与壁面光滑齐平,在两个电极之间施加准直流或者 10～20 ns 级别的脉冲激励后即产生电弧放电。根据电极与流动方向的关系,可以将其分为纵向和横向两种模态。如果阳极在上游,阴极在下游,放电沿着弦向、流向发生则为纵向放电模态;如果阳极和阴极并列,垂直于来流方向则为横向放电模态。局部电弧丝状放电实际上就是一种电弧放电,只不过由于采用了特殊的激励电源,使得它能够实现安全放电而不至于将激励器烧毁。与 SDBD 相比,局部电弧丝状放电能够产生大量热量,通过冲击、膨胀作用对环境空气造成明显影响,控制激波的强度、位置等,因此在高速流动控制中应用前景很好,如超燃冲压发动机。

8.1.2　实验研究方法

表面 DBD 等离子体流动控制技术的应用方向包括机翼流动分离控制、高速流动激波控制、展向振荡减阻、零质量合成射流、细长锥体大迎角控制、涡轮压气机扩稳、降噪消音等。这里介绍主要的实验研究方法,包括体积力测量、流场显示、边界层速度测量、光学测量,另外红外温度测量以及电参数测量也是常用的测量手段。

可以采用两种原理测量等离子体产生的体积力。一是直接测量体积力,包括利用高精度天平测量和钟摆式两种方法。前者是把激励器垂直放置在高精度天平上,放电时天平即可直接测量作用在激励器面板上的反作用力。该方法需要考虑的问题是如何屏蔽放电产生的电磁场的影响,一种方法是用铜箔把天平包裹起来,利用静电屏蔽原理隔绝电磁干扰;另一种方法是把激励器放置在远离天平的地方,通过杠杆将体积力传递给天平并进行测量。还有一种方法钟摆法:首先在低摩擦针式轴承上悬挂一个轻质空芯碳棒;然后将圆形激励器安装在碳棒末端;同时在碳棒轴向安装有一个激光器,激励器放电时产生的反作用力使得碳棒摆动,底面上的照相装置记录激光入射点的位置,也就是碳棒的摆动规律;最后通过数学推导得到反作用力。该方法相对复杂,但可屏蔽电磁干扰。二是利用加速度计测量激励器加速度。需要注意的是,体积力测量法得到的体积力实际上不是等离子体体积力,而是等离子体体积力、空气摩擦力的合力,因此有时也称这种方法为反作用力测量。

第二种常用方法是流场显示法,包括烟流法、纹影法、激光粒子成像测速(particle image velocimetry,PIV)等。烟流是利用烟显示流动,通过烟流可以直接观测等离子体的作用效果,实验系统相对简单。当光线通过与之垂直的折射率梯度区时,光线方向会发生偏离,偏离程度与折射率梯度成正比,纹影法就是利用这一原理,通过记录光强的变化来显示流场。PIV 使用脉冲激光照射空气中的示踪粒子,高速相机记录示踪粒子散射光,通过对连续两幅照片进行处理即可得到空气速度分布。前两种方法都是一种定性测量方法,即可以显示流场结构、特征,但无法得到定量结果,目前也有根据纹影照片的灰度值定量显示流场速度[5]。其优点是不需要往空气中添加示踪粒子,因此不用考虑粒子的跟随性以及粒子对放电可能造成的影响,缺点是必须用其他方法的测量结果进行标定。PIV 的优势是可进行定量测量,缺点则来自于示踪粒子的影响。

第三种方法是用皮托管测量等离子体诱导气流的总压和静压,基于伯努利方程计算得到诱导气流的速度。

第四个常用方法是光学测量,主要是使用相机记录放电发光,根据不同的拍摄要求可分为两类,一类是拍摄多次放电的累积效果,常规数码相机即可;另一类是高速摄影,相机的曝光时间为亚纳秒量级,且需要使用和激励电源同步的光增强设备,这种方法能把纳秒量级放电过程拍出来,对分析表面介质阻挡放电的发展过程很有帮助。

8.1.3　数值模拟方法

表面介质阻挡放电属于非平衡等离子体,朗谬尔探针等传统方法很难对其进行探测,光谱测量技术也有待进一步发展,因此很有必要采用数值模拟方法研究表面介质阻挡放电及其流动控制过程。等离子体流动控制涉及三个过程,首先是空气放电,其次是空气放电产生的能量耦合到空气中去,最后是流动控制。这三个过程中涉及三个时间尺度,第一个是微放电的尺度,大约是几个纳秒;第二个与电源激励周期有关,通常为 0.1 ms 量级;最后一个是中性流体对等离子体的响应时间,在 10 ms 量级。这三个时间尺度最大相差 6~7 个量级,同时考虑到放电模拟的空间尺度在微米量级,中性流体的空间尺度在毫米量级,二者相差约三个量级,如果完全采用多物理场耦合方法进行计算,则需要消耗海量计算资源,对仿真造成很大的困难。目前主要有三种模拟方法,第一种是唯象学的方法,第二种是多场松耦合方法,第三种是完全耦合方法。其中完全耦合方法同时模拟空气放电与流动控制,存在前面提到的时间、空间尺度问题,因此很少采用这种方法。本章主要介绍前两种模拟方法。

1. 唯象学模拟方法

唯象学方法就是不考虑放电过程,只给出效果,把效果也就体积力直接代入方程进行计算。这种方法共有四种计算模型,其中 Shyy 模型为基础模型,其他三种为改进模型

(1) Shyy 等[6]提出了一个包括电场和电场力的经验计算公式,等离子体体积力由公式(8-1)给出:

$$\boldsymbol{F}_{\text{tave}} = \rho_c e_c \boldsymbol{E} \delta \Delta t / T \tag{8-1}$$

式中,ρ_c 为电荷密度,取 2×10^{17} m^{-3};e_c 为元电荷;Δt 为一个周期内的放电时间,取 67 μs;T 为电源周期。

$$\delta = \begin{cases} 0, & |\boldsymbol{E}| < E_b \\ 1, & |\boldsymbol{E}| \geqslant E_b \end{cases} \tag{8-2}$$

式中,$E_b = 3.0 \times 10^6$ V/m 为空气击穿电场强度。

$\boldsymbol{E}$ 为由线性化处理得到的简化电场分布:

$$|\boldsymbol{E}| = E_0 - k_1 x - k_2 y, \quad E_x = \frac{k_1}{\sqrt{k_1^2 + k_2^2}} |\boldsymbol{E}|, \quad E_y = \frac{k_2}{\sqrt{k_1^2 + k_2^2}} |\boldsymbol{E}|$$

式中,k_1、k_2 分别表示激励器表面切向和法向的分量。

将(8-1)代入 N-S 方程即可求解等离子体对空气的作用效果。

（2）改进模型。Shyy 模型存在两个缺陷，首先电荷分布是完全平均的，其次电场分布采用线性简化。针对这两个缺陷分别出现了不同的改进方法。

第一种是保持电荷为均匀分布，通过求解泊松方程得到电场分布，然后利用公式(8-1)进行计算。

第二种是利用德拜长度计算电荷密度，通过拉普拉斯方程计算外部电场。该方法将放电电场 Φ 分为外部电场 ϕ 和电荷电场 φ，即 $\Phi = \phi + \varphi$。然后利用德拜长度 λ_d、电荷密度 ρ_c、电荷电场电势 φ 三者之间的关系：

$$\varphi = -\rho_c \lambda_d^2 / \varepsilon_0 \tag{8-3}$$

$$\nabla \cdot (\varepsilon_r \nabla \varphi) = -(\rho_c / \varepsilon_0) \tag{8-4}$$

得到

$$\nabla \cdot (\varepsilon_r \nabla \rho_c) = \rho_c / \lambda_d^2 \tag{8-5}$$

式中，ε_r 为介质阻挡层的相对介电常数；ε_0 为真空介电常数。

根据公式(8-5)，只要给定德拜长度即可得到电荷密度分布。这个方法的特点是计算等离子体体积力时仅考虑外部电场的作用：

$$\boldsymbol{F} = \rho_c(-\nabla \phi) \tag{8-6}$$

第三种方法与第二种方法类似，同样利用德拜长度计算电荷密度，不过采用分布式集中参数电路模型计算电场分布。集中参数电路模型由 Enloe 等[7]首次提出，Orlve 等[8]将该模型细化为具有 n 个子电路单元（见图 8.3），用以模拟不同流向位置处的电路，从而可以计算一维空间等离子体的电势、电流。

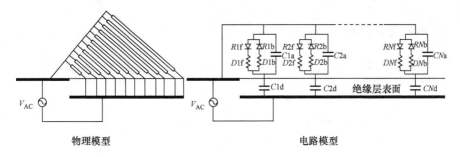

图 8.3　分布式集总参数电路模型[8]

2. 多场松耦合模拟方法

微放电和电源激励周期的时间尺度比中性流体的响应时间尺度小得多，可以认为中性流体感受到的等离子体作用为定常作用，从而可以将空气放电与流动响应这两个过程分割开而独立模拟，这就是多场松耦合模拟方法。多场松耦合模拟方法，就是先采用细网格、亚纳秒时间步长，利用流体力学模型，或者动力学/粒子方法,或者混合方法计算空气放电过程,得到等离子体的热、力分布,然后将其作为能量、动量源项代入空气动力学控制方程中。在另外一套粗网格中,采用更大的时间步长进行流动控制计算[9]。由于动力学/粒子方法、混合方法的计算成本相对较高,流体力学模型是目前最常用的计算方法。这样处理的好处在于可以得到空气放电时等离子体的变化过程,能够更加真实地模拟等离子体流动控制,而两个物理过程可采用相互独立的时间、空间步长进行计算,因此计算成本很低,不足之处在于这种方法假设放电、流体之间的作用是单向的,认为流体状态不会对放电过程造成影响,这与实际情况不完全符合,不过在低速来流条件下还是可行的。

SDBD 等离子体激励器的电极通常为长条形,在不考虑边缘效应时可将其看做是二维放电,现在通行的计算方法主要考虑 x、y 两个方向,沿物面从暴露电极指向植入电极为 x 方向,垂直于物面为 y 方向。

空气放电过程中会产生多种粒子组分,反应过程也非常复杂,不过对等离子体流动控制模拟来说,一般考虑电子、正负离子就足够了,必要时可考虑更多的粒子组分以及更复杂的反应过程。SDBD 放电控制方程包括计算电场的泊松方程和计算电子、离子密度的漂移-扩散方程。

泊松方程为

$$\frac{\partial^2 \varphi}{\partial x^2}+\frac{\partial^2 \varphi}{\partial y^2}=-e(n_+ -n_e -n_-)/\varepsilon_0 \varepsilon_d \tag{8-7}$$

式中,φ 为电场电势;e 为元电荷;n_+、n_-、n_e 分别为正离子、负离子、电子数密度;ε_0 为真空介电常数;ε_d 为介质层材料的相对介电常数。相应的电场强度则为

$$\boldsymbol{E}=-\nabla \varphi \tag{8-8}$$

漂移-扩散方程如下:

$$\frac{\partial n_e}{\partial t}-\nabla(\mu_e n_e \boldsymbol{E})-\nabla^2(D_e n_e)=\alpha(E)|\boldsymbol{\Gamma}_e|-\beta_e n_+ n_e -0.22k_{att}n_n n_e +k_d n_n n_- \tag{8-9}$$

$$\frac{\partial n_+}{\partial t}+\nabla(\mu_+ n_+ \boldsymbol{E})-\nabla^2(D_+ n_+)=\alpha(E)|\boldsymbol{\Gamma}_e|-\beta_e n_+ n_e -\beta_- n_+ n_- \tag{8-10}$$

$$\frac{\partial n_-}{\partial t}-\nabla(\mu_- n_- \boldsymbol{E})-\nabla^2(D_- n_-)=0.22k_{att}n_n n_e -\beta_- n_+ n_- -k_d n_n n_- \tag{8-11}$$

式中,μ_e、μ_+、μ_- 分别为电子、正离子和负离子迁移率;$D_e=T_e\mu_e$、$D_+=T\mu_+$、$D_-=T\mu_-$ 分别为电子、正离子和负离子的扩散系数;$T_e(K)=\begin{cases} T_a+8645\gamma^{0.54069} & \gamma<1 \\ T_a+8645\gamma^{0.4} & \gamma>1 \end{cases}$、$T=300$ K 分别是电子和离子温度;T_a 为环境空气温度;$\gamma=E/n_n$(单位 10^{-16} V/cm^2);$\alpha(E)$ 为电离系数;β_e 为电离复合系数;k_{att} 为附着系数;β_- 为离子-离子复合系数;k_d 为解吸附系数;Γ_e 是电子通量;0.22 表示空气中的氧气含量。

研究磁场作用下的表面介质阻挡放电,数值模拟时还需要增加磁场模型。如果直接计算麦克斯韦方程则会增大计算难度,这里我们可以采用 Surzhikov 等提出的一个简化方法,他们将磁场等效到电场中,具体推导过程见文献[10],这里只给出结果。设 $E=\mathbf{i}E_x+\mathbf{j}E_y$ 为空气放电时的实际静电场,$B=\mathbf{k}B_z$ 为外加磁场,Z 轴与 X、Y 轴组成直角坐标系,分别用等效电场 E_e、E_+、E_- 代替式(8-9)、式(8-10)、式(8-10)中的 E,用等效扩散系数 $D_{e,e}$、$D_{+,+}$、$D_{-,-}$ 代替电子、正离子、负离子的扩散系数即可[11]。

等效电场为

$$E_e=\mathbf{i}E_{e,x}+\mathbf{j}E_{e,y}, \quad E_+=\mathbf{i}E_{+,x}+\mathbf{j}E_{+,y}, \quad E_-=\mathbf{i}E_{-,x}+\mathbf{j}E_{-,y} \tag{8-12}$$

等效扩散系数为

$$D_{e,e}=D_e/(1+b_e^2), \quad D_{+,+}=D_+/(1+b_+^2), \quad D_{-,-}=D_-/(1+b_-^2) \tag{8-13}$$

式中,

$$E_{e,x}=\frac{E_x-b_eE_y}{1+b_e^2}, \quad E_{e,y}=\frac{E_y+b_eE_y}{1+b_e^2}, \quad E_{+,x}=\frac{E_x+b_+E_y}{1+b_+^2},$$

$$E_{+,y}=\frac{E_y-b_+E_x}{1+b_+^2}, \quad E_{-,x}=\frac{E_x-b_-E_y}{1+b_-^2}, \quad E_{-,y}=\frac{E_y+b_-E_x}{1+b_-^2},$$

$$b_e=\mu_eB_z, \quad b_+=\mu_+B_z, \quad b_-=\mu_-B_z$$

计算边界条件为:暴露电极,$n_e=0$,$\partial n_+/\partial y=0$(上表面),$\partial n_+/\partial x=0$(侧面);植入电极,$\varphi=0$ V;介质层上表面,$\partial n_+/\partial y=\partial n_e/\partial y=0$。

离子流轰击电极会产生二次电子,这些二次电子在电场作用下进入到等离子体中而成为种子电子,对于维持直流放电具有重要意义。虽然 SDBD 并不需要二次电子来维持放电,二次电子在正弦电场中的作用也降低了,但是在大气压条件下二次电子还是会对放电造成一定影响。考虑二次电子发射时,电极表面的边界条件为[12]:$E_n<0$ 时,$\Gamma_{en}=-\gamma_m\Gamma_{+n}$;$E_n>0$ 时,$\Gamma_{+n}=0$。绝缘层表面边界条件为:$E_n<0$ 时,$\Gamma_{en}=-\gamma_d\Gamma_{+n}$;$E_n>0$ 时,$\Gamma_{+n}=0$。式中,γ_m、γ_d 分别金属和绝缘层表面的有效二次发射系数。

初始条件对放电模拟会造成一定影响,大部分情况下使用准中性等离子体作为初始条件,预电离电子、离子浓度范围为 $10^9\sim10^{15}$ m^{-3}[13]。

等离子体热功率模型为[14]

$$P_{th}=\eta P_{electron}+P_{ion}=(\eta\vec{j}_e+\vec{j}_+)\cdot\vec{E} \tag{8-14}$$

式中,$\vec{j}_e=e\times(-\mu_en_e\vec{E}-D_e\nabla\cdot n_e)$,$\vec{j}_+=e\times(\mu_+n_+\vec{E}-D_+\nabla\cdot n_+)$ 分别为电子电流密度和离子电流密度;η 表示沉积在空气分子的弹性碰撞、旋转激发和振动激发上的电子功率比例。

等离子体体积力密度为

$$f=e(\sigma_+n_+-\sigma_-n_-)E \tag{8-15}$$

式中，σ_+ 和 σ_- 分别表示正、负离子的动量传递效率。

泊松方程(8-7)为椭圆型方程，可采用二阶中心差分格式进行离散，使用逐次超松弛迭代(SOR)格式计算。漂移-扩散方程(8-7)、(8-8)、(8-9)为二维输运方程组，主要难点在于放电过程中等离子体造成电场实时变化，尤其是等离子体头部等区域的电场变化非常剧烈，这对 CFL 条件、对流项的离散格式提出了很高要求。为解决这一问题，可根据计算点及其附近网格点的实时电场方向分别使用一阶迎风、二阶迎风以及混合格式等多种格式离散对流项，从而确保每一节点都得到最好的处理；扩散项使用一阶、二阶中心差分格式进行离散；最后使用算子近似因子分解有限元(AF-FEM)方法计算[15]。

8.2 表面介质阻挡放电流动控制机理

8.2.1 等离子体流动作用机理

等离子体的作用机理主要包含动量输运和热量输运两个方面。关于动量输运存在两种观点，一种认为是电子、离子与中性粒子的碰撞传递动量，另一种认为只有离子与中性粒子的碰撞传递动量。关于热量输运，Enloe 等认为体加热的作用有限，但是还需要考虑，不过 Leonov 等认为如果功率足够高则高速流动中近表面放热可以导致边界层分离，而另一方面在合适功率下，有效黏性阻力降低以及控制激波位置需要应用非热机制。Shang 等认为离子和中性分子发生碰撞从而传输能量，但是具体是弹性碰撞还是非弹性碰撞则自相矛盾，而在他们所建立的等离子体流动控制模型中，磁场通过电流将体积力施加到流体上，电场通过电流将热量施加到流体上，等离子体中的电流主要是电子电流，并且如果不考虑外加磁场则等离子体无法向流体输运动量，因此可以说 Shang 等实际上认为等离子体放电的主要作用是电子将电能转化为热能并传递给流体，正离子则没有多大意义。Poggie 也认为放电在流动结构中引入的主要改变取决于耗散加热作用，而不是电场力。可见目前关于等离子体作用机理还难以达成一致[15]。

电子与中性粒子发生非弹性碰撞，一方面将空气离子化，另一方面电子电流以焦耳加热的形式将少部分热量传递给流体，同时电子-离子的复合反应可以释放一定热量，这部分热量来自于电子与中性粒子的碰撞电离过程，即实际上也是电子获得的电场能量。因此可以认为，在等离子体放电中电子将大部分能量用于电离空气以及加热，其中加热量决定了 SDBD 热量输运的作用程度；但是 SDBD 等离子体是低温等离子体，在 Jukes 等[16]的实验中，等离子体造成边界层加热的最大温度差异为 2.8℃，因此采用交流激励时热量输运不大可能是 SDBD 的主要作用机理。

Boeuf 等[17]考虑带电粒子与中性粒子的碰撞频率得到 SDBD 中产生的 EHD

体积力密度为

$$f \approx e(n_+ - n_e) \boldsymbol{E} \tag{8-16}$$

可以看到,他们同样认为等离子体是通过电子、正离子来产生体积力的。电子的质量比离子小得多,在电场作用下其产生的定向速度要远大于离子,从而使得电场对电子的作用时间少,电子得到的冲量远远小于离子冲量,当然其传递给流体的动量也非常小;再考虑到电子与正离子是成对产生的,因此等离子体通过电子向流体施加的控制力可以忽略,即应去掉式(8-16)中的 n_e 项,离子-中性粒子碰撞可能是 SDBD 等离子体的主要能量耦合机理。

离子通过与中性粒子的碰撞将获得的电能转移为空气的动能,不过碰撞的属性及其效率还需要进一步验证[18]。假设电子和正离子的平均速度分别为 u_e、u_+,外加电势对整个放电区 V 中电子、正离子做功的功率之比为

$$\frac{P_e}{P_+} = \frac{e \oint_V n_e \mathrm{d}V u_e}{e \oint_V n_+ \mathrm{d}V u_+} \tag{8-17}$$

虽然 SDBD 为非平衡放电,但是所产生的电子和正离子总数是相等的(这里暂不考虑负离子),因此 $\oint_V n_e \mathrm{d}V = \oint_V n_+ \mathrm{d}V$,从而

$$\frac{P_e}{P_+} = \frac{u_e}{u_+} \tag{8-18}$$

通常 $u_e \gg u_+$,因此电场的能量主要传递给电子,电场-离子的能量传输效率很低。再考虑到离子-中性粒子的能量传输效率问题,那么 SDBD 激励器的能量效率必然很低。Jukes 等[16]进行的等离子体减阻实验表明,能量效率仅为 0.01%;Leonov 等[19]认为,离子风推力造成的阻力降低是能量不经济的,减阻效率比值非常小[20];Léger 等[21]的实验中,EHD 的效率为几个百分点,他们同时发现 EHD 效率随着电流增大而减小,从另一个侧面证明了离子碰撞是 SDBD 等离子体产生体积力的主要作用机制。

综上所述,可以认为 SDBD 等离子体产生的体积控制力密度为

$$f = \sigma_+ e n_+ \boldsymbol{E} \tag{8-19}$$

考虑负离子时则为公式(8-15)。

8.2.2　等离子体体积力产生机理

利用等离子体控制流动时,其产生的体积力必须为单一方向,否则无法将动量、动能连续添加到环境空气中;而 SDBD 激励器在交流电势作用下确实产生了单向体积力,其产生机理是一个关键问题。这有助于设计优化的激励电源,从而提

高等离子体控制效果。

Roth 等[22]提出 OAUGDP™用于流动控制时的两种加速原理:顺电和蠕动。顺电力是类似于顺磁性的静电场力,它利用静电场梯度产生的静电体积力加速等离子体;蠕动力通过使用多相 RF 电源产生静电行波,并以此加速等离子体。Baird 等[23]认为,等离子体有两个主要的作用机制:或者是在放电的一半周期给予空气大量动量,另一半周期内在相同方向得到较小动量,这称为"推-推"机制;或者是在整个周期内先是得到大量动量,随后在反方向得到较小动量,这称为"推-拉"机制。Enloe 等[24]测量了激励器附近中性空气密度,表明激励器将中性气体"拉"到其附近形成高浓度区,等离子体熄灭时向下游方向释放,和激励器上方的空气进行置换从而将动量耦合到中性气体中,它解释了离子向暴露电极上游移动却在下游方向造成新的动量传输效果的原因,同时可以解释"推-推"机制。Font[25]对 SDBD放电以及流动控制效果进行了仿真,仿真结果支持"推-拉"机制。Suzen 等[26]的外加电场+电荷电场理论支持"推-推"机制,不过该理论的最大问题在于认为电荷密度和外加电场同步,而这与实际情况不完全符合。

1. 体积力耦合机制

这里通过正弦波激励的 SDBD 研究等离子体体积力耦合机制,仅考虑电子和正离子。图 8.4 表示随激励电势变化的时间平均体积力范围之比(二者均为归一化量,其中后者的归一化参考量为 1/4T 时的范围)。从图 8.4 中可以看到,在电势正半周期体积力作用范围增大,说明此时电场向等离子体中添加动量;而在负半周期体积力范围减小,说明此时电场从等离子体中抽取动量,这一点可以支持"推-拉"机制。另外仿真结果表明,暴露电极两侧直角处均出现与该处整体体积力密度方向相反的情况,这是空间"推-拉"机制。因此,AC 激励下 SDBD 动量耦合存在时间、空间两种"推-拉"机制,其中以时间"推-拉"机制为主[27]。从图 8.4 中还可以看到,每个周期内的最大平均体积力范围出现在 3/4T 时,而 1/2T 和 1T 时的体

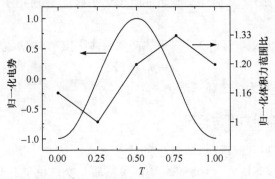

图 8.4　x 方向体积力范围比随电势周期的变化[27]

积力范围则基本相同。Forte 等[29]的实验结果表明,诱导离子风速度在电势负半周期更大。这与计算结果存在差别,原因可能在于等离子体、中性分子惯性造成的加速延迟。Enloe 等[28]在实验中发现,气体密度产生明显变化的时刻比电势变化落后约 0.06 ms。Orlov 等[30]则认为,中性流体对等离子体激励器的响应尺度在 10.0 ms 的量级,因此如果将体积力变化情况向后移动一定相位,则诱导速度可以和等离子体体积力变化情况相匹配。

2. 离子动量传递效率

采用交流激励时,SDBD 等离子体诱导射流由暴露电极指向植入电极,但是同一个激励器采用正极性亚微秒脉冲激励时,发现诱导射流的方向恰好相反。由于暴露电极极性为正,放电产生的正离子将受到指向植入电极的体积力,负离子受到指向暴露电极的体积力,而且负离子浓度要低于正离子,这个现象表明负离子能更有效地传递动量[31]。

模拟的亚微秒脉冲激励电势脉冲总宽度为 300.0 ns,其中上升沿 100.0 ns,下降沿 200.0 ns,峰值 5.0 kV。图 8.5 给出了一个放电脉冲周期内正、负离子数密度随时间的变化过程。$t=1.50~\mu s$ 时,脉冲电势开始施加到激励器两个电极上,此时空间仍残存有前次放电产生的正、负离子。在外加电场的作用下,正离子向外扩散,负离子被吸引向暴露电极方向收缩,二者数密度都开始下降。$t=1.51~\mu s$ 时开始放电,但仍未对正、负离子数密度造成明显影响。到 $t=1.58~\mu s$ 时,放电的影响开始显现,可以看到暴露电极右上角附近出现一个高浓度正离子区域,并向外发展,负离子数密度最大值虽然降低,但高浓度区扩展到暴露电极右上角,同样表明此处发生放电。$t=1.60~\mu s$ 后放电基本结束,正离子产生速率降低,在扩散作用下其数密度不断降低,而电子对空气分子的撞击吸附作用导致负离子数密度有一定程度的升高。随着放电强度进一步减弱,负离子(包括电子)被暴露电极高电势吸引,同时与正离子发生复合反应,使得负离子数密度快速下降,$t=1.76~\mu s$ 时负离子已几乎完全消失;$t=1.78~\mu s$ 时,第 3 次弱放电强度达到最大,其产生的大量负离子同样向外扩展,而正离子数密度基本不变;$t=1.80~\mu s$ 后,外加电势消失,空间电荷在自身电场作用下扩散,数密度不断降低。从负离子数密度变化过程可以看到,负离子空间分布总比放电电流显示的放电时间略显推迟,原因在于放电首先产生电子,电子再和空气分子作用才产生负离子,而且负离子迁移能力比电子弱,其空间扩展能力存在一定滞后。同时可以看到,整个放电脉冲期间,负离子数密度一直低于正离子数密度,因此外加电场相同时正离子会受到更强的静电力。

图 8.6 给出了一个周期内正、负离子受到的 x、y 方向的时均体积力密度,其中为便于比较负离子体积力,密度乘以 -1,可以看到两个方向上,负离子所受体积力密度均远远低于正离子。对整个计算区域进行积分同时乘以脉冲周期 300.0 ns

可以得到一个放电脉冲内正、负离子所得到的冲量,这里仅考虑 x 方向体积力,则正、负离子的 x 方向冲量分别为 $1.03~\mu\mathrm{N\cdot s}$、$0.39~\mu\mathrm{N\cdot s}$。由公式(8-15)可得

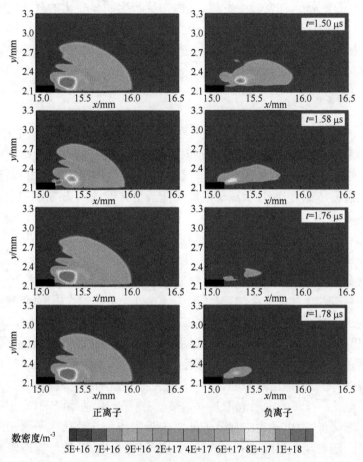

图 8.5　一个放电脉冲内正、负离子数密度变化过程

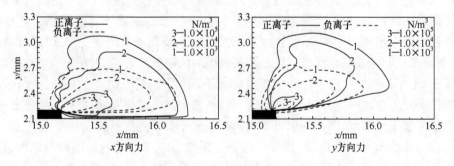

图 8.6　一个放电脉冲内正、负离子时均体积力密度

$$I_x = f_x \cdot t = \sigma_+ f_{+x} \cdot t - \sigma_- f_{-x} \cdot t = \sigma_+ 1.03 - \sigma_- 0.39$$

根据实验结果,环境空气所受冲量为负,即

$$I_x = \sigma_+ 1.03 - \sigma_- 0.39 < 0$$

可以得到

$$\sigma_+/\sigma_- < 0.379$$

因此正离子的 x 方向动量传递效率小于负离子的 37.9%。$\sigma_- = 1$ 时,$\sigma_+ <$ 0.379,考虑到负离子的动量传递效率应小于 1,可以认为正离子的动量传递效率必小于 37.9%。Font 等[32]的实验中,纯氮气情况下交流激励 SDBD 正半周期的归一化体积力约为 4.1,20% 氧气含量下负半周期的归一化体积力约为 13.0(该力包含正离子产生的反向力,如果去掉该力,负离子体积力应更高一些),二者之比约为 31.5%,与本章的计算结果接近。

总的来说,正离子的动量传输效率很低,增大负离子浓度以及使用负电势偏置可提高 SDBD 的流动控制效果。

3. 单向体积力产生机制

采用交流电势进行激励,六个周期内时间平均体积力密度情况如图 8.7 所示,各个放电周期结束之后等离子体所获得时均体积力密度基本保持不变,且上下游体积力均各只指向一个方向,这就是单向体积力问题,也是 SDBD 激励器可以诱导定向射流的根本原因。针对该问题,Suzen 等[26]将放电电场分成外加电场 ϕ 和电荷电场 φ 两部分,并认为电荷浓度和外加电场同步从而在理论上进行了证明;Font[25]则将其归于两个半周期内电子雪崩不对称。总的来说,这是一个目前还没有得到合理解释的现象。

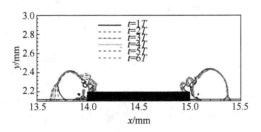

图 8.7　六个周期的 x 方向体积力密度比较

高浓度离子区和高强度电场区将决定 x 力的方向,因此可以从离子浓度变化与 x 电场变化过程对此进行解释。首先,当放电达到稳定后,一个周期内离子浓度分布基本不发生明显变化,离子在一定程度上被捕获(见图 8.8),离子捕获机制由 Roth 等提出[33]。如图 8.9 所示,当外加电势处于负电势峰值时,低强度 x 电场范围较大,高强度 x 电场范围较小;与之相反,当外加电势处于正电势峰值时,低

强度 x 电场范围较小,而高强度 x 电场范围则要大得多,因此正峰值电势时的正 x 电场决定了离子的整体受力为 x 正方向。造成电场不对称的原因,与电子变化有关。由于离子被捕获,可将离子视为一个单独的被作用对象,作用于离子的电场由外加电场与电子电场共同构成,当外加电势为正电势时,电子被吸引到暴露电极并消失,此时空间中电子数量较少,电子电场对外加电场的影响很弱;而当外加电势为负电势时,电子从暴露电极处不断产生并向外扩散,电子分布范围和数量都很大,电子电场很大程度上对外加电场产生了抵消作用,可以说电子的未捕获或者说电子雪崩不对称造成了电场不对称。综上所述,离子被捕获、电子雪崩不对称(电场不对称)是产生单向体积力的原因。为了达到最佳控制效果必须尽量降低"拉",也就是反向作用力[27]。

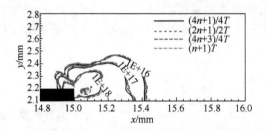

图 8.8　一个周期内离子密度变化比较

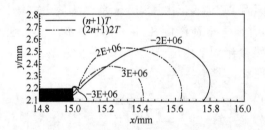

图 8.9　正负电势峰值时的 x 电场强度比较

8.3　临近空间纳秒脉冲放电等离子体

针对临近空间 20 km 高度处纳秒脉冲激励 SDBD 进行仿真,激励脉冲总宽度 50.0 ns,上升沿 15.0 ns,下降沿 30.0 ns。

8.3.1　纳秒脉冲放电过程

图 8.10 为一个脉冲内离子数密度的变化过程,此时激励电势振幅为 1.3 kV。从图 8.10 可以看到,0.0 ns 时暴露电极附近出现大量离子,这是前一个放电脉冲

的残留离子。在 10.0 ns 之前,驱动电势开始增大,但还没有达到放电阈值,所以在外部电场作用下残留离子继续向外扩散,导致密度降低。从 10.0 ns 到 40.0 ns 放电发生,周围空气被迅速电离,产生大量新离子,所以尽管电子-离子复合以及离子扩散会造成一定损失,但离子数密度仍然持续增大。40.0 ns 之后,放电熄灭,没有新离子产生,而各种损失因素仍然存在,所以离子密度开始降低。50.0 ns 之后,外加驱动电势关闭,离子数密度进一步降低,尤其是暴露电极附近的离子消失得非常快。但是等离子体的寿命相当长,足以维持到下一个电势脉冲发生[34],所以仍有大量离子残存。可以认为,放电过程中离子或者等离子体被部分捕获。

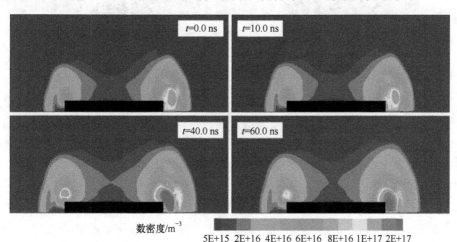

图 8.10　不同时刻的离子数密度(20 km,1.3 kV)

当外部激励电势峰值增大时可以观察一种新的现象,称之为"离子脉冲波"(见图 8.11),它与快速离子波并不相同。离子的定向运动能力取决于从外部电场获得的动量,但是对于脉冲激励来说,其外部电场的持续时间仅为 50.0 ns,也就是说,离子仅能在非常短的时间内获得加速,那么获得的动量基本上由体积力决定。当外加激励电势较低时,电场强度弱,作用在离子上的体积力就比较小,使得重离子加速缓慢,只能在一个方向移动非常短的距离,从而被捕获在几乎相同的位置(图 8.10)。当外加激励电势增大时,电场增强,残留离子能够获得更多动量,迁移能力得到提高,从而可以从暴露电极逃逸并向下游方向运动更长距离,这可以从图 8.11(a)中看到,其中两个离子团为前两次放电的残留离子。类似地,当下一次放电发生时,新产生的离子团紧随前两个离子团而同样向下游运动,这从图 8.11(b)中可以看到。因此,当连续多个脉冲放电发生时,产生的离子看上去就像一个离子脉冲波。当然,如果脉冲频率足够低,在后续放电发生前残留离子可能已完全消失,那么同一时间内就只能看到一个离子脉冲波,就像暴露电极以激励频率不断

"吐"出离子团[13]。随着大气压力的增大,离子脉冲波现象逐渐减弱,在本章的仿真中地面情况下已经看不到该现象,这可能与气压降低导致离子的漂移、扩散能力增强有关,当然也可能与仿真采用的模型有关。这里并没有考虑光致电离等因素的作用,还需要在后续的实验研究中进一步证实。

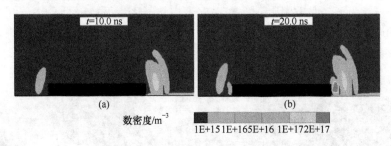

图 8.11　离子脉冲波(20 km,1.5 kV)

图 8.12 为 30.0～120.0 ns 期间的电势分布,此时激励电势幅值为 1.3 kV。可以看到,30.0 ns 后暴露电极右侧附近逐渐出现一个电势更高的区域,而 50.0 ns 后左侧也出现一个高电势区,其中,$t=40.0$ ns 时,实际激励电势为 433.3 V,而整个计算区域中的最高电势约 450.0 V,二者之间的差距约为 17.0 V。当关闭外部激励电势后,暴露电极电势保持为 0 V,则电势差距在 70.0 ns 之前增大到 110.0～100.0 V,120.0 ns 时约为 80.0 V。这是由被捕获的等离子体造成的,当激励电势为正时,放电产生的电子绝大部分被暴露电极吸收,空间电荷为正离子,它们在电极附近产生一个正电势;不过 30.0 ns 之前外部电势很高,残留离子不能显著影响外部电场(图 8.12(a));30.0 ns 之后,外部电势开始减小导致暴露电极电势快速降低,而电极附近残留离子的密度还处于较高状态(图 8.10),因此离子区的电势开始超过暴露电极电势,如图 8.12(b)～(f)所示,此时在离子区看上去似乎存在一个"虚拟"阳极,而暴露电极则相当于一个"阴极"。

放电熄灭后,残留离子开始衰减,其产生的正电势应该降低,但是上面的讨论中电势差先增大后减小(17.0 V→110.0 V→100.0 V→80.0 V),看似矛盾实际并不矛盾。总电势可以分解为施加的外部电势 ϕ 和由空间电荷造成的电势 φ 两部分[26]。图 8.12(b)显示的是 $\phi+\varphi$,而 50.0 ns 后外部电势 $\phi=0$,则图 8.12(c)～(f)所显示的仅为 φ。为了更好地分析问题,这里将图 8.12(b)的 ϕ 去掉,仅给出 φ 的分布,如图 8.13 所示,可以看到,此时的电势差超过 120.0 V。因此,残留离子产生的电场是逐渐减弱的。

关闭激励电势后,电势 φ 会诱发一次很弱的放电,因此与交流激励 SDBD 不同,这里"虚拟"阳极的作用并不是熄灭放电,而是激发二次放电。此时,由于暴露电极不再强烈吸收电子,二次弱放电产生的电子可以少量残留下来,从而在"虚拟"阳极和暴露电极之间形成一个低密度电子团,如图 8.14 所示。

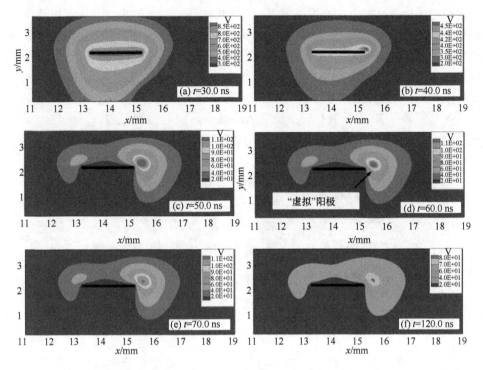

图 8.12　30.0~120.0 ns 之间的电势分布(1.3 kV)

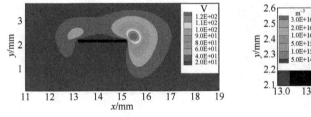

图 8.13　40.0 ns 时的电势 φ 分布

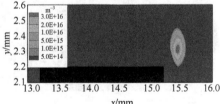

图 8.14　50.0 ns 时的电子数密度

8.3.2　高度对放电的影响

图 8.15 给出了地面(5.0 kV)和 20 km(1.2 kV)高空 SDBD 激励器产生的离子数密度,可以看到两个明显差异。首先,尽管高空放电时激励电势的峰值小,但是其离子扩展范围更大,而且相邻等值线相当稀疏,说明放电更加均匀,这是由高空离子迁移能力增强造成的。其次,地面情况下放电仅在暴露电极右侧发生,而高空时两侧都放电(同时见图 8.10、图 8.11)。对于非对称 SDBD 激励器来说,大部分地面实验表明,放电几乎仅在暴露电极右侧发生,不过当高度达到 12 km 时采

用相同的激励器其放电却在两侧发生[35]，仿真结果与实验结果吻合。可以从激励电势和暴露电极宽度两个方面同时解释该现象。对于非对称 SDBD 激励器，暴露电极右侧靠近植入电极，其电场强度比左侧更高，如果暴露电极足够宽，那么两侧电场强度差异就相当明显。所以一般情况下放电肯定首先在右侧发生，直到外部电势增大到一定程度使得左侧电场强度达到放电阈值时才会放电。不过，高空下的点火电势低得多，意味着只要激励电势略高于点火电势则左侧区域同样会发生放电，如果要保持仅右侧放电则需要增大暴露电极宽度。

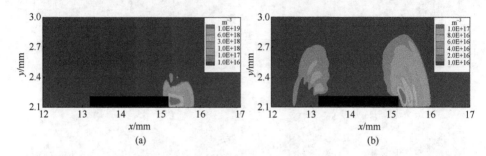

图 8.15　不同高度下的离子数密度

(a) 0 km,5.0 kV;(b) 20 km,1.2 kV

　　图 8.16 为 SDBD 激励器在地面和高空(20 km)放电时产生的时均体积力密度。很明显，x 方向体积力密度比 y 方向高一个量级。和地面放电相比，高空放电

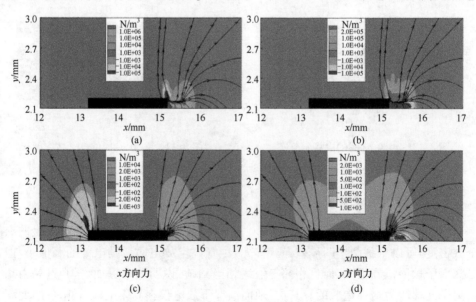

x 方向力

(c)

y 方向力

(d)

图 8.16　不同高度下的时均体积力密度

(a),(b) 0 km,5.0 kV;(c),(d) 20 km,1.5 kV

的体积力更加均匀一些。当脉冲频率为 10 kHz 时,相应的诱导射流如图 8.17 所示。可以看到,两种情况下的最大诱导射流都很小,说明纳秒脉冲放电诱导体积力确实没有明显控制作用,原因在于脉冲时间太短,被捕获的离子获得动量很少。不过相比之下,高空放电时诱导的射流范围更大一些,有利于提高控制效果。另外,两种情况下,尤其是高空放电时,诱导射流均指向下游。结合图 8.16,表明高密度体积力在流动控制中起主导作用。

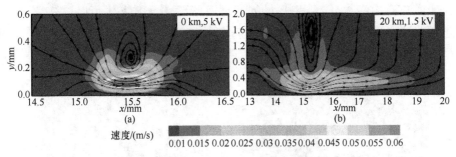

图 8.17　不同高度下的体积力诱导射流

(a) 0 km,5.0 kV;(b) 20 km,1.5 kV

图 8.18 为不同高度下放电产生的时均热量密度。可以看到,电子焦耳加热产生的热量比离子高 1~2 个量级,Unfer 等的计算给出了类似结论[14],因此电子焦耳加热是纳秒脉冲放电的主要加热机制。同时可以看到,高空放电产生的热量密度略显均匀,范围也更大一些。

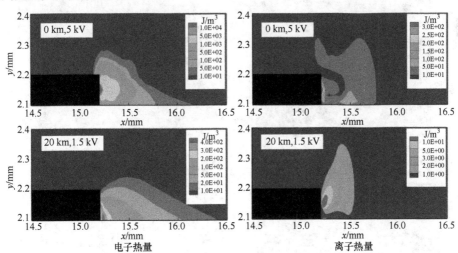

图 8.18　不同高度下的时均热量密度

图 8.19 显示了地面条件下纳秒脉冲放电释热产生的压力扰动 Δp 和诱导流场。放电刚结束,即 $t=50.0$ ns 时,压力扰动近似半圆形分布,最大值为 3500 Pa

（$\Delta p/p \approx 3.5\%$ 定义为无量纲压力扰动），暴露电极附近的空气则被向外挤出。此后，压力扰动向壁面传播，同时快速衰减，尤其是在前 $1.0\ \mu s$ 内衰减了大约 88%。前 $5.0\ \mu s$ 内压力扰动倾向于向下游传播，并逐渐分成两个区域，同时随着越来越多的热能逐渐被转化为空气动能（实际上经历了热能→势能→动能两个转化过程），诱导流动速度不断增大，空气的大量流失导致放电区开始出现负压力扰动，而负压力扰动反过来又对环境空气产生吸引作用使之返回放电区以恢复压力。进一步的计算表明，$100.0\ \mu s$（$10\ kHz$ 的周期时间）后诱导流动基本可以被忽略。综上所述，可以推测纳秒脉冲放电的体积加热作用类似于一个微型"爆炸"，其主要作用是产生压力扰动。当然，随着激励电势振幅的进一步增大，"爆炸"效果将更加明显。

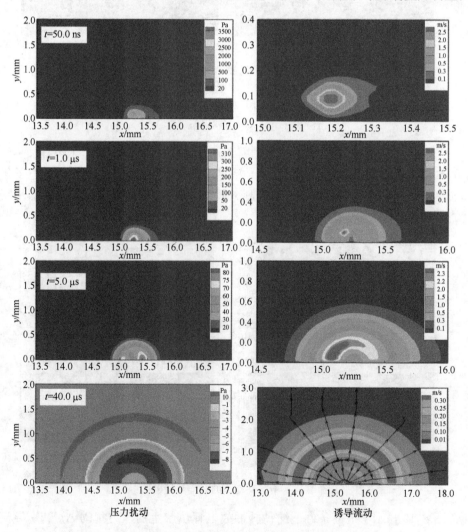

图 8.19　地面放电释热诱导的压力扰动和流场变化（5.0 kV）

图 8.20 给出了高空放电(20 km)释热造成的压力扰动和诱导流场。和地面放电相比,高空放电有以下特点:

(1) 无量纲压力扰动和诱导速度更低,而负压力扰动和回流出现得更早。

(2) 放电结束时的压力扰动形状是扁平的三角形。这是由放热的分布特点造成的,可以说地面放电为"点爆炸",而高空放电为"面爆炸"。

(3) 压力扰动倾向于在法向进行传播,而在流向进行收缩,这一点在 2.0 μs 之前尤为明显。没有出现高压力扰动区分离现象。

(4) 地面放电时诱导速度先减小后增大再减小,而高空放电时诱导速度只是先增大后减小。这似乎说明高空放电时热的释放和转化过程更加迅速。

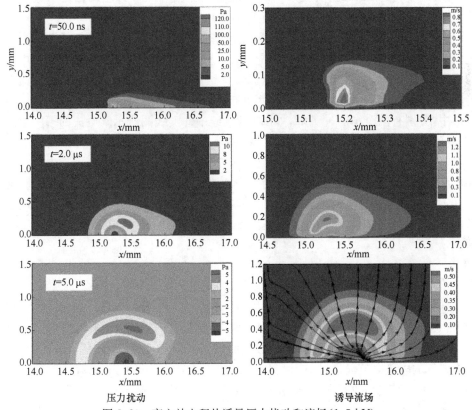

图 8.20　高空放电释热诱导压力扰动和流场(1.5 kV)

对于纳秒脉冲放电来说,与地面相比,20 km 高空处等离子体体积力的影响范围略有增大,而放热造成的压力扰动则更加快速的衰减。可以推测,随着高度的增加,SDBD 等离子体的体积力加速效应会增强,而加热作用会有所降低。这是由高空放电的"面爆炸"特征造成的,它使得有限的能量分布在更大范围内造成热密度的降低,从而难以产生足够的爆炸效应。为提高等离子体加热的作用,有必要缩小放电的范围,减小植入电极长度可能是一个方法。

8.4　地面纳秒脉冲放电等离子体

8.4.1　施加电压、脉冲频率及电极参数对放电特性的影响

1. 施加电压的影响

实验采用中国科学院电工研究所自行研制的纳秒脉冲电源 MPC-30L,电源输出脉冲的上升沿为 100 ns,脉宽为 200 ns,可在 1～2000 Hz 重复频率范围内使用。使用的 4 个放电电极参数分别为:阻挡介质为厚度 1 mm 的环氧树脂,电极长度为 80 mm,宽度均为 2 mm。实验中对放电电压、电流进行了采集,并拍摄了放电照片,拍照曝光时间为 1 s。

图 8.21 分别为电极间距 0 mm、重复频率 100 Hz 时,不同电压幅值下的电压电流波形和图像。电压较低时,放电电流存在多个脉宽极窄的脉冲,对应的放电图像中的电极边沿有一系列发光的放电丝簇[36]。随着电压幅值的提高,放电电流波形趋于平滑,对应的图像中的放电丝簇分布趋于均匀。值得注意的是,在电压电流波形中,分别有两个窄脉冲尖峰,如图 8.21(a)中的实线圈所示。电流的第一个脉冲尖峰主要成分是位移电流,第二个脉冲尖峰是真正的放电等离子体电流。因为随着电压的增大,第一部分电流增加到 2 A 左右就不再明显增大了,而放电等离子体电流则随着电压增大迅速增大且渐平滑。进一步计算表明,电流的第一个脉冲尖峰不仅含有位移电流的成分,还包括高压电极的电离波在电极附近区域发展引起的电流。电流的第二个脉冲尖峰是由于表面介质阻挡放电产生的积累电荷引起的[37]。

2. 脉冲重复频率的影响

脉冲重复频率是纳秒脉冲表面介质阻挡放电的一个重要参数。保持施加电压 18 kV,研究两种电极结构下重复频率对放电特性的影响。两种电极的参数分别为:电极宽度分别为 2 mm、8 mm,电极间距 0 mm,图 8.22(a)给出了不同脉冲重复频率下的电压电流波形,图中可见,当电极宽度为 2 mm,放电电流峰值随频率的增大减小,但减小的幅度较小,起始放电时刻几乎没有明显的延迟;但当电极宽度为 8 mm 时,随着频率增大,放电起始时刻已有明显延迟,且电流峰值呈下降趋势[38]。

通过改变相机快门时间,图 8.22(b)给出了施加 200 个脉冲激励的不同脉冲重复频率下的放电图像,图中可见,在取相同脉冲个数的条件下,等离子体亮度并不随着频率的增大而增大,并且放电丝的均匀性也并不随着频率的增大而变好。因而可以认为,重复频率仅对放电强度起作用,对放电丝的均匀性和等离子体长度影响甚微。这是因为随着脉冲重复频率的增加,放电丝簇的位置几乎是固定的。

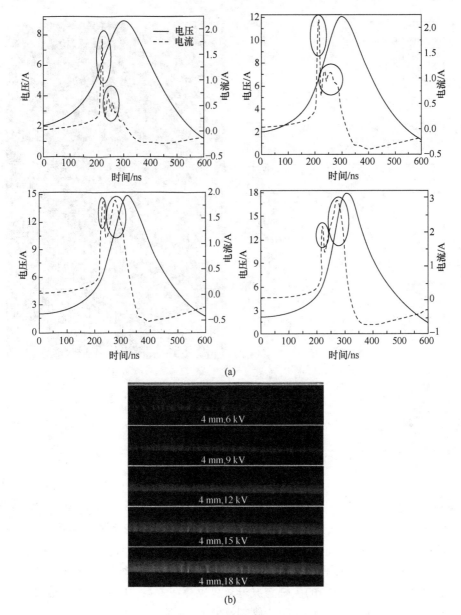

图 8.21　不同电压幅值下电压电流波形和图像
(a) 电压电流波形；(b) 放电图像

　　通过实验观察，认为在外加放电电压不够高时，会在某些位置首先出现几根放电丝，在电极各处参数完全一致的条件下，放电丝出现的位置应该是随机的，但一旦这种放电丝形成，就会导致此处放电更容易发生，渐渐形成放电丝簇，从而导致放电强度增加[38]。

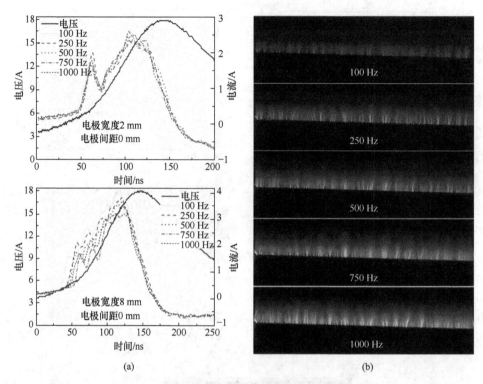

图 8.22　不同脉冲重复频率下电压电流波形和图像
(a) 电压电流波形；(b) 放电图像

3. 电极宽度和间距的影响

电极宽度和间距是表面介质阻挡放电等离子体激励器的重要几何参数。保持电极间距为 1 mm,施加电压为 15 kV,脉冲重复频率为 750 Hz,电极宽度变化范围为 2~10 mm。图 8.23(a)给出了不同电极宽度下电压电流波形和放电图像。电极宽度对放电电流峰值影响甚微,但对起始放电时刻有影响,然而这个影响并未表现出明显的规律性。从放电图像可以看出,电极宽度越大,放电丝的分布越不均匀,放电丝簇越明显,放电电流中的尖峰与放电丝簇也存在关系。实验得到的结果是:在这种条件下,电极宽度为 4 mm 时的放电效果最好,主要是由于负载和电源的匹配问题造成的[39]。

保持电极宽度 4 mm,施加电压 18 kV,脉冲重复频率 250 Hz,电极间距变化范围为 0~4 mm,图 8.23(b)给出了不同电极间距下电压电流波形和放电图像。从电压电流波形可见,电极间距越大,起始放电时刻越晚。这是因为电极间距越大,气隙距离越长,放电起始电压越高。但电流峰值却并不随着间距的增大而明显变化。由放电图像可见,电极间距增大,放电丝的均匀性越差,放电丝簇越明显。值得关注的是,产生等离子体的区域,产生等离子体的长度不超过地电极的外边缘。这从电极间距为 4 mm 时的放电图像中可以看出。

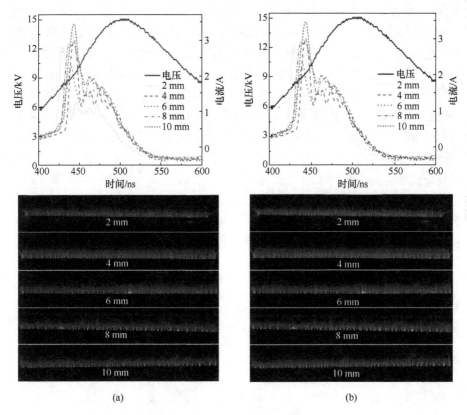

图 8.23　不同电极宽度和电极间距下电压电流波形和图像

(a) 不同电极宽度;(b) 不同电极距离

8.4.2　放电传输电荷及脉冲能量特性

表面介质阻挡放电中,放电产生的传输电荷是表征放电特性的一个非常重要的参数,传输电荷通常用李萨如图来表征。通过串联电容法研究了放电过程中的传输电荷,发现了两种典型的李萨如图,这两种情况下的电压电流波形和李萨如图如图 8.24 所示。第一种情况(图 8.24(a)、(b))的李萨如图呈椭圆状,一些文献中称为“杏仁状”。在这些文献中,这种“杏仁状”的李萨如图通常是由交流表面放电得到的[40]。从放电电压电流波形可见,此时放电发生在电压脉冲的上升沿阶段,并在电压达到峰值之前迅速结束。测得的电流呈现双极性,电流波形整体上类似一个尖脉冲,其中有两个明显的峰,对应的实验条件为电极宽度 2 mm,电极间距

0 mm。第二种情况(图 8.24(c)、(d))的李萨如图则类似一个平行四边形。这种类平行四边形的李萨如图通常是在空间 DBD 中才能得到的。此时的放电电流仍然呈现尖脉冲的形状,但电流中的两个峰的大小与图 8.24(a)中相反。对应的实验条件为:电极宽度 2 mm,电极间距 3 mm。

对比上述两种典型的李萨如图可以看到,纳秒脉冲表面放电要比常规的气体放电复杂得多,且与空间 DBD 和交流表面放电有很大的不同。通常说来,空间 DBD 得到类平行四边形的李萨如图主要是由于放电在一个固定的几何模型中发生,以及放电过程中的等效电容是个常数;而交流表面放电的放电空间则不断地变化,以致放电等效电容的不断变化,因而得到杏仁状的李萨如图。在纳秒脉冲表面放电中,这两种类型的李萨如图都出现,并且随着放电参数的变化,放电特性还在这两种类型之间逐渐变化。在李萨如图的形状、放电电流的两个峰和放电等离子体的分布之间可能存在一定的联系,如在等离子体近似弥散分布时,相应的李萨如图为杏仁状,且电流的第二个峰为主要成分;而等离子体呈簇状通道分布时,相应的李萨如图为平行四边形,且电流的第一个峰占主要成分。

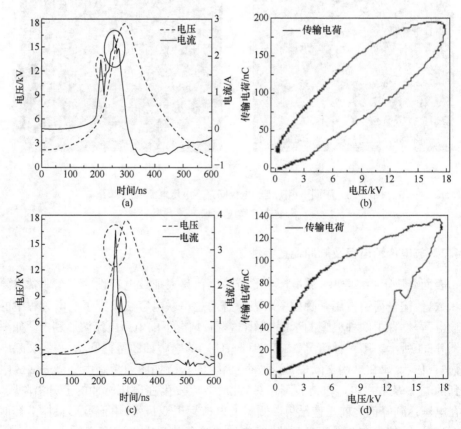

图 8.24　典型的两种放电李萨如图形及其放电波形

李萨如图的面积反映了单个脉冲激励下的放电能量。根据李萨如图法和传统的电流积分法研究表面介质阻挡放电的放电能量与传输电荷特性。图 8.25 给出了传输电荷和放电能量随施加电压、脉冲重复频率、电极宽度和电极间距变化的曲线。图 8.25(a) 对应的实验条件为：脉冲重复频率 100 Hz，电极宽度 4 mm，电极间距 0 mm。随着施加电压的增加，传输电荷和单脉冲能量线性增大，且通过李萨如法得到的能量始终比电流积分法得到的能量低。图 8.25(b) 对应的实验条件为：施加电压 18 kV，电极宽度 4 mm，电极间距 2 mm。传输电荷随脉冲重复频率的增加变化不大，李萨如图法得到的单脉冲能量随着重复频率的增大而呈略为下降的趋势，而电流积分法算得的单脉冲能量随重复频率的增加变化不大。总体可见，频率仅对能量积累起重要作用，对表面放电特性参数几乎没影响。图 8.25(c) 对应的实验条件为：施加电压 15 kV，脉冲重复频率 750 Hz，电极间距 1 mm。传输电荷和单脉冲能量总体上随电极宽度的增大而增大，这是由于电极宽度的增加导致放电等离子体的区域增大。图 8.25(d) 对应的实验条件为：施加电压 18 kV，脉冲重复频率 250 Hz，电极宽度 4 mm。传输电荷随着电极间距的增大而呈近似线性减小，而单脉冲能量随电极间距的增大存在极值。这表明电极间距并不是越小越好，而是有一个最佳值，以得到最大的传递能量。

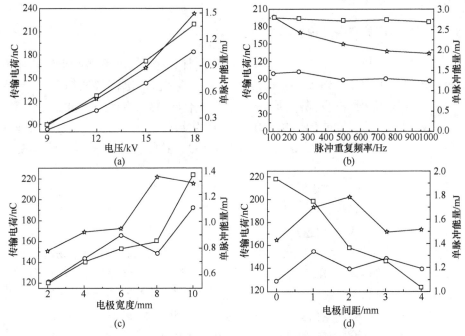

图 8.25 不同条件下 SDBD 的传输电荷和单脉冲能量
□—传输电荷；○—李萨如法算得能量；☆—电流积分法算得能量

8.5 地面亚微秒脉冲放电等离子体

等离子体体积力作用于环境空气会产生两种效果,一种是直接加速边界层空气,使其能量增大,但是由于等离子体激励器功率小,能量传递效率很低,基于这种原理抑制流动分离的效果不明显;另一种效果是等离子体类似于涡发生器,产生的诱导涡与主流相互作用,将主流卷吸到边界层中,从而将主流能量补充到边界层中,或者触发层流-湍流转捩实现流动分离控制。大涡模拟结果表明,在实际飞行的高雷诺数条件下,这一作用机理更加重要[41]。采用纳秒脉冲激励 SDBD 是等离子体流动控制研究领域的热点之一,当脉冲宽度很小时以释放热量产生微爆炸冲击作用为主,当脉冲宽度较大时具有体积力加速和释热冲击两种作用机理,这种脉冲又称为亚微秒脉冲。亚微秒脉冲半高宽最大值小于 1 μs,最小值还有待实验进一步确定。本章激励电源采用中国科学院电工研究所研制的 MPC-50D 脉冲电源,半高脉宽约 300 ns,底宽约 1 μs。为了利用亚微秒脉冲 SDBD 激励器不断产生漩涡,需要控制亚微秒脉冲放电的持续时间,即亚微秒脉冲电源先短时间激励 SDBD 后停止工作,间隔一定时间后再次启动激励,上述过程不断重复即可使得 SDBD 激励器不断产生漩涡[42]。

8.5.1 诱导漩涡的产生过程

本节共研究 500 Hz、1000 Hz 和 1500 Hz 三种脉冲重复频率激励下的诱导漩涡,电势峰值分别为 13.2 kV、13.4 kV 和 13.1 kV,电势-电流波形如图 8.26 所示。可以看到,三种频率下电势波形、电流波形重合非常好,电流谷-峰值为 $-4.6\sim$ 6.4 A,最大瞬时功率约 60 kW,单个脉冲释放的能量约 18.5 mJ。下面以激励频率 $f=1000$ Hz,持续时间 1.0 s,即 1000 个脉冲为例研究等离子体诱导漩涡的产生过程。

图 8.27 显示了诱导漩涡的产生与发展过程。图中每个时间点均给出了 PIV 原始照片与处理后的流场图,SDBD 激励器暴露电极位于 $x\approx92\sim97$ mm 处,植入电极位于 $x\approx99\sim104$ mm 处。

$t=0.0$ s 时放电还未开始,从图 8.27(a2)中可以看到,此时整个流场流速非常低,流线混乱,说明前次放电对流场的影响已经基本消失;但从图 8.27(a1)中可以看到,暴露电极两侧各存在一个黑色区域,该区域内几乎看不到示踪粒子,这是前次放电造成的"示踪粒子空白区",左侧空白区外形扁平,右侧空白区比较饱满,从暴露电极后缘处开始迅速向外增厚,中心点在植入电极后缘附近 $x\approx102$ mm 处;空白区内示踪粒子数量很少,导致该区域流场无法计算或计算结果不准确。

$t=0.2$ s 时,如图 8.27(b1)所示,本次放电已经开始,暴露电极左侧出现了明

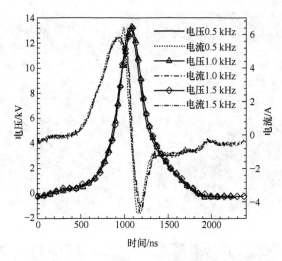

图 8.26　电势-电流脉冲波形

显的吹除作用,空白区靠近暴露电极处(图中箭头处)颜色变淡,表明本次放电将周围流场中的示踪粒子吹入空白区;右侧空白区向左侧扩展到 $x \approx 95$ mm 处,且左缘较为平缓,这是放电产生的新空白区扩展到原空白区造成的;与此同时从图 8.27(b2) 中可以看到,在右侧白色曲线所示空白区上方产生了一个半圆弧形流动,流动方向朝下,这说明环境空气受到来自左侧下方的加速作用以及右侧空白区的阻碍作用,从而沿着空白区边缘流动。

　　$t=0.4$ s 时,从图 8.27(c1)中可以看到,暴露电极左侧大部分空白区已被吹走,由于诱导射流挤压作用,紧贴壁面的部分厚度增大;右侧则变成了两个空白区,其中靠近壁面的小空白区由本次放电产生,还没有得到充分发展且紧靠暴露电极,右上方为被新空白区挤走而脱落的原空白区,两个空白区看上去相互独立;从图 8.27(c2)中可以看到,暴露电极左侧已形成明显漩涡,核心坐标约为(79 mm, 69 mm),漩涡将植入电极上方的空气吸引到壁面附近并从左侧甩出,由于漩涡和壁面之间的流道面积减小,吸引来的空气在此加速,左下侧开始出现流速更高的区域,速度最高的区域位于 $x \approx 77 \sim 82$ mm 处。需要注意的是,漩涡右侧流线仍紧贴图中白色曲线所示的暴露电极右侧两个空白区边缘。

　　$t=0.6$ s 时,从图 8.27(d1)中可以看到,左侧空白区继续受到放电的吹除作用而向上方运动并卷曲为漩涡状,右侧新空白区持续增大,而脱落空白区发生变形、破碎并受到上方诱导射流作用而向壁面运动;从图 8.27(d2)中可以看到,诱导流动速度增大,高速区域扩展到 $x \approx 70 \sim 87$ mm 处,同时在漩涡诱导作用下,高速射流区顺着漩涡旋转方向扩展,漩涡核心坐标约为(70 mm, 75 mm),相应的 x、y 方向运动速度约为(-45 mm/s, 30 mm/s)。

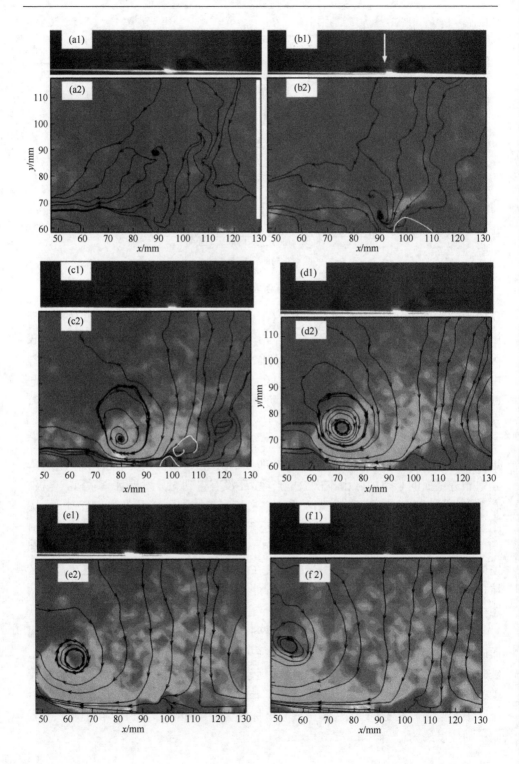

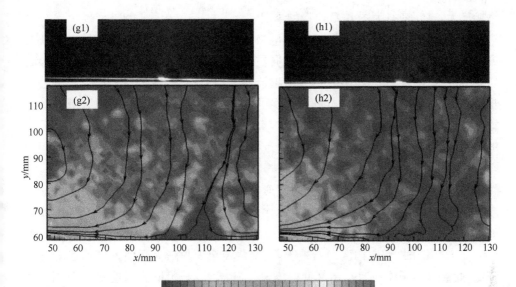

图 8.27　$f=1000\,\mathrm{Hz}$ 下诱导漩涡的发展过程

(a1),(a2) $t=0.0\,\mathrm{s}$;(b1),(b2) $t=0.2\,\mathrm{s}$;(c1),(c2) $t=0.4\,\mathrm{s}$;(d1),(d2) $t=0.6\,\mathrm{s}$;
(e1),(e2) $t=0.8\,\mathrm{s}$;(f1),(f2) $t=1.0\,\mathrm{s}$;(g1),(g2) $t=1.2\,\mathrm{s}$;(h1),(h2) $t=1.4\,\mathrm{s}$

　　$t=0.8\,\mathrm{s}$ 时,从图 8.27(e1)中可以看到,左侧空白区已被完全吹除而形成一个大的漩涡状,右侧脱落空白区运动到壁面附近并向右方运动,新空白区继续增大;从图 8.27(e2)中可以看到,漩涡核心坐标约为(63 mm,80 mm),相应的 x、y 方向运动速度约为(-35 mm/s,25 mm/s),漩涡远离壁面导致流道面积增大,因此虽然等离子体仍然在向空气中增加能量,但诱导流动速度降低,同时低速区范围扩大。

　　$t=1.0\,\mathrm{s}$ 时,放电结束,从图 8.27(f1)中可以看到,左侧漩涡状空白区在向外扩散的同时向左运动,右侧脱落空白区已消失不见,新空白区左缘开始向右收缩;从图 8.27(f2)中可以看到,漩涡核心坐标约为(55 mm,84 mm),相应的 x、y 方向运动速度约为(-40 mm/s,20 mm/s),气流流道面积已足够大,基本不受漩涡的影响,因此随着等离子体能量的进一步输入,$x\approx78\sim86$ mm 处的壁面区域诱导流动速度再次增大。

　　$t=1.2\sim1.4\,\mathrm{s}$ 时,从图 8.27(g1)、(h1)中仍可以看到左侧漩涡状空白区,但漩涡流动已移出 PIV 测量区域,形成了速度较低的切向射流(见图 8.27(g2)、(h2));同时可以看到,右侧新空白区再次发生变形并脱离出来,随后的时间内剩余的新空白区继续扩大,不过这个现象并不常见,大部分情况下新空白区不分离而直接增大,重新恢复为图 8.27(a1)的情况。

　　综上所述,施加脉冲电势后,暴露电极右侧出现放电,等离子体在植入电极上方产生向左、向下的体积力,空气开始向左、向下运动,到达壁面后向左运动以形成切向射流,但随着边界层厚度的增大,射流逐渐向上抬升,撞击到静止空气后进一步改变方向,最终形成漩涡。同时注意到图 8.27(c)～(f)中漩涡中心区域速度都很低,可以说漩涡相当于一个转动"筒",等离子体诱导流动产生一个作用在"筒"上的力矩,使得漩涡从等离子体中获得能量,并通过引射作用将能量传递给上方环境空气;空白区的变形实际上反映了空气微团的流动迹线,当左侧空白区被吹除,则漩涡已经远离壁面,等离子体加速空气形成的切向射流无法将能量补充到漩涡中,漩涡自身能量将逐渐耗散到环境空气中。对于本实验而言,左侧空白区在接近 0.8 s 时被完全吹除掉,因此在 $t=0.2$～0.6 s 之间诱导流动速度不断增大,而在 $t=0.8$ s 时由于左侧空白区突然被吹除,造成流道面积增大而使得流动速度有所降低,此后等离子体加速作用又使得空气流速增大,开始形成高速切向射流。因此,为了能够不断产生漩涡而不形成切向射流,可以以左侧空白区的完全吹除为临界点,当左侧空白区被完全吹除后立即停止放电,待左侧空白区恢复到一定程度后再次启动放电。

8.5.2　脉冲重复频率和数量对诱导漩涡的影响

　　不同脉冲重复频率下电源均连续工作 1.0 s 以研究频率对诱导漩涡的影响。图 8.28 分别为 $f=500$ Hz 和 1500 Hz 时,放电开始后 0.4 s 时的诱导流场,结合图 8.27(d2)可以看到,随着频率增大,诱导流场的速度增大;其次,若以进入漩涡核心的最外围流线作为漩涡影响范围的边界,则随着频率增大,漩涡的影响区域增大。由图 8.26 可知,频率对单个脉冲的波形和能量释放均没有影响,则等离子体向环境空气传递的能量与频率成正比关系,从而使得随着频率增大,诱导流场的速度和漩涡的影响范围均扩大。

　　图 8.29 为不同脉冲重复频率下漩涡核心 x、y 坐标随时间的变化情况。随着频率增大,漩涡的初始位置与暴露电极的距离增大,其中 $f=1000$ Hz 和 1500 Hz 时漩涡核心的 x 坐标接近。0.6 s 之前,三种频率下漩涡核心运动速度相差不大,但是之后 $f=1500$ Hz 时漩涡迅速移出测量区域,说明此时漩涡的运动速度突然增大。上述情况说明,如果要提高漩涡的生存时间则需要采用较低的脉冲重复频率,反之如果要快速地在环境空气产生漩涡则需要尽可能提高脉冲重复频率。

　　图 8.30 显示了 $f=500$ Hz 时暴露电极右侧空白区的变化特点,与图 8.27 相比,右侧新空白区对原空白区挤压能力不足,无法使其脱落,而是二者逐渐融合,原因在于频率降低导致相同时间内等离子体输入空气的能量降低;等离子体左向诱

导加速能力相对更强,可以在右侧空白区上方通过吸引作用再次产生一个空白区,并导致右侧新空白区同样被吸向左方;空白区分布范围更大;左侧空白区被以更快的速度吹除(<0.6 s)。

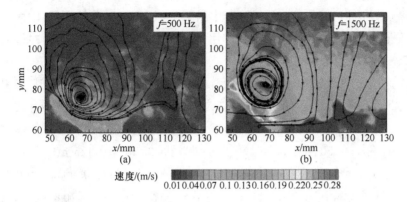

图 8.28　不同频率下 $t=0.4$ s 时的诱导流场

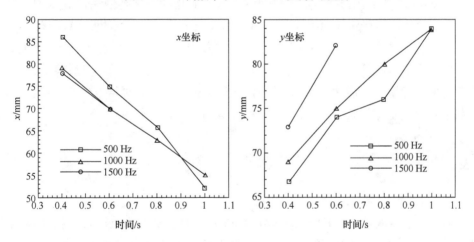

图 8.29　不同脉冲重复频率下漩涡核心的位置变化

图 8.30　$f=500$ Hz 时右侧空白区特点

$f=1500$ Hz 开始放电后,右侧空白区迅速被吹离消失,但看不到产生新空白区,原因在于此时等离子体输入能量很强,新空白区扩展速度非常快,短时间内即占据原空白区的位置,然后在惯性作用下将原空白区与自身同时吹离放电区,直至放电结束后与左侧一样开始从壁面产生新空白区;等离子体从上方开始挤压左侧原空白区,使得原先饱满的空白区被压缩成三角形,并最终消失,这与低频条件下左侧空白区被新等离子体从底部整体吹除不同,说明等离子体体积力作用位置更加远离壁面,与图 8.29(b)结论一致。当等离子体加速区紧贴壁面时,壁面摩擦作用会将大量动量抵消掉,即等离子体作用区域应远离壁面[43],因此脉冲重复频率越高,控制效果会越好。

保持激励电势和脉冲重复频率不变,改变电源一次工作时输出的脉冲数量 n 以研究脉冲数量对诱导漩涡的影响。总的来说,脉冲数量增大,最大诱导速度 V_{max} 增大。$f=1000$ Hz 时,V_{max} 近似与 $n^{0.5}$ 成正比,但略小一些,说明动量传递效率降低。$f=500$ Hz,$n=50$、100、500 时,V_{max} 分别为 0.035 m/s、0.125 m/s 和 0.18 m/s(图 8.28(a))。如果以 0.035 m/s 为基础点,按照 $n^{0.5}$ 进行计算,则 $n=100$、500 的 V_{max} 应分别为 0.049 m/s 和 0.111 m/s,分别为实测值的 40.0% 和 61.0%,远远偏离 $n^{0.5}$ 关系,其中 $n=100$ 更为一个突增点,这可能是动量传递效率或者壁面摩擦力不同造成的,还需要进一步研究。$n=10$ 时,流场中看不到有效的漩涡或者射流。

随着脉冲数量减小,诱导漩涡生存时间增大,原因在于脉冲数量减少后导致等离子体输出能量降低,切向加速能力降低,无法将漩涡推离,只能通过耗散将能量全部传递到环境空气后才消失,导致漩涡难以加强主流与边界层空气的动量交换,不利于发挥控制作用,因此需要增加单次放电的脉冲输出数量。

8.6　小　　结

本章获得的主要结论如下:

(1) 离子碰撞是 SDBD 等离子体产生体积力的主要作用机制,正离子的动量传输效率比负离子低得多,增大负离子浓度以及使用负电势偏置可提高等离子体激励器流动控制效果。其中交流激励下 SDBD 等离子体与空气之间的动量耦合存在时间、空间两种"推-拉"机制,其中以时间"推-拉"机制为主,离子被捕获、电子雪崩不对称(电场不对称)是产生单向体积力的原因。

(2) 采用纳秒脉冲激励 SDBD 时,数值模拟计算结果显示离子被部分捕获,并会产生"虚拟"阳极,产生的电场会诱发二次弱放电。如果激励电势幅值足够高,可以看到离子脉冲波现象。不同高度下纳秒脉冲放电均主要是通过电子焦耳加热产生热量的,加热作用类似于微型"爆炸",其中地面放电为"点爆炸",高空放电为"面爆炸"。"面爆炸"的能量密度小,导致压力扰动快速衰减,降低了流动控制效果。

（3）采用纳秒脉冲激励 SDBD 时,实验测量结果显示,电流波形的两个脉冲尖峰与纳秒脉冲放电中的电离波相关。随着施加电压增加,放电等离子体电流增长迅速;放电强度随着脉冲重复频率的增加而提高;放电效果随着电极宽度的增加存在最佳值;电极间距增大,放电均匀性变差。纳秒脉冲 SDBD 下获得了杏仁状和类平行四边形的两种李萨如图。通过李萨如图计算的传输电荷和单脉冲能量表明,传输电荷和单脉冲能量随施加电压和电极宽度的增加而增大,随电极间距的增加而减小,随脉冲重复频率的增加变化不大。

（4）亚微秒脉冲放电具有纳秒脉冲和微秒脉冲放电的特点,采用亚微秒脉冲激励 SDBD 时,放电等离子体一方面产生体积力对环境空气造成加速作用,另一方面集中释放热量造成微爆炸,对诱导流动产生托举作用,可减小壁面摩擦的影响,放电过程中出现了不存在示踪粒子的空白区。相同电势下单个脉冲内释放的能量相等,因此随着脉冲重复频率增大,诱导漩涡距离壁面的初始距离增大,诱导流场的速度和漩涡的影响范围均扩大。相同电势和重复频率下,最大诱导速度随脉冲数量增大而增大。

参 考 文 献

[1] Roth J R, Rahel J, Dai X,et al. The physics and phenomenology of One Atmosphere Uniform Glow Discharge Plasma (OAUGDP™) reactors for surface treatment applications [J]. Journal of Physics D: Applied Physics, 2005, 38(4): 555-567.

[2] 聂万胜,程钰锋,车学科. 介质阻挡放电等离子体流动控制研究进展[J].力学进展, 2012, 42(6): 722-734.

[3] Bychkov V, Kuz'min G, Minaev I,et al. Sliding discharge application in aerodynamics [R]. AIAA Paper,2003:0530.

[4] Leonov S, Bityurin V, Kolesnichenko Y. Dynamic of a single-electrode HF plasma filament in supersonic airflow [R]. AIAA Paper, 2001:0493.

[5] Cristofolini A, Neretti G, Roveda F,et al. Schlieren imaging in a dielectric barrier discharge actuator for airflow control [J]. Journal of Applied Physics, 2012, 111(3): 033302.

[6] Shyy W, Jayaraman B, Anderson A. Modeling of glow-discharge induced flow dynamics [J]. Journal of Applied Physics, 2002, 92(11): 6434-6443.

[7] Enloe C L, McLaughlin T E, van Dyken R D,et al. Mechanisms and responses of a single dielectric barrier plasma [R]. AIAA Paper,2003:1021.

[8] Orlov D M, Corke T C, Patel M P. Electric circuit model for aerodynamic plasma actuator [R]. AIAA Paper,2006:1206.

[9] 车学科. 等离子体流动控制机理研究[D]. 北京:装备指挥技术学院,2010.

[10] Surzhikov S T, Shang J S. Glow discharge in magnetic field [R]. AIAA Paper,2003: 1054.

[11] 田希晖,车学科,聂万胜. 外磁场作用下的介质阻挡放电研究[J]. 装备学院学报, 2012,

23(3):120-124.

[12] Likhanskii A V, Shneider M N, Opaits D F, et al. Numerical modeling of DBD plasma actuators and the induced air flow [R]. AIAA Paper,2007:4533.

[13] Che X K, Shao T, Nie W S, et al. Numerical simulation on a nanosecond-pulse surface dielectric barrier discharge actuator in near space [J]. Journal of Physics D: Applied Physics, 2012, 45: 145201.

[14] Unfer T, Boeuf J P. Modelling of a nanosecond surface discharge actuator [J]. Journal of Physics D: Applied Physics, 2009, 42: 194017.

[15] 车学科, 聂万胜, 丰松江, 等. 介质阻隔面放电的结构参数[J]. 高电压技术, 2009, 35(9): 2213-2219.

[16] Jukes T N, Choi K, Johnson G A, et al. Turbulent drag reduction by surface plasma through spanwise flow oscillation [R]. AIAA Paper,2006:3693.

[17] Boeuf J P, Lagmich Y, Unfer Th, et al. Electrohydrodynamic force in dielectric barrier discharge plasma actuators [J]. Journal of Physics D: Applied Physics, 2007, 40: 652-662.

[18] Shang J S, Surzhikov S T, Kimmel R, et al. Plasma actuators for hypersonic flow control [R]. AIAA Paper,2005:0562.

[19] Leonov S, Yarantsev D, Kuryachii A, et al. Study of friction and separation control by surface plasma [R]. AIAA Paper,2004:0512.

[20] Kuo S P, Bivolar D. Electric discharge in the presence of supersonic shocks [J]. Physics Letters A, 2003, 313: 101-105.

[21] Léger L, Moreau E, Touchard G. Electrohydrodynamic airflow control along a flat plate by a dc surface corona discharge-Velocity profile and wall pressure measurements [R]. AIAA Paper,2002:2833.

[22] Roth J R, Sin H, Madhan R C M, et al. Flow re-attachment and acceleration by paraelectric and peristaltic electrohydrodynamic (EHD) effects [R]. AIAA Paper,2003:0531.

[23] Baird C, Enloe C L, McLaughlin T E, et al. Acoustic testing of the dielectric barrier discharge (DBD) plasma actuator [R]. AIAA Paper,2005:0565.

[24] Enloe C L, McLaughlin T E, Font G I, et al. Parameterization of temporal structure in the single dielectric barrier aerodynamic plasma actuator [R]. AIAA Paper,2005:0564.

[25] Font G I. Boundary layer control with atmospheric plasma discharges [R]. AIAA Paper, 2004:3574.

[26] Suzen Y B, Huang P G. Simulations of flow separation control using plasma actuators [R]. AIAA Paper,2006:0877.

[27] 车学科, 聂万胜, 何浩波. 正弦激励的大气压空气放电过程和作用机制[J]. 高压电器, 2010,46(8):80-84.

[28] Enloe C L, McLaughlin T E, Font G I, et al. Frequency effects on the efficiency of the aerodynamic plasma actuator [R]. AIAA Paper,2006:166.

[29] Forte M, Jolibois J, Moreau E, et al. Optimization of a dielectric barrier discharge actuator

by stationary and non-stationary measurements of the induced flow velocity-application to airflow control [R]. AIAA Paper,2006:2863.

[30] Orlov D M, Corke T C. Numerical simulation of aerodynamic plasma actuator effects [R]. AIAA Paper,2005:1083.

[31] 顾晓霞, 车学科, 聂万胜. 负离子在空气放电中的作用[J]. 高压电器, 2010, 46(12): 96-99.

[32] Font G I, Enloe C L, Newcomb J Y, et al. Effects of oxygen content on dielectric barrier discharge plasma actuator behavior [J]. AIAA Journal, 2011, 49(7): 1366-1373.

[33] Roth J R, Sherman D M, Wilkinson S P. Electrohydrodynamic flow control with a glow-discharge surface plasma [J]. AIAA Journal, 2000, 38(7): 1166-1172.

[34] Yuri A, Gregory A, Anton B, et al. 'Memory' and sustention of microdischarges in a steady-state DBD: volume plasma or surface charge? [J]. Plasma Sources Science and Technology, 2011, 20: 024005.

[35] Benard N, Balcon N, Moreau E. Electric wind produced by a surface dielectric barrier discharge operating in air at different pressures: aeronautical control insights [J]. Journal of Physics D: Applied Physics, 2008, 41: 042002.

[36] Jiang H, Shao T, Zhang C, et al. Experimental study of QV Lissajous figures in nanosecond-pulse surface discharges[J]. IEEE Transactions on Dielectrics and Electrical Insulation, 2013, 20(4): 1011-1111

[37] Shao T, Jiang H, Zhang C, et al. Time behaviour of discharge current in case of nanosecond-pulse surface dielectric barrier discharge[J]. Europhysics Letters,2013,101(4): 45002.

[38] 姜慧,邵涛,于洋,等. 不同阻挡介质下纳秒脉冲 DBD 放电特性对比实验[J]. 高电压技术, 2011, 37(6):1529-1535.

[39] 姜慧,章程,邵涛,等. 纳秒脉冲表面介质阻挡放电特性实验研究[J]. 强激光与粒子束, 2012, 24(3): 592-596.

[40] 姜慧,邵涛,车学科,等. 纳秒脉冲表面放电等离子体影响因素实验研究[J]. 高电压技术, 2012, 38(7): 1704-1710.

[41] Gaitonde D. Three-dimensional plasma-based flow control simulations with high-fidelity coupled first-principles approaches [J]. International Journal of CFD, 2010, 24(7): 259-279.

[42] 车学科,聂万胜,周朋辉,等. 亚微秒脉冲表面介质阻挡放电等离子体诱导连续漩涡的研究[J]. 物理学报, 2013, 62(22): 224702.

[43] Kriegseis J, Schwarz C, Duchmann A, et al. PIV-based estimation of DBD plasma-actuator force terms [R]. AIAA Paper,2012:411.

第9章 大气压冷等离子体射流

江 南　曹则贤

中国科学院物理研究所

20世纪60年代以来,低温等离子体获得了广泛的应用,但是大多是在低气压下实现的。为了减小在真空设备方面的耗费,90年代以来人们一直在寻找适合于在大气压下工作的工艺,大气压下的非热力学平衡态冷等离子体射流(n-TECAP-PJ)正是其中一种。电晕或DBD是一种特别适合在大气压下产生冷等离子体的技术,通过脉冲式放电,它仅消耗很小的功率,所产生的等离子体对环境气体的加热效应几乎可以忽略,使得其在温度敏感材料(如生物医学材料)表面的处理方面获得了广泛的应用。利用ICCD技术人们观察到这种n-TECAPPJ是由高速运动的等离子体小球(或称"等离子体子弹")所构成,从而引发了人们对其产生机理与传输特性的研究热潮。追随这股研究热潮,通过基于实验结果的思考,本章将尝试回答如下问题:等离子体子弹来自何处,是以怎样的方式产生的? 它在装置的各个部分是如何传输的? 等离子体与气流之间的相互作用如何? 不同气体作为工作气体时所产生的等离子体射流有何差别? 彭宁效应在等离子体子弹产生与传输过程中起了什么作用,又是如何起作用的? 这些问题的回答对此类等离子体的理解和应用都有非常重要的意义。

9.1　引　言

低温等离子体工艺应用于微电子工业始于20世纪60年代,其后取得了巨大的成功。该项工艺最初用于光刻胶的灰化,其后在干法刻蚀、薄膜材料生长、半导体材料表面钝化等方面的应用极大地促进了超大规模集成电路的市场化。没有等离子体工艺就不会有微电子工业的今天[1~4]。

到目前为止,微电子工业中用到的低温等离子体工艺仍是在真空条件下来完成的。真空条件为等离子体的大面积均匀性提供了保证,但是,真空的获得与维持所需要的投入在整个等离子体工艺线的投资方面占据了很大的比例,估计应在三分之一以上。因此,为了摆脱对真空环境的依赖,在大气压条件下获得均匀放电等

本章工作得到国家自然科学基金(10675163)的支持。

离子体的问题在 20 世纪 80～90 年代被提到了议事日程,并在全球范围内形成了巨大的研究热潮[5~7]。就我们所知,到目前为止大气压等离子体工艺在微电子工业上的应用所取得的进展非常有限,但却在诸如聚合物材料表面处理、纺织品改性、工业废气、废水处理等方面获得了广泛的应用[8]。值得特别提及的是,近些年来大气压等离子体在生物医学方面的应用,尤其是应用到活体上的可能性,引起了研究者的极大兴趣[9,10]。大气压非热力学平衡态冷等离子体射流(n-TECAPPJ)正是在这样的背景下产生的。

20 世纪 90 年代初,Koinuma 等[11,12]开发出了一种微束等离子体(microbeam plasma)装置。面向微电子工艺应用,他们放弃了大面积均匀性的要求,在直径 2 mm 的范围内,采用 CF(1%)/He 作为放电气体和 70 W 的射频功率,在硅片上获得了 5 nm/s 的刻蚀速率。这种装置可以认为是 n-TECAPPJ 所用装置的前身。

APPJ 是业界比较常用的一个名词,中文翻译为"大气压等离子体射流",顾名思义是在大气压条件下产生的等离子体射流。但是这个名词被 20 世纪 90 年代末的一个美国专利占用了。1998 年 Selwyn[13]申请了一个专利,名称即是"atmospheric-pressure plasma jet"。该专利采用同轴电极构型,13.56 MHz 的射频功率,高速气流通过电极间的气隙,将在放电中形成的等离子体活性物质从一个喷嘴带出到大气中,用于各种材料的表面处理。由于采用了较大的气流,避免了弧光放电,形成一种温度相对较低(~150℃)的、非热力学平衡态的、类似于辉光放电的等离子体物质。当前,美国学界将 APPJ 作为专有名词赋予了这类等离子体射流。其实,至少在 90 年代初,文献中即已经出现了 APPJ 这样的名词[14],当时是用来描述一种采用电弧放电形成的局域热力学平衡态(local thermodynamic-equilibrium,LTE)等离子体射流。它是一种温度高达数千摄氏度的物质,用于喷涂、切割、焊接、表面处理、金刚石材料生长等。而这样的等离子体射流至少在 60 年代就已经存在(例如文献[15])。可见,可以有多种不同方法在大气压下产生等离子体射流,但是,它们的特性以及应用场合可能非常不同。本章将要讨论的"大气压冷等离子体射流"虽然也有人将其称为 APPJ,但是其装置结构以及等离子体射流特性与前两者有很大的区别。如果说 Pfender 等[14]的 APPJ 的主要特征为弧光放电,Selwyn[13]的 APPJ 的主要特征为类辉光放电,则本章将要讨论的 APPJ 之主要特征则是电晕放电[16]。为了避免歧义,特别是美国学者的质疑,我们将这里所要讨论的大气压等离子体射流称为 non-thermodynamic-equilibrium cold atmospheric pressure plasma jet(n-TECAPPJ)。该名称也更能反映这种等离子体射流的基本特性。例如,由于其消耗的平均功率非常小,所产生的等离子体射流对环境以及被处理材料表面几乎没有什么热效应,因此可以将其称为"冷等离子体射流"[17~19]。

Koinuma 等[11]的微束等离子体采用了 13.56 MHz 的工业射频电源,而我们这里将要讨论的 n-TECAPPJ 装置大多采用几千赫兹至几十千赫兹的高频电源

（或脉冲电源）。射频与高频放电等离子体的产生机理是有所不同的[20]；从应用的角度来看，高频电源更便宜，相关装置的设计与制造也更简单，因此更实用。从近十年的文献分析来看，这类装置的结构大多采用了在惰性气体（或以惰性气体为主掺入一些活性气体）气流通道上形成 DBD。电极安排或者是同轴构型，如张广秋等[21]以及孙娇等[22]所采用的那样；或者是共轴构型，如 Teschke 等[23]、Jiang 等[16]，以及 Sands 等[24]所采用的那样；Laroussi 和 Lu[25]则采用了一种带中心孔的平行板构型。2012 年 Lu 等[26]发表了一篇综述性文章，对此有非常详细的介绍，有兴趣的读者可以参考。

2005 年，Teschke 等[23]以及 Kedzierski 等[27]发表了两篇论文，展示了用 ICCD（像增强电荷耦合传感器）拍摄的氦大气压等离子体射流的照片。与用肉眼看到的等离子体射流印象不同，ICCD 照片显示的是一系列高速运动的等离子体小球，作者将其称作"等离子体子弹"（plasma bullets）。根据照片推测，这些"子弹"的速度约为 15 km/s，远大于氦气流的平均速度 16.5 m/s。不仅如此，他们还发现等离子体射流仅出现在高压电极外侧，而地电极外侧没有。由此，他们作出了"电控现象"（electrical field controlled phenomenon）的结论。此外，他们还迎着子弹飞行的方向拍摄了等离子体子弹的横截面照片，发现子弹呈现中空的结构。这两篇论文所报道的结果非常有趣，与通过肉眼观察的现象以及按以往经验的理解有很大的不同。等离子体子弹现象吸引了国际上众多学者的兴趣，自此有关研究论文如雨后春笋般涌现出来[19,23~36]。Lu 和 Laroussi[28]采用带中心孔的平行平板 DBD 构型，Park 等[31]采用同轴 DBD 构型，都观察到了类似的等离子体子弹现象。可见，等离子体子弹现象与上述具体的电极构型无关。为了解释这种发生在氦气流通道中的等离子体子弹现象，Lu 和 Laroussi[28]提出了一种光子预电离机制，遵循的是 Dawson 在 1956 年提出的关于气体放电的流注理论[37]，并将其应用于氦气氛条件。流注是一种在气体击穿的初始阶段形成的离子波现象[37]，但是具体到这里的等离子体"子弹"，这个离子波是从哪里发出的？真的如直观所示来源于 DBD 区吗？它又是如何传播的？等离子体子弹与气流又有什么关系？这些问题并没有得到解决或仍存有许多疑问。2008 年 Sands 等[24]发现，保持处于下游位置的高压电极不动，通过移动地电极位置改变电极间距后，电极间的 DBD 区放电特性受到影响，而等离子体射流区的放电特性并没有什么改变，由此他们相信射流区与 DBD 区的放电应该是互相独立的。Jiang 等[16]通过一系列专门设计的实验进一步证实了这一观点，并明确指出：等离子体射流本质上是通过高压电极边缘的非均匀电场在氦气流通道中形成的电晕放电，虽然实验采用了 DBD 构型，但射流其实与 DBD 无关！为了证明这一观点，他们演示了单电极以及裸电极构型装置，产生了完全类似的等离子体射流。不仅如此，他们的实验还表明，采用了如 Teschke 等[23]的共轴 DBD 构型的等离子体射流装置所产生的放电应该有三个等离子体区而不是如该文所指的两个区,并指出了这三个等离子体区对应不同的发生机理:高压电极外的射流区主要是通过电晕放电产生的;电极间的辉光区是通过 DBD 产生的;而地电极外的等离子体区(这是 Teschke 等[23]没有观察到的,也是许多研究者忽略的部分)则是通过所谓的"电荷溢流"效应产生的。

等离子体子弹的速度是人们比较关心的一个问题,也是一个可以将理论研究(或数值模拟)结果与实验相互印证的一个重要的参数。Teschke 等[23]的文章指出,子弹在石英管出口前后的平均速度约为 15 km/s。Lu 和 Laroussi[28]则给出更多的数据,表明等离子体子弹从发生到熄灭的过程中其速度是变化的:当子弹离开装置出口进入环境中以后,子弹的速度有一个逐渐增加到最大值的过程,并在一定的范围内保持这个速度;然后随着距离的增加,子弹速度降低直至零,而相应的等离子体子弹也随之消失。Begum 等[38]最近将此总结为等离子体子弹传输过程中的三个传播相:①过渡相、②传输相,以及③塌缩相。这种观点来源于前人对空气中流注现象的研究[39]。我们注意到,Lu 和 Laroussi[28]得到子弹的最大速度为150 km/s,比 Teschke 等[23]的结果大了一个数量级。除了这两篇文章所采用的装置结构不同外,所采用的电源的差别可能是造成两者如此不同的最重要的原因。从众多的文献中我们注意到,凡是采用正弦波形或较缓慢变化波形的电源时,子弹的速度通常在 10 km/s 量级(如文献[19]、[27]、[29]),而如果采用上升沿为几十纳秒的脉冲电源时,子弹速度通常会在 100 km/s 量级(如文献[24]、[28]、[35])。当然具体数值还与电压值和频率等因素有关。

虽然 Teschke 等[23]早在 2005 年就已经指出,等离子体子弹是一种电驱动效应,与气流无关,因为在大多数实验条件下气体流速仅约 10 m/s,比上述子弹的速度小 3~4 个数量级,但是实验发现气体流速对等离子体子弹所形成的射流在空气中的长度有决定性的影响。孙姣等[22]最早报道了气体流速与射流长度的关系。通过采用一种焓探针来测量流出石英管的气体的轴向流速,他们发现无论是氦气还是氩气产生的等离子体射流的长度,在气体处于层流状态下时,几乎与气体流速成线性关系。进一步的实验研究表明,情况比该结论更复杂,除了气体流量或流速外,驱动电源的参数如电压、频率、脉冲宽度等在一定的条件下都会影响射流的长度。

另一个近来大家比较感兴趣的问题是为什么在氦气流中的等离子体子弹呈现环形结构而不是如空气中的流注那样呈细丝状?这个问题的讨论引出了在等离子体子弹沿氦气流通道传输时彭宁效应的作用问题。有些作者认为由于氦气-空气界面上的彭宁效应使得在氦通道中传输的等离子体子弹呈环形结构[40~43],而另一些作者则认为子弹的环形结构与彭宁效应根本无关[44~46]。我们将在 9.9 节详细讨论有关彭宁效应的问题。

下边就有关 n-TECAPPJ 的产生机理以及传输特性的研究分几个小节来介

绍。这些成果并非最终结论，而是根据我们的实验结果提出的思考。另外，n-TECAPPJ已经在微电子工艺、材料表面处理，特别是在生物医学等领域中获得了广泛的应用。这些方面的研究成果非常丰富，但是由于篇幅限制，本章不涉及应用方面的内容，有兴趣的读者可以参考一些综述性文章如[9]、[10]、[26]、[49]以及本书的相关章节。本章的部分内容是与西安交通大学张冠军教授课题组合作研究的结果。

9.2 等离子体射流的基本特性

9.2.1 实验装置

可以用多种电极构型产生 n-TECAPPJ，它们各有特点，但是就等离子体射流这部分来说却基本上没有大的差别。本章采用 Kedzierski 等[27] 的石英管共轴DBD装置。图 9.1 为装置示意图：放电产生于一根中空的石英管内，管内通入一定的气体(主要为氦气，根据需要也可以为氩气或其他气体)，气体流量由流量计控制，从石英管流出的气体直接射入实验室的大气中。需要说明的是，我们曾使用过两种流量计：玻璃管浮子流量计与质量流量计。前者比较便宜，但精度不高。除此之外，这两者所使用的计量单位不同，不可以直接比较。浮子流量计所用单位为每小时标准升(SLH)，即相当于每小时 1 L 干燥空气的作用。用于测量氦气流量时应作修正。本章涉及的研究并不要求严格定量的流量数据，因此这里采用浮子流量计给出的流量都没有进行这样的修正。质量流量计出厂时，厂家已经针对特定的气体进行了调整，其给出的数据是比较精确的并且是适用于该气体的。本章凡采用质量流量计给出的数据都采用 L/min(升/分钟)作为流量单位；而用 SLH 表示是采用浮子流量计测量的。根据不同的实验，我们采用了不同直径的石英管，内径 0.2～0.55 cm。用一定宽度(1～10 cm)的铝箔或铜箔卷绕在石英管外构成电极。两个电极分开适当的距离(2～3 cm)，其一与高压电源连接，另一个电极接地，构成共轴DBD系统。本章主要采用的是一台频率 17 kHz 的正弦波电源，电压幅值的调节范围 0～10 kV。对于正弦波电源，本章所称的电压值都是指正弦波电压的幅值。我们还采用过其他类型的电源，将在适当的地方加以说明。实验中使用了两支光电倍增管(PMT，型号 CR131)，PMT 安装在一个暗盒中，其前方设置了两个规格为 0.1 cm×2 cm，间隔 10 cm 的狭缝，这样可以限制其只能"看到"正前方石英管或其延长线上约 0.15 cm 的宽度上发射的光线。放电电流信号通过接地线上串联的采样电阻 R_j 获得，电压信号则由 Tektronix P6015A 探头直接从高压电极连线上获得。上述 PMT 的光电流信号以及放电电流、电压信号都通过一个PDO4104B 型示波器采集，再通过计算机进行数据处理。实验采用了 ICCD 相机或普通数码相机拍摄等离子体射流的瞬间或积分图像，具体拍摄方法与拍摄参数将在适当的地方介绍。实验中还采用了纹影仪等仪器，将在必要时再作介绍。

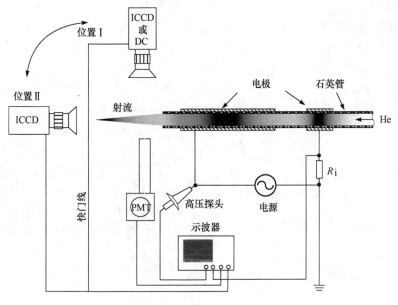

图 9.1　实验装置示意图

9.2.2　氦气石英管共轴 DBD 的基本电特性

DBD 主要分为两种类型,即空间放电型和沿面放电型。这两种类型的放电都已获得了广泛而深入的研究,典型的例子可以参考文献[50]。将图 9.1 所示的共轴 DBD 构型沿圆周展开成平面,则可以看作是一个共面的沿面放电结构,但是电极间距比传统的沿面放电装置大得多。我们首先对放电的基本电特性进行了测试。实验采用了内径 0.2 cm、外径 0.4 cm 的石英管,电极宽度 2 cm,电极间距 2 cm,高压电极置于气流的下游,距石英管口约 1 cm,工作气体为纯度 5N 的氦气,流量设定为 3 L/min。通过 R_i 测得的电流含有系统电容形成的位移电流,为消除该位移电流,我们采取了以下步骤:在放电的过程中记录下总放电电流 I_z 后,将工作气体关闭,此时放电熄灭,测得位移电流 I_w,最后再在计算机上通过数值计算得到纯放电电流 $I_f = I_z - I_w$。

首先将外加电压逐渐增大,当其足够大时,电极间的放电被触发。触发电压的大小与放电系统的初始条件有关,调节电压可以得到各种不同形态的放电电压-电流曲线,我们将其称为不同的放电电流模式。Walsh 等[51]总结出了三种不同的放电模式:周期性的、准周期的与混沌的(periodic, quasiperiodic and chaotic behavior),并用非线性物理理论进行了分析。在仅改变外加电压幅值的情况下,我们观察到了放电特性曲线与等离子体羽流形态之间的关系。这些结果表明,实际的放电类型比 Walsh 等所报道的更复杂。这些放电类型的表象可以用非线性物理来描述,但是其内在的动力学过程还需要更进一步的研究。戴栋等[52]关于平行平板DBD中非线性动力学过程的数值模拟给出了一些解决该问题的线索。

图9.2展示了电压从低到高的几种典型的放电特性曲线。图9.3为对应于图9.2各种放电模式的等离子体羽流的数码照片。所用数码相机为佳能5D Mark II。这些照片的曝光时间均为2s。除了图9.2(b)和(f)所示的两种模式外,其他几种放电模式都是非常稳定的。所谓"稳定的"是指放电电流在其周期条件下是重复

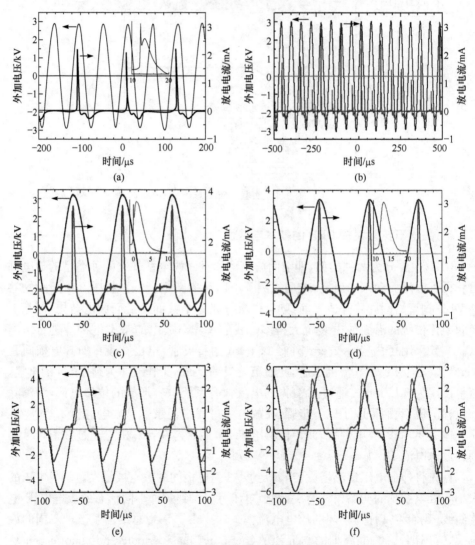

图9.2　不同电压条件下DBD的几种典型的放电电流模式

(a)"倍周期"模式(电压2.85 kV);(b)"混沌"模式(电压2.95 kV);(c)"流光-辉光过渡"模式(电压3.2 kV);(d)"非对称辉光"模式(电压3.45 kV);(e)"对称辉光"模式(电压4.75 kV);(f)"辉光+丝状"模式(电压5.75 kV)

的,放电时产生的噪声很小而且等离子体羽流非常平稳。而当电压在两个稳定的模式之间变化时,通常得到"混沌"状态(图 9.2(b)是其中一个例子):放电电流在各个周期是不同的,放电发出不规则的"嗞嗞"声,此时看到的等离子体羽流也飘忽不定。

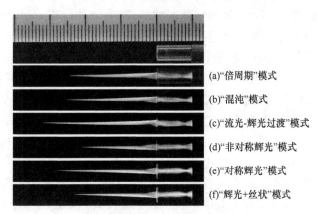

(a)"倍周期"模式
(b)"混沌"模式
(c)"流光-辉光过渡"模式
(d)"非对称辉光"模式
(e)"对称辉光"模式
(f)"辉光+丝状"模式

图 9.3　对应于图 9.2 所示放电电流模式下的等离子体羽流照片

图 9.2 与图 9.3 所示放电模式各自的特点如下:

(1)"倍周期"模式。当电压较小,接近于维持放电的阈值时,放电电流呈现流光类型,即在放电的正半周存在一个电流尖峰,负半周电流很小。此时放电是不稳定的,电流曲线呈现出"混沌"现象(如图 9.2(b)所示)。但是如果仔细调整电压,我们发现在某些特定的电压下(其电压窗口非常窄),可以得到倍周期稳定的放电电流曲线,同样的电流尖峰按周期数准时在相应的正半周出现,大小、形状几乎一致。图 9.2(a)展示的是 2 倍周期电流曲线,根据不同的放电条件,我们也曾记录到过 3、4、6 倍周期电流曲线。

(2)"混沌"模式。如前所述,在大多数情况下放电是不稳定的,即各个周期的电流大小不一,放电发出不和谐的噪声,等离子体羽流飘忽不定。而当电压较小时这种不稳定更加突出,图 9.2(b)是个典型的例子:放电电流峰的大小在各个周期内(特别在正半周)是不同的,有时甚至缺失。

(3)"流光-辉光过渡"模式。当电压进一步加大后,会出现一种由流光触发继而形成辉光的"过渡型"放电模式。这种模式的电压窗口比"倍周期"模式时宽,在一定的电压范围内,放电非常稳定,典型的电流-电压曲线如图 9.2(c)所示,其中的插图可以更清楚地显示电流模式由流光向辉光放电的过渡。在这种放电条件下,负半周电流总是呈辉光放电型,其峰值比正半周时小得多,但是更宽。在这种模式下,我们得到了最长的等离子体羽流,如图 9.3(c)所示。需要指出的是,在上述电压窗口范围内,电压的微小变化会使得射流长度产生数毫米的改变。

(4)"非对称辉光"模式。如图9.2(d)所示,这时电流曲线前导的流光尖峰几乎消失,而正半周的辉光放电电流峰值以及正、负半周的电流峰值之差达到最大。再加大电压,正半周的电流峰值将减小,但是峰的宽度增加,同时,负半周的电流也会增加,正负半周的电流波形趋于一致。该模式的电压窗口比较宽。图9.3(d)是在电流曲线最稳定时拍摄的,如果稍稍调整电压,电流曲线不太稳定时,在某些情况下,羽流长度有可能达到甚至超过图9.3(c)所示的水平。

(5)"对称辉光"模式。如图9.2(e)所示,这时正、负半周的放电电流几乎对称,放电呈现出交流辉光放电的形式。通常情况下,这种模式下获得的羽流长度较大,但是小于"流光-辉光过渡"模式下的长度。典型的羽流图像如图9.3(e)所示。

(6)"辉光+丝状"模式。在对称辉光放电模式的基础上再增加电压,光滑的电流曲线上出现了一些随机分布的尖峰,如图9.2(f)所示。仔细分析后发现这些电流尖峰并不是由氦气流中的放电产生的,而是由于氦气管中放电产生的强烈的紫外线透过石英管使得靠近石英管外壁的大气电离,在管外两个电极间的大气中(或沿石英管外壁)形成了丝状放电。这一现象促使我们开发出一种可以在较低电压条件下产生空气放电的装置[53]。这是题外话,此处不深入讨论。随着电压的增加,放电电流更大,放电等离子体对气流的影响更大,出口气流更不稳定,因此在这种模式下羽流也变得不稳定。图9.3(f)是在相对比较稳定时得到的羽流图像。

9.2.3　电晕放电等离子体射流

初看起来,Kedzierski等[27]的等离子体射流是由DBD放电引起的,然后通过某种机制从石英管内传输到大气中来。但是,我们的实验结果表明,等离子体射流是由高压电极边缘的电晕放电形成的,几乎与DBD无关[16]。实验装置如图9.1所示,石英管外径0.35 cm、内径0.2 cm,电极宽度均为5 cm、间距为3 cm;高压电极边缘距石英管出口2 cm,氦气流量200 SLH,正弦波电源频率17 kHz。两支光电倍增管(T_1,T_2)分别置于高压电极的两边,距电极边缘0.5 cm。示波器同时记录下光电倍增管的光电流信号以及放电时的电流、电压信号。

图9.4(a)是在外加电压约为2.25 kV时放电产生的光信号以及电压、电流的时域变化曲线。从电流曲线可以看出,这时放电处于流注模式(参考图9.2(a),由于电极参数不同,曲线稍有差别)。T_1、T_2光信号曲线在正半周和负半周都几乎是重合的。正半周时,光信号的前沿超前电流脉冲信号前沿约5 μs。这个结果表明,射流区的等离子体不是由电极间放电产生再经由气流传输而出的,因为电极两侧的辉光信号没有时间差;或者说高压电极两端各自独立地产生了气体击穿,并各自向两边传输。

图9.4(b)是在电压加大到4.5 kV时的相关曲线。根据电流曲线可以看出,电极间的放电进入非对称辉光放电模式(参考图9.2(d))。这时,虽然处于DBD

区间的光信号 T_2 与辉光放电的电流信号一致,然而高压电极外侧的光信号 T_1 保持了图 9.4(a)所示的流注模式的特征,其触发前沿仍超前电流信号的上升前沿,没有进入类辉光放电。这说明,外加电压的增加改变了 DBD 区的放电模式,然而高压电极外的等离子体射流区的流注放电模式并未受影响;或者说,高压电极两边的等离子体是互相独立地产生和传播的,与 Sands 等[24]的结论一致。

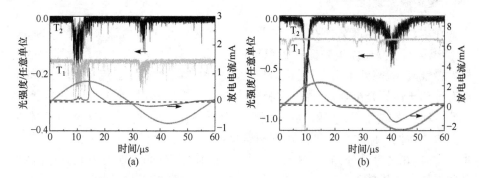

图 9.4　高压电极两侧的光信号及放电电压、电流的时域变化曲线
外加电压(a)2.25 kV,(b)4.5 kV

通过以上的实验可以看出,虽然采用了 DBD 放电构型,但是等离子体射流实际上是由高压电极边缘的强电场击穿气体产生的,与 DBD 无关。这就是说,等离子体射流是由电晕放电机制形成的。众所周知,电晕放电只需一个电极。那么单个电极能形成等离子体射流吗? 图 9.5 比较了三种不同电极构型产生的等离子体射流照片:图(a)是 DBD 构型产生的等离子体射流;图(b)是单个高压电极的电晕放电产生的等离子体射流,这时地电极已从石英管上移除;图(c)采用了直接与氦气流接触的金属片(厚 0.05 cm)作为电极产生的电晕放电,为了不影响气流,金属

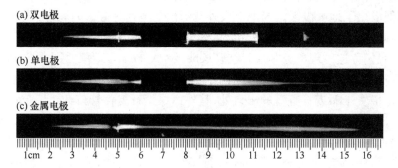

图 9.5　相同氦气流量(150 SLH)、外加电压(4 kV),不同电极结构条件下的
等离子体射流照片
(a) DBD;(b) 单电极;(c) 金属电极

片中间钻了一个略大于毛细管内径的开口(直径 0.25 cm)。比较这三张照片可见,即便没有 DBD 构型,所产生的等离子体射流仍非常相似。由此判断,就产生等离子体射流来说,DBD 构型不是必需的。或者说,虽然采用了 DBD 构型,实际产生等离子体射流的是高压电极外边缘的电晕放电,而非两电极间的 DBD。

9.2.4　电荷溢流现象

如在本章的引言部分所指出,在 DBD 构型的等离子体射流装置上 Teschke 等[23] 仅观察到了高压电极外侧的等离子体射流。当他们采用如图 9.1 所示的电源极性接线时,观察到了由石英管口射出到大气中的等离子体射流,在地电极的上游没有等离子体辉光出现;而当他们将两个电极交换极性后,原本射向石英管外,沿气流方向射出的等离子体射流逆流射出,而石英管口外的大气中没有出现等离子体射流。他们当时对此不能作出任何解释,但是我们的实验结果表明,当外加电压足够大时,在地电极外侧也同样有等离子体射流产生,而且地电极越宽,在地电极外侧得到等离子体射流所需要的电压越高[16,54]。当采用与文献[23]相同的电极宽度(5 cm)和电极间隔(3 cm)时,外加电压须达到 10 kV 以上才会看到有等离子体射流从地电极外侧输出。Teschke 等[23] 当时所使用的电源之最大输出电压幅值仅是 7.5 kV,这就是为什么他们没有观察到地电极外侧等离子体射流的原因。通过实验我们发现,采用 DBD 构型获得的地电极外侧的等离子体射流,其产生的原因与高压电极外侧电晕产生的等离子体射流相比,机理是完全不同的。DBD 放电时,会在放电区的介质表面积累电荷。例如,在电压的正半周,地电极处于瞬时阴极,因此会有大量的正离子向那里运动;这些正电荷使介质表面极化并与阴极上诱导出的电子耦合,从而沉积在那里。当外加电压足够大时,放电产生的电荷更多,地电极区介质表面的极化电荷达到饱和,不再能完全补偿放电产生的电荷,电荷便溢出了地电极区。当地电极外侧溢出的电荷足够多时,其形成的有效空间电场足够强,使得那里的气体击穿,并形成向外的流注,即地电极区外的等离子体射流。我们称这一现象为"电荷溢流"(charge overflow)现象。图 9.6 中的一系列照片反映了上述过程。实验采用两个 5 cm 宽的金属网透明电极,电极间距 2 cm,地电极置于靠近石英管的出口处,其外边缘距石英管管口约 1.7 cm,氦气流量为 200 SLH。在高压电极上逐渐增加电压,可以观察到地电极下电荷积累区随电压的增加而向外发展,直至发生电荷溢流,并产生相应的等离子体射流。

为了研究电荷溢流现象,我们还进行了另外一种实验,实验装置如图 9.7 所示:将地电极截为互不相连的三段,每段宽 0.5 cm,间隔 0.25 cm,总宽度为 2 cm,每段地电极串联一个电阻;高压电极宽 2 cm,距最近的地电极 3 cm;氦气流量为 150 SLH。用示波器同时记录流过这三段地电极的电流以及高压电极上的电压,

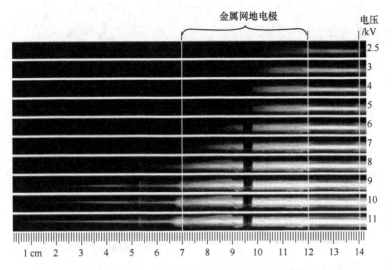

图 9.6　采用金属网作为电极的 DBD 放电时的照片

两电极均为 5 cm 宽,电极间隔 2 cm,其中地电极靠近石英管出口,高压电极只能
看到小部分。图中数字对应于放电时所加的电压幅值。氦气流量 200 SLH

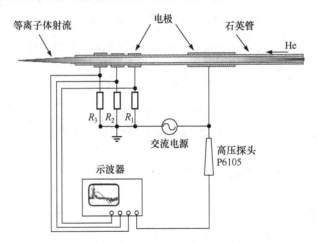

图 9.7　地电极分为三段的 DBD 实验装置示意图

实验结果如图 9.8 所示。可以看到,放电电流逐一通过这三个地电极,而这三条电
流曲线的简单叠加与一个 2 cm 宽的单个电极上测到的电流曲线是一致的。在第
一段地电极的电流 I_1 上,我们可以看到流注到达地电极时的尖脉冲,而这个尖脉
冲没有传递到后边的电极上,说明这部分电荷沉积在第一段电极的介质表面上了。
随着放电的进一步发展,第二段电极接收到放电电流,I_2 迅速上升。而此时,I_1 却
迅速下降。这说明有反向的电流流向第一段地电极。根据流注理论可以推论,这
时有电子流从流注头部向后流向高压电极,与高压电极向前输送的电流抵消使得

I_1下降。在第二段与第三段地电极之间也可以观察到类似的现象。我们知道,关于流注有两种理论[37],一种认为在流注头部后边是一条绝缘通道,另一种理论认为在流注头部后边是一条弱导电通道。我们的实验结果显然支持后一种理论。

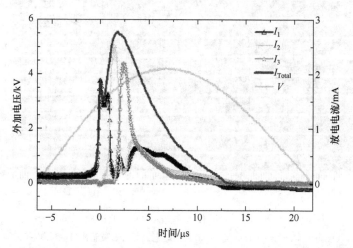

图 9.8　三段地电极的电流 I_1、I_2、I_3 以及外加电压随时间变化的曲线
I_{Total}为上列三个电流之和

　　这一节的研究结果表明,电荷溢流现象是由于强烈的 DBD 放电而在地电极外形成的,虽然其在石英管外的形态与通常的等离子体射流无异,但其形成机理是完全不同的。较窄的地电极以及较高的外加电压有利于电荷溢流现象的出现。

9.3　等离子体子弹传输特性

　　前面我们用 PMT 测量光发射及拍照等方法证明了 DBD 电极构型的 n-TECAPPJ装置产生三个等离子体区,而且这三个等离子体区中起作用的机理各不相同。这一节我们将采用 ICCD(PI-MAX II)更直观地验证我们先前得到的结论,并更深入地观察放电过程中的动力学现象。

　　实验系统如图 9.1 所示,石英管的内、外径分别为 0.2 cm 和 0.4 cm,长 40 cm,氦气流量 3 L/min,两个电极的宽度及间隔均为 2 cm,上游电极接地,下游电极的外边缘距石英管出口 1 cm,接高压电源(频率 17 kHz)。ICCD 置于图 9.1 中的位置Ⅰ。数码相机用于拍摄背景图像。

　　我们首先记录了放电系统的电流-电压特征曲线,如图 9.9 所示。根据实验时的设定,示波器的触发信号取自电流正脉冲的上升沿,因此图 9.9 中的时间零点对应于第一个正脉冲的上升沿,所有 ICCD 照片的快门起始时间都以此为标准。根据 9.2.2 节中的讨论,图 9.9 中的曲线相应于"流光-辉光过渡模式",在这种模式下放电非常稳定,重复性高,有利于 ICCD 拍摄。

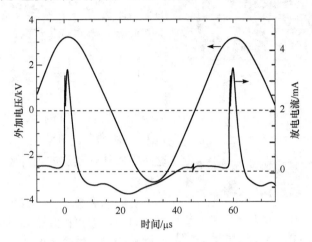

图 9.9 氦气 n-TECAPPJ 放电电流与电压曲线
电流正脉冲的上升沿作为 ICCD 系统的时间标准

图 9.10(a)是用 Photoshop 合成的一幅多重曝光照片。该照片的背景为数码相机拍摄的 DBD 区域,照片左边的电极是高压电极,右边是接地电极,氦气由右向左流动,按一定顺序拍摄的六张曝光时间为 10 ns 的 ICCD 照片叠加其上,放电特征曲线如图 9.9 所示。图 9.10(b)放大了其中的 $58\sim62~\mu s$ 区间。如前所述,由于电流曲线的周期重复性非常好,拍摄时采用电流曲线正脉冲的上升沿作为 ICCD 触发器的标准时间(即时间零点),并在 $58~\mu s$ 时开始拍摄第一张照片,每张照片的快门时间为 10 ns。为了增强照片的清晰度,每张照片积累 10 次曝光(即在每个放电周期的相同相位上打开快门一次,重复 10 次),因此每张照片的总曝光时间实际上为 100 ns。然后,通过一个时间控制器(ST-133)在拍摄下一幅照片时延迟 20 ns 打开快门,快门时间仍旧 10 ns。同样积累 10 次,如此重复,每次延时 20 ns 完成一次拍摄,在 $58\sim62~\mu s$ 期间共拍摄了 200 张这样的照片。图 9.10(a)选了其中的六幅,分别以 a~f 等六个字母表示。图 9.10(b)以相同的字母指出每幅 ICCD 影像对应的快门打开时刻。仔细观察图 9.10(a)中放电的时空演化过程,可以了解"等离子体子弹"从高压电极附近发生并传输到达地电极前的情况。这是一个典型的流注过程,作为正流注,放电从高压电极边缘附近着火,然后向地电极发展,并逐渐增强。图 9.10(c)是一幅快门时间达 $20~\mu s$ 的 ICCD 照片,快门开关时间对应于图 9.9 中的 $50\sim70~\mu s$,即对应于整个放电电流曲线的正脉冲期间。综合图 9.10(a)与 9.10(c)两幅图像分析,DBD 区域的放电由高压电极边缘触发,通过一个流注过程在电极两边构成了一条放电通道,从而在电极间形成类辉光放电。这与图 9.9 的电流曲线所反映的"流光-辉光过渡"模式的结论是一致的。

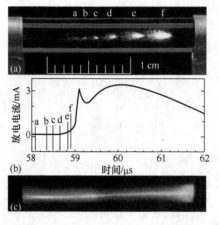

图 9.10　(a)放电装置 DBD 区的照片与 6 幅曝光时间 10 ns 的 ICCD 照片合成的照片,其中 ICCD 的快门触发时间标注在(b)电流曲线的相应位置上。(c)与上图相同位置的 ICCD 照片,快门开关时间对应于图 9.9 中的 50~70 μs 区间

根据图 9.10(c),可以看到在石英管的轴线附近有一条明显的亮线,由此可以判断此时发生在石英管内的放电属于空间放电(bulk discharge),而不是我们原先根据放电结构推测的沿面放电[16,54]。而且还可以看到,"子弹"在向地电极传输的过程中并非沿石英管的中心轴直线飞行,而是围绕中心轴线稍稍走了一个螺旋线,而这条螺旋线在其后的类辉光放电中仍得到了保持。

前面 9.2 节中指出,DBD 构型的等离子体射流装置可以观察到三个等离子体辉光区域,即等离子体射流区、DBD 区及电荷溢流区,而且每个区域中等离子体的发生机理是不同的。当我们采用 ICCD 来观察整个系统的等离子体传输情况时,发现实际上在电极部分也有等离子体的传输,而且高压电极与地电极下的等离子体传输特性是不同的。为了看清电极下的等离子体,我们采用了金属镍网来做电极材料,镍网厚 5 μm,透明度高达 90%。

图 9.11 展示了在整个氦气 n-TECAPPJ 装置各个部位上等离子体的传输情况。由于 ICCD 的图像分辨率有限(512×512 像素),我们将图片分成五个部分来拍摄,分别用 A~E 表示,每次将镜头聚焦到一个部分拍摄,最后再合成为图 9.11。两个相邻区域的照片有小部分重叠。在拍摄每一部分的 ICCD 图片之前,我们都会在同一位置拍摄一张装置的 CCD 照片,最后合成为图 9.11 左边的放电装置实物照片。图 9.11 的最右边是放电系统的示意图,最下边为时间坐标,每张 ICCD 照片的左边缘对应于拍摄时快门开启的时刻。图 9.11 上还叠加了放电时所对应的电压与电流曲线,以便于分析比较。

图像是分五段先后拍摄的,各段放电的特点不同(如经历的时间,放电的强度等),因此在拍摄时,针对这些特点,对于每一段采用了不完全相同的参数。A 区间:门宽 20 ns/间隔 50 ns/积累 10 次;B 区间:门宽 20 ns/间隔 200 ns/积累 50 次;C 区间:门宽 100 ns/间隔 200 ns/积累 100 次;D 区间,门宽 10 ns/间隔 20 ns/积累 10 次;E 区间:门宽 50 ns/间隔 200 ns/积累 50 次。将所有照片在 Photoshop 软件中合成后,分段调整其亮度与对比度参数,使每段内的图像之间的相对亮度有可比性。再调整各段间的相对亮度,使得整幅图面看起来比较协调。这样处理后,照片中的亮度不一定具有可比性,但是这并不影响对各个区间放电特点的了解。

下面我们按区间分析等离子体传输的特点。

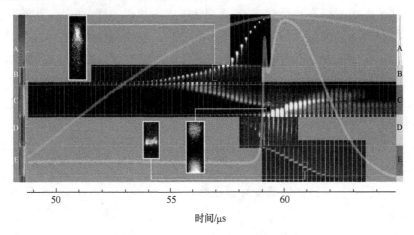

$$时间/\mu s$$

图 9.11　氦气 n-TECAPPJ 全域 ICCD 照片

A 区为等离子体射流区,是 Teschke 等[23] 首先观察到等离子体子弹的区域,相关内容有众多文献报道[23~36],与我们的结果十分类似,因此不再赘述,有兴趣的读者可以参考相关文献。

Jiang 等[16] 的文章指出,高压电极两边的等离子体是互相独立发生的,这一结论在此得到进一步验证。在电压的正半周,高压电极的外边缘(图 9.11 中的 B-C 交界区)首先向外发出流注。从图 9.11 看,放电起始于 50 μs 附近,大约 5 μs 后,高压电极的另一边(C-D 交界区)才开始发出微弱的着火信号,继而向地电极发出一个流注触发 DBD 区的辉光放电。有些文章指出,流注发生于高压电极边缘的沿面放电[46],但是在本章的实验条件下,通过图 9.11 可以清晰地看到,流注起始于高压电极边缘的石英管轴线附近,在两个方向上都形成了空间放电而不是沿面放电。穿过 DBD 区,空间流注在地电极内转变为沿石英管内壁传输的电荷溢流现象。高压电极外,空间流注在石英管口附近逐渐转变为中空结构,并在大气中沿氦气-空气界面传输。有关中空等离子体子弹的问题在 9.6 节再作详细讨论。

不仅如此,通过透明电极我们还观察到,在高压电极两个边缘附近向外发出流注的同时,都还有一股向电极内部传输的等离子体团,只是这个等离子体团的传输速度比向外传输的流注慢。根据 Raizer[37] 的观点,正流注头部积聚的是正离子团,电离过程中产生的电子将向电极区域(即瞬间阳极)传输,并积累在电极下的石英管内壁。电子首先在电极边缘地区沉积下来,随着放电的进行,电荷沉积区域进一步向电极内部发展。在电子传输的过程中会激发周围的分子发光。从图 9.11 可以看到,随着时间推移,电极边缘区的发光体逐渐向内部发展,这反映了电子在石英管内壁沉积的过程。实际上这与上节介绍的地电极下的电荷溢流现象是类似的,只是在地电极下积累的是正离子,而高压电极下积累的是负电荷,主要为电子。有趣的是,在高压电极两边的电子沉积区相向扩展,最终在电极内靠近 D 区的某位置相交(相交的位置更靠近 D 区是因为 C-D 边界处的流注更晚形成);相交后的电子沉积区并没有融合成一个整体,两个独立的波前相互穿过对方继续向前运动,在图 9.11 产生了一个 X 型的图案。当高压电极内边缘的流注到达地电极后,使得电极间形成了一个导电的通道,放电模式也从流注转换成类辉光放电,放电电流大大增强,所产生的电荷也大大增加,这时在高压电极下沉积的电子也大大增加。从图 9.11 可以看到,此时 DBD 相关的电子沉积区的亮度明显增强,并快速向电极内扩展。与此同时,射流区逐渐发展到顶端,与此相关的电子沉积区也发展缓慢,并逐渐减弱。

D 区的前几幅 ICCD 照片(图 9.10)在前面已经讨论过。如上所述,当流注头部到达地电极下面后即在电流曲线产生了一个尖峰,这时两电极间形成了导电通道,放电模式也转换成类辉光放电,放电电流随之大大增强。辉光放电中产生的负电荷(主要为电子)将向高压电极(瞬间阳极)传输;而此时产生的正电荷(正离子)将沉积在地电极(瞬间阴极)下的石英管内壁,沉积过程与电子在高压电极的沉积过程类似,由电极边缘向电极内发展。在前一节我们称这一过程为"电荷溢流"现象。图 9.11 的 ICCD 照片可以更加形象地观察到这一现象。与 C 区间的电子沉积过程相比,E 区间的离子沉积过程更清晰,电离波的头部的影像更明确。这可能正是正流注与负流注之间的差别[37]。

综上所述,在 ICCD 相机的帮助下,我们发现一个共轴 DBD 构型的 n-TECAPPJ系统存在五个等离子体区域,它们各自有着不同的发生机理与传输特性:①等离子体射流区(图 9.11 中的 A 与 B),该区的等离子体发源于高压电极外边缘,通过电晕机制产生,以流注形式向远离电极的方向传输;其中 B 在石英管内,A 在大气中传输。②高压电极内的等离子体区域(图 9.11 中的 C),其发生于电极两边,两边放电各自独立发生并独立地向相反方向传输。③DBD 区(图 9.11 中的 D),放电发源于高压电极内边缘附近,通过一个流注过程在两电极间形成通道进而产生类辉光放电。④地电极区(图 9.11 中的 E),该区域的等离子体是通过辉光放电区的电荷经电荷溢流效应从地电极内边缘逐渐向电极内推进形成的。⑤地电极外电荷溢流效应形成的射流区,如前一节所述,由于本实验的电压偏低而没有出现。这里我们仅介绍了电压正半周时的情况,实际上负半周的情况类似,只是正流注变为负流注,正电荷(地电极下)与负电荷(高压电极下的电子)互换。由于负流注的波前弥散且各周期的重复性差,不易拍出如图 9.11 那样的照片。

9.4　等离子体-气流相互作用

纹影术可以用于显示空气中具有不同光学折射率的介质的流体形态[55]，例如这里研究的氦气在空气中的流动。在对商品化纹影仪进行了一些简单的改造后，我们还可以将氦气的纹影像与等离子体射流像用数码相机记录在同一张照片上，用以比较研究等离子体与氦气流之间的相互作用[56]。

实验采用了外径 0.55 cm、内径 0.4 cm 的石英管。图 9.12(a) 为氦气流量 50 SLH时的氦气流纹影像。纹影像的颜色与所采用光源的颜色有关。考虑到等离子体射流的光谱线主要在红色和蓝色区域，为了区别于等离子体射流的像，这里采用了 520 nm 波长的 LED 灯作为纹影仪的光源，因此氦气流的纹影像呈纯绿色（彩色图片见文献 [56] 的电子版）。由于氦气比空气轻，可以看到在空气浮力的作用下，氦气流在前进的同时逐渐向上漂移。为了更好地观察氦气流与等离子体的相互作用，实验中采用了比较小的氦气流量（如果不考虑对氦气的修正，50 SLH相当于 0.83 L/min）。由于纹影仪的特性，氦气流的纹影像仅显示了中心轴线以下的部分，因此绿色纹影像的上边缘实际上代表了氦气流的中轴线。

图 9.12(b) 为在单电极放电条件下在同一张照片上拍摄的氦气流纹影像与等离子体射流像。此时氦气流量仍为 50 SLH，电极宽 2 cm，距石英管口 1.5 cm，电压 4 kV。可以看到，等离子体射流是沿着氦气流的轴线发展的，即等离子体射流与氦气流两者的中轴线重合。由于浮力的作用，氦气流向上飘移，等离子体射流也向上弯曲。比较图 9.12 中的两张照片，氦气流量都为 50 SLH，所不同的是图(b)中有等离子体发生，此时氦气流线向前延伸了许多。这说明，等离子体对氦气流附加了向前的动量，等离子体与氦气流产生了相互作用。

图 9.13 比较了 DBD 与单电极构型放电时等离子体与氦气流相互作用的结果。放电都是在氦气流量为 50 SLH 的条件下进行的。DBD 放电采用了如图 9.1 中的电极构型，其中两个电极的宽度均为 2 cm，电极间距 3 cm，高压电极处于下游，其边缘距石英管口1.5 cm。单电极放电是将 DBD 构型中的地电极去除而成。放电时的外加电压数值标示于图中，单位为 kV。观察 DBD 放电时的照片，最长等离子体射流对应于 5 kV。电压再增加，等离子体射流的长度不增反减，7 kV 后，长度几乎不再变化。而对于单电极

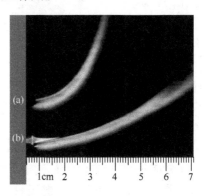

图 9.12　氦气流量 50 SLH 时
(a) 未放电时氦气流纹影像;(b) 单电极 4 kV 放电时等离子体射流与氦气流纹影像

放电,在外加电压 10 kV 以内,等离子体射流的长度几乎与外加电压成正比。

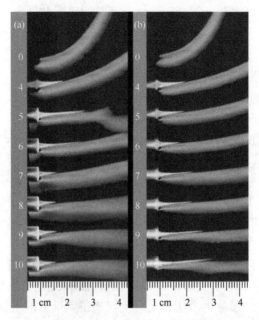

图 9.13 (a)DBD 与(b)单电极放电等离子体射流以及氦气流纹影像
氦气流量 50 SLH;图中数字为放电时所加电压,单位 kV

前面我们认为 DBD 区与等离子体射流区是相互独立的,比较图 9.13 中的两组照片,其放电结构的差别仅在于是否存在 DBD 区。如果上述结论正确,则该两组射流区的图像应该一致才对。显然,DBD 区与等离子体射流区相互独立的结论下得过于仓促了。DBD 放电中产生的物质及其对气流的扰动显然影响了等离子体射流的状态。

氦等离子体射流中的离子波存在于氦气流通道中。当氦气流射入空气后,就会有空气混入其中。少量空气(1%左右)的混入有助于通过彭宁效应增强放电(见下一节)。而如果有大量空气混入,空气中的极性分子(如氧、水气等)会大大减小气体的有效电离系数而使放电终止。因此可以说,等离子体射流在大气中的形态取决于氦气-空气界面。空气进入氦气流通道的途径主要有两个:一是扩散,二是湍流。当氦气流的平均速度较小时,气流处于层流状态(大多数等离子体射流装置都工作于此状态),扩散是空气进入氦气流的主要途径。从石英管出口为起点,沿氦气流方向越远,则空气沿径向进入氦气流越深,从而形成一个锥形的氦气-空气界面。图 9.3 中的等离子体射流照片即显示了这样的效果。同理,在层流条件下,气流平均速度越大,所形成的锥形氦气-空气界面越长。由此可以推断,等离子体射流的长度应该与气体流速成正比,这正是孙姣等[22]通过实验得出的结论。

另一方面,当氦气流的平均速度过大,即氦气流量过大时,雷诺系数接近或超过形成湍流的阈值,则氦气流在空气中形成湍流,空气通过湍流混入氦气中。这时,等离子体射流长度就不再随氦气流量的增加而增长,甚至反而缩短[22,27]。氦气流形成湍流也可能有其他原因。由图 9.12 可以看到,放电等离子体会给予氦气流额外的动量。如果单电极放电给了氦气流流动方向的动量的话,DBD 放电,特别是当电压较大形成辉光放电时,由于其正负半周对称的放电特性,必然造成放电区中的气流来回振荡,使得氦气流产生湍流,在石英管口附近混入空气。图 9.13 中的照片是在快门速度 10 s 时拍摄的,由于积分效应,气流图形比较平稳,给人以层流状态的感觉。当快门速度提高到 1/15 s 时,湍流的图像就明确地显示出来了(有兴趣的读者可以参阅文献[56])。这就解释了为什么 DBD 放电产生的等离子体射流在电压较大时仅能达到较小的长度。

仔细比较图 9.13 中的两组照片,我们还注意到,同样在 5 kV 条件下,DBD 放电产生的等离子体射流长度比单电极放电的长。这说明 DBD 区产生的一些活性粒子(特别是高能级的亚稳态粒子)对下游区的电晕放电作出了贡献。对于单电极放电(图 9.13(b)),当电压从 4 kV 升到 5 kV 时,等离子体射流长度几乎没有变化;而对于 DBD(图 9.13(a)),4 kV 时放电处于流注模式,5 kV 时放电已过渡到辉光模式[56],其放电电流大大增加,其中产生的活性粒子浓度也必然大幅提升。在这个阶段等离子体射流长度的快速增加应该与高压电极下游活性粒子浓度的增加有关。再进一步增加电压,DBD 引起的气流扰动变得更加剧烈,在石英管出口附近产生湍流,从而限制了等离子体射流的长度。

综上所述,利用纹影仪对氦气流和等离子体射流的观察表明,氦气流通道中的氦气-空气界面的形态决定了等离子体射流的形态。放电对氦气流产生了附加的动量,影响了氦气流的形态。不同放电结构对氦气流的影响是不同的,因此所产生的等离子体射流也就有所区别。

9.5 氦气与氩气冷等离子体射流的比较

实验系统如图 9.1,毛细石英管的内、外径分别为 0.2 cm、0.4 cm,长 40 cm,氦气或氩气,纯度 5N,流量 3 L/min。构成 DBD 放电的两个电极宽 2 cm,电极间距 2 cm,下游电极的外边缘距石英管出口 1 cm。采用 17 kHz 的交流电源,具体极性在文中给出。如图 9.1 所示,一台示波器用于检测放电电压和电流以及 PMT 的光电流,PMT 入口狭缝对准石英管出口外 0.5 cm 处。

图 9.14 是等离子体射流的数码照片,曝光时间为 2 s,是等离子体射流的时间积分图像,展示了氦气和氩气 n-TECAPPJ 各自在两种相反电极极性条件下的外观形态。对比图中的照片可以发现,与氦气的 n-TECAPPJ 相比,氩气的 n-TECAPPJ

外观形态有很大的不同,甚至可以说是相反的:等离子体射流主要出现在地电极的外边,高压电极外虽然也有等离子体辉光可见,但其外延非常短,甚至不能达到石英管的出口(当高压电极位于下游时)。

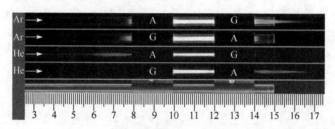

图 9.14 　氦气与氩气 n-TECAPPJ 在两种相反的电极极性条件下的数码照片
图中 G 代表地电极,A 代表高压电极

利用 ICCD 设备,我们可以分别拍摄对应于不同电压相位时的等离子体射流图像(如图 9.15(b)与图 9.16(b)所示)。图 9.15 展示了氦气 n-TECAPPJ 的放电特征曲线以及分别对应于放电的正、负半周时的 ICCD 图像。图中高压电极位于气流的下游。参考第 9.2.2 节中的讨论以及图 9.2 中的曲线可知,此时放电处于非常稳定的“流光-辉光过渡模式”,这对于拍摄 ICCD 图像非常有利。根据先前的研究我们知道,DBD 区与等离子体射流区的放电是独立发生的,因此单从图 9.15(a)的电流曲线并不能准确地判断石英管出口外等离子体射流出现的时间。而位于石英管出口外的 PMT 可以探知射流出现和消失的时刻(图 9.15(a)中最下方的曲线)。因此在参考了 PMT 信号后设定 ICCD 的快门时间(图 9.15(a)中的高亮区),0~20 μs 拍摄正脉冲的射流(以 PP 表示),20~40 μs 拍摄负脉冲的射流(以

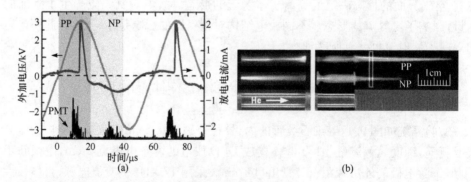

图 9.15 　(a) 氦气 n-TECAPPJ 放电电流-电压特征曲线,下方曲线是 PMT 信号;(b) 当放电处于正脉冲(快门对应于(a)中 PP 区间)和负脉冲(快门对应于(a)中 NP 区间)时的等离子体射流 ICCD 影像
图中框线表示 PMT 狭缝所对应的区域,位于气流上游的电极是地电极,下游的是高压电极

NP 表示)。由于在我们设定的放电条件下,放电脉冲的重复性非常好,可以利用 ICCD 的累积功能以获得更清晰的图像。图 9.15(b) 中,PP 图像累积了 10 次,NP 累积了 100 次,可见负脉冲对总的射流影像的贡献是比较小的。另外,由于我们的 ICCD 的图像分辨率较低,为了提高图像分辨率,图 9.15(b) 是分五段拍摄然后再通过 Photoshop 软件合成的。这当然也得益于氦气 DBD 放电的高稳定与重复性。通过高分辨的 PP 图像,我们可以看到氦气 n-TECAPPJ 的一些特点:在石英管口外约 1.5 cm 以内,PP 的羽流呈现空心结构,表明正电压条件下等离子体是沿氦气-空气界面传输的;与此不同,NP 的图像呈实心结构,其放电很可能主要是体放电型的。我们还注意到,PP 的羽流在石英管出口处有扭曲的状态,相比之下,NP 羽流的轴对称性就非常好。比较这两种情况也可以说明,在正、负半周,放电机理是有所差别的。

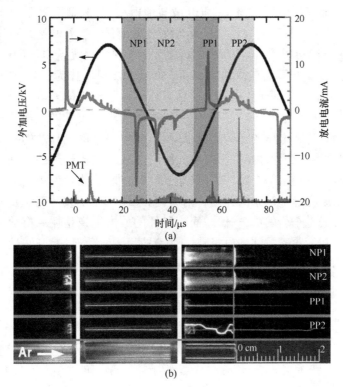

图 9.16　(a) 外加电压幅值约 7.5 kV 时的氩 n-TECAPPJ 电流-电压特征曲线;
(b) 氩 n-TECAPPJ 对应于电流曲线四个峰值时的 ICCD 影像,快门时间在(a)中
分别以 NP1、NP2、PP1、PP2 标志

　　根据图 9.14 中氩气等离子体射流的数码照片,地电极位于石英管出口附近时获得了更长的等离子体羽流,因此在讨论氩放电时,我们将地电极安排在氩气流的

下游。图 9.16(a)是一个典型的氩气 DBD 的 I-V 特征曲线。与氦气不同,在氩气放电时很难获得稳定的、重复性很好的电流脉冲曲线。当外加电压较小时,放电经常会突然终止。为了获得相对较稳定的放电特征曲线,图 9.16(a)采用了较高的外加电压(幅值约 7.5 kV)。可以看到,在电压上升期间,有两个正电流峰 PP1 与 PP2;而在电压下降期间有三个负电流峰,出于拍摄 ICCD 的方便,我们将后两个峰合并为一个 NP2,因此图 9.16(a)仅标示 NP1、NP2 两个峰。如同图 9.15(a)一样,在曲线下方附上了 PMT 信号曲线。

与图 9.15(b)类似,图 9.16(b)是在对应于图 9.16(a)的各放电电流峰期间氩气 n-TECAPPJ 的 ICCD 影像,图 9.16(a)中高亮区的横坐标宽度表示相对应的快门时间。氩气 DBD 不够稳定,无法如氦气 DBD 那样采用 ICCD 累积方法,因此图 9.16(b)中的图像都是一次曝光成像。为了提高图像分辨率,照片分四段拍摄,从左至右分别为高压电极上游、高压电极与地电极之间、地电极下游至石英管管口、石英管口以外。所幸氩气放电的光发射比较强烈,单次曝光的图像已相当清晰。从图 9.16(b)可以看到,在两个电极之间的 DBD 区,无论电压的相位如何,都是在石英管的轴线上形成直径约 0.01 cm 的丝状放电。作为比较,图 9.15(b)显示氦气 DBD 区更像是辉光放电等离子体。而在两个电极的外侧,情况比较复杂。在高压电极的外侧(上游),放电仅产生一些很短的沿石英管内表面的枝丫形微放电通道。虽然无论在电压的上升段或下降段,其第一个电流脉冲的幅度比随后的脉冲更大,但是第二个脉冲在高压电极外所产生的微放电通道更亮、更长。这说明第二个放电脉冲是在第一个脉冲的基础上继续发展的,或者说第一个脉冲所产生的等离子体物质在脉冲结束后并没有消失,当外加电压继续升高达到一定的阈值条件后又会形成一个新的放电脉冲,而新脉冲的放电通道是在原有的基础上再向前发展。现在我们再来关注地电极外(下游)的情形。负脉冲期间,地电极外形成了一个比较均匀的向外延伸的辉光区,与上游情况类似,NP2 比 NP1 向外延伸得更远一些。在正脉冲期间,这个区间存在两种放电类型,即沿石英管内壁的沿面放电以及沿氩气流轴线的空间放电。与负脉冲相比,正脉冲可以传输得更远。负脉冲形成的是弥散的等离子体羽流,而正脉冲则形成一种丝状的放电。

如我们先前的研究表明,氦气放电的射流区与 DBD 区是相互独立的[16]。图 9.15(a)也反映了这一点:位置处于等离子体射流中的 PMT 光信号先于 DBD 的电流峰出现。但是,从图 9.16(a)的曲线可见,对于氩气,PMT 信号总是落后于相应的 DBD 电流峰。由此我们可以推测,放电首先在两个电极间产生,形成通道,所产生的电荷分别在两个电极下的介质表面积累,当放电足够强,产生的电荷足够多时,电荷溢出电极区外形成等离子体羽流。这说明与氦不同,氩气 n-TECAPPJ 需要经过 DBD 过程来形成。

氦气与氩气的电离参数不同,根据 Raizer 的数据[37],氦原子的电离电位比较高(24.6 eV),而且在放电中会产生两种高能级的准稳态粒子(He(2^3S_1)19.82 eV, He(2^1S_0)20.6 eV);氩原子的电离电位较低(15.8 eV),所形成的准稳态粒子的能量也比较小(Ar($4^3P_2^0$)11.6 eV)。由于这些参数的不同,使得这两种气体的放电行为有很大的差别。氦的高能量准稳态粒子很容易通过彭宁过程在氦气-空气界面产生 N_2^+,而这一过程释放出的电子在后续过程中成为产生电子雪崩的种子电子。由于准稳态粒子是电中性的,其分布与电场无关,这使得氦放电更容易在高气压下产生弥散性更好的等离子体。一些研究人员正是利用氦的这一特点产生大气压辉光放电等离子体[7]。氩的准稳态能量小,产生彭宁效应的概率就小得多,放电主要通过流注过程在电极间形成丝状放电。氩的电离电位低,容易电离,因此放电通道的电阻率较低,放电电流较大。比较图 9.15(a)与图 9.16(a),氩的电流脉冲高度将近是氦的 10 倍,考虑到氩放电丝直径更小(比较图 9.15(b)与图 9.16(b)的 DBD 区),可知其电流密度更大得多。放电产生的正、负电荷分别在两个电极下的介质表面积累,并通过溢流效应向外传输[54]。地电极的电位是固定的,不随外加电压变化,在其下积累的电荷超过一个极限后便越出电极的范围形成等离子体羽流。高压电极的电位是随外加电压变化的,放电过程中其电位的变化方向正好与积累在其下的电荷的极性相反(如在电压上升时,其下积累的是负电荷,反之亦反),这使得在同样的条件下电荷附近的空间电场变弱,电荷更不容易向外传输。这定性地解释了图 9.14 中氩放电等离子体羽流更容易在地电极外形成的现象。

　　总而言之,氦气与氩气的 n-TECAPPJ 的产生机理是不同的,氦气 n-TECAPPJ 是由高压电极边缘的电晕放电产生的,而氩气 n-TECAPPJ 必须通过 DBD 过程产生,而且地电极外更有利于等离子体羽流的形成。

9.6　彭宁效应在冷等离子体射流中的作用

　　Teschke 等[23]发现了"等离子体子弹"现象,并且发现"子弹"具有空心结构,但是子弹为何具有空心结构? 作者没有给出解释。如果说 Teschke 等[23]的 ICCD 影像还比较模糊,后来 Mericam-Bourdet 等[47]以及 Leiweke 等[40]的 ICCD 影像就无可挑剔了。近年来人们对这个"环形子弹"问题提出了一些不同的看法。Mericam-Bourdet 等[47]指出这可能是一种所谓的孤立子离化表面波(solitary ionization surface wave[48])。Urabe 等[41]通过激光吸收谱发现,在等离子体射流部分,氦准稳态粒子吸收峰沿径向的分布呈马鞍形,进一步证明流注是发生在氦气流与空气界面的,并很容易让人联想到彭宁效应,虽然作者没有明确表明这一点。Sakiyama 等[42]比较了数值模拟结果与光发射谱实验结果,认为彭宁效应对环形子弹的形成起了重要的作用。Leiweke 等[40]和 Wu 等[43]在氦气流中掺入一定的杂质气体,如氩或氮气,使得子弹从空心变为实心的,这显然是彭宁效应的作用。杂质气体分子的存在使得彭宁电离不仅在氦气-空气界面发生,在氦气流通道内也同样发生。与通过实验结果进行的分析结论相比,数值模拟的结果显示,彭宁效应在环形子弹的形成上并不是那么关键的[44~46]。Naidis[44]认为,氦气-空气界面上电子的直接碰撞电离是环形子弹形成的主要原因。Breden 等[45]则认为一个高击穿电压介质的存在是使得子弹沿此界面传输(从而形成环形结构)的重要因素,并认为对于流注的传输来说,光电离作用要比彭宁电离的作用更大。Boeuf 等[46]的数值模拟结果表明,环形子弹起因于放电产生的电子密度分布及其空间电场分布。

从以上的事例可以看出,对于大多数实验结果来说,人们更倾向于将环形子弹的成因归结为氦气-空气界面上彭宁电离作用,特别是 Urabe 等[41]的激光吸收谱实验对此有很强的说服力。但是,数值模拟,特别是采用自洽二维模型(self-consistent two-dimensional modeling)的数值模拟结果显示,彭宁效应在环形子弹的形成方面只起到次要的作用[44]。数值模拟的结果从理论上来说是很完美的,但是到目前为止,我们还没有看到有实验结果能直接验证这种说法的正确性。

在这一节里,我们将介绍两组专门设计的实验及其结果,并在此基础上讨论彭宁效应在等离子体子弹传输过程中的作用。

9.6.1 实验

第一组实验装置的具体参数如下:石英管内径 0.2 cm,外径 0.35 cm;氦气流量为 3 L/min;两电极同宽 2 cm,间隔 3 cm,其中高压电极位于下游端距石英管口约 1 cm 处,另一电极接地;电源为正弦波,频率 17 kHz;两支光电倍增管(PMT),其狭缝分别对准石英管口外 0.5 cm 与 1.5 cm 处;电信号测量系统如图 9.1 所示。实验装置没有任何特别之处,但是我们仅记录当天第一次放电击穿前后的电流、电压,以及 PMT 的光电信号,结果示于图 9.17(a)。从图中可以看到,放电是在外加电压幅值超过 10 kV 后被触发的。在第一个电流脉冲前,虽然电压波形没有变化,但是完全没有放电电流与 PMT 光信号。仔细观察这些放电特征曲线可以发现,首个放电脉冲所对应的曲线与其后的有很大不同。图 9.17(b)、(c)分别局部展宽了(a)中前两个正放电脉冲的时间刻度。与后边的放电脉冲相比,首个放电脉冲有以下一些特点:第一,击穿电压比较高,通常超过 10 kV,而其后的放电脉冲则在低得多的电压下就被触发了;第二,首个脉冲的电流峰值比其后的大出一个数量级,首次放电的 PMT 信号幅度也是其后的 2 倍以上;第三,首个流注的传输速度更快。根据图 9.17(b)与(c)中的数据,前两个“子弹”的速度分别为 5.6×10^5 m/s 和 4×10^4 m/s,有 14 倍的差别。虽然每次实验数据分散性很大,但是通常第一个子弹的速度都远远大于第二个子弹的速度,而再后面的子弹速度就没有大的差别了。其实每天的实验都是从如图 9.17 所示的状态开始的,然后再将电压降到所需的值。为了获得稳定的放电,电压幅值通常选为 3~4 kV。

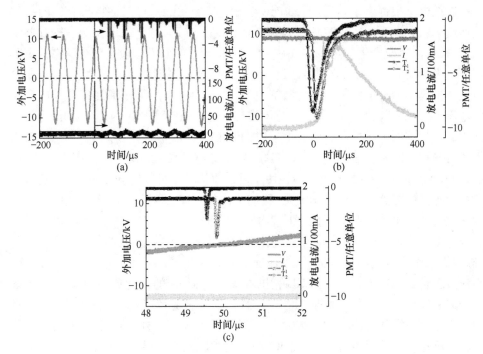

图 9.17　(a) 示波器记录的某天第一个放电击穿前后的电压、电流、PMT 光电流信号曲线；
(b) 第一个放电脉冲对应区间的时间展宽；(c) 第二个正放电脉冲对应区间的时间展宽

　　第二组实验：为了使得子弹的横截面 ICCD 照片更清晰，这次采用了比较粗的石英管，其内径 0.55 cm，外径 0.8 cm，长约 60 cm；地电极宽 2 cm，置于上游；高压电极宽 10 cm，置于下游，距管口约 1 cm；电极间隔 2 cm。之所以采用较宽的高压电极，是为了防止 DBD 对高压电极外流注放电区的影响。由于采用了较粗的管径，氦气(5N)流量也适当提高为 5 L/min。放电电源由两部分组成：任意波形发生器(TTI 公司的 TGA1242)产生的脉冲信号，经由电压放大器(Tek 20/30A)将信号放大 3000 倍后加到高压电极上。这里采用了一支带光纤的 PMT，光纤入口对准石英管口外约 0.5 cm 处。一台 ICCD(iStar DH 334T-18U-03)相机分别在横向(图 9.1 中的位置 Ⅰ)与纵向(位置 Ⅱ)拍摄等离子体子弹。该相机配置 Tamron 90 mm F/2.8 微距镜头，大光圈模式下镜头的景深不足 0.1 cm，这样可以保证清晰成像的物体的位置正是在我们事先设定的焦平面上。示波器同时记录电压、电流、PMT 以及 ICCD 快门信号(参阅图 9.1)。

　　在各类文献报道中，为了产生稳定和重复性好的等离子体"子弹"，无论是脉冲电源或正弦波电源，电源频率都大于或等于 1 kHz。这样不可避免地使得人们所观察到的子弹是在有前一放电周期残留的激发态粒子的环境下形成的。为了避免前一个放电对后面放电的影响，我们选择了 0.5 Hz 的脉冲电压重复频率，即 2 s

有一次放电。根据管子内径(0.55 cm)与流量(5 L/min),可以估算出氦气的平均流速约 12 m/s。这样,氦气在 2 s 时间内流出 24 m 远,可以保证在新一轮放电发生前,在放电将要发生的区域内,前一次放电中产生的激发态粒子已被清空。由于电压放大器的频率响应的限制,经放大器最终输出的波形为类三角波。图 9.18 给出了一次典型的放电所记录下的特征电压、电流曲线。为了仔细观察放电击穿时的电压,图 9.18 仅给出了约 1 ms 范围的局部,而在其后的约 2 s 时间内电压为 0。在本章所讨论的范围内,所谓脉冲电压即指图 9.18 的形式。在图 9.18 所示的例子中,击穿发生在电压 14.6 kV。实验中,击穿电压是在一定的范围内随机变化的。DBD 击穿瞬间的电流上升沿被用于设定 ICCD 相机的时间 0 点,从而确定相机快门打开的时刻。需要指出的是,我们关注的是高压电极下游区的流注。早期的研究表明[16],在流注放电模式下,高压电极两边的放电是几乎同时触发的。有实验证据表明,对于每日的首次放电,高压电极两边的放电也是同时触发的。另外,我们采用了较宽的高压电极,以保证 ICCD 拍摄到的子弹不是 DBD 通过电荷溢流过程传输出来的。由于 ICCD 相机本身有约 85 ns 的系统延迟,出现在这个系统延迟时间内的子弹的图像是不能获得的。所幸的是,等离子体子弹在高压电极边缘产生后还需要在石英管内传输 1 cm 才能到石英管口外,而子弹在石英管内的传输速度比在管外时更慢,这使得 ICCD 的延迟时间不会带来任何麻烦。

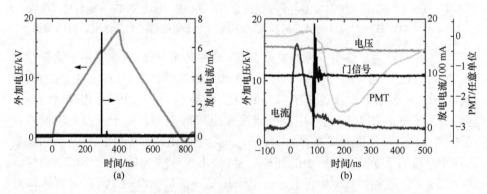

图 9.18 (a) 电压波形以及击穿时的电流曲线;(b) ICCD 拍摄时示波器记录的 ICCD 门信号以及外加电压、放电电流、PMT 光电流曲线

　　图 9.19(a)是在位置 I(图 9.1)拍摄的两张照片合成的,其中一张为未放电时的 CCD 照片,显示了高压电极、石英管管口的相对位置,并以一把尺子作为空间尺寸的参考;另一张是 2 ns 快门时间的 ICCD 照片,反映了流注在空间的相对位置。然后,我们将 ICCD 相机放置到位置 II,拍摄轴向的流注照片。图 9.19(b)同样是由两张照片合成的,首先将相机的镜头调焦于石英管管口拍摄了一张 CCD 照片,然后通过一个机械装置使整个 ICCD 系统向后退 1 cm 的距离,此时镜头的焦平面

处于石英管前 1 cm 并垂直于氦气流轴线,在与图 9.19(a)相同的放电条件下拍摄了多张 2 ns 的 ICCD 照片,选择其中最清晰的一张与上述 CCD 照片合成为图 9.19(b)。为了比较,在其他条件完全相同的条件下,将脉冲电源改变为23 kHz 的正弦波电源,在放电非常稳定、重复性非常好的情况下拍摄了另一张流注的 2 ns ICCD 照片,并与前述的石英管口的 CCD 照片合成为图 9.19(c)。

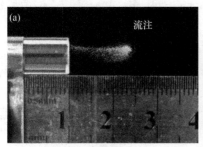
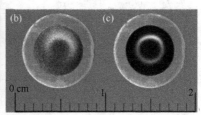

图 9.19　单脉冲等离子体子弹的(a)横向和(b)轴向 ICCD 照片;
(c)采用高频电源时子弹的轴向 ICCD 照片

9.6.2　讨论

从图 9.17 我们认识到,对于在氦气通道中传输的流注来说,其实有两种完全不同的放电环境。

(1) 对于首个击穿过程,在流注前方没有任何预设的可以帮助其传输的种子电子或激发态粒子(He*),因此流注的传输只能通过 Dawson 理论描述的光电离过程向前发展。在这个等离子体波前中会产生 He* 粒子,如 Sands 等所指出的那样,但是,这种粒子的扩散速度比子弹的速度低得多,它们不可能超前于子弹头而对子弹的传输过程产生影响。不过,这些粒子在子弹通过后会部分残留在通道中,形成所谓弱电离等离子体,维持子弹头与电极之间的导电通道。另外,对于首次击穿过程来说,气体击穿前,电极附近也不会有光发射,因此光电离过程也不可能发生;击穿只能是通过高压电极附近的气体分子或原子的强电场电离,或者由背景辐射引起的电子雪崩过程来触发。这就是首次放电发生于较高电压,以及击穿电压具有不确定性的原因。而由于此时的外加电压非常大,如果子弹头的形貌与后面产生的子弹是一样的话,则其头前的电场强度就会大得多。根据 Dawson 理论,流注的传输速度是与离子波前中电子的迁移率成正比的,而电子迁移率是与电子所处位置的空间电场成正比。这就不难理解为什么首次击穿时子弹的速度如此之高了。

(2) 在首个放电过程完成后,或任何一次放电之后,在氦气流通道中就会存在前一次放电残留的粒子,特别是长寿命的 He* 粒子,这些粒子在短时间内(He* 粒子的寿命可长达 2 s)不会消失。这些 He^* 粒子与杂质气体分子之间产生彭宁电离过程,在子弹传播通道中提供了种子电子。这时对于子弹的传输来说除了光电离外又多了一个种子电子的来源。虽然按照 Naidis 的数值模拟结果彭宁过程对于子弹的传播不是必需的,但是相对于首次放电产生的子弹,这时可以有更多的种子电子来源,这使得放电更容易向前传播,或者说可以在更低的头部电场条件下向前传播。子弹头部电场强度低导致电子的迁移率低,因此在该条件下传输的等离子体子弹的速度必然小得多。

通过以上的分析我们知道,等离子体子弹可以在两种完全不同的环境下产生与传输。因此在我们讨论彭宁效应对环形子弹的形成是否有贡献时,必须首先搞清楚该子弹是在什么样的环境下产生的。

从实验的角度来说,为了观察环形子弹的传输,必须使放电非常稳定而且重复性非常好,通常无论是采用脉冲或正弦波电压,电源频率都在 1 kHz 以上。因此,实验中所观察到的等离子体子弹都是在前一次放电所造成的残留粒子环境下传输的。而在所有空间残留粒子中,He^* 的寿命是最长的,它们完全可以在下一个放电脉冲中通过彭宁效应影响子弹的传输过程。换言之,在通常的实验条件下,根本不能排除彭宁作用。这也是为什么大多数实验科学家支持子弹的环形结构来源于氦气-空气界面上彭宁效应这个说法的原因。

另一方面,对于数值模拟来说,放电是在一个虚拟空间进行的,其环境条件是可以随心所欲设置的。在数值模拟空间取消彭宁效应具有相当的随意性,将相应的系数设为 0 就行了。问题是在取消了彭宁效应的数值模拟中,子弹仍然是环形的,这就与实验科学家的结论相左了。在实验室里观察没有彭宁效应的子弹就没有那么容易了。本章前面介绍的两组实验正是为此专门设计的。图 9.19 的实验结果表明,在没有彭宁效应的环境下等离子体子弹仍为环形结构,表明彭宁效应对于等离子体子弹的环形结构确实没有影响。这一结果与 Naidis[44]、Breden 等[45]以及 Boeuf 等[46]的数值模拟结果一致。但是,图 9.17 的实验结果表明,在不同的初始环境条件下,流注的传输特性(例如其传输速度)是不同的,关于这一点可能还没有引起人们的注意。

彭宁效应是放电等离子体(特别是在高气压条件下的放电)中一个很重要的问题,它可能影响等离子体的产生、传输和形态。前一节我们比较了氦气与氩气的 n-TECAPPJ,并指出由于氩准稳态粒子能量小,在空气中产生彭宁效应的概率就小得多,因此其子弹过程不能如在氦气中那样在与空气的界面形成环形子弹,而是通过流注过程形成丝状放电。在应用场合,人们通常要求产生均匀的放电等离子体羽流,这样的丝状放电对于应用是很不利的。为了消除氩等离子体中的放电丝,改善氩放电的均匀性,彭宁效应是一个可以利用的因素。如果在氩中掺入一些低电离能的气体(如 NH_3)就有可能利用 Ar^*-NH_3 之间的彭宁效应,产生相对更均匀、更稳定,并且外加电压更低的等离子体射流。

图 9.20(a)是纯氦气的 n-TECAPPJ,图 9.20(b)是纯氩气的 n-TECAPPJ,图 9.20(c)是掺了少量 NH₃(流量 0.6 sccm)的氩 n-TECAPPJ。氦气与氩气的流量都固定为 3 L/min。为了比较,图 9.20 中的高压电极都在下游,外加电压幅值都设在 4.5 kV。实际上,对于氦气以及 Ar+NH₃,可以在更低的外加电压条件下(例如 3 kV)维持稳定的放电;但是对于氩气,放电总是不稳定,再低的电压就会导致放电的熄灭。图 9.20 下方的三个电流、电压曲线分别对应于上方的照片,图中高亮区指出相应照片的快门时间。从图 9.20(b)可以看到,纯氩时放电为丝状的,并主要集中于两电极间;另两张照片则反映 He 与 Ar+NH₃ 可以在石英管外得到比较均匀的等离子体射流,这显然是得益于彭宁效应的结果。

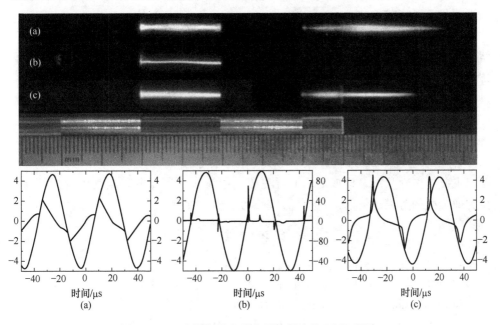

图 9.20 正半周期放电等离子体射流的 ICCD 照片

(a) 纯氦,流量 3 L/m;(b) 纯氩,流量 3 L/m;(c) 氩流量 3 L/m+NH₃流量 0.6 sccm。下方为相对应的电流-电压曲线:每张曲线图的左坐标轴为电压,单位 kV;右坐标轴为放电电流,单位 mA;高亮区指示 ICCD 的快门时间

9.7 小   结

本章主要讨论了共轴 DBD 构型 n-TECAPPJ 的产生机理与传输特性,小结如下:

(1) n-TECAPPJ 装置可能有不同的电极构型,但就等离子体射流这部分来

说,其发生机制主要是电晕放电。高压电极边缘的非均匀电场使得附近气体击穿,通过流注过程向前传输。用 ICCD 相机观察这个流注或离子波即是等离子体"子弹"。

（2）在氦气流中,"子弹"沿氦气-空气界面上传输形成所谓的"环形子弹"。虽然有关这个环形子弹的成因是否与彭宁效应有关还有争议,但是本章的实验支持与彭宁效应无关的结论。

（3）在本章所采用的 n-TECAPPJ 装置中,我们观察到五个等离子体传输区域,它们各自产生的机制不同,等离子体在其中传输的特点亦不同。

（4）虽然射流区与 DBD 区的等离子体是各自独立发生与传输的,但是由于长寿命氦激发态粒子的存在以及交流 DBD 对气流的扰动,DBD 对于等离子体射流的影响是不可忽略的。

（5）通过对地电极外等离子体射流发生和传输规律的分析研究,我们发现了所谓的"电荷溢流"现象,实际上这是一种在放电中产生的电荷沿电极的介质表面传输的现象。当采用透明材料做电极时,可以观察到等离子体在电极下的传输,并且发现,高压电极与地电极下的等离子体传输特性是不同的。

（6）本章还比较了氦或氩作为工作气体的 n-TECAPPJ,发现它们之间有着很大的差别。氦气 n-TECAPPJ 是由高压电极边缘的电晕放电产生的,而氩气 n-TE-CAPPJ 必须通过 DBD 过程产生。与氦等离子体射流的弥散性不同,氩等离子体射流主要是由丝状放电构成的。通过在氩气中掺入少量低电离能气体,也可以获得类似氦气的等离子体射流,这显然应归功于彭宁效应。

参 考 文 献

[1] Vossen J, Kern W. Thin Film Processes[M]. NewYork: Academic Press Inc, 1978.

[2] Roth J R. Industrial Plasma Engineering (V2): Applications to Non Thermal Plasma Processing[M]. London: IOP Publishing Ltd, 2001.

[3] Sugawara M. Plasma Etching: Fundamentals and Applications[M]. New York: Oxford University Press, 1998.

[4] 力伯曼 M A,里登伯格 A J. 等离子体放电原理与材料处理[M]. 蒲以康,等译. 北京:科学出版社,2005.

[5] Bárdos L, Baránková H. Cold atmospheric plasma: sources, processes, and applications[J]. Thin Solid Films, 2010, 518: 6705-6713.

[6] Kanazawa S, Kogoma M, Moriwaki T, et al. Stable glow plasma at atmospheric-pressure[J]. Journal of Physics D: Applied Physics, 1988, 21: 838-840.

[7] Massines F, Rabehi A, Decomps P, et al. Experimental and theoretical study of a glow discharge at atmospheric pressure controlled by dielectric barrier[J]. Journal of Applied Physics, 1998, 83(6): 2950-2957.

［8］Pappas D. Status and potential of atmospheric plasma processing of materials［J］. Journal of Vacuum Science and Technology A，2011，29(2)：020801(17p).

［9］Fridman G，Friedman G，Gutsol A，et al. Applied plasma medicine［J］. Plasma Processes and Polymers. 2008，5：503-533.

［10］Kong M G，Kroesen G，Morfill G，et al. Plasma medicine：an introductory review［J］. New Journal of Physics，2009，11：115012(35p).

［11］Koinuma H，Ohkubo H，Hashimoto T，et al. Development and application of a microbeam plasma generator［J］. Applied Physics Letters，1992，60(7)：816-817.

［12］Koinuma H，Yamazaki S，Hayashi S，et al. Plasma processing method and plasma generating device［P］：Japan Patent，JP4212253-A，JP4242924-A.

［13］Selwyn G. Atmospheric-Pressure Plasma Jet［P］：International Patent，WO9835379.

［14］Pfender E，Han Q Y，Or T W，et al. Rapid synthesis of diamond by counter-flow liquid injection into an atmospheric pressure plasma jet［J］. Diamond and Related Materials，1992，1 (2-4)：127-133.

［15］Freeman M P. A Quantitative examination of LTE condition in effluent of an atmospheric pressure argon plasma jet［J］. Journal of Quantitative Spectroscopy & Radiative Transfer，1968，8(1)：435-50.

［16］Jiang N，Ji A，Cao Z. Atmospheric pressure plasma jet：effect of electrode configuration， discharge behavior，and its formation mechanism［J］. Journal of Applied Physics，2009，106：013308 (7p).

［17］Walsh J L，Shi J J，Kong M G. Contrasting characteristics of pulsed and sinusoidal cold atmospheric plasma jets［J］. Applied Physics Letters，2006，88：171501 (3p).

［18］Laroussi M，Akan T. Arc-free atmospheric pressure cold plasma jets：a review［J］. Plasma Processes and Polymers，2007，4：777-788.

［19］Shashurin A，Shneider M N，Dogariu A，et al. Temporal behavior of cold atmospheric plasma jet［J］. Applied Physics Letters，2009，94：231504(3p).

［20］罗斯 J R. 工业等离子体工程(第一卷)：基本原理［M］. 北京：科学出版社，1998.

［21］Zhang G Q，Ge Y J，Zhang Y F，et al. Characterization of a dielectric barrier plasma gun discharging at atmospheric pressure［J］. Chinese Physics Letters，2004，21(11)：2238-2241.

［22］孙姣，张家良，王德真，等. 一种新型大气压毛细管介质阻挡放电冷等离子体射流技术［J］. 物理学报，2006，55(1)：344-349.

［23］Teschke M，Kedzierski J，Finantu-Dinu E G，et al. High-speed photographs of a dielectric barrier atmospheric pressure plasma jet［J］. IEEE Transactions on Plasma Science，2005，33(2)：310-311.

［24］Sands B L，Ganguly B N，Tachibana K. A streamer-like atmospheric pressure plasma jet［J］. Applied Physics Letters，2008，92：151503(3p).

［25］Laroussi M，Lu X. Room-temperature atmospheric pressure plasma plume for biomedical applications[J]. Applied Physics Letters, 2005, 87: 113902(3p).

[26] Lu X, Laroussi M, Puech V. On atmospheric-pressure non-equilibrium plasma jets and plasma bullets[J]. Plasma Sources Science and Technology, 2012, 21: 034005(17p).

[27] Kedzierski J, Engemann J, Teschke M, et al. Atmospheric pressure plasma jets for 2D and 3D materials processing[J]. Solid State Phenomena, 2005, 107: 119-123.

[28] Lu X P, Laroussia M. Dynamics of an atmospheric pressure plasma plume generated by submicrosecond voltage pulses[J]. Journal of Applied Physics, 2006, 100: 063302(6p).

[29] Shi J J, Zhong F C, Zhang J, et al. A hypersonic plasma bullet train traveling in an atmospheric dielectric-barrier discharge jet[J]. Physics of Plasmas, 2008, 15: 13504(5p).

[30] Walsh J L, Iza F, Janson N B, et al. Three distinct modes in a cold atmospheric pressure plasma jet[J]. Journal of Physics D: Applied Physics, 2010, 43: 75201(14p).

[31] Park H S, Kim S J, Joh H M, et al. Optical and electrical characterization of an atmospheric pressure microplasma jet with a capillary electrode[J]. Physics of Plasmas, 2010, 17: 33502(10p).

[32] Xiong Q, Lu X, Liu J, et al. Temporal and spatial resolved optical emission behaviors of a cold atmospheric pressure plasma jet[J]. Journal of Applied Physics, 2009, 106: 83302 (6p).

[33] Kim S J, Chung T H, Bae S H. Striation and plasma bullet propagation in an atmospheric pressure plasma jet[J]. Physics of Plasmas, 2010, 17: 53504(5p).

[34] Bussiahn R, Kindel E, Lange H, et al. Spatially and temporally resolved measurements of argon metastable atoms in the effluent of a cold atmospheric pressure plasma jet[J]. Journal of Physics D: Applied Physics, 2010, 43: 165201(6p).

[35] Jiang C, Chen M T, Gundersen M A. Polarity-induced asymmetric effects of nanosecond pulsed plasma jets[J]. Journal of Physics D: Applied Physics, 2009, 42: 232002(5p).

[36] Oh J S, Aranda-Gonzalvo Y, Bradley J W. Time-resolved mass spectroscopic studies of an atmospheric-pressure helium microplasma jet[J]. Journal of Physics D: Applied Physics, 2011, 44: 365202 (10p).

[37] Raizer Y P. Gas Discharge Physics[M]. Berlin: Springer, 1997.

[38] Begum A, Laroussi M, Pervez M R. Atmospheric pressure He-air plasma jet: Breakdown process and propagation phenomenon[J]. AIP Advances, 2013, 3: 062117 (16p).

[39] Wagner K H. Streamer development, investigated by image intensification[J]. Zeitschrift für Physik, 1976, 204: 177-197.

[40] Leiweke R J, Sands B L, Ganguly B N. Effect of gas mixture on plasma jet discharge morphology[J]. IEEE Transactions on Plasma Science, 2011, 39(11): 2304-5.

[41] Urabe K, Morita1 T, Tachibana K, et al. Investigation of discharge mechanisms in helium plasma jet at atmospheric pressure by laser spectroscopic measurements[J]. Journal of Physics D: Applied Physics, 2010, 43: 095201(13p).

[42] Sakiyama Y, Graves D B, Jarrige J, et al. Finite element analysis of ring-shaped emission

profile in plasma bullet[J]. Applied Physics Letters, 2010, 96: 041501 (3).

[43] Wu S, Huang Q J, Wang Z, Lu X P. The effect of nitrogen diffusion from surrounding air on plasma bullet behavior[J]. IEEE Transactions on Plasma Science, 2011, 39(11): 2286-2287.

[44] Naidis G V. Modelling of plasma bullet propagation along a helium jet in ambient air[J]. Journal of Physics D: Applied Physics, 2011, 44: 215203(5p).

[45] Breden D, Miki K, Raja L L. Self-consistent two-dimensional modeling of cold atmospheric-pressure plasma jets/bullets[J]. Plasma Sources Science and Technology, 2012, 21: 034011(13p).

[46] Boeuf J P, Yang L L, Pitchford L C. Dynamics of a guided streamer ('plasma bullet') in a helium jet in air at atmospheric pressure[J]. Journal of Physics D: Applied Physics, 2013, 46: 015201(13p).

[47] Mericam-Bourdet N, Laroussi1 M, Begum A,et al. Experimental investigations of plasma bullets[J]. Journal of Physics D: Applied Physics, 2009, 42: 055207(7p).

[48] Vladimirov S V, Yu M Y. Solitary ionizing surface waves on low-temperature plasmas[J]. IEEE Transactions on Plasma Science, 1993, 21(2): 250-253.

[49] von Woedtke T, Reuter S, Masur K,et al. Plasmas for medicine[J]. Physics Reports-Review Section of Physics Letters, 2013, 530(4): 291-320.

[50] Gibalov V I, Pietsch G J. The development of dielectric barrier discharges in gas gaps and on surfaces[J]. Journal of Physics D: Applied Physics, 2000, 33: 2618-2638.

[51] Walsh J L, Iza F, Janson N B,et al. Chaos in atmospheric-pressure plasma jets[J]. Plasma Sources Science and Technology, 2012, 21: 034008(8p).

[52] Dai D, Hou H X, Hao Y P. Influence of gap width on discharge asymmetry in atmospheric pressure glow dielectric barrier discharges[J]. Applied Physics Letters, 2011, 98: 131503 (3p).

[53] Jiang N, Gao L, Ji A,et al. Helium corona-assisted air discharge[J]. Journal of Applied Physics, 2011, 110: 083301 (4p).

[54] Jiang N, Ji A,Cao Z. Atmospheric pressure plasma jets beyond ground electrode as charge overflow in a dielectric barrier discharge setup[J]. Journal of Applied Physics, 2010, 108: 033302 (5p).

[55] Merzkirch W. Flow Visualization[M]. New York: Academic Press, 1974.

[56] Jiang N, Yang J L, He F,et al. Interplay of discharge and gas flow in atmospheric pressure plasma jets[J]. Journal of Applied Physics, 2011, 109: 093305 (6p).

[57] Chang Z S, Jiang N, Zhang G J,et al. Influence of Penning effect on the plasma features in a non-equilibrium atmospheric pressure plasma jet[J]. Journal of Applied Physics, 2014, 115: 103301 (7p).

第10章　等离子体高能合成射流

夏智勋　罗振兵　王　林

国防科学技术大学

流动控制是航空航天研究的热点，也是流体力学研究的前沿。流动控制激励器是流动控制技术发展的核心问题，其设计水平和工作性能直接决定了流动控制技术的应用方向和应用效果。主动流动控制激励器在本质上是一种能量转换装置，等离子体高能合成射流激励器——一种基于等离子体加热和零质量合成射流技术的新型流动控制装置，以其简单的结构设计、快速的流场响应、较强的环境适应性和流场控制能力正越来越受到流动控制技术领域的关注。本章以等离子体高能合成射流为研究对象，介绍国防科学技术大学所取得的研究成果。基于理想气体方程对合成射流产生方式进行分类，提出高能合成射流激励器设计指导思想，综述目前等离子体高能合成射流研究现状。首先基于气体放电的焦耳加热作用，并结合局部热力学平衡等离子体物理假设，开展等离子体高能合成射流三维唯象模拟，获得射流流场完整的发展过程，并分析激励器结构参数对射流特性的影响。随后开展等离子体高能合成射流电特性及流场特性的实验研究，分析电压电流特性及流场结构特征。最后针对普通两电极等离子体高能合成射流激励器存在的不足，设计三电极等离子体高能合成射流激励器，并开展相关的实验研究。

10.1　引　　言

对流场的操控具有重要的实际应用价值，高效的流动控制系统不仅能够显著提高地面、海上和空中运输工具的工作性能和节省每年数十亿美元的燃料消耗，而且能够得到更经济、环保和更具有竞争力的工业生产过程，这使得流动控制技术成为流体力学研究的前沿和热点[1,2]。流动控制技术的研究可以追溯到20世纪初普朗特边界层理论的提出[3]。第二次世界大战和冷战期间，由于强烈的军事需求，流动控制技术获得了较大的发展，并在之后一直受到人们的关注。进入到20世纪

本章研究工作得到国家自然科学基金（11002161，11372349）、全国优秀博士论文作者专项基金（201058）、高等学校博士学科点专项基金（20104307110007）和国防科学技术大学杰出青年基金（CJ110101）的支持。

90 年代以来,随着对各种流体机械可操纵性、机动灵活性、经济性和减少环境污染等要求的提高,流动控制技术也迎来了新的发展阶段。

基于能量消耗和控制环路方式,流动控制技术可以分为被动控制和主动控制[4]。被动控制不需要额外的能量介入,具有控制简单、易于实现、设计制造成本低的特点,在实际工程中已经得到了广泛的应用,并且使流体机械达到了现今较高的工作效率,在某些领域甚至已经达到了性能极限。因此以微机电系统(MEMS)技术为基础,将空气动力学、材料、结构和控制等多个学科综合起来的主动流动控制技术受到越来越多的关注。图 10.1 给出了近半个多世纪以来工程索引(EI)数据库检索到的被动控制和主动控制相关的论文篇数,可以看出在工程领域流动控制的论文篇数总体上呈现快速增长的趋势,而主动流动控制技术的研究则更加活跃。

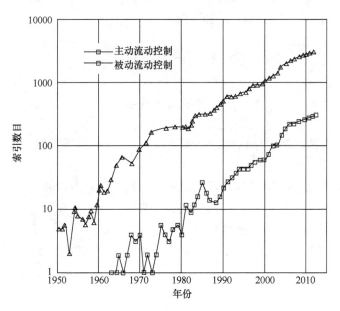

图 10.1　主动/被动流动控制文章 EI 索引情况

主动流动控制系统牵涉到流体力学、材料学、机械工程、控制科学等多学科的交叉融合,由于其系统自身的复杂性,目前转化为实际应用的成果还很少,其研究领域也主要局限于低速低雷诺数流场[5,6]。随着超声速/高超声速飞行器技术的发展,结构布局的优化设计和传统的被动控制方式已不能满足飞行器高升阻比、高容积率、低热流率的气动外形要求,主动流动控制越来越凸显出其重要性。我国临近空间飞行器技术发展论证报告指出:气动技术向"流动可变、可控"的发展,将促进大量新型高性能飞行器的出现和发展。美国 NASA 三大研究计划,即突破飞行器技术计划(BVT)、超高效发动机技术计划(UEET)和 21 世纪飞机技术计划

(TCAT)，都强调了主动流动控制技术，并把它作为三大研究计划的重要内容之一[7]。

相对于低速流场，超声速/高超声速流场具有高马赫数、低密度、强黏性效应、存在高熵层和高温效应的特点[8]，同时边界层较厚，流动参数变化剧烈，流动特征频率高。高超声速飞行器流场的特殊性，对高速流动控制激励器的设计提出了两个方面的要求：一是需要具有宽频域、高动量、"强壮"的工作特性，以适应不同的工作环境，提供足够的控制能力；二是要具有易于小型化、轻量化的结构特性，实现与控制面的一体化设计，以降低局部热流密度，减少高温区域和温度大小。在具有高速流场主动流动控制应用潜能的激励器类型中，等离子体高能合成射流（又称为电火花射流/脉冲等离子体射流）激励器同时满足高速流动控制对激励器的两个要求，极有可能为超声速/高超声速流场主动流动控制带来新的突破，因此有必要对等离子体高能合成射流激励器开展系统研究。

10.2　设计思想

合成射流激励器本质上都是一种能量转换或传输装置[9]。合成射流的形成，都需要在激励器出口建立压差 ΔP，射流才能从出口喷出。以下将根据激励器腔体增压方式对合成射流激励器进行分类，以期为合成射流激励器自身发展和设计新型激励器提供思路[10]。

合成射流激励器腔体压强 P 可由理想气体状态方程表示如下：

$$P = nR_0 T/V \tag{10-1}$$

式中，T 是气体温度；V 是腔体体积；$R_0 = 8314.3$ J/(kg·mol·K)是通用气体常数；n 是摩尔数，可由气体质量 m 和摩尔质量 M（不同气体介质，摩尔质量不同）表示：

$$n = \frac{m}{M} \tag{10-2}$$

由式(10-1)、式(10-2)，理想气体状态方程可进一步表示为

$$P = R_0 \cdot \frac{m}{M} \cdot \frac{T}{V} \tag{10-3}$$

由式(10-3)，可得

$$\frac{dP}{P} = -\frac{dV}{V} + \frac{dT}{T} + \frac{dm}{m} - \frac{dM}{M} \tag{10-4}$$

因此，由式(10-4)可知，合成射流激励器腔体压强有四种增压方式，对应合成射流激励器则可以分为四种类型及其组合型[10]。

① 压缩型：压缩腔体体积 V 达到腔体增压目的。目前所有振动膜式合成射流

激励器都为压缩体积型激励器。

② 升温型:迅速加热腔体气体温度 T 达到腔体增压目的。等离子体合成射流激励器则为升温型激励器。

③ 加质型:增加腔体气体质量达到腔体或管路增压目的。加质型激励器需要介质供应系统(如管路、储箱等),这种类型射流激励器则不再是零质量射流激励器。

④ 变性型:改变气体介质性质,大分子变成小分子,如通过化学反应使腔内气体的平均摩尔质量 M 减小,达到腔体或管路增压目的。

⑤ 组合型:同时采用以上四种类型中的任几种进行组合以达到腔体增压目的。例如,压缩腔体同时加热腔体气体,或向腔体供应气体介质同时进行加热。

所有合成射流激励器甚至射流发生装置不外乎以上类型中的任一种。以上激励器腔体增压方式和合成射流激励器分类,为提出和设计新型合成射流激励器提供了思路,由此,可以发明设计不同类型的合成射流激励器以满足其在不同领域的应用需求。

主动流动控制技术是向受控流中主动注入能量以达到控制流动的目的,具有实际应用价值的主动流动控制技术则依赖于可控、高能量效率、高可靠性激励器的发展。对于高速流动如超声速、高超声速流动控制,则需要快响应、高速、高频、“强壮”的高能合成射流激励器。针对高速流动控制需求,对四类合成射流激励器进行分析。

① 型即压缩型合成射流激励器,要达到快响应、高速、高频要求,其实现关键是在振动部件上,这就要求振动膜或活塞强度高、响应快、工作频率高,同时还能够提供大的振幅。而①型激励器单靠振动能量很难达到高能量要求,目前振动膜压缩型合成射流激励器的工作频率可达千赫兹量级,但其射流速度一般都小于 100 m/s,难以穿透超声速流边界层;活塞压缩型合成射流激励器的射流速度可达到 100 m/s,但仍然不足以对高超声速流动实施有效控制,且工作频率很低(100 Hz 量级),还需要传动机械装置难以微小型化,很难满足实际应用要求。因此①型激励器要产生高能高频射流,必须加辅助能量注入,从而成为组合型激励器。

② 型即升温型合成射流激励器,如等离子体合成射流激励器,无需流体供应系统且无作动机械装置,其射流速度超过 500 m/s,具有对超声速流甚至高超声速流控制的潜力。当环境温度较高时,②型激励器由于吸入腔体高温气体经等离体加热升温不显著,腔体内增压不明显,性能显著下降;当环境气体密度较低如稀薄空气环境,由于腔体内气体工质很少,射流能量水平也显著下降。因此,攻克升温型激励器高温、稀薄环境下效率低的问题是其未来发展的关键。②型激励器通过增加微小型单向常温气体供应系统将是一种可行的解决方案,其作用是提高相对温升和稀薄环境下腔体介质质量,获得高能合成射流。②型激励器亦成为组合型

激励器。

　　③ 型即加质型合成射流激励器,对于这类射流激励器,气源供应系统是必需的,包括高压气体、储箱、管路、阀门等,使得激励器系统本身复杂化,难于微小型化,且成本大幅度提高,难以适用于对重量和体积要求很高的超声速飞行器。

　　④ 型即变性型合成射流激励器,对于这类射流激励器,一般是通过多种介质发生反应,使腔内气体介质摩尔质量变小实现增压,对于合成射流激励器工作的空气环境,单纯使空气中各组分发生化学反应且平均摩尔质量变小很难,但是通过提供不同的介质,在腔体内发生化学反应,增大腔内气体总摩尔数比较容易实现,如火箭发动机、汽车发动机,通过煤油-氧气、汽油-空气反应,可显著增加腔内(燃烧室)气体摩尔数和温度,显著增压,合成高能射流,此时④型激励器亦成为组合型激励器。

　　综合以上类型激励器在高速流动控制中对高能合成射流激励器的发展要求,②型激励器及其在②型和④型激励器基础上发展组合型激励器是高能合成射流激励器的未来发展趋势。

10.3　国内外研究进展

　　等离子体高能合成射流激励器工作机理是基于气体放电的焦耳加热作用的,快速加热膨胀受限腔体内的气体,形成高速射流,根据激励器腔体增压方式的分类,其属于升温型主动流动控制激励器,即②型激励器[11]。

　　等离子体高能合成射流激励器结构及工作过程如图 10.2 所示。该激励器主要由开有出口孔(缝)的激励器腔体和放电电极组成,工作过程包括三个阶段:①能量沉积阶段,通过外接高压电源给激励器充电,当两电极间电势差达到激励器腔体内空气击穿电压时,形成气体放电,使得腔体内空气发生电离,实现电能向热能的转化;②射流喷出阶段,气体放电加热导致腔体内温度和压力急剧升高,高温高压气体通过激励器出口高速喷出,形成射流;③吸气复原阶段,由于射流喷出及腔体冷却使得腔体内温度和压力下降,外部气体重新充填腔体,为下一个循环作准备。等离子体高能合成射流激励器具有普通压缩体积型合成射流无需额外气源和管路的零质量通量特性,还兼具有等离子体气动激励响应迅速、无机械活动部件、工作频带宽、环境适应性强的优势,同时还克服了两种激励器诱导射流速度低、高速流场控制普适性不强的不足。

　　等离子体高能合成射流激励器由约翰霍普金斯大学应用物理实验室于 2003 年首次提出并开展了系统研究[12]。Grossman 等[12]建立了等离子体高能合成射流一维理论分析模型,并开展了基于唯象模型的数值模拟研究。结果表明,等离子

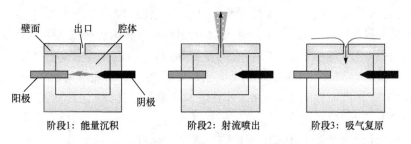

图 10.2　等离子体高能合成射流激励器结构及工作过程

体高能射流理论速度可以达到 1500 m/s,腔体内气体温度超过 2000 K。Cybyk 等[13~15]采用数值模拟方法系统研究了等离子体高能合成射流激励器结构参数和能量沉积大小对射流特性的影响,并且验证激励器可以穿透 $Ma=3$ 的超声速流场边界层,引起横向主流边界层转捩,首次验证了等离子体高能合成射流激励器作为超声速流场主动流动控制的可行性。为了获得等离子体高能合成射流精确的流场结构及速度分布,Cybyk 等[16]和 Ko 等[17]采用 PIV 技术和数字斑点体层成像(digital speckle tomography)技术研究了射流速度特性和温度特性。实验中由于射流速度梯度较大,示踪粒子播散困难,所测射流最大速度约为 100 m/s,虽未能反映出射流真实速度特性,但获得了完整的射流流场发展过程;数字斑点体层成像技术测量结果表明,距离激励器出口下游 1.85 mm 处,放电结束后 75 μs 时射流温度高达 1600 K。为了更真实地模拟等离子体高能合成射流及其阵列的流场特性,Taylor 等[18]和 Haack 等[19]完善了 Grossamn 的唯象模型,开展了阵列布置等离子体高能合成射流的初步研究,并且采用实验对比了激励器工作过程中放电电能向激励器腔内压强的转变效率。结果表明,根据激励器电源电路结构的不同,能量转换效率约为 10%~35%。

由于等离子体高能合成射流激励器优越的工作性能,很快也吸引了其他院校及科研机构的注意。法国国家宇航研究中心(ONERA)Carauana 等[20]设计了两种不同结构的激励器,采用数值模拟的方法研究了能量沉积大小、喷口和腔体结构对射流形成的影响,并实验验证了激励器作为流体式涡流发生器对亚声速边界层分离流动控制和轴向喷流噪声抑制的有效性。为克服 PIV 测量较大的误差,纹影/阴影技术成为等离子体高能合成射流流场显示与测量的一种有效手段。得克萨斯州立大学 Narayanaswamy 等[21]采用纹影锁相技术实验研究了电流大小(能量大小)、腔体体积和出口孔径对射流速度的影响,并且实验验证了等离子体高能合成射流对 $Ma=3$ 的超声速横向主流的边界层穿透度达到 6 mm,射流与主流动量通量比约为 0.6。韩国 Ulasn 大学 Shin[22]和法国 Universit′e de Toulouse 的 Belinger 等[23]也采用纹影技术对等离子体高能合成射流流场及参数影响规律进行了实验研究。上述研究对象均为基于图 10.2 所示的两电极(正负极)结构等离子体高能合成射流激励器,为了降低激励器工作电压,以两电极激励器结构为基础,通过添加触发电极,伊利诺伊州立大学 Reedy 等[24]和国防科技大学王林等[25,26]设计了一种三电极等离子体高能合成射流激励器,并分别采用纹影技术和高速阴影技术对三电极结构激励器射流速度特性开展了实验研究。结果表明,三电极激励器可以显著降低激励器工作电压,并且增大激励器腔体体积,提高激励器射流形成能力。国内国防科技大学[25~29]、空军工程大学[30,31]、南京航空航天大学[32]也对等离子体合成射流开展了相应的数值模拟和实验研究。

等离子体高能合成射流激励器作为一种新的高速流场主动流动控制装置,正成为流动控制技术研究的热点。在应用研究中,激励器被成功应用于激波边界层干扰中反射激波非定常运动的控制、激波边界层干扰分离区域大小控制和激波强度控制[33~36]。Anderson 等[37]还进行了等离子体高能合成射流激励器用于超声速/高超声速飞行器气动力控制的理论分析。结果表明,相对于普通襟翼控制,高能射流具有响应速度快、控制效率高的优势。

相对于 DBD、电晕放电、辉光放电和表面弧光放电等离子体气动激励方式,等离子体高能合成射流的提出时间较晚,目前还处于研究的起步阶段。例如,在数值模拟研究中,现已开展的数值模拟没有考虑高温等离子体气体的物性变化,大都是基于理想气体模型的二维研究,而实际的等离子体高能合成射流激励器工作过程中腔体内放电气体温度较高,流场也具有较强的三维特征。实验研究中大都仅关注激励器的射流特性,而没有将激励器的电特性与射流特性关联起来进行研究。因此有必要探索一种新的等离子体高能合成射流数值模拟方法,并结合激励器驱动参数、结构参数和环境参数,获得完整的高能合成射流流场特性及各参数变化关系。

10.4　等离子体高能合成射流数值模拟

等离子体高能合成射流技术涉及等离子体物理、流体力学、热力学、电磁学等多学科的交叉融合,同时等离子体放电和射流形成时各物理过程的时间跨度很大,电磁场分布过程几乎是瞬时建立,电子能量传递过程时间量级不足纳秒,电子输运过程时间量级为纳秒,离子输运过程时间量级为微秒,中性气体流动及传热过程时间量级为毫秒,整个射流建立的时间跨度相差七八个数量级。以上因素使得建立基于等离子体物理化学过程的精确等离子体高能合成射流计算模型非常困难,也不便于工程计算。在实验和理论分析的基础上,提取影响等离子体高能合成射流的主要因素、忽略次要因素来建立唯象模型,对开展等离子体高能合成射流数值研究十分必要。考虑到等离子体高能合成射流产生的物理机制主要为气体放电的电加热作用,因此可以将放电的能量沉积添加到控制方程的源项中,从而模拟等离子

体射流的形成。虽然这种方法不能反映等离子体中各粒子间的相互作用,但可以
捕捉到射流的主要结构。

10.4.1　数值模拟方法

1. 基本假设

本章不考虑等离子体详细的物理化学过程,仅将气体放电等效为一外加热源,
因此对气体放电做如下假定:

(1) 等离子体放电处于局部热力学平衡状态,流动和传热用 Navier-Stokes 方
程描述;

(2) 等离子体的热力学属性和输运特性由温度和压力确定;

(3) 忽略重力的影响及放电过程中诱导磁场的影响;

(4) 不考虑正负电极的烧蚀作用,并且认为电极相当于一无限热沉,温度保持
为室温(300 K)[38];

(5) 辐射是能量损失的主要形式,并且可以采用净辐射系数进行计算。

局部热力学平衡高温等离子体的各种属性,包括密度、比定压热容、黏性系数、
导热率等物性参数都是温度和压力的函数,其随温度和压力的变化可以直接通过
文献[39]提供的拟合公式获得。一个大气压条件下局部热力学平衡等离子体的净
辐射系数由 Naghizade-Kashani 等[40]提供,其他压强下的净辐射系数通过乘以
p/p_{atm} 得到,p_{atm} 为标准大气压。

2. 控制方程与湍流模型

采用在能量控制方程中添加源项的方式来模拟腔体内放电区域产生的能量输
入/损失,并结合基本假设,流场的三维非定常黏性流体控制方程组由连续方程、动
量方程和能量方程组成:

$$\frac{\partial \rho}{\partial t}+\frac{\partial}{\partial x_j}\rho u_j=0 \tag{10-5}$$

$$\frac{\partial \rho u_i}{\partial t}+\frac{\partial}{\partial x_j}(\rho u_i u_j)=-\frac{\partial p}{\partial x_i}+\frac{\partial}{\partial x_j}\tau_{ji} \tag{10-6}$$

$$\frac{\partial \rho E}{\partial t}+\frac{\partial}{\partial x_j}(\rho E+p)u_j=\frac{\partial}{\partial x_j}\tau_{ji}u_i+\frac{\partial}{\partial x_j}(k\frac{\partial T}{\partial x_j})+\dot{q}_{el}-4\pi\varepsilon_N \tag{10-7}$$

其中,ρ 为气体密度;p 为静压;x_i、x_j 和 u_i、$u_j (i,j=1,2,3)$分别表示 x、y、z 和矢量
V 在 x、y、z 方向的分量;k 为有效导热率;T 为静温;τ_{ji} 为应力张量;$\dot{q}_{el}$ 为气体放电
的等离子体能量沉积源项(W/m³);$4\pi\varepsilon_N$ 为能量辐射损失,ε_N 为净辐射系数。单位
体积总能 E 为

$$E = \rho \left[e + \frac{1}{2}(VV) \right] \tag{10-8}$$

式中,比内能 $e = p/(\gamma - 1)$,比热容比取为定值 $\gamma = 1.16$[38]。

前期的气体放电数值模拟中,很多文献都采用了层流模型[38,41],而没有考虑湍流的影响。在等离子体高能合成射流中存在有高的温度和速度梯度,射流又会与周围环境大气产生强烈的相互作用,所以等离子体合成射流一般处于湍流状态。湍流对等离子体流动和传热特性、对等离子体的质量和热量输运起主导作用,因此必须考虑湍流效应的影响。

本章采用重整化群(RNG)k-ε 湍流模型处理湍流问题。重整化群 k-ε 湍流模型由 Yakhot 和 Orzag[42] 通过重整化群的理论严格导出,k 和 ε 是两个基本未知量,它们的模型方程为

$$\frac{\partial}{\partial x_i}(\rho k u_i) = \frac{\partial}{\partial x_j}\left(\alpha_k \mu_e \frac{\partial k}{\partial x_j}\right) + G_k - \rho\varepsilon - Y_M \tag{10-9}$$

$$\frac{\partial}{\partial x_i}(\rho \varepsilon u_i) = \frac{\partial}{\partial x_j}\left(\alpha_\varepsilon \mu_e \frac{\partial \varepsilon}{\partial x_j}\right) + C_{1\varepsilon} G_k \frac{\varepsilon}{k} - C_{2\varepsilon}\rho\frac{\varepsilon^2}{k} - R_\varepsilon \tag{10-10}$$

其中,μ_e 为有效黏性系数;G_k 是由于平均速度梯度引起的湍动能产生项,可由下式计算:

$$G_k = \mu_e \frac{\partial u_i}{\partial x_j}\left(\frac{\partial u_i}{\partial u_j} + \frac{\partial u_j}{\partial u_i}\right) \tag{10-11}$$

$Y_M = 2\rho\varepsilon M_t^2$ 代表可压缩湍流中脉动扩张的贡献。其中,$M_t = \sqrt{k/a^2}$ 为流动马赫数,a 为声速。R_ε 由下式计算:

$$R_\varepsilon = \frac{\rho C_\mu \eta^3 (1 - \eta/\eta_0)}{1 + \beta\eta^3}\frac{\varepsilon^2}{k} \tag{10-12}$$

其中,$\eta_0 = 4.38, \beta = 0.012, \eta = Sk/\varepsilon, S = \sqrt{2S_{ij}S_{ij}}$,而 S_{ij} 可由下式求出:

$$S_{ij} = \frac{1}{2}\left(\frac{\partial u_i}{\partial x_j} + \frac{\partial u_j}{\partial x_i}\right) \tag{10-13}$$

湍流黏滞系数 μ_t 为

$$\mu_t = \rho C_\mu \frac{k^2}{\varepsilon} \tag{10-14}$$

根据实验验证及经验推算,模型常数 $C_{1\varepsilon}$、$C_{2\varepsilon}$、C_μ、α_k、α_ε 的取值分别为

$$C_{1\varepsilon} = 1.42, C_{2\varepsilon} = 1.68, C_\mu = 0.09, \alpha_k = \alpha_\varepsilon = 1.393$$

相对于标准的 k-ε 模型、RNG k-ε 模型的主要变化为:通过修正湍流黏度,考虑了平均流动中旋转的情况;在 ε 方程中增加了一项,从而反映主流的时均应变率 S_{ij} 的影响。

在等离子体高能合成射流中,并非所有的射流区域均发展成为充分的湍流。

RNG $k\text{-}\varepsilon$ 模型引入了一个微分方程：

$$\mathrm{d}\left(\frac{\rho^2 k}{\sqrt{\varepsilon\mu}}\right)=1.72\,\frac{\hat{v}}{\sqrt{\hat{v}^3-1+C_v}}\mathrm{d}\hat{v} \tag{10-15}$$

其中，μ 为动力黏性系数；$\hat{v}=\mu_e/\mu$；$C_v\approx100$。方程(10-15)积分就可以得到湍流输运随雷诺数的变化，从而使模型对低雷诺数流动也可以具有很好的模拟效果。

3. 计算模型与边界条件

计算的数值模型如图 10.3 所示，模型结构和尺寸与文献[23]中的实验模型一

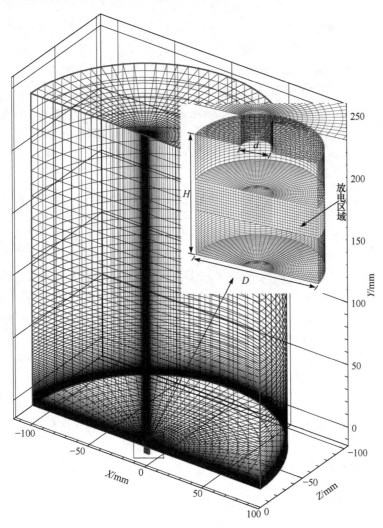

图 10.3　计算区域及计算网格

致。计算区域包括激励器腔体、出口喉道和外部流场三个部分,其中激励器腔体直径 $D=4$ mm,高度 $H=4$ mm,出口直径 $d=1$ mm。由于计算流场的轴对称性,计算中仅选取 1/2 流场进行计算,以节约计算机时。考虑到高速、高温等离子体合成射流与外流场静止空气的相互作用,为消除边界设置对计算结果的影响,将外部计算流场半径设为 100 mm,顶部边界距离激励器出口高度为 250 mm,均定义为压力出口边界条件,其压力和温度分别为外界环境大气压力与温度。底部边界定义为物面无滑移条件,激励器腔体壁面设定为对流热交换边界条件,壁面材料为氮化硼(导热系数 33 W/(m·K)),腔体外表面与外部环境的热交换可表示为

$$\Phi = h(t_{w} - t_{\infty}) \tag{10-16}$$

式中,Φ 为有效传热热流密度;根据腔体材料属性及静止大气表面传热特性,取传热系数 $h=8$ W/(m²·K);t_{w} 为腔体壁面温度;$t_{\infty}=300$ K 为环境大气温度。

计算中将气体放电区域单独定义为一控制体,体积大小约为激励器腔体体积的 25%,如图 10.3 所示,仅在该区域内添加能量源项。根据 Belinger 等[23]的实验结果,容性电源在高气压(1 atm)、小空间(50 mm³)条件下单次火花放电能量 $E>$ 50 mJ 时,放电持续时间基本保持为 8 μs。进一步假设在放电持续时间和放电区域内能量均匀分布,则每次放电激励器腔体内放电区域的能量沉积表达式可以表示为

$$\dot{q}_{el} = \begin{cases} \dfrac{4E}{\pi D^2 H \Delta t} & t \leqslant 8 \ \mu s \\ 0 & t > 8 \ \mu s \end{cases} \tag{10-17}$$

其中,t 表示时间,放电持续时间 Δt 为 8 μs。

为了考察网格对射流形成的影响,分别采用了 20 万、30 万和 50 万三种不同疏密的计算网格。结果表明,对于中等密度网格和细网格,放电结束后 20 μs 激励器出口附近密度场与实验结果吻合较好,因此本章所有计算均采用中等密度网格。另外,为了得到射流的精细流场结构,对激励器出口附近网格进行加密,第一层网格的垂向高度 $y=2\times10^{-5}$ m。对三维非定常控制方程,采用有限体积法进行离散,空间项采用 Roe-FDS 格式离散,对流项为二阶迎风格式,黏性项为中心差分格式。采用"双时间步"方法求解非定常过程,时间离散格式为二阶精度的隐式格式。计算时间步长取为 2 ns,每个时间步长内迭代 20 次,使得所有变量迭代计算残差小于 10^{-4},以保证计算结果的收敛。

10.4.2 能量效率及工作特性

1. 计算方法验证及气体加热效率分析

等离子体合成射流激励器工作过程中并非输入的所有电能均转化为腔内气体的热能。相反,大部分能量主要以电子能和分子振动能形式存在,而没有转化为决

定激励器腔体内温度和压力升高的分子转动能。因此获得输入电能对腔内气体加热的能量利用效率(向分子转动能的转化效率),是开展等离子体合成射流流场特性数值研究的前提。

放电过程中,腔内气体加热的能量利用效率受电源电路形式和激励器工作环境的影响。实验结果表明,相对于感性电源,容性电源可以产生更高速度的等离子体射流,具有更高的气体加热效率[23]。低气压(4.7 kPa)条件下,脉冲容性电源供能的等离子体合成射流激励器用于气体加热的功率约为激励器输入总功率的10%[21]。为获得标准大气压条件下激励器的气体加热效率,本章研究了电能向热能转化效率分别为3%、5%和10%假定条件下的射流速度特性,并将三种计算工况所获得的射流速度峰值和射流持续时间与相同条件下的实验和理论结果对比分析。

图 10.4 为射流速度峰值随放电能量大小变化的数值计算、实验和理论分析[21]结果对比。由图可见,随着放电能量的增加,射流最大速度呈增大趋势,而且3%和5%能量利用效率的数值模拟结果与文献[21]的实验和理论结果均较为接近。图 10.5 为不同能量利用效率的射流喷出持续时间的数值模拟结果与实验结果对比。实验测得的射流喷出时间随放电能量增大而振荡增加,振荡的产生主要是由于放电特性极易受电源电路参数和环境参数的影响而极不稳定所致[43]。图 10.5 的结果表明,能量利用效率为5%的数值模拟结果在射流喷出时间上与实验值更为吻合。

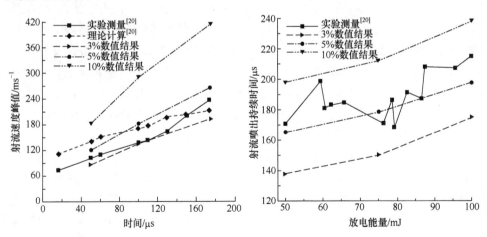

图 10.4　射流速度峰值随放电能量的变化　　图 10.5　射流喷出持续时间随放电能量的变化

为进一步验证气体加热的能量利用效率,本章还对比研究了放电能量 50 mJ、放电结束 20 μs 后,能量利用效率为5%的数值模拟和实验[23]获得的射流流场结构,如图 10.6 所示。结果表明,计算所得的流场结构与实验结果基本一致。这进一步验证了一个大气压条件下,容性电源等离子体合成射流气体加热的电能利用效率约为 5%,低于 4.7 kPa 条件下的理论结果。因此,可以认为气压的升高会降低等离子体合成射流激励器气体加热的能量利用效率。

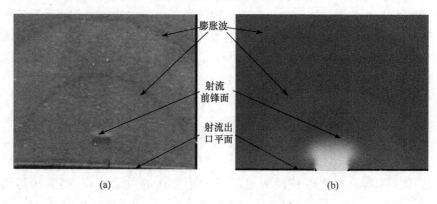

膨胀波

射流前锋面

射流出口平面

(a)　　　　　　　　　　　　　　(b)

图 10.6　放电结束 20 μs 后射流流场结构对比图

(a) 实验;(b) 数值模拟

2. 等离子体高能合成射流流场特性

为获得等离子体高能合成射流的流场结构及发展演变过程,选取放电能量 50 mJ 的激励器工况为研究对象。图 10.7 为不同时刻等离子体合成射流流场的速度矢量和涡量云图。由图 10.7(a)可知,当 $t=8$ μs,即放电过程刚刚结束时,激励器出口平面已有明显的射流出现,并且喉道处存在有强烈的流动剪切作用,这表明激励器腔体内电加热作用引起的气体流动响应时间约为 8 μs,这也符合文献[19]获得的 10 μs 的实验结果。当 $t=35$ μs 时,射流速度达到最大,激励器出口两侧及喉道内的涡量也达到最大。随着射流流场的发展,出口处旋涡对在自身诱导作用下向下游运动,同时由于与周围静止气体的摩擦和卷吸作用而耗散,强度减弱,射流速度降低,如图 10.7(c)所示。当 $t=165$ μs 时,射流喷出已基本结束,旋涡强度和射流速度进一步降低,旋涡对已远离激励器出口。射流喷出完成后,激励器腔体内出现相对真空,外部气体开始回填腔体。当 $t=200$ μs 时,激励器腔体的回填速度达到最大。在腔体回填过程,流场中出现了零质量射流特有的流动特征——在出口下游形成流动"鞍点"。"鞍点"以上为向下游迁移的流动区域,"鞍点"以下为激励器腔体的回填流动区域。当 $t=265$ μs 时,腔体回填结束,激励器完成一个工作周期。

图 10.8 为激励器出口平均速度(面积平均)随时间的变化曲线。由图可知,激励器出口平面射流平均速度存在明显振荡,并且速度越大振荡越明显。当 $t>265$ μs,即激励器完成一个工作周期后,又开始有新的射流喷出和腔体回填过程出现。这

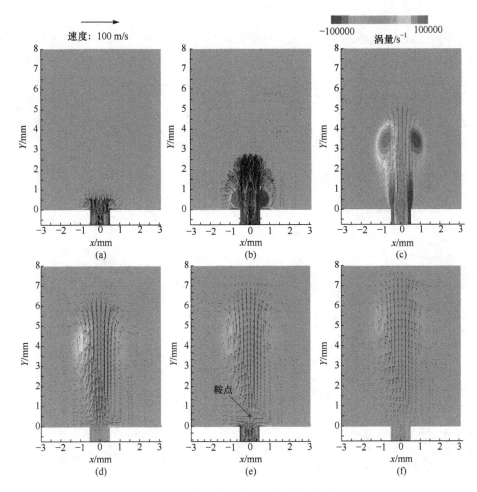

图 10.7 射流速度矢量和涡量演变过程

(a) $t=8$ μs;(b) $t=35$ μs;(c) $t=120$ μs;(d) $t=165$ μs;(e) $t=200$ μs;(f) $t=265$ μs

表明当仅进行一次能量沉积放电时,激励器会建立一个自维持的周期性工作过程,而且其工作周期和速度峰值逐渐减小。为保证激励器腔体内有足够的气体工质,优化连续脉冲工作的射流特性,需要合理选择激励器脉冲放电频率,以实现激励器腔体的充分回填。为此,定义能够实现腔体充分回填的激励器最大工作频率为等离子体合成射流饱和频率 f_{sat},对应的主射流工作周期为饱和周期 T_{sat}。据此推算,放电能量大小为 50 mJ 的等离子体合成射流饱和频率 $f_{sat}=1/T_{sat}\approx3.77$ kHz。激励器工作频率不应大于饱和频率,否则会导致两相邻周期重叠,降低吸气复原阶段腔体回填的气体质量,导致腔体内放电出现"哑火"[21]。当以小于饱和频率工作时,也应以后续自维持周期结束点为新的放电起始时刻,以避开自维持射流喷出阶段,增大腔体复原进气质量。

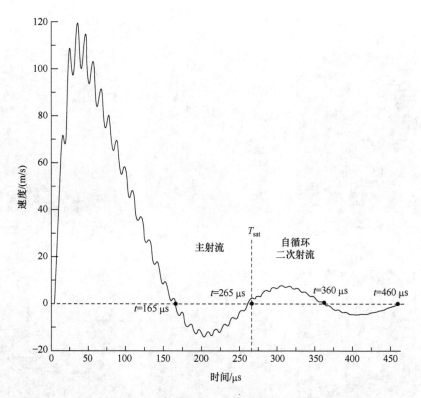

图 10.8　激励器出口平均速度变化过程

10.4.3　参数影响特性

1. 射流速度与饱和频率

等离子体高能合成射流流场特性受输入能量参数和激励器结构参数的影响，在此选取如表 10.1 中的计算算例进行等离子体合成射流参数影响规律研究，其中算例 1～算例 3 为不同能量沉积(E)大小下流场对比算例，算例 2、算例 4 和算例 5 为不同激励器出口直径(d)下流场对比算例，算例 6～算例 8 为相同腔体体积下不同腔体直径和高度之比(径高比 D/H)的流场算例。

表 10.1　等离子体合成射流流场计算算例

算例	E/mJ	D/mm	H/mm	d/mm
1	50	4	4	1
2	100	4	4	1
3	175	4	4	1
4	100	4	4	0.6

续表

算例	E/mJ	D/mm	H/mm	d/mm
5	100	4	4	1.8
6	100	4	6	1
7	100	4.6	4.6	1
8	100	4.9	4	1

图 10.9～图 10.11 分别为不同能量沉积大小、不同激励器出口直径和相同腔体体积不同径高比条件下射流最大速度和饱和频率变化情况。图 10.9 的结果表明,随着能量沉积的增加,射流速度峰值基本按线性增大,饱和频率则呈先快后慢的趋势减小。图 10.10 表明小的激励器出口直径可以产生速度更高、饱和频率较

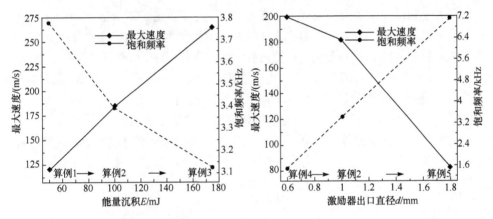

图 10.9　不同能量沉积射流最大速度和饱和频率

图 10.10　不同激励器出口直径射流最大速度和饱和频率

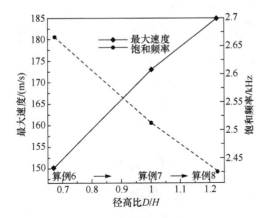

图 10.11　相同腔体体积不同径高比射流最大速度和饱和频率

小的射流,但随着出口直径的减小,射流速度增速变缓,这主要是由于小的出口直径使得边界层厚度对喉道处气流的阻塞作用变得显著,而饱和频率仍以线性减小。从图 10.11 中可以看出,激励器腔体结构对射流特性具有重要影响,即使在相同腔体体积条件下,随着 D/H 的增加,射流速度峰值增大、饱和频率变小,初步认为这主要是由于大的激励器腔体直径使得高温高压的等离子体气体更快膨胀,对喷出气流的加速效果更显著。另外,对比图 10.9 和图 10.11 中的算例 2 和算例 6 可以发现,大的激励器腔体体积反而可以增大形成射流的速度,这也符合文献[20]的实验结果及解释。综合图 10.9~图 10.11 发现,高的射流速度同时伴随有小的饱和频率,这使得特定工况下同时提高射流速度和脉冲频率变得矛盾。

2. 射流气体喷出质量及动能转化效率

作为激励器控制能力的重要表征参数之一,射流动量是射流速度和喷出流体质量的函数。图 10.12 为在主射流工作周期中,激励器腔体内剩余气体相对于初始气体质量分数随时间的变化。由图可知,对于所选取的 8 个算例,在整个射流喷出阶段,最多约有 16% 的初始腔内气体喷出,这也与一维理论计算结果基本一致[12]。而在吸气复原阶段,腔体并没有完全恢复到初始状态,仅达到初始腔内气体质量的 90% 左右。其原因在于能量沉积导致的激励器腔体温度升高在吸气复原结束时并没有完全消除,腔体内仍处于相对高压状态,这也造成激励器连续脉冲工作频率无法大幅提高[44],因此需要改善激励器腔体的散热效果或采用新的腔体回填方式[39]以增强射流强度、提高激励器工作频率。

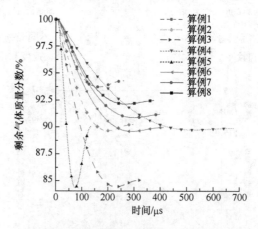

图 10.12 不同条件下激励器腔体内剩余气体质量分数随时间的变化

图 10.13 为各计算工况的最大气体喷出质量分数随射流速度峰值的变化。由图可知,不同能量大小和不同径高比条件下,高的射流速度峰值伴随有大的气体喷出质量,即当激励器出口直径一定时,高速射流对激励器腔体引射作用是气体喷出

质量的主要影响因素。而对于不同出口大小条件,大的激励器出口直径虽然会降低形成射流速度,但可以增加气体喷出质量,而且可以增大激励器饱和频率(见图 10.10)。因此为实现激励器不同应用需求的工作特性的优化,需要合理选择激励器结构和电源参数。

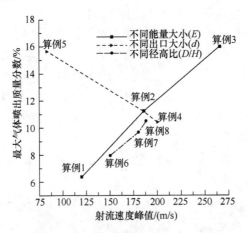

图 10.13　最大气体喷出质量分数随射流速度峰值的变化

定义激励器总的能量转化效率为喷出阶段总的射流动能(E_{jet})与输入电能(E)之比,即 $\eta = E_{jet}/E$。射流总动能又可以表示为

$$E_{jet} = \int_0^\tau \frac{1}{2}\dot{m}u_j^2 \,\mathrm{d}t \tag{10-18}$$

其中,τ 为射流喷出持续时间;$\dot{m}$ 为射流的质量流率;u_j 为射流瞬时速度。计算结果表明,各工况条件下激励器总的能量转化效率相差不大,为 1.6% 左右,这也低于文献[21]中低气压条件下 4% 的理论计算结果。Narayanaswamy 以实验结果为根据指出,在给定激励器工作环境参数和结构参数条件下,放电输入能量大于一定值后,电-热转化效率下降[45],这必然会同时导致总的能量利用效率下降,而本章所选取的各算例并未观察到这一规律,激励器总的能量转化效率随输入电能的变化关系还需要进一步的研究。

10.5　等离子体高能合成射流实验

10.5.1　实验系统与方法

1. 等离子体高能合成射流激励器

等离子体高能合成射流激励器组件及整体结构如图 10.14 所示,其组成主要包括两个部分:电极和绝缘介质。电极分为阴极和阳极,通过外加高压电源在阴极和阳极间形成电势差,在腔体内空气介质中形成空间电场,当空间电场强度达到空气击穿电压时,空气电离产生气体放电,加热腔内气体完成能量沉积过程。根据气体放电的基本物理过程分类,等离子体高能合成射流激励器气体放电属火花电弧放电[46]。在整个放电过程中,火花放电时间约为 $10^{-8} \sim 10^{-6}$ s,因此激励器工作过程中起主要加热作用的是电弧放电过程。按阴极电子发射机制不同,电弧放电可分为热致电子发射和场致电子发射,而热致电子发射产生的电弧等离子体温度要高于场致电子发射。由于等离子体高能合成射流激励器工作机理是基于气体放电的焦耳加热作用,因此热致电子发射更利于激励器工作性能的提升。热致电子发射机制与场致电子发射机制最大的区别在于:电极采用高熔点的导体材料。综合电极耐烧蚀性及电子发射能力强弱,选用纯钨作为激励器电极。在激励器工作过程中,采用尖端电极可以降低腔体内气体击穿电压[21],但同时也会导致电极烧蚀严重,从而降低激励器工作可靠性,缩短激励器工作寿命。因此选用如图 10.14所示的直径 1 mm 的非尖端钨电极。

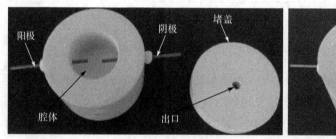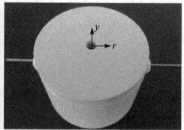

图 10.14　两电极高能合成射流激励器

　　激励器腔体及堵盖材料的选择需要满足两点:一是绝缘性能好,耐高电压击穿;二是耐电弧烧蚀性能强,不易改变激励器结构。为满足上述要求,材料选用热压六方氮化硼陶瓷。该陶瓷体积电阻率大于 10^{14} Ω·m,击穿电压为 20~30 kV/mm,耐温性能好,熔点大于 3000 K,导热系数约为 33 W/(m·K),和纯铁导热性能相当,既是电的绝缘体,又是热的良导体,同时还具有良好的机加工性。

　　激励器的驱动电源采用基于磁压缩技术的脉冲电源系统,电源系统的最大功率为 1 kW,可以实现的最大工作频率为 50 Hz。由于等离子体高能合成射流激励器放电具有电流峰值大、放电时间短的特点,因此采用 Rogowski 线圈测量其放电电流。该线圈不含磁饱和元件,易于标定,同时线圈安装简单方便,测量精度高。放电电压采用 Tek P6015A 高压探头(1000X 衰减,75 MHz 带宽)进行测量,测量电压-电流信号采用 Tek-DPO3014 四通道示波器(带宽 100 MHz,单次采样速率2.5 Gs/s)采集。

2. 高速阴影系统

阴影技术是一种常用的流场非接触式测量技术。高速阴影系统由光源、凹面镜、高速相机与一系列反射镜组成，如图 10.15 所示。点光源发出的光线经过两个平面镜反射后打到凹面镜上，之后由凹面镜产生的平行光线经过试验段后再由凹面镜汇聚，通过平面镜反射后进入相机。阴影测量是一种非接触式测量，对流场没有影响。阴影反映的是密度的二阶导数。对于由强烈电弧加热产生的等离子体高能合成射流，密度场变化剧烈，阴影技术能够得到流场发展变化的信息。

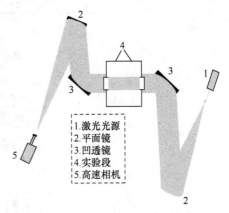

1. 激光光源
2. 平面镜
3. 凹透镜
4. 实验段
5. 高速相机

图 10.15　阴影观测示意图

实验中采用半导体激光器产生连续激光，输出波长 532 nm，最大输出功率 100 mW。采用激光光源一方面可以使光源强度足够大，减小相机曝光时间以提高时间分辨率，另一方面可以滤除环境光线的干扰。

系统中采用的高速相机为 Photron Fastcam SA-1.1 高速彩色数字摄影仪。该摄影仪采用高灵敏度 CMOS 非增强型图像传感器，主机最大容量 8 GB，1024×1024 像素图像的拍摄速率可达 5400 f/s，其最高拍摄速率可达 1000000 f/s，最短曝光时间达 1/2730000 s，具有很高的时间分辨率。这对于观察快速发展的等离子体高能合成射流是至关重要的。

10.5.2　激励器放电特性

图 10.16 为一个大气压条件下激励器工作过程中一次放电的电压-电流随时间变化。实验条件为：电极间距 3 mm，激励器放电频率 1 Hz。由图可见，一旦放电开始，电压-电流呈振荡衰减变化，这是由于由电源电容 C2、连接导线和激励器组成了一个近似欠阻尼 RLC 振荡电路，因此放电过程表现出振荡衰减的欠阻尼特性。激励器放电特性受电源结构、外接负载（激励器）和工作环境的影响。图 10.16 表明，1 atm 条件下，直径 1 mm，间距 3 mm 的钨电极当以 1 Hz 的频率放电时，气体击穿电压约为 7.3 kV，放电峰值电流约为 1.75 kA，放电持续时间约为 45 μs。根据激励器电极横截面积及峰值电流推算，流过放电间隙的电流密度约为 10^5 A/cm^2，同时放电时伴随有明显的气体击穿的爆破声。据此推算，等离子体高能合成射流激励器放电应属于火花电弧放电[47]。从图 10.16 还可以发现，在放电开始时刻，电流表现出了剧烈的高频振荡，这主要是放电起始时较强的电磁干扰所致。强烈

的电磁干扰不仅会影响放电电流的波形,还会影响射流流场采集中高速相机的工作。需要指出的是,激励器工作过程中放电具有不稳定性,其击穿电压波动幅度约为 5%,图 10.16 及后续电压电流测量结果均为五次测量的平均值。

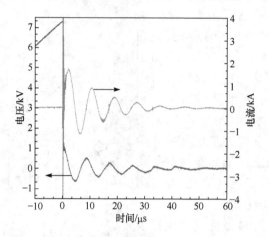

图 10.16　激励器放电电压-电流变化

根据气体放电理论的巴申定律,气体间隙的击穿电压是电极间距和气体压强的函数,即 $U_d = f(pd)$。对于给定电极间距 $d = 3$ mm 的实验工况,击穿电压将主要受激励器腔体内压强 p 的影响。图 10.17(a) 给出了不同气体压强条件下击穿电压及峰值电流的变化情况。由图可知,随着气体压强的升高,击穿电压快速增大,0.1 atm 和 1.0 atm 条件下击穿电压分别约为 2.6 kV 和 7.3 kV。这是由于低气压条件下,中性粒子和带电粒子的平均自由程增大,使得在相同电场强度条件下带电粒子获得更大的动能,具有较大动能的带电粒子更易于击穿电离。图 10.17(b)

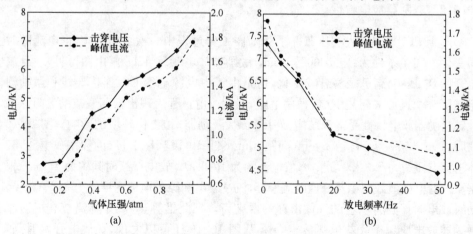

(a)　　　　　　　　　　　　　　(b)

图 10.17　激励器放电电压和峰值电流随(a)气体压强和(b)放电频率的变化

为不同激励器工作频率条件下气体击穿电压和峰值电流变化情况。由图可知,随着激励器工作频率的提高,击穿电压和峰值电流以先快后慢的趋势下降。这是由于两个方面的原因:一是随着放电频率的增加,对激励器腔体的加热效果变得明显,导致激励器腔体内气体温度升高,气体分子动能增大,击穿电压降低;二是由于放电频率增加,使得两次放电时间间隔缩短,电极间剩余带电粒子增加,放电通道更易于建立,所需气体击穿电压降低。

综合图 10.17 还可以发现,放电过程中击穿电压和放电峰值电流具有一致的变化趋势,高的击穿电压伴随有大的放电峰值电流。这是因为对于 RLC 电路,峰值电流 I_{max}、电路电感 L_{wire}、电容 C 和击穿电压 V_b 满足如下关系:

$$I_{max} = \sqrt{\frac{L_{wire}}{C}} \cdot V_b \tag{10-19}$$

通过图 10.17(a)还可以进一步发现,随着气体压强的降低,电压和电流的变化速率基本一致,即呈正比变化。这是由于在低频 1 Hz 条件下,两次放电间隔时间较长,激励器腔体具有足够的冷却时间,电源电路元件也具有充足的复原时间,使得电路元件和激励器负载性能一致性较好,电路电感和电容保持稳定。因此根据式(10-19),击穿电压与峰值电流呈正比。而对于图 10.17(b),随着放电频率的增加,激励器腔体温度升高,负载电容改变,导致击穿电压和峰值电流不再呈正比变化。

10.5.3　射流流场特性及参数影响规律

1. 流场特性

采用高速阴影获取了从放电开始的等离子体高能合成射流流场发展演变过程。图 10.18 为放电发生后 100 μs 等离子体高能合成射流典型流场结构,实验条件为:电极间距 3 mm,激励器腔体体积 700 mm³,放电频率 1 Hz,激励器工作环境压强 1 atm。由图可见,等离子体高能合成射流呈蘑菇状结构发展,在射流前缘上方有一道呈球对称型的被称之为前驱激波的压缩波,同时发现流场中还有多道由反射产生的弱的压缩波。射流结构中没有马赫盘的存在,这表明射流为亚声速流动。实验中每种实验条件采集 5 个序列的图像,以验证高能射流流场建立及射流前锋面和前驱激波位置的可重复性。结果表

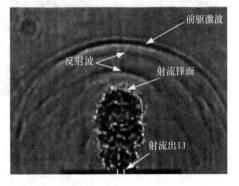

图 10.18　放电开始后 100 μs 典型的等离子体高能合成射流流场

明,不同周期间射流锋面到激励器出口距离误差小于 5%,即激励器具有较好的可重复性。

图 10.19 为放电开始以后的高能射流流场发展过程,两幅图的时间间隔为 12.5 μs,实验条件与图 10.18 一致。当 $t=12.5$ μs 时,激励器出口处已有明显的射流出现,而前驱激波已经远离激励器出口,这表明等离子体高能合成射流建立时间短、响应快。当 $t=25$ μs 时,射流流场呈现出明显的一对涡对的结构,而且流场中出现两道强度相当的压缩波。随着射流的发展,当 $t=37.5$ μs 时,射流并没有发展成涡串的结构,相反涡对在射流中消失了,射流呈充分发展的湍流结构,流场中所形成的第一道前驱激波强度也在变弱。随着射流向下游的进一步发展,射流结构不再呈现明显的变化,二次前驱激波赶上并与第一道前驱激波融合,形成一道强的压缩波。图 10.19 还表明随着时间推移,前驱激波和射流锋面间的距离在增大。

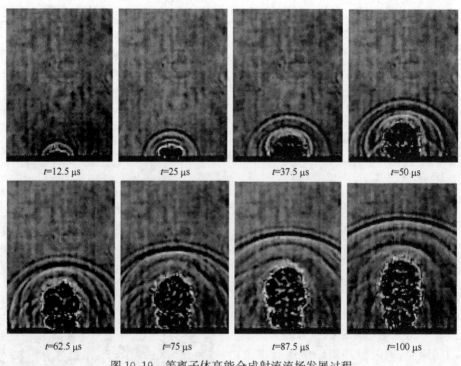

$t=12.5$ μs　　　　　$t=25$ μs　　　　　$t=37.5$ μs　　　　　$t=50$ μs

$t=62.5$ μs　　　　　$t=75$ μs　　　　　$t=87.5$ μs　　　　　$t=100$ μs

图 10.19　等离子体高能合成射流流场发展过程

图 10.20 为当 $t=200$ μs、500 μs 和 1000 μs 时,射流更充分发展的流场结构。由图可知,当 $t=200$ μs 时,射流仍维持着充分湍流的流动状态,在流场中仅有两道前驱激波,不再有其他明显的反射波。第二道激波我们认为是由于放电过程中电压-电流的振荡衰减,导致腔体内气体非定常加热而产生的。当 $t=500$ μs 时,在

射流上方再次出现涡对结构,而且涡对向下游迁移的速度要高于射流主流速度。当 $t=1000\ \mu s$ 时,涡对与射流主流已经分离。此时在激励器出口处仍有明显的射流喷出,即对于激励器腔体体积 700 mm³、射流出口直径 3 mm 的激励器,射流喷出时间要大于 1 ms,这一射流喷出时间远大于 10.3 节中数值模拟工况下的射流喷出时间。这是由于在实验研究中放电过程中释放的总的能量约为 $E=CV^2/2\approx$ 10.6 J,对激励器腔体内气体的加热更充分,而腔体体积 700 mm³ 远大于数值模拟工况,可以有更多的加热气体喷出。

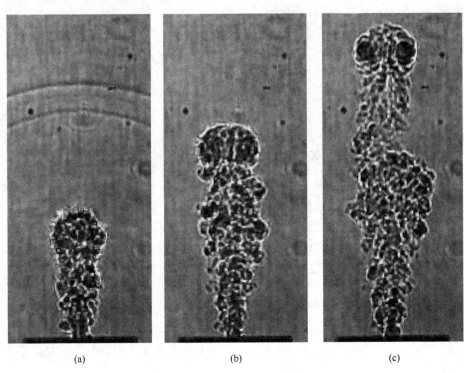

图 10.20 等离子高能合成射流在不同时刻的结构

(a) $t=200\ \mu s$,(b) $t=500\ \mu s$,(c) $t=1000\ \mu s$

　　基于阴影技术的流场显示无法直接测量射流速度,在此通过测量射流锋面至激励器出口距离随时间的变化来推测射流速度。需要指出的是,由于受气体喷出膨胀效果的影响,射流锋面速度并非真实的射流当地速度,但也可作为射流速度的一种衡量方式,而且是目前一种普遍接受的等离子体高能合成射流速度测量方法[21~25]。图 10.21 为与图 10.18 相同实验条件下射流前缘及前驱激波至激励器出口距离和由此推算的二者速度随时间的变化。由图 10.21(a)可知,前驱激波至激励器出口距离随时间几乎按正比增加,而射流锋面至激励器出口距离则呈先快后慢的增长趋势。由此可以判断在射流喷出过程中,前驱激波以固定的速度向下游传播,而射流速度则整体上下降,这也是图 10.19 中前驱激波与射流锋面间距离越来越大的原因。

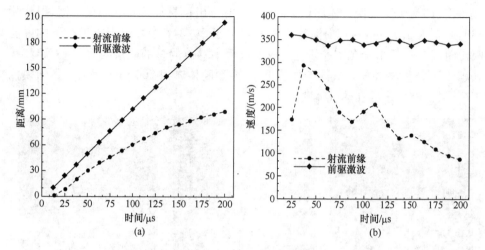

图 10.21　射流前缘及前驱激波(a)至激励器出口距离和(b)速度随时间的变化

图 10.21(b)为根据图 10.21(a)所推算的前驱激波和射流速度。由图可知,前驱激波以 350 m/s 上下的速度传播,这一速度即当地声速,因此前驱激波就是一道以当地声速传播的压缩波。射流锋面速度则呈多幅值下降趋势,所形成最大射流速度约为 300 m/s。在射流发展过程中,第一速度峰值是由于受热加压气体喷出后快速膨胀产生,而后续速度幅值则是由于腔体内压力振荡的原因。

2. 流场参数影响规律

等离子体高能合成射流流场特性受激励器结构参数、驱动参数和环境参数的影响。针对两电极形式等离子体激励器,下面将主要研究结构参数和驱动参数对射流流场的影响。

图 10.22 为放电开始后 100 μs 激励器出口直径 d 分别为 1.5 mm、3 mm 和 5 mm 时等离子体高能合成射流流场。实验条件为:电极间距 3 mm,激励器腔体体积 700 mm^3,激励器工作环境压强 1 atm。由图可知,当 $d=1.5$ mm 和 3 mm 时,在 $t=100$ μs 时刻射流锋面至激励器出口距离较为接近,而 $d=5$ mm 的射流锋面至出口距离则明显较小。同时还可以发现,随着激励器出口直径的增大,前驱激波强度增加,而且 $d=5$ mm 时前驱激波至出口距离也稍大于较小激励器出口直径的。

为了评价激励器出口直径对射流速度的影响,图 10.23 给出了不同激励器出口直径条件下射流锋面至激励器出口距离和射流速度随时间的变化,其中射流速度为两帧图片时间间隔(12.5 μs)内的平均速度。由图 10.23(a)可见,对于不同激励器出口直径,射流响应速度和建立时间基本一致,而且在射流喷出后较短的发展

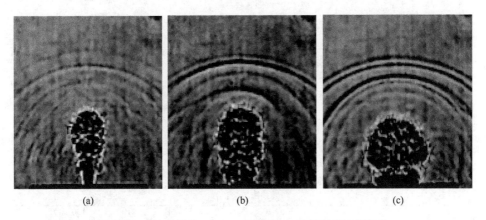

(a)　　　　　　　　　　(b)　　　　　　　　　　(c)

图 10.22　放电触发 100 μs 后不同出口孔径射流流场结构

(a) $d=1.5$ mm;(b) $d=3$ mm;(c) $d=5$ mm

时间内(50 μs),射流锋面位置大致相同。这是由于在相同驱动电参数和环境参数条件下,相同腔体体积内注入同等能量,对激励器腔体的加热效果一致,对腔内气体产生同等的升温加压效果,因此气体喷出的响应时间并不受出口孔径的影响。当射流充分发展后($t>50$ μs),出口孔径的影响开始凸现,在图 10.23(a)中表现为射流锋面至激励器出口距离不再一致,而是 $d=3$ mm 的距离最大,$d=1.5$ mm 的次之,$d=5$ mm 的最小,而且 $d=1.5$ mm 与 $d=3$ mm 距离差别呈先增大后减小的变化。在图 10.23(b)中表现为三种出口直径下射流速度开始出现偏离。在整体上,三种出口直径射流速度均振荡减小,而且在射流发展中期阶段(50 μs<t<125 μs),$d=3$ mm 的射流速度最大,$d=1.5$ mm 的次之,$d=5$ mm 的最小;在射流后期阶段($t>125$ μs)射流速度则随出口直径增大而减小。这主要是由于在射流发展的前期,不同出口直径的腔体内压强与环境压强之比一致,因此气体喷出及膨胀速率大致相同,射流速度也相同。在射流发展中期,腔体内压强相差不大,小的激励器出口直径可以产生更高速度的射流,但考虑到出口喉道处边界层的影响,对于 $d=1.5$ mm 的出口,边界层阻塞作用变得显著,因此射流速度反而比大口径($d=3$ mm)速度低。而在射流后期阶段,大的激励器出口直径使得更多腔体内气体喷出,腔内压强降低较多,因此射流速度变小。

　　除了射流出口直径,激励器腔体体积是影响射流流场特性的又一重要结构参数。图 10.24 为不同激励器腔体体积下,放电触发后 100 μs 流场结构对比。由图可知,激励器腔体不仅影响射流速度、激波强度,还显著改变了射流流场结构。首先,随着激励器腔体体积的减小,射流锋面至激励器出口处距离增大,即射流具有更大的速度;其次,随着腔体体积的减小,激波强度增大,第一道前驱激波衰减速度变慢;再次,小的激励器腔体体积可以产生宽度更大的脉冲射流;最后,随着激励器

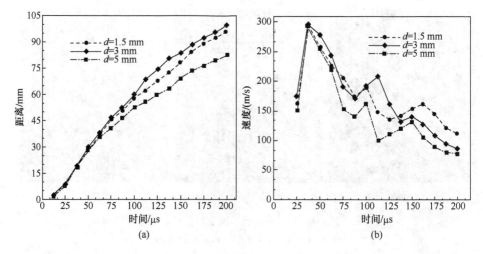

图 10.23　不同激励器出口直径条件下(a)射流锋面和(b)射流速度随时间的变化

腔体体积的增加,当体积为 3500 mm³ 时,射流以涡串的形式传播,而不再是充分发展的湍流。为了分析大体积条件下射流涡串现象,我们研究了体积为 6200 mm³ 的更大腔体的激励器在同等其他参数条件下的射流特性,结果表明,射流与体积为 3500 mm³ 激励器流场相似,均呈涡串发展结构。我们初步认为这一现象是由放电沉积能量 E_0($E_0 = CV^2/2$)与激励器腔体内初始能量 E_c($E_c = Cmt_c$)之比决定的,其中 C 表示腔体内气体的定容比热容,m 为腔体内气体的质量,t_c 为气体的初始温度。随着激励器腔体体积的减小,腔内初始能量减小,E_0/E_c 增大,射流以湍流形式发展。而大的激励器腔体体积使得 E_0/E_c 减小,射流以涡串形式发展。

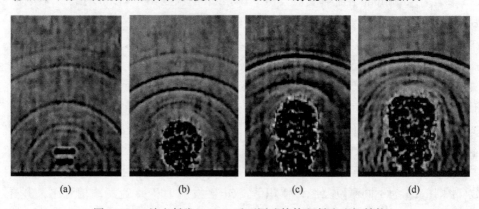

图 10.24　放电触发 100 μs 后不同腔体体积射流流场结构

(a) 3500 mm³;(b) 1750 mm³;(c) 700 mm³;(d) 450 mm³

　　图 10.25 分别为不同激励器腔体体积条件下射流锋面至激励器出口距离和射流发展过程中诱导达到的最大射流速度。图 10.25(a)表明,随着激励器腔体体积

的增加,射流锋面至激励器出口距离减小,这也与图 10.24 结果相符。同时还可以发现图 10.25(a)中,射流锋面距离增加速率随激励器腔体体积的增大而减小,表现在射流速度上即射流速度峰值减小,如图 10.25(b)所示。在相同放电条件下,小的激励器腔体体积可以使得腔内气体加热更充分,温度及压力升高更明显,所以可以产生更大速度的射流及更强的前驱激波。而射流流场结构的改变则是由于大激励器腔体体积产生小的射流速度,使得射流具有较强的不可压缩性,从而使高能的合成射流类似于体积压缩的普通合成射流流场特性[48]。

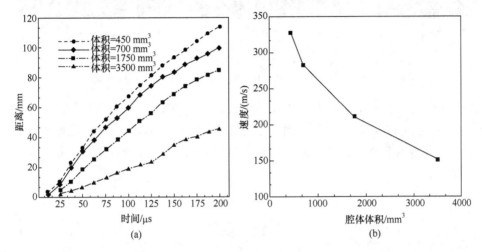

图 10.25 不同激励器腔体体积条件下(a)射流锋面随时间的变化和(b)射流速度峰值变化

从 10.5.2 节研究结果可知,高频放电会导致激励器工作击穿电压降低,击穿电压的降低会使得放电产生的腔体内沉积能量减小,从而影响射流流场特性。图 10.26 为不同放电频率条件下放电触发后 100 μs 射流流场结构对比。实验条件为:激励器腔体体积 1750 mm³,电极间距 3 mm,激励器工作环境压强 1 atm。图 10.26 表明,随着放电频率的增加,射流锋面至激励器出口距离减小,流场内前驱激波及反射距离基本不变,但强度降低。同时图 10.26 还表明,对于放电频率分别为 $f=30$ Hz 和 50 Hz 的射流流场,射流锋面距离激励器出口距离相差不大,$f=10$ Hz 和 30 Hz 的距离差别要大一些。

图 10.27 为不同放电频率条件下射流锋面至激励器出口距离随时间的变化及不同频率条件下可以达到的最大射流速度。图 10.27 的结果正反映了图 10.26 的流场特性。当激励器频率较小($f=1$ Hz 或 5 Hz)时,射流锋面至激励器出口距离相差不大,随着频率的增加,锋面距离差开始变大,而当频率增加到 30 Hz 及以上时,射流锋面距离差开始变小。其原因在于:一是放电频率的增加降低了沉积能量,使得射流速度降低;二是当激励器频率增加时,对腔体的加热作用开始变得明

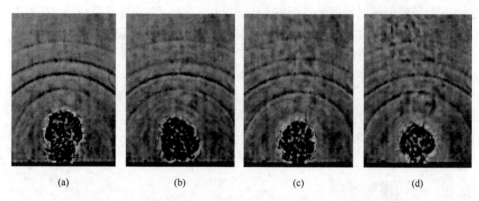

（a）　　　　　　（b）　　　　　　（c）　　　　　　（d）

图 10.26　不同放电频率条件下放电触发 100 μs 后的射流流场结构
（a）$f=1$ Hz；（b）$f=10$ Hz；（c）$f=30$ Hz；（d）$f=50$ Hz

显,使得腔内气体初始内能增加,也会导致射流速度的降低。当频率较高时,激励器工作稳定以后对腔体的加热达到了热力平衡,加热效果对射流速度的影响也开始降低。反映在射流速度上,即为图 10.27(b)所示的射流速度峰值以先快后慢的趋势降低。

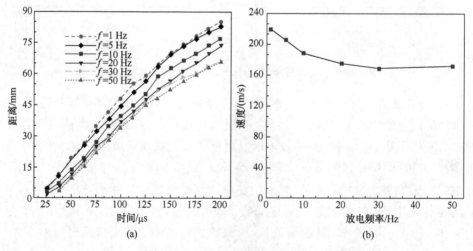

（a）　　　　　　　　　　　　　　　　（b）

图 10.27　不同激励器放电频率条件下(a)射流锋面随时间的变化和(b)射流速度峰值变化

10.6　三电极等离子体高能合成射流激励器

10.6.1　激励器设计及工作过程

在 10.4 节和 10.5 节中,数值模拟及实验结果均表明两电极等离子体高能合成射流激励器可以产生速度高达几百米每秒的高能射流,具有实现超声速/高超声速流场主动流动控制的应用潜能。但为了实现实际工程应用还有许多问题需要解决,最关键的问题之一是驱动电源。1 atm 气压条件下,均匀空气电场击穿电压满足 $U_d=3d+1.35$ 的关系,其中 U_d 单位为 kV,d 单位为 mm。对于直径 1 mm 钨棒电极的激励器,其电极间近似为针-针放电,产生的非均匀电场虽然降低了放电击穿电压,但 3 mm 电极间距在 1 atm 条件下所需的空气击穿电压仍高达 7.3 kV。太高的工作电压既增加了电源电路设计的复杂性,又增大了电源系统的重量,同时还带来一定的工作安全性问题。为了降低激励器工作电压,同时保证激励器强的射流形成能力,我们设计了一种新的三电极结构等离子体激励器及电源系统,如图 10.28 所示。

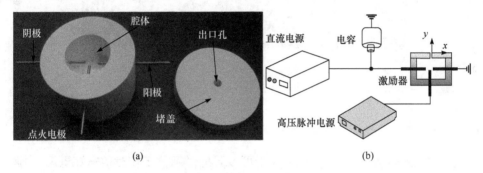

图 10.28　三电极激励器
(a) 结构组成;(b) 电源电路

　　相对于两电极结构激励器,三电极激励器在激励器阴极和阳极之间加入了一个触发电极,如图 10.28(a)所示。激励器工作电源组成包括两部分:高压脉冲电源和直流电源,如图 10.28(b)所示。激励器正极接由直流电源充电的电容,触发电极接高压脉冲电源,阴极接地。在激励器工作过程中,经由直流电源充电的电容在激励器阳极和阴极间建立一个高压电场,但该电场还不足以实现腔内气体的击穿放电。高压脉冲电源以较小电流和功率输出高达 20 kV 的瞬间脉冲高压,在激励器触发电极和阴极之间建立电子流通道,起到点火作用,引导激励器正极和负极间建立大电流、高功率的气体击穿放电,实现激励器腔内气体的升温加压,并且膨胀喷出。在激励器电极布置中,为保证点火发生在触发电极与阴极之间,阴极和触发电极的距离要小于阳极和触发电极的距离。因此三电极激励器的工作过程可以分为四个阶段:点火触发阶段、能量沉积阶段、射流喷出阶段和吸气复原阶段。图 10.29 为激励器不加堵盖时在开放环境大气条件下的放电图像,其中图 10.29(a)为激励器工作的点火阶段,仅在触发电极和阴极间产生较弱的气体击穿放电。而图 10.29(b)对应激励器能量沉积阶段,放电强度远远大于点火阶段。同时由于激励器特殊的三电极结构,在能量沉积过程中会在激励器阳极、触发电极和阴极间建立一个"√"形的放电通道,这种路径增加了放电通道的长度,增大了放电加热气体体积,使得激励器腔体内气体得到更充分的加热,利于激励器性能的提升。

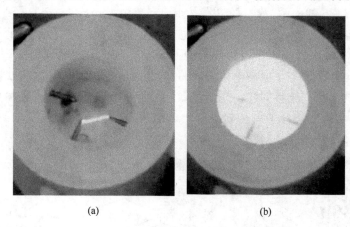

(a)　　　　　　　　　　　　　　　　(b)

图 10.29　三电极激励器放电图像

10.6.2　不同环境气压下放电特性

　　三电极激励器的一个主要优势在于可以降低激励器工作时的击穿电压,为此分析了三电极激励器不同气压条件下击穿电压特性,如图 10.30 所示。实验条件为:激励器阴-阳极间距 4 mm,放电频率 1 Hz。由图可知,激励器工作存在有一个最大击穿电压和一个最小击穿电压。超过激励器最大击穿电压,放电序列中将会有额外随机脉冲放电出现,激励器不再以点火脉冲频率工作;而小于最小击穿电压,激励器将无法实现腔内气体击穿,从而无法正常工作。图 10.30 表明,随着环境气压升高,所需最大及最小气体击穿电压均增大,但最大击穿电压以先快后慢的趋势增加,而最小击穿电压几乎按线性增大。同时对比图 10.17(b)可以发现,虽然三电极激励器电极间距(4 mm)大于两电极激励器(3 mm),但各气压环境条件下三电极激励器击穿电压明显低于两电极激励器,这也表明三电极激励器具有较低工作电压的优势。

　　不同气压条件下三电极激励器放电电压-电流变化及峰值电流变化如图 10.31 所示。充放电电容、连接导线和激励器负载组成一个近欠阻尼 RLC 电路,因此放电电压及电流呈振荡衰减变化,如图 10.31(a)所示。图 10.31(a)表明,不同气压条件下,激励器放电时间、放电振荡频率基本一致,唯一不同的是击穿电压和放电电流幅值。对于 RLC 电路,放电的快慢与电路电容 C 有关,即由电路特征时间 RC 决定。在不同气压条件下,相同电路组成的电阻 R、电容 C 不变,因此放电时间一致。放电振荡频率 f 有如下关系式:

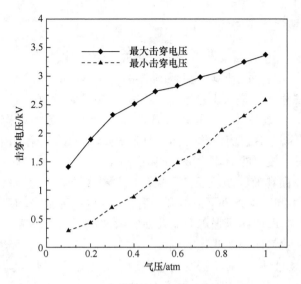

图 10.30　不同气体压强下三电极激励器工作电压上下限

$$f=\frac{1}{2\pi\sqrt{LC}} \qquad (10\text{-}20)$$

式中，L 和 C 分别为电路电感和电容。不同气压下 L 和 C 也基本维持不变，因此放电振荡频率不变。电压振荡幅值则由不同气压条件下空气击穿特性决定，随着气压的升高而增大。根据式(10-19)，电流幅值则与电压幅值成正比，如图 10.31(b)所示。

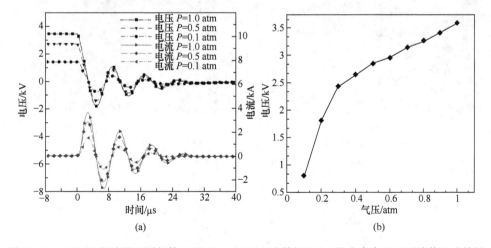

图 10.31　三电极激励器不同气体压强下(a)电压-电流特性和(b)最大击穿电压下峰值电流特性

10.6.3　不同环境气压下流场特征

激励器的工作环境是激励器工作特性的重要影响因素,为实现激励器的实际工程应用也需要了解各种不同环境下激励器的射流形成能力。图 10.32 为 0.1～1.0 atm 条件下激励器以最大击穿电压工作时,放电开始后 50 μs 高能等离子体合成射流流场结构。对比图 10.18 可以发现,三电极激励器流场结构与两电极激励器相似,均包含有蘑菇状射流及球对称型前驱激波,不同的是流场内不再是有多道压缩波,而仅有一道较强的前驱激波。同时,图 10.32 还表明,在 50 μs 时不同气压条件下,射流锋面和前驱激波至激励器出口距离大致相等,分别约为 16 mm 和 21 mm。这表明不同压强条件下放电开始后 50 μs 内的射流平均速度和前驱激波平均速度基本相同,即气体压强对射流及前驱激波速度影响不大。阴影是气体密度的二阶导数,反映气体密度变化的幅度。图 10.32 表明,随着环境气压的增加,射流密度梯度变化增大,即射流密度变化更加剧烈。这也表明射流和前驱激波强度增大,具有更多的腔内气体喷出,射流动量更大。

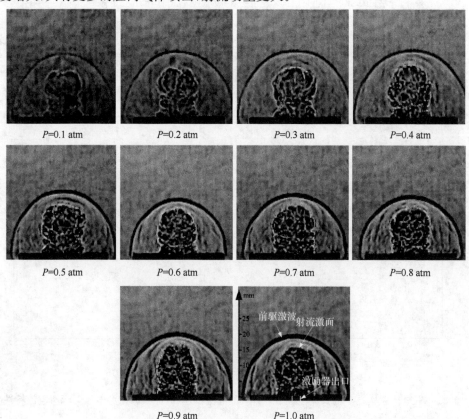

P=0.1 atm　　　　P=0.2 atm　　　　P=0.3 atm　　　　P=0.4 atm

P=0.5 atm　　　　P=0.6 atm　　　　P=0.7 atm　　　　P=0.8 atm

P=0.9 atm　　　　P=1.0 atm

图 10.32　不同气体压强下放电后 50 μs 激励器流场结构

　　为了分析不同环境气压条件下射流及前驱激波速度特性,图 10.33 给出了 0.5 atm 时射流锋面及前驱激波至激励器出口距离随时间的变化。由于不同气压下射流及前驱激波位置变化基本相同,在此仅选取 0.5 atm 时的结果进行分析。图 10.33 表明在射流喷出的 0~40 μs 前驱激波至激励器出口距离偏离声速线,之后开始靠近并与之重合。这表明当射流刚刚形成并喷出时,前驱激波速度要大于当地声速,随后衰减至当地声速。射流锋面至激励器出口距离则呈先快速后缓慢的增长趋势,这也是由于射流喷出起始阶段快速膨胀,射流速度较大,发展后期则由于自身耗散及对周围气体的卷吸而速度降低。不同环境气压条件下前驱激波及射流达到的最大速度如图 10.34 所示。由图可知,前驱激波速度大约为 630 m/s,射流速度约为 460 m/s。虽然射流速度远大于当地声速 350 m/s,但图 10.32 中并没有明显的马赫盘结构。这表明射流仍为亚声速,其原因在于放电加热导致射流温度升高,使射流局部声速随之增大。

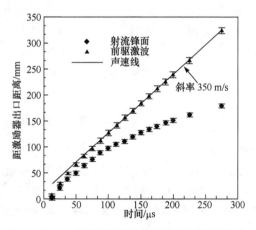

图 10.33　0.5 atm 时前驱激波与射流锋面至激励器出口距离

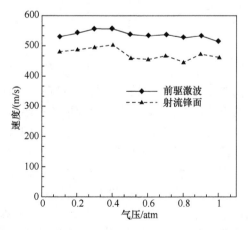

图 10.34　不同压强下前驱激波与射流速度峰值

在射流流场中,前驱激波是一道强的压缩波,在压缩波后面将是膨胀波,在图 10.32中表现为较黑的前驱激波后面一道较白的膨胀波。虽然不同环境气压条件下前驱激波速度基本相同,但波强度并不一致。在此定义激波强度为压缩波平均像素点值减去膨胀波平均像素点值,不同大气压强下前驱激波强度变化如图 10.35所示。由图可知,随着气体压强的增加,激波强度逐渐增大并在 0.6 atm 达到最大,随后下降并缓慢振荡。

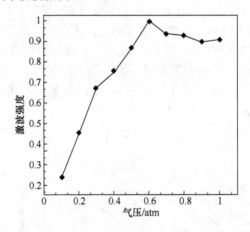

图 10.35　不同大气压强下前驱激波强度变化

作为两种不同的扰动方式,前驱激波和等离子体射流均可以对受控流场产生扰动,起到主动流动控制的效果。对于激波边界层干扰控制,前驱激波可以具有较大的影响区域,因此将会产生较好的控制效果;而对于边界层分离、流动转捩控制,可以注入较大动量的高能射流将具有更好的控制效果。因此,等离子体高能合成射流在较宽速度范围内均可以实现流场的控制应用。

10.7　小　　结

本章系统介绍了国防科学技术大学在等离子体高能合成射流技术方面所取得的研究成果。基于合成射流产生方式,提出了高能合成射流激励器设计指导思想,采用数值模拟和实验的方法,对等离子体高能合成射流激励器开展了系统研究,分析了激励器流场结构与发展过程,获得不同工况下激励器的放电特性,提出了一种三电极结构的激励器设计并开展了实验研究。主要结论有:

(1) 合成射流激励器基于增压方式可分为压缩体积型、升温型、加质型、变性型和组合型五类。针对高速流动控制对高能合成射流激励器的发展要求,升温型激励器和组合型激励器是高能合成射流激励器未来的发展趋势。等离子体高能合成射流激励器是一种升温型激励器,初步试验表明其具有进行高速流动控制的能力。

（2）等离子体高能合成射流单次放电能量沉积可以建立一个射流速度峰值和工作周期递减的自维持工作过程。在自维持工作过程中存在有激励器饱和频率，该频率为实现吸气复原阶段腔体充分回填的激励器最大工作频率。超过该频率，会出现相邻脉冲射流周期的重叠，导致腔体内放电的"哑火"。

（3）大的能量沉积和小的激励器出口直径可以产生速度峰值更大的射流。在相同腔体体积条件下，腔体径高比也会影响射流速度，而且射流速度随着径高比的增加而增大。射流速度增加会导致激励器饱和频率的减小，即流动控制中射流高速和高频的要求难以同时满足。

（4）等离子体高能合成射流特性受工作环境压强和激励器放电频率的影响，低气压和高频条件下击穿电压及峰值电流均会减小。根据气体放电分类，等离子体高能合成射流激励器腔内放电为火花电弧放电。

（5）不同射流出口直径所形成的射流速度峰值基本一致，但小的出口直径产生的射流衰减更慢；相同放电条件下，大的激励器腔体体积会降低射流速度峰值，而且使湍流发展的流场结构转变为涡串结构；高的放电频率会降低击穿电压，减小腔内沉积能量，同时还会加热激励器腔体，增大腔内初始能量，最终降低射流速度。

（6）相对于两电极激励器，三电极结构激励器可以显著降低激励器工作击穿电压，增加腔内气体加热体积，改善激励器工作性能。

（7）不同环境气压条件下，三电极激励器所产生的射流速度及前驱激波速度基本不变，这表明在不同飞行高度，等离子体高能合成射流激励器均具有较强的流场控制能力。但射流动量随着压强的减小而降低，前驱激波强度则在 0.6 atm 达到最大。

参 考 文 献

[1] Kumar A, Hefner J N. Future challenges and opportunities in aerodynamics[C]. ICAS 2000 Congress, ICAS 2000-0.2.

[2] 庄逢甘, 黄志澄. 未来高技术战争对空气动力学创新发展的需求[C]. 2003 空气动力学前沿研究论文集, 北京, 2003: 73-80.

[3] Prandtl L. Uber Flussigkeitsbewegung bei sehr kleiner Reibung[C]. Proceedings of the third International Mathematics Congress, Heidelberg, 1904: 484-91.

[4] Linda D K. Active flow control technology[C]. ASME Paper, No. FEDSM2001-18196, 2001.

[5] Seifert A. Closed-loop Active Flow Control Systems: Actuators[M]. Berlin: Springer, 2007.

[6] Cattafesta L, Sheplak M. Actuators for active flow control[J]. Annual Review of Fluid Mechanics, 2011, 43: 247-272.

[7] Lockheed-Martin. Future aircraft technology enhancement, FATE 1 Phase 1, Final http://www.fas.org/man/dod101/sys/ac/docs/fate.report/index.htm. 1997-09-24.

[8] 瞿章华, 曾明, 刘伟, 等. 高超声速空气动力学[M]. 长沙: 国防科技大学出版社, 1999.

[9] 罗振兵, 夏智勋. 合成射流技术及其在流动控制中应用的进展[J]. 力学进展, 2005, 35: 221-234

[10] 罗振兵. 合成射流/合成双射流机理及其在射流矢量控制和微泵中的应用研究[D]. 长沙: 国防科技大学, 2006.

[11] Luo Z B, Xia Z X, Wang L, et al. Novel high energy synthetic jet actuator conceptual design and tendancy[C]. AIP Conf Proc, 2011, 1376: 238-240.

[12] Grossman K R, Cybyk B Z, van Wie D M. Sparkjet actuators for flow control[C]. AIAA 2003-57, 2003.

[13] Cybyk B, Wilkerson J, Grossman K, et al. Computational assessment of the sparkjet flow control actuator[C]. AIAA 2003-3711, 2003.

[14] Cybyk B, Wilkerson J, Grossman R. Performance characteristics of the sparkjet flow control actuator[C]. AIAA 2004-2131, 2004.

[15] Cybyk B, Grossman K, Wilkerson J. Single-pulse performance of the sparkjet flow control actuator[C]. AIAA 2005-401, 2005.

[16] Cybyk B Z, Simon D H, Land Ⅲ H B, et al. Experimental characterization of a supersonic flow control actuator[C]. AIAA 2006-478, 2006.

[17] Ko H S, Haack S J, Land H B, et al. Analysis of flow distribution from high-speed flow actuator using particle image velocimetry and digital speckle tomography [J]. Flow Measurement and Instrumentation, 2010, 21: 443-453.

[18] Taylor T, Cybyk B Z. High-fidelity modeling of micro-Scale flow-control devices with applications to the macro-scale environment [C]. AIAA 2008-2608, 2008.

[19] Haack S J, Taylor T, Emhoff J, et al. Development of an analytical sparkJet model [C]. AIAA 2010-4979, 2010.

[20] Caruana D, Barricau P, Hardy P, et al. The "Plasma Synthetic Jet" Actuator. Aero-thermodynamic Characterization and first Flow Control Applications[C]. AIAA 2009-1307, 2009.

[21] Narayanaswamy V, Raja L L, Clemens N T. Characterization of a high-frequency pulsed-plasma jet actuator for supersonic flow control [J]. AIAA Journal, 2010, 48(2): 297-305.

[22] Shin J. Characteristics of high speed electro-thermal jet activated by pulsed DC discharge [J]. Chinese Journal of Aeronautics, 2010, 23: 518-522.

[23] Belinger A, Hardy P, Barricau P, et al. Influence of the energy dissipation rate in the discharge of a plasma synthetic jet actuator [J]. Journal of Physics D: Applied Physics, 2011, 44: 365201(12p).

[24] Reedy T M, Kale N V, Dutton J C, et al. Experimental characterization of a pulsed plasma Jet [J]. AIAA Journal, 2013, 51(8): 2027-2031.

［25］ Wang L，Xia Z X，Luo Z B，et al. Three-electrode plasma synthetic jet actuator for high-speed flow control [J]. AIAA Journal，2014，52(4)：879-882.

［26］ 王林，夏智勋，刘冰，等. 三电极等离子体高能合成射流实验研究［C］. 中国力学大会 2013，西安，2013.

［27］ 王林，夏智勋，罗振兵，等. 电火花式等离子体合成射流激励器流场特性数值模拟研究［C］. 中国力学大会 2011-暨钱学森诞辰 100 周年纪念大会，哈尔滨，2011.

［28］ 罗振兵，夏智勋，王林，等. 新概念等离子体高能合成射流快响应直接力技术［C］. 中国力学大会 2013，西安，2013.

［29］ 王林，罗振兵，夏智勋，等. 等离子体合成射流能量效率及工作特性研究［J］. 物理学报，2013，62(12)：125207(10p).

［30］ 贾敏，梁华，宋慧敏，等. 纳秒脉冲等离子体合成射流的气动激励特性［J］. 高电压技术，2011，37(6)：1493-1498.

［31］ Jin D，Li Y H，Jia M，et al. Experimental characterization of the plasma synthetic jet actuator［J］. Plasma Science Technology，2013，15：1034-1040.

［32］ 单勇，张靖周，谭晓茗. 火花型合成射流激励器流动特性及其激励参数数值研究［J］. 航空动力学报，2011，26：551-557.

［33］ Narayanaswamy V，Raja L L，Clemens N T. Control of a shock/boundary-layer interaction by using a pulsed-plasma jet actuator［J］. AIAA Journal，2012，50：246-249.

［34］ Emerick T M，Ali M Y，Foster C H，et al. Spark jet actuator characterization in supersonic crossflow［C］. AIAA 2012-2814，2012.

［35］ Ostman R J，Herges T G，Dutton J C，et al. Effect on high-speed boundary-layer characteristics from plasma Actuators［C］. AIAA 2013-0527，2013.

［36］ Greene B R，Clemens N T，Micka D. Control of shock boundary layer interaction using pulsed plasma jets ［C］. AIAA 2013-0405，2013.

［37］ Anderson K V，Knight D D. Plasma Jet for flight control［J］. AIAA Journal，2012，50(9)：1855-1872.

［38］ Ekici O，Ezekoye O A，Hall M J，et al. Thermal and flow fields modeling of fast spark discharges in air［J］. Journal of Fluids Engineering，2007，129：55-65.

［39］ D'Angola1 A，Colonna G，Gorse C，et al. Thermodynamic and transport properties in equilibrium air plasmas in a wide pressure and temperature range ［J］. The European Physical Journal D，2008，46：129-150.

［40］ Naghizadeh-Kashani Y，Cressault Y，Gleizes A. Net emission coefficient of air thermal plasmas ［J］. Journal of Physics D：Applied Physics，2002，25：2925-2934.

［41］ Akram M. Two-dimensional model for spark discharge simulation in air ［J］. AIAA Journal，1996，34(9)：1835-1842.

［42］ Yakhot V，Orszag S A. Renormalization group analysis of turbulence：Ⅰ. basic theory［J］. Journal of Scientific Computing，1986，1：1-51.

［43］ Greason W D，Kucerovsky Z，Bulach S，et al. Investigation of the optical and electrical characteristics of a spark gap[J]. IEEE Transactions on Industry Applications, 1997, 33 (6): 1519-1526.

[44] Wang L, Luo Z B, Xia Z X, et al. Review of actuators for high speed active flow control[J]. Science China Technological Science, 2012, 55: 2225-2240.

[45] Narayanaswamy V. Investigation of a Pulsed-Plasma Jet for Separation Shock/Boundary Layer Interaction Control[D]. Austin: the University of Texas at Austin, 2010.

[46] 杨津基. 气体放电[M]. 北京:科学出版社,1983.

[47] Raizer Y P. Gas Discharge Physics [M]. Berlin: Springer, 1991.

[48] Glezer A, Amitay M. Synthetic jets[J]. Annual Review of Fluid Mechanics, 2002, 34: 503-529.

第11章　射频介质阻挡放电与脉冲射频等离子体

刘大伟

华中科技大学

近年来,常压低温非平衡射频等离子体日益成为国际上的研究热点,这是由于其不需要昂贵的真空系统维持,并在材料表面改性、纳米技术和环境保护等领域有着广泛的应用前景。射频绝缘介质阻挡放电(DBD)使大面积均匀等离子体源的制造成为可能,本章首先采用射频 DBD 实现氩气环境下的大面积均匀射频等离子体;然后比较 DBD 和金属极板间直接产生等离子体在放电模式以及动态过程等关键特性的异同;在此基础上建立射频 DBD 的仿真模型,对介质电压、气体电压等现阶段实验测量难以获取的关键参数进行准确诊断;并进一步研究射频等离子体的电子加热机制以及微等离子体的放电模式转换过程。脉冲射频放电能够通过减少射频工作占空比来达到降低等离子温度的目的,从而实现对温度敏感材料的处理。本章在实现脉冲射频等离子体的基础上,分析其在不同占空比情况下的放电模式及其模式转换过程;通过对等离子体化学过程的分析确定了 He 亚稳态通过分解激发 O_2 的反应为产生 777 nm 对应激发态的主要机制。由于等离子体射流具有不受空间限制处理复杂三维结构目标的能力,本章也介绍利用脉冲射频产生的单管等离子体射流研究工作的最新进展。

11.1　引　　言

近年来常压低温非平衡等离子体技术日益成为国际上的研究热点,这是由于其不需要昂贵的真空系统维持,并在材料表面改性[1]、生物医学[2]、纳米技术[3]和环境保护[4]等领域有着广泛的应用前景。作为非平衡等离子体技术的一个重要组成部分,射频电容耦合等离子体源广泛应用于半导体工业中已经有几十年的历史。虽然在一些特定的应用中,电容耦合等离子体源已经被其他等离子体源取代,但是其在许多刻蚀过程中仍然是一个重要的技术工具。尽管它们几何结构简单,但是电容耦合等离子体源包含了复杂并且有趣的物理现象,特别是关于电子从外界获

本章工作得到国家自然科学基金(51007029)和教育部留学归国人员科研启动基金的支持。

取能量所产生的电子能量分布函数[5]。除了电子热力学平衡以外,多种外部参数的变化会导致它们的能量分布函数能够呈现突然的过渡。大气压下由于高密度导致的粒子间碰撞率的快速增加导致传统低气压的经典机理已经不再适用,本章首先对放电过程中的电子获取能量过程、电子行为特征以及放电模式进行研究,确立大气压射频容性耦合等离子体的电子加热机制,并发现微等离子体空间均匀的 γ 放电模式。

在射频容性耦合等离子体的实际应用过程中发现,增大等离子体的截面是提高等离子体处理效率的最佳方式,利用金属极板产生等离子体的传统方式因容易发生辉光放电向电弧放电的转变而长期制约着等离子体处理效率的提高;而将绝缘介质覆盖在金属极板上形成的 DBD 大幅延缓了上述转变的发生[6],使大面积均匀等离子体源的制造成为可能。本章首先利用绝缘 DBD 实现氩气环境下的大面积均匀等离子体;然后利用实验和仿真两种诊断手段对其放电模式以及鞘层在放电过程中的作用进行深入研究。

由于射频等离子体高效的电子加热机制,放电过程中气体温度会快速上升,这对等离子体处理温度敏感材料的应用领域是不利的。本章介绍采用脉冲调制来调整射频等离子体工作的占空比从而降低气体温度的方法;并通过对等离子体化学过程的分析确定 He 亚稳态通过分解激发 O_2 的反应为产生 777 nm 对应激发态的主要机制。最后,由于等离子体射流具有不受空间限制处理复杂三维结构目标的能力,本章也介绍采用脉冲射频产生的单管等离子体射流研究工作的最新进展。

11.2　国内外研究现状

大气压下各种粒子间的频繁碰撞使得传统低气压的部分经典理论不再适用,大气压射频容性耦合等离子体的电子加热机制仍是国内外的研究空白。通过将纳秒摄像获得的等离子体辐射时空分布与流体模型的仿真结果进行对比,确定大气压等离子体中主要的加热机制是欧姆加热,并且导致 α 和 γ 放电模式中不同的等离子体时空分布特征。在 γ 放电模式中,鞘层内部的放电不仅归因于二次电子发射,而且还归因于亚稳态粒子间的碰撞电离反应。在 α 放电模式中,加热主要发生在鞘层边界区域,而且与低气压等离子体不同的是,50%的外加功率在鞘层消退阶段获得,这是由于大气压等离子体中过高的碰撞频率引起的电场反向导致的[7],具体内容参见 11.3.1 节。在微等离子体研究方面,通过实验手段获得了时空以及波长分辨的等离子体发射光谱。结果表明,He 在 706 nm 的辐射能够用来分辨高能电子,并进一步显示鞘层的时空分布。此外,实验结果也支持微等离子体能够不经

过 α 模式而进入 γ 模式,其中的高能电子引起的放电能够直接穿越极板间距的理论预测。除此以外,实验结果还表明,不同于大间距放电发生的空间紧缩 γ 模放电,微等离子体射频放电是以空间均匀的形式存在[8],具体内容参见 11.3.2 节。

与传统的金属极板射频辉光放电相比,氩气环境中的射频大气压介质阻挡辉光放电在从 α 模式转换至 γ 模式的过程中拥有更长的稳定放电电流和电压区间。发射光谱测量表明其具有更强的化学活性,以及 461~562 K 的气体温度。这也说明了氩气射频介质阻挡放电在材料表面处理方面比昂贵的氦气射频放电更具有成本优势[9],具体内容参见 11.3.3 节。另一方面,金属电极间的射频容性大气压辉光放电会在大电流的情况下发生径向收缩,尽管大电流情况下等离子体的化学活性较高,但其对等离子体的大规模应用是极其不利的。实验结果表明,通过将绝缘介质覆盖在金属电极上将能够有效避免等离子体径向紧缩的发生。进一步的分析表明,大电流的射频 DBD 实际上处于一种空间均匀的 γ 模式。这显著提高了等离子体的稳定性以及应用潜力[10],具体内容参见 11.3.4 节。当射频大气压辉光等离子体的放电电流增大时,等离子体很容易发生辉光放电到电弧放电的转变。仿真计算的结果表明,绝缘介质不但能够控制电流的无限增加,而且使射频放电承受较大的放电电流,并避免辉光放电到电弧放电的转变。鞘层的特征表明,对等离子体稳定性的控制实际上来源于电极获得的正电导率[11],具体内容参见 11.3.5 节。

脉冲射频等离子体是大气压非平衡等离子体的新兴研究方向,在该方向上首先对脉冲射频绝缘介质阻挡放电进行了实验研究。通过控制脉冲调制频率 10 kHz 和 100 kHz 的占空比,13.56 MHz 的等离子体显示了三种不同的放电模式:连续模式、分离模式和过渡模式。通过调查等离子体的击穿过程发现,脉冲关闭阶段的遗留电子是影响不同放电模式的关键因素。占空比对功率密度、气体温度和 706 nm 以及 777 nm 的光学辐射有显著的影响,并揭示了三种放电的不同特征[12],具体内容参见 11.4.1 节。除此以外,脉冲射频容性耦合等离子体(PRF CCP)还存在从整个气体间隙均匀等离子体的模式过渡到 α 模式的放电模式转换,这发生在脉冲射频容性耦合等离子体的上升阶段。这种过渡归因于鞘层边缘快速递增的随机性加热。在稳定的电流和电压幅值的第二阶段,实验数据和仿真数据在 777 nm 辐射时空分布一致性表明,He^* 和 He_2^* 通过解离和激发 O_2 产生 O($^5P_1$)。最后,发现 PRF CCP 的杀菌效率高于等离子体射流[13],具体内容参见 11.4.2 节。在此基础上,通过采用脉冲射频高压驱动的方式得到了长度达 4 cm 的等离子体射流。空间、时间以及波长分辨的光学辐射表明,脉冲射频射流的等离子体通道被寿命长于射频周期的离子和亚稳态粒子加强,射流的推进过程实际上是高能电子沿等离子体通道前进过程中引起的光学辐射[14],具体内容参见 11.4.3 节。

11.3　射频绝缘介质阻挡放电

11.3.1　电子加热机制

低气压射频放电中电子动力学、碰撞加热、反弹共振运动起着重要作用,而大气压放电与之相反,可以完全满足 $\upsilon L/\upsilon_{th}\gg1$ 和 $\lambda_\varepsilon\ll L$。L 代表电子的碰撞频率和间隙尺寸,υ_{th} 代表电子的热速度,λ_ε 代表电子的能量弛豫长度。这对于大多数只有几毫米间隙的大气压下射频放电来说都是正确的,同样,在 L 降低到几十微米的射频放电中也得到证实。尽管在不同的参数域,一些在低压放电时观察到的转换也能够在常压射频等离子体放电中观察到,特别是通过增加输入功率引起的过渡,已在常压放电中被广泛研究。然而,在大气压下的电子加热放电还没有像低压下的等离子体那样得到深入研究,一方面是因为近期更多的研究兴趣集中在低温大气压下的放电应用研究,另一方面是因为实验和理论存在挑战。本书讨论旨在阐明在大气压射频放电的电子加热机制的实验和计算结果,在 α 和 γ 模式下,常压等离子体与低压等离子体的不同点十分的突出。

实验所用的装置由两个直径为 2 cm 的水冷平行不锈钢电极组成,整个系统安放在有机玻璃箱中,电极的放电间隙固定在 2 mm,氦气流入到箱中 5 SLM(SLM表示为升/分钟流量)。函数信号发生器(Tektronix AFG3102)、射频功率放大器(Amplifier Research 500A100A)和用来提供放电频率为 13.56 MHz 的电源匹配网络。放电的电流和电压分别通过具有很宽频带的电流探头(Pearson Current Monitor 2877)和电压探头(Tektronix P5100)以及一台示波器(Tektronix TDS 5054B)测量。安道尔摄像机(Andori-Star DH720)可以用来拍摄 ICCD 图像。

为了更好地了解放电物理过程,等离子体模拟研究使用的是一维模拟模型,它解决了五种粒子(电子、He^*、He^+、He_2^* 和 He_2^+)的连续性方程。由于等离子体的高碰撞频率($\nu\gg\omega_{rf}$),粒子的惯性被忽视,动量方程被漂移扩散近似取代。此外,电子的能量方程求解是基于假设麦克斯韦电子的能量分布的。虽然这种假设不是严格正确的,但是它已经被用在许多常压放电的研究中,并且与选定的实验数据吻合良好。最后,连续性和能量方程与泊松方程能够自洽解决。

图 11.1 显示了在 α 模式下、α-γ 模式下和 γ 模式下的氦气射频放电光谱的时空分布,所示的数据是在各种射频阶段由 5 ns 曝光时间的 CCD 影像重建得到的。由于在大气压下高能电子的弛豫时间远小于射频周期($\tau_\varepsilon=1\sim10$ ps$\ll\tau_{rf}=10\sim100$ ns),因而等离子体辐射是时间调制的。虽然模拟没有非常准确地反映等离子体的辐射分布,但是实验的辐射分布(图 11.1(a)~(c))和仿真反应的激发态粒子产生率分布(图 11.1(d)~(f))取得一致。实验中极板间距中心处的发射光谱被仿真低估,这是由于仿真没有考虑放电实验中的杂质(多为 N_2)。将其中的电子功

率密度在 α 和 γ 模式下进行比较,仿真结果表明,具有相同的图案的光发射表明放电过程中的能量沉积,如图 11.1(a)~(c)所示。有人认为,沉积的功率能够导致在实验中观察到光辐射,尽管在纯氦气的模拟环境中,电子没有达到足够高的能量来激发氦原子,如图 11.1(d)~(f)。

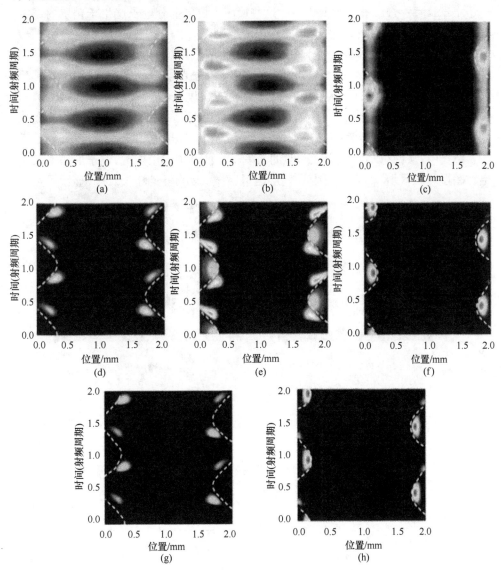

图 11.1　大气压下气射频放电的时空分辨光谱((a)~(c)),一维流体仿真给出的时空分辨
激发反应率((d)~(f))以及二次电子发射系数设置为 0 时激发反应率的分布((g)、(h))
(a) α 模式($I=31$ mA);(b) 为 α 和 γ 模式交替($I=93$ mA);(c) γ 模式($I=65$ mA);(g) 低电流 α 模式;
(h) 高电流类似于 γ 模式

　　放电的光辐射在 α 和 γ 模式下明显不同,在时间和空间上都具有明显差异。在低压放电中,γ 模式的特点就是在高电场鞘层中,通过电离激发持续的电子雪崩(图 11.1)。然而在大气压放电中,雪崩电离不仅由二次电子引发,也可以通过氦原子亚稳态和氦分子亚稳态反应所产生的电子引发($He^* + He^* \Longrightarrow He^* + He + e$,$He_2^* + He^* \Longrightarrow He_2 + + 2He + e$)。这些反应生成的部分电子产生于鞘层内部之中,起到引起雪崩电离的二次电子的作用。结果,在大气压下,即使没有二次电子,在仿真模型中仍能获得类似于 γ 模式的放电,如图 11.1(g)、(h)所示。

　　与 γ 模式相反,α 模式的特点是外加功率大多被吸收于鞘层边缘,而不是被吸收于鞘层内部(图 11.2)。从 α 模式转换到 γ 模式放电,随着输入功率的增加,耦合到电子的功率量将会减小(图 11.2(d)),并且引起功率密度分布在时空的变化(图 11.2(a)~(c))。这对于低压放电和大气压放电都是正确的,然而在大气压下的 α 模式中,从两个鞘层的边缘同时的激发也在仿真中得以再现,电子加热不仅发生在鞘层增长区域,而且也发生在鞘层消退区域。实际上,图 11.2(a)显示了在大

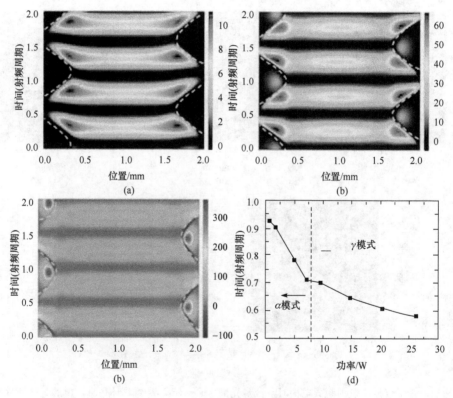

图 11.2　电子功率的时空分布
(a) α 模式;(b) $\alpha\gamma$ 模式;(c) γ 模式;(d) 利用 $J_e E / J_{total} E$ 计算的电子功率占总功率的百分比

气压下,接近 50% 的输入功率耦合到鞘层消退区域附近。这与在氩气低压放电中遇到的情况相反,即只是在膨胀的鞘层发生电子加热。仿真结果表明,随着气压的降低,在消退的鞘层附近的加热迅速降低,所以在大气压下,氩激发同时出现在两个鞘层的边缘,而在 2 Torr 气压下的激发完全被增长的鞘层占据了主导地位(图 11.3(a)、(b))。

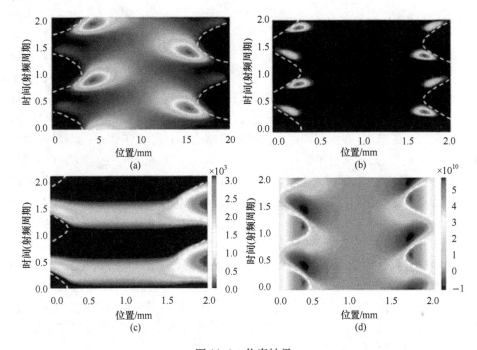

图 11.3　仿真结果

(a) 2 Torr 气压下氩气射频放电电离率的时空分布;(b) 大气压下氩气射频放电电离率的时空分布;(c) 电场强度的时空分布;(d) 空间电荷的时空分布;(c)中负值都设为 0,以方便得到可视化的场分布演变

大气压放电中电子的再加热是由消退鞘层边缘的增强场区域引起的。虽然低气压下电子扩散速度都不够跟随鞘层的消退,但是在大气压下的碰撞可以降低电子的扩散速度(图 11.3(c))。结果,电子不能够仅通过扩散跟随鞘层的消退,并且在和自我一致的电场建立驱动电子(图 11.3(d))。这些电子将会建立负空间电荷区域,形成电场并加速电子,帮助他们跟随消退的鞘层。

虽然是低压惰性气体放电中消退鞘层边界的电子加热可以忽略不计,但是在低压射频放电中的分子气体的加入会增加碰撞性,类似的加热机制已被观察到。然而,值得注意的是,同时在低气压下鞘层边缘的加热,伴随着一个强大的反向电场,在大气压力下却没有观察到反向电场(图 11.3(d))。相反,无场极性的变化的增强电场形成在消退鞘层边缘。

　　总而言之,常压辉光放电是由持续加热电子形成的。在 α 模式下,电子在鞘层增长和消退阶段都被加热,这是同时在两个鞘层的边缘观察到的实验和计算的时间分辨测量结果。在 γ 模式下,加热大多发生在鞘层内部,从而引发在两个电极之间的交替发光;另一方面,虽然二次电子似乎是雪崩电离的主要来源,从亚稳态之间的碰撞反应同样能够提供雪崩电离所需的大量种子电子。

11.3.2　γ 模式下的扩散放电模式

　　微等离子体是等离子体物理的新兴发展方向,其潜在的经济和技术影响已经吸引了越来越多的关注,特别是在大气压下对微等离子体操作,因为其可以在较小的空间中操作,并且不需要昂贵的真空系统。本节提出旨在揭示大气压射频微等离子体的基本原则,并能够验证现有理论预测的实验数据。特别是,曾有人认为,随着间隙尺寸的减小,准中性等离子体的尺度减少并且等离子体中占主导地位的变为鞘层。此外,大气压射频微放电的模拟表明,这些等离子体只能维持在所谓的 γ 模式和该能量束的电子穿越放电间隙有足够能量影响的表面化学。本节提供的实验证据支持这些理论的预测。在这项工作所用的实验装置中有两个水冷并列不锈钢电极,直径均为 2 cm。实验中,放电间隙介于 300 μm 和 2 mm 之间并且整个系统安装在一个有机玻璃框中。氦气以 5 SLM 的速度通入玻璃框,并且使得框中的氮气和氧气只作为杂质而存在。一个函数发生器(Tektronix AFG 3102),射频功率放大器(Amplifier Reasearch 500 A100 A)和一个系统匹配装置使得 6.78 MHz 的功率进行放电。在 13.56～27 MHz 功率的放电已经得到相似的结果。整个放电过程的电流和电压由宽带电流探头、宽带电压探头和数字示波器测量得到。最后,加强电荷耦合器件摄像机和光学滤波片用来拍摄放电照片。借助于仿真结果可以对实验数据进行解释。本节所用的仿真模型是前节模型的扩展,并且结合了氦氮化学以及发射出 N_2^+ (B^2) 和 He($^3S_1$),它们分别对应于 391 nm 和 706 nm 处的发射光谱。该模型解决了使用玻尔兹曼求解器 Bolsig＋和横截面数据的问题,得到了电子平均能量的函数方程和反应速率。尽管流体模型存在限制,但该仿真方法已被用于在其他研究中,在常压放电下达到与选定的实验数据吻合良好的结果。

　　实验数据的解释是借助于仿真结果的,所使用的仿真模型包含氦氮化学反应和从 N_2^+ ($B^2\Sigma_g^+$) 和 He($^3S_1$) 激发态中的光学辐射反应,它们与 391 nm 和 706 nm 处的光学辐射一致。

　　图 11.4 显示了在大气压下氦气在不同气隙中射频放电的电流-电压曲线图。由于放电气隙的减小,初始和维持放电所需的电压也减小,然而气隙的减小与所需要电压的减小不成比例。这种倾向是由于表面积的增加和体积比的减少造成的,并由此导致电子损失的增加。还可以注意到,动态的独立等离子体(I-V 曲线的斜

率)也随之下降了。每条曲线的最后一个点对应于在过渡到空间紧缩的 γ 模式放电之前的放电状态。

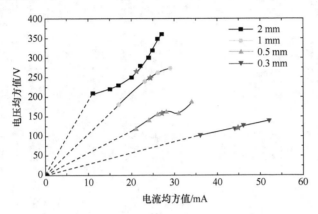

图 11.4　各种气隙下氦气放电的电压-电流曲线

图 11.5 表示出作为气隙尺寸函数的等离子体发射的时空演化。在图 11.4 中放电情形使用(红色)星形标志,并且每个气隙尺寸的图案都是具有明显特征的。在图 11.4 中的电流变化范围之内观测不到相似的变化。图 11.5 中也完整地显示了 γ 模式中收缩的发射图案,在 391 nm(N_2^+)、706 nm(He)、777 nm(O)处的光学辐射也同样显示在图中。这三个转变上状态的辐射衰变寿命分别为 60 ns、64 ns 和 27 ns,并且由于碰撞使得寿命更短。由于寿命比射频周期(148 ns)更短,发射的时空演化可以用来推断 N_2^+($B^2\Sigma_g^+$)、He($^3S_1$)和 O($^5P_1$)产生的时间和地点。

在大的气隙(1~2 mm)中,尽管在惰性气体中存在少量的氮气(<0.05%),所有波段发射的图案(图 11.5(c)~(d))与 N_2^+(图 11.5(e)~(h))的发射图案相似。这是不足为奇的,因为小的杂质浓度可以显著地影响在氦气放电等离子体。事实上,发射光谱主要是由氮分子和离子的频段构成的。然而很有意思的现象不仅仅是 706 nm 处的氦发射没有氮发射激烈,而且具有一个不同的图案(图 11.5(g)~(h)和图 11.5(k)~(l))。发射图案表示出激发态的氮离子主要发生在鞘的外面而激发态的氦离子主要发生在鞘的里面。在 N_2^+($B^2\Sigma_g^+$)和 He($^3S_1$)的不同激发机制下也会出现相似的结果,N_2^+($B^2\Sigma_g^+$)的激发态主要由 He 的亚稳态(N_2 彭宁电离)和低能电子(ε>3 eV)的电子激发 N_2^+($B^2\Sigma_g^+$),氦的激发态需要高能电子(ε>22 eV),因为主要的激发机制是靠电子激发的。结果,在鞘外的 391 nm 处发射峰值,这时很大一部分的电子能达到 3 eV,而在鞘内的 706 nm 处发射峰值时很大一部分电子能够达到大于 22 eV 的状态。最终仍然能够观察到 777 nm 处的氧原子时空发射轮廓(图 11.5(o)和图 11.5(p))是与氮原子和氦原子在此处是不同的。777 nm 辐射的时空分布说明了 O($^5P_1$)的产生是由长期存在的亚稳态碰撞导致

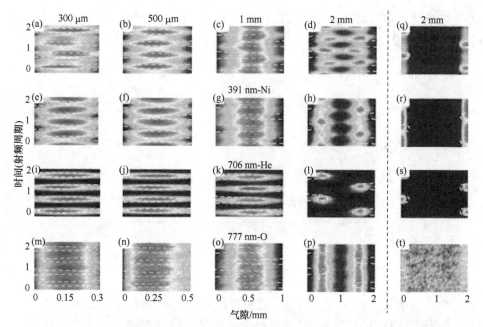

图 11.5　气隙射频扩散类似放电在时空演化下的典型发射光谱

(a)～(d)全波段；(e)～(h)N₂⁺ 391 nm 波段；(i)～(l)He706 mm 波段；(m)～(p)O777 nm 波段；

(q)～(t)γ 模式下的发射模式收缩模式

的。这里只是提到了在有较低杂质浓度的氦气放电中,实验和计算数据显示 706 nm 处的 He 发射可以用来推断高能电子($\varepsilon > 22$ eV)的存在和 706 nm 辐射的时空分布与鞘层密切相关。

极板间距的缩小会导致等离子体收缩,鞘层会占据大部分极板间距(图 11.5(i)～(l)),这些也与早前的模拟计算结果非常相似。结果,通过图 11.5(d)和图 11.5(a)～(c)的比较发现,在电极上方明亮发光区域更能够靠近一起并且最终在放电的中心重叠。然而,非常有趣地注意到,随着间隙的减小,不仅每个鞘层的光学辐射模式相互接近,并且占据优势地位的物质也在发生转变。而在 1～2 mm 的间隙放电,整体光学辐射主要由氮成分构成(可以从图 11.5(c)、图 11.5(d)、图 11.5(g)和图 11.5(h)中看到相似模式),而在 300～500 μm 间隙中,图 11.5(a)和图 11.5(b)表明,整体光学辐射主要由氦成分构成。这个结论也可以得到发射光谱显示氮光学辐射的减少和氦增加线谱的支持。

图 11.5 同样支持在电子雪崩放电间隙的存在下,达到对相对电极的理论预测(通过图 11.5(i)和图 11.5(l)的比较注意到随着间隙尺寸的减小,706 nm 处的发射延长至整个放电间隙)。这些雪崩发起的二次电子跟鞘内的彭宁电离相同。

另外,理论预测表明,射频微放电只能够在 γ 模式下进行,主要是持续的放电电离雪崩发生在鞘层内。该预测是基于一维分析的,因此并没有解决可能的径向收缩的放电。现在普遍认为,大气压下 γ 模式导致放电的收缩。然而,本节所提到的放电除了空间均匀的都另有说明。

706 nm 处的发射模式(图 11.5(i)和图 11.5(l))推测,需要用来维持 γ 模式下放电的电子雪崩实际存在于微放电中,但是并没有证明雪崩是主要的电离放电机制。实际上,706 nm 处的发射在鞘内的毫米级间隙也能够被记录,尽管他们是在 α 模式下操作的。然后,可以观察到在大量收缩的 γ 模式放电下,与 706 nm 处的发射模式是完全相同的(图 11.5(q)和图 11.5(t))。这也说明了在 γ 模式下操作的微放电也是由 He 主导的(比较图 11.5(a)、图 11.5(b)、图 11.5(i)和图 11.5(j))。电子的产生不能被直接测量,可以使用计算机仿真来进一步探测。

图 11.6(a)和(c)显示了在计算机仿真实验中,706 nm 处在小的间隙(500 μm)和大的间隙(2 mm)的发射光谱时空分布,这些仿真结果都与图 11.5(j)、图 11.5(l)和图 11.5(s)中所示的实验数据吻合。并且,图 11.6(d)~(f)显示了在两个气隙中电子产生率。在 2 mm 的间隙中,706 nm 处的发射和电子产生率与 α 模式下是完全不同的(图 11.6(a)和图 11.6(d))。鞘层内雪崩电离主要产生氦原子的激发态,而主等离子体区的电子主要是鞘层边界的振荡加热所致。然而,在 γ 模式和小间隙的条件下,706 nm 处的发射和电子产生率具有非常相似的模式,这表明鞘内的雪崩是气体电离的主要原因(图 11.6(b)、图 11.6(c)、图 11.6(e)和

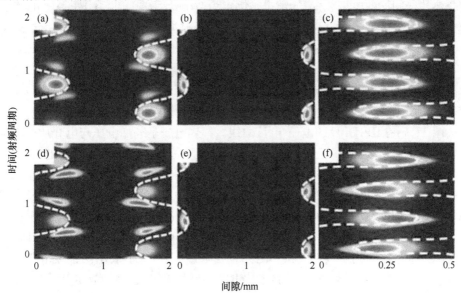

图 11.6　仿真给出的时空分辨的 706 nm 辐射分布((a)~(c))和电离率分布((d)~(f))
其中,(a)和(d)为 α 模式下的 2 mm,(b)和(e)为 γ 模式下的 2 mm,
(c)和(f)500 μm 下的射频 He+0.04%N₂放电

图 11.6(f))。因此,我们可以总结出在 γ 扩散模式下的射频微放电操作仅在高功率径向收缩,因为它通常是观察到在毫米级的常压放电,收缩的原因有待于日后的继续深入调查。

总而言之,实验结果表明,706 nm 处的光学辐射在氩气并且混合空气的射频放电中表示出了在高能电子的存在下,并可用于估计鞘的宽度。实验数据表明,除了 α 模式,微放电存在空间均匀的 γ 放电模式。

11.3.3　电特性及动态过程

本节对两平行绝缘电极间产生大面积氩气 RF-APGD 进行研究,期望能找到一种产生大面积氩气 RF-APGD 的方法,用较简单的电极结构总结出其一般特性,并推广到其他结构中。

实验中大气压氩气射频放电采用两平行放置的不锈钢平板电极,每个电极上都有厚 0.5 mm,相对介电常数为 9.0 的陶瓷作为垫片。整个放电装置被封装在有机玻璃盒子内,内部气压 760 Torr,氩气流量 5 SLM。这实际上是大气压氩气 DBD,而大气压氦气的放电特性已经用理论和实验的方法研究过了。为了将它和传统的两块裸电极驱动的大气压放电区别开来,我们称后者为 RF-APGD,电极直径为 20 mm,气隙固定为 2 mm。为产生一个对照的 RF-APGD,我们采用了没有陶瓷垫片的同样的电极装置,气隙也被固定为 2 mm。RF-DBD 和 RF-APGD 有完全一样的放电电路:信号发生器产生 13.56 MHz 的射频源,通过功率放大器(AR 150 A100 B)及自制的阻抗匹配网络加到电极上。宽带电流探头(Tektronix P6021)和宽带电压探头(Tektronix P6015 A)用来测量放电电流和外加电压,数字示波器用来记录其波形。脉冲信号触发的 ICCD 相机(Andor i-Star DH720)用来捕捉放电图像,曝光时间 1 ns,发射光谱选择 2400 线/mm 光栅,焦距 0.3 m。

图 11.7 是 RF-DBD 的电压-电流曲线。气体电压是外加电压与电介质两端记忆电压之差,电介质两端记忆电压通过测量放电电流得到。不论哪种放电情况,外加电压和气体电压都是正弦的。这一点和千赫兹均匀 DBD 放电不太一样,千赫兹放电气体电压是近似脉冲的波形。RF-DBD 放电电流是平滑的正弦曲线,没有尖峰,这和千赫兹 DBD 典型的尖峰电流波形不同。平滑的电压-电流曲线说明射频氩气 DBD 不可能产生火花放电。如图 11.8 所示,对于氩气 RF-DBD 及 RF-APGD,电流和外加电压呈初始线性关系。两条直线都过原点,它们表示两种放电模式下击穿前的情况。RF-DBD 曲线的斜率比 RF-APGD 的要大,因为放电开始前,有电介质的射频 DBD 放电电路阻抗要更大。RF-DBD 的气体击穿电压为 1150 V,而 RF-APGD 的为 1005 V。因为 DBD 电路中多了两块陶瓷垫片,所以有更高的击穿电压。

气体击穿时,两种大气压氩气放电都会出现一个大的压降,这种现象在大气压射频氦气放电中是不曾出现过的。RF-DBD 的外加电压峰值从 1150 V 降到

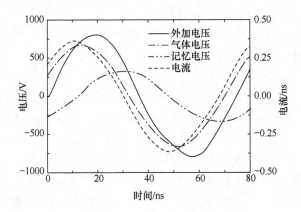

图 11.7　典型的氩气 RF-DBD 放电电流、外加电压、气体电压
和电介质两端的记忆电压曲线

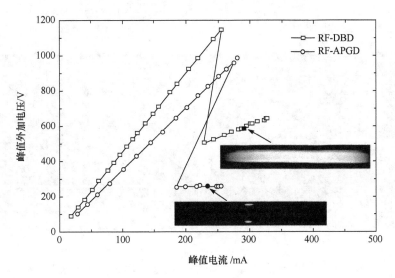

图 11.8　氩气 RF-DBD 和 RF-APGD 中电与外加电压的关系曲线
插图是电流 285.0 mA 大面积 RF-DBD 和电流 260.5 mA 压缩的 RF-APGD 的放电图像

500 V,而 RF-APGD 外加电压峰值从 1005 V 降到 253 V。如果在击穿后继续增加射频输入功率,RF-APGD 就会呈现出如图 11.8 底部插图所示的压缩状态。这张图曝光时间为 1 μs,用 ICCD 相机拍摄,峰值放电电流 $I_p = 260.5$ mA。由图中可以看到,放电区域直径约为 1 mm,并在两个裸电极之间来回运动。从应用的角度考虑,这种 RF-APGD 是没什么用处的。相反,如图所示,陶瓷垫片的引入可以产生大面积的大气压氩气放电。同样用 ICCD 相机拍摄,峰值电流 $I_p = 285.0$ mA,RF-DBD 可以均匀覆盖整个电极表面,并且电流峰值在 324 mA 以内都能保持稳

定,这个值已经达到了功率放大器的输出极限。

　　图 11.9 所示的是曝光时间 1 ns 单张拍摄的氩气 RF-DBD 照片,没有流注的现象,这为我们提供了最直接的空间均匀放电的证据。图 11.9(a)峰值电流 $I_{\mathrm{p}} =$ 228.0 mA,四张图片分别对应一个射频周期内 $t = 0, T/4, T/2, 3T/4$ 四个时刻,展示了发光强度周期变化的大面积无流注的 RF-DBD 放电过程。这种稳定的大面积大气压氩气放电比图 11.8 所示的 APGD 更有应用价值。同时从图 11.9(a)中并没有观察到明显的阴极辉光,所以放电应该处在 α 模式下(图 11.9(b)),电流峰值为 311 mA,其发光的空间均匀性和周期变化规律同图 11.9(a)非常相似,一个很大的不同是比较明显的阴极辉光出现,说明有完整鞘层区域的形成,这是典型的 γ 模式。因此,氩气 RF-DBD 从气体击穿到图 11.8 中 324 mA 最后一点的演化伴随了从大体积的 α 模式到鞘层主导的 γ 模式的转化。在氦气的 APGD 中,这种模式的转化通常与微分电导率从正到负的变化有关。然而即使图 11.9 中观察到了模式转化的发生,图 11.8 中微分电导率依然为正,这是因为图 11.8 中的电压是外加电压而不是气体电压。

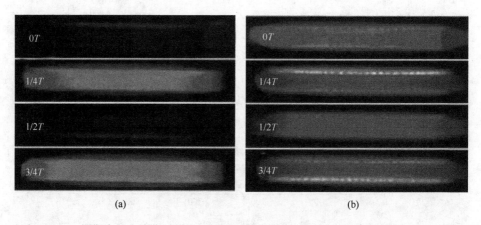

图 11.9　一周期内四个均分时刻的氩气 RF-DBD 图像(单曝光,曝光时间 1 ns 放电电流)

(a) 228 mA;(b) 311 mA

　　放电发射光谱诊断如图 11.10 所示,峰值电流 $I_{\mathrm{p}} = 311$ mA。在 300~550 nm 的区域,氮气谱线非常明显,同时在图 11.10(a)也能观察到氧原子 777nm 和 844 nm 的谱线。这是因为有机玻璃容器并不是密封的,容器外的杂质气体混进了氩气,因此 309 nm 的 OH 谱线也很明显。700~850 nm 的光谱带内都是氩气的谱线:697 nm、707 nm、727 nm、738 nm、751 nm、763 nm、772 nm、795 nm、801 nm、811 nm、826 nm、841 nm 和 843 nm,其中 697 nm、763 nm 和 772 nm 的谱线最强。和 RF-APGD 射流对比,RF-DBD 中氩气的谱线数量更多,说明了 DBD 等离子体有着更为活跃的化学性质,如 763 nm、801 nm、826 nm、841 nm 和 843 nm 谱线在

APGD 中很微弱,并且在多地电极系统中产生的大气压氩气等离子体中,772 nm 谱线比 811 nm 谱线更弱,这与图 11.10(b) 中的谱线形成鲜明对比。

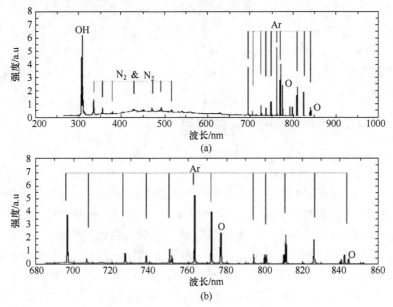

图 11.10 氩气 RF-DBD 发射光谱($I_{\mathrm{p}}=311$ mA)

2400 线/mm 光栅发射光谱可以用来估测气体温度。通过对比测量的 OH 309 nm 谱线和 LIFBASS 模拟数据能够得到转动温度。如图 11.11 所示,作为峰值放电电流的函数,氩气 RF-DBD 的气体温度范围是 461~562 K,远远高于氦气

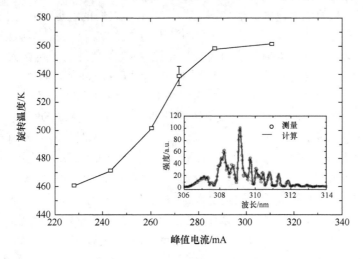

图 11.11 气体温度和放电电流的关系曲线

插图为实验 309 nm OH 谱线与模拟数据的对比

DBD 的温度,但和氩气其他大气压射频等离子体的温度相近。这个温度范围适合大多数的表面改性应用。同时,气体温度和放电电流的 S 形曲线说明,当电流增大到一定程度时温度会出现饱和,这是 RF-DBD 固有的控制热失控的能力。

总之,介质阻挡的引入可以产生大面积稳定的大气压射频辉光放电,并且放电电流的范围很大。纳秒成像可以观察到放电模式的转换,发射光谱说明了等离子体有很活跃的化学性质。气体温度在461~562 K 这个范围,可以胜任大多数的表面改性应用。

11.3.4 射频介质阻挡放电同金属电极放电对比

近年来,我们从理论上提出在射频大气压辉光放电引入电介质可以提高等离子体稳定性,而传统的射频大气压辉光放电是不需要介质壁垒的。这项技术或许可以提高射频大气压辉光放电的稳定性。本节通过实验研究表明,介质壁垒可以稳定射频大气压辉光等离子体放电,为了将来引用,我们称裸露电极的传统大气压辉光放电为 RF-APGD,用电介质绝缘的电极放电为介质阻挡放电。

射频介质阻挡放电等离子体在两个平行的不锈钢电极板之间产生,电极板由厚度为 0.5 mm、相对介质系数为 9 的绝缘层包裹。电极直径为 20 mm,气体间隙固定在 2.4 mm,其中一个电极通过一个自制的电阻匹配网络和功率放大器(AR 150A100B)由一台 5 MHz 的正弦射频电源(Tektronix AFG 3102)供电。放电电流通过宽频带电流探针(Tektronix P6021)测定,极间电压由宽频带的电压探针(Tektronix P6015A)测定。它们的波形由示波器(Tektronix TDS 3034B)记录。曝光频率为 10 ns 的 ICCD 相机用于捕捉等离子体放电状态,气体放电光谱由焦距为 0.3 mm 的光谱分析仪(Andor Shamrock)测量。

外施电压和放电电流的波形如图 11.12 所示。它们的波形为正弦波形,电流波形超前电压波形相角小于 90°。它们的波形与仿真结果一致,也与裸电极下大气压辉光放电研究结果类似。然而,它们的正弦特性与传统的千赫兹大气压 DBD 放电的脉冲电流波形有很多不同。从图 11.12 可以看出,ICCD 触发电压为 5 V,脉冲上升沿为亚纳秒级。为了说明介质壁垒对放电特性的改良,图 11.13 分别展示了 RF-APGD 和 RF-DBD 的电流电压特征曲线。在 RF-APGD 的情形下,击穿发生在当外施电压 $V_{arms}=276.2$ V、电流 $I_{rms}=50.2$ mA 时。随着外施电压的增大,放电电流呈线性增长,直到 $V_{arms}=470.3$ V、$I_{rms}=102.5$ mA,辉光放电的直径由 20 mm 缩减至 1 mm。由收缩点过渡到 b 点非常迅速,但是需要强调的是,射频大气压辉光放电在收缩点不一定是 γ 放电模式,因为 γ 放电可以不需要经过等离子体收缩而形成。事实上,不受约束的大气压辉光放电的 γ 放电模式的气体电压 V_g 和放电电流密度 J 具有负相关的微分电导率关系;射频大气压辉光放电的等离子体约束点易受外界影响,受约束的等离子体柱也很不稳定,因此电流密度很难准确估计。尽管需要更多研究证明受约束等离子体处于 γ 放电模式下,但还不能用等离子体约束点作为放电进入 γ 放电的标志。通过在电极间加入绝缘介质和调节气体间隙为 2.4 mm，击穿电压会发生在 $V_{a\text{rms}}=319.0$ V、$I_{\text{rms}}=50.2$ mA 时，击穿以后，放电电流随着外施电压的增大而增大。当放电电流一定时，RF-DBD 的外施电压总是大于 RF-APGD，而且它们的差值随着放电电流的增大而增大。这是由于电介质的分压，其分压值 $V_{m,\text{rms}}$ 根据 $V_{m,\text{rms}}=I_{\text{rms}}/C_m$ 变化，其中 C_m 是整个电介质的电容量。随着外施电压的进一步增加，一阶微分电导率在 530.4 V、95.5 mA 时变化明显。随后 RF-DBD 的 $I_{\text{rms}}=95.5$ mA 维持不变，这表明 RF-DBD 的等离子体收缩点可以规避，而且整个电流变化区间内等离子体放电横截面面积维持不变。因此微分电导的准则可以被引入。结果表明，$V_{a,\text{rms}}$-I_{rms} 的一阶微分电导的变化是由 α-γ 放电模式转变带来的结果。V_g-J 曲线由正相关变为负相关。因此，当 RF-DBD 的放电电流 $I_{\text{rms}}>95.5$ mA 时放电进入 γ 放电模式，$I_{\text{rms}}=95.5$ mA 称为 α-γ 模式转换点。结果表明，使用介质壁垒可以平稳射频大气压辉光放电，增大放电电流。实验结果表明，等离子体的收缩点与 α-γ 模式转换点和数值仿真结果定性吻合。

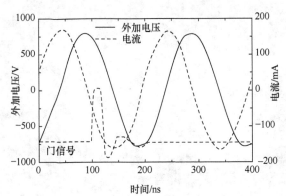

图 11.12　RF-DBD 外施电压放电电流及 ICCD 触发信号变化曲线

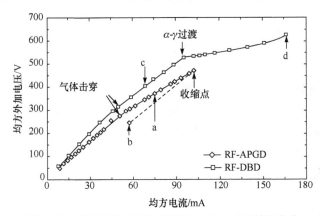

图 11.13　RF-DBD 和 RF-APGD 的电压电流特征曲线

为了进一步验证上述观点,我们用 ICCD 分别记录了 RF-APGD 和 RF-DBD 的放电状态。图 11.14(a)展示的是 $1\mu s$ 内 RF-APGD 的放电过程,它的第(1)张图片是在 5 ns、$I_{rms}=75.7$ mA 时刻,这与图 11.13 中的 a 点相对应。图 11.14(a)中 $t=T/4$ 和 $3T/4$ 时刻,此时放电电流分别达到其放电波峰和波谷。RF-APGD 在水平方向上均匀放电,它的光谱覆盖几乎整个间隙,光谱最强处位于气隙中心部位。这表明,放电光谱主要来自气体间隙中心部位。这是 α 放电的特征,通过实验表明 RF-APGD 的放电电流在 $40.2\sim102.5$ mA。在点 b 处为 57.8 mA,图 11.14(b)显示的是等离子体直径为 1 mm 时的图片。从图 11.14(b)中(2)~(6)可以看出,等离子体非常不稳定,不断摆动。进一步证明,RF-APGD 易受等离子体收缩(plasma constriction)影响,它直接由 α 放电转变而来。

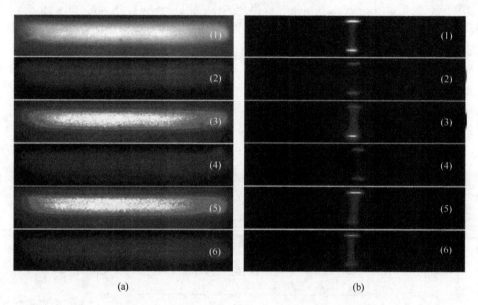

图 11.14　RF-APGD 在 $I_{rms}=75.5$ mA 和 57.8 mA 时等离子体
在 0、$T/4$、$T/2$、$3T/4$、T 时刻的动态图

当引入介质壁垒后,等离子体收缩就可以避免。图 11.15 所示为 1 ms 内 RF-DBD 和与图 11.13 中 c 点对应的 5 ns 时的图片。第(3)张和第(5)张图片照射于放电的 1/4 周期和 3/4 周期。此时放电电流分别达到正的和负的最大值。与图 11.14(a)类似,放电在水平方向各向同性,以近似钟罩的形状覆盖气体间隙,这是 α 放电的特征。当电流增加到 $I_{rms}=166.2$ mA,此时对应图 11.13 中的点 d。图 11.15(b)表明,RF-DBD 气体间隙和图 11.15(a)相同,等离子体收缩可以避免,放电在水平方向依然保持各向同性但局部电离程度较高。图 11.15(b)中第(3)张图片靠近阴极附近有一个明亮细层,而图 11.16 中靠近上方的电极也有一层明亮

的细层。它们是负极性辉光放电,气体电离发生在壳层附近,直接进入 γ 放电。图 11.15 进一步证明,介质壁垒可以减缓等离子体收缩,使射频大气压辉光放电在 γ 模式下有更大的放电电流变化范围。

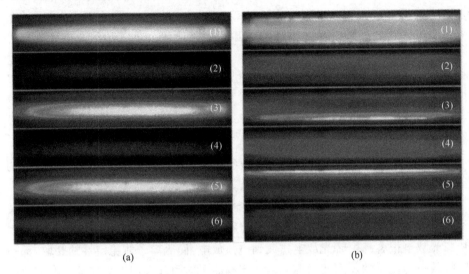

图 11.15　RF-DBD 在 $I_{rms}=69.0$ mA 和 166.2 mA 时等离子体
在 0、$T/4$、$T/2$、$3T/4$、T 时刻的动态图

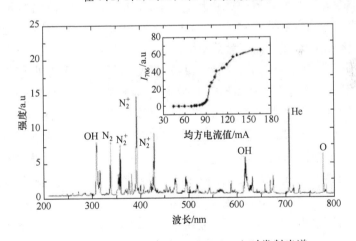

图 11.16　RF-DBD 在 $I_{rms}=104.4$ mA 时发射光谱

从 200 nm 到 500 nm 典型的 RF-DBD 发射光谱如图 11.16 所示。其中主要 OH 谱线为 309 nm 和 617 nm,N_2 为 337 nm,N_2^+ 为 357 nm、391 nm 和 427 nm,O 为 777 nm,He 为 706 nm。尽管工作气体是氦气,但管道中残留空气或氦气中混有空气,因此可以检测到氮和氧的发射光谱。在 RF-APGD 和中等气压的射频辉光放电中,通过电子密度与电压的关系来判别 α 模式到 γ 模式的转变。由于 RF-

APGD 放电电子密度不能可靠测量,我们用氦的 706 nm 光谱强度间接测量。如图 11.16所示,706 nm 光谱强度一直保持不变,直到 $I_{rms}=91.2$ mA,然后和放电电流一样迅速增大。拐点 $I_{rms}=91.2$ mA 与图 11.13 中 $\alpha\text{-}\gamma$ 模式的拐点 $I_{rms}=95.5$ mA 有所区别。进一步证明,RF-DBD 中 γ 模式放电不需要经历等离子体空间紧缩阶段。总之,常见的 RF-APGD 可以通过在电极间插入绝缘介质而减轻等离子体空间紧缩。大气压 RF-DBD 可以在 γ 放电模式下维持大电流而保持稳定。大气压 RF-DBD 比 RF-APGD 具有更好的稳定性,也为等离子体的广泛应用提供光明的前景。

11.3.5　射频介质阻挡放电的模拟计算

　　大气辉光放电 APGD 无需真空室,为金属和介质表面处理提供了前所未有的可能性。经过十年的发展,由于对 APGD 了解的深入,等离子体已经具有实际应用,如灭菌和表明涂层等。现在有很多关于 APGD 机理的研究,其中热点就是关于 APGD 放电模式,以及它们对等离子体稳定性的影响。这一点很重要,因为大气压弧光放电很容易由辉光放电过渡到电弧放电,而等离子体稳定性的获取,都是以牺牲效率为代价的。因此研究如何稳定等离子体引起人们极大兴趣。本节通过数值计算研究非传统的使用绝缘介质将电极绝缘提高放电稳定性的 APGD 放电。这种 APGD 实际上就是介质阻挡放电,简称 RF-DBD。为了指代明确和避免混淆,我们称传统的裸露电极的射频 APGD 为 RF-APGD,过去,APGD 绝缘电极间的频率在千赫兹量级,而不是兆赫兹量级。

　　我们的研究是基于原创的一维连续自持模型,而且与实验数据结果吻合得很好。我们使用氦气作为大气压 RF-DBD 放电的工作气体,为了研究等离子体的主要特性,以纯净的氦气为背景气体,忽略杂质气体。该数值模型包含六种粒子,分别是电子(e)、氦离子(He^+)、激发态氦原子(He^*、He_2^+、He_2^*)和背景气体(He)。有电子参与的电化学反应的反应率,我们用电子平均能量而不是局部电场强度表示,这样更能准确地描述电极壳层区域。两个电极都由绝缘层覆盖,绝缘介质的相对介质系数为8,厚度为 1 mm。通过绝缘介质的位移电流为:$I=C_d V_m/t$,式中,C_d 是两个绝缘介质层间的串联电容,V_m 是两个绝缘层间的电压。接下来还将介绍记忆电压。气体电压 V_g 和外施电压及记忆电压不同,其中 $V_g(t)=V_a(t)-V_m(t)$。

　　设激励频率为 13.56 MHz,气体压强为 760 Torr,气体温度是常量 300 K,两个被绝缘介质包围的电极间气体间隙是 2.4 mm。图 11.17 反映的是 RF-DBD 放电电流密度和三种电压间的计算曲线,它们都呈现正弦波形,而且气体放电电流超前放电电压,接下来是外施电压。这和大气压千兆赫兹 DBD 放电有很大不同,放电电压和放电电流都是非正弦。而且,千兆赫兹大气压 DBD 放电,短脉冲下脉宽很窄。如图 11.17 所示,RF-DBD 外施电压的峰值是 450 V,而相应气体和记忆电压分别是 281.1 V 和 234.3 V。有趣的是,峰值电流密度是 70.8 mA/cm²,比 RF-APGD 要高很多。

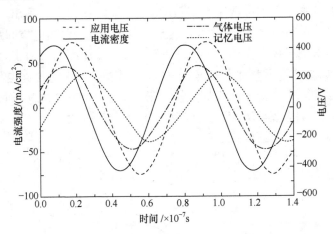

图 11.17　大气压下典型 RF-DBD 的电流密度和电压曲线

图 11.18 反映的是 RF-DBD 的电流电压特征曲线,其中外施电压、间隙电压和记忆电压是电流密度均方根的函数。由于电极表面介质层在放电回路中相当于一个电容器,它的电压与放电电流线性成比例,如图 11.18 所示。当放电电流密度从 5.7 mA/cm² 增加到 151.5 mA/cm²,记忆电压则从 2.7 V 增加到 505.8 V。因此,表面电阻是 0.3 Ω/m²,这与在 13.56 MHz 介质间电抗值相同。同时气体电压随着电流密度的变化与传统的裸露电极的 RF-APGD 类似。当气体击穿以后,电流密度从 5.7 mA/cm² 增加到 36.6 mA/cm²,气体电压则从 157.4 V 增加到 206.2 V。表面等离子体微分电导率为正。当超过 206.2 V 后,气体电压开始下降,而电流密度仍在增加,这表明等离子体微分电导率为负。因此,RF-DBD 会由在低电流密度时正的微分电导过渡到高电流密度负的微分电导。这和传统裸露电极的 RF-APGD 很类似,都是随着电流增长,外施电压下降负的微分电导率。这意味着放电电流的增长不受外施电压的约束。因此通过控制输入功率不能有效控制电流增长,RF-APGD 很容易由辉光放电过渡到电弧放电。目前通过提高激发频率或缩小电极间隙可以有效解决这个问题。由于微分电导与等离子体稳定性密切相关,从图 11.17 可以看出,外施电压与放电电流密度同步增加。这表明电极附近的微分电导是正极性的,所以提供给等离子体的射频功率不能有效控制放电电流密度。通过将等离子体与外部电路分离,介质阻挡放电可以保证等离子体稳定性而又不会抑制放电电流的增长。因此,介质板对大电流气体放电能够保证稳定性,尽管这在小电流情况下并不是必需的。通过图 11.18V_g-I 关系曲线进一步发现,当放电

电流很小时,气体电离程度弱,等离子体主要呈电容性。随着放电电流增加,气体电离度提高,等离子体主要呈电阻性。从图 11.19 可以看到,放电电流与气体电压相位差从 46.8° 减小到 25.2°,伴随着的是等离子体由电容性变为电感性。随着放电电流的增加,等离子体的电导率也剧烈增加。由图 11.18 可以看出,当放电电流密度大于 36.6 mA/cm² 时,等离子体的电导率会变为负值。当电极间加入介质板时,外施电压在等离子体和介质上分压均下降。从图 11.19 可以看出,外施电压的阻抗性质由电阻性变为电感性。随着放电电流的增加,电流与外施电压的相位角由 54.9° 增加到 72.9°,等离子体表面阻抗介于 0.1 Ω 到 0.6 Ω 之间,而介质板的表面阻抗恒为 0.3 Ω,因此可以显著改善等离子体的负载特性。

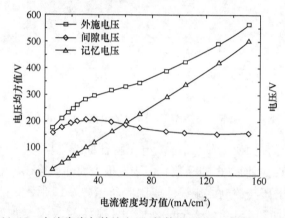

图 11.18　电流密度与外施电压、气体电压及记忆电压关系曲线

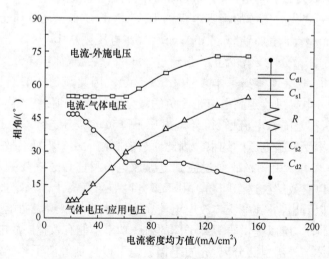

图 11.19　电流密度与外施电压、气体电压及气体电压与记忆电压关系曲线

即使是在很高的电流密度下,RF-APGD 也不太可能出现纯电阻的情况。电极附近等离子体鞘层消耗电子,因此可以看做是电容。这样,大气压下 RF-DBD 可以看成是图 11.19 所示电路。其中 C_{d1} 和 C_{d2} 是两个介质板的电容,C_{s1} 和 C_{s2} 是两个等离子体鞘层的电容。考虑到等离子体鞘层的消失区域是为了方便数值计算,图 11.20 所示为鞘层电压和鞘层厚度与电流密度之间的依赖关系。与具有裸露电极的 RF-APGD 相似,随着电流密度的增加,鞘层厚度呈单调递减。在较低电流密度(低于 36.6 mA/cm^2)时,鞘层电压随电流密度的增加而增加,并且鞘层电场强度适中(不超过 9.8 kV/cm)。数值模拟发现,阴极辐射出的电子在鞘层区域中并没有得到充分加速,为了达到氦气的电离能,其在等离子体区中的后续加速则变得不可或缺。结果,气体电离可能是体电离——鞘层区和等离子体区中都存在。因此,RF-DBD 是在 α 模式下。当电流密度增加超过了 36.6 mA/cm^2 时,鞘层厚度迅速减小,而鞘层电场强度迅速增长到 22 kV/cm。数值模拟发现,大多数电子能够在鞘层区中达到氦气电离能,并且气体电离局部化到鞘层和体等离子体之间的边界处。因此,在该高电流密度处,RF-DBD 是在 γ 模式下。电极(没有画出)间隙中电离速率的等高线图证实,电流密度低于 36.6 mA/cm^2 时,气体电离为体电离,而在电流密度高于 36.6 mA/cm^2 时,其变为局部电离。因此,临界电流 36.6 mA/cm^2 将 RF-DBD 的 α 模式与 γ 模式分开。该电流也将图 11.18 中的正差分电导和负差分电导分开。

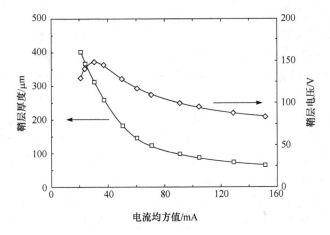

图 11.20 电流密度和鞘层电压关系及最大鞘层厚度

总体而言,本次研究显示,在 RF-APGD 中,通过对电极进行介质隔离能够限制放电电流的无限增长,并因此极大地提高了其所产生等离子体的稳定性。研究显示,介质阻挡能有效地稳定高放电电流下的 RF-APGD,即使其对于小放电电流下的 RF-APGD 的产生和稳定并不是必需的。通过研究发现,大气压 RF-DBD 具

有 α 模式和 γ 模式,这点与通常的具有裸露电极的 RF-APGD 相似。而与通常的 RF-APGD 不同,大气压 RF-DBD 已经被证实在 α 模式和 γ 模式下都能够保持稳定。结果,大气压 RF-DBD 可以在很高的电流密度下工作运行,而其由辉光放电向电弧放电转变的趋势大大减小。

11.4 脉冲射频等离子体

11.4.1 脉冲调制射频介质阻挡辉光放电模式

近来,大气压辉光放电(APGD)的物理基础和实际应用得到相当大的关注。因为不再受到真空腔体的限制,APGD 在纳米科学和生物杀菌等领域有着广泛应用,它们通常由千赫兹频率的正弦或脉冲激励的介质阻挡放电实现。没有介质阻挡的稳定 APGD 可以通过纳秒脉冲或者射频产生,即使对 RF-APGD 来说,介质阻挡仍然是控制等离子体不稳定性的有效手段。相比 DBD,RF-APGD 有更高的等离子体密度和更低的激发电压,但是更高的功率消耗和气体温度限制了它的应用。要克服这个缺点,一个很容易想到的方法是对射频激励进行脉冲调制。将等离子体发生限制在一个脉冲周期的一小部分,重复频率低至 1 kHz,APGD 的功率消耗显著减少并且放电稳定性也得到了提高。但是脉冲调制是否改变了等离子体的产生机制目前尚不清楚。本节我们对两个重复频率 10 kHz 和 100 kHz 下的大气压射频氦气 DBD 不同占空比的脉冲调制进行实验研究。

实验中,脉冲调制 RF-DBD 产生在两个平行放置的圆形铜电极之间,直径均为 20 mm。每块电极表面覆盖了一层 25 mm×25 mm 方形氧化铝陶瓷片,厚 0.5 mm,相对介电常数为 9.0。放电间隙被固定为 2.4 mm,整个装置被封装在有机玻璃容器内,通入氦气的流速 5 L/min,气压 760 Torr。双通道信号发生器(Tektronix AFG 3102)产生 13.56 MHz 的正弦射频信号,其脉冲调制信号的频率为 10 kHz 或 100 kHz。调制后的射频信号经过功率放大器(AR 150A100B)和自制的阻抗匹配网络加到电极上。宽带电流探头(Tektronix P6021)和宽带电压探头(Tektronix P6051A)用来测量放电电流和外加电压,数字示波器(Tektronix TDS 3034B)用来记录其波形。脉冲信号(和调制信号相同)驱动的 ICCD 相机用来捕捉等离子体图像。光谱仪用来检测发射光谱,焦距为 0.3 m,光栅选用 600 线/cm 或 2400 线/cm。

图 11.21 所示的是电极上的外加电压及调制频率为 100 kHz、占空比为 50% 时的放电电流的波形。当有射频功率时,外加电压峰值在 500 V 左右,放电电流在前 1 μs 的时间里逐渐上升,最后达到峰值 280 mA。有外加功率时的外加电压和放电电流波形如图 11.21 中的插图所示,这和没有调制的 RF-APGD 的情况很类似。为了揭示调制频率和占空比对放电特性的影响,我们绘制了外加电压峰值固

定为 500 V 时,放电电流峰值随占空比变化的曲线,如图 11.22 所示。调制频率为
100 kHz 时,占空比从 99% 降低到 20%,放电电流从 290 mA 线性下降到262 mA,
斜率为 0.35 mA/%。如果继续降低占空比到 1%,放电电流则以 5.68 mA/% 的
速率急剧下降到 154 mA。这说明当占空比小于 20% 时,放电模式发生了变化。
调制频率为 10 kHz 时,类似的放电模式转化发生在 I_p=218 mA、占空比为 70%
时,斜率为 2.45 mA/%。模式转变后,电流以 0.49 mA/% 的速度缓慢下降到 186
mA,占空比为 5%。如图 11.22 所示,以上放电特性被分为 Ⅰ、Ⅱ、Ⅲ 三种情况,具
体原因将在下文中讨论。

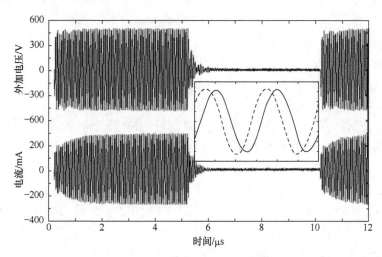

图 11.21　脉冲调制的外加电压和调制信号频率为 100 kHz、占空比为 50% 的放电电流波形
插图表示的是外加电压(实线)和有射频功率时的电流(虚线)波形

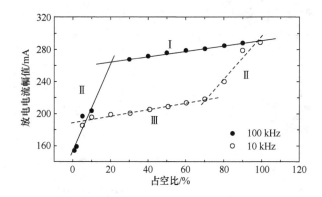

图 11.22　调制信号频率 10 kHz 和 100 kHz 下放电电流峰值和占空比的关系曲线

　　减少施加功率的时间可以减少一次放电中的电子产生率,并可以影响到下一
次放电。数值模拟结果表明,传统的无调制的 RF-APGD 中,电子被俘获在放电间

隙中,其密度分布类似钟的形状。这说明射频功率关闭之后,被俘获的电子会向两极板方向扩散,电子在气隙中扩散 L 的距离所用的时间约为 $\Delta t = L^2/4D_e$,其中 D_e 是电子扩散系数。如果要扩散气隙一般的距离或者全程,Δt 分别约为 $8.3\ \mu s$ 和 $33.2\ \mu s$,如图 11.22 所示,100 kHz 时的模式转换(Ⅰ→Ⅱ)发生在占空比 20% 时,10 kHz 模式转换(Ⅱ→Ⅲ)发生在占空比 70% 时,分别对应的无功率时间为 $8.0\ \mu s$ 和 $30.0\ \mu s$,这和电子扩散半个和整个间隙的时间非常吻合。如果无功率时间少于 $8.3\ \mu s$,这一放电周期产生的大部分电子仍保留在气隙中,成为下一放电周期的种子电子。这和传统的无调制的 RF-APGD 很类似,对于传统的 APGD,放电维持下去的条件是当前周期产生的大部分电子都能成为下一放电周期的种子电子。因此,我们把模式Ⅰ称为连续模式。

如果无功率的时间足够长,所有电子都能穿过整个气隙,下一个放电周期到来时,气隙中已没有电子,等离子体需要在无种子电子的情况下从未电离的气体中重新产生,这使得每次放电都是一个相对独立的过程。因此,模式Ⅲ被称为离散模式。当无功率时间介于 $8.3\ \mu s$ 和 $33.2\ \mu s$ 之间时,会有部分电子成为种子电子,虽然和连续模式相比种子电子少了很多,但也足够产生下次放电。这是介于Ⅰ和Ⅲ之间的过渡模式。

为了更好地探究其原理,我们对三种模式下的 RF-DBD 点燃过程进行了拍照,拍照间隔 100 ns,曝光时间 100 ns。图 11.23 所示的是射频功率加到电极上的瞬间三种模式下等离子体辐射强度在空间上积分的分布。很显然,等离子体点燃过程需要一段时间才能达到稳态。如果把点燃时间定义为从功率施加开始到达到稳态的瞬间结束,三种模式的点燃时间分别为 $0.3\ \mu s$、$0.6\ \mu s$ 和 $1.4\ \mu s$,如图 11.23所示。连续模式下点燃时间很短是因为种子电子数量充足,加速了下一放电周期的点燃过程。相反,离散模式下因为没有种子电子的支持,点燃过程需要

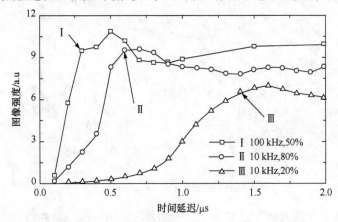

图 11.23　连续模式(Ⅰ)、过渡模式(Ⅱ)和离散模式(Ⅲ)下发射强度随时间的变化

首先生成一定量的电子,这导致更长的点燃时间。过渡模式下,种子电子的作用相对有限,所以点燃时间介于连续模式和离散模式之间。值得注意的是,连续模式下的辐射强度最大,在达到稳态前有一个超调的波峰。

　　图 11.24 所示的是一个完整的点燃过程中三种模式的辐射时空分布。传统的无脉冲调制 RF-APGD 辐射强度大的地方都集中在电极附近,并将会一直保持稳态。对脉冲 RF-DBD 来说,周期性的功率打开和关闭引入了一个周期性的等离子体点燃过程。离散模式下点燃过程初期,如图 11.24(c)所示,强辐射区域位于放电间隙中部附近,并随放电逐渐达到稳态的过程向电极附近移动。这也是鞘层形成的过程。图 11.24(c)中离散模式电极附近强辐射区域的形成时间很长,同样是因为缺乏种子电子的缘故,这也与图 11.23 相吻合。值得注意的是,剩余电子使点燃时间缩短了 1.1 μs,图 11.24(c)同时表明因为缺乏种子电子,鞘层完全形成至少需要 2 μs 的时间。

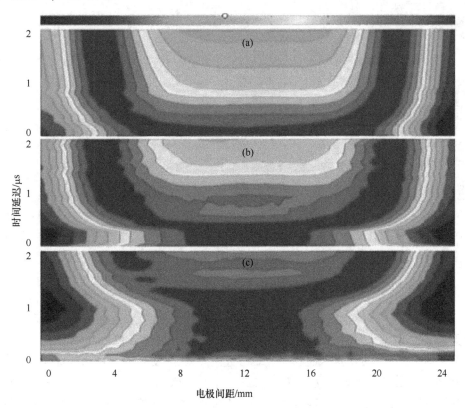

图 11.24　不同放电模式下的等离子体时空分布

(a) 连续模式;(b) 过渡模式;(c) 离散模式

图 11.25 所示的是脉冲频率 100 kHz 条件下功率密度、气体温度及辐射强度

随占空比的变化情况,这便于我们更好地研究放电性质。连续模式下,占空比从90%减小到20%,使功率密度从55.49 W/cm³减小到8.70 W/cm³。这是很容易理解的,小占空比意味着长时间没有功率输入,因此功率密度会变小。当占空比继续减小到1%,放电进入到过渡模式,功率密度也急剧下降至0.09W/cm³。过渡模式的辐射强度也远远小于连续模式。图11.25用氦的706 nm辐射谱线和氧的777 nm辐射谱线来表示放电强度和化学活性,它们随占空比的变化规律也和功率密度相似。气体温度通过对比OH 309 nm谱线的测量值与计算值得到。占空比从90%减少到1%时,气体温度也从500.9 K下降到364.1 K。这说明调节脉冲可以降低DBD的气体温度。

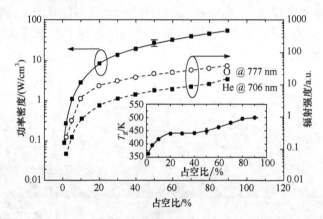

图11.25　100 kHz条件下功率密度、辐射强度随占空比的变化曲线
插图是气体温度随占空比的变化

总之,根据两次放电间隔极板之间剩余电子的多少可以将脉冲RF-DBD分成三种放电模式。我们还分析了剩余电子在等离子体点燃过程中起到的作用,减小占空比可以降低功率密度和气体温度。

11.4.2　脉冲放电模式转变和脉冲射频容性耦合等离子体 O(^{5}P$_1$) 产生机制

如今,大气压辉光放电(APGD)由于有许多应用,如纳米科学和生物灭菌而日益受到重视的。APGD由千赫兹正弦和脉冲直流激励,因其可以在较低气压下为等离子体提供更长的羽长,而在生物医学应用领域广受欢迎。RF-APGD已被证明能够产生更高密度的反应性物质,这是由于其高效的电子俘获机制和快速电子加热振荡。这种高效电子加热导致的几百度的气体温度和 α-γ 模式下的热不稳定性限制了其在生物医学方面的应用。虽然脉冲射频容性耦合等离子体(PRF CCP)已经通过更短的占空比用于限制气体温度的增加,但其上升阶段,放电动态随电流和电压增加的变化过程尚未研究。另一方面,等离子的杀菌作用效果取决于氧化物质的浓度,如 O_3、OH 和 O。777 nm($O(^5P_1)\to O(^5S_1)+h\lambda$)处的辐射强度常用来显示等离子中氧原子的浓度,但 $O(^5P_1)$ 生产的主要机制尚未确定。本节通过实验和数值模拟结果,阐明电子加热机制对 PRF CCP 从均匀等离子体向 α 模式转化过程的影响和 $O(^5P_1)$ 的主要生产机制。最后,对 PRF CCP 杀菌效率进行了分析。

在这项工作中实验装置的电极由两个水冷却平行的不锈钢组成,且每个直径2 cm,放电间隙是 2 mm 和系统被安置在有机玻璃箱。函数发生器(Tektronix AFG3021B)、RF 功率放大器(RuisijieerRSG-K)和自制的匹配网络用于向电源电极提供脉冲射频功率,射频频率是 12.5 MHz,并且脉冲调制频率为 12.5 kHz。整个放电的电流和电压由宽带电流探头(earson Current Monitor 2877)、宽式的频带电压探头(Tektronix P5100)以及一个数字示波器(Tektronix TDS 5054B)来测量。ICCD 相机(Andor i-Star DH720)用于拍摄本节中所提出的图像。

由一维流体模型可以更好地理解等离子体放电过程。它解决了每个等离子体实物(电子、氦气和氧气)的连续性方程,从而忽略颗粒的惯性,且动量方程取代漂移扩散近似值。虽然不被视为在模拟脉冲调制,它仍然捕捉单个射频周期放电动态,并达到与实验值吻合良好。最后,能量方程、连续性方程与泊松方程能够自洽解。

图 11.26 显示出在相电源阶段 PRF CCP 的电流和电压特性。施加电压的峰值大约是 640 V,上升阶段中射频振荡幅度增加为 5.7 μs。射频电压在 3.6 μs 时上升到 640 V,其次是一个低谷为 0.9 μs,但电流幅度保持增加到 154 mA,直到 5.7 μs 时。这表明,被俘获的电子和离子聚集在气体中的间隙,并加剧放电,直到电子和离子的产生与电极上的损失之间达到平衡。在第二阶段中,电压和电流的振幅保持恒定 12 μs。随后,降低电压导致等离子衰变期为 2 μs。因此,电源的占空比为 22.5%。气体温度的获得是通过比较实验和模拟 N_2 光谱的 $c^3\Pi_u-B^3\Pi_u$($\Delta v=-2$)频带获得。由于水的冷却,气体温度为(290 ± 10) K,这是比上述脉冲射频等离子体射流少 20 K。

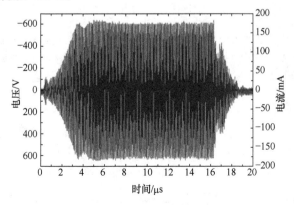

图 11.26 一个脉冲阶段中的射频电压和电流幅值

图 11.27 显示了在电源相期间的上升阶段空间和时间分辨光辐射中的关系。通过获得一系列在不同的射频阶段曝光时间为 5 ns 的图像,平均光学辐射量在径向方向上的数据,并收集结果来重建光学辐射量中所示的数据。图 11.27(a)是在 3.06 μs,电压峰值为 520 V,电流峰值为 90 mA 时拍摄的。均匀的等离子体散在气隙之间,其发光强度在电压峰值更强。虽然仿真不能明确地模拟所有的波长发射模式,但是在光发射模式(图 11.27(a))和电子产生率(图 11.27(b))之间找到一个很好的平衡。等离子体中的光辐射和电离团归因于所施加电场的影响。鞘层内 706 nm 辐射与强电场密切相关,并且 706 nm 波长图像显示在 706 nm 处的辐射仅仅密集在距阴极的区域小于 0.1 mm 处。仿真结果的电场图(图 11.27(c))清楚地表明,鞘层强电场(2000 V/cm)与电极的距离接近 0.05 mm。适当的气隙距离通过欧姆加热,有利于功率耦合到电子,因此,能量沉积在等离子体团(图 11.27(d))是在相同的模式中观察到的光发射(图 11.27(a))。

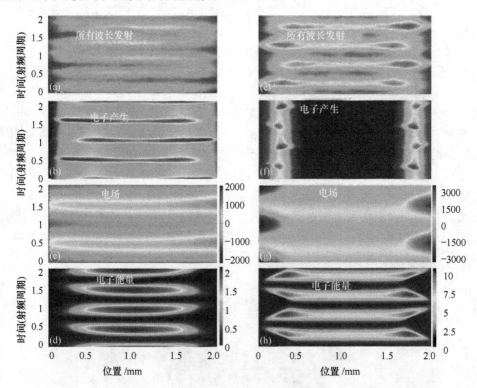

图 11.27　I_{peak}＝90 mA 和 I_{peak}＝120 mA 时的时空分辨的放电光发射图案
(b)、(f)产生时空分辨的电子产生率;(c)、(g)时空电场;(d)、(h)电子吸收的功率
(a)～(d)为低电流下数据;(e)～(h)为高电流下数据

由于在 3.6 μs 所施加的峰值射频电压增加至 640 V,电流上升到 120 mA,除

了产生巨大的等离子体团,大部分的光学辐射量集中在鞘层的边缘附近,这表示放电处于 α 模式下(图 11.27(e))。通过模拟预测的电子的产生率明显地提出了这种过渡(图 11.27(f)),间隙中心的发射水平的低估是由于在仿真中没有考虑到杂质(主要是氮气)的影响。另一方面,作为典型的 α 放电模式,706 nm 发射模式在图中具有相同的电场分布的模拟结果(图 11.28(b))。由 706 nm 发光图案的鞘层扩展动力学捕获的电场分布模拟结果如图 11.27(g)所示。无论是 706 nm 发射还是电场分布都显示鞘层的最大宽度为 0.25 mm。电子功率密度如图 11.27(h)所示,表示能量耦合到等离子体中的光发射相同的图像。在扩大和撤退鞘层边缘的高功率密度区域是由电子与快速移动的等离子鞘边界的随机加热引起的。平均随机热值为 $S_{stoc} = 0.5m_e v_e n u_{sh}^2$($u_{sh}$ 是鞘边界的速度,v_e 是平均电子热速度,n 表示等离子体密度)。增加 5 倍的鞘层将会增加 5 倍的鞘层速度 u_{sh} 和 25 倍的随机热值。由于目前电流从 90 mA 提高到 120 mA,在等离子体中欧姆加热增加了 1.78 倍。除此之外,比较图 11.27(c)和图 11.27(g)之间的平均的功率密度,表明平均功率密度分别在鞘层的边缘增加了 21 倍和在气隙中心增加了 2.5 倍。因此,快速增加随机加热的边界扩大鞘在鞘边缘和缝隙中心是 α 模式下均匀放电模式过渡的关键原因。

在第二阶段,等离子光发射强度比的上升阶段变得更强(图 11.28(a))。虽然工作气体是氦气,由于气体杂质和室气密性,射频放电光发射的频谱主要是由氮相关波长频段占据,而且全波段和 391 nm 波长具有相同的模式($N_2^+ (B^2\sum_g^+) \rightarrow N_2^+ (X^2\sum_g^+) + h\lambda$),这表明大量的低能电子($\varepsilon > 3$ eV)在鞘外面产生 $N_2^+ (B^2\sum_g^+)$。另一方面,在 706 nm 处的发射(图 11.28(b))也表明在鞘的内部只有非常少的高能量($\varepsilon > 22$ eV)电子。与其他所有波长和 706 nm 波长发射不同,777 nm 处的发射模式(图 11.28(c))表明大量的鞘外低能电子和较少的鞘内高能电子对产生 $O(^5P_1)$无影响。

为了研究电子加热在 $O(^5P_1)$产生机制的效果,所用的模型添加了 He、e 和 O 之间的 20 个反应。实验中添加到流体模型中所用的氦气的纯度是 99.9%。虽然气室不是气密的,在实验前 10 min,氦气不断吹入到腔室以确保气体的纯度。因此,在实验中的 O_2 的量估计不大于 0.05%。比较所有波长的发射模式,电子产生模式(图 11.28(a)和(e))与数值 706 nm 的发射模式(图 11.28(b)和(f))表明了仿真的精度。仿真中,777 nm 发射得到的模拟图(图 11.28(g))和实验中在相同环境下得到的实验图(图 11.28(c)),除了可能是因为 CCD 摄像机缘故造成的多一点鞘层外的光学辐射量外均相同。为了帮助解释图 11.28(c),$O(^5P_1)$产生和消失反应的贡献如图 11.29 所示。由于 He* 和 He$_2^*$ 的缘故致使 O_2 的解离和激发明显大于电子的离解和激发。图 11.28(d)和(h)所示的 He* 和 He$_2^*$ 密度的时空的演变表示鞘层的影响可以忽略不计。O_2 中电子的解离和激发对于鞘外 777 nm

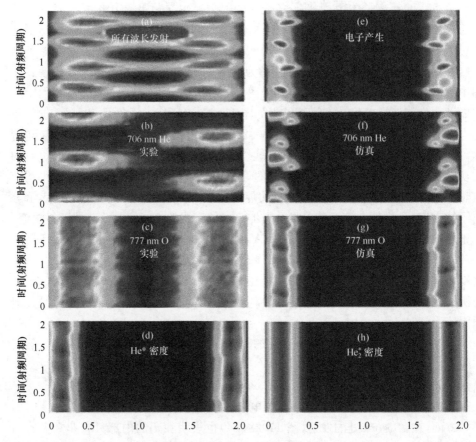

图 11.28　在 $I_{peak}=154$ mA 时的全波段光学辐射的时空分布(a);$I_{peak}=154$ mA 时的电子产生率(e);706 nm 辐射的时空分布(b)实验和(f)数值结果;777 nm 辐射的时空分布(c)实验和(g)数值结果;He^* 和 He_2^* 的时空分布(d)和(h)

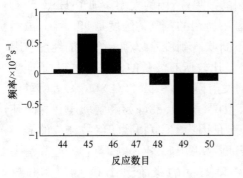

图 11.29　均匀时空下 $O(^5P_1)$ 的产生速度
正频率是指生产反应,负频率意味着失去反应

发处射的数值计算结果的影响可以忽略不计。

总而言之,本节研究了 PRF CCP 从均匀放电模式过渡到 α 模式的过程,以及 $O(^5P_1)$ 的生产模式机制。快速增加的随机加热是放电模式转变的关键原因。He^* 和 He_2^* 在产生 $O(^5P_1)$ 的机制中通过解离与激发 O_2 起到主要作用,因此,鞘层对 777 nm 辐射的影响可以忽略不计。

11.4.3　脉冲射频等离子体射流推进特性

因为经济和技术的原因,大气压辉光放电在过去的二十年里得到越来越多的关注。大气压下产生的推进到空气中的等离子体射流可用于直接治疗,包括生物分子灭活、伤口治疗以及纳米结构制造等。不同电源驱动的等离子体如千赫兹高压、千赫兹脉冲直流及双频(千赫兹和兆赫兹加在不同的电极上)已被研制出来。最近,单电极双频驱动如脉冲射频和双射频被用来克服气体温度高的缺点(会限制射流在生物医学的应用),或者增加射流的长度。本节中,我们展示 4 cm 长的脉冲射频驱动的等离子体射流,同时分析射流推进的物理过程。

等离子体发生装置由一个 8 cm 长的玻璃管和等长的放置在管中央的铜电极组成,铜电极直径为 2 mm,石英管的内径和外径分别为 5.3 mm 和 8 mm。玻璃管两端都与外界相通,工作气体 He 以 5 SLM 的速度从一端通入,同时从另一端推进到空气中。一个信号发生器(Tektronix AFG3021B)、一个射频功率放大器(Ruisijieer RSG-K)和一个自制的匹配网络将脉冲射频功率传递到铜电极上。脉冲调制将射频信号分成通电和断电两部分。脉冲调制信号频率为 4 kHz,射频信号为 12.8 MHz,占空比为 3.2%,所以通电时间等于 100 个射频周期。光学滤波器用来拍摄特定波长范围的照片。

图 11.30 所示为一个脉冲周期内的射频电压曲线。触发信号开始于 0 ns,因为外加触发和信号发生器间的延时,100 个射频周期开始于 381 ns,结束于 8381 ns。射频峰值电压从 300 V 持续增加到 3.7 kV。之后,快速衰减的阶段表示外加功率减少导致的等离子体熄灭过程。断电后电压的振荡是由射流装置内残留的电荷和功率源及射流间的匹配引起的。

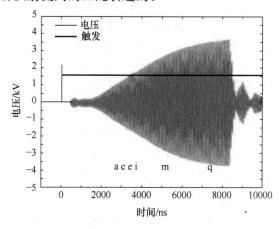

图 11.30　一个脉冲周期内的外加电压曲线

虚线 a、c、e、i、m 和 q 分别对应图 11.32(a)、(c)、(e)、(i)、(m)和(q)中的零时刻

图 11.31 为四张 5 ns 曝光时间的等离子体照片，拍摄于脉冲高电平中的不同时刻。这些照片并没有标准化到相同的辐射强度。射频峰值电压为 1460 V 时，等离子体射流长度为 2 mm，并且亮区在电极附近（图 11.31(a)）。随着峰值电压升到 3420 V，在 7440 ns 射流长度增加到 2.3 cm（图 11.31(d)）。电压 2.3 倍增加引起了射流长度 11.5 倍增加。另外，亮区和等离子体末端之间的暗区（图 11.31(a)～(c)）在图 11.31(d) 中消失了。

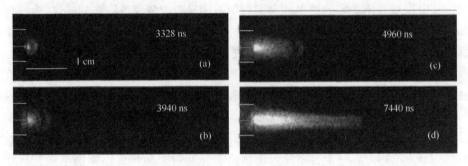

图 11.31　CCD 相机拍摄的 5 ns 曝光时间射频电压最大值时等离子体羽辉照片

为了更好地理解射流长度随外加电压升高快速增加的机理，包含 391 nm 辐射（$N_2^+(B^2\sum_g^+) \rightarrow N_2^+(BX^2\sum_g^+) + h\lambda$）、706 nm 辐射（$He(^3S_2) \rightarrow He(^3P_2) + h\lambda$）、777 nm 辐射（$O(^3P_2) \rightarrow O^3S_2 + h\lambda$）的全波段辐射时空分布如图 11.32 所示。全波段分布的获得方法和文献[7]相同。

在 2885 ns，射频正半周期开始，等离子体最初表现为阳极电晕放电，这可以从放电集中在距离电极 0.6 mm 的现象中得到（图 11.32(a)）。阳极电晕放电的形成主要归功于旁边扩展的空间电荷鞘层。它使电场集中在阳极附近，因而电离区域也集中在阳极表面。因为 706 nm 辐射可以反映 22 eV 高能电子的分布，这些电子只可能产生于强电场中。图 11.32(b) 所示的 706 nm 辐射证实了电场确实集中在阳极附近。而 391 nm 和 777 nm 辐射非常弱，所以并没有展示出来作为对比。在负半周期中，阴极辉光也集中在电极附近，但是辐射强度要小一些。

电晕放电的两个射频周期之后，如图 11.32(c) 所示，电极附近的放电已经很微弱，而且放电主要发生在正半周期开始的时候，这个现象和阳极流注很相似。然而和头部快速移动的流注（称为等离子体子弹）不同，图 11.32(c) 中的流注几乎不向前推进。流注头部的推进主要因为头部的光电离过程和后面导电通道的电场引起。直流微秒脉冲和千赫兹等离子体射流的外加电压很高并且推进过程很稳定，和它们不同的是，射频等离子体中快速振荡的电场不能支持流注头部的推进，所以没有等离子体子弹现象。流注头部后面微弱的放电证明了导电通道的存在。在负半周期，尽管阴极辉光集中在电极附近，微弱的辐射还是延伸到了和阳极流注同样的距离,说明导电通道一直保持到了负半周期(图 11.32(c))。

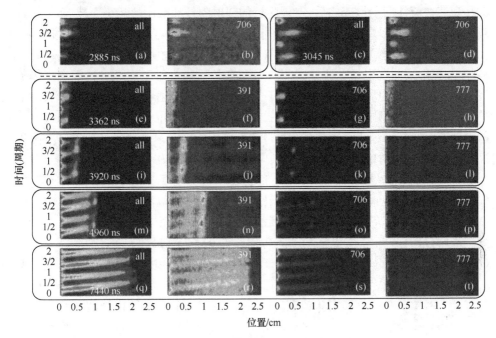

图 11.32　等离子体射流中不同波长辐射的时空分布

(a)～(b)、(c)～(d)、(e)～(h)、(i)～(l)、(m)～(p)和(q)～(t)的初始时刻分别对应图 11.30 中虚线 a、c、e、i、m 和 q;(a)、(c)、(e)、(i)、(m)和(q)为全波段分布;(f)、(j)、(n)和(r)为 391 nm 辐射分布;(b)、(d)、(g)、(k)、(o)和(s)为 706 nm 辐射分布;(h)、(l)、(p)和(q)为 777 nm 辐射分布;(a)、(b)、(c)和(d)的宽度为 0.5 cm,其余为 2.5 cm。时间 0～1/2 代表正半周期。0 mm 位置代表铜电极

流注放电的形成过程是从电晕放电到一次流注再到二次流注,二次流注就是剩余流注通道的再发光。如图 11.32(e)所示,正半周期电压上升阶段开始的阳极发光区能够在电压下降阶段一直保持稳定。尽管这个现象和二次流注的性质有关,流注放电的顺序我们并没有观测到。更长的流注可以更清晰地反映二次流注的演化。当电压升到 1.9 kV,二次流注的长度增加到 0.5 cm(图 11.32(i))。因为通道尾部大量正离子产生的光电离,电压为零时等离子体尾部仍然有少量辐射,这也被图 11.32(j)中的 $N_2^+ (B^2\sum_g^+)$ 391 nm 辐射所证实。光电子在通道内加速。在正半周期电压上升时,通道内的电场增强,电场加速到高能级所需的距离减少,同时这些高能电子产生的激发态粒子导致的发光区域向外移动。另外,离子和亚稳态粒子的寿命(微秒量级)比射频周期长,于是就在导电通道中逐渐积累。因此和直流微秒脉冲放电中的阳极二次流注不同,二次流注可以直接使通道发光而不需要阳极流注的帮助。这个加强的流注通道使得二次流注能够在接下来的电压增加的射频周期推进到更远的地方,这也解释了图 11.31 中等离子体羽辉长度随射频

电压快速增加的现象。

在二次流注完全形成之后,电极附近的辐射随外加电压的减小而减弱,但通道尾部的辐射却加强了,主要归功于 706 nm 辐射(图 11.32(k))反映的强电场区域。在负半周期,放电和射频极板放电类似。706 nm 辐射说明鞘层区域在电极附近,391 nm 辐射说明弱电场在流注尾部。当峰值电压上升到 3.5 kV 时,等离子体流注增加到 2.3 cm(图 11.32(q))。此时,706 nm 辐射覆盖了整个流注通道(图 11.32(s)),说明通道内充满了高能电子。这些高能电子使得发光区和流注尾部之间的暗区越来越小直至消失(图 11.31,图 11.32(i)、(m)和(q))。另外,因为 N_2^+($B^2\Sigma_g^+$)主要由低能电子(小于 3 eV)激发,391 nm 辐射分布和全波段及 706 nm 分布完全不同。Basien 和 Marode 的仿真[7]也发现了 391 nm 和 706 nm 辐射(图 11.32(r)和(s))的区别,高场强低密度区域是在电极附近而低场强高密度区域是在通道尾部。777 nm 辐射随时间的微小变化和射频极板放电相似。

最后,最大射频峰值电压升到 10 kV,等离子体羽辉长度增加到了 4 cm(图 11.33)。轴向上的亮区是多个射频周期的发光在通道内累积的结果。旋转温

图 11.33 10 kV 电压脉冲射频等离子体

度通过比较氮的 $C^3\Pi_u - B^3\Pi_g(\Delta\nu=-2)$的跃迁谱带的模拟值和实验值获得。$V_{rot}=(310\pm10)$ K 的模拟值和实验值能够很好地吻合。为了证明 7 kV 峰峰值和 10 kV 峰峰值的物理机制相同,我们将地电极分别放置在距阳极 1.5 cm 和 3 cm 的位置。两种情况下当流注接触到地电极时只观察到了回程现象,即使最大峰峰值电压增加到 11 kV,点对板放电过程中阳极流注和二次流注也都没有火花产生。

11.5 小 结

本章研究了射频非平衡等离子体的电子加热等关键机制;系统总结了射频介质阻挡放电的相关特性,比较其与传统金属电极放电的不同,提出了射频介质阻挡放电的理论模型;针对脉冲射频放电这一新兴放电形式,研究其放电模式转换以及特有的激发态氧原子产生机制,在此基础上实现脉冲射频等离子体单管射流,研究射流推进机理,使得利用射频等离子体技术处理具有三维复杂结构的对象成为可能。具体总结如下:

(1) 在 α 模式下,电子在鞘层增长和消退阶段都被加热,这是同时在两个鞘层的边缘观察到的实验和计算的时间分辨测量结果。在 γ 模式下,加热大多发生在鞘层内部,从而引发在两个电极之间的交替发光。在 γ 模式下,虽然二次电子似乎是雪崩电离的主要来源,从亚稳态之间的碰撞反应同样能够提供雪崩电离所需的大量种子电子。

（2）发现 706 nm 处的光学辐射在氦气并且混合空气的射频放电中表示出高能电子的存在，并可用于估计鞘的宽度。实验数据表明，除了 α 模式，微放电存在空间均匀的 γ 放电模式。

（3）介质阻挡的引入可以产生大面积稳定的大气压射频辉光放电，并且放电电流的范围很大。纳秒成像可以观察到放电模式的转换，发射光谱说明了等离子体有很活跃的化学性质。气体温度在 461～562 K 这个范围，可以胜任大多数的表面改性应用。

（4）常见的 RF-APGD 可以通过在电极间插入绝缘介质而减轻等离子体空间紧缩。大气压 RF-DBD 可以在 γ 放电模式下维持大电流而保持稳定。大气压 RF-DBD 比 RF-APGD 具有更好的稳定性。

（5）针对脉冲射频等离子体的研究表明，根据两次放电间隔极板之间剩余电子的多少可以将脉冲射频 DBD 分成三种放电模式。此章节还分析了剩余电子在等离子体点燃过程中起到的作用。减小占空比可以降低功率密度和气体温度。

（6）针对脉冲射频等离子体初始脉冲上升沿阶段放电过程的研究还发现脉冲射频放电从均匀放电模式过渡到 α 模式的过程。快速增加的随机加热是放电模式转变的关键原因；分析了 $O(^5P_1)$ 的产生机制，发现 He^* 和 He_2^* 在产生 $O(^5P_1)$ 的机制中通过解离与激发 O_2 起到主要作用。

（7）获得长度达 4 cm 的室温脉冲射频等离子体射流，并分析了其推进机理。

参 考 文 献

[1] Lieberman M A, Lichtenberg A J. Principles of Plasma Discharges and Materials Processing [M]. New York: John Wiley and Sons, 2005.

[2] Kong M G, Kroesen G, Morfill G, et al. Plasma medicine: an introductory review[J]. New Journal Physics, 2009, 11(11): 115012.

[3] Ostrikov K. Control of energy and matter at nanoscales: challenges and opportunities for plasma nanoscience in a sustainability age[J]. Journal of Physics D: Applied Physics, 2011, 44(17): 174003.

[4] Iza F, Kim G, Lee S, et al. Microplasmas: sources, particle kinetics, and biomedical applications[J]. Plasma Processes and Polymers, 2008, 5(4): 322-344.

[5] Raizer Y P. Gas Discharge Physics[M]. Heidelberg: Springer, 1991.

[6] Gibalov V I, Pietsch G J. The development of dielectric barrier discharges in gas gaps and on surfaces[J]. Journal of Physics D: Applied Physics, 2000 33(26): 2618-2636.

[7] Liu D W, Iza F, Kong M G. Electron heating in radio-frequency capacitively coupled atmospheric-pressure plasmas[J]. Applied Physics Letters, 2008, 93 (26): 261503.

[8] Liu D W, Iza F, Kong M G. Electron avalanches and diffused γ-mode in radio-frequency capacitively coupled atmospheric-pressure microplasmas[J]. Applied Physics Letters, 2009,

95 (3):031501.

[9] Shi J J, Kong M G. Radio-frequency dielectric-barrier glow discharges in atmospheric argon[J]. Applied Physics Letters, 2007, 90 (11):111502.

[10] Shi J J, Liu D W, Kong M G. Mitigating plasma constriction using dielectric barriers in radio-frequency atmospheric pressure glow discharges[J]. Applied Physics Letters, 2007, 90 (3): 031505.

[11] Shi J J, Liu D W, Kong M G. Plasma stability control using dielectric barriers in radio-frequency atmospheric pressure glow discharges[J]. Applied Physics Letters, 2006, 89 (8): 081502.

[12] Shi J J, Zhang J, Qiu G, et al. Modes in a pulse-modulated radio-frequency dielectric-barrier glow discharge[J]. Applied Physics Letters, 2008, 93 (4): 041502.

[13] Liu X Y, Hu J T, Liu J H, et al. The discharge mode transition and O ($^5P_1$) production mechanism of pulsed radio frequency capacitively coupled plasma[J]. Applied Physics Letters, 2012, 101 (4): 043705.

[14] Liu J H, Liu X Y, Hu K, et al. Plasma plume propagation characteristics of pulsed radio frequency plasma jet[J]. Applied Physics Letters, 2011, 98 (15): 151502.

第三篇 放电及等离子体应用

显然,相对于低气压放电等离子体技术的应用,大气压放电及其等离子体技术的应用前景更为广阔。

第12章介绍大气压DBD等离子体表面改性方面的研究进展,研究在不同电源激励下亲水和憎水表面改性,尤其是放电模式和功率密度等参数对改性效果的影响。

第13章介绍大气压放电等离子体产生强活性的物质实现废水中污染物高效净化处理的应用,重点研究提高大气压放电等离子体水处理能量利用效率方法。

第14章对等离子体医学的发展历史和研究现状进行综述,特别介绍等离子体医学的学术前沿问题,包括活性粒子的产生与控制、作用于生物物质的剂量与深度控制、活性粒子生物医学效应的分子机制等。

第15章介绍基于等离子体气动激励的新型主动流动控制技术,描述等离子体气动激励特性,等离子体气动激励抑制流动分离的研究进展,重点论述提高抑制流动分离能力的等离子体冲击流动控制原理。

第16章介绍大气压射频辉光放电的产生方法和物理特性、等离子体射流作用于DNA和蛋白质的生物学效应的实验研究结果、常压室温等离子体生物诱变仪的研制及其用于微生物诱变育种的研究进展。

第17章介绍大气压介质阻挡微流注与微辉光交替放电模式、大气压平板等离子体反应器阵列尺度放大效应和采用分区激励模式解决尺度放大效应的方法,基于新型高级氧化技术实现在远洋船舶压载水处理及生活饮用水应急消毒净化领域的应用。

第18章介绍大气压高压脉冲放电在食品非热加工技术中的应用,重点描述高压脉冲电场设备、处理室放电、电极腐蚀等关键问题对高压脉冲电场技术工业化应用的影响,并概述在杀菌、钝酶、辅助提取、酒催陈等方面的应用。

第12章　大气压放电等离子体在材料表面改性中的应用

方　志　邵　涛

南京工业大学　中国科学院电工研究所

　　大气压低温等离子体材料表面改性是一种新型的表面改性方法,是等离子体处理实现工业化和获得更好改性效果的新方法,近年来成为等离子体科学和材料改性领域交叉研究的热点之一。本章综述南京工业大学和中国科学院电工研究所在大气压空气中介质阻挡放电等离子体表面改性方面的研究进展。首先介绍DBD等离子体材料改性的方法、等离子体和材料表面作用机制及影响因素,在此基础上总结DBD材料表面改性的国内外研究现状。其次,从放电模式角度研究DBD等离子体对聚合物表面亲水性改性效果的影响,介绍不同模式DBD表面改性效果,比较两种均匀模式的改性效果,研究功率密度等参数对大气压均匀DBD改性效果的影响,获得较好改性效果的运行条件;并实验研究和比较均匀和丝状模式纳秒脉冲DBD改性效果。对用DBD进行表面憎水性改性进行实验研究,分析获得表面憎水性的条件和影响因素。最后,从DBD等离子体和材料表面相互作用角度分析大气压DBD等离子体材料表面改性的机理。

12.1　引　　言

　　随着工业生产的迅速发展,材料的应用领域越来越广,对材料表面性能的要求也越来越高,为此人们采用了多种方法对材料进行表面改性,以提高其表面性能,从而适应不同的应用要求。例如,在聚合物材料处理领域,常见聚合物的表面能较低,表面黏结性、亲水性等性能差,为此实际应用时大多需要对其进行表面改性,以提高其应用范围。目前工业应用中所采用表面改性方法主要有湿法(化学法)、紫外光辐照法、离子束照射法和低温等离子体处理法等。以辉光放电为代表的低气压低温等离子体已经成功应用于材料表面改性等工业领域,但低气压等离子体装置需要昂贵的抽真空设备,投资维护费用较高,难以进行连续处理,不能适应大规

　　本章工作得到国家自然科学基金(51377075 和 51222701)和江苏省自然科学基金(BK20131412)的支持。

模生产的需要。而近年来发展起来的大气压低温等离子技术有效地克服传统的化学法和低气压辉光放电处理的缺点。大气压低温等离子体可以在常压下产生大面积、较高能量密度的低温等离子体,其中含有大量种类繁多的活性粒子,比通常化学反应器所产生的活性粒子的种类更多、活性更强,而且还具有特殊的声、光、电等物理及化学过程,十分易于和所接触的材料表面发生化学反应。这些活性粒子能量一般为几个至几十电子伏,大于一般聚合物材料的表面结合键能(通常为几电子伏),和表面作用后可以打开表面化学键而形成新键,使表面发生氧化、还原、裂解、交联和聚合等物理、化学变化,从而提高表面的黏结性、吸湿性、可染色性、生物相容性等性能。与其他的表面改性方法相比,大气压等离子体材料表面改性有如下的优点:属于干式工艺,节省能源、无公害、满足节能和环保的要求;处理时间短且效率高,可在大气压下实现连续化运行;对处理的材料无严格要求因而具有普遍适用性;可处理形状较复杂的材料;反应环境温度低,接近室温;对材料表面的作用仅涉及几至几百纳米,所以在材料表面性能改善的同时,材料基体性能未受影响。上述特点使大气压低温等离子体表面改性比其他改性方法更加具有研究和应用价值,用其进行表面改性对材料损坏小且表面处理的均匀性好[1]。

　　大气压低温等离子体主要由电晕放电和 DBD 产生,近年来又在这两种放电基础上发展出一种等离子体射流放电。这其中,电晕放电电离率不高,放电较弱,因此并不适合对低表面能材料的处理,且处理后老化效应明显,放置后不久便会恢复到处理前效果。而 DBD 电离效率远高于电晕放电,等离子体放电强度高,运行气压范围较宽,能在大气压下产生大体积低温等离子体,同时,其产生设备简单、操作方便,是适合大规模连续化工业应用的一种气体放电形式,所以其特性和改性应用研究近年来成为国内外研究的热点[2]。近年来,由于材料科学和电力电子技术等相关学科取得了较大的发展,促进了对 DBD 等离子体特性及应用技术的研究。在基础工业和高科技领域中,DBD 低温等离子体也获得了广泛的应用,同时 DBD 用于材料表面改性方面的研究工作在国际上已经广泛地开展起来,并取得一些成果。在大气压下,电子平均自由行程短,通常 DBD 表现为丝状流注放电模式,在放电区域由大量微放电的放电细丝组成,难以对材料表面进行均匀改性,而且由于其放电细丝局部能量密度过高,有些情况下会灼伤材料表面,这限制了其工业应用前景。相关研究表明,丝状放电并不是 DBD 在大气压下的唯一表现形式。在满足一定的条件(电极结构、电源类型、气流等)下,大气压下 DBD 也可以表现为均匀、稳定的无细丝出现的放电形式,称为大气压均匀 DBD 或 APGD。相对于低气压气体放电和大气压丝状 DBD,大气压均匀 DBD 在节约生产成本、提高生产效率、优化处理效果以及应用前景等方面都体现出明显的优势[3,4]。均匀 DBD 很好地解决了丝状模式改性材料的缺点,具有功率密度适中、放电均匀、不会灼伤材料等优点,可以对材料表面进行更为均匀的处理。已有的实验结果表明,均匀 DBD 表面改性的效果

优于丝状 DBD,因此均匀 DBD 材料表面改性有着更好的应用前景。因此,大气压
DBD 表面改性研究,尤其是均匀 DBD 表面改性成为当前高电压绝缘和低温等离
子体领域的热点研究问题。对大气压 DBD 表面改性的最新研究成果进行总结,对
于推进大气压等离子体的工业化进程有重要的意义,对低温等离子体所涉及的一
系列其他应用领域的理论、技术和开发也具有重要的参考价值。

12.2　等离子体材料表面改性的方法及原理

　　DBD 材料表面改性主要采用图 12.1 中的两种形式,可将材料直接置入 DBD
放电空间进行处理,如图 12.1(a)所示;也可将 DBD 等离子体用强气流从放电空
间吹出到要处理材料表面进行处理,如图 12.1(b)所示。相比较而言,图 12.1(a)
所示装置具有能量密度集中的特点,可以有效地对材料表面进行改性,是目前普遍
采用的方式,但控制不当有可能造成能量密度过高而灼伤材料表面。图 12.1(b)
所示装置可以很好地避免能量密度集中对材料表面的灼伤,同时也适用于处理具
有特殊形状和尺寸的材料,但由于喷射出来的 DBD 等离子体远离放电空间,如控
制不当,致其能量密度偏低,达不到改性的效果,近年来报道的等离子体射流装置
与此结构类似。此外,根据不同的需要还可以把 DBD 的电极结构设计成不同的形
式,如多针-平板电极结构、刃-板电极结构或者同轴电极结构等[5,6]。

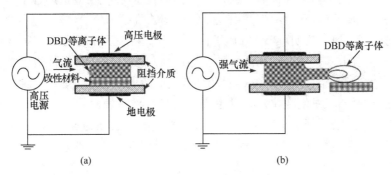

(a)　　　　　　　　　　　　　　　(b)

图 12.1　DBD 材料表面改性的形式[6]

(a) 直接处理;(b) 间接处理

　　材料表面改性需要通过断开或激活材料表面的化学键并形成新的化学键才能
实现,DBD 放电空间的气体电离后,放电空间发生物理化学过程而产生大量的活
性粒子(如原子、离子、中性粒子、激励态和亚稳态粒子、自由基和光子等)。这些活
性粒子为材料表面改性提供了条件,可以和材料的表面相互作用使其表面发生氧
化、刻蚀、裂解、交联和聚合等各种物理和化学反应,从而使材料的表面优化,提高
它们的应用价值。图 12.2 所示为 DBD 等离子体和材料表面作用的过程以及相关
的研究方法。

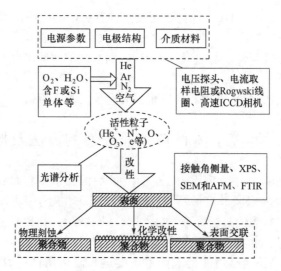

图 12.2　DBD 等离子体和材料表面相互作用及用于研究和
分析这些相互作用及其结果的方法

　　DBD 等离子表面改性是等离子体与材料表面相互作用的过程,这其中包括等离子体物理和等离子体化学两个过程。DBD 等离子体和材料表面改性的机理可简单解释为:等离子体中各种活性粒子撞击材料表面,在交换能量过程中引发大分子自由基进一步反应,在材料表面引入新的基团并脱去小分子,该过程导致材料表面性能的提高。研究表明,DBD 等离子体作用后材料表面主要发生四种物理化学变化:①产生自由基。放电空间活性粒子撞击材料表面使表面分子间化学键被打开,从而产生大分子自由基,使材料表面具有反应活性。②发生表面刻蚀。材料表面变粗糙,表面形状发生变化。③发生表面交联。材料表面的自由基之间重新结合而形成一层致密的网状交联层。④引入极性基团。表面的自由基和 DBD 放电空间的反应性活性粒子结合从而引入具有较强反应活性的极性基团[6,7]。

　　DBD 等离子体刻蚀是利用 DBD 放电空间中的高能粒子轰击材料表面,使表面产生凹凸,表面形状发生变化。刻蚀后表面粗糙度增加,其黏附性、吸湿性等表面特性增强。一般可通过采用惰性气体等非反应性气体来使材料表面获得良好刻蚀效果。由于刻蚀作用是一个物理过程,刻蚀所产生的表面极性基团易与外界发生反应而失去活性,因此表面刻蚀后材料表面性能的变化往往是不稳定的,随着时间的推移而减弱,称之为老化效应[7]。DBD 等离子体化学改性是通过等离子体和表面相互作用而在表面引入功能基团,从而得到和材料表面原有特性不同的表面状态。功能性基团的产生是 DBD 放电空间的自由基与材料表面发生化学反应的结果,因此自由基在 DBD 等离子体化学改性中起着重要的作用。一般可以通过采用不同类型的气体来控制 DBD 等离子体化学改性。例如,用空气 DBD 对材料表面进行改性时,可在材料表面引入亲水性基团,如羟基和碳酰基等,从而使材料表面的水触角降低,亲水性增强。DBD 等离子体处理产生表面交联是通过 DBD 等离子体与材料表面作用使其表面化学键断裂,在材料表面产生的大分子自由基之间重新结合形成一层致密的网状交联层的过程,与此同时材料表面还存在裂解反应,这两个过程在材料表面达到动态平衡。交联多用来提高材料表面的表面能,改善亲水性、憎水性、黏结性和阻燃性等表面特性。

DBD 材料表面改性的效果与所采用的气体类型有关,不同气体电离后所产生的活性粒子类型不同,对材料表面的作用效果也是不同的,但通常上述四种作用同时发生。反应性气体(如 N_2、O_2、CO、CO_2、CF_4 等)中产生的 DBD 等离子体中含有丰富的反应性活性粒子,可直接与材料表面的大分子自由基结合,从而改变材料表面的化学结构。如氧气 DBD 等离子体能在材料表面引入—OH、—COOH 等大量的含氧基团,且由于氧对材料表面的氧化分解,同时使表面发生刻蚀,从而使材料表面的水触角降低,亲水性增强。此外,空气、CO、CO_2 及其他含氧气体 DBD 等离子体由于可以分解出原子氧,同样具有氧气 DBD 等离子体的作用。非反应性气体(如 H_2、Ar、He 等)中产生的 DBD 等离子体虽含有大量活性粒子,但不能和材料表面的自由基直接作用。因此用非反应性气体 DBD 进行表面改性主要是利用等离子体中高能粒子轰击,使在材料表面产生大量自由基,处理后这些自由基和空气中含氮和含氧成分作用从而改变材料表面化学结构,也可获得表面亲水性改变。如采用含 F、Cl 或 Si 的气体或液体化学蒸气作为反应媒质,将其与 He、Ar 和 N_2 等载气混合进行放电,可在材料表面引入含 F、Cl 或 Si 的憎水性非极性基团,或在表面生成憎水性膜,提高表面憎水性。另外,用同样形式的 DBD 等离子体处理不同形式材料时,作用效果也是不同的:处理含氧材料表面时,由于材料表面化学键断裂分解形成大分子碎片,进入 DBD 等离子体内形成活性氧,将出现交联、刻蚀、引入极性基团三者的竞争过程;对于不含氧的材料,采用非反应性气体处理时,只有处理后与空气中的氧作用而引入极性基因的过程。因此 DBD 等离子体材料表面改性时,可灵活选择处理气体和组合,控制其中某个过程起作用,从而获得期望的改性效果[7,8]。

DBD 等离子体与材料表面相互作用过程除受反应气体影响外,还与许多因素有关,如放电电压电流、放电功率、介质种类、气隙距离、气体种类、电极布置、处理时间等。DBD 的电离效率和改性效果主要取决于放电敏感参量之间的匹配,这些放电敏感参量主要包括:激励电源因素(电源类型、电源电压、频率、波形等)、放电气体类型、放电反应器结构(电极结构和阻挡介质)等。一般来说,改性的效果随放电功率、外加电压和阻挡介质介电常数的增加而增强,而气隙距离则产生与上述相反的影响,当气隙距离变窄时,改性效果通常来说会增强[4]。另外,电源类型、电极形状布置及处理时间等也对 DBD 等离子体改性材料有较大影响。通常可以通过选用不同种类的电源类型来达到不同的放电模式和工作效率,也可通过改变电极形状及其分布来提高 DBD 改性的效果和对一些形状复杂的材料进行表面处理。除上述因素外,要改性材料的表面状态、化学成分、结构、清洁度以及 DBD 等离子体各类活性粒子能量分布、相对含量、粒子流密度等,都会影响到改性效果。因此 DBD 等离子体表面改性具有很强的灵活性和适应性[7]。

对 DBD 材料表面改性的诊断主要包括放电特性诊断和表面特性分析。放电特性诊断主要利用电压和电流探头测量放电电压电流波形,利用电压电流积分法或者李萨如法计算传输电荷及放电功率,利用 ICCD 发光图像拍摄获得发光强度空间分布及放电均匀性,利用光谱仪测量放电空间主要活性粒子的种类和含量;材料表面特性主要利用表面分析手段获得,可以采用接触角和表面能测量考察表面亲水性或憎水性变化,采用 XPS 和 FTIR 分析表面化学成分变化,采用 SEM 和 AFM 分析表面样貌和粗糙度变化。

12.3　国内外研究进展

DBD 材料表面改性研究开始于 20 世纪 90 年代,在这以前,工业应用和研究中通常采用电晕放电来获得低温等离子体进行表面处理,但效果并不理想。经过二十多年的研究,国内外的研究者在用 He、Ar、Ne、N₂ 以及空气等气体和混合气体中 DBD 进行材料的表面改性方面已取得了一些研究成果。Borcia 等用空气、He 和 N₂ 中 DBD 等离子体改性多种聚合物薄膜,实验研究了处理时间、功率密度等对改性效果的影响,他们发现改性后薄膜表面水接触角下降,亲水性增强,表面粗糙度和含氧量增加,气体种类和薄膜类型不同时的处理效果不同[9]。Liu 等也开展了 DBD 等离子体改性聚合物薄膜提高亲水性的研究,实验研究了阻挡介质类型、电源种类和电极结构等因素对表面改性效果的影响[10]。Scott 等用 DBD 等离子体处理航空材料,发现 DBD 处理能除去表面污染,并对材料表面产生刻蚀,提高表面亲水性和吸湿性[11]。Upadhyay 和 Cui 等用 O₂ 气和空气中 DBD 等离子体对聚丙烯(PP)等材料进行表面处理,取得一些研究成果。他们还比较了 DBD 和低气压辉光放电对 PP 薄膜表面处理的效果,发现 DBD 处理可以达到和低气压辉光放电相类似的处理效果,但所需要的处理时间大大低于低气压辉光放电[12]。近些年,采用 DBD 方法在一些气体和气体混合物中建立均匀模式的放电并尝试用其进行材料的表面改性方面也取得了一些研究成果。Massines 等采用 20 kHz 高频电源产生的大气压 He 和 N₂ 中均匀 DBD 对 PP 薄膜进行表面改性,得到和低气压辉光放电相似的改性效果,与丝状 DBD 改性相比,均匀 DBD 改性效果更好,能在材料表面引入更多的活性基团,使材料表面的表面能提高得更多[13]。Little 等用 25 kHz高频电源产生的大气压 He 中均匀 DBD 来提高聚己内酯(PCL)表面亲水性,发现处理后亲水性提高,其中 55%～60% 是由于表面粗糙度增加,40%～55% 是表面引入极性基团的贡献[14]。Trunec 等比较了 10 kHz 高频电源实现的大气压 N_2 中均匀和丝状 DBD 改性 PP、聚碳酸酯(PC)和聚乙烯(PE)等材料效果,发现均匀 DBD 可以对这些材料进行更均匀的处理,使材料的表面能提高得更多[15]。Roth 等在实验室建了一台高频电源驱动的产生 Ar 和 He 中均匀 DBD 等离子体装置,并用其改性来增加金属材料、聚合物材料和纤维材料的表面能[16]。目前,DBD 等离子体用于电工、航空、生物、包装、食品、医学、纺织等领域的材料改性中均有相关研究探索,处理的材料主要包括高分子材料、金属、纺织物和生物功能材料等。

　　DBD 等离子体的放电电离效率决定材料表面改性效果,DBD 的电离效率和模式主要取决于放电气体和电源类型。近几年,研究人员开始尝试采用在 He、Ar 和 N_2 等气体中添加适量的活性气体(O_2 或空气等)来增强等离子体的化学活性,从而进一步增强表面改性的效果。Trigwell 等研究发现,高频电源驱动的 He/O_2(98% He,2% O_2)均匀 DBD 改性 PTFE 和 PE 的效果要优于纯 He 中改性效果[17]。Kwon 等研究发现,高频电源驱动的 Ar/O_2(1%～5% O_2)混合气体中均匀 DBD 改性 PP 的效果要优于纯 Ar 中改性效果[18]。2010 年 Tynan 等报道了一套高频电源驱动的大气压均匀 DBD 处理装置,该装置能在 He/O_2(2.5% 和 5% O_2)中处理 1.2 m 宽的聚合物薄膜[19]。另外,目前国际上均匀 DBD 材料表面改性研究中大多是采用工频和几千赫兹到几百千赫兹的高频电源。脉冲高压在近几年被用于激励 DBD,并成为放电等离子体领域的研究热点。与工频和高频电源相比,脉冲电源激励的均匀 DBD 具有更高的能量生成效率,更有助于产生大面积均匀 DBD,且电极发热温度不高而效率高。因此,脉冲均匀 DBD 材料表面改性也是值得探索的改性方法之一。目前,研究人员采用持续时间为微秒和纳秒脉冲电源激励已成功在大气压 He、Ar、N_2 以及空气下产生大面积均匀 DBD 并用于材料表面改性。Chiper 等采用微秒脉冲电源驱动 He 中均匀 DBD 改性聚对苯二甲酸乙二醇酯(PET)[20],Walsh 等采用纳秒脉冲空气中均匀 DBD 改性 PP,均获得了较高频 DBD 改性更好的效果[21]。总的来说,目前关于脉冲电源驱动的均匀 DBD 材料表面改性报道不多。

　　目前,大多数关于等离子体表面改性的研究围绕提高材料表面黏附性和亲水性。与亲水改性研究及应用方面汗牛充栋的文献报道相比,增加材料表面憎水性相对较难,相关研究不多。如 Yamamoto 等利用工频 DBD 对玻璃表面进行憎水改性,在玻璃表面涂烷氧基硅烷后采用 N_2/H_2 等离子处理,在玻璃表面形成含 Si—O 键的稳定的憎水层,实现水接触角从 45° 上升到 110°[22]。O'Neill 等在六甲基二甲硅醚(HMDSO)/He 中大气压放电对硅晶片进行憎水性改性处理,水接触角可达 140°[23]。Topala 等利用 C_6H_5CH/He 中单极性微秒脉冲 DBD 在玻璃表面生成憎水性薄膜,水接触角从 38° 上升到 130°[24]。国内大气压 DBD 的机理和材料表面改性研究工作起步略晚,但近年来也取得了一些进展[25]。

　　DBD 低温等离子体材料表面改性已被证实是取代传统的化学处理方法的最佳选择,目前实验室研究已经取得初步成果,国外已有一些工业应用实践。但是,目前对低温等离子体材料表面改性的研究大多还处于实验研究和实际应用探讨阶段,只是针对特定条件的 DBD 等离子体和特定的处理材料做了一些基础的工作,对 DBD 等离子体与被改性的材料表面的规律尚无明确统一的认识;表面改性时放电参量选取盲目;处理气体或处理参数的变化对改性效果的影响等研究较少。研究和实际应用中激励源主要采用工频和高频交流电源,采用其他形式电源激励的研究较少,近几年才发展到采用脉冲电源。对活性粒子与材料表面的微观结构和化学成分的变化规律尚不明了。处理媒介主要采用纯 He、Ar 和 N_2 作为放电气体,近几年才开展混合气体改性研究,空气中均匀放电改性研究进展缓慢。这些状况严重阻碍了均匀 DBD 在材料表面改性领域的应用进程。从适合材料表面改性大规模应用要求出发,开展大气压 DBD 等离子体尤其是均匀 DBD 等离子体材料表面改性的机理及调控方法方面的研究,尚需大量的实验和理论研究加以充实。

12.4　DBD 表面亲水改性

12.4.1　丝状模式 DBD 改性

　　DBD 的放电模式可以表现为丝状和均匀两种模式,均可用于材料表面改性。本节介绍丝状模式 DBD 对典型聚合物聚丙烯(PP)表面改性的效果。实验是在敞开的空气环境下进行的,实验条件如下:电源为电压 15 kV,频率 10 kHz 的高频高压电源,电极采用平板-平板结构,上下电极均为直径 50 mm 的圆形铝电极,厚度为 1.75 mm、直径为 80 mm 的石英玻璃分别覆盖在电极表面作为阻挡介质,固定气隙距离为 2 mm;被处理材料为厚度 0.5 mm 的商用 PP 薄膜,放在下电极的介质上;改性时放电功率为 12.75 W,放电为丝状模式(图 12.3)。采用接触角测量、扫描电镜和 XPS 研究处理前后表面特性。图 12.4 给出了 PP 表面的水接触角随DBD 处理时间变化的曲线。从图中可以看出,PP 表面水接触角随处理时间的增加而明显减小,这表明处理后 PP 的表面亲水性增强。DBD 处理 8 s 时,水接触角由处理前的 99.5°下降到 53°;处理时间超过 8 s 时,水接触角不再随处理时间的增加而发生明显的变化,这说明 DBD 等离子体和 PP 表面的相互作用存在饱和状态。

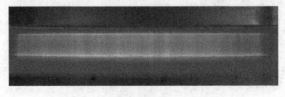

图 12.3　丝状 DBD 的发光图像

　　图 12.5 分别给出了 SEM 测量得到的未
经处理的和经 DBD 处理 20 s 后的 PP 表面的
微观结构照片。比较图 12.5(a)和(b)发现，
未经处理的 PP 表面较为平坦，只有微小的形
状不规则的不明显突起，而经 DBD 等离子体
处理 20 s 后的 PP 表面变粗糙，表面出现了明
显的大小不均的球状突起，这说明等离子体作
用对 PP 表面有刻蚀作用。

　　为了研究 DBD 等离子体作用对 PP 表面
化学成分的影响，用 XPS 测试分析了 DBD 处
理前后 PP 表面的化学成分。图 12.6 给出了

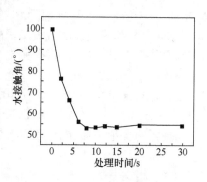

图 12.4　PP 表面水接触角随 DBD
处理时间变化曲线[26]

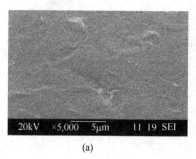

(a)

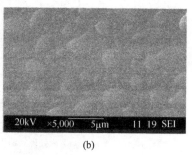

(b)

图 12.5　处理前后 PP 表面的微观结构照片[26]

(a)未处理；(b)处理 20 s 后

处理前后 PP 表面的 XPS 全扫描谱图。从图中可以看出，未处理的 PP 表面主要

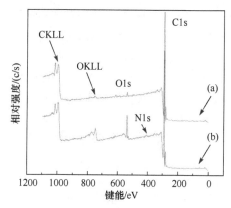

图 12.6　处理前后 PP 表面的 XPS 全
扫描谱图[26]

(a)未处理；(b)处理 15 s 后

含有 C1s 峰和微弱的 O1s 峰，O1s 峰的
出现主要是处理前的 PP 薄膜本身含有
增塑剂，以及暴露在空气中，其表面被周
围空气轻度氧化的结果。DBD 处理后
PP 表面含有的 C1s 峰的峰值下降，O1s
峰增加，并且出现了 N1s，表明 DBD 处
理在 PP 表面引入了含氧、含氮的极性基
团，使得材料表面极性改变，进而亲水性
得到改善。

　　图 12.7 给出了 DBD 处理前后 PP
表面的 C1s 谱图。如图 12.7(a)所示，未
处理 PP 的 C1s 峰可分解为 C—C/C—H
(285 eV)和 C—O(286.5 eV)两个峰。

如图 12.7(b)所示,DBD 处理后 PP 的 C1s 峰,在高结合能端峰的宽度和强度均增加,这表明 PP 薄膜表面的含氧基团的含量和种类均发生了改变。处理后的 PP 的 C1s 峰可分解为五个峰,它们分别对应着 C—C/C—H(285 eV)、C—O(286.5 eV)、C=O/O—C—O(288 eV)、O—C=O(289 eV)和 O—CO—O(290.3 eV)。根据 PP 表面的 C1s 谱的各个含氧基团的相对峰面积,计算得到它们的相对含量,如表 12.1所示。由表 12.1 可知,DBD 等离子体处理后 C—C/C—H 基团含量减少,C—O 基团的含量增加,同时还引入了 C=O/O—C—O、O—C=O 和 O—CO—O 等含氧基团。

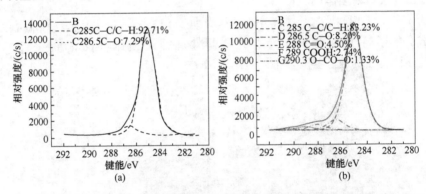

图 12.7　处理前后 PP 表面的 C1s 谱的曲线拟合图[26]

(a) 未处理;(b) DBD 处理 15 s 后

表 12.1　DBD 处理前后含氧基团含量[26]

	C—C/C—H	C—O	C=O/O—C—O	O—C=O	O—CO—O
未处理	92.71	7.29	0	0	0
15 s 处理后	83.23	8.20	4.50	2.74	1.33

对如上结果分析可知,DBD 等离子体对 PP 表面改性是等离子体与 PP 表面相互作用的结果。空气中 DBD 放电空间中存在大量的活性粒子(如电子、离子、准分子、激励态和亚稳态粒子、中性粒子及紫外光辐射光子等)。DBD 等离子体和 PP 表面相互作用后,打开 PP 表面的 C—C 键和 C—H 键,从而产生自由基(PP 的分子式为—CH(CH$_3$)—CH$_2$—,其分子结构中,侧基上的取代基—CH$_3$ 上的 C—H 键最容易被打开),使 PP 表面具有反应活性。大分子自由基和放电空间中的氧、氮等反应性粒子结合,可以在材料表面形成含氧、含氮的亲水性极性基团。同时,DBD 放电空间的粒子(如离子等)冲击材料表面还会使材料表面发生刻蚀,提高表面粗糙度。这些过程综合作用使 PP 表面的亲水性得到改善,水接触角降低。

等离子表面改性存在老化效应,即等离子体处理后的材料在放置时,其表面特性会出现退化。为了考查 DBD 等离子体处理后 PP 薄膜的老化效应,将处理后的 PP 薄膜在敞开的空气中放置,并监测其表面水接触角的变化情况,所得到的结果如图 12.8 所示。从图中可以看出,PP 表面的水接触角随放置时间的延长而出现一定的回升,并且在放置的前 6 天回升的速度较快,放置 12 天时接触角的值与放置 6 天时的值相比变化不大,但回升后的接触角值仍远低于改性前的值。

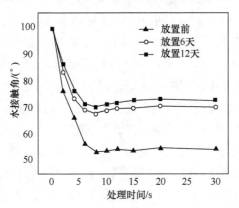

图 12.8　PP 表面处理后水接触角随放置时间变化曲线[26]

12.4.2　均匀模式 DBD 改性

均匀 DBD 可以通过降低气压产生,也可以通过在大气压下合理匹配电源参数和反应器结构产生。本节介绍两种形式均匀 DBD 表面改性亲水性效果。一种为中等气压下空气下产生的均匀 DBD 放电,实验装置为:DBD 反应器放置在一个可抽气的圆柱体密闭容器中,电源采用电压幅值为 0~20 kV、频率为 1~38 kHz 可调的交流高压电源。电极采用平板-平板结构,上下电极均为面积为 125 mm×80 mm 不锈钢,每个电极表面分别覆盖厚度为 3 mm、面积为 150 mm×100 mm 的长方形石英玻璃作为阻挡介质。改性时,处理材料为厚度为 0.5 mm 的商用 PP 薄膜,放在下电极表面覆盖的阻挡介质上。实验中所需要的中等气压通过抽气装置来获得,可调气压范围为 10 Pa 到大气压。本章作者前期实验研究表明,采用上述实验装置,当电源频率保持为 15 kHz,气隙距离固定为 2 mm 时,随气压的变化 DBD 可表现出不同的模式,当气压小于 3000 Pa 时,DBD 表现均匀放电模式,如图 12.9 所示[27]。故改性时,为了获得保持均匀 DBD 的运行条件,保持改性时气压为 2000 Pa,同时固定电源电压为 4.8 kV,频率为 15 kHz,气隙距离为 2 mm,测量得到改性时的放电功率为 65 W。

图 12.9　中等气压均匀 DBD 的发光图像[27]

图 12.10 和 12.11 分别给出了测得的 PP 表面水接触角及表面能随处理时间变化情况。从图中可以看出,随处理时间的增加 PP 表面水接触角先是迅速减小,表面能先是迅速增加;然后随着处理时间的延长接触角减小和表面能增加的趋势趋于平缓;当处理时间增大到一定值时,接触角和表面能不再随处理时间发生变化,达到饱和状态。PP 表面水接触角在 DBD 处理 30 s 后由处理前的 95°下降到 43°,表面能从处理前的 25.26 mJ/m² 提高到 62.65 mJ/m²,当处理时间超过 30 s 时,水接触角及表面能变化达到饱和状态。另外,从表面能的色散分量和极性分量的变化曲线可以看出,处理后材料表面能的极性分量明显增加,而色散分量缓慢减少,其在总表面能中所占比例大幅变小。可见,处理后材料表面能的提高主要是由极性分量的增加而引起的,这也说明经均匀 DBD 等离子体处理后 PP 表面引入了亲水的极性基团,从而使材料的亲水性得到改善,表面能提高。利用如上实验装置处理 PET 和 PTFE 等材料也得到了类似的接触角变化规律[29~31]。

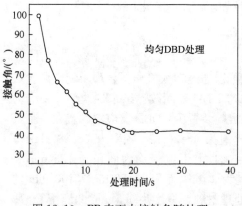

图 12.10　PP 表面水接触角随处理
时间变化曲线[28]

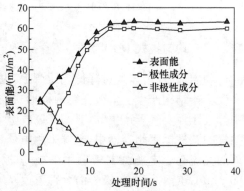

图 12.11　PP 表面能及其分量随处理
时间变化曲线[28]

另一种为采用微秒脉冲振荡电源激励大气压下空气的均匀放电[32,33],其实验装置为:电源采用微秒脉冲振荡电源,其最大输出电压为 35 kV,频率为 1 kHz;DBD 反应器采用对称平板-平板电极结构,电极均采用直径为 40 mm 的圆形平板铜电极,在上下电极表面分别覆盖厚度为 2 mm、直径为 50 mm 的 PTFE 板作为阻挡介质。采用如上装置,在外加电压为 14 kV,电源频率为 1 kHz 时,放电弥散、稳定地覆盖到整个电极表面,发光强度在整个放电空间内近似均匀地分布,发出淡紫色的光芒,表现为均匀模式,如图 12.12 所示。在此条件下对 PP 进行表面改性,通过放电时测得的电压电流波形数据计算得到消耗功率 P 的值为 224.5 W。

图 12.12　大气压均匀 DBD 的发光图像[34]

　　图 12.13 给出了 PP 薄膜表面水接触角随均匀 DBD 处理时间的变化曲线。从图中可以明显看出,PP 表面水接触角随处理时间的增加先是减小,尤其在 DBD 处理的开始阶段水接触角的减小最明显,当处理时间为 10 s 时,PP 表面的水接触角由处理前的 95°下降到 40.5°;之后随着处理时间的延长接触角减小的趋势趋于平缓,当处理时间为 15 s 时,表面水接触角下降到 39°;当处理时间超过 15 s 时,表面水接触角随处理时间不再变化,达到饱和状态。图 12.14 给出了表面能及其分量随处理时间变化曲线。可以看出,与水接触角变化规律相反,PP 的表面能先是随处理时间增加而增加,在处理时间为 15 s 时达到饱和状态;表面能由处理前的 25.26 mJ/m² 提高到 67.935 mJ/m²;当处理时间超过 15 s 时,表面能达到饱和状态,不再随处理时间增加发生明显变化。

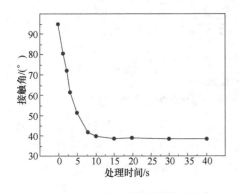

图 12.13　PP 表面水接触角随处理
时间变化曲线[35]

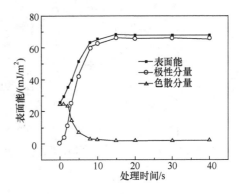

图 12.14　PP 表面能及其分量随处理
时间变化曲线[35]

　　由于大气压脉冲均匀 DBD 和中等气压均匀 DBD 运行在不同的气压强度下,放电击穿电压不同,导致放电功率不同,难以在相同运行参数下进行改性效果比较。为了便于在相同的处理条件下比较改性效果,引入能量密度这一计量来表征放电条件,其计算公式为

$$W_d = P_d t \tag{12-1}$$

式中,t 为处理时间;P_d 为功率密度,用来衡量 DBD 等离子体与材料表面作用的强

度,其计算公式为

$$P_d = \frac{P}{S} \tag{12-2}$$

式中,P 为 DBD 改性时放电功率;S 为电极面积。影响 P 值的因素很多,包括外加电压幅值、电源频率和气体压强等。图 12.15 给出了两种均匀模式改性 PP 表面水接触角随能量密度的变化曲线。从图中比较可知,材料表面的水接触角随均匀 DBD 处理时间的延长而明显下降,表面亲水性得到增强,但在相同的能量密度下,大气压脉冲均匀 DBD 改性使材料表面水接触角下降更迅速,且具有更好的处理效果,其处理 PP 表面达到饱和状态时的接触角值为 39°,而中等气压均匀 DBD 处理时接触角值为 43°。与 PP 类似,大气压均匀 DBD 处理 PET 和 PTFE 相比于中等气压均匀 DBD 也具有更好的效果[32,34]。

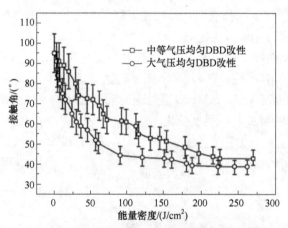

图 12.15　两种均匀模式 DBD 水接触角随能量密度变化比较

图 12.16 给出了 SEM 测量得到的经大气压均匀 DBD 和中等气压均匀 DBD 分别处理 60 s 后的 PP 表面的微观结构照片。从图中可以看出,未经处理的 PP 表面较为平整,看不出明显的粗糙形貌,当大气压均匀 DBD 等离子体处理 60 s 后

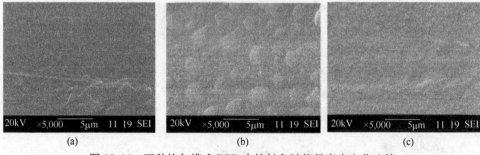

图 12.16　两种均匀模式 DBD 水接触角随能量密度变化比较

(a) 未处理;(b) 大气压均匀 DBD 处理 60 s;(c) 中等气压均匀 DBD 处理 60 s

PP表面观察到了大量明显的凸起,表面形貌变得粗糙不平,而中等气压均匀DBD处理后的表面出现了密集的大小不均的粒状突起,大气压均匀DBD等离子体处理效果更为均匀。

12.4.3 功率密度对改性效果的影响

为了考察功率密度对改性效果的影响,固定其他条件不变,通过改变外加电压,选取四组不同功率密度对PP薄膜进行表面改性,改性时采用的等离子体为大气压下均匀DBD,实验条件同上节介绍,所选取的外加电压幅值分别为12 kV、14 kV、16 kV和18 kV。通过放电时测得的电压电流图形,计算得到在这四组外加电压幅值下消耗功率P的值分别为145.8 W、224.5 W、303.4 W和387.4 W。根据电极面积12.56 cm²,由公式(12-2)计算出表面改性时相应的功率密度P_d的值分别为11.62 W/cm²、17.86 W/cm²、24.14 W/cm²和30.83 W/cm²。

图12.17给出了在四组不同功率密度下改性测得的PP表面水接触角随处理时间变化曲线。从图中可以看出,当功率密度固定时,PP表面水接触角随处理时间的增加先是迅速减小,之后随着处理时间的延长接触角减小的趋势趋于平缓,当处理时间增大到一定值时,接触角不再随处理时间发生变化,达到饱和状态。功率密度为30.83 W/cm²时,PP表面水接触角在DBD处理15 s后由处理前的95°下降到39°,当处理时间超过15 s时,水接触角变化达到饱和状态。从图中还可以看出,当处理时间一定时,功率密度越大,接触角下降得越多。例如,在处理时间为10 s时,四组功率密度下处理后的水接触角值分别由处理前的95°下降到62°、53°、45.5°和41°。PP薄膜表面水接触角在四组处理功率密度下到达饱和状态的处理时间分别为30 s、22 s、20 s和15 s,说明增大功率密度,利用更短的处理时间就可

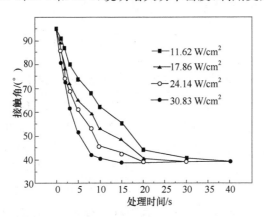

图12.17　不同功率密度下PP表面水接触角随处理时间变化曲线

以达到相同的处理效果。功率密度的增大对改性效果的影响可解释为:随着 DBD 处理功率密度的增大,放电空间产生的和材料表面作用的活性粒子数量增多,材料表面发生的物理化学反应更为迅速,因此利用更短的处理时间就可以达到与低功率密度作用下相同的处理效果。

通过测量得到的 PP 薄膜表面的去离子水和乙二醇的接触角,计算得到了四组功率密度下 PP 表面能随处理时间变化曲线,如图 12.18 所示。从图中可以看出,与水接触角变化规律相反,当功率密度固定时,材料的表面能先是随处理时间增加而增加,当处理时间达到一定值时,表面能达到饱和状态。功率密度为 30.83 W/cm² 时,PP 的表面能从处理前的 25.26 mJ/m² 提高到 67.94 mJ/m²。从图 12.18 还可以看出,处理时间相同时,大功率密度均匀 DBD 处理使 PP 表面能上升得更多。PP 在四组功率密度下处理时间为 10 s 时,表面能分别从处理前的 25.26 mJ/m² 提高到 42.62 mJ/m²、50.08 mJ/m²、58.19 /m² 和 65.48 mJ/m²。PP 薄膜表面能在四组功率密度下到达饱和状态的处理时间分别为 30 s、22 s、20 s 和 15 s,说明增大功率密度,利用更少的处理时间就能得到同样的处理效果。因此,在 DBD 等离子体实际工业应用中,可以通过增大 DBD 处理的功率密度,从而利用更少的处理时间就能得到同样的处理效果[34,36~38]。

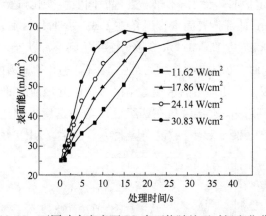

图 12.18　不同功率密度下 PP 表面能随处理时间变化曲线

图 12.19 给出了未处理的和四种功率密度下经均匀 DBD 处理 20 s 后,SEM 拍摄得到的 PP 薄膜表面微观形貌照片。从图 12.19(a)可以看出,未处理的薄膜的表面相对平坦、匀整,无明显形貌特征;而经过均匀 DBD 处理后的薄膜表面变得粗糙,出现大量均匀分布,但大小不一的不规则颗粒状突起(图 12.19(b)~(e))。这主要是由于 DBD 中的高能粒子轰击材料表面,打开表面化学键,发生刻蚀作用,使表面物理结构发生改变,表面的粗糙度增加。随着功率密度的增加,表面颗粒状突起也越来越密集,表面粗糙度也越来也大。这表明,在相同的处理时间下,处理的功率密度越大,改性后表面的粗糙度越大。

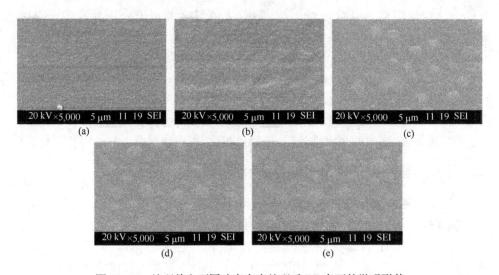

图 12.19　处理前和不同功率密度处理后 PP 表面的微观形貌

(a) 未处理；(b) P_d=11.62 W/cm²；(c) P_d=17.86 W/cm²；(d) P_d=24.14 W/cm²；(e) P_d=30.83 W/cm²

　　图 12.20 给出了未处理的和四种功率密度下经均匀 DBD 处理 20 s 后，PP 薄膜的 FTIR 谱图。根据光谱分析资料可知，图中 2838～2951 cm^{-1} 之间的特征吸收峰属于脂肪族 CH 不同振动吸收峰；1455 cm^{-1} 和 1375 cm^{-1} 分别代表了—CH$_2$ 和—CH$_3$ 吸收峰；1300 cm^{-1} 以下的峰是指纹区杂散峰。从图中可以明显看出，与未处理 PP 薄膜相比，经过大气压均匀 DBD 等离子体处理过的 PP 薄膜在 3443 cm^{-1} 附近出现新的羧基—OH 伸缩振动特征吸收峰，在 1646 cm^{-1} 附近也新增加了羰

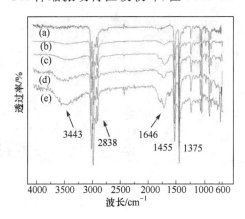

图 12.20　处理前和不同功率密度均匀 DBD 处理 PP 薄膜的 ATR-FTIR 图谱

(a) 未处理；(b) P_d=11.62W/cm²；(c) P_d=17.86W/cm²；(d) P_d=24.14W/cm²；

(e) P_d=30.83W/cm²

基 C＝O 伸缩振动特征吸收峰,这些峰对应的可能的基团分别为醛类—CHO
(1740～1710 cm^{-1})、酮类 C＝O(1710～1680 cm^{-1})、脂类—COO—(1680～1620
cm^{-1})。这些特征均表明,改性后的 PP 薄膜引入了含氧极性基团,如 C＝O/ O—
C＝O,O—C—O 和—COOH 等。比较图 12.19(b)～(e)可以发现,随着功率密度
的增加,在 3400 cm^{-1} 和 1646 cm^{-1} 两处的特征峰相对吸收强度明显增大。这表
明,功率密度越大,DBD 等离子体对材料表面作用的强度也越大,表面引入的含氧
极性基团也越多,表面的亲水性越强,接触角越低,表面能越高。

12.4.4 纳秒脉冲下丝状和均匀模式改性效果对比

脉冲电源激励更容易获得均匀 DBD,研究表明,纳秒脉冲下 DBD 放电也会出
现均匀和丝状模式,因此有必要研究纳秒脉冲下不同模式 DBD 材料表面改性效
果[39～40]。本节介绍两种模式纳秒脉冲 DBD 表面改性 PET 的效果,并进行了比
较。其产生的实验装置为:电源采用纳秒脉冲高压电源,其最大输出电压为 200 kV,
脉冲上升时间为 15 ns,持续时间为 30～40 ns。DBD 反应器采用对称平板电极结
构,电极均采用直径为 70 mm 的圆形平板铜电极,在上下电极表面分别覆盖厚度
为 1～4 mm、面积为 100 mm×100 mm 的玻璃板作为阻挡介质。采用如上装置,
在阻挡介质厚度为 2 mm,气隙距离为 6 mm,电源频率为 250Hz 时,放电表现为均
匀模式;在阻挡介质厚度为 3 mm,气隙距离为 2 mm,电源频率为 250Hz 时,放电
表现为丝状模式,如图 12.21 所示。在这两种放电模式下对 PET 进行表面改性,
通过放电时测得的电压电流波形数据计算得到相应的功率密度分别为 192 mW/cm^2
和 158 mW/cm^2。

(a)   (b)

图 12.21　纳秒脉冲丝状和均匀 DBD 放电图像[39]
(a) 丝状 DBD;(b) 均匀 DBD

图 12.22 和图 12.23 分别给出了 PET 表面水接触角和表面能随均匀和丝状
模式放电处理时间变化的曲线。从图中可以看出,两种模式放电处理后,PET 的

接触角随处理时间的增加而下降,表面能随处理时间的增加而增加。这说明表面吸湿性明显增强,接触角的变化趋势都是随着处理时间增加先大幅下降,然后达到饱和状态,表面能变化趋势则相反。均匀模式和丝状模式放电分别处理 8 s 后,水接触角值由处理前的 78.1°分别下降到 25.4°和 33.7°;表面能由处理前的 41.05 mJ/m² 上升到 74.99 mJ/m² 和 66.04 mJ/m²。均匀的处理效果要比丝状的好,接触角下降得更多,表面能增加得更多。

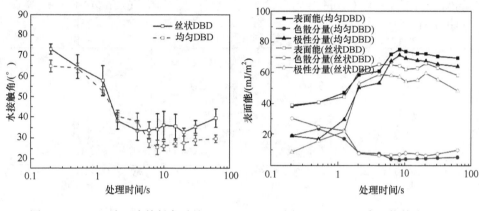

图 12.22　PET 表面水接触角随处理　　　　　图 12.23　PET 表面能随处理
时间变化曲线[39]　　　　　　　　　　　时间变化曲线[39]

　　图 12.24 给出了未处理的和经两种模式 DBD 处理 8 s 后,得到的 PET 薄膜表面微观形貌(AFM)照片。从图 12.24(a)可以看出,未处理的薄膜的表面相对平坦、匀整,无明显形貌特征;而经过丝状模式 DBD 处理后的薄膜表面变得粗糙,出现大直径约为 1μm 的不规则颗粒状突起(如图 12.24(b)所示)。从图 12.24(c)可以发现,均匀模式 DBD 处理后,出现大量密集均匀分布的颗粒状突起。这表明,在相同的处理时间下,均匀放电可以对表面进行更为均匀处理。

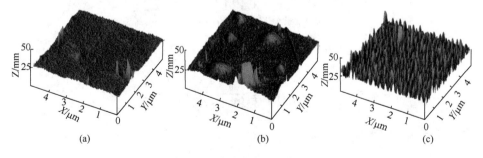

图 12.24　丝状和均匀 DBD 处理前后 PET 表面 AFM 图像[39]
(a) 未处理;(b)丝状放电处理;(c) 均匀放电处理

图 12.25 给出了处理前后 PET 表面的 XPS 全扫描谱图。从图中可以看出，未处理的 PP 表面主要含有 C1s 峰、O1s 峰和少量 N1s 峰，它们所占的比例分别为70.4%、29.3%、0.26%。经丝状 DBD 处理后 PET 表面 C1s 含量减少 3.4%，而O1s 含量增加 5.5%；经均匀 DBD 处理后 PET 表面 C1s 含量减少 9.4%，而 O1s 含量增加 20%，表明均匀 DBD 处理在 PET 表面引入了更多含氧极性基团。图 12.26 给出了对处理前后 PET 表面 C1s 谱图分峰后所得到的各个基团含量变化情况。可以看出，处理后 C—C/C—H 基团含量减少 12%～15%，C—O 和 O—C═O 等含氧基团增加。

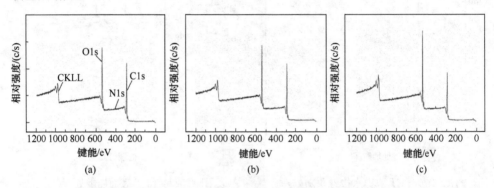

图 12.25 丝状和均匀 DBD 处理前后 PET 表面 XPS 谱图[39]

(a) 未处理；(b) 丝状放电处理；(c) 均匀放电处理

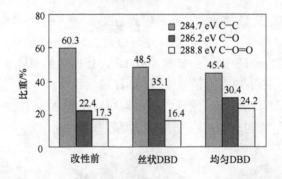

图 12.26 丝状和均匀 DBD 处理前以及处理 8 s 后 PET 表面基团含量[39]

12.5 DBD 表面憎水性改性

12.5.1 提高玻璃表面憎水性

除了上述提高表面亲水性要求，在一些工业应用场合，常常要求材料表面具有良好的憎水性，如电力系统研究防止绝缘子污闪可通过提高绝缘子表面的憎水性等措施实现[41～43]。DBD 等离子体也可用来提高材料表面憎水性,本节介绍利用 DBD 产生的常压低温等离子体对玻璃表面进行憎水性改性的结果。研究所用的 DBD 是在敞开的空气环境下产生的,实验条件为:上下电极都是直径 60 mm 的黄铜平板电极,待处理的玻璃作为阻挡介质覆盖在接地电极上,其厚度为 2 mm,大小为 100 mm×100 mm。实验时,电极间隙的调节范围为 1～4 mm,电源采用输出电压范围为 0～50 kV 的工频试验变压器。实验步骤为:利用 DBD 产生的等离子体先将试样表面预处理一次,然后在试样表面均匀地涂上一层二甲基硅油,再用等离子体处理一次后,擦去表面残余硅油,得到改性后的试样。通过测量表面水接触角、表面电阻和湿闪络电压等手段研究 DBD 等离子体处理前后试样表面憎水性能和介电性能的变化。

　　图 12.27 给出了 DBD 改性前后玻璃试样的照片,对未处理的玻璃表面(右侧玻片),水滴形成连片的水膜,而经过等离子体处理后(左侧玻片),滴在表面的水珠是分立存在的。图 12.28 给出了试样表面的水接触角和表面电阻随处理电压变化的情况(处理时间为 11 min)。从图中可以看出,随着处理电压的增加,接触角和表面电阻变大,在 10 kV 作用时分别达到最大值 121° 和 1.27×10^10 Ω。处理电压继续升高时,接触角和表面电阻不再发生明显的变化,如

图 12.27　水滴在玻璃表面的照片[41]
右侧玻片为处理前,左侧为处理后

在 12.5 kV 下处理后测得的接触角和表面电阻甚至略有下降,分别为 117° 和 1.23×10^10 Ω。

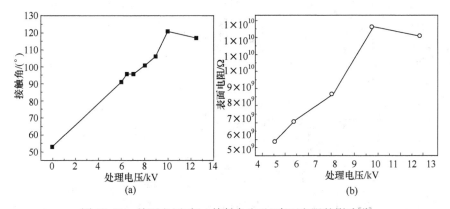

图 12.28　处理电压对(a)接触角和(b)表面电阻的影响[41]

　　相同的处理电压下,接触角和表面电阻随处理时间的变化是不同的。图 12.29 给出了处理电压为 10 kV 时,试样表面的水接触角和表面电阻随 DBD 等

离子体作用时间变化的情况。从图中可以看出,接触角和表面电阻随等离子体作用时间的增加而变大。由图 12.29(a)可见,等离子体作用 1 min 时,接触角就有了明显的上升,作用 11 min 时,接触角上升至最大值 121°,等离子体继续作用,接触角没有明显的变化。表面电阻的变化规律与接触角的变化规律有所不同,但也在作用时间为 11 min 时达到最大值。

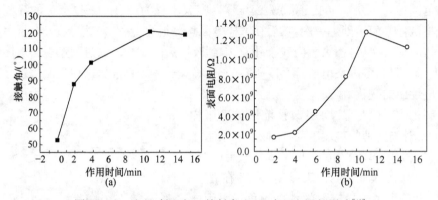

图 12.29　处理时间对(a)接触角和(b)表面电阻的影响[41]

图 12.30 给出了试样表面的湿闪电压随处理电压和处理时间变化的曲线。从图中可以看出,当处理时间(11 min)一定时,湿闪电压随处理电压的增加而上升,处理电压为 10 kV 时,湿闪电压达到最高值 18.2 kV。同样,处理电压(10 kV)不变时,湿闪电压随处理时间的增加而上升,在 11 min 时达到最大值 18.2 kV,与未作任何处理时 8.2 kV 的相比,提高了 122%。

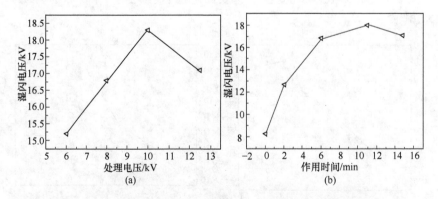

图 12.30　湿闪电压随(a)处理电压和(b)处理时间变化的情况[41]

图 12.31 分别给出了扫描电子显微镜(SEM)观察得到的未经处理的、等离子体预处理后和改性后的试样表面的微观样貌。从图 12.31(b)中可以明显看出,处理后表面样貌发生变化,图中出现了大量白点,这是由于等离子体和玻璃表面作

用,除去了玻璃表面的一些基团,在表面产生大量自由基,因此表面样貌也相应发生变化。实验中玻璃表面添加的憎水剂是二甲基硅油,它在 DBD 等离子体作用下,可以发生化学键断裂,生成甲基和另一个大分子自由基。甲基和大分子自由基可以在置换羟基的前提下与玻璃表面发生反应,在玻璃表面键合了一层致密的、含有甲基的憎水膜(见图 12.31(c))。

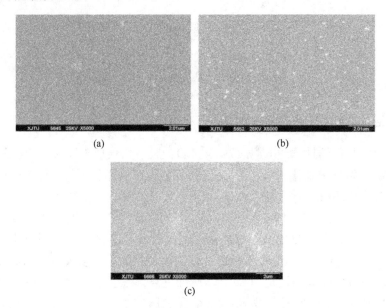

图 12.31　SEM 观察玻璃试样表面的微观形貌[42]
(a) 原始试样;(b) 预处理后;(c) 改性后

　　图 12.32 给出了 DBD 等离子改性前后试样表面的 FTIR 谱图。从图中可以看出,等离子体处理后的试样表面出现了三个有机基团峰:波数为 1460 cm^{-1} 的峰对应于 Si(CH$_3$)中的 CH$_3$ 非对称振动峰;波数为 1355 cm^{-1} 的峰对应于 Si—CH$_2$—Si 中的 CH$_2$ 振动峰;波数为 2955 cm^{-1} 的峰对应于 CH$_3$ 对称振动峰。同时,SO$_2$(Si—O—Si)峰在 1070 cm^{-1} 处,比等离子体处理前的 1030 cm^{-1} 处略有位移,说明这些有机基团已和 Si—O 发生了键合作用。这些基团阻止了水对内部极性键的侵袭,从而使玻璃表面憎水性得到了提高。

　　如上结果表明,在玻璃表面涂一层二甲基硅油并经 DBD 等离子体处理后,能在玻璃表面生成一层长效、致密的憎水膜,处理后玻璃表面的水接触角、表面电阻和湿闪电压均增大。表面改性效果与处理电压和处理时间有关,增大处理电压和处理时间可使憎水性加强,但过高的处理电压和过长处理时间反而会影响处理效果。如上实验改性取得憎水性最佳效果的条件是:处理电压为 10 kV,处理时间为 11 min。

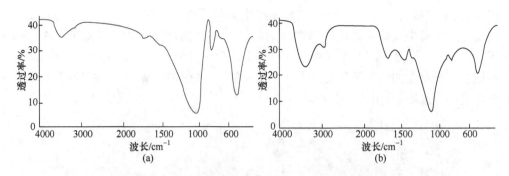

图 12.32　(a)DBD 处理前与(b)处理后试样的红外光谱图[42]

12.5.2　提高有机玻璃表面憎水性

　　本节介绍利用纳秒脉冲电源激励的 DBD 改性有机玻璃表面,提高其表面的憎水性。电源采用基于磁脉冲压缩(MPC)的重复频率纳秒脉冲源 MPA-50D,其输出电压上升沿为 70 ns,脉宽为 100 ns。DBD 电极采用平行板电极结构,电极直径为 50 mm,材料为铝。在两电极表面各覆盖一层厚度为 2 mm 的玻璃介质层,气隙距离为 2 mm;实验中施加的高压脉冲从上电极引入,下电极接地。为了保证良好的电接触,在介质层与金属电极接触的一面上贴一层铝箔。实验在开放的大气环境中进行。脉冲电压幅值设定为 25 kV,脉冲重复频率设定为 1000 Hz,放电波形如图 12.33 所示。图中可见,放电电流呈现尖脉冲的形式,电流峰值可以达到40 A,明显大于传统交流情况下的放电电流,并且在施加电压脉冲的下降沿有与其极性相反的负极性电流,幅值约 8 A,小于一次放电电流幅值。放电图像也在图 12.33 中给出,曝光时间为 0.5 s。用肉眼观察,放电空间没有放电细丝,表现为均匀放电(图 12.33 中插图)。

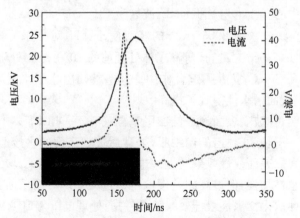

图 12.33　纳秒脉冲 DBD 电气及发光特性[44]

　　改性的有机玻璃(PMMA)材料厚度为 2 mm,裁剪成面积为 10 cm×10 cm 的正方形,依次使用丙酮、酒精和去离子水在超声波中清洗,除去材料表面的污浊物,然后放置于真空干燥箱中烘干,烘干后测量改性处理前 PMMA 材料表面特性。在干燥洁净的 PMMA 材料表面均匀涂抹一层厚度不超过 0.1 mm 的二甲基硅油,然后将其放置在地电极上作为阻挡介质。高压电极的阻挡介质也采用 2 mm 厚度的有机玻璃,设置好间隙距离、放电电压、放电频率、处理时间等参数后,开始在大气压空气中进行放电低温等离子体处理,处理完毕后将 PMMA 材料取出,去除材料表面残余的硅油,依次通过丙酮、酒精和去离子水清洗干净,然后立即进行表面水接触角等特性测量。需要说明的是,残余的二甲基硅油清洗干净后,可以排除表面水接触角的增加是由残余的二甲基硅油造成的。

　　图 12.34 给出了 DBD 改性前后的 PMMA 材料表面水接触角图片,可见水接触角在改性后提高了,表明 DBD 处理改善了 PMMA 材料表面疏水性。改变处理时间,PMMA 材料表面静态水接触角和表面能随纳秒脉冲 DBD 处理时间的变化规律如图 12.35(a)所示,改性前测得的 PMMA 材料原始水接触角为 68.0°,表面

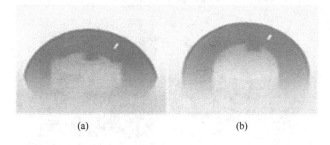

图 12.34　DBD 改性前后 PMMA 表面水接触角图像

(a) 改性前;(b) 改性后

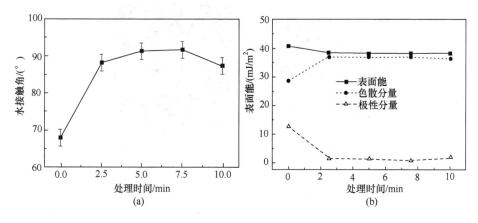

图 12.35　DBD 处理 PMMA(a)表面水接触角和(b)表面能随 DBD 处理时间变化的曲线[44]

能为 40.99 mJ/cm²。随着处理时间的增加,疏水改性处理后 PMMA 材料表面水接触角先是迅速提高,后随着时间的上升提高趋势逐渐降低,在 7.5 min 达到最大 (92°),继续增加处理时间改性效果出现明显的降低。表面能也呈现出相似的变化规律,随处理时间的增加先是降低,降低趋势逐渐减小,达到一定程度(37.8 mJ/cm²)后又呈现上升趋势,如图 12.35(b)所示。图 12.35(b)中可见,改性后表面能中的色散分量提高,极性分量趋向于 0,这也表明材料表面的疏水性提高。

图 12.36 给出了用 AFM 测试的憎水改性处理前后 PMMA 材料表面三维视图及粗糙度分布图,图中显示的少量白点为材料表面杂质。从图 12.36(a)中可以看出,改性处理前材料表面相对比较光滑,凸峰数量很少,平均高度也比较低。经过硅油憎水改性处理后材料表面凸峰数量和高度都有了较大的增加,如图 12.36(c)所示。常用算术平均粗糙度 R_a 和均方根粗糙度 R_q 两个参数表征材料表面粗糙度状况。根据图 12.36(b)、(d)可以算出处理前 PMMA 的 R_a 和 R_q 分别为 0.67 nm 和 0.92 nm,硅油处理后,上述两个值分别增加到 2.73 nm 和 3.79 nm。综上所述,PMMA 表面憎水性的提高与表面粗糙度的提高有关。

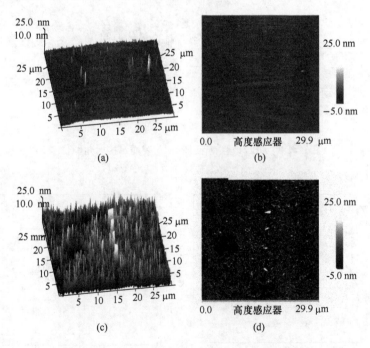

图 12.36 DBD 改性前后 PMMA 的 AFM 结果

(a) 改性前三维视图;(b) 改性前粗糙度分布;(c) 改性后三维视图;(d) 改性后粗糙度分布

12.6　等离子体改性机理探索

12.6.1　亲水性改性机理

如图 12.2 所示,等离子体表面改性是等离子体与高分子材料表面相互作用的过程,该过程包括等离子体物理和等离子体化学两个方面。DBD 放电空间中存在大量的、种类繁多的活性粒子,一方面它们和高分子材料的表面作用,打开表面的化学键;另一方面打开的化学键重新组合使得表面发生刻蚀(交联),或和等离子体中的反应性粒子相互作用在表面引入一些新的基团,从而提高表面性能。因此分析 DBD 等离子体与材料表面作用的机理可以从两方面入手:一方面为 DBD 产生活性粒子的过程;另一方面为产生的活性粒子与高分子材料表面的相互作用过程。本节以下分别从这两个方面来分析 DBD 等离子体与被改性材料表面相互作用的机理。

以空气为例,空气的主要成分为氮气、氧气和少量的水蒸气,因此空气中 DBD 产生的活性粒子主要是由以上三种成分电离和激发产生的。相关研究表明,空气中 APGD 和 DBD 等离子体中存在着多种活性粒子,包括原子(O)、臭氧(O_3)、氮氧化物(NO 和 N_2O 等)、中性粒子、亚稳态粒子、自由基和紫外线等[2,4,5]。其中的某些活性粒子或紫外线辐射的能量要高于被处理材料的化学键能,在处理过程中,各种粒子撞击材料表面,与其表层进行能量交换,打开表面的化学键,在表面引发大分子自由基 R·。R·可能与等离子体中的反应性粒子发生化学反应,在材料表面引入极性含氧基团,形成高度交联的表面。因此 R·与 APGD 和 DBD 等离子体相互作用在材料表面发生的化学反应可推测如下:

$$R· + O \longrightarrow RO· \tag{12-3}$$

$$R· + O_2 \longrightarrow ROO· \tag{12-4}$$

$$R· + O_3 \longrightarrow RO· + O_2 \tag{12-5}$$

$$R· + HO_2 \longrightarrow ROOH \tag{12-6}$$

$$R· + H_2O_2 \longrightarrow ROO· + H_2 \text{ 或 } ROH + OH \tag{12-7}$$

$$ROO· + O \longrightarrow RO· + O_2 \tag{12-8}$$

$$ROO· + R'H \longrightarrow ROOH + R'· \tag{12-9}$$

$$ROOH \longrightarrow RO· + OH \tag{12-10}$$

以 PET 和 PTFE 为例,它们的化学结构式分别为

$$\left[O-C-\bigcirc-C-CH_2-CH_2 \right]_n \tag{12-11}$$

$$\left[CF_2-CF_2 \right]_n \tag{12-12}$$

高能等离子体轰击 PET 表面能打开其表面的 C—CH$_2$ 键,在其表面引入含氧极性基团(如—C═O 和—OH 等),反应式为

$$\text{(PET 反应式,} h\nu, \; O_2, \; H\cdot \text{)} \tag{12-13}$$

DBD 等离子体改性 PTFE,在其表面也发生了引入极性基团、表面交联和产生不饱和键等反应,反应式为

$$\xrightarrow{-1F/-2F} \quad X \begin{vmatrix} -H, & -OH \\ ═O, & -NH \end{vmatrix} \tag{12-14}$$

$$\xrightarrow{-2F} \tag{12-15}$$

$$\xrightarrow{-2F} \tag{12-16}$$

以上的分析表明,空气中 DBD 等离子体改性表面可以认为是等离子体中各种活性粒子撞击材料表面,在交换能量过程中引发大分子自由基进一步反应,在材料表面引入含氧极性基团(醇基、醛基、酮基、羟基等)并脱去小分子的过程,该过程导致材料表面极性的提高[5~8]。PET 和 PTFE 表面亲水性改性的机理可解释为:

DBD 等离子体中的高能粒子轰击能打开 PTFE 表面的 C—C 健和 C—F 健,在其表面产生小分子碎片(如—CF$_2$—和—CF—等)和大分子自由基 R·;高能粒子轰击PET 表面能打开其表面的 C—C 健和 C—O 健,也产生了小分子碎片(如 H 和CH$_2$—CH$_2$—等)和 R·;R·与 DBD 等离子体中的活性粒子的作用按照上述介绍的方式进行,从而在 PTFE 和 PET 表面引入 C—O、C—OH、C=O(O—C—O)、O—C=O、—CF—O 和—CF$_2$—O 等含氧极性基团。同时,活性粒子冲击表面产生的刻蚀作用引起的表面粗糙度变化,也会使材料有效表面积增大,如上表面化学和物理过程综合作用,导致表面亲水性增强[34,45]。值得注意的是,不同材料表面化学键能不同,需要不同的处理时间和能量密度才能达到期望的处理效果。如PTFE 的分子结构中所含的 C—F 键键能较高(平均键能为 490 kJ/mol),具有十分高的化学稳定性,而 PET、PMMA 和 PP 分子结构中含有的 C—H 键的键能则相对较低(平均键能为 350 kJ/mol)。因此,空气 DBD 放电空间中某些能量较低的活性粒子,和 PMMA、PET、PP 表面作用后可以打开其分子结构中含有的 C—H键而形成新键,但不一定足以打开 PTFE 分子结构中所含的 C—F 键,故在相同功率密度下,PTFE 需要更长的处理时间来获得较好的改性效果。

12.6.2　憎水性改性机理

DBD 等离子体提高玻璃表面憎水性的机理可解释为:DBD 等离子体具有活化表面分子和添加剂分子并促成生成化合物的能力,二甲基硅油的化学键断裂产生的甲基、大分子自由基和一些其他基团可以在置换羟基的前提下与玻璃表面发生键合反应,在玻璃表面键合了一层致密的、含有甲基的憎水层,提高了表面憎水性。DBD 等离子体产生的粒子中的一部分轰击玻璃表面,可以打开其表面化学键,形成溅射作用(如正离子在空气中受到电场作用而运动,离子积聚了一定能量后轰击固体物质,一个正离子能够轰击出 1~50 个表面原子),除去玻璃表面的碱金属离子和羟基等。因此,在涂敷硅油前要先用等离子体对试样表面进行预处理,从而除去玻璃表面的一些基团,使玻璃表面局部地方出现自由基。实验中玻璃表面添加的憎水剂是二甲基硅油(CH$_3$)$_3$SiO[Si(CH$_3$)$_2$O]$_n$Si(CH$_3$)$_3$[42],它在 DBD 等离子体作用下,可以发生化学键断裂,生成甲基(—CH$_3$)、大分子自由基(CH$_3$)$_3$SiO[Si(CH$_3$)$_2$O]$_n$Si(CH$_3$)$_2^+$ 和其他的一些含有甲基的基团等。二甲基硅油在 DBD等离子体作用下,其分子化学键的主要断裂方式为

$$
\begin{array}{c}
\text{CH}_3 \\
| \\
\text{CH}_3\!-\!\text{Si}\!-\!\text{O} \\
| \\
\text{CH}_3
\end{array}
\left[
\begin{array}{c}
\text{CH}_3 \\
| \\
\text{Si}\!-\!\text{O} \\
| \\
\text{CH}_3
\end{array}
\right]_n
\begin{array}{c}
\text{CH}_3 \\
| \\
\text{Si}\!-\!\text{CH}_3 \\
| \\
\text{CH}_3
\end{array}
\xrightarrow{\text{DBD}}
\begin{array}{c}
\quad \cdot \\
\text{CH}_3\!-\!\text{Si}\!-\!\text{O} \\
| \\
\text{CH}_3
\end{array}
\left[
\begin{array}{c}
\text{CH}_3 \\
| \\
\text{Si}\!-\!\text{O} \\
| \\
\text{CH}_3
\end{array}
\right]_n
\begin{array}{c}
\text{CH}_3 \\
| \\
\text{Si}\!-\!\text{CH}_3 \\
| \\
\text{CH}_3
\end{array}
+ \;
\begin{array}{c}
\cdot \\
\text{CH}_3
\end{array}
$$

(12-17)

甲基和大分子自由基可以在置换羟基的前提下与玻璃表面发生反应,在玻璃

表面键合一层致密的、含有甲基的憎水膜。玻璃是以 Si^+ 为多面体中心的 SiO_2 体系,在表面附近 SiO_2 中的氧可分为桥氧和非桥氧两类。非桥氧容易与氢形成羟基,也可与 Na^+ 和 K^+ 键合,玻璃表面层的分子结构图 12.37(a)所示[43]。当空气中含有水分时,由于水分子的不对称性,易与表面氢离子形成氢键,或与 Na^+ 和 K^+ 发生嫡合作用形成亲水性。因此根据前面的分析可以推测,经 DBD 等离子体作用后,玻璃表面上憎水层的化学结构如图 12.37(b)所示。有机基团 R 和 R′ 在分子键的最外层,它们的存在有效地屏蔽了氧原子,避免氧原子与水分子形成氢键,使处理后的表面呈憎水性。

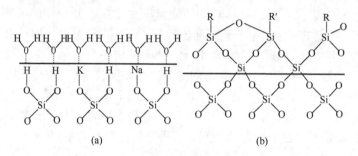

图 12.37　处理前后玻璃表面的化学结构

(a) 处理前;(b) 处理后

12.7　小　　结

本章总结了在大气压下空气中 DBD 亲水性和憎水性表面改性的实验结果。获得的主要结论有:

(1) DBD 等离子体处理后,表面粗糙度增加,引入了含氧、含氮的亲水性极性基团,这些过程综合作用使表面的亲水性得到改善,水接触角降低、表面能上升。

(2) 在相同的条件下,均匀模式 DBD 的处理效果要优于丝状模式 DBD,纳秒脉冲下均匀 DBD 处理效果也优于丝状模式 DBD,且大气压中均匀 DBD 处理效果优于中等气压下均匀 DBD,在相同能量密度下,可以对表面进行更为均匀的处理,在表面引入更多的 O 元素,使其接触角下降到更低值。

(3) DBD 处理功率密度对改性效果有重要影响,增大功率密度,利用更少的处理时间就能得到同样的处理效果。

(4) DBD 等离子体增强憎水性能获得较好效果。在玻璃表面涂一层二甲基硅油并经等离子体处理后,能在玻璃表面生成一层长效、致密的憎水膜;等离子体和试样表面相互作用时存在最佳运行条件。

(5) DBD 亲水性改性主要是等离子中各种活性粒子撞击材料表面,在交换能量过程中引发大分子自由基进一步反应,在材料表面引入含氧极性基团并脱去小分子的过程,该过程导致材料表面极性的提高。而二甲基硅油在等离子体作用下发生化学键断裂所生成的甲基和大分子自由基,可以在置换羟基的前提下与玻璃表面发生反应,是玻璃表面憎水性提高的主要原因。

参 考 文 献

[1] Bárdos L, Baránková L. Cold atmospheric plasma: sources, processes, and applications[J]. Thin Solid Films, 2010, 518(23): 6705-6713.

[2] Kogelschatz U. Dielectric-barrier discharge: their history, discharge physics, and industrial application[J]. Plasma Chemistry and Plasma Processing, 2003, 23(1): 1-46.

[3] Kunhardt E E. Generation of large-volume, atmosphere-pressure, nonequilibrium plasmas[J]. IEEE Transaction on Plasma Science, 2002, 28(1): 189-200.

[4] Wagner H E, Brandenburga R, Kozlovb K V, et al. The barrier discharge: basic properties and applications to surface treatment[J]. Vacuum, 2003, 71(5): 417-436.

[5] Pappas D. Status and potential of atmospheric plasma processing of materials[J]. Journal of Vacuum Science & Technology A, 2011, 29(2): 020801.

[6] 胡建杭, 方志, 章程, 等. 介质阻挡放电材料表面改性研究进展[J]. 材料导报, 2007, 21(9): 71-77.

[7] 杨浩, 方志, 解向前, 等. 均匀介质阻挡放电用于材料表面改性的研究进展[J]. 印染, 2009, 35(10): 49-54.

[8] 章程, 方志, 赵龙章, 等. 介质阻挡放电在绝缘材料表面改性中的应用[J]. 绝缘材料, 2006, 39(6): 42-46.

[9] Borcia G, Anderson C A, Brown N M D. The surface oxidation of selected polymers using an atmospheric pressure air dielectric barrier discharge. Part I[J]. Applied Surface Science, 2004, 221(1-4): 203-214.

[10] Liu C L, Cui N Y, Brown N M D, et al. Effects of DBD plasma operating parameters on the polymer surface modification[J]. Surface and Coatings Technology, 2004, 185(2-3): 311-320.

[11] Scott S J, Figgures C C, Dixon D G. Dielectric barrier discharge processing of aerospace materials[J]. Plasma Sources Science and Technology, 2004, 13(3): 461-465.

[12] Upadhyay D J, Cui N Y, Anderson C A, et al. Surface oxygenation of polypropylene using an air dielectric barrier discharge: the effect of different electrode-platen combinations[J]. Applied Surface Science, 2004, 229(1-4): 352-364.

[13] Massines F, Gouda G, Gherardi N, et al. The role of dielectric barrier discharge atmosphere and physics on polypropylene surface treatment[J]. Plasmas and Polymers, 2001, 6(1): 35-49.

[14] Little U, Buchanan F, Harkin-Jones E, et al. Surface modification of poly(e-caprolactone) using a dielectric barrier discharge in atmospheric pressure glow discharge mode[J]. Acta Biomater, 2009, 5(6): 2025-2032.

[15] Sira M, Trunec D, Stahel P, et al. Surface modification of polycarbonate in homogeneous atmospheric pressure discharge[J]. Journal of Physics D: Applied Physics, 2008, 41(1): 015205(7p).

[16] Roth J R, Rahel J, Dai X, et al. The physics and phenomenology of one atmosphere uniform glow discharge plasma (OAUGDP™) reactors for surface treatment applications[J]. Journal of Physics D: Applied Physics, 2005, 38(4): 555-567.

[17] Trigwell S, Boucher D, Carlos I. Electrostatic properties of PE and PTFE subjected to atmospheric pressure plasma treatment: correlation of experimental results with atomistic modeling[J]. Journal of Electrostatics, 2007, 65(7): 401-407.

[18] Kwon O J, Myung S W, Lee C S. Comparison of the surface characteristics of polypropylene films treated by Ar and mixed gas (Ar/O₂) atmospheric pressure plasma[J]. Journal of Colloid and Interface Science, 2006, 295(2): 409-416.

[19] Tynan J, Law V J, Ward P, et al. Comparison of pilot and industrial scale atmospheric pressure glow discharge systems including a novel electro-acoustic technique for process monitoring[J]. Plasma Sources Science and Technology, 2010, 19(1): 5015-5024.

[20] Chiper A S, Nastuta A V, Rusu G B, et al. On surface elementary processes and polymer surface modifications induced by double pulsed dielectric barrier discharge[J]. Nuclear Instruments and Methods in Physics Research B, 2009, 267(2): 313-316.

[21] Walsh J L, Kong M G. 10 ns pulsed atmospheric air plasma for uniform treatment of polymeric surfaces[J]. Applied Physics Letters, 2007, 91(25): 1504-1507.

[22] Yamamoto T, Okubo M, Imai N, et al. Improvement on hydrophilic and hydrophobic properties of glass surface treated by nonthermal plasma induced by silent corona discharge[J]. Plasma Chemistry and Plasma Processing, 2004, 24(1): 1-12.

[23] O'Neill L, Herbert P A F, Stallard C, et al. Investigation of the effects of gas versus liquid deposition in an aerosol-assisted corona deposition process[J]. Plasma Processes and polymers, 2010, 7(1): 43-50.

[24] Topala I, Asandulesa M, Spridon D, et al. Hydrophobic coatings obtained in atmospheric pressure plasma[J]. IEEE Transactions on Plasma Science, 2009, 37(6): 946-950.

[25] Ren C S, Wang K, Wang D Z, et al. Surface modification of PE film by DBD plasma in air [J]. Applied Surface Science, 2010, 255(5): 3421-3425.

[26] 方志,章程,胡建杭,等. 空气中介质阻挡放电对聚丙烯进行表面改性的研究[J]. 真空科学与技术学报, 2008, 28(5): 404-409.

[27] Fang Z, Lin J, Xie X, et al. Experimental study on the transition of the discharge modes in air dielectric barrier discharge[J]. Journal of Physics D: Applied Physics, 2009, 42(8): 085203.

[28] Fang Z, Xie X, Li J, et al. Comparison of surface modification of polypropylene film by filamentary DBD at atmospheric pressure and homogeneous DBD at medium pressure in air[J]. Journal of Physics D: Applied Physics, 2009, 42(8): 085204.

[29] 方志,杨浩,解向前. 均匀介质阻挡放电处理提高聚合物薄膜表面亲水性的研究[J]. 真空科学与技术学报, 2010, 30(2): 78-83.

[30] Fang Z, Lin J, Yang H, et al. Polyethylene terephthalate surface modification by filamentary and homogeneous dielectric barrier discharges in air[J]. IEEE Transactions on Plasma Science, 2009, 37(5): 659-667.

[31] Fang Z, Hao L, Yang H, et al Polytetrafluoroethylene surface modification by filamentary

and homogeneous dielectric barrier discharges in air[J]. Applied Surface Science, 2009, 225(16): 7279-7285.

[32] 方志, 谢向前, 邱毓昌. 大气压空气中均匀介质阻挡放电的产生及放电特性[J]. 中国电机工程学报, 2010, 30(28): 126-132.

[33] Fang Z, Lei X, Cai L. Study on the microsecond pulse homogeneous dielectric barrier discharges in atmospheric air and its in auencing factors[J]. Plasma Science and Technology, 2011, 13 (6): 676-681.

[34] Fang Z, Yang H, Qiu Y C. Surface treatment of polyethylene terephthalate films using a microsecond pulse homogeneous dielectric barrier discharges in atmospheric air [J]. IEEE Transactions on Plasma Science, 2010, 38(7): 1615-1623.

[35] Fang Z, Cai L L, Lei X. Surface treatment of polypropylene (PP) films using homogeneous DBD plasma at atmospheric pressure in air [J]. High Voltage Engineering, 2011, 36(11): 2720-2726.

[36] 方志, 蔡玲玲. 空气中均匀介质阻挡放电功率密度对聚四氟乙烯表面改性的影响[J]. 高电压技术, 2011, 36(6): 1459-1464.

[37] Fang Z, Wang X G, Shao R P. The effect of discharge power density on polyethylene terephthalate film surface modification by dielectric barrier discharge in atmospheric air[J]. Journal of Electrostatics, 2011, 69(1): 60-66.

[38] Fang Z, Liu Y, Liu K. Surface modifications of polymethylmetacrylate films using atmospheric pressure air dielectric barrier discharge plasma[J]. Vacuum, 2012, 86(9): 1305-1321.

[39] Zhang C, Shao T, Long K, et al. Surface treatment of polyethylene terephthalate films using DBD excited by repetitive unipolar nanosecond pulses in air at atmospheric pressure [J]. IEEE Transactions on Plasma Science, 2010, 38 (6): 1517-1526.

[40] Shao T, Zhang C, Long K, et al. Surface modification of polyimide films using unipolar nanosecond-pulse DBD in atmospheric air [J]. Applied Surface Science, 2010, 256 (12): 3888-3894.

[41] 邱毓昌, 方志. 用大气中低温等离子体提高玻璃表面憎水性的研究[J]. 华北电力大学学报, 2004, 31(4): 5-9.

[42] Fang Z, Qiu Y, Kuffel E. Formation of hydrophobic coating on glass surface using atmospheric pressure non-thermal plasma in ambient air[J]. Journal of Physics D: Applied Physics, 2004, 37(16): 2261-2266.

[43] Fang Z, Qiu X, Qiu Y, et al. Dielectric barrier discharge in atmospheric air for glass-surface treatment to enhance hydrophobicity[J]. IEEE Transactions on Plasma Science, 2006, 34(4): 1216-1222.

[44] Xu J, Zhang C, Shao T, et al. Formation of hydrophobic coating on PMMA surface using unipolar nanosecond-pulse DBD in atmospheric air [J]. Journal of Electrostatics, 2013, 71 (3): 435-439.

[45] Fang Z, Qiu Y, Luo Y. Surface modification of polytetrafluoroethylene film using the atmospheric pressure glow discharge in air[J]. Journal of Physics D: Applied Physics, 2003, 36(23): 2980-2985.

第13章 大气压放电等离子体在废水处理中的应用

李 杰　商克峰　鲁 娜　吴 彦

大连理工大学

　　针对废水中高毒性和难生化降解的污染物,迫切需要研发一些非常规、高处理效能的废水处理新技术。大气压放电等离子体可以产生传统物理、化学和生物过程难以获得的理化过程,生成高强活性的反应物质,通过直接或间接作用方式与废水中的污染物发生化学反应,实现废水中污染物高效净化处理。近三十年来,放电等离子体水处理技术的基础研究受到国内外学者的广泛关注,取得一些研究成果,为放电等离子体水处理技术的应用研究提供了依据。本章在总结国内外相关研究成果的基础上,主要介绍大连理工大学关于提高大气压放电等离子体水处理能量利用效率方法的研究结果。

13.1 引　　言

　　1987年,Glaze等提出了高级氧化过程(advanced oxidation processes,AOPs),它以羟自由基(·OH)作为主要氧化剂氧化降解水体中有机物。AOP克服了普通化学氧化法存在的氧化能力弱、选择性氧化的问题,特别是在处理水体中难生物降解有机废水方面具有独特的优势,越来越引起研究者的关注。随着科学研究进展,高级氧化技术定义在原有基础上进一步扩展为:在水体中输入能量(如化学的、电的、辐射的)以产生高氧化活性的物种攻击目标物,达到有机物完全矿化的工艺过程,其中所共有的氧化活性物种是·OH自由基。·OH的氧化电位为2.8 V,其氧化性仅次于氟(F_2,氧化电位3.03 V),通过各种反应过程无选择性地氧化水中污染物,从而确定AOPs成为一类极具发展潜力的水处理技术。目前,已经开展研究的AOPs水处理技术包括臭氧氧化、过氧化氢氧化、光化学氧化、光催化氧化、湿式空气氧化、超临界水氧化、电化学氧化、电子束照射、超声氧化和放电等离子体氧化等。大气压放电等离子体水处理技术历经长时间研究和探索,尤其是近三十年来,在基础理论和应用方面取得了一些研究成果,为该技术工程应用提供了指导。

　　本章工作得到国家自然科学基金(20377006,U0970584)、教育部博士点基金(20070141004)和863专题(2008AA06Z308)的支持。

目前针对提高放电等离子体能量利用效率,降低等离子体水处理能耗的问题,研究者正开展放电等离子体电极结构、提高等离子体理化效应作用、等离子体与传统水处理方法结合等相关科学与技术问题的研究。

13.2 液体放电等离子体过程

13.2.1 液体电击穿过程

液体分子间距离和分子大小几乎是相同数量级的,比气体分子间距离小得多,因此液体中电子平均自由程小,需要很高的电场才可以发生碰撞电离过程。另外,在液体上加以电场作用时,液体分子被电解成离子,离子在电场作用下形成导电电流,由此产生的焦耳热致使液体中生成气泡,并在气泡中引发气体放电而引起液体放电。因此液体放电不一定会像气体放电那样需要二次电子产生。

处于平行平板电极形成电场中的纯液体电介质,所加电压与电流之间的关系类似于气体放电的汤生放电区域(如图 13.1 所示),可分成三个区域。在 a 区域,电流和电压成正比,即欧姆区。在 b 区域,电流上升较慢,出现近似饱和状态,即饱和区。在 c 区域,电流随电压急剧上升,以致达到绝缘破坏。把 c 区域称为高电场电传导,a、b 区域称为低电场电传导[1]。

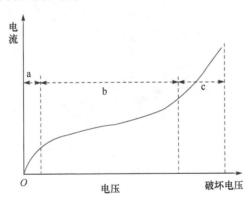

图 13.1　液体击穿的 V-I 特性[1]

在低电场电传导区域,电流是由离子迁移率决定的,而在高电场电传导区域,随电场增加,带电粒子产生急剧增加。其理由有三个:①电解。在电场作用下,电解质分子因电解而产生离子,离子参与导电使电流增加。②电极释放电子。当电场到达 100 kV/cm 以上的强度时,金属电极功函数变小,即使是室温也可以引起热电子发射。③碰撞电离。被电场加速的电子与液体分子发生碰撞引起电离,类似气体放电的 α 过程,但与气体放电 α 过程相比,液体放电的 α 过程很难发生,大约在 1 MV/cm 以上的高电场下才能发生。

13.2.2　液体电击穿机理

在高电场电传导区域,随着电压的不断上升,在某一电压下发生液体放电,液体绝缘性被破坏。该临界电压 V_s 被称为液体放电开始电压,即液体电击穿。对于纯液体绝缘破坏机理有多种说法,大致可分为电子破坏说和气泡破坏说两种。前者是指液体分子被电子碰撞而发生电离的理论,后者是指在电场作用下,由于焦耳热效应生成气泡,气泡内发生气体放电而导致液体放电的理论。但当电流急剧增加时,即使在电子破坏说解释的电击穿过程中,液体中也会产生气泡。因此,电子破坏说和气泡破坏说两种理论的区别在于是否发生液体碰撞电离。下面简单介绍这两种理论[1,2]。

1. 电子破坏说

从阴极释放电子在电场作用下被加速而与液体分子碰撞引起电子雪崩电离。由于电离作用使电子倍增,同时碰撞电离所产生的正离子在阴极附近形成空间电荷层,加强阴极表面电场进而增多电子释放。与气体放电类似,由于 α 作用及 γ 作用而使电流急剧增加,以致发展到绝缘破坏,其理论过程可表示如下。

阴极释放电子形成电流 j_c,由(13-1)式给出:

$$j_c = aE_c^2 \exp(-b/E_c) \tag{13-1}$$

式中,a、b 为常数;E_c 为阴极前面电场。因电子雪崩产生正离子,使阴极前面电场增加,由(13.2)式给出:

$$E_c = E_0 + \left\{ \frac{2\pi j_c d}{\varepsilon \mu_+ E_0} \right\} \exp(\alpha d) \tag{13-2}$$

式中,E_0 为外加电场;μ_+ 为正离子迁移率。击穿电场 E_{0B} 由式(13-3)和式(13-4)给出:

$$E_{OB} = 2bC \frac{\sqrt{C-1}}{1-4C} \tag{13-3}$$

$$C = \frac{2\pi a \exp(\alpha l)}{\mu_+} \tag{13-4}$$

E_{0B} 与阴极工作参数和 μ_+ 有关,如果施加电场脉冲宽度窄,μ_+ 作用使 E_c 增强作用减小,那么 E_{0B} 上升。

2. 气泡破坏说

电场较高时,由于种种原因而产生气泡,随着气泡成长,气泡内压强变小诱发气泡内的气体放电,由此引起液体绝缘破坏。对于纯液体,气泡发生机制如下:

(1) 电子电流的加热。从阴极释放电子电流所产生的热使液体蒸发形成气

泡。因阴极释放电子所获得的能量(A)和形成气泡所需要的能量(B)相等,可推导出击穿电场 E_B:

$$\begin{cases} A = m[c_p(T_b - T) + l_b] \\ B = KE_B^n\tau \end{cases} \tag{13-5}$$

式中,m 为气化液体质量;c_p 为液体比热容;T 为气泡周围的液体温度;T_b 为液体沸点;l_b 为液体的汽化热;K、n 为常数;τ 为流动液体停留时间。E_B 随着液体温度上升而减小。

(2)电子的碰撞电离。被电场加速的电子与液体分子发生碰撞,使液体分子发生电离而产生气泡。

(3)静电斥力作用。在电极表面气泡上积累一定的电荷,当静电力大于液体的表面张力时,在静电力作用下气泡增大。

电子破坏说和气泡破坏说到底哪种说法正确,或者在什么条件下哪种机制为主,现在还不是十分清楚,但在较低的直流或交流电压长时间作用下,较容易引发气泡破坏,而在较短的脉冲高电压瞬间作用下,较容易发生电子破坏。此外,液体绝缘破坏与电极形状、电极间距、液体密度、温度、外部压力和施加电压时间有关。

13.3　放电等离子体水处理研究进展

13.3.1　放电等离子体水处理物理与化学特性

在电导率高的液体中产生液体放电,一般是采用窄脉冲高压电源供电,其电源输出电压特性参数是:上升时间小于 $1\ \mu s$,脉冲宽度小于 $100\ \mu s$。由此在液体中的平均电流小,而瞬间电流大,电能主要用于形成电子雪崩导致液体电击穿,在电极间液相中产生强脉冲放电等离子体。图 13.2 为液体中脉冲高压放电电路原理图。

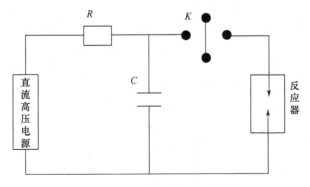

图 13.2　水中脉冲放电原理图

图 13.2 中 R 为充电电阻,同时起限流和保护直流高压电源作用;K 为开关,

与脉冲电源输出频率有关;C 为脉冲电容,与单次脉冲注入反应器能量有关。假设在每次脉冲放电过程中,C 存储能量全部释放到电极之间,则释放能量为

$$E = \frac{1}{2}CU_p^2 \qquad (13-6)$$

则放电消耗电功率为

$$W = Ef \qquad (13-7)$$

式中,f 为脉冲频率,单位为 Hz;E 为单次脉冲释放的能量,单位为 J;W 为注入到反应器功率,单位为 W。

在液体(包括纯水、水溶液、气水混合)环境下,放电等离子体发生过程是一个复杂过程,用于描述这个放电等离子体过程的物理与化学特性参数也非常多。Chang 总结了液体放电等离子体物理特性参数特点,见表 13.1～13.3[3～5]。Locke 等系统地研究了脉冲放电等离子体化学特性[6～9],将脉冲放电等离子体区域分为两个区域,即电子碰撞区和复合反应区。电子碰撞区的空间尺度约为 20 μm,持续时间为 20 ns,是 ·OH 和 ·H 生成区。复合反应区的空间尺度约为 400 μm,持续时间为 20 μs,是自由基反应区,其反应过程见表 13.4、13.5[10]。利用两个区域生成的活性物质与水中污染物分子或者细菌、病毒发生反应,实现污染物分子转变成无毒、低毒或者可生化降解的物质、灭菌和消毒等功能。

表 13.1 等离子体产生与物理特性[3～5]

等离子体	气体形式	区域	混合方式	击穿相	冲击波	紫外光强	电磁脉冲
脉冲电弧	局部	大	两相	气相	强	强	中等
脉冲电晕	鼓泡	小	电流体	液相	弱	弱	弱
脉冲火花	局部	大	两相	气相	中等	中等	中等
气相放电	分层	大	电流体	气相	无	很弱	很弱
等离子体注入	局部	大	两相	气相	弱	弱	弱

表 13.2 水中放电等离子体特性参数[3～5]

运行参数	等离子体		
	脉冲电晕	脉冲火花	脉冲电弧
运行频率/Hz	$10^2 \sim 10^3$	$10^2 \sim 10^4$	$10^{-2} \sim 10^2$
运行电压/V	$10^4 \sim 10^6$	$10^3 \sim 10^4$	$10^3 \sim 10^4$
放电电流/A	$10^1 \sim 10^2$	$10^2 \sim 10^3$	$10^3 \sim 10^4$
电压上升时间/s	$10^{-7} \sim 10^{-9}$	$10^{-6} \sim 10^{-8}$	$10^{-5} \sim 10^{-6}$
冲击波强度	弱	中等	强
紫外光强度	弱	弱	强

表 13.3　放电等离子体中活性物质生成机制[3~5]

等离子体	N_e/m^{-3}	T_e/eV	T_g/K	机制
辉光放电/介质阻挡放电	$10^{17} \sim 10^{19}$	$1 \sim 3$		电离、复合、激发
强丝状放电	$10^{21} \sim 10^{22}$	-1	$300 \sim 3000$	分解、复合
纳秒脉冲流注放电	$10^{20} \sim 10^{21}$	-10	$300 \sim 500$	电离
微波放电	$10^{20} \sim 10^{21}$	$1 \sim 2$	$500 \sim 1000$	分解、复合、电离
非热电弧放电	$10^{20} \sim 10^{21}$	-1	$2000 \sim 5000$	分解、复合
水中流注放电火花/电弧	大于 10^{24}	-1	$2000 \sim 5000$	分解、复合

表 13.4　水中脉冲放电电子碰撞区的化学反应[10]

序号	反应式	温度/K	速率常数/(cm³/分子)
1	$H_2O + M \longrightarrow H + OH + M$	$2000 \sim 6000$	$5.8 \times 10^{-9} \exp(-440\ kJ/RT)$
2	$OH + M \longrightarrow H + O + M$	$300 \sim 2500$	$4.09 \times 10^{-9} \exp(-416\ kJ/RT)$
3	$O + H + M \longrightarrow OH + M$	$1000 \sim 3000$	2×10^{-32}
4	$H + H + M \longrightarrow H_2 + M$	$2500 \sim 7000$	1.68×10^{-32}
5	$H_2 + M \longrightarrow H + H + M$	$2500 \sim 8000$	$1.5 \times 10^{-9} \exp(-402\ kJ/RT)$
6	$O + O + M \longrightarrow O_2 + M$	$300 \sim 5000$	$9.26 \times 10^{-34}(T/298)^{-1}$
7	$O_2 + M \longrightarrow O + O + M$	$2000 \sim 10000$	$1.99 \times 10^{-10} \exp(-9.5\ kJ/RT)$
8	$OH + O \longrightarrow O_2 + H$	$250 \sim 5000$	$4.55 \times 10^{-12}(T/298)^{0.40} \exp(49.64\ kJ/RT)$
9	$OH + OH \longrightarrow H_2O + O$	$250 \sim 3000$	$1.02 \times 10^{-12}(T/298)^{1.40} \exp(1.66\ kJ/RT)$
10	$H + O_2 \longrightarrow O + OH$	$1000 \sim 5500$	$2.56 \times 10^{-11}(T/298)^{0.55} \exp(49.64\ kJ/RT)$

表 13.5　水中脉冲放电复合反应区的化学反应[10]

序号	反应式	温度/K	速率常数
OH 参与的反应			
1	$O + OH \longrightarrow O_2 + H$	$250 \sim 5000$	$4.55 \times 10^{-12}(T/298)^{0.40} \exp(3.09\ kJ/RT)$
2	$O + OH \longrightarrow H_2O$	$300 \sim 2100$	$2.69 \times 10^{-10} \exp(-0.62\ kJ/RT)$
3	$H + OH \longrightarrow O + H_2$	$300 \sim 2500$	$6.86 \times 10^{-14}(T/298)^{2.80} \exp(-16.21\ kJ/RT)$
4	$H_2O_2 + OH \longrightarrow HO_2 + O$	$300 \sim 2500$	$2.91 \times 10^{-12} \exp(-1.33\ kJ/RT)$
5	$O_2 + OH \longrightarrow HO_2 + O$	$300 \sim 2500$	$3.7 \times 10^{-11} \exp(-220\ kJ/RT)$
6	$OH + OH \longrightarrow H_2O_2$	$200 \sim 1500$	$1.51 \times 10^{-11}(T/298)^{-0.37}$
7	$OH + OH \longrightarrow 2O + 2H$	$300 \sim 2500$	$4.09 \times 10^{-9} \exp(-416\ kJ/RT)$
H_2O_2 参与的反应			
8	$H_2O_2 + O \longrightarrow HO_2 + OH$	$300 \sim 2500$	$1.42 \times 10^{-12}(T/298)^2 \exp(-16.631\ kJ/RT)$

续表

序号	反应式	温度/K	速率常数
9	$H_2O_2+H \longrightarrow OH+H_2O$	300~2500	$4.01\times10^{-11}\exp(-16.63\ kJ/RT)$
10	$H_2O_2+H \longrightarrow HO_2+H_2$	300~2500	$8\times10^{-11}\exp(-33.26\ kJ/RT)$
11	$H_2O_2+O_2 \longrightarrow 2H_2O$	300~2500	$9\times10^{-11}\exp(-166\ kJ/RT)$
HO_2 参与的反应			
12	$HO_2+OH \longrightarrow H_2O+O_2$	300~2000	$4.81\times10^{-11}\exp(2.08\ kJ/RT)$
13	$HO_2+O \longrightarrow OH+O_2$	300~2500	$2.91\times10^{-11}\exp(-1.66\ kJ/RT)$
14	$HO_2+H \longrightarrow 2OH$	300~2500	$2.81\times10^{-10}\exp(-3.66\ kJ/RT)$
15	$HO_2+H \longrightarrow$	300~2500	$1.1\times10^{-10}\exp(-8.90\ kJ/RT)$
16	$HO_2+HO_2 \longrightarrow H_2O_2+O_2$	300~2500	3.01×10^{-12}
17	$HO_2+H_2 \longrightarrow H_2O_2+H$	300~2500	$5\times10^{-11}\exp(-109\ kJ/RT)$
18	$HO_2+M \longrightarrow O_2+H+M$	200~2200	$2.41\times10^{-8}(T/298)^{-1.18}\exp(-2031\ kJ/RT)$
H 参与的反应			
19	$O+H+M \longrightarrow OH+M$	300~2500	$4.36\times10^{-32}(T/298)^{-1}$
20	$H+H+M \longrightarrow M+H_2$	300~2500	$6.04\times10^{-33}(T/298)^{-1}$
21	$O_2+H \longrightarrow OH+O$	500~2000	$2.94\times10^{-10}\exp(-69.68\ kJ/RT)$
22	$O_2+H+M \longrightarrow HO_2+M$	200~2200	$1.94\times10^{-32}(T/298)^{-1}$
H_2 参与的反应			
23	$OH+H_2 \longrightarrow H_2O+H$	200~2400	$2.97\times10^{-12}(T/298)^{1.21}\exp(-19.71\ kJ/RT)$
24	$O+H_2 \longrightarrow OH+H$	300~2500	$3.44\times10^{-13}(T/298)^{-2.67}\exp(-26.27\ kJ/RT)$
O 参与的反应			
25	$O+O+M \longrightarrow O_2+M$	200~4000	$5.21\times10^{-35}\exp(7.48\ kJ/RT)$
26	$O+H_2O \longrightarrow OH+OH$	300~2000	$6.68\times10^{-13}(T/298)^{-2.60}\exp(-36.52\ kJ/RT)$

13.3.2 放电等离子体水处理

近 30 年来,放电等离子体水处理技术研究主要涉及反应器形式[5],包括针-板[5~9]、棒-棒[3,5]、线-板(筒)[3,5,22]、介质阻挡[5,11~13]等;供电方式[5],包括直流高压电源[5,34,44]、交流高压电源[5]和脉冲高压电源[3~6]等;等离子体与水相互作用形式,包括水中放电[5,14,15]、鼓泡放电[5,16~19]、绝缘隔板微孔放电[5,20]、水面放电[5,12,21~23]、气液联合放电[5,24,25]、雾滴放电[26]等;等离子体状态,包括辉光放电[27~29]、电晕流注放电[4~10]、电弧放电[3,30,31]等;传统方法不能有效处理的含毒性有机污染物,如芳香族化合物、卤代物和多环有机物等;微生物灭活,如大肠杆菌[32]和藻毒素[33]等。放电等离子体短时间内具有较高的有机物降解效率,但是要实现污染物彻底矿化需要较长时间,尤其是多环的、相对分子质量大的有机物,更难矿化。同时,围绕提高放电等离子体水处理效果和能量利用效率,开展了等离子体/O_3[34]、等离子体/芬顿[35]、等离子体/TiO_2[36,37]、等离子体/活性炭[38]联合的水处理技术,均取得一定的效果。

但是,上述研究成果距离大气压放电等离子体水处理技术的工业应用,还存在如下问题需要深入研究:①高物理与化学活性的放电等离子体反应器结构和供电;②放电等离子体水处理的物理与化学过程机理;③放电等离子体方法与传统方法耦合。

13.4　几种放电等离子体水处理方法

13.4.1　水中多针-板脉冲放电等离子体水处理

1. 实验系统

针-板电极结构是大气压放电等离子体水处理典型结构,采用多针-板电极结构增加放电等离子体区域以延长水处理时间和增加处理水量。图 13.3 是多针-板放电等离子体水处理反应器及其系统示意图。放电电极由七个 12♯ 不锈钢注射器针头制成,分布于边长为 20 mm 的六边形的顶点和中心,针裸露部分长 1 mm;低压电极(或称接地电极)为不锈钢平板,位于多针电极上方;将放电电极和接地电极组成的电极系统放置于圆柱体有机玻璃容器中,载气(是指添加放电等离子体区域的气体)经放电电极针孔注入水中,脉冲电容为 2.0 nF。图 13.4 是脉冲放电的电压和电流波形图。

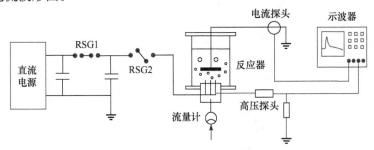

图 13.3　实验系统示意图[39]

2. 等离子体反应器水处理性能

在电极间距 25 mm、脉冲频率 50 Hz、载气(空气)流量 5 L/min 的实验研究条件下,酸性橙Ⅱ($C_{18}H_{13}N_4NaO_7S$,简称 AO7)染料废水脱色率如图 13.5 所示。在

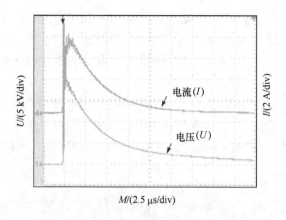

图 13.4　典型的电压和电流波形[41]

相同处理时间内,AO7 的脱色率随脉冲电压峰值(脉冲能量)的增加而增加;在不同脉冲电压峰值情况下,AO7 脱色率符合准一级反应,见表 13.6。

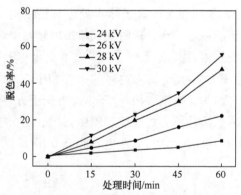

图 13.5　AO7 脱色率与放电时间的关系[41]

表 13.6　AO7 降解动力学常数[41]

实验编号	V_P/kV	k/min^{-1}	R
1	24	0.14×10^{-2}	0.9837
2	26	0.40×10^{-2}	0.9913
3	28	0.95×10^{-2}	0.9729
4	30	1.17×10^{-2}	0.9649

在电极间距 25 mm、脉冲电压峰值 30 kV、脉冲频率 50 Hz 的实验条件下,考察了针电极数目与鼓气速率和 AO7 脱色率之间的相关性,如图 13.6 所示。不同针电极数目下鼓气速率的变化对 AO7 溶液的脱色率与高压针电极数目之间有一

定的相关性。在相同鼓气速率下,七针-板电极的脉冲放电等离子体体系中 AO7 的脱色率要比四针-板电极体系中高。AO7 经过 60 min 放电处理,七针-板电极形式的脉冲放电等离子体体系中,在 10 L/min 的鼓气速率条件下的脱色率比 5 L/min 时提高了 21.6%。但在四针-板电极形式的脉冲放电等离子体体系中,10 L/min 鼓气速率条件下,AO7 的脱色率比 5 L/min 鼓气速率时降低了 15.2%。原因是增加针电极数目,将增加放电通道的数量及其在水中分布区域,有利于活性物质产生及其在水中传质。并且,对于添加到反应器气体而言,增加针电极数目,降低气体从针电极喷出速度,延长气体受针电极附近强等离子体区域作用时间,也增加了活性物质与污染物分子的反应时间,提高了水中有机物被降解效率。

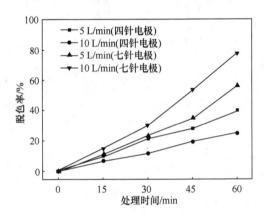

图 13.6　AO7 脱色率与放电时间的关系[40]

13.4.2　水中脉冲放电等离子体流注诱导 TiO₂ 提高水处理效果

1. 水中气液混合脉冲放电光谱特性

光效应是放电等离子体发生过程中主要释能方式之一,光谱特性与等离子体结构、电源和等离子体发生环境(压强、液体电导率、液体与气体作用形式等)有关。图 13.7 为七针-板气液混合脉冲放电等离子体发生过程中,以空气为载气,大气压下波长在 250~550 nm 发射光谱图,实验条件为脉冲电压峰值 26 kV、脉冲电容 2.0 nF、脉冲频率 50 Hz、溶液电导率 100 μs/cm、鼓入空气量 13 L/min、电极间距 15 mm。放电光谱中有 N₂、·OH、·H 和 ·O 等激发态物质产生,其中 N₂ 分子激发态强度最高;波长小于 382 nm 紫外光谱具有一定强度,满足诱导半导体 TiO₂ 光催化条件,其中 N₂ 分子的 A₂∑＋→X₂Ⅱ 跃迁发射光谱线 313 nm、337 nm 和 357 nm 强度最高。

在七针-板电极间距 45 mm 区域内,以针电极为基点,沿轴向制成三个石英窗口,1♯窗口距放电电极轴向距离 0 mm,2♯窗口距放电电极轴向距离 20 mm,3♯窗口距放电电极轴向距离 40 mm。图 13.8 是脉冲电压峰值 29 kV、脉冲电容 4.0 nF、脉冲频率 50 Hz、鼓入空气量 13 L/min 条件放电光谱,结果表明,采用固定催化剂进行光催化时,催化剂应该安置在靠近放电电极处,有利于获得放电流注催化效应。

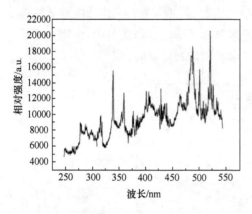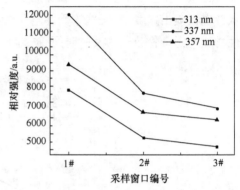

图 13.7　气液两相中放电发射光谱图[39]　　　图 13.8　发射光谱相对强度轴向分布比较[39]

2. 放电等离子体流注诱导粉体 TiO_2 催化剂活性

选择 Degussa TiO_2 P25 型粉体二氧化钛催化剂,催化剂按照与 AO7 模拟废水比例分别为 0 g/L、0.2 g/L、0.4 g/L、0.6 g/L、0.8 g/L、1.0 g/L、1.2 g/L 投加,其他实验条件为:电极间距 15 mm、脉冲电容 2.0 nF、脉冲电压峰值电压 27 kV、重复频率 70 Hz、溶液均为 600 mL、初始浓度 20 mg/L、溶液电导率 30 μS/cm、鼓入空气量 1.4 m^3/h 和放电时间 45 min,粉体 TiO_2 催化剂加入量与 AO7 处理效率关系如图 13.9 所示。粉体催化剂 TiO_2 加入量存在一个最佳范围是 0.2~1.0 g/L,其中 0.6 g/L 为最佳投加剂量。图 13.10 给出催化剂吸附、单独放电处理和放电与 TiO_2 光催化协同三种工艺下 AO7 脱色效率,催化剂粉体吸附 AO7 效率几乎为零,单独放电工艺的脱色效率为 83.4%,放电与 TiO_2 光催化协同实验脱色率为 98.3%,表明脉冲放电等离子体流注可以诱导粉体催化剂 TiO_2 活性,提高染料废水 AO7 脱色效果,表 13.7 显示 AO7 模拟废水脱色的动力学常数提高 1.4 倍。

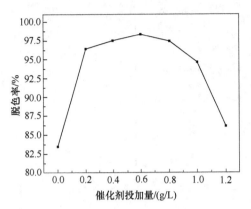

图 13.9　脱色率与催化剂投加量的关系[39]

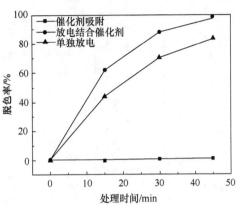

图 13.10　处理时间与脱色率的关系[39]

表 13.7　AO7 降解动力学常数[39]

实验编号	催化剂投加量/(g/L)	动力学常数(k)	相关系数(R^2)
1	0	0.0408	0.9999
2	0.2	0.0766	0.9947
3	0.4	0.0851	0.9853
4	0.6	0.0964	0.9814
5	0.8	0.0811	0.9583
6	1.0	0.0643	0.9828
7	1.2	0.0443	0.9993

3. 放电等离子体流注诱导载体 TiO$_2$ 膜催化剂活性

采用溶胶凝胶法制备玻璃珠载体 TiO$_2$ 膜催化剂,填充至七针-板脉冲放电等离子体区域,处理 250 mL、浓度 100 mg/L、pH 为 7、电导率 100 μS/cm 的苯酚溶液。图 13.11 是溶液循环流量 100 mL/min、鼓入空气量 3 L/min、电极间距 15 mm、脉冲电压峰值 24 kV、脉冲频率 50 Hz 和脉冲电容 4 nF 条件下,单独脉冲放电等离子体、脉冲放电等离子体-玻璃珠和脉冲放电等离子体-流注光催化三种反应体系中苯酚降解效果。表 13.8 是苯酚降解的准一级动力学参数。脉冲放电等离子体-流注光催化提高苯酚的降解效果,脉冲放电等离子体-流注光催化体系苯酚降解动力学常数为 2.4×10^{-2} min^{-1},是单独脉冲放电等离子体体系中苯酚氧化降解动力学常数(1.0×10^{-2} min^{-1})的 2.4 倍。溶胶凝胶法制备的 TiO$_2$ 载体膜浸渍 8 次(层)的催化效果最好,且连续应用 5 次(5h)催化剂效果基本保持不变。

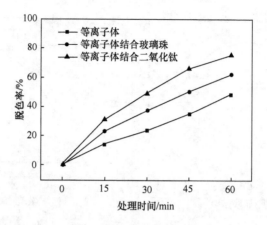

图 13.11　放电处理时间与苯酚降解率的关系[41]

表 13.8　苯酚氧化的动力学参数[41]

反应体系	k/min^{-1}	R
单独脉冲放电等离子体	1.0×10^{-2}	0.9927
等离子体＋玻璃珠	1.6×10^{-2}	0.9991
等离子体＋TiO$_2$光催化剂	2.4×10^{-2}	0.9992

图 13.12 是单独脉冲放电等离子体体系和脉冲放电等离子体-流注光催化协同体系,空气、氧气和氩气三种载气苯酚降解效果,表 13.9 是苯酚的氧化速率和能量效率 G_{50}(污染物降解效率为 50％时的能量利用效率)。载气作用顺序是:氩气＞氧气＞空气,空气和氧气作载气的脉冲放电等离子体体系,负载型 TiO$_2$光催化剂的加入可以明显地提高反应系统中苯酚的降解率,相应的增加量分别为 10.6％和 18.1％。

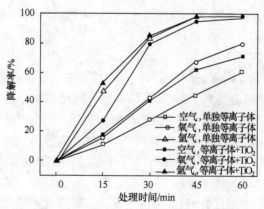

图 13.12　放电时间与苯酚降解率的关系[42]

表 13.9　苯酚氧化的动力学参数和 G_{50} 值[43]

反应体系	k/min^{-1}	R	$G_{50}/(\text{mol/J})$
空气,单独脉冲放电等离子体	1.4×10^{-2}	0.9839	6.7×10^{-9}
空气,等离子体+TiO$_2$	2.0×10^{-2}	0.9938	9.0×10^{-9}
氧气,单独脉冲放电等离子体	2.4×10^{-2}	0.9851	11.6×10^{-9}
氧气,等离子体+TiO$_2$	6.1×10^{-2}	0.9861	27.3×10^{-9}
氩气,单独脉冲放电等离子体	9.3×10^{-2}	0.9647	44.4×10^{-9}
氩气,等离子体+TiO$_2$	11.4×10^{-2}	0.9515	50.8×10^{-9}

　　图 13.13 给出氧气为载气条件下,单独脉冲放电等离子体体系、脉冲放电等离子体-玻璃珠体系和脉冲放电等离子体-流注光催化体系,水中活性物质·OH 和·O 的相对发射光谱强度。加入了 TiO$_2$ 光催化剂的脉冲放电等离子体体系中,典型的·OH 和·O 的相对发射光谱强度高于相同实验条件下单独脉冲放电等离子体体系中·OH 和·O 的光谱强度峰值。

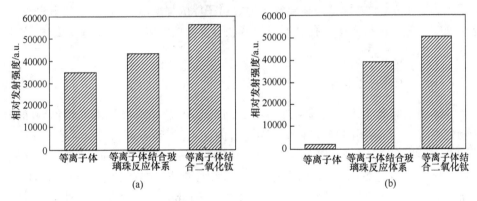

图 13.13　不同放电体系水溶液中活性物质光谱特性[41]
(a) ·OH;(b) ·O

　　图 13.14 是氧气为载气的单独脉冲放电等离子体体系和脉冲放电等离子体-流注光催化协同体系中,苯酚溶液和纯水中 H$_2$O$_2$ 浓度的变化。脉冲放电等离子体-流注光催化协同体系中生成 H$_2$O$_2$ 的量始终高于单独脉冲放电等离子体体系中生成 H$_2$O$_2$ 的量;以苯酚溶液为液相的脉冲放电体系中生成的 H$_2$O$_2$ 的量比以水溶液为液相的脉冲放电体系有大幅度的降低。表明脉冲放电等离子体-流注光催化协同体系中,可以通过脉冲放电流注对 TiO$_2$ 光催化活性的诱导作用,产生较多的氧化性物种(H$_2$O$_2$、·OH 和·O),实现对有机污染物的协同降解作用。

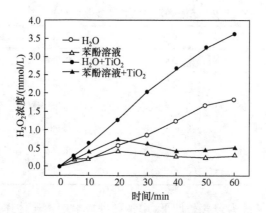

图 13.14　放电时间与 H_2O_2 浓度的关系[42]

13.4.3　气液联合脉冲放电等离子体水处理

水中放电存在等离子体特性受水电导率影响,水的电导率大导致水中放电等离子体难于引发,水电导率升高导致产生等离子体的强度减弱,且水中放电电极容易腐蚀等问题。本节介绍微孔鼓泡式气液联合脉冲放电等离子体反应器结构及其水处理性能。

1. 面-面型放电等离子体水处理

脉冲放电等离子体水处理系统如图 13.15 所示,放电电极是由不锈钢网和微孔陶瓷管组成,不锈钢网是放在微孔陶瓷管内壁上,不锈钢网尺寸是:宽 15 mm、长 30 mm、线径 0.15 mm,陶瓷管尺寸是:长度 60 mm、内径 12 mm、外径 18 mm、厚度 3 mm,陶瓷管的微孔平均直径 $15\mu m$,用绝缘硅胶在陶瓷管外壁上涂覆长 25 mm、宽 12 mm 的放电区域,低压电极用直径 50 mm 不锈钢薄板制成。将放电电极和低压电极放置于内径 62 mm、外径 70 mm、高 56 mm 的有机玻璃筒内,陶瓷管外表面到低压板电极之间的距离是 20 mm,放电电极和低压电极浸没于水溶液中。添加气体首先进入陶瓷管内部,从陶瓷管微孔出来进入溶液中,在溶液中形成直径约 2 mm 的气泡。脉冲电源参数是:脉冲电容 6 nF,脉冲频率 25 Hz。放电等离子体首先在陶瓷管内部产生,然后伴随气流进入溶液向低压电极传播,利用等离子体理化效应与水中污染物的反应,实现废水处理。

在溶液电导率 100 $\mu S/cm$、pH 为 7.6、脉冲电压峰值 30 kV 和氧气流量 200 mL/min实验条件下,水中苯酚降解及其副产物生成特性如图 13.16 所示。处理 80 min,苯酚的处理效率接近 90%;处理 120 min,苯酚基本全部被处理。苯酚处理过程中产生的中间产物主要是儿茶酚、对苯二酚和间苯二酚,副产物浓度随着苯酚处理时间的增加呈现出先升高后降低的趋势,表明中间产物随着处理时间的增加继续降解。图 13.17 显示电导率对苯酚降解的影响,在电导率小于 500 μS/cm时,溶液电导率基本不影响水中苯酚降解效率。其原因是电极结构近似于不锈钢网-微孔陶瓷管-水电极系统,放电是在微孔陶瓷管内壁引发后传播到水中,水溶液不影响放电等离子体状态发生。

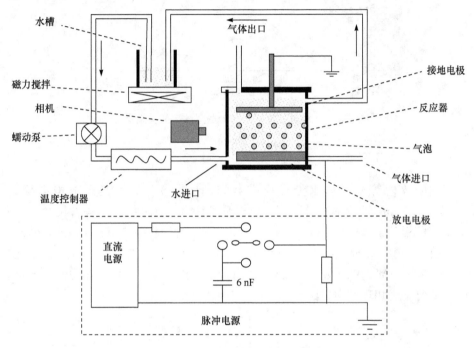

图 13.15　面型反应器及实验系统[43]

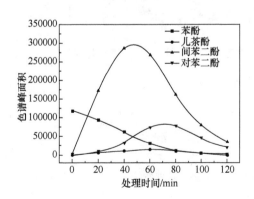

图 13.16　放电处理时间与苯酚和中间物质浓度的关系[43]

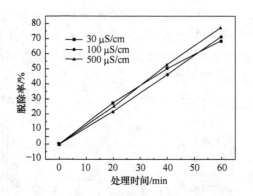

图 13.17 放电处理时间与苯酚降解率的关系[43]

2. 同轴型放电等离子体水处理

同轴型放电等离子体水处理反应器如图 13.18 所示。高压放电电极是 1.5 mm×1.5 mm 不锈钢星形线,放置于微孔陶瓷管的中轴处,陶瓷管尺寸是:高 75 mm、内径 12 mm、外径 18 mm、厚度 3 mm,陶瓷管微孔平均直径 15 μm,陶瓷管上端封装,下端安装放电电极。将该微孔陶瓷管电极放置于高 125 mm、内径 50 mm 的有机玻璃管中轴处,不锈钢网状内置于有机玻璃管内壁上作为低压电极。放电电极位于气相环境中,低压电极位于液相环境中。

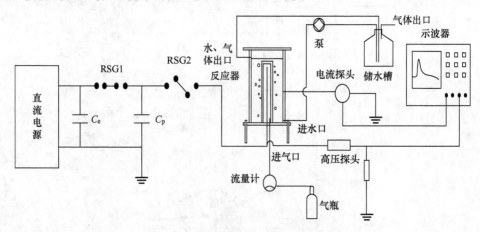

图 13.18 同轴型反应器及实验系统[44]

在脉冲电压峰值为 20 kV、频率为 50 Hz、氧气流量为 2.0 L/min 的实验条件下,处理 250 mL、浓度 50 mg/L 的苯酚溶液,不同初始电导率时苯酚降解率随时间变化如图 13.19 所示,显示同面型放电等离子体苯酚降解结果类似,水溶液电导率对苯酚降解率影响不明显,但趋势是苯酚降解效率随电导率增加而升高。

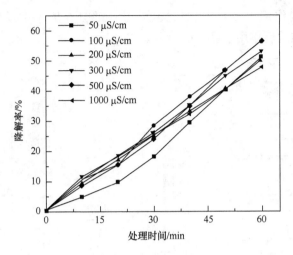

图 13.19　放电处理时间与苯酚降解率的关系[44]

总之,通过上述两种微孔鼓泡式气液联合脉冲放电等离子体反应器水处理效果及其电导率影响实验研究,显示出该类型结构反应器在等离子体发生、克服溶液电导率对等离子体状态影响和电极腐蚀等方面具有诸多优点。但是,存在随放电等离子体运行时间增加、微孔尺寸变大的问题,会影响气液联合放电等离子体状态和活性物质在水溶液中传质效果,需选择硬度高、耐腐蚀的绝缘微孔材料作为鼓泡介质材料。

13.4.4　介质阻挡型气相放电等离子体活性物质注入水处理

为了克服液相放电等离子体产生困难、放电电极腐蚀和微孔鼓泡放电孔径逐渐变大等问题,研究了气相放电等离子体产生活性物质注入液相,再通过气液界面和液相的传质过程,活性物质与液相中污染物反应实现废水处理。本小节介绍两种形式介质阻挡放电等离子体活性物质注入反应器及水处理效果。

1. 同轴型 DBD 等离子体活性物质注入水处理

图 13.20 是同轴线-筒型 DBD 等离子体活性物质注入反应器及其水处理系统。高压放电电极是直径 4 mm、长 230 mm 不锈钢螺纹棒,绝缘介质管是内径 18 mm、壁厚 1.5 mm 和 290 mm 的石英玻璃管,低压电极是包围在石英玻璃管外壁的不锈钢网。电极系统放置于外径 60 mm、内径 52 mm、长 380 mm 的有机玻璃管内部。含氧气体(空气、富氧气体或者纯氧气体)从绝缘介质管上部进入管的内部,经过放电等离子体区域转变成活性气体(O_3 和 $\cdot O$ 等活性粒子)后,从绝缘介质管底部曝气头或者喷嘴导入到绝缘介质管外部的废水中,实现废水处理。活性气体含有 O_3 和 $\cdot O$ 等活性粒子,在载气气流带动下,通过底部曝气头喷射进入溶

液中,一部分直接作用于废水中的污染物,另一部分在废水中反应生成·OH、H_2O_2等高活性物质后作用于废水中的污染物。

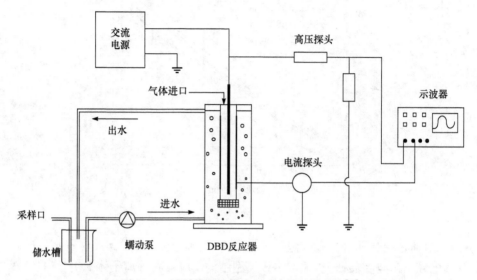

图 13.20　同轴线-筒体放电反应器及其系统[45]

处理溶液量 1000 mL、初始浓度 50 mg/L、pH 为 7 的废水,在空气鼓入流量 1.6 L/min、交流频率 50 Hz、交流电压峰值 11.5 kV 实验条件下,溶液电导率对苯酚降解率的影响如图 13.21 所示。溶液电导率对废水处理效果基本没有影响,原因是放电等离子体在气相中产生,不受溶液电导率影响。

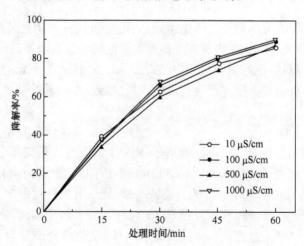

图 13.21　放电处理时间与苯酚降解率的关系[45]

2. 沿面型 DBD 等离子体活性物质注入水处理

图 13.22 所示是沿面型 DBD 等离子体活性物质注入反应器及其水处理系统。石英玻璃管的内径 10 mm、壁厚 1.25 mm、长 280 mm,石英管的上端为载气进口,下端为出口,与曝气头相连。放电电极由线径 1.25 mm 的不锈钢丝制成螺线管形状,螺线管内径 30 mm、螺距 15 mm、放电区域总长 400 mm,放电电极安放在石英玻璃管的内壁上。石英玻璃管安放在内径为 80 mm、长为 740 mm 的有机玻璃管中轴处。低压电极由不锈钢丝网安放在有机玻璃管内壁上,被处理水体处于石英介质管和有机玻璃管之间。水处理过程与第 1 小节相似,含氧气体通入沿面放电等离子体区域,转变为含活性物质的活性气体,活性气体通过石英管下端的曝气头进入水溶液与水中污染物反应,实现废水处理。10 mg/L 甲基红溶液 1500 mL,溶液初始 pH 为 7,在电压 6.5 kV、频率 7 kHz、空气流量 6 L/min 的条件下,溶液电导率对甲基红降解效果的影响如图 13.23 所示,甲基红降解规律与第 1 小节同轴型的反应器相似,甲基红降解效果不受溶液电导率影响。

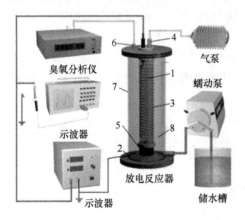

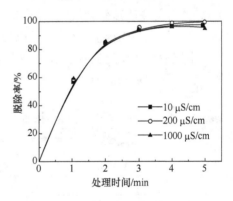

图 13.22 沿面放电等离子体反应器及
其系统[46]

图 13.23 放电处理时间与甲基红
脱色效率的关系[46]

总结两种结构的 DBD 气相放电活性物质注入水处理反应器,具有降解水中有机物的效果,降低水溶液电导率对水处理效果的影响,但是由于活性物质产生与应用是在两个空间区域进行,等离子体产生的短寿命活性物质不能有效进入被处理水体中,将影响放电等离子体处理有机物能力。

13.4.5 活性炭吸附-等离子体氧化联合处理废水

废水处理可分为两类,一类是原位处理,采用化学法和生物法产生反应物直接在废水中处理污染物;另一类是异位处理,采用物理法将污染物从废水中分离后再处理。原位处理适合于处理高浓度废水,而异位处理适合于低浓度或者物理特性强的废水。异位技术将污染物浓度从低转变到高,从液相转变到固相或气相,提高处理污染物反应效率,减小水处理反应器体积,降低废水处理成本。活性炭(AC)吸附法是一种异位处理废水方法,是利用活性炭吸附水中污染物,将污染物从液相转移到活性炭表面,并在活性炭表面富集,当活性炭到达吸附平衡后,更换新的活性炭,同时对吸附平衡后的活性炭进行再生处理。活性炭再生方法主要有热再生法、生物再生法、湿式氧化再生法、溶剂再生法、电化学再生法等,其中热再生法技术成熟,得以广泛应用。但是,热再生法存在能耗高、炭损失高、炭强度下降等问题。在此介绍活性炭吸附-等离子体氧化联合处理工业废水技术,其原理是利用放电等离子体产生的理化效应处理吸附在活性炭上的污染物,实现污染物处理与活性炭再生的双重功效。

1. 单介质层 DBD 等离子体再生活性炭

图 13.24 所示为单介质层 DBD 等离子体反应器及其系统。高压电极是直径 100 mm、厚 2 mm 的圆形金属板,接地电极是直径 60 mm 的圆形金属网,直径 150 mm 的石英玻璃片作为放电介质,其中高压电极是放置于石英玻璃板上面,活性炭填充在接地网电极上,交流高压电源供电。鼓入气体经过筛网进入等离子体区参与生成活性物质反应,活性物质再与活性炭上吸附污染物反应,同时使活性炭再生恢复吸附污染物能力。

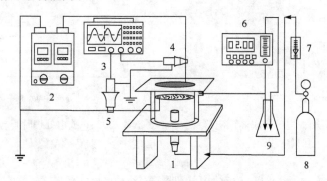

图 13.24　DBD 反应器及实验系统示意图[47]

1. 反应器;2. 电源;3. 示波器;4. 电压探头;5. 电流探头;6. O_3 测试仪;7. 流量计;
8. 气瓶;9. 10% KI 溶液

图 13.25 是吸附处理五氯酚(PCP)废水的饱和活性炭 2.0 g,含水率为 37.5%,在电极间距 6 mm、电源频率 200 Hz、鼓入氧气流量 2 L/min、DBD 反应器处理时间 60 min 的条件下,活性炭上 PCP 剩余量浓度和生成臭氧浓度的结果。随着放电电压增加,活性炭上 PCP 降解导致剩余的 PCP 浓度下降,其原因是 O_3 等

活性物质随放电电压增加而增加,通过直接或间接反应过程,使活性炭上的 PCP 降解。图 13.26 是在交流电压峰值为 21 kV 条件下,新活性炭和 DBD 等离子体处理活性炭对 PCP 的再吸附速率,比较两种炭样品的吸附速率,吸附饱和炭经过 DBD 等离子体处理后,吸附速率恢复到新炭的 80%。

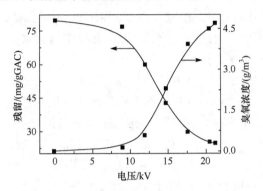

图 13.25　DBD 降解 PCP 效果和 O₃ 生成特性[48]

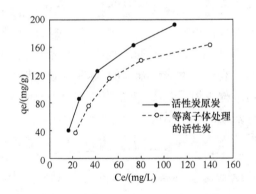

图 13.26　DBD 再生活性炭效果[48]

通过扫描电镜(SEM)、X 射线衍射仪(XRD)以及物理吸附仪等仪器分析,表明 DBD 等离子体对活性炭表面具有刻蚀作用,不影响活性炭的微晶结构[47]。采用热重(TG)、能量色散 X 射线光谱(EDX)、X 射线光电能谱(XPS)、傅里叶变换红外光谱(FTIR)、气相色谱-质谱联用(GC/MS)等仪器分析 DBD 等离子体对活性炭上 PCP 的降解产物,推断其降解机理为:DBD 产生的高能电子和·OH 与 O₃ 等活性物种使 PCP 脱氯脱羟基,生成氯代酚(如 TetraCP、TriCP、DiCP 等)和氯代苯(如四氯苯、三氯苯等)等中间产物,并在·OH 与 O₃ 等活性物种作用下使苯环开环最终降解成酸、醛或酮等小分子的有机物以及 H_2O 和 CO_2 等[47,48]。

2. 双介质层 DBD 等离子体再生活性炭

活性炭在高压电场下属导电性介质,若在单介质层 DBD 等离子体反应器中活性炭填满电极间隙,采用传统交流高压供电是不能在炭粒间产生放电的,不易发生填充床放电,且活性炭填充厚度小及等离子体强度不高,将制约单介质层 DBD 等离子体处理活性炭应用。为此,提出双介质层 DBD 结构和双极性脉冲电源供电发生等离子体处理活性炭的方法。

双介质层 DBD 等离子体再生活性炭反应器如图 13.27 所示,电极材料:长200 mm、宽 200 mm、厚 2 mm 的不锈钢板作为高压电极和低压电极,长 300 mm、宽 300 mm、厚 2.5 mm 的石英玻璃作为绝缘介质,活性炭填充床为塑料材质,其尺寸为长 200 mm、宽 200 mm、高度 16 mm,制成介质间距 10 层填充床的反应器,单次处理活性炭量 1.2 kg,利用直径 1 mm 孔的塑料管插入 GAC 填充床内部给DBD 等离子体供气,使吸附苯酚饱和的活性炭,其含水率为 11%,鼓入空气量为 5L/min,放电处理时间为 30 min。苯酚降解效率与能量利用效率和脉冲电压峰值的关系如图 13.28 所示,苯酚的降解效率随着脉冲峰值电压的升高而提高,但对于能量利用效率而言,脉冲峰值电压存在一个最佳值。图 13.29 所示的活性炭再生效率表明,脉冲峰值电压是存在最佳值的。其原因是随着峰值电压的升高产生了更多的活性氧化物质,有利于活性炭上苯酚的降解,导致活性炭上的吸附位点得以恢复,有利于活性的再吸附。但是,在过高的脉冲电压作用下,等离子体导致其表面孔隙的坍塌,使活性炭吸附能力下降。

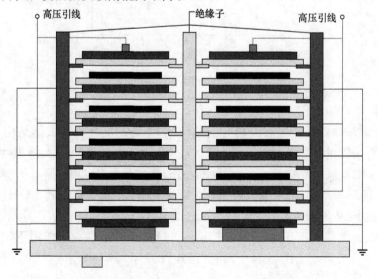

图 13.27　DBD 等离子体反应器示意图[49]

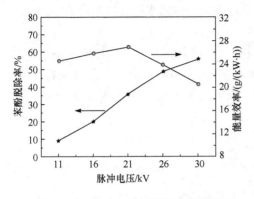

图 13.28　脉冲电压与苯酚脱除率和
能量效率的关系[49]

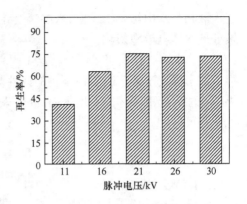

图 13.29　脉冲电压与活性炭
再生率的关系[49]

在此基础上,研究 DBD 等离子体协同 TiO_2 催化降解活性炭上苯酚/再生活性炭的方法。DBD 等离子体催化作用可使活性炭上产生更多的 $\cdot OH$ 和 H_2O_2, TiO_2-GAC 上 $\cdot OH$ 和 H_2O_2 的生成量分别提高了 24% 和 28%,苯酚降解率提高了 19%,TOC 去除率提高了 8.7%,降解能量效率提高了 27%,再生效率提高了 14%[50]。利用 DBD 等离子体反应器静态电容量与脉冲电容量比例关系,通过放电特性和能量转换效率,得到了脉冲电容的容量是 DBD 等离子体反应器静态电容的 1～4 倍范围时,脉冲电源注入反应器能量利用效率高的结果。为了增加 DBD 等离子体反应器处理活性炭量,研究了反应器结构放大方法:采用电极并联和单元反应器气路串联设计,而对于每个单元反应器的气路则采用导入式的布气方式将载气引入活性炭填充床内部,气隙间距为 5～15 mm 用于填充活性炭。有学者研制了 100kg 活性炭处理量的 DBD 等离子体反应器[51]。

13.5　小　　结

(1) 国内外研究者研究了等离子体发生方法和等离子体状态的水处理性能,分析了等离子体物理效应(如电子、离子和光等)和化学效应(如 $\cdot OH$、$\cdot O$、O_3 和 H_2O_2 等)在水处理中作用机理,探索了等离子体与传统方法联合提高水处理效果和能量效率的方法,为相关研究奠定了坚实的基础。

(2) 水中多针-板脉冲放电等离子体体系中,引入紫外光催化剂 TiO_2。研究结果表明,脉冲放电流注能够用到 TiO_2 催化剂活性,增加活性物质生成量,提高水中有机污染物的处理效果和能量利用效率。

(3) 应用微孔陶瓷和绝缘介质实现气相环境引发放电,获得气-液联合放电等离子体,或者气相 DBD 等离子体,等离子体活性物质在气流和电场作用下由气相进入液相与水中污染物反应,水溶液电导率对等离子体和水处理效果影响小,克服被处理水体电导率影响。

(4) 应用单介质层或双介质层 DBD 电极结构、交流电源或脉冲电源供电,获得等离子体用于处理吸附污染物的活性炭,活性炭上污染物降解及活性炭再生效果随着注入等离子体能量增加而提高,表明吸附法和等离子体法联合进行水处理工艺是可行的。

参 考 文 献

[1] 静電気学会編. 静電気ハンドブック[M]. オーム社,1981.

[2] 关根志. 高电压工程基础[M]. 北京:中国电力出版社,2003.

[3] Chang J S, Looy P C, Urashima K, et al. Pulsed arc discharge in water: mechanism of current conduction and pressure wave formations[C]//Electrical Insulation and Dielectric Phenomena, 2000 Annual Report Conference on IEEE, 2000, 1: 105-108.

[4] Locke B R, Sato M, Sunka P, et al. Electrohydraulic discharge and nonthermal plasma for water treatment[J]. Industrial & Engineering Chemistry Research, 2006, 45(3): 882-905.

[5] 孙冰. 液相放电等离子体及其应用[M]. 北京:科学出版社,2013.

[6] Joshi A A, Locke B R, Arce P, et al. Formation of hydroxyl radicals, hydrogen peroxide and aqueous electrons by pulsed streamer corona discharge in aqueous solution[J]. Journal of Hazardous Materials, 1995, 41(1): 3-30.

[7] Kirkpatrick M J, Locke B R. Hydrogen, oxygen, and hydrogen peroxide formation in aqueous phase pulsed corona electrical discharge[J]. Industrial & Engineering Chemistry Research, 2005, 44(12): 4243-4248.

[8] Locke B R, Thagard S M. Analysis and review of chemical reactions and transport processes in pulsed electrical discharge plasma formed directly in liquid water[J]. Plasma Chemistry and Plasma Processing, 2012, 32(5): 875-917.

[9] Locke B R, Shih K Y. Review of the methods to form hydrogen peroxide in electrical discharge plasma with liquid water[J]. Plasma Sources Science and Technology, 2011, 20(3): 034006.

[10] Mededovic S, Locke B R. Primary chemical reactions in pulsed electrical discharge channels in water [J]. Journal of Physics D: Applied Physics, 2007, 40(24): 7734.

[11] Xue J, Chen L, Wang H. Degradation mechanism of alizarin red in hybrid gas-liquid phase dielectric barrier discharge plasmas: Experimental and theoretical examination[J]. Chemical Engineering Journal, 2008, 138(1): 120-127.

[12] Baroch P, Saito N, Takai O. Special type of plasma dielectric barrier discharge reactor for direct ozonization of water and degradation of organic pollution[J]. Journal of Physics D: Applied Physics, 2008, 41(8): 085207.

[13] Feng J, Zheng Z, Sun Y, et al. Degradation of diuron in aqueous solution by dielectric barrier discharge[J]. Journal of Hazardous Materials, 2008, 154(1): 1081-1089.

[14] Clements J S, Sato M, Davis R H. Preliminary investigation of prebreakdown phenomena and chemical reactions using a pulsed high-voltage discharge in water[J]. IEEE Transactionson Industry Applications, 1987,(2): 224-235.

[15] Sato M, Ohgiyama T, Clements J S. Formation of chemical species and their effects on microorganisms using a pulsed high-voltage discharge in water[J]. IEEE Transactions on Industry Applications,1996, 32(1): 106-112.

[16] Sun B, Sato M, Clements J S. Use of a pulsed high-voltage discharge for removal of organic compounds in aqueous solution[J]. Journal of Physics D: Applied Physics, 1999, 32(15): 1908.

[17] Chen Y S, Zhang X S, Dai Y C, et al. Pulsed high-voltage discharge plasma for degradation of phenol in aqueous solution[J]. Separation and Purification Technology, 2004, 34(1): 5-12.

[18] Yamatake A, Fletcher J, Yasuoka K, et al. Water treatment by fast oxygen radical flow with DC-driven microhollow cathode discharge[J]. IEEE Transactions on Plasma Science, 2006, 34(4): 1375-1381.

[19] Bian W J, Lei L C. An electrohydraulic discharge system of salt-resistance for p-chlorophenol degradation[J]. Journal ofHazardous Materials, 2007, 148(1): 178-184.

[20] Nikiforov A Y, Leys C. Influence of capillary geometry and applied voltage on hydrogen peroxide and OH radical formation in ac underwater electrical discharges[J]. Plasma Sources Science and Technology, 2007, 16(2): 273.

[21] He Z, Liu J, Cai W. The important role of the hydroxy ion in phenol removal using pulsed corona discharge[J]. Journal of Electrostatics, 2005, 63(5): 371-386.

[22] Faungnawakij K, Sano N, Charinpanitkul T, et al. Modeling of experimental treatment of acetaldehyde-laden air and phenol-containing water using corona discharge technique[J]. EnvironmentalScience & Technology, 2006, 40(5): 1622-1628.

[23] Grabowski L R, van Veldhuizen E M, Pemen A J M, et al. Corona above water reactor for systematic study of aqueous phenol degradation[J]. Plasma Chemistry and Plasma Processing, 2006, 26(1): 3-17.

[24] Lukes P, Appleton A T, Locke B R. Hydrogen peroxide and ozone formation in hybrid gas-liquid electrical discharge reactors [J]. IEEE Transactions on Industry Applications, 2004, 40(1): 60-67.

[25] Zhang Y Z, Zheng J T, Qu X F, et al. Catalytic effect of activated carbon and activated carbon fiber in non-equilibrium plasma-based water treatment[J]. Plasma Science and Technology, 2008, 10(3): 358-362.

[26] Njatawidjaja E, Tri Sugiarto A, Ohshima T, et al. Decoloration of electrostatically atomized organic dye by the pulsed streamer corona discharge[J]. Journal of Electrostatics, 2005, 63(5): 353-359.

[27] Amano R, Tezuka M. Mineralization of alkylbenzenesulfonates in water by means of contact glow discharge electrolysis[J]. Water Research, 2006, 40(9): 1857-1863.

[28] Pu L M, Gao J Z, Yang W, et al. Oxidativedegradation of 4-chlorophenol in aqueous in-

duced by plasma with submersed glow discharge electrolysis[J]. Plasma Science and Technology, 2005, 7(5): 3048-3050.

[29] Liu Y J, Jiang X Z. Phenol degradation by a nonpulsed diaphragm glow discharge in an aqueous solution[J]. Environmental Science & Technology, 2005, 39(21): 8512-8517.

[30] Willberg D M, Lang P S, Höchemer R H, et al. Degradation of 4-chlorophenol, 3, 4-dichloroaniline, and 2, 4, 6-trinitrotoluene in an electrohydraulic discharge reactor[J]. Environmental Science & Technology, 1996, 30(8): 2526-2534.

[31] Yan J, Du C, Li X, et al. Plasma chemical degradation of phenol in solution by gas-liquid gliding arc discharge [J]. Plasma Sources Science and Technology, 2005, 14(4): 637.

[32] Zhang R B, Wang L M, Wu Y, et al. Bacterial decontamination of water by bipolar pulsed discharge in a gas-liquid-solid three-phase discharge reactor[J]. IEEE Transactions on Plasma Science, 2006, 34(4): 1370-1374.

[33] Wang C H, Li G F, Wu Y, et al. Role of bipolar pulsed DBD on the growth of Microcystisaeruginosa in three-phase discharge plasma reactor[J]. Plasma Chemistry and Plasma Processing, 2007, 27(1): 65-83.

[34] Wen Y Z, Jiang X Z and Liu W P. Degradation of 4-chlorophenol by high-voltage pulse corona discharges combined with ozone [J]. Plasma Chemistry and Plasma Processing, 2002, 22(1): 175-185.

[35] Grymonpré D R, Sharma A K, Finney W C, et al. The role offenton's reaction in aqueous phase pulsed streamer corona reactors[J]. Chemical Engineering Journal, 2001, 82(1): 189-207.

[36] Lukes P, Clupek M, Sunka P, et al. Degradation of phenol by underwater pulsed corona discharge in combination with TiO₂ photocatalysis[J]. Research on Chemical Intermediates, 2005, 31(4-6): 285-294.

[37] Hao X L, Zhou M H, Zhang Y, et al. Enhanced degradation of organic pollutant 4-chlorophenol in water by non-thermal plasma process with TiO₂[J]. Plasma Chemistry and Plasma Processing, 2006, 26(5): 455-468.

[38] Zhang Y Z, Zheng J T, Qu X F, et al. Effect of granular activated carbon on degradation of methyl orange when applied in combination with high-voltage pulse discharge[J]. Journal of Colloid and Interface Science, 2007, 316(2): 523-530.

[39] Wang H J, Li J, Quan X. Decoloration of azo dye by a multi-needle-to-plate high-voltage pulsed corona discharge system in water[J]. Journal of Electrostatics, 2006, 64(6): 416-421.

[40] 周志刚. 高压脉冲放电/TiO₂协同处理染料废水的实验研究 [D]. 大连:大连理工大学, 2005.

[41] 王慧娟. 脉冲放电等离子体-流注光催化协同降解水中典型有机污染物[D]. 大连:大连理工大学, 2007.

[42] Wang H J, Li J, Quan X, et al. Enhanced generation of oxidative species and phenol degradation in a discharge plasma system coupled with TiO₂ photocatalysis [J]. Applied Catalysis B: Environmental, 2008, 83(1): 72-77.

[43] Li J, Sato M, Ohshima Ti. Degradation of phenol in water using a gas-liquid phase pulsed

discharge plasma reactor [J]. Thin Solid Films, 2007, 515(9): 4283-4288.

[44] Lu N, Li J, Wu Yan, et al. Treatment of dye wastewater by using a hybrid gas/liquid pulsed discharge plasma reactor[J]. Plasma Science and Technology, 2012, 14(2): 162-166.

[45] Li J, Song L, Liu Q, et al. Degradation of organic compounds by active species sprayed in a dielectric barrier corona discharge system [J]. Plasma Science and Technology, 2009, 11(2): 211-215.

[46] 张丹丹. 液体电极沿面放电等离子体降解有机染料废水的研究 [D]. 大连:大连理工大学, 2008.

[47] 屈广周. 脉冲放电等离子体-流光光催化协同降解水中典型有机污染物 [D]. 大连:大连理工大学, 2007.

[48] Qu G Z, Lu N, Li J, et al. Simultaneous pentachlorophenol decomposition and granular activated carbon regeneration assisted by dielectric barrier discharge plasma[J]. Journal of Hazardous Materials, 2009, 172 (1) : 472-478.

[49] 唐首锋. 脉冲放电等离子体-流光光催化协同降解水中典型有机污染物 [D]. 大连:大连理工大学研究生院, 2007.

[50] Tang S F, Lu N, Li J, et al. Improved phenol decomposition and simultaneous regeneration of granular activated carbon by the addition of a titanium dioxide catalyst under a dielectric barrier discharge plasma[J]. Carbon, 2013, 53: 380-390.

[51] 李杰. 活性炭吸附/介质阻挡放电等离子体氧化难降解工业处理废水技术 [J]. 中国科技成果, 2011, 17: 21.

第 14 章　大气压等离子体在医学中的应用

刘定新

西安交通大学

　　广义上讲,等离子体医学是等离子体用于促进人类健康的科学技术与应用的统称,包含等离子体科学与技术、生命科学、临床医学等多学科的交叉与融合。虽然等离子体医学萌芽于 20 世纪上半叶,但真正兴起却推迟到了 20 世纪末期。经过近 20 年的快速发展,等离子体医学展现了广阔的应用前景,主要包括两个层次:①将等离子体应用于医疗器械消毒、生物材料表面相容性处理等非临床应用场合,对人类健康起到间接的促进作用;②直接将等离子体应用于临床治疗,在抗感染、创伤治疗、止血、皮肤病治疗、洁牙、肌肤美容等方面具有良好的应用效果。大气压冷等离子体耦合了多种物理与化学过程并协同作用于生物物质,这一作用过程的微观描述及作用效果的精确控制是关键科学问题。研究人员在分子水平、细胞水平和生物体水平三个层面对等离子体与生物物质的相互作用开展了大量研究,理论研究取得了长足发展,并进而设计了多种适用于医学应用的等离子体源。等离子体医学充满机遇和挑战:一方面,等离子体医学既是等离子体学科新的增长点,又可以促进包括生物学、医学、材料学等交叉学科的发展;另一方面,多学科交叉带来的复杂性使得还存在一系列关键的理论与技术难题尚待突破。

14.1　引　　言

　　相比于现代工业中普遍应用的低气压冷等离子体而言,大气压冷等离子体突破了真空腔的限制,具有更广阔的应用前景。特别是大气压冷等离子体可以直接作用于生命体,从而开辟了一个新兴的交叉学科领域——等离子体医学。广义上讲,等离子体医学是等离子体用于促进人类健康的科学技术与应用的统称,包含等离子体科学与技术、生命科学、临床医学等多学科的交叉与融合。它主要包括两个

　　本章节得到了国家自然科学基金项目(No. 51307134)的资助,同时感谢等离子体医学领域国际著名学者孔刚玉教授的审阅和指导。

层次：①将等离子体应用于医疗器械消毒、生物材料表面相容性处理等非临床应用场合，对人类健康起到间接的促进作用；②直接将等离子体应用于临床治疗。研究发现，大气压冷等离子体可辅助或替代传统的药物治疗，在抗感染、创伤治疗、止血、皮肤病治疗、洁牙、肌肤美容等方面具有很好的临床治疗效果。等离子体医学展现了广阔的应用前景，因而受到了广泛的关注。2004 年，德国工程师协会(VDI)技术中心对德国 148 家企业的调查表明，医学应用在等离子体的产业化应用中具有最大的发展前景(见图 14.1)[1]。2007 年美国国家研究委员会咨询报告"Plasma Science：Advancing Knowledge in the National Interest"中认为，等离子体医学将大大造福人类社会[2]。

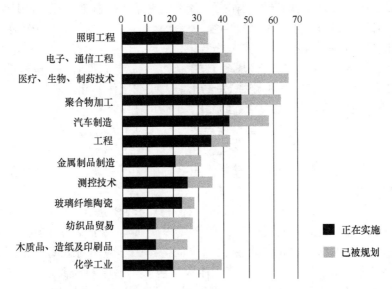

图 14.1　德国 VDI 技术中心对等离子体产业化应用的调查结果

目前，国际上已有两部介绍等离子体医学的著作，分别由牛津大学出版社(2012 年)和约翰威利出版社(2013 年)出版，但国内还没有此类著作。本章节限于篇幅与作者的个人水平，无法对等离子体医学作全面、系统的介绍，但试图从一个全新的角度切入，重点介绍两个方面内容：一是等离子体医学的发展历史、研究现状及其前沿问题，这可以将等离子体医学的宏观图景展现给读者；二是在分子水平、细胞水平和生物体水平三个层面阐释等离子体医学的现象与基本原理，并分析与之相适应的等离子体源特性。后者可以让物理与工程背景的读者比较容易理解与等离子体应用相关的生物医学知识，而生物医学背景的读者可以对医用等离子体源有一定了解，结合本书其他章节的内容还可以更深入地理解与医学应用相关的等离子体物理与化学特性。

14.2　发 展 历 史

等离子体医学的研究可以追溯到 20 世纪初,在 20 世纪中叶曾掀起短暂的研究热潮。当时的研究主要针对空气中放电产生的带电粒子,有一系列报道认为这些带电粒子在杀菌消毒、愈合皮肤慢性溃疡、抑制癌细胞增殖等方面具有积极的效果[3]。但由于对等离子体微观过程缺乏理解,对放电条件缺乏精细控制,且分子生物学的理论体系尚未建立,缺乏对等离子体生物效应的理论指导,所以实验结果的可重复性很差[4]。尽管如此,研究人员急切地推出了一系列“空气离子发生器”的治疗与保健产品,但随之而来的副作用导致美国食品药品监督管理局(FDA)在 20世纪 50 年代宣布禁止“空气离子发生器”的销售[3]。在此之后,等离子体医学的研究工作几乎停滞,只有极少数研究人员仍继续坚持,其中有代表性的是美国加州大学伯克利分校 Krueger 教授。他从多个方面研究了放电条件对空气电晕等离子体特性及其生物医学效应的影响规律,总结出前人研究工作的几点不足[5]:

(1) 忽视了中性粒子(如臭氧、氮氧化物)的生物医学效应;

(2) 对离子密度、气体温度与湿度等缺乏精确的测量与控制;

(3) 缺乏对环境因素(如气体污染物)引起离子密度变化的认识;

(4) 被处理物没有良好接地,使得沉积电荷在被处理物上积累,从而阻挡新的离子注入。

这些不足本质上是对等离子体微观过程及其与环境条件、被处理物特性的相互关系缺乏理解。此后人们进一步研究发现,一方面等离子体的物理化学特性对环境条件及被处理物特性非常敏感,另一方面生物医学应用对等离子体的成分与作用“剂量”同样非常敏感[6,7]。等离子体医学包含了多学科交叉的复杂体系,其应用效果对等离子体本身及生物体特性都很敏感,所以就 20 世纪中叶的知识储备与技术条件来讲,几乎不可能取得重大突破。

等离子体医学研究在 20 世纪中叶萌芽,中间经历了数十年的沉寂期,又在 20世纪末期再度兴起。1996 年美国 Laroussi 博士报道了大气压冷等离子体射流用于细菌灭活,此后相关研究的报道如雨后春笋,研究工作也从相对简单的体外消毒向活体实验,甚至临床应用发展,等离子体医学研究进入了快速发展时期[8,9]。图14.2 简略展示了现代等离子体医学发展中的一些重要事件。在 2003 年以前,由于大气压冷等离子体的稳定性控制问题尚未很好解决,等离子体医学的研究工作处于可行性探索阶段,研究人员很少。在 2003～2008 年期间,等离子体医学的研究逐步走向深入,体外实验开始针对耐药性很强的生物物质(如生物膜与朊病毒)[10,11],活体实验则开始针对顽固性病症(如慢性皮肤溃疡与牙齿根管消毒)[12,13],尤其是多款医用等离子体治疗仪在 2005～2008 年间通过了 FDA 认证[14~16],使等离子体医学翻开了崭新的一页。

　　自 2008 年以来,欧美与日韩发达国家开始以大规模资金投入和优惠政策支持等离子体医学研究向平台化、规模化、多学科交叉系统化发展,以抢占科学研究、知识产权和临床应用的高地。例如,韩国政府与光云(Kwangwoo)大学合作,于 2010 年成立了等离子体医学交叉学科研究中心,投入巨资支持 40 位全职研究人员开展等离子体医学研究,一期计划投入 10 年。在这样的背景下,一系列重要的科研成果得以产生,如俄罗斯 Ermolaeva 博士等发现大气压冷等离子体对生物膜和创伤表面细菌具有较强的杀菌能力,或可替代抗生素,受到国际媒体的广泛关注[17];德国科学家 Morfill 等应用大气压冷等离子体射流治疗慢性皮肤溃疡开始了临床二期试验,对 36 位病人的临床治疗取得了良好效果,且初步验证了等离子体直接作用于人体的安全性[18,19]。同时,国际等离子体医学协会的成立以及 *Plasma Medicine Journal* 期刊的创立,也对等离子体医学的发展起到了一定的促进作用。

　　我国学者报道等离子体医学最早见于 1996 年,随即开始了大气压冷等离子体消毒灭菌的研究[20,21]。值得一提的是,早在 1997 年我国学者就开始研究低气压冷等离子体对乙肝病毒的灭活作用,虽未取得明显效果,但针对病毒的研究领先于国际同行[22]。在 2003 年之后,国内主要的等离子体研究单位,如大连理工大学、中国科学院物质科学研究院(前身为中科院等离子体研究所)、中国科学院物理研究所、北京大学、清华大学、华中科技大学、西安交通大学等都开始了等离子体医学的研究,在国际上形成了一定的影响力。例如,华中科技大学卢新培教授采用大气压冷等离子体对牙齿根管进行消毒处理,是等离子体医学领域重要的原创性成果,被国际主流媒体广泛报道[23]。在现代等离子体医学研究中,虽然我国学者与国际同行几乎同步开始,且获得了一些原创性、有特色的研究成果,但是整体来说我国等离子体医学的发展明显偏慢。特别是 2008 年以来,国际同行进入了平台化、规模化、多学科交叉系统化发展的新时期,新的科研成果与青年人才不断涌现,但国内学界未能紧跟步伐。2011 年,中国科学院物质科学研究院召开了以“等离子体医学研究及应用”为主题的学术讨论会,是国内第一次面向等离子体医学的学术会议;2012 年,西安交通大学借鉴国外平台化发展模式,率先组建了多学科交叉的等离子体生物医学研究中心;2013 年,第一届全国等离子体医学研讨会在复旦大学召开,来自国内数十家单位的研究人员进行了广泛的交流和研讨。这些都对我国等离子体医学的发展起到了重要的推动作用。

图 14.2　现代等离子体医学发展的重要事件

　　相比于 20 世纪中叶,现代等离子体医学快速发展得益于两个方面:一是由于经历了电子工业革命(等离子体技术是微电子制造的核心技术之一),人们对冷等离子体的认知水平有了大幅度提升,从等离子体源设计、等离子体稳定性控制、等离子体仿真与诊断到等离子体与物质相互作用,建立了比较完善的理论和技术体系;二是分子生物学理论的建立及其他生物医学理论和技术的进步,使得大气压冷等离子体与生命体的相互作用可以从分子、细胞和生物体三个层面加以定性甚至定量地描述。这些理论与技术使得研究人员可以深入研究大气压冷等离子体与生命体相互作用的微观过程,并可以对等离子体生物医学效应进行精确诊断与控制。于是,20 世纪中叶研究人员提出但不能证实的一些医学应用,如促进皮肤慢性溃疡愈合、抑制癌细胞增殖等,在近几年已经基本得到了证实[24,25];FDA 曾经宣布禁止等离子体医学产品的销售,但目前已有多款产品通过了 FDA 或欧洲药品监督部门的认证许可[14,16,26]。等离子体医学展现出了广阔的应用前景与惊人的发展速度,既是等离子体学科新的增长点,又吸引了包括生物学、医学、材料学等其他学科研究人员的不断加盟,这一交叉学科的研究成果必将最终造福人类社会。

14.3　基本原理

　　大气压冷等离子体的生物医学效应是通过它所产生的紫外射线、强电场、局部热场、带电粒子、亚稳态粒子、自由基及其他强活性粒子(如 O_3 和 H_2O_2)来实现的。一般认为,等离子体产生的含氧活性粒子(reactive oxygen species,ROS)和含氮活性粒子(reactive nitrogen species,RNS)在医学应用中起到了关键的作用,同时在某些条件下,紫外射线、带电粒子、局部热效应、强电场作用也不容忽视[24]。等离子体的生物医学效应是如何实现的? 尤其是它对不同种类的生物体是否有差异化的作用效果(这在临床应用中至关重要)? 其内在机制是什么? 以及什么样的等离子体才满足医学应用的基本要求? 本节从细胞水平、分子水平和生物体水平三个层面阐释等离子体医学的现象与基本原理,并分析与之相适应的等离子体源特性。

14.3.1　等离子体细胞生物学基础

　　细胞是生命体结构与功能的基本单位,细胞生物学则是从细胞整体、显微、亚显微和分子等各级水平上研究细胞结构、功能及生命活动规律的学科。本小节重点介绍各类细胞的特性差异,通过这些差异来分析等离子体对各类细胞的作用原理及其选择性规律。

　　原核生物、真核生物与古核生物构成了现代生物学的三大进化谱系。这三种生物是按照各自细胞类型来划分的,也就是说,它们分别由原核细胞、真核细胞和古核细胞所构成。原核细胞的主要特征是没有明显可见的细胞核,也没有核膜和核仁,只有主要由 DNA 构成的拟核。顾名思义,真核细胞就是含有真核(被核膜包围的细胞核)的细胞,大多数生物都由真核细胞构成,包括人类。古核细胞是地球原始大气缺氧时代生存下来的最古老的生物群,多生活在极端的生态环境中,如海底火山口。人们曾经认为古核细胞是原核细胞的一种形式,但后来发现古核细胞中有些分子进化的特征更接近真核细胞,因此把它作为独立的细胞类型。表14.1 给出了上述三种细胞类型及其构成的常见生物种类。

表 14.1　细胞类型及其构成的常见生物种类

细胞类型	生物种类
原核细胞	细菌(狭义的)、放线菌、蓝细菌、支原体、立克次氏体和衣原体
真核细胞	人、动物、植物、真菌、原生生物
古核细胞	古菌(如嗜热菌、嗜盐菌等)

古核生物与人体健康的关系不是很密切,本章节不作进一步介绍。除了上述三种生物之外,自然界还存在一些无细胞结构的生命体,如病毒。病毒一般由一个核酸分子(DNA 或 RNA)与蛋白质相结合而构成,近年来发现的朊病毒甚至只由蛋白构成。病毒必须在活细胞内寄生,一般在感染细胞的同时或稍后释放核酸,通过核酸复制实现增殖。

表 14.2 给出了真核细胞、原核细胞与病毒的基本特征对比。从表中可见,它们在结构、组成成分与繁殖方式上都有重要差别。现代医学中,抗生素就是利用这种差别,通过"病原微生物有而人(或其他哺乳动物)没有"的机制,实现灭活病原微生物且同时不伤害肌体细胞。例如,青霉素、头孢菌素等抗生素通过阻碍细胞壁的合成,导致细菌在低渗透压环境下膨胀破裂死亡。哺乳动物的细胞没有细胞壁,因而不受这类药物的影响。

表 14.2　真核细胞、原核细胞与病毒的特征对比

	真核细胞	原核细胞	病毒
直径	一般 $10 \sim 100 \, \mu m$	一般 $1 \sim 10 \, \mu m$	一般 $20 \sim 200 \, nm$
细胞核	有双层膜包围,内含染色体、DNA 分子、核仁等	无膜包围,不成形,内含环状 DNA 分子,无染色体	无细胞核,但有核酸构成的核心(朊病毒除外)
细胞器	核糖体、线粒体等	只有核糖体一种	无
内膜系统	有内膜系统,分化包裹细胞器	无独立内膜系统	无内膜系统

续表

		真核细胞	原核细胞	病毒
细胞壁		植物与真菌细胞有,由纤维素和果胶组成;动物细胞没有	除支原体外的细胞均有,由肽聚糖和壁酸组成。	无细胞壁,部分有囊膜,是由蛋白质和糖白构成的内酯双层膜
细胞膜		磷脂双分子层与镶嵌蛋白分子	磷脂双分子层与镶嵌蛋白分子	无
DNA	分布	大部分在细胞核中,少量存在于细胞器(线粒体和叶绿体)中	拟核中有一个大的 DNA 分子,细胞质中可能存在小的质粒 DNA	在衣壳内,只存在一种 RNA 或 DNA。朊病毒无 DNA 或 RNA
	形状	细胞核中为线状结构,或与蛋白结合成高度凝聚的染色体结构。细胞器中可能存在环状裸露结构的 DNA	环状裸露结构,或者结合少量蛋白,无染色体结构	可以是单链、双链、闭环、线性等多种结构
	复制	复制转录在细胞核中,翻译在细胞质中	DNA 复制、转录和翻译都在同一时间和位置进行	在宿主中释放核酸来复制
繁殖方式		无丝分裂、有丝分裂和减数分裂	无丝分裂	借助于宿主繁殖,不能自我繁殖

　　大气压冷等离子体应用于临床医学,也需要借助于这样的差异,以实现高效灭活病原微生物,并同时保持较低的细胞毒性[6,7]。前面已经提到,医学应用效果对等离子体的成分与作用"剂量"非常敏感,因此首先需要避免两种极端情况:一是等离子体的作用剂量过低,这无法达到杀灭病原微生物的目的,因为病原微生物具有快速繁殖的能力,通常每 20 分钟数量就翻一番[27];二是作用剂量过大,这会导致正常肌体细胞凋亡、坏死,甚至有变异的风险。庆幸的是,人们已经发现大气压冷等离子体存在着一定的参数区间,可同时满足高杀菌效率与低细胞毒性的要求,从而具有替代药物抗生素的潜力[17]。

　　进一步,不同种类的细菌在组成成分、结构特征等方面也存在差异,这使得它们对外部刺激的敏感程度不同。采用革兰氏染色法,可把细菌分为革兰阳性菌和革兰阴性菌两类,即凡被染成紫色的细菌称为革兰阳性菌,染成红色的称为革兰阴性菌。常见的革兰阳性菌包括金黄色葡萄球菌、链球菌、肺炎双球菌、炭疽杆菌、白喉杆菌、破伤风杆菌等;常见的革兰阴性菌有痢疾杆菌、伤寒杆菌、大肠杆菌、变形杆菌、绿脓杆菌、百日咳杆菌、霍乱弧菌及脑膜炎双球菌等。革兰阳性菌和革兰阴性菌的细胞壁有重要差异,典型特征如表 14.3 所示。

表 14.3　革兰阳性和革兰阴性细菌的细胞壁特征对比

细胞壁特征	革兰阳性菌	革兰阴性菌
强度	较致密	较疏松
分子结构	立体结构(三维)	平面结构(二维)
层数	1 层	多层
厚度	20~80 nm	5~10 nm
肽聚糖层数	15~50 层	1~3 层
肽聚糖含量	细胞壁干重的 50%~80%	细胞壁干重的 10%~20%
磷壁酸	有	无

　　上述差异(见表 14.3)导致这两类细菌对抗生素的敏感程度不同。在治疗上，大多数革兰氏阳性菌都对青霉素敏感；革兰氏阴性菌则对青霉素不敏感，而对链霉素、氯霉素等敏感。因此，区分病原菌是革兰氏阳性菌还是阴性菌，在选择抗生素方面意义重大。对于等离子体杀菌而言，初步研究发现，革兰阴性菌易被灭活，而革兰阳性菌则相对难灭活，一个主要原因是革兰阳性菌的细胞壁对 ROS 及 RNS 的阻挡作用更强[17]。因此，与抗生素治疗类似，诊断病原微生物的种类对等离子体医学应用也具有重要意义[6,17]。

　　更进一步，人体中正常的肌体细胞与病变细胞(如癌细胞)在组成成分、结构尺寸、新陈代谢等方面也存在着一些差异，这构成了等离子体治疗非感染性疾病(如癌症)的基础[28,29]。

14.3.2　等离子体生物化学基础

　　等离子体产生的紫外射线、带电粒子、强电场、亚稳态粒子、自由基及其他强活性粒子是如何与生物大分子相互作用，进而产生各种生物医学效应的？针对这一问题，本节主要从分子水平加以讨论，并特别针对 ROS/RNS 及其氧化还原反应来分析它们与生命体健康状态的相互关系。

　　紫外射线按波长可以分为短波紫外(UVC,100~280 nm)、中波紫外(UVB,280~320 nm)和长波紫外(UVA,320~400 nm)。波长越短，光子具有的能量越高($E(\text{eV})=1242/\lambda(\text{nm})$)，细胞毒性越大。在大气压条件下，因为空气对短波紫外光子的吸收非常强烈，可以检测到的紫外射线波长往往在 200 nm 以上。在分子水平上，紫外射线引起细胞伤害有两个途径：①紫外线能量直接被大分子吸收并改变 DNA；②紫外射线诱发蛋白和脂肪的氧化进程[30]。对于大气压冷等离子体而言，紫外射线往往比较微弱，有时甚至低于正午太阳的紫外射线水平[31]。因此在等离子体医学应用中，紫外射线的作用往往处于辅助地位，且一般情况下对正常肌体细胞是安全的。

对于带电粒子而言,由于大气压下碰撞频繁,正离子接触到样品表面时平均能量只有不到 1 eV[32,33];电子的能量相对较高,但电子密度往往低于中性的活性粒子几个数量级[34,35]。因此,有研究人员认为带电粒子在医学应用中难以起到重要作用。然而有一种假设认为,带电粒子先附着在细胞表面,使与之电性相反的带电粒子被加速,具有足够能量击碎细胞膜(细胞壁)及相邻细胞间的分子键,从而灭活细胞或解体生物组织[36]。通过对比含带电粒子与不含带电粒子的等离子体杀菌效率,发现前者的效率高一个数量级[37]。另外,已经通过 FDA 认证的等离子体组织消融装置也主要通过带电粒子起到组织非热解体的作用[26]。这说明带电粒子确实能够起到重要的医学作用,尽管分子层面的机制尚未明确。另外,也有报道认为带电粒子的作用主要是通过含氧离子(如 O_2^-)来体现的[38]。对于这一类含氧离子的生物效应,本节在后面讨论 ROS 部分一并加以阐述。基于人身安全、等离子体自身稳定性等因素,带电粒子往往被束缚在等离子体中而不能大量作用到生物物质,所以大多数情况下带电粒子的作用受到了限制。

如果生物物质与等离子体放电区域直接接触,则需要考虑电场的生物效应,这主要有两方面原因:①部分大气压冷等离子体是通过脉冲强电场产生的,前人已证实强脉冲电场可以破坏细胞膜,如电穿孔[39];②等离子体产生的带电粒子会在生物物质表层形成本征场,这一本征场形成的电场力有可能导致细胞膜分子键断裂[36]。在非脉冲电场情况下,等离子体中平均电场强度相对较低,尤其是加载在生物物质上的电压相比于等离子体区域电压会小很多,因此一般不足以显著破坏细胞结构[4]。由于细胞质和细胞间质的电导率比细胞膜高出一百万倍,所以电流只能通过细胞间质流过,从而由细胞膜在细胞质外形成一层屏障,限制细胞质中的电压降。但是当电流流过细胞外的时候,沿着细胞外表面的变化就会形成电压梯度,进而产生跨膜电势。跨膜电势超过一定数值会破坏细胞结构,且由于跨膜电势的幅值取决于细胞的大小、形状和方向,所以对不同细胞的破坏能力有差异。

在分子水平上,较强的跨膜电势主要导致两种结果:①破坏细胞膜的磷脂双分子层结构,形成结构性缺陷或者微孔,从而使细胞膜的通透性增强,允许离子或生物大分子(如 DNA)通过,这就是电穿孔;②直接有电场作用在细胞膜的蛋白质上,使组成跨膜蛋白质的极性氨基酸会沿电场方向发生移动,从而改变跨膜蛋白质的构造,导致膜蛋白变性。0.1~1 V 的跨膜电势就会导致电穿孔,但考虑到细胞本身的充放电特性,外施电压的特征时间一般需要比细胞膜的特征时间短(约 5.9 μs),比细胞间质的特征时间长(约 0.5 ns)[36]。尤其是对于可自我恢复的电穿孔,电压脉宽往往只能在纳秒量级。电穿孔可用于辅助药物输送、微生物灭活、DNA 改性等医学应用。因为跨膜蛋白质一个主要作用是作为细胞内外的离子通道,所以膜蛋白改性同样会增加细胞的通透性,特别是离子交换的电压门限会降低。

医学应用的等离子体气体温度一般不超过 60℃[40]。虽然如此,等离子体的不均匀性可能使局部区域过热从而产生局部烧伤,这在医学应用中需要尽量避免。但另一方面,稍高于体温但不至于烧伤的温度可以增加血液循环量,舒张毛孔,对一些疾病可以起到辅助治疗作用。一般认为,由于磷脂双分子层组成的细胞膜仅仅是由水合作用连接在一起,在外界热刺激的过程中最容易被破坏;甚至在高于正常体温 6℃(即 43℃)时,细胞膜分子的动能就可能超过限制超分子聚合的水合能,从而发生结构变性。所以,在热作用下细胞膜的动能损伤就决定着细胞坏死的速率[41]。

在等离子体医学中,ROS 与 RNS 的重要作用为研究人员所公认。对于不同等离子体源及不同的应用环境,产生的 ROS 与 RNS 组分有很大差异,而这些活性粒子的作用往往是相互协同的,所以其生物效应的分子机制非常复杂。表 14.4 列出了等离子体医学中一些常见的 ROS 及 RNS,按自由基与非自由基进行了分类[42]。

表 14.4　常见的 ROS 与 RNS

含氧活性粒子(ROS)		含氮活性粒子(RNS)	
自由基	非自由基	自由基	非自由基
* 超氧阴离子(O_2^-)	* 过氧化氢(H_2O_2)	* 一氧化氮(NO)	* 亚硝酸(HNO_2)
* 羟基(OH)	* 臭氧(O_3)	* 二氧化氮(NO_2)	* 亚硝酰阳离子(NO^+)
* 超氧化氢(HO_2)	* 单线态氧($O_2(^1\Delta_g)$)	* 硝酸根(NO_3^-)	* 硝酰阴离子(NO^-)
* 碳酸根(CO_3^-)	有机过氧化物(ROOH)		* 三氧化二氮(N_2O_3)
烷过氧基(RO_2)	* 过氧亚硝基($ONOO^-$)		* 四氧化二氮(N_2O_4)
烷氧基(RO)	过氧硝基(O_2NOO^-)		* 五氧化二氮(N_2O_5)
* 二氧化碳根(CO_3^-)	* 一氧化碳(CO)		烷基过氧亚硝酸盐(ROONO)
			烷基过氧硝酸盐(RO_2ONO)

注:分子式 R 代表有机物质,* 代表等离子体可直接产生的 ROS 与 RNS

ROS 及 RNS 的生物效应主要通过氧化还原反应来实现。对于每一种 ROS 及 RNS,其氧化能力与待处理的生物物质有密切关系,用单一尺度来相互比较是不够准确的。宏观上,人们常用氧化势对这些粒子的活性作粗略的量化,如表 14.5 所示。

表 14.5　几种主要 ROS 的氧化势

粒子名称	化学式	氧化势/V
羟基	OH	2.8
臭氧	O_3	2.1
过氧化氢	H_2O_2	1.8
超氧化氢	HO_2	1.7
氧原子	O	2.42
活性氧分子	O_2	1.23

氧化还原生物化学是一切需氧生物的生命基础,而 ROS 和 RNS 在其中起到了关键的作用,它决定了人体代谢组、基因组、蛋白组与脂质组等是否正常运转[42,43]。但另一方面,这些粒子也是重要的致病因子,可导致癌症、心脏病、糖尿病、肺病及免疫性疾病等,并且是人体衰老的重要因素。因此,健康的身体需要体内 ROS/RNS 的含量处于合适水平,当体内氧化剂(ROS/RNS)与抗氧化剂含量失衡时会引起疾病,如图 14.3 所示[43]。

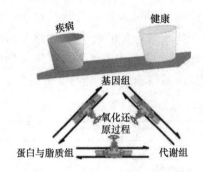

图 14.3 氧化还原反应与人类健康的关系

多少 ROS 与 RNS 含量对生命体来说是适宜生存的?这一问题是"定量氧化还原生物学"这一新兴学科分支的主要研究内容,目前尚不能准确回答。但是从定性及半定量角度,人们早就发现细胞的生物性状态与所处环境的氧化还原水平有密切关系。图 14.4 所示为在 GSSG、$2H^+$/2GSH 氧化还原对制成的培养液中,通过调节培养液还原电势 E_{hc},发现可以打开或关闭分子开关,使细胞处于不同的生物性

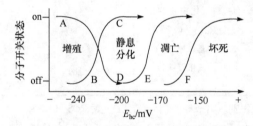

图 14.4 细胞生物性状态与培养液氧化还原水平的关系

状态,包括增殖、静息、分化、凋亡和坏死[43]。这说明,一方面较低的氧化环境有助于细胞增殖与分化,较高的氧化环境不利于细胞生存;另一方面,可以通过外部调节细胞所处环境的 ROS 与 RNS 含量,控制细胞的生命周期,达到杀菌消毒(高氧化性)、促进机体健康水平(低氧化性)等医学目的。

更进一步,不同种类的细胞对 ROS 及 RNS 的承受能力不同,这是等离子体临床应用的重要基础。以癌细胞为例,少量的 ROS 可以促进癌细胞的增殖与存活,提高 ROS 含量可能导致癌细胞发生基因突变,进一步提高 ROS 含量则会导致细胞快速衰老甚至死亡[44]。这一变化规律与正常细胞相似,但是癌细胞的新陈代谢及蛋白质翻译与正常细胞有较大差异,使得癌细胞中 ROS 水平远高于正常细胞,需要产生更多的抗氧化剂才能维持生存状态。所以在正常细胞处于增殖与存活的生物性状态(图 14.4 中前两种状态)时,癌细胞可能会发生凋亡或坏死。这使得人

们研究通过外部注入 ROS 来治疗癌症,即通过外部注入使癌细胞中的 ROS 剂量足以导致其凋亡或坏死,而正常细胞中的剂量在可以承受范围之内,达到选择性杀灭癌细胞,治疗癌症的效果[42]。

ROS 与 RNS 是怎样影响到细胞的生物性状态的? 对这一机制的研究报道非常多,但大多是基于实验现象的推测,从分子水平上定量分析 ROS/RNS 与生物大分子的相互作用还比较少。本节结合等离子体医学的需要,重点介绍如下几方面内容:

首先,ROS/RNS 会在细胞内部自己产生,也可以从外部产生并渗透进入细胞,细胞内部 ROS/RNS 的成分复杂且相互转化。图 14.5 给出了哺乳动物细胞中内生 ROS 与 RNS 的转化关系[45]。其中,ROS 主要通过噬菌细胞产生,RNS 主要通过多形核白细胞产生,进而转化成为多种类型的 ROS 与 RNS,包括等离子体中常见的活性粒子,如 O_2^-、OH、NO、H_2O_2、NO_2^- 等。除了与生物大分子作用而发生化学转化外,这些活性粒子之间也会相互作用,如 O_2^- 会与 NO 反应产生较大量的 $OONO^-$。

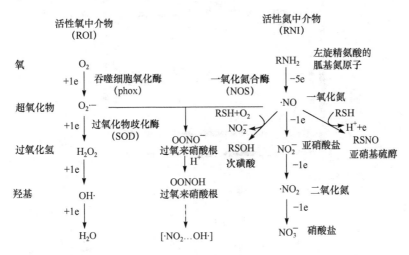

图 14.5　哺乳动物细胞中通过噬菌细胞氧化酶和一氧化氮合酶产生 ROS 及 RNS

在细胞中,ROS/RNS 转化过程事实上远比图 14.5 所示要复杂得多。以 O_2^- 与 NO 反应为例,研究发现反应途径受这两种反应物的浓度关系影响[46]。除了大量生成 $ONOO^-$ 之外,当 O_2^- 浓度高于 NO 浓度时,会产生 O_2NOO^-、NO_2^- 等;反之当 NO 浓度高于 O_2^- 浓度时,会产生 N_2O_3[42]。文献[46]给出了影响反应路径的一种因素,细胞内部 ROS 与 RNS 的转化关系受诸多因素影响,所以难以定量加以分析。

其次,ROS/RNS 及其氧化还原反应在细胞的信号通路里面担负重要角色,因而通过外部调节 ROS/RNS 含量可以影响信号通路,改变细胞的生物性状态。所谓信号通路,是指能将细胞外的分子信号经细胞膜传入细胞内发挥效应的一系列酶促反应通路。ROS 与 RNS 之所以在信号通路中能起到重要作用,一种主流的推测是这些小分子与生物大分子之间更容易形成共价键,从而促发一系列生物化学反应[42]。如图 14.6 所示,通过在细胞外加入 NO 自由基,可以抑制线粒体中细胞色素 c 氧化酶,从而在不影响三磷酸腺苷(ATP)合成的情况下提高 O_2^- 的产生效率[47]。O_2^- 在细胞中有多个转化途径:①与过氧化物歧化酶反应可以产生 H_2O_2,这在细胞溶质氧化还原信号传导中起到重要作用;②与 NO 反应产生 $ONOO^-$,可以抑制呼吸复合物,刺激内膜的质子通透性,以及通过促发细胞色素 c 的释放来调节细胞凋亡。对于等离子体医学而言,这说明可以通过等离子体改变细胞外部 ROS 与 RNS 含量,通过信号通路调节细胞的生物性状态。

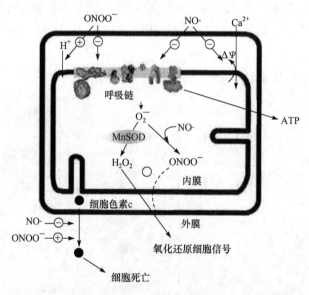

图 14.6　细胞及细胞内线粒体中 NO 与细胞色素 c 氧化酶的信号通路

再次,人体免疫系统会自动调节细胞内 ROS 与 RNS 的含量,以抵抗外部刺激或促进组织愈合,但这种内生 ROS/RNS 的调节作用是有限的。图 14.7 所示为创伤愈合过程中 NO 浓度的变化规律[48]。在正常的皮肤组织中,NO 由内皮细胞及神经元细胞产生,但是在创伤部位,它还可以由噬菌细胞、上皮细胞产生,因此浓度会高于正常值[12]。尤其在发炎阶段,NO 浓度高于正常值 100 倍以上,研究发现它在创伤愈合中起到了消毒杀菌、改善微循环、抑制其他含氧自由基、刺激成纤维细胞和血管内壁细胞的生长,促进胶原质和角化细胞的形成等作用[49]。但是,当人体出现免疫缺陷或者一些肌体部位供血供氧不足时,内生 ROS 与 RNS 的浓度将

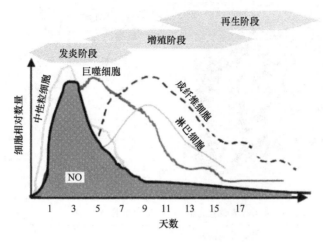

图 14.7　细胞中 NO 浓度与创伤愈合过程的关系

难以达到应有的水平。再以 NO 为例,研究发现一部分顽固性皮肤疾病的形成与 NO 浓度失衡有关,如牛皮癣、慢性皮肤溃疡等[50]。在这样的情况下,通过外部注入 NO 可以起到显著治疗效果,如研究发现用含 0.05%NO 的空气等离子体处理老鼠溃疡,对无菌的和受感染的溃疡治愈周期都缩短了近 1/3[49]。

最后,ROS/RNS 生物效应的定量分析是当前生物医学的重要课题,基于分子水平的定量研究已经开展。ROS/RNS 的生物效应需要直接或间接地通过与生物大分子发生化学反应来体现,但因为生物大分子的多样性及其自身的复杂性,化学反应的速率难以准确得到。所以,传统的解析法与化学动力学方法都难以准确描述 ROS/RNS 与生物大分子的作用机制。相比而言,分子动力学模拟是基于第一性原理的仿真方法,基本不需要前提假设,所以在近年来越来越多地用于从分子甚至原子水平上定量解析各类生物化学过程。比利时安特卫普大学 Bogaerts 教授课题组率先采用分子动力学方法用于等离子体医学研究,取得了一些初步结果[51]。

14.3.3　等离子体动物与临床试验基础

在生物体水平上,人们常常采用动物与临床试验来进行研究,这也是新的医疗手段研发过程中必经的,同时也是最重要的阶段。迄今为止,大气压冷等离子体的临床应用研究主要针对皮肤组织,所以本节首先介绍人体皮肤组织的结构。如图 14.8 所示,皮肤组织包括表皮层、真皮层与皮下组织三层。角质层位于表皮层的最外侧,由于角质层在油脂、蛋白质和水分含量上与表皮层其他部分差异很大,常常单独加以考虑。各层的主要成分与典型结构如表 14.6 所示。

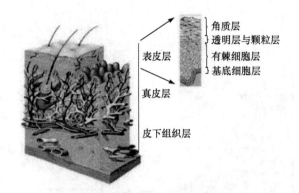

图 14.8　人体皮肤组织的结构

表 14.6　人体皮肤的主要成分与典型结构[4,36]

	主要细胞	典型含水量/%	典型厚度/mm	结构特征
角质层	角质细胞	20	0.02	六边形角质细胞嵌在油脂基质中,形成类似砖墙的结构
表皮层	角质形成细胞	70	0.1	角质形成细胞介于股子状与圆柱状之间,通过一定间隙连接在一起
真皮层	成纤维细胞,组织细胞等	70	1.33	由胶原质网络、不结缔组织、血管网络等组成,细胞所占比重相对较小
皮下组织	白色脂肪细胞	25	5	主要由球型脂肪细胞构成

当等离子体作用于皮肤组织时,首先需要考虑皮肤的热特性与电特性,以防止局部热烧伤及电击伤害。在外界热源的作用下,皮肤的发热特性可以用经典的 Pennes 公式来描述[52]:

$$\rho c \frac{\partial T}{\partial t} = k \nabla^2 T + \overline{\omega}_b \rho_b c_b (T_b - T) + q_{met} \qquad (14-1)$$

式中,T 代表皮肤温度;ρ 代表皮肤组织密度;c 代表皮肤组织比热容;k 代表皮肤组织的热导率;$\overline{\omega}_b$ 代表血流灌注率;ρ_b 代表血液密度;c_b 代表血液比热容;T_b 代表体内血液温度(37℃);q_{met} 代表皮肤组织新陈代谢自生热量。

经典的 Pennes 公式适用于等离子体与皮肤组织不直接接触的情况,如皮肤组织位于等离子体射流的辉后区。当等离子体与皮肤组织直接接触时,需要考虑电流流过皮肤带来的热效应,因而式(14.1)变形为[4]

$$\rho c \frac{\partial T}{\partial t} = k \nabla^2 T + \overline{\omega}_b \rho_b c_b (T_b - T) + q_{met} + \sigma_s E^2 \qquad (14-2)$$

式(14-2)增加了 $\sigma_s E^2$ 项,用于描述传导电流发热(σ_s 代表电导率)。值得一提的是,在皮肤的各个层上,式(14-2)中的参数不同。研究发现,在等离子体直接作用下,皮肤中的发热有三种机制:①热传导,即气体等离子体对皮肤组织的传热;

②焦耳热,即等离子体中全部或部分电流流过皮肤组织而产生的加热;③介电加热,即皮肤中极性分子(比如水)在高频电场作用下旋转而产生的热量,这在微波等离子体中非常重要[4]。因为这三种加热机制的作用深度与特征时间有差异,所以控制等离子体频率等参数可以调节它对皮肤组织的热效应。

等离子体对皮肤组织的电效应体现在电压和电流两个方面。干燥环境下人体的电阻可以高达 1 MΩ 以上,这主要源于皮肤组织的阻抗。当皮肤湿润甚至破损时,人体电阻会降到 1 kΩ 左右。皮肤组织的阻抗与电压大小、频率大小有关。在等离子体医学常用的频率范围内(1 kHz~13.56 MHz),研究发现角质层在皮肤阻抗中起到重要作用,因此当加载在皮肤组织上的电压高于角质层承受能力时,皮肤组织的阻抗会因为角质层击穿而显著下降。另外,皮肤组织的介电常数和电导率是频率的函数[53]:

(1) 在较低频率下(一般小于数百千赫兹),皮肤组织的电导率主要由细胞外的电解液决定,因此电导率与细胞在组织中所占体积比重密切相关。在该频段,皮肤组织的介电常数随频率变化很快,但电导率变化不大。

(2) 在射频频段,主要是 0.1~10 MHz 频段,电流同时从细胞内外流过,细胞壁充放电过程对介电常数和电导率有重要影响。

(3) 在微波频段(通常大于 1 GHz,等离子体医学中不常用),组织中游离水的旋转介电松弛过程导致介电常数和电导率变化,这种变化与一般的水溶液是类似的。

皮肤组织的介电常数和电导率随频率的变化关系如图 14.9 所示[54]:

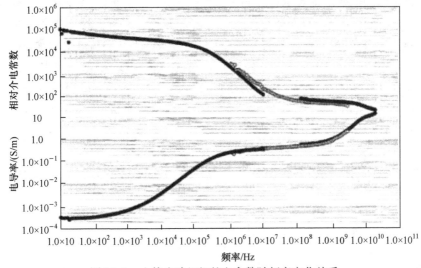

图 14.9　人体皮肤组织的电参数随频率变化关系

等离子体动物实验及临床应用中,需要严格控制等离子体的热效应与电效应,以保障人身安全及试验(或临床治疗)的顺利开展。

首先,电热刺激会产生疼痛感。在人体表皮层与真皮层交界面处,温度高于43℃就会有疼痛感;对于电流而言,成年男性平均感知电流约为 1.01 mA,成年女性约为 0.7 mA,超过这一数值就会产生刺痛。虽然人与人之间有个体差异,人与动物之间差异更大,但是不管是临床应用或动物试验,都需要考虑可能带来的疼痛刺激并采取相应措施(如局部麻醉)。

其次,热电效应可能是等离子体医学应用效果的重要影响因素。脉冲电场带来的电穿孔有助于活性粒子进入到细胞内部,提高有效注入效率[36];一定程度的加热有助于活性粒子在皮肤内部的扩散及其与生物大分子间的反应[4];等等。因此,一方面我们可以利用热效应与电效应来提高治疗效果,另一方面需要控制这两种效应以免对实验结果带来误差。

最后,需严格控制等离子体的电效应与热效应以避免造成人身伤害。热效应带来的皮肤烧伤程度可用下面的经验公式来描述[55]:

$$\Omega = \int_0^t P\exp\left(-\frac{\Delta E}{RT}\right)\mathrm{d}t \tag{14-3}$$

式中,Ω 是 Henriques 烧伤积分值,代表烧伤程度,$\Omega=0.53$ 为 Ⅰ 度烧伤,$\Omega=1$ 为 Ⅱ 度烧伤(不可逆烧伤);T 为表皮层与真皮层的边界层温度;P 是指前因子;ΔE 是活化能。最后两个参数对不同皮肤层有差异,但可近似为常数。这说明热效应带来的烧伤是对温度和时间的积分值,应避免等离子体温度过高且作用时间过长造成不可逆烧伤。

等离子体的电效应体现为电压与电流两个方面,相比而言,电流的危险性要大得多[4]。在不同的频率下,人体能承受的电流值有很大差异。对于等离子体医学常用频率范围而言,目前还没有统一的安全标准。表 14.7 是摘自于加拿大的安全标准[56]。相比于 IEC 标准(IEC 60479-1)对低频电流的安全规定,高频下的安全电流阈值要高许多。等离子体医学的通常处理时间为 1~10min,所以电流值需要限制在几十毫安水平,这就需要严格控制等离子体的处理面积,或者不将人与动物作为等离子体的一个电极[4]。

表 14.7 加拿大对 0.1~110 MHz 下电流安全范围的规定

作用时间/min	流过腿部的平均电流/mA
6	45
5	49
4	55
3	64
2	78
1	110
≤0.5	155

　　皮肤疾病常见的有牛皮癣（银屑病）、湿疹、皮炎、慢性溃疡、皮肤癌等，对这些疾病的等离子体治疗研究都有所开展。在生物体水平上，研究工作是从动物试验开始的，这符合新药研发的一般步骤。等离子体动物试验的目的是要研究等离子体与人体的相互作用机制，寻找应用等离子体预防及治疗各种疾病的方法。因此，对动物模型的选择非常重要，需要在功能、代谢、结构及疾病性质等方面与人类相似。例如，对于皮肤疾病而言，常常选择猪耳朵作为动物模型，因为它在组织结构、上皮再生、内分泌及代谢等方面与人体皮肤很相近[31]。通过动物模型可以为后期的临床试验提供安全性、有效性的初步验证。虽然如此，动物与人不可避免存在许多差异，所以动物试验的结果只能定性参考，甚至可能出现动物试验与临床试验结果相反的情况[57]。

　　按照国家食品药品监督管理局颁布的《药物临床试验质量管理规范》中临床试验的定义，临床试验是指任何在人体（病人或健康志愿者）进行药物的系统性研究，以证实或揭示试验药物的作用、不良反应及/或试验药物的吸收、分布、代谢和排泄，目的是确定试验药物的疗效与安全性。临床试验一共分成四个阶段（即四期），新的治疗手段（包括大气压冷等离子体）必须先经过前三期的临床试验，才能获得国家食品药品监督管理局的认证并面向市场销售。第Ⅳ期的临床试验是新的治疗手段上市后由申请人自主进行的应用研究阶段。

　　结合等离子体医学，对前三期的临床试验简要介绍如下：

　　Ⅰ期临床试验：是等离子体进行人体试验的起始期。常常选取 20～100 名健康志愿者为主要受试对象，进行初步的临床药理学及人体安全性评价试验，观察人体对于等离子体的耐受程度和药代动力学，为制定等离子体治疗方案提供依据。

　　Ⅱ期临床试验：是以预期应用的患病人群样本为对象，初步评价治疗作用的阶段。通过设置对照组进行双盲随机平行对照试验，即随机选定 100 人以上的患病人员作为试验组或对照组成员，研究人员与患病人员均不能分辨对照组与试验组，来排除人为因素的影响。Ⅱ期临床试验的目的是初步评价等离子体对目标适应证患者的治疗作用和安全性，也包括为Ⅲ期临床试验研究设计和等离子体剂量方案的确定提供依据。

　　Ⅲ期临床试验：以大样本的患病人群样本为对象，是治疗作用确证的阶段。采用随机对照试验，随机分组方法与Ⅱ期临床试验类似，通过增加样本量（试验组病例不少于 300 例和对照 100 例）并根据试验目的选择受试者标准，适当扩大特殊受试人群，以及更为丰富的观察项目或指标等措施，进一步考察不同对象所需剂量及依从性，并为申请国家认证提供充分的依据。

14.3.4　医用等离子体源及其基本特性

　　考虑到医学应用的安全性要求，常用的大气压等离子体源有等离子体射流与介质阻挡放电两种类型。其中,等离子体射流也往往采用介质阻挡的结构形式,通过串联在放电回路中的介质(电容)限制放电电流,使辉光放电及时终止以防止向电弧转化。等离子体射流的典型结构如图 14.10 所示[58]。

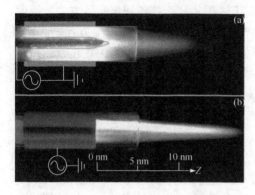

图 14.10　等离子体射流的基本结构

图 14.10(a)中,在玻璃管径向上布置了同轴的两个电极,电场方向与气流方向垂直;图 14.10(b)中则只显示了一个电极,但事实上外部空气或被处理物作为另一个电极存在,电场方向与气流方向平行。研究发现,当电场方向与气流方向平行时有助于提高射流的长度,这在应用上具有优势。另一个重要差别在于,图 14.10(a)所示结构的等离子体中的带电粒子很难作用到被处理物上,而图 14.10(b)所示结构的等离子体则可以直接作用。有文献以带电粒子能否作用到生物物质为判据,将等离子体分为"直接等离子体"和"间接等离子体"两类,这是另一种分类的方式[37]。

对于电场方向与气流方向平行的等离子体射流,有一种特殊的形式,名为"等离子体针"。图 14.11 所示为典型的等离子体针结构[38]。它只有一个针状的高压电极(外部气体或被处理物作为地电极),具有等离子体射流与电晕放电共同的特点。这种等离子体射流的长度可达数厘米,但直径只有 1 mm 甚至更小,所以特别适用于处理微孔间隙,如牙齿根管。

基于对气体温度和放电稳定性的严格要求,常用稀有气体(主要是氦气和氩气)作为背景气体产生等离子体射流。这两种气体的射流特性有较大区别,一个重要区别是射流从高压极侧还是地电极侧喷出。如图 14.12 所示,氦气等离子体射流更容易从高压电极侧喷出,而氩气等离子体射流则相反,这与气流方向没有明显关系[59]。另外,因为电导率与热导率等差异,氦气等离子体射流放电电压更低、温度更低,且射流长度一般更长。

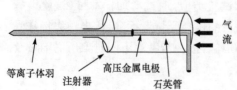

气流

等离子体羽　　注射器　　高压金属电极　　石英管

图 14.11　用于牙齿根管治疗的"等离子体针"

图 14.12　氦气与氩气等离子体射流的图像
A 代表高压电极,G 代表地电极

为了满足医学应用中对等离子体化学活性的要求,常常在稀有气体中掺杂少量的 O_2、空气或水蒸气。对于 O_2 而言,仿真和实验研究都发现,当掺杂浓度在 $0.5\%\sim3\%$ 时,ROS 含量最高[60,61]。空气与水蒸气的最佳掺杂浓度与 O_2 差别不大,主要因为它们都是强电负性气体,提高掺杂浓度会降低电子密度(电子是活性粒子产生的最主要因素之一),使得掺杂浓度必然存在一个最佳值,而不是越高越好[62,63]。研究发现,一定条件下这些活性较强的掺杂气体会降低等离子体的稳定性与均匀性,提高放电电压和气体温度。

大气压冷等离子体稳定性与化学活性是很难相容的,高活性的等离子体很容易从辉光向电弧转化。为了兼顾高活性与高稳定性的要求,除了采用介质阻挡的结构形式外,一般还有两种解决办法。第一种办法是采用脉冲电压作为等离子体射流的激励。大气压冷等离子体从辉光向电弧转化往往需要几百纳秒,脉冲放电正是利用这一特征转化时间,用亚微秒甚至更短脉宽的电压作为激励,防止等离子体向电弧转化。这甚至可以在空气中(无稀有气体)产生宏观上均匀、稳定且温度接近室温的射流等离子体[64]。另一种办法是采用高频电源作为激励,要求电压周期小于带电粒子从一个电极运动到另一电极所需的特征时间。带电粒子被限制在放电间隙中来回振荡,从而限制电流增长形成电弧。这种方式的缺点是气体温度往往比较高,电子温度却相对较低,活性粒子的产生效率也偏低。

DBD 用于等离子体医学,典型结构是将被处理的生物物质作为地电极,而在高压电极上覆盖一层绝缘介质以防止触电,如图 14.13 所示[12]。一般情况下,放电在空气中产生,且因为生物物质表面不平整,所以是丝状放电,存在明显的不均匀性(见图 14.13)。另外,因为放电丝与生物物质直接接触,还存在局部热损伤的风险。虽然如此,美国德雷克赛尔大学 Fridman 教授课题组应用图 14.13 所示的 DBD 装置,开展了大量的生物医学试验,包括对皮肤慢性溃疡的临床 II 期试验,取得了较好的效果。

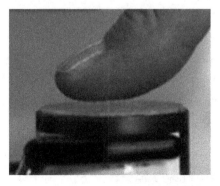

图 14.13 DBD 处理人体皮肤

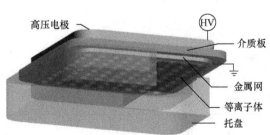

图 14.14 沿面 DBD 的结构图

除了图 14.13 所示的典型结构外,一种新的沿面 DBD 结构近几年受到了较多关注。图 14.14 即为沿面 DBD 的结构图,它采用金属网或金属条作为地电极,将高压电极与地电极都紧贴在一个介质板上,这样在地电极的网状(或条状)间隙中会产生等离子体。这样的等离子体厚度仅为 100 μm 量级(放电丝直径),而在等离子体医学应用中,被处理的生物物质往往位于电极下方毫米至厘米量级之外,所以等离子体不能直接作用到被处理物,但所产生的 ROS 与 RNS 却可以通过扩散与气体流动作用到被处理物上。因此,图 14.13 所示的 DBD 为"直接等离子体",而图 14.14 所示的沿面 DBD 则为"间接等离子体"。沿面 DBD 可以根据被处理物形貌来设计放电面,且对被处理物自身是否光滑不敏感,这在等离子体医学应用中具有优势。

如前几节所述,等离子体产生的 ROS、RNS 及带电粒子在医学应用中起到关键作用,因此一个广泛关心的问题是,通常情况下这些粒子的含量是多少? 通过仿真模拟并综合考察大量文献数据,表 14.8 给出了空气等离子体中主要活性粒子的密度参考值。这一密度值是平均密度,局部区域密度会有 2~4 个数量级差异,如放电丝中电子密度比较高。其中,"间接等离子体"中带电粒子无法作用到生物物质,其密度可以不考虑。值得一提的是,O_3 浓度对气体温度很敏感,所以表 14.8 中给出的变化范围比较大,其内在机制尚不明确[65]。

表 14.8　大气压空气冷等离子体中主要活性粒子的典型密度

带电粒子	密度/cm^{-3}	中性粒子	密度/cm^{-3}
e	$10^9 \sim 10^{11}$	O	$10^{13} \sim 10^{15}$
O_2^+	$10^8 \sim 10^{10}$	$O_2(a^1\Delta_g)$	$10^{13} \sim 10^{15}$
O_4^+	$10^{10} \sim 10^{12}$	O_3	$10^{13} \sim 10^{18}$
NO_2^+	$10^{10} \sim 10^{12}$	OH	$10^{12} \sim 10^{14}$
H_3O^+	$10^9 \sim 10^{11}$	HO_2	$10^{13} \sim 10^{15}$
O_2^-	$10^9 \sim 10^{11}$	H_2O_2	$10^{14} \sim 10^{16}$
O_3^-	$10^9 \sim 10^{11}$	NO	$10^{13} \sim 10^{15}$
O_4^-	$10^9 \sim 10^{11}$	N_2O	$10^{15} \sim 10^{17}$
NO_2^-	$10^9 \sim 10^{11}$	NO_2	$10^{14} \sim 10^{16}$
NO_3^-	$10^{10} \sim 10^{12}$	N_2O_5	$10^{15} \sim 10^{17}$
CO_3^-	$10^9 \sim 10^{11}$	HNO_2	$10^{14} \sim 10^{16}$
		HNO_3	$10^{14} \sim 10^{16}$

采用相同的方法,得到了稀有气体(He 或者 Ar)与 O_2 混合情况下,等离子体中主要活性粒子的平均密度。这里 O_2 浓度的考察范围选择 0.5%~3%,这是等离子体医学应用中常用的浓度范围[61]。

表 14.9 大气压 He+O₂ 或 Ar+O₂ 冷等离子体中主要活性粒子的典型密度

带电粒子	密度/cm^{-3}	中性粒子	密度/cm^{-3}
e	$10^{10} \sim 10^{12}$	O	$10^{14} \sim 10^{16}$
O_2^+	$10^{10} \sim 10^{12}$	$O(^1D)$	$10^{11} \sim 10^{13}$
O_4^+	$10^{10} \sim 10^{12}$	$O(^1S)$	$10^{10} \sim 10^{12}$
O^-	$10^{10} \sim 10^{12}$	$O_2(b^1\Sigma_g{}^+)$	$10^{13} \sim 10^{15}$
O_2^-	$10^9 \sim 10^{11}$	$O_2(a^1\Delta_g)$	$10^{14} \sim 10^{16}$
O_3^-	$10^9 \sim 10^{11}$	O_3	$10^{13} \sim 10^{16}$

对比表 14.8 和表 14.9,不难发现几点差异:①空气等离子体中电子密度要小一个数量级,这是因为一方面空气等离子体电负性更强,更多电子转化成为负离子;另一方面空气的热导率较差,提高电子密度会导致等离子体温度过高,不适合医学应用。②空气等离子体中 ROS 密度偏低(除 O_3 外),这是因为氮原子与 ROS 之间存在较强的化学反应,大量的 ROS 会转化成为 RNS。这些对比中,没有考虑实际情况下的一些影响因素,如对氩气等离子体射流而言,因为气体本身不纯(工业用气的纯度常为 99.99%)及外界空气混入,也可能含有较高密度的 ROS 与 RNS,这正是当前等离子体射流一个重要的研究课题。

14.4 研究现状与前沿问题

当前,等离子体医学处于快速发展的良好时期。在机理研究方面,从分子水平、细胞水平和生物体水平三个层面都广泛开展,取得了一系列重要进展;从应用研究方面,部分研究工作已进入临床阶段,甚至通过了美国或欧洲食品药品监督管理部门的认证。另外,医用等离子体源设计上也取得了新的突破,为医学应用提供更加安全、有效、方便、价廉的等离子体设备。虽然如此,还存在多个关键的科学与技术问题亟待解决,以进一步推动等离子体医学的发展[66~68]。

14.4.1 医用等离子体化学特性的定量分析与控制

医学应用要求等离子体具有良好的化学活性,而高活性对于等离子体稳定性控制与特性诊断是一个挑战。在 2003 年以前,由于大气压冷等离子体的稳定性控制问题尚未很好解决,研究人员常常采用纯稀有气体或者只掺杂少量 N_2 作为放电气体,这样产生的等离子体中 ROS 与 RNS 含量比较低。在等离子体稳定性基本解决之后,研究人员在稀有气体中掺杂少量 O_2、空气或水蒸气,发现能大幅度提高杀菌消毒的效率,并且含有丰富 ROS 与 RNS 的等离子体具有多种临床治疗作用[24]。但是,这样的等离子体中活性粒子成分非常多,常见的就有数十甚至上百种,甚至对应着上千个化学反应[62,63]。如此复杂的等离子体化学,使得仿真与实验诊断都非常困难。在仿真方面,西安交通大学孔刚玉教授课题组提出了全局模型(global model)与流体模型相结合的仿真方法,通过全局模型对粒子成分及化学反应进行筛选,进而再建立流体模型[60,69]。全局模型是 0 维的,计算量小,但无法获取活性粒子的空间分布状态,计算精度低;流体模型是当前大气压冷等离子体仿真最常用的一种模型,可实现 1~3 维的空间分辨,但是计算量比较大。通过全局模型与流体模型相结合,可以在保持较高准确度情况下,使流体模型计算量降低几个数量级[70]。因此,全局模型与流体模型相结合的仿真方法,可以一定程度上解决等离子体中复杂化学过程的仿真难题。在实验诊断方面,一些先进的实验手段,如纳秒短脉宽拍照、激光诱导荧光光谱、光腔衰荡光谱、质谱等开始大量用于等离子体中活性粒子成分的定性与定量分析。值得一提的是,基于传统的实验方法,有研究人员提出了新的分析手段来获得重要参数。例如,清华大学蒲以康教授利用发射光谱法获得了氩气等离子体中的电子密度[71]。虽然仿真与实验诊断都有较大进步,但是目前对等离子体中复杂化学过程的认识还是不够清楚,这是当前面临的一个关键问题。一个典型的事例是:近两年来国内外多个课题组的研究人员都发现沿面 DBD 中 O_3 密度对气体温度非常敏感,但是无论仿真或实验都未能阐释其机制[65]。

复杂的化学过程加剧了等离子体的不稳定趋势,容易从辉光模式过渡到丝状模式甚至向电弧转化。基于对射频等离子体 α 和 γ 模式的研究,孔刚玉教授等提出等离子体的不稳定性主要发生于正柱区与鞘层的连接区域,进而控制放电间隙宽度(小于鞘层厚度)或采用短脉冲放电(脉宽小于鞘层形成时间),可以提高等离子体的稳定性[72]。如 1.3.4 节所述,医用等离子体源一般都是等离子体射流或者 DBD,通过阻挡介质、气流、小放电间隙以及脉冲电压等外部条件,使高活性的等离子体保持安全与稳定。在此前提下,等离子体化学的调控通常针对如何提高 ROS 与 RNS 的整体产生效率来进行,此项研究工作开展非常得多,且一般认为杀灭病原微生物的效率与 ROS/RNS 含量正相关;也有部分研究针对某一具体活性粒子的产生效率进行调控,如对创伤愈合有帮助作用的 NO[73]。虽然如此,对等离子体化学的调控面临两方面的问题:①由于等离子体化学的微观机理尚不够清楚,难以综合考虑各方面因素实现对等离子体的最优控制;②对于临床医学而言,需要等离子体具有什么样的化学特性尚不清楚,缺乏定量的调控目标。

活性粒子对生物物质的作用剂量是影响医学效果的关键参数,但它的量化分析与控制却非常困难。活性粒子的作用剂量可以用积分通量来表征,也就是作用于生物物质的粒子通量与作用时间的乘积。但是,通量值难以通过实验诊断得到,而常常用活性粒子密度来反映通量的相对大小,这种对应关系不是普遍适用的。图 14.15 所示为 He+O_2 射频放电等离子体中 ROS 平均密度及通量随放电间隙的变化关系,可见密度与通量变化趋势不尽相同,甚至对于 O^* 而言部分相反[74]。这是因为,大气压冷等离子体中活性粒子的存活时间普遍比较短,使得只有在生物物质附近几微米至几百微米的"边界层"中产生的活性粒子,才有可能在生命周期内作用到生物物质上。在这样的边界层中,活性粒子的产生机制与等离子体的整体情况有差异,使得平均密度与通量有时会出现不一样的变化规律。如何定量诊断并控制活性粒子的边界通量(作用剂量),还没有一种简单可靠的方法。

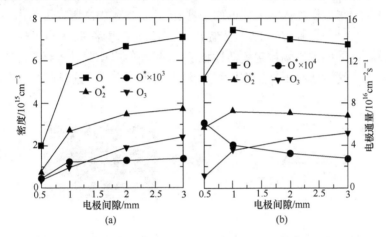

图 14.15　He+O_2 射频放电等离子体中 ROS 平均密度及通量随放电间隙的变化关系
(a) 平均密度与放电间隙的关系;(b) 平均电极通量与放电间隙的关系

　　生物物质含有大量水分,甚至往往处于水溶液中。在等离子体与生物物质相互作用中,活性粒子需要穿透一定深度的水溶液,才能真正作用于待处理的生物物质[75,76]。等离子体与水溶液的相互作用机理是当前等离子体科学的一个重要挑战,甚至部分过程的基本原理还不清楚[66]。虽然如此,西安交通大学孔刚玉教授课题组建立了气体等离子体与液体水溶液相互作用的一体化仿真模型,发现等离子体中的活性粒子进入水溶液后会快速转化,从而真正作用于生物物质的活性粒子与等离子体中大量存在的活性粒子有很大差异。例如,O 原子的渗透深度小于 $1\ \mu m$[4]。比利时安特卫普大学 Bogaerts 教授课题组采用分子动力学模拟方法,也得到了类似的结果[76]。大部分活性粒子在水溶液中存活周期都很短,但渗透深度却不一定浅,因为水溶液中的化学反应会持续产生一些重要的短寿命活性粒子,如 NO 和 O_2^-[77]。因此,采用电子自旋共振法可以在等离子体处理的水溶液中检测到大量的 O_2^-[78]。采用激光共聚焦对细菌生物膜进行分层观测(每一层厚度 $1\ \mu m$),发现深度为 $25.5\ \mu m$ 的细菌都能够被全部灭活[79]。因此,可以推测水溶液中一些长寿命粒子(如 H_2O_2)及它们相互作用持续产生的短寿命中间态粒子在医学应用中起到关键作用。等离子体产生的活性粒子在生物物质中的渗透深度有多深? 这是一个关系到等离子体医学应用范围的重大问题,当前的研究只是一些初步结果。庆幸的是,越来越多的研究人员开始关心并研究这一问题。

进一步,如何提高等离子体的作用深度? 皮肤角质层对活性粒子的阻挡作用非常显著。虽然有文献认为等离子体可以像闪电轰击避雷针一样,渗透到皮肤毛囊深层,从而对皮肤的渗透性优于一般的固体或液体药剂[80]。但是,这始终是一种表面的作用,大大限制了等离子体医学的应用范围。将等离子体技术与介入式治疗技术相结合,可以深入到人体的内部器官,这是一种提高等离子体作用深度的办法(图 14.16)[81];另外,孔刚玉教授提出了一种新的思路,将等离子体技术与纳米技术相结合,采用纳米颗粒包裹活性粒子,通过注射或口服进入到肌体组织内部再释放,从而可使活性粒子真正作用到肌体组织的深层[82]。这可能是未来的发展方向。

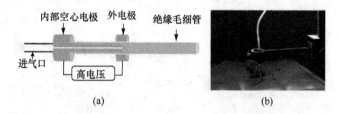

图 14.16　毛细管道中产生等离子体用于体内胰腺癌的介入式治疗

14.4.2　等离子体生物效应的选择性效果及其分子机制

在几分钟甚至几秒钟时间内,大气压冷等离子体就可以将作用范围内的病原体数量降低 6 个数量级,达到无菌保证水平($SAL<10^{-6}$)。这包括耐温能力很强的病原体(如引起疯牛病的朊病毒)、具有集团保护功能的细菌生物膜、耐药性很强的超级细菌(如 MRSA)[83]。因此,大气压冷等离子体医疗器械消毒处理,尤其是在热敏感医用材料(如胃镜)处理方面具有显著优势[24]。

近年来,由于等离子体临床应用研究的广泛开展,人们更加关心等离子体在活体上灭活病原微生物。这要求等离子体的生物效应具有选择性,即高效灭活病原微生物,同时具有较低的细胞毒性,对正常的肌体细胞是安全的。对于等离子体生物效应的选择性,研究人员从分子水平、细胞水平与生物体水平都开展了一些初步的研究。美国德雷克赛尔大学 Fridman 教授课题组发现等离子体可以在明显杀灭细菌的同时对人体皮肤和血液细胞没有伤害,并提出了三方面假设:①ROS 对真核细胞有保护作用,因为真核细胞的新陈代谢与原核细胞不同;②真核细胞的高阶组织使得它更能抵抗外界的侵袭;③原核细胞具有更大的面积体积比,使得更少剂量的"药物"就能使细胞失活[6]。俄罗斯研究人员 Ermolaeva 博士等采用等离子体对 8 种菌株及细菌生物膜进行处理,发现等离子体能够高效灭活这几种菌株及生物膜,同时有助于提高感染创伤的愈合速度,未发现对正常肌体细胞有伤害[17]。文献[84]率先研究了大气压冷等离子体处理正常的黏膜组织,采用台盼蓝染色法、Annexin V/PI 双染法和碱性微凝胶电泳法分别对细胞活性、细胞坏死与诱变活性进行评估,发现在处理 30 s 以上后坏死细胞数量明显增加,但是没有发现明显的诱变效应。文献[85]采用沿面放电等离子体处理人体皮肤组织标本,通过组织切片与电子显微镜观察未发现组织病变,采用 γ-H2AX 染色法也没有发现 DNA 损伤或变异。

　　等离子体生物效应选择性是等离子体临床应用的基础。当前的研究表明,在适当剂量范围内,等离子体可以高效杀菌且不伤害肌体细胞,这使等离子体有望成为一种新型的抗生素。"等离子体抗生素"概念一经提出,就在国际上引起了轰动[17]。因为传统的药物抗生素作为现代医学中守护人类健康的基石,其地位已经发生动摇:一方面耐药性极强的超级细菌不断涌现,另一方面药物抗生素的研发难度越来越大,新药越来越少(图 14.17)。抗生素危机已是现代医学面临的最严峻挑战。初步研究发现,等离子体杀菌是多种过程的协同作用,且等离子体的化学活性可大范围无规律演变,因此微生物很难对等离子体产生"抗药性"。等离子体的作用范围也不局限于体表,与纳米技术等新技术相结合,它可以深入人体各个部位[82]。因此,"等离子体抗生素"有望替代现有的药物抗生素,从而开辟现代医学的新篇章。

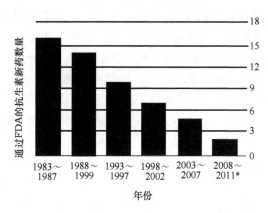

图 14.17　1983～2011 年通过 FDA 许可的抗生素药物数量统计[83]

　　等离子体生物效应的选择性是如何产生的? 这一问题在本章第 3.2 节作了初步阐释,但是相关理论还远不完善。特别是这些理论基本上源于分子生物学与生物化学,而等离子体与生命体相互作用在一定程度上已经超越了现有分子生物学与生物化学的研究范畴:①等离子体产生的部分带电粒子、ROS 及 RNS 在生命体内是不能自生的;②等离子体外生的 ROS 与 RNS 浓度可以非常高,超越内生浓度几个数量级;③等离子体产生各种 ROS 与 RNS 之间的浓度配比变化范围很大,与内生浓度配比可能完全不同;④一些研究表明,等离子体的生物医学效应是多种物理与化学过程的协同作用,而这些物理化学过程之间是强烈耦合的关系;等等。

通过仿真与实验,近年来针对等离子体对生物大分子作用机制的研究也有所开展。实验研究往往选择 DNA 分子作为研究对象,因为在与等离子体医学有相似处的电离辐射医学中,DNA 双链断裂是最重要的损伤类型,与细胞死亡、基因突变甚至细胞恶性转化有密切联系。清华大学李和平教授选择质粒 CCC DNA 为研究对象,发现等离子体可以显著破坏 DNA 的双螺旋结构,起主要作用的是强化学活性粒子(ROS 和 RNS),而不是带电粒子、强电场或者紫外射线[86]。华中科技大学卢新培教授课题组以质粒 pAHC25 DNA 为研究对象,发现等离子体能够显著破坏 DNA 双链结构,改变 DNA 的构象,使超螺旋构象的质粒逐渐减少,而线性和开环构象的质粒逐渐增加,但质粒 DNA 所携带的基因并没有明显缺失[29]。这二者都是等离子体处理体外细胞的实验结果,等离子体处理组织的结果却有很大不同。例如,德国马普研究所 Morfill 教授课题组采用等离子体处理人体组织标本,通过 γ-H2AX 染色法对 DNA 进行探伤(γ-H2AX 是最重要的 DNA 损伤感应分子),未发现明显损伤[85]。为什么体外细胞实验与组织实验存在明显的差异,目前还没有文献分析其中的原因。

除了实验研究外,分子水平的仿真研究也开始兴起。等离子体产生的各种粒子与生物大分子之间的化学反应难以通过经典的化学动力学来描述,但基于第一性原理的分子动力学模拟为仿真研究开辟了道路。分子动力学方法可以自洽的、确定性的、不需要已知化学反应率的进行仿真模拟,只需要少量的先验知识。对于等离子体与生物大分子相互作用而言,一般需要考察分子键的成键与断键过程,以此来判断等离子体对生物大分子的作用。比利时安特卫普大学 Bogaerts 教授课题组率先将分子动力学模拟引入到等离子体医学中,采用含反应势场的分子动力学模型,研究了包括 O、OH、O_3、H_2O_2 等活性粒子及其对肽聚糖(原核细胞细胞壁主要成分)、磷脂双分子层(细胞膜主要成分)等生物大分子的作用,分析了这些活性粒子对 C—C、C—H、C—N 和 C—O 键的破坏能力[51,76]。分子动力学模拟可以深入揭示等离子体产生的活性小分子与生物大分子之间的相互作用机制,但这种方法的计算量非常大,仿真模拟的空间尺度往往小于 1 nm,时间尺度也往往小于 1 ns,限制了它的应用范围。尽管存在一定局限性,分子动力学方法在定量解析 ROS/RNS 与生物大分子作用方面无可替代,可预见将越来越多用于等离子体医学的理论研究。

14.4.3 等离子体医学应用与等离子体源的发展现状

现代等离子体医学的兴起只有十余年时间,但是已经展现出广泛的用途,其中最受关注的包括医疗器械消毒、止血、创伤愈合、皮肤病治疗、牙齿美白与根管消毒、癌症治疗等[24,68]。本节简单介绍这些应用的研究情况,同时作者认为还有大量的潜在应用尚待发现。

1. 医疗器械消毒

医疗器械消毒有严格的国际标准,一般要求达到无菌保证水平(SAL<10^{-6}),即只允许不超过百万分之一的微生物存活。传统方法一般有湿热灭菌与干热灭菌两种:湿热灭菌需要在 121 ℃条件下处理 15 min,而干热灭菌需要在 160 ℃条件下处理 2 h。相比于传统灭菌方法,大气压冷等离子体灭菌的一个主要优势在于它的低温(接近室温)特点,适用于医学中大量应用的热敏感材料杀菌。第二个主要优势在于它能够高效处理细长管道(如内窥镜)内部,且无有害残留,可以大大节省处理时间。例如,传统的环氧乙烷用于内窥镜消毒往往需要处理 24 h(消毒+通风去残留),而研究发现用等离子体灭菌只需要几分钟[87]。第三个主要优势是大气压冷等离子体的广谱抗菌特性,研究发现它能高效灭活耐药性很强的生物物质,如超级细菌 MRSA、朊病毒、细菌生物膜等[9~11]。这甚至相比于传统高温灭菌方法更加安全(朊病毒能耐高温)。

目前,低气压等离子体内窥镜消毒装置已经大规模应用,但大气压冷等离子体内窥镜消毒装置还处于产品设计阶段。图 14.18 所示为孔刚玉教授课题组设计的等离子体内窥镜消毒模拟装置,采用高压电极与地电极交替的结构,可以在毛细管内部产生长度超过 1 m 的均匀冷等离子体,通过控制电压与电极数量可以对不同长度的内窥镜进行消毒处理。

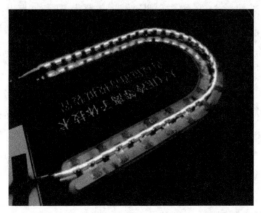

图 14.18 多电极结构的大气压冷等离子体用于内窥镜消毒的模拟装置

2. 止血

2008 年,第一款名为 PlasmaJet 的等离子体凝血仪器通过了 FDA 认证[14]。这款仪器产生的是热等离子体,温度高达上万度,所以其凝血的机制主要是借助高温使组织蛋白变性并干燥血液。近年来,人们发现大气压冷等离子体也能快速凝血(一般只需数十秒),甚至对抗凝的血液也十分有效,同时结痂厚度很薄(一般几个毫米),这对于薄壁结构的组织来讲是非常理想的,如呼吸道和食道区域[12,68]。相比于热等离子体而言,一方面在应用上具有优势,因为热等离子体凝血会使创伤局部灼伤,有明显疼痛感,且设备与功耗较大;另一方面,冷等离子体产生的凝血因子(虽然机理尚不明确)在热等离子体中必然也存在,所以热等离子体凝血对人体安全在相当大程度上预示了冷等离子体凝血的安全性。尽管如此,进一步研究并阐释大气压冷等离子体的凝血机制,无疑是当前面临的关键问题。

3. 创伤愈合

创伤分为急性创伤和慢性创伤。急性创伤一般包括擦伤、烫伤、烧伤和手术后的创伤;慢性创伤一般包括糖尿病性溃疡、静脉曲张性溃疡、动脉性溃疡和褥疮性溃疡。急性创伤受到感染等可以转变为慢性创伤。人体自身的真核组织具有修复创伤的能力,甚至能够完全修复原有的组织结构,这一能力与生俱来,但随着年龄增长会逐步丧失,其内在机制还是一个谜[88]。但是,皮肤慢性溃疡因为长期缺血缺氧,较难自我修复,愈合周期有时长达几个月甚至超过一年。药物抗生素治疗皮肤慢性溃疡比较困难,主要因为这类创伤往往深度感染,而表面的结痂和结疤阻碍抗生素的有效渗透。碘酒可以渗透到较深位置,但是它具有细胞毒性,而且在20%的血液混合情况下丧失活性[31]。

大气压冷等离子体用于处理皮肤慢性溃疡,至少可以起到两方面的效果:一是消毒杀菌,防止伤口感染。60%的皮肤慢性溃疡都发现了细菌生物膜,它会延缓甚至阻碍伤口愈合,引起伤口感染[68]。二是促进成纤维细胞和其他细胞的增殖,提高愈合速度。大气压冷等离子体可以促进成纤维细胞、血管内壁细胞等皮肤细胞增殖,这在体外细胞实验及活体实验中都已经证实,且一般认为NO起到了主要的作用。研究发现,NO可以使皮肤慢性溃疡的愈合速度提高30%以上[67]。

采用大气压冷等离子体治疗皮肤慢性溃疡的研究已进入到临床Ⅱ期研究阶段。德国马普所Morfill教授课题组采用名为MicroPlaSter的氩气冷等离子体射流装置,已经对超过150名皮肤慢性溃疡病人做了1300余次治疗,迄今为止没有发现副作用,并且几乎所有病人能够忍受治疗带来的疼痛[30]。

4. 皮肤病治疗

人体皮肤面积约$1.5 \sim 2 \ m^2$,占人体体重约16%,是人体最大的组成部分。皮肤疾病是影响人类健康的一类主要疾病类型,常见的有银屑病(又名牛皮癣,是我国第一大皮肤病)、白癜风、皮炎、湿疹等。初步研究发现,等离子体对大多数皮肤疾病都有治疗效果。针对过敏性皮炎的临床研究表明,等离子体处理30天(每天一次,每次 1 min)会使病灶处金黄色葡萄球菌数量降低一个量级,且瘙痒及皮肤发红情况明显减轻[89]。更值得一提的是,一款名为 RSR 的大气压冷等离子体美容治疗仪在 2005 年通过了 FDA 认证,相比于激光美容它具有一定的应用优势,如不同皮肤对激光能量的吸收有差异[14]。尽管如此,等离子体治疗皮肤病的研究还未广泛开展,一个重要原因是皮肤角质层对等离子体的阻挡作用,使得相比于皮肤慢性溃疡而言,活性粒子更难起到直接的治疗作用。

5. 牙齿美白与根管消毒

相比于传统的牙齿美白方法,等离子体用于牙齿美白速度快,无损伤,且能够清除烟草、咖啡、红酒等形成的顽固牙垢。在此项研究上,北京大学方竞教授课题组开展了大量有代表性的工作,在体外试验中取得了较好的应用效果[90]。

除了牙齿美白外,大气压冷等离子体在口腔医学中一个重要潜在应用是牙齿根管消毒。传统的牙齿根管消毒手段都不能完全地杀死引起根管疾病的致病菌,而 90% 以上的根管治疗失败都是因为残留在根管内的病菌重新感染而导致的[9]。大气压冷等离子体具有广谱抗菌特性,而且而深入作用到细微管道深处,因此在牙齿根管消毒上具有良好的应用前景。华中科技大学卢新培教授课题组研究发现,等离子体能在几十秒钟的时间内杀死粪肠球菌,这是导致牙齿根管治疗的最常见的致病菌[23]。目前,等离子体用于牙齿美白和根管消毒的研究已经进入临床试验阶段。

6. 癌症治疗

在过去的十余年里,大气压冷等离子体被广泛用于处理各种癌细胞,发现它对癌细胞具有广谱的杀灭能力。例如,对于高度恶性的皮肤肿瘤"黑色素瘤",国内外多个课题组都开展了相应研究。西安交通大学张冠军教授课题组采用 Ar 等离子体射流处理小鼠黑色素瘤细胞,发现在一定剂量下等离子体可以降低细胞活性、抑制黑色素生成及酪氨酸酶活性,并认为这是等离子体产生的 ROS 起到了主要作用[91]。美国德雷克赛尔大学 Fridman 课题组发现等离子体诱导黑色素瘤细胞凋亡不是一蹴而就的,而是在处理之后几小时甚至几天才发生,并推测等离子体引发了阶式的生物化学反应导致细胞凋亡[92]。

传统的肿瘤治疗方法,如放疗、化疗的选择性都很差,所以在杀死癌细胞的同时会大量伤害正常的肌体细胞。但多个研究表明,大气压冷等离子体对癌细胞和正常细胞的致死能力有差异,一般更容易杀死癌细胞[28,29]。文献[93]率先研究了这种选择性的细胞机制,发现癌细胞与正常细胞的细胞周期差异可能是主要原因。等离子体可以使癌细胞的 G2/M 期增长两倍以上,S 期的氧化应激指标特异性升高,细胞增殖能力急剧下降,这都说明癌细胞对等离子体作用比正常细胞敏感得多。等离子体对癌细胞的选择性杀灭能力,使得它可能会成为一种基本无创的治疗方式,在不影响正常细胞的情况下,特异性地杀灭癌细胞及癌组织。

　　实现上述医学应用需要性能良好、与被处理生物物质相适应的等离子体源。生物物质表面不平整,且富含 C、H、O、N 等活性元素会逸出到等离子体中,这些因素会影响到等离子体的均匀性、稳定性与化学活性。特别是会显著影响生物物质表面附近几微米至几百微米范围的"边界层"特性,而研究发现在边界层中产生的活性粒子才能有效作用于生物物质[74]。等离子体中活性粒子的成分与剂量是医学应用的关键参数,不同成分和剂量会带来不一样的应用效果[6]。安全、稳定(成分与剂量稳定)、有效是医用等离子体源的基本要求,达到这些要求已经比较困难;进一步从产品化角度考虑,至少还有两点非常重要:一是产生大面积均匀的等离子体,对于大多数临床应用而言,这会大幅度降低操作难度,节省治疗时间,保持各部位治疗效果高度一致;二是制作便携式的等离子体源,这对于推广医用等离子体技术在医院以外的地方使用非常重要,如野外活动受伤后的紧急止血。近年来,人们开发了各种类型的医用等离子体源,都基本满足安全性、稳定性、有效性的要求(等离子体化学控制还未很好解决),本节主要介绍大型化与便携式的新型医用等离子体源。

　　矩阵等离子体射流是适应大型化的要求一种典型结构,如图 14.19(a)所示[94]。一个需要注意的问题是,因为制造上难免存在不均一性,在同一电源下各个射流难以保持一致。孔刚玉教授课题组通过在每一个射流电路中引入限流电阻来提高均匀性,即当其中一路放电强度偏大时,所对应的限流电阻分压就会偏高,从而限制该路放电的功率向均匀化发展。近年来,由于 3D 打印等新兴机械加工技术的发展,在结构制造上可以更加均匀,有利于射流矩阵的大型化。在便携式方面,卢新培教授课题组开发了"等离子体手电",采用 12 V 电池供电,可随身携带,可用于野外止血消毒的用途,如图 14.19(b)所示[79]。

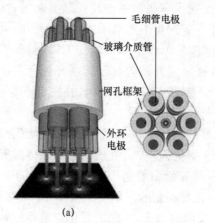
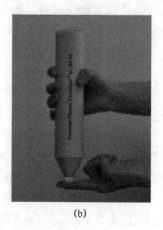

毛细管电极
玻璃介质管
网孔框架
外环电极

(a)　　　　　　　　　　(b)

图 14.19　新型医用等离子体源
(a) 大面积等离子体射流矩阵;(b) 便携式等离子体手电

14.5　小　　结

本章节主要包括了两方面内容:一是简要介绍了等离子体医学的发展历史、研究现状及其前沿问题;二是在分子水平、细胞水平和生物体水平三个层面阐释等离子体医学的现象与基本原理,并分析与之相适应的等离子体源特性。这些内容可主要总结为如下几点:

(1) 等离子体医学的研究可追溯到 20 世纪上半叶,并曾在 20 世纪 50 年代掀起短暂的热潮。当时的知识储备与技术条件非常有限,一方面不足以阐释等离子体与生物物质的相互作用机制,另一方面不能精确控制等离子体达到稳定的作用效果,使得研究工作无法深入并进而沉寂了数十年。现代等离子体医学兴起于 1996 年对等离子体射流杀菌的研究,经过近 20 年的快速发展,已经拓展到了皮肤病治疗、止血、癌症治疗、口腔疾病治疗、美容等领域,部分研究成果已经进入了临床研究阶段甚至获得了 FDA 认证。等离子体医学展现出了广阔的应用前景与惊人的发展速度,既是等离子体学科新的增长点,又促进了包括生物学、医学、材料学等交叉学科的发展。

(2) 大气压冷等离子体耦合了多种物理与化学过程并协同作用于生物物质,这使得等离子体医学的内在机理非常复杂。研究人员在分子水平、细胞水平和生物体水平三个层面对等离子体与生物物质的相互作用开展了大量研究,发现 ROS 与 RNS 在大多数情况下起到了最主要的作用。大部分等离子体产生的 ROS 与 RNS 在细胞内部能够自生,并且是生命体调节自身生物性状态的关键因子,但自身免疫调节有诸多局限,而等离子体外生 ROS 与 RNS 或可弥补这一局限并达到治疗效果。尽管如此,目前等离子体医学面临一系列关键理论与技术问题尚待突破,如等离子体成分与作用剂量的精确测量与控制、等离子体的作用深度限制、等离子体生物效应的选择性等。这是一个新兴的交叉学科研究领域,充满机遇与挑战!

(3) 如果读者关心生物医学与工程物理的交叉科学,可发现有两个学科与等离子体医学具有较大的相似性:一是激光医学,二是生物磁学。这两个学科已经得到了广泛的应用,如面部美容、核磁共振等,对人类健康与优质生活作出了重要贡献。大气压冷等离子体不仅能够产生紫外光与电磁辐射,还能产生更多的物理与化学作用,通过调控等离子体可以对各种作用的强度进行调剂,以适应医学应用的多样化需求。所以,等离子体医学具有更大的应用潜力,但也更加复杂,需要集中多学科交叉的研究力量才有望取得突破。平台化、规模化、多学科交叉系统化是当前国际主流的研究模式,在这样的模式下,可预见等离子体医学将取得进一步的快速发展。

参 考 文 献

[1] Evaluierung Plasmatechnik, VDI Technologiezentrum GmbH Düsseldorf, 2004.

[2] Plasma science: Advancing knowledge in the national interest. http://sites. nationalacademies. org/ DEPS/DEPS_037579.

[3] Krueger A P, Reed E J. Biological impact of small air ions[J]. Science, 1976, 193(4259): 1209-1213.

[4] Chen C, Liu D X, Liu Z C, et al. A model of plasma-biofilm and plasma-tissue interactions at ambient pressure[J]. Plasma Chemistry and Plasma Processing, 2014,34(3):403-441.

[5] Krueger A P, Smith R F. An enzymatic basis for the acceleration of ciliary activity by negative air ions[J]. Nature, 1959, 183: 1332-1333.

[6] Dobrynin D, Fridman G, Friedman G, et al. Physical and biological mechanisms of direct plasma interaction with living tissue[J]. New Journal of Physics, 2009, 11(11): 115020 (19p).

[7] Nosenko T, Shimizu T, Morfill G E. Designing plasmas for chronic wound disinfection[J]. New Journal of Physics, 2009, 11(11): 115013(19p).

[8] Laroussi M. Sterilization of contaminated matter with an atmospheric pressure plasma[J]. IEEE Transactions on Plasma Science, 1996, 24(3): 1188-1191.

[9] 熊紫兰,卢新培,曹颖光. 等离子体医学[J]. 中国科学, 2011, 41(10): 1279-1298.

[10] Vleugels M, Shama G, Deng X T, et al. Atmospheric plasma inactivation of biofilm-forming bacteria for food safety control[J]. IEEE Transactions on Plasma Science, 2005, 33(2): 824-828.

[11] Whittaker A G, Graham E M, Baxter R L, et al. Plasma cleaning of dental instruments[J]. Journal of Hospital Infection, 2004, 56(1): 37-41.

[12] Fridman G, Friedman G, Gutsol A, et al. Applied plasma medicine[J]. Plasma Processes and Polymers, 2008, 5(6): 503-533.

[13] Sladek R E J, Stoffels E, Walraven R. Plasma treatment of dental cavities: A feasibility study[J]. IEEE Transactions on Plasma Science, 2004, 32(4): 1540-1543.

[14] Bogle M A, Arndt K A, Dover J S. Evaluation of plasma skin regeneration technology in low-energy full-facial rejuvenation[J]. Arch Dermatol, 2007, 143(2): 168-174.

[15] Plasma Surgical, Inc. ,Roswell, GA, USA; www. plasmasurgical. com.

[16] Portrait(R)plasma receives clearance from the FDA to treat acne scars, http://www. medicalnewstoday. com/articles/102627. php.

[17] Ermolaeva E A, Varfolomeev A F, Chernukha M Y, et al. Bactericidal effects of non-thermal argon plasma in vitro, in biofilms and in the animal model of infected wounds[J]. Journal of Medical Microbiology, 2011, 60(1): 75-83.

[18] Isbary G, Morfill G, Schmidt H U, et al. A first prospective randomized controlled trial to decrease bacterial load using cold atmospheric argon plasma on chronic wounds in patients[J].

British Journal of Dermatology, 2010, 163(1): 78-82.

[19] Nosenko T, Shimizu T, Morfill G E. Designing plasmas for chronic wound disinfection[J]. New Journal of Physics, 2009, 11(11): 115013(19p).

[20] 赵庶陶. 等离子体生物医学及其展望[J]. 科学中国人, 1996, 4:40,41-42.

[21] 顾春英, 薛广波, 居喜娟. 等离子体-臭氧对空气中微生物的杀灭效果研究[J]. 第二军医大学学报, 1998, 19(3): 276-278.

[22] 宋维汉, 宋晶莹, 卢振国. 常温等离子体对乙型肝炎病毒灭活作用的检测[J]. 中国消毒学杂志, 1997, 14(4): 242.

[23] Lu X P, Cao Y G, Yang P. An RC plasma device for sterilization of root canal of teeth[J]. IEEE Transaction on Plasma Science, 2009, 37(5): 668-673.

[24] Kong M G, Kroesen G, Morfill G, et al. Plasma medicine: an introductory review[J]. New Journal of Physics, 2009, 11(11): 115012(35p).

[25] Vandamme M, Robert E, Dozias S, et al. Response of human glioma U87 xenografted on mice to non-thermal plasma treament[J]. Plasma Medicine, 2011, 1(1): 27-43.

[26] ArthroCare, http://phx. corporate-ir. net/phoenix. zhtml? c = 100786&p = irol-newsArticle& ID=300673&highlight=. Accessed on September 21, 2013.

[27] Moreau M, Orange N, Feuilloley M G J. Non-thermal plasma technologies: new tools for biodecontamination[J]. Biotechnology Advances, 2008, 26(6): 610-617.

[28] Keidar M, Walk R, Shashurin A, et al. Cold plasma selectivity and the possibility of a paradigm shift in cancer therapy[J]. British Journal of Cancer, 2011, 105(9): 1295-1301.

[29] 闫旭. 大气压低温等离子体抑制 HepG2 细胞增殖的机制研究[D]. 武汉:华中科技大学博士学位论文,2011.

[30] Heinlin J, Isbary G, Stolz W, et al. Plasma applications in medicine with a special focus on dermatology[J]. Journal of the European Academy of Dermatology and Venereology, 2010, 25(1): 1-11.

[31] Lademann J, Richter H, Alborova A, et al. Risk assessment of the application of a plasma jet in dermatology[J]. Journal of Biomedical Optics, 2009, 14(5): 054025(6p).

[32] Choi J, Iza F, Lee J K, et al. Electron and ion kinetics in a DC microplasma at atmospheric pressure[J]. IEEE Transactions on Plasma Science, 2007, 35(5): 1274-1278.

[33] Kim G J, Iza F, Lee J K. Electron and ion kinetics in a microhollow cathode discharge[J]. Journal of Physics D: Applied Physics, 2006, 39(20): 4386-4392.

[34] Soria C, Pontiga F, Castellanos A. Plasma chemical and electrical modelling of a negative DC corona in pure oxygen[J]. Plasma Sources Science and Technology, 2004, 13(1): 95-107.

[35] Stafford D S, Kushner M J. O_2(1Δ) production in He/O_2 mixtures in flowing low pressure plasmas[J]. Journal Applied Physics, 2004, 96(5): 2451-2465.

[36] Babaeva N Y, Kushner M J. Intracellular electric fields produced by dielectric barrier discharge treatement of skin[J]. Journal of Physics D: Applied Physics, 2010, 43(18):

185206(12p).

[37] Fridman G, Brooks A, Balasubramanian M, et al. Comparison of direct and indirect effects of non-thermal atmospheric-pressure plasma on bacteria[J]. Plasma Processes and Polymers, 2007, 4(4): 370-375.

[38] Lu X P, Jiang Z H, Xiong Q. A single electrode room-temperature plasma jet device for biomedical applications[J]. Applied Physics Letters, 2008, 92(15): 151504(3p).

[39] Schoenbach K H, Peterkin F E, Alden R W, et al. The effect of pulsed electric fields on biological cells: experiments and applications[J]. IEEE Transactions on Plasma Science, 1997, 25(2): 284-292.

[40] Liu J J, Kong M G. Sub-60℃ atmospheric helium-water plasma jets: modes, electron heating and downstream reaction chemistry[J]. Journal of Physics D: Applied Physics, 2011, 44(33): 345203(13p).

[41] Lee R C. Injury by electrical forces: pathophysiology, manifestations and therapy[J]. Current Problems in Surgery, 1997, 34(9): 681-764.

[42] Graves D B. The emerging role of reactive oxygen and nitrogen species in redox biology and some implications for plasma applications to medicine and biology[J]. Journal of Physics D: Applied Physics, 2012, 45(26): 263001(42p).

[43] Buettner G R, Wagner B A, Rodgers V G. Quantitative redox biology: an approach to understanding the role of reactive species in defining the cellular redox environment[J]. Cell Biochemistry and Biophysics, 2013, 67(2): 477-483.

[44] Cairns R A, Harris I S. Regulation of cancer cell metabolism[J]. Nature Reviews Cancer, 2011, 11: 85-95.

[45] Nathan C, Shiloh M U. Reactive oxygen and nitrogen intermediates in the relationship between mammalian hosts and microbial pathogens[J]. Proceedings of the National Academy of Sciences of the United States of America, 2000, 97(16): 8841-8848.

[46] Frein D, Schildknecht S, Bachschmid M, et al. Redox regulation: a new challenge for pharmacology[J]. Biochemical Pharmacology, 2005, 70(6): 1-13.

[47] Brooks P S, Levonen A L, Shiva S, et al. Mitochondrial: regulators of signal transduction by reactive oxygen and nitrogen species[J]. Free Radical Biology and Medicine, 2002, 33(6): 755-764.

[48] Witte M B, Barbul A. Role of nitric oxide in wound repair[J]. The American Journal of Surgery, 2002, 183(4): 406-412.

[49] Shekhter A B, Serezhenkov V A, Rudenko T G, et al. Beneficial effect of gaseous nitric oxide on the healing of skin wounds[J]. Nitric Oxide, 2005, 12(4): 210-219.

[50] Liebmann J, Scherer J, Bibinov N, et al. Biological effects of nitric oxide generated by an atmospheric pressure gas-plasma on human skin cells[J]. Nitric Oxide, 2011, 24(1): 8-16.

[51] Yusupov M, Bogaerts A, Huygh S, et al. Plasma-Induced destruction of bacterial cell wall

components: a reactive molecular dynamics simulation[J]. The Journal of Physical Chemistry, 2013, 117(11): 5993-5998.

[52] Pennes H H. Analysis of tissue and arterial blood temperatures in resting human forearm[J]. Journal of Applied Physiology, 1948, 1(2): 93-122.

[53] Bronzino J D. The biomedical engineering handbook: second edition. Chapter 89: Dielectric properties of tissues (contributed by K. R. Foster)[M]. Boca Baton: CRC Press, 2000.

[54] Gabriely S, Lau R W, Gabriel C. The dielectric properties of biological tissues: II. Measurements in the frequency range 10 Hz to 20 GHz[J]. Physics in Medicine and Biology, 1996, 41(11): 2251-2269.

[55] Henriques F C J. Studies of thermal injury: the predictability and the significance of thermally induced rate processes leading to irreversible epidermal injury[J]. Archives of Pathology, 1947, 43(5): 489-502.

[56] Limits of human exposure to radiofrequency electromagnetic fields in the frequency range from 3 kHz to 300GHz- Code 6. Health Canada, 2006.

[57] Frantz S. Pharma faces major challenges after a year of failures and heated battles[J]. Nature Reviews Drug Discovery, 2007, 6(1): 5-7.

[58] Walsh J L, Kong M G. Contrasting characteristics of linear-field and cross-field atmospheric plasma jets[J]. Applied Physics Letters, 2008, 93(11): 111501(3p).

[59] Shao X J, Jiang N, Zhang G J, et al. Comparative study on the atmospheric pressure plasma jets of helium and argon[J]. Applied Physics Letters, 2012, 101(25): 253509 (4p).

[60] Liu D X, Rong M Z, Wang X H, et al. Main species and physicochemical processes in cold atmospheric pressure He+O_2 plasmas[J]. Plasma Processes and Polymers, 2010, 7 (9-10): 846-865.

[61] Park J, Henins I, Herrmann H W, et al. An atmospheric pressure plasma source[J]. Applied Physics Letters, 2000, 76(3): 288-290.

[62] Liu D X, Iza F, Wang X H, et al. He+O_2+H_2O plasmas as a source of reactive oxygen species[J]. Applied Physics Letters, 2011, 98(22): 221501(3p).

[63] Liu D X, Bruggeman P, Iza F, et al. Global model of low-temperature atmospheric-pressure He+H_2O plasmas[J]. Plasma Sources Science and Technology, 2010, 19(2): 025018 (22p).

[64] Walsh J L, Kong M G. Portable nanosecond pulsed air plasma jet[J]. Applied Physics Letters, 2011, 99(8): 081501(3p).

[65] Sakiyama Y, Graves D B, Chang H W, et al. Plasma chemistry model of surface microdischarge in humid air and dynamics of reactive neutral species[J]. Journal of Physics D: Applied Physics, 2012, 45(42): 425201(19p).

[66] Samukawa S, Hori M, Rauf S, et al. The 2012 plasma roadmap[J]. Journal of Physics D: Applied Physics, 2012, 45(25): 253001(37p).

[67] Heinlin J, Morfill G, Landthaler M, et al. Plasma medicine: possible applications in dermatology[J]. Journal der Deutschen Dermatologischen Gesellschafton, 2010, 8 (12): 968-976.

[68] Lloyd G, Friedman G, Jafri S, et al. Gas plasmas: medical uses and developments in wound care[J]. Plasma Processes and Polymers, 2010, 7(3-4): 194-211.

[69] Yang A J, Wang X H, Rong M Z, et al. 1-D fluid model of atmospheric-pressure rf He+ O_2 cold plasmas: Parametric study and critical evaluation[J]. Physics of Plasmas, 2011, 18(11): 113503(10p).

[70] 刘定新. 大气压复杂冷等离子体全局模型的建模与仿真研究[D]. 西安:西安交通大学,2010.

[71] Zhu X M, Pu Y K. Nonequilibrium exited particle population distribution in low-temperature argon discharges[J]. Journal of Physics D: Applied Physics, 2009, 42(18): 182002 (5p).

[72] Shi J J, Kong M G. Mechanisms of the α and γ modes in radio-frequency atmospheric glow discharges[J]. Journal of Applied Physics, 2005, 97(2): 023306(6p).

[73] Stoffels E, Gonzalvo Y A, Whitmore T D, et al. A plasma needle generates nitric oxide[J]. Plasma Sources Science and Technology, 2006, 15(3): 501-506.

[74] Liu D X, Yang A J, Wang X H, et al. Wall fluxes of reactive oxygen species of an rf atmospheric-pressure plasma and their dependence on sheath dynamics[J]. Journal of Physics D: Applied Physics, 2012, 45(30): 305205(11p).

[75] Liu D X, Chen C, Yang A J, et al. Solution chemistry induced by He+O_2 gas plasmas: Penetration and chemical reactions of antibacterial species[C]. The 39th International Conference on Plasma Science, July 8-13, 2012, Edinburgh, UK.

[76] Yusupov M, Neyts E C, Simon P, et al. Reactive molecular dynamics simulations of oxygen species in a liquid water layer of interest for plasma medicine[J]. Journal of Physics D: Applied Physics, 2014, 47(2): 025205(9p).

[77] 刘定新,孔刚玉,荣命哲. 气体等离子体作用于水溶液的微观过程——意义、挑战与研究尝试[C]. 中国物理学会 2013 年秋季会议,2013 年 9 月 15-18 日.

[78] Wu H, Sun P, Feng H, et al. Reactive oxygen species in a non-thermal plasma microjet and water system: generation, conversion, and contributions to bacteria inactivation—an analysis by electron spin resonance spectroscopy[J]. Plasma Processes and Polymers,2012, 9(4): 417-424.

[79] Pei X, Lu X, Liu J, et al. Inactivation of a $25.5\mu m$ Enterococcus faecalis biofilm by a room-temperature, battery-operated, handheld air plasma jet[J]. Journal of Physics D: Applied Physics, 2012, 45(16): 165205(5p).

[80] Lademann O, Kramer A, Richter H, et al. Antisepsis of the follicular reservoir by treatment with tissue-tolerable plasma (TTP)[J]. Laser Physics Letters, 2011, 8 (4): 313-317.

[81] Robert E, Vandamme M, Brullé L, et al. Perspectives of endoscopic plasma applications[J]. Clinical Plasma Medicine, 2013, 1(2): 8-16.

[82] Kong M G, Keidar M, Ostrikov K. Plasmas meet nanoparticles - where synergies can advance the frontier of medicine[J]. Journal of Physics D: Applied Physics, 2011, 44(17): 174018(14p).

[83] The spread of superbugs. The Economist, 2011, 2ND-8TH: 71-73. http://www. economist. com/ node/18483671.

[84] Welz C, Becker S, Li Y, et al. Effects of cold atmospheric plasma on mucosal tissue culture[J]. Journal of Physics D: Applied Physics, 2013, 46(4): 045401(9p).

[85] Isbary G, Koritzer J, Mitra A, et al. *Ex vivo* human skin experiments for the evaluation of safety of new cold atmospheric plasma devices[J]. Clinical Plasma Medicine, 2013, 1(1): 36-44.

[86] Li G, Li H P, Wang L Y, et al. Genetic effects of radio-frequency, atmospheric-pressure glow discharges with helium[J]. Applied Physics Letters, 2008, 92(22): 221504(3p).

[87] Wang X H, Li D, Bai C F, et al. Characteristics of atmospheric pressure plasma decontamination of endoscopic channels[C]. The 39th International Conference on Plasma Science, July 8-13, 2012, Edinburgh.

[88] Gurtner G C, Werner S, Barrandon Y, et al. Wound repair and regeneration[J]. Nature, 2008, 453: 314-321.

[89] Mertens N, Helmke A, Goppold A, et al. Low temperature plasma treatment of human tissue[C]. Second International Conference on Plasma Medicine, 2009, San Antonio, Texas, USA.

[90] Pan J, Sun P, Tian Y, et al. A novel method of tooth whitening using cold plasma micro jet driven by direct current in atmospheric-pressure air[J]. IEEE Transaction on Plasma Science, 2010, 38(11): 3143-3151.

[91] Shi X M, Chang Z S, Wu X L, et al. Inactivation Effect of argon atmospheric pressure low-temperature plasma jet on murine melanoma cells[J]. Plasma Processes and Polymers, 2013, 10(9): 808-816.

[92] Fridman G, Shereshevsky A, Jost M M, et al. Floating electrode dielectric barrier discharge plasma in air promoting apoptosis behavior in melanoma skin cancer cell lines[J]. Plasma Chemistry and Plasma Processing, 2007, 27(2): 163-176.

[93] Volotskova O, Hawley T S, Stepp M A, et al. Targeting the cancer cell cycle by cold atmospheric plasma[J]. Scientific Reports, 2012, 2: 636-645.

[94] Nie Q Y, Cao Z, Ren C S, et al. A two-dimensional cold atmospheric plasma jet array for uniform treatment of large-area surfaces for plasma medicine[J]. New Journal of Physics, 2009, 11(11): 115015(14p).

第 15 章 等离子体流动控制在改善气动特性中的应用

吴 云 李应红 梁 华

空军工程大学

等离子体流动控制是基于等离子体气动激励的新型主动流动控制技术,具有响应速度快、激励频带宽等显著技术优势,在改善飞行器/发动机空气动力特性方面具有广阔的应用前景,已成为国际上等离子体动力学与空气动力学交叉领域的研究前沿。本章将综述空军工程大学在等离子体气动激励特性,等离子体气动激励抑制流动分离等方面的研究进展,重点论述 DBD 等离子体气动激励特性,提高抑制流动分离能力的等离子体冲击流动控制原理,并对未来发展进行展望。

15.1 引 言

优良的空气动力特性和动力装置是飞行器在性能上跨越新高度的必要保证。国内外专家认为,主动流动控制对于解决关键气动问题具有重要作用,将作为未来新型飞行器/发动机气动设计中一个新的手段。等离子体是固体、液体、气体之外的物质第四态,包含大量与电子成对出现的离子,其运动在电磁场力的支配下表现出显著的集体性行为;并且空气电离时会产生温度升和压力升。等离子体气动激励是等离子体在电磁场力作用下运动或气体放电产生的压力、温度变化,对流场施加的一种可控扰动,是将等离子体用于改善飞行器/发动机气动特性的主要技术手段或技术途径。等离子体流动控制是基于等离子体气动激励的新概念主动流动控制技术,其主要特点是:没有运动部件、响应迅速、激励频带宽,为实现自适应的闭环控制提供了有利条件,可使飞行器/发动机气动特性实现重大提升,已成为国际上等离子体动力学与空气动力学交叉领域的研究前沿。

本章主要介绍空军工程大学在正弦波、纳秒脉冲 DBD 等离子体气动激励特性方面的研究进展,以及提高抑制流动分离能力的等离子体冲击流动控制原理,并对未来发展进行展望。由于篇幅关系,对等离子体气动激励控制激波、压气机内部流

本章工作得到国家自然科学基金(51336011,51522606),高等学校全国优秀博士学位论文专项资金资助项目(201172)和陕西省科学技术研究发展计划(2013KJXX-83)的支持。

动没有涉及,可以参考本章的有关文献。

15.2　国内外研究现状

国外的等离子体流动控制研究已经开展了几十年,早期主要针对高超声速飞行器减阻,近十多年来,亚声速等离子体流动控制研究逐渐增多。国内的研究工作起步较晚,近年来也得到了大力发展[1~13]。

国外对等离子体流动控制研究高度重视。2002 年,《简氏防务周刊》曾将国外进行的等离子体可以大幅度改变飞行器空气动力特性的研究评论为:将期待一场军用和商业飞行器的革命。美、俄、英、法、德等国开展了大量研究,美、俄处于领先地位。

美国的等离子体流动控制研究工作主要是国防部和空军支持、资助,研究单位也都是著名的高校或研究机构。2004 年,美国国防部将等离子体流动控制列为面向空军未来发展的重点资助领域之一,研究重点在于理解、预测和控制弱电离流动,进而实现飞行器性能的革命性进步。2005 年,美国空军将等离子体动力学(等离子体流动控制的基础)列为未来几十年内保持技术领先地位的六大基础研究课题之一(第三项),主要研究利用等离子体改善空气动力特性和推进效率的科学基础。2009 年,以等离子体激励为代表的主动流动控制技术被美国航空航天学会(AIAA)列为十项航空航天前沿技术的第五项。2010 年,美国空军科研局召开了DBD 等离子体激励器专题研讨会。2011 年,美国国防部和普林斯顿大学联合召开了等离子体在能源技术、流动控制和材料处理中的应用专题研讨会。AIAA 每年的航空科学会议、每两年一次的等离子体动力学与激光、流体动力学和流动控制会议上,都设立了多个等离子体流动控制方面的专题。目前,美国从事等离子体流动控制研究的单位主要有圣母大学、普林斯顿大学、俄亥俄州立大学、斯坦福大学、佛罗里达大学、田纳西大学、德克萨斯奥斯丁大学、约翰·霍普金斯大学、加州大学尔湾分校、科罗拉多大学、明尼苏达大学、肯塔基大学、北达科他州立大学、美国空军学院、美国空军实验室等。工业部门已经开始进行关键技术攻关,NASA 兰利研究中心、波音公司、通用电气公司、贝尔直升机公司、霍尼韦尔公司、普惠公司、Orbital 公司等与高校开展了很多合作,申请并获批了多项发明专利。

俄罗斯在等离子体流动控制研究方面具有长期的研究历程和独特的学术思想。早期伴随等离子体隐身研究,主要进行超/高超声速等离子体减阻和激波控制研究。近年来,也在积极研究基于弱电离等离子体气动激励的等离子体流动控制技术。俄罗斯科学院每两年召开一次磁等离子体空气动力学研讨会。目前,俄罗斯从事等离子体流动控制研究的单位主要有俄罗斯科学院高温研究所、机械研究所、理论和应用力学研究所,以及莫斯科物理技术学院、莫斯科大学、圣彼得堡国立大学等。美国空军、波音公司等单位也对俄罗斯的等离子体流动控制研究给予了资助。2010年，美、俄两国曾经启动了等离子体流动控制研究的双边合作，但是不久合作就被取消。

欧洲的等离子体流动控制研究也十分活跃。2009年，欧盟启动了"PLAS-MAERO"(PLASMas for AEROdynamic control)的研究计划，7个国家的11个大学或公司参与了研究工作。2009年，北约启动了利用等离子体提升军用飞行器性能的研究计划。目前，欧洲从事等离子体流动控制研究的单位主要有诺丁汉大学、南安普敦大学、普瓦捷大学、图卢兹三大、法国国家科学院、法-德圣路易研究院、柏林科技大学、达姆斯塔特科技大学、洛桑联邦理工学院、代尔夫特理工大学、法国国家航空空间研究院(ONERA)、斯奈克玛公司等。欧洲航空与空间科学会议每两年召开一次等离子体流动与燃烧控制的专题研讨会。欧盟与俄罗斯在等离子体流动控制研究方面，设立了多个双边合作项目。

2001年以来，国内等离子体流动控制研究呈现蓬勃发展的态势。2005年，我国《国家中长期科学和技术发展规划纲要》将磁流体与等离子体动力学列为"面向国家重大战略需求的基础研究"中的"航空航天重大力学问题"。

空军工程大学、中国空气动力研究与发展中心、中国科学院工程热物理研究所、北京大学、清华大学、北京航空航天大学、南京航空航天大学、西北工业大学、解放军装备学院、中航工业气动院、中国科学院电工研究所、南京理工大学、哈尔滨工业大学、国防科技大学、厦门大学、大连海事大学等单位开展了大量研究工作，航空工业部门也开始参与有关研究工作。在大气压放电等离子体及其应用、等离子体在航空航天中的应用等专题研讨会上，等离子体流动控制都是重要的议题。

15.3　DBD等离子体气动激励特性

国际上对等离子体气动激励的物理原理有过多种论述。文献[14]根据等离子体和气体电离原理与特性，提出了等离子体流动控制的三种物理作用依据，将等离子体气动激励的物理原理归纳为三个方面：一是"动力效应"，即在气流流场中电离形成的等离子体或加入的等离子体在电磁场力作用下定向运动，通过离子与中性气体分子之间的动量输运诱导中性气体分子运动，形成等离子体气动激励，对流场边界施加扰动，从而改变流场的结构和形态；二是"冲击效应"，即流场中的部分空气或外加气体电离时产生局部温度升和压力升(甚至产生冲击波)，形成等离子体气动激励，对流场局部施加扰动，从而改变流场的结构和形态；三是"物性改变"，即在流场中的等离子体改变气流的物性、黏性和热传导等特性，从而改变流场特性。

在传统航空条件下，"物性改变"的作用是次要的，但在临近空间稀薄空气高电离率和高超声速飞行条件下，这方面的作用可能增大。等离子体气动激励与等离子体是两个不同的概念,仅在流场中产生等离子体,流动控制效果很弱,必须使其在电(磁)场的驱动下对流场产生一定强度的扰动,也就是等离子体作为一种能量载体对流场作用,才能进行流动控制。

按照放电原理、等离子体特性的不同,等离子体气动激励大致可以分为:DBD等离子体气动激励、电弧放电等离子体气动激励、电晕放电等离子体气动激励、射频放电等离子体气动激励、微波放电等离子体气动激励、组合放电等离子体气动激励。其中,DBD 等离子体气动激励在国际上的研究最为广泛、深入。下面主要论述 DBD 等离子体气动激励特性的研究进展,根据激励电压波形的不同,分为正弦波 DBD 等离子体气动激励和纳秒脉冲 DBD 等离子体气动激励特性。

15.3.1　正弦波 DBD 等离子体气动激励特性

DBD 等离子体气动激励特性包括表面 DBD 等离子体特性和诱导的流动特性两部分,其中诱导的流动特性可以通过粒子图像测速仪(PIV)和皮托管测试得到,而表面 DBD 等离子体特性难以直接测试,需要通过发射光谱测试并对关键参数进行诊断。由于等离子体气动激励需要在不同的环境下工作,气压等环境参数对其特性有着重要影响。

表面 DBD 等离子体特性,主要包括等离子体的电子密度、温度,中性粒子的转动温度、振动温度等参数。采用的不对称布局表面 DBD 等离子体气动激励器如图 15.1所示,主要参数包括电极长度 l_e、电极偏置长度 Δl_e、上表面电极宽度 d_1、下表面电极宽度 d_2、电极组内间距 Δd、电极厚度 h_e、绝缘介质介电常数 ε_r、绝缘介质材料厚度 h_d、相邻电极组间距 D。等离子体气动激励器的绝缘材料为罗杰斯板,电极为铜镀锌。

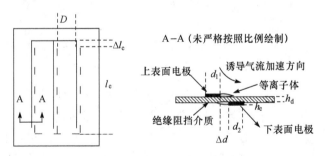

图 15.1　不对称布局表面 DBD 等离子体气动激励器示意图

实验采用单相脉冲高压高频等离子体电源,电源输入为 220 V、50 Hz 的交流电,输出为电压 0~40 kV 连续可调、频率 6~30 kHz 连续可调的正弦波信号,可进行脉冲调制。脉冲调制频率 $f = 1/T_M$,占空比 $DC = T_A/T_M \times 100\%$,分别在 100~1000 Hz、1%~99% 连续可调。图 15.2 是激励电压幅值为 5 kV、频率为

23 kHz时,等离子体气动激励器的放电图像呈现均匀的弥散放电行为。

图 15.2　等离子体气动激励器的放电图像

发射光谱是物质的分子、原子和离子等粒子从高能态跃迁到低能态,释放出光子所形成的光谱。对于本章研究的表面 DBD 等离子体,激发态粒子的形成主要是受激过程,即电子从电场中获得能量,通过与气体分子的碰撞使气体分子激发或电离。对发射光谱进行分析可以得到大量的信息,一是根据谱线波长确定等离子体的激发物种;二是根据谱线强度及强度分布对物种进行定量描述;三是根据谱线线形,通过模拟或计算得到转动温度等参数。

等离子体气动激励器放电时的发射光谱主要集中在 $300\sim450$ nm,测点在上表面电极边缘发射光谱强度最大的位置处,发光的粒子主要是 $N_2(C^3\Pi_u)$ 分子和 $N_2^+(B^2\sum_u^+)$ 离子,如图 15.3 所示。

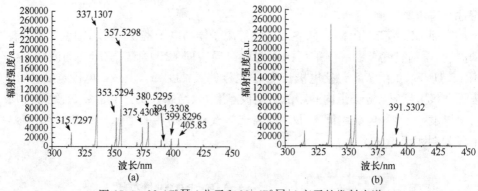

图 15.3　$N_2(C^3\Pi_u)$ 分子和 $N_2^+(B^2\sum_u^+)$ 离子的发射光谱

(a) $N_2(C^3\Pi_u)$ 的发射光谱;(b) $N_2^+(B^2\sum_u^+)$ 的发射光谱

等离子体发光脉冲(337.13 nm 谱线)与放电电流的时间分辨测试表明,每一个光脉冲都可以找到一个电流脉冲与其对应,光纤采集的只是等离子体的部分光信号,因此有一些电流脉冲没有光脉冲与其对应。光脉冲的时间尺度远小于亚稳态粒子的存活时间,而接近于激发态粒子的寿命。这说明基态直接激发是最主要的激发过程,而亚稳态相互碰撞不是重要的激发过程。这说明在表面 DBD 中,激发和分解产生的活性基团可能起不到重要作用。

使用透镜和微距调整装置建立了发射光谱的空间分辨测试系统,对波长为 337.13 nm 的谱线进行空间分辨测试,测试结果如图 15.4 所示。上表面电极边缘的发光强度最大,沿着诱导空气加速的方向光强逐渐减弱。

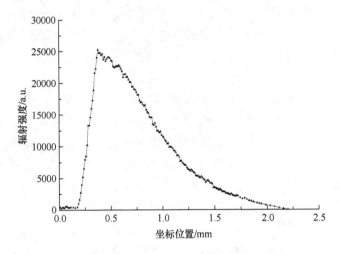

图 15.4 $N_2(C^3\Pi_u)$分子发射光谱的空间分辨测试结果(波长为 337.13 nm)

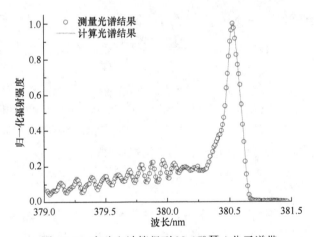

图 15.5 实验和计算得到 $N_2(C^3\Pi_u)$分子谱带

1. 转动与振动温度

转动温度是在热平衡时转动能级的布居数赖以分布的温度,表征转动激发的强度。气体密度较高时,气体分子与离子的频繁碰撞使得离子转动能级上的粒子数分布达到平衡,而且与气体分子平动温度达到平衡,即转动温度与气体温度几乎相等。分子的转动能级间隔一般远比振动能小,转动能级间隔为转动常数量级,即 $10\ cm^{-1}$ 左右,相应的转动能级差约为 $10^{-3}\ eV$,而平动能在 $10^2\sim10^3\ K$ 的范围内约为 $10^{-2}\sim10^{-1}\ eV$,远比转动能级差大,借助于一般非弹性碰撞可以改变转动能而达到热平衡。

假设一个转动温度,考虑偶极辐射的跃迁概率和光谱仪响应函数,就能得到对应这个转动温度的谱带形状。通过与实验测量的谱带对比,就可确定此时分子的转动温度。通过对 380.5 nm 附近的谱线进行拟合可以得到 $N_2(C^3\Pi_u)$ 的转动温度。图 15.5 是转动温度 T_r 为 500 K 时,计算结果与实验结果的对比图,误差为 0.9878%。

振动温度 T_r 表征分子振动激发的强度,也是等离子体的一个重要参数。利用 $N_2(C^3\Pi_u) \rightarrow N_2(B^3\Pi_g)$ 的 371.1 nm 和 380.5 nm 两条谱线强度之比计算振动温度,主要基于以下假设:氮分子 $N_2(C^3\Pi_u)$ 的主要来源是电子碰撞激发基态氮分子;弗兰克-康登原理适用于这个激发;碰撞去激过程不重要;氮分子振动能级服从玻尔兹曼分布。

从 $N_2(C^3\Pi_u)$ 的某一振动能级 i 向 $N_2(B^3\Pi_g)$ 的某一振动能级 j 的跃迁(i,j 为振动量子数)$N_2(C^3\Pi_u, i) \rightarrow N_2(B^3\Pi_g, j)$ 发出的谱线强度为 $I_{ij} = A_{ij} \times N_i$,$N_i$ 表示上能级 $N_2(C^3\Pi_u)$ 的粒子数密度,A_{ij} 表示与上下振动能级都有关的爱因斯坦系数。

上能级粒子密度 $N_i = \sum\limits_{\nu} n_{\nu} q_{i\nu}$,$n_{\nu}$ 是基态氮分子各振动能级的粒子密度,$q_{i\nu}$ 为弗兰克-康登常数,i 为上能级的振动量子数,ν 为下能级分子基态的振动量子数。以 I_{01}、I_{10} 为例,$I_{01}/I_{10} = (A_{01}\sum\limits_{\nu=0}^{\infty} n_{\nu} q_{0\nu})/(A_{10}\sum\limits_{\nu=0}^{\infty} n_{\nu} q_{1\nu})$。

对于本章研究的光谱,振动温度 $T_\nu = T = 0.22$ eV。振动激发实际上是电子能量损失的一个十分重要的渠道,这一方面是由于振动激发的碰撞截面很大,另一方面也是由于电子能量较低而使电子能态激发很弱。

2. 电子密度与温度

电子密度是表征等离子体性质最重要的物理量之一,可以在一定程度上表征参与动量传递的离子数量,是等离子体气动激励物理原理研究中的重要参数。对于本章研究的光谱,$n = 8.1780 \times 10^{-9}$,$n_e = 1.1 \times 10^{11}$ cm^{-3},可以看出,表面 DBD 等离子体的电离率比较低,这时分解产生的中性基团的浓度不高,而离子(正离子和负离子)的性质可能对放电影响较大。

当电子速度处于麦克斯韦分布时,可以定义电子温度来标志电子的能量分布(等于平均动能的 2/3)。类似地,对于非麦克斯韦分布,也可以用平均能量来定义"等效"电子温度。等离子体中各种激发分子、原子以及活性粒子,主要都是不同能量区域的电子碰撞产生的。例如,分子平动速度增大,分子振动激发、转动激发,分子离解、电离。因此,由这些激发粒子退激发而导致的发射光谱必然与电子温度有密切的关系。

根据 $N_2(C)$ 和 $N_2^+(B)$ 的平衡方程式可以看出,$N_2(C)$ 和 $N_2^+(B)$ 的相对浓度同

电子温度密切相关,因此通过实验测量的谱线比(谱线相对强度),可以得到上述激发态粒子的相对浓度,进而估算得到电子温度。

在气压 1～760 Torr,气体温度 300～1000 K,电子温度 1～4 eV 的参数范围内求得上述方程的稳态解($dn/dt=0$),将电子温度与两组谱线强度比的关系拟合成如下的经验公式:

$$\frac{I_{391.4}^{\text{peak}}}{I_{380.5}^{\text{peak}}}=K_0 \cdot (T_e)^{c_0} \cdot \exp\left(-\frac{E_0}{T_e}\right) \tag{15-1}$$

式(15-1)中,忽略了电子密度变化引起的 C 态振动分布的变化,这会引起一定的误差,不过这种误差的影响总是小于实验中光谱测量随机误差的影响。另外,这里的电子温度其实只是反映了高能电子(能量大于 C 态激发能 13 eV)的能量分布情况。

对于本章研究的光谱,计算可得 $I_{391.4}^{\text{peak}}/I_{380.5}^{\text{peak}}=0.0960$,$T_e=1.63$ eV,这个电子温度与多数大气压放电的情况相近,此时电子的能量主要是通过分子转动和振动激发消耗掉。另外,电子与中性粒子的弹性碰撞也可能是中性粒子加热的主要机制。

15.3.2　纳秒脉冲 DBD 等离子体气动激励特性

1. 实验研究

纳秒脉冲等离子体电源的输出电压 0～50 kV 连续可调,激励频率 1～5 kHz 可调,上升沿 20～30 ns,半高宽约 50 ns,如图 15.6(a)所示。放电的电压-电流波形如图 15.6(b)所示,最大放电电流为 4 A,而微秒脉冲放电的最大电流只有 0.2 A,因此,纳秒脉冲等离子体气动激励的峰值功率远大于微秒脉冲激励。

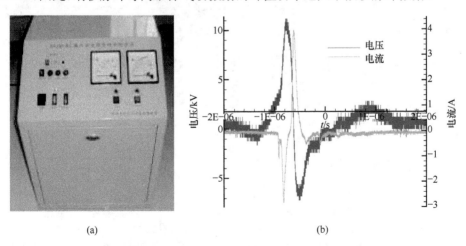

(a)　　　　　　　　　　　　　　　　(b)

图 15.6　纳秒脉冲等离子体电源和放电电压-电流波形图

(a) 纳秒脉冲电源;(b) 放电电压-电流波形

1) 等离子体特性

等离子体的发射光谱如图 15.7 所示,根据前面的转动和振动温度计算方法,$N_2(C)$ 的转动温度为 400 K,振动温度为 0.25 eV。上表面电极和下表面电极分别接通正高压,等离子体的发射光谱有显著区别。下表面电极接通正高压时,波长为 380.5 nm 的谱线强度高 15%,波长为 391.4 nm 的谱线强度低 52%,$I_{391.4}^{peak}/I_{380.5}^{peak}$ 低 59%。

$I_{391.4}^{peak}/I_{380.5}^{peak}$ 和 $I_{371.1}^{peak}/I_{380.5}^{peak}$ 随着放电电压的变化如图 15.8 所示,随着电压的增大,谱线相对强度比基本保持不变,表明时间空间平均的电子温度和密度主要受气压和激励电压波形决定,受放电电压的影响很小。

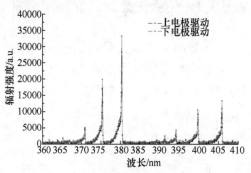 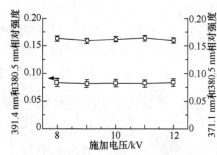

图 15.7　纳秒脉冲等离子体发射光谱　　　图 15.8　谱线强度比与放电电压的关系

随着环境气压的降低,等离子体发射光谱发生显著变化,如图 15.9 所示。气压低于 100 Torr 后,波长为 391.4 nm 的相对强度显著增加。

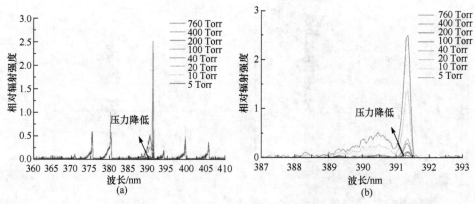

图 15.9　归一化的谱线强度随环境气压的变化
(a) 380~410 nm;(b) 387~393 nm

随着气压降低,$N_2(C)$ 的转动温度变化如图 15.10 所示。大气压时转动温度为 400 K,5 Torr 时转动温度为 380 K,因此,随着气压降低,转动温度基本不变。

这与前面研究的正弦波 DBD 等离子体气动激励特性有显著区别。

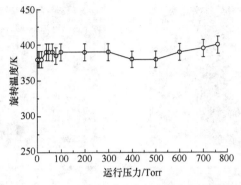

图 15.10　$N_2(C)$ 转动温度随环境气压的变化

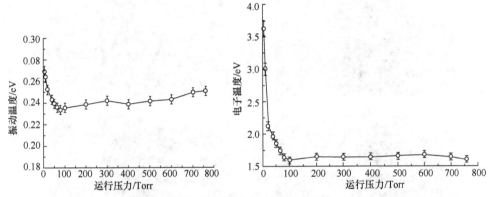

图 15.11　$N_2(C)$ 振动温度随环境气压的变化　　图 15.12　电子温度随环境气压的变化

随着气压降低，$N_2(C)$ 的振动温度变化如图 15.11 所示。随着气压从 760 Torr 降低到 80 Torr，振动温度从 0.25 eV 降低到 0.23 eV，然后随着气压降低，振动温度逐渐增大，在 5 Torr 时增大到 0.27 eV。因此，可以认为 80 Torr 是放电从丝状放电向辉光放电转换的气压。这一气压也比前面正弦波 DBD 等离子体模态转换的气压要高。

随着气压降低，电子温度变化如图 15.12 所示。随着气压从 760 Torr 降低到 80 Torr，电子温度基本稳定在 1.6 eV，然后随着气压降低，电子温度逐渐增大，在 5 Torr 时增大到 3.6 eV。而正弦波 DBD 等离子体模态转换后，5 Torr 时的电子温度为 2.6 eV。因此，纳秒脉冲放电等离子体中的电子温度更高，高能电子更多。

2) 诱导流动特性

纳秒脉冲等离子体气动激励产生过程中的折合电场与微秒脉冲激励相比有显著增大（从 100 Td 左右增大到 500 Td 左右），电极附近空气在电离过程中快速加热。高速纹影测试表明，快速加热导致局部压力急剧升高，产生了强的压缩波，随后在 80 μs 左右快速衰减为弱扰动，初始扰动强度比微秒脉冲激励显著增大，如图 15.13 所示。

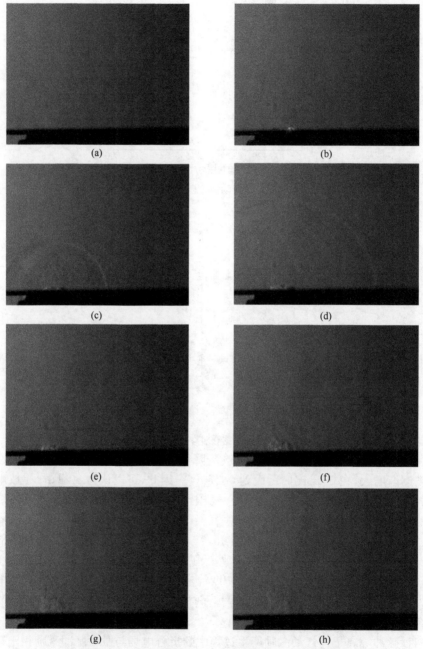

图 15.13　纳秒脉冲等离子体气动激励的高速纹影测量结果

(a)基准流场；(b) $t=0$ μs；(c) $t=28$ μs；(d) $t=56$ μs；(e) $t=84$ μs；

(f) $t=500$ μs；(g) $t=1350$ μs；(h) $t=2700$ μs

纳秒脉冲等离子体气动激励诱导流动的速度矢量和涡量云图如图 15.14 所

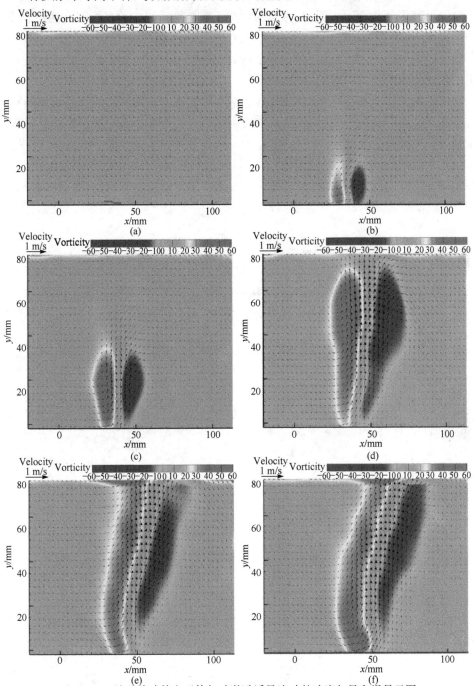

图 15.14　纳秒脉冲等离子体气动激励诱导流动的速度矢量和涡量云图

(a) $t=0$；(b) $t=1/3$ s；(c) $t=1$ s；(d) $t=3$ s；(e) $t=5$ s；(f) $t=6$ s

示。在 $t=1/3$ s 时,靠近电极附近产生了垂直激励器向上的诱导气流,随后诱导气流的作用范围逐渐扩大;到 $t=3$ s 时,作用范围趋于稳定,诱导气流速度约为 1 m/s;在 $t=6$ s 时形成了方向垂直略偏右的稳定射流。PIV 测试结果与高速纹影结果定性一致,由于时间分辨率不足,PIV 只能拍摄到冲击波演化形成的旋涡,而不能捕捉到冲击波的形成过程。

与微秒脉冲等离子体气动激励相比,纳秒脉冲激励诱导流动的特性明显不同,主要体现在以下三个方面:纳秒脉冲激励诱导的气流速度比微秒脉冲激励小很多,最大诱导气流速度分别为 1 m/s 和 3 m/s;纳秒脉冲激励诱导流动的发展过程缓慢,到 $t=6$ s 时才形成稳定射流,而微秒脉冲激励在 $t=3$ s 时便演化为近壁面射流;纳秒脉冲激励诱导的流动形式是垂直激励器向上的冲击气流,而微秒脉冲激励诱导的流动形式是启动涡和近壁面射流。

2. 耦合仿真研究

1) 物理模型

表面 DBD 等离子体激励器布局结构可简化为一个二维模型。空气成分设置为 N_2-O_2 混合气,气压固定为 1 atm,气温为常温 293 K。激励电压波形见图 15.15,计算域设置如图 15.16 所示。

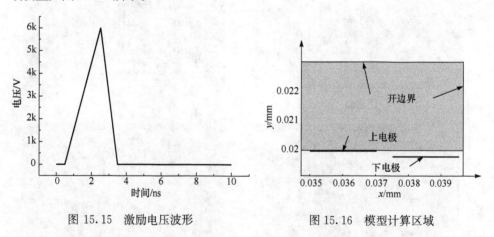

图 15.15　激励电压波形　　　　　　　图 15.16　模型计算区域

2) 耦合仿真模型与方法

对于放电特性,空气中的表面 DBD 的化学反应过程可以使用动理学方程描述:

$$\frac{\partial[N_i]}{\partial t}+\nabla \Gamma_i=\sum_{j=1}^{j_{\max}}Qij(t) \tag{15-2}$$

$$\Gamma_i=\pm[N_i]\mu_i E-D_i \nabla[N_i] \tag{15-3}$$

式中，N_i 为粒子数密度；Q_{ij} 表示粒子 i（i＝e、ion、n）在第 j 个化学反应中的产生/消失速率；μ_i 和 D_i 分别为描述粒子（电子、离子与中性粒子）空间运动特征的迁移率和扩散率。

电子能量是决定化学反应速率、电子漂移-扩散运动速率等的关键参数，对放电形态有重要影响。计算电子迁移率和扩散率均需要以电子能量 ε 作为输入自变量。为此建立电子能量方程：

$$\frac{\partial [N_e\varepsilon]}{\partial t}+\nabla \varGamma_\varepsilon=-\varGamma_e \cdot E-Q_e-N \tag{15-4}$$

$$\varGamma_\varepsilon=(\mu_e E)[N_e]\varepsilon-D_\varepsilon \nabla([N_e]\varepsilon) \tag{15-5}$$

式(15-4)的两项分别表示电子定向运动能量和非弹性/弹性碰撞（激发、电离、化学反应）能量损失及获取。式(15-5)为电子能量通量，其中电子能迁移率和电子能扩散率是平均电子能量的函数，根据电子碰撞截面数据计算获得。

最后，由于连续方程和电子能量方程均含有自变量 E，还需联立泊松方程：

$$\varepsilon_0\varepsilon_r \nabla \cdot E=\sum_i q_i [N_i] \tag{15-6}$$

式中，ε_0 为真空介电常数；ε_r 为相对介电常数。

$$\varepsilon_r=3.48 \tag{15-7}$$

对于放电过程中的快速加热，能量的快速释放是纳秒脉冲 DBD 与流场相互作用的主要方式。在纳秒脉冲等离子体气动激励中，能量由电场向流场转移主要是通过快速放热实现的。建立纳秒脉冲等离子体放电产生的热源可用式(15-8)表示：

$$P_{\text{heat}}=P_{\text{el}}+P_{\text{quen}}+P_{\text{de}}+P_{\text{i-n}} \tag{15-8}$$

式中，P_{el} 为电子弹性碰撞损失的能量；P_{quen} 为激发态分子熄灭反应放热；P_{de} 为激发态分子退激发放热量；$P_{\text{i-n}}$ 为离子与中性粒子碰撞的能量损耗。分别由以下各式计算：

$$P_{\text{el}}=\frac{m_e}{m_n}\left(\varepsilon-\frac{3Tk_b}{2_e}\right) \tag{15-9}$$

$$P_{\text{quen}} = \sum_j \varepsilon_j R_j \tag{15-10}$$

$$P_{\text{de}} = \eta \sum_j \varepsilon_i R_i \tag{15-11}$$

$$P_{\text{i-n}}=(j_p+j_n)E \tag{15-12}$$

式中，ε_i 和 ε_j 分别为附表中对应熄灭反应和电子激发反应的门槛能量；η 为电子撞击反应中分子退激发与激发的比率。

对于流场的响应，网格划分采用了格式化网格，网格总数为 3 万左右，并在放电集中区域进行了局部加密，图 15.17 给出了上极板后缘区域局部网格分布，空气速度为 0，环境压力 760 Torr，温度为 293 K。由于计算的是静止流场对纳秒脉冲激励的响应,故采用非绝热层流模型,方程组采用二阶迎风格式离散,壁面温度假设为常数 293 K。

3) 计算结果与分析

图 15.18 为放电伏安特性曲线与实验值对比图。对比计算结果与实验结果的前半段(即电压为正向脉冲阶段),发现二者在击穿电压、峰值电流、均值电流和变化趋势等关键参数上具有较好的吻合度。计算所得击穿电压为 3.5 kV,计算正相电流均值为 0.4 A,峰值电流 1.18 A,实验正相电流均值为 0.6 A,峰值电流 1.26 A,二者数值上的差别主要缘于电压幅值、脉宽等电源参数之间的差别。

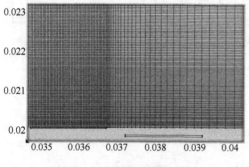

图 15.17　计算域局部网格

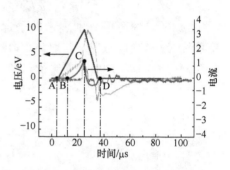

图 15.18　实验与计算伏安特性曲线

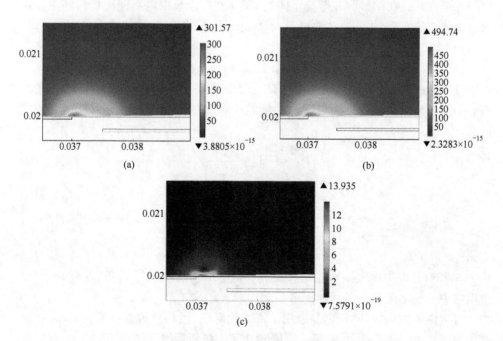

图 15.19　约化电场强度分布

(a) $t=18$ ns;(b) $t=25$ ns;(c) $t=40$ ns

图 15.19 为约化电场的变化云图,其中图(a)、(b)、(c)分别为图 15.18 伏安曲线图中 B、C、D 四个典型时刻放电区域电场强度空间分布云图。由图可见,电压在上升沿阶段,16 ns 时到达 B 点的 3400 V,此后电流开始负向增加,气体被击穿,由图 15.19(a)可见,此时已有部分区域约化电场强度超过 250 Td,处于放电临界约化电场附近,经计算,约化电场强度最大值达到 301 Td;图 15.19(c)为放电结束后约化电场的空间分布,此时约化电场强度恢复至较低水平,其大小和分布主要受空间剩余电荷的影响。

将计算得到的非定常热量作为热源代入 N-S 方程组,求解了 25 ns、40 ns、1 μs 和 1 ms 时刻温度空间分布,如图 15.20 所示。图 15.20(a)为温度峰值时刻,其出现在放电结束后 10 ns 左右,且高温区域集中在上极板后缘,温度峰值可达 1170 K,并随后迅速下降;1 μs 时峰值温度为 865.5 K,至一个放电周期结束时峰值温度已下降为 358 K 且温升区域在流场的耦合作用下向四周扩散,如图 15.20(c)所示。经计算,温升速率最高可达 1.8×10^{10} K/s,温度下降速率约为 5×10^5 K/s。

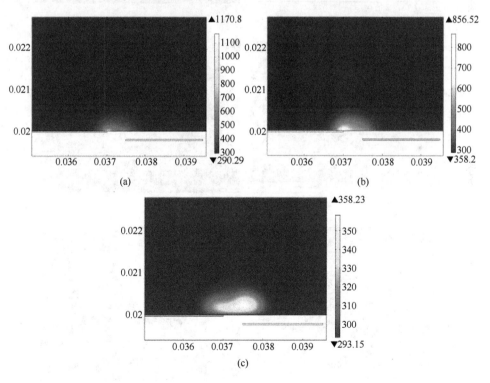

图 15.20 各时刻温度场(K)

(a) $t=40$ ns;(b) $t=1$ μs;(c) $t=1$ ms

通过纳秒脉冲放电传递给流场的热量引起局部快速加热与冷却,还会引起压力扰动。图 15.21 为 2 μs、4 μs 和 15 μs 时压力场计算值及其与纹影实验对照比较结果。由图可见,压力扰动在初始阶段为一以当地音速传播强压缩波,前 4 μs 内其波速约为 335 m/s,压缩波处压强最高可达 40000 Pa,随后波速和波强迅速衰减,15 μs 时波速仅为 272 m/s,最大压强为 10000 Pa。

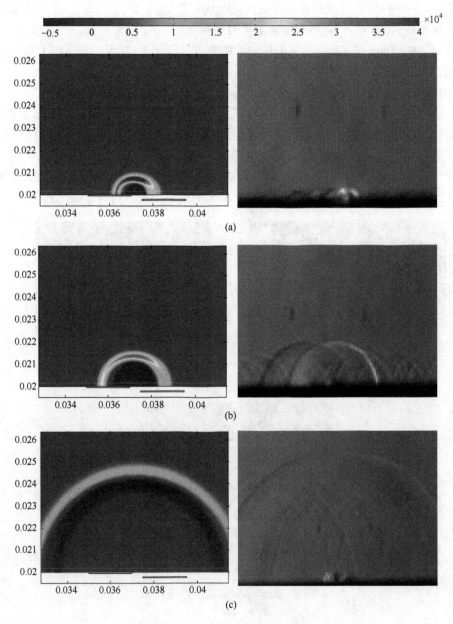

图 15.21　压力扰动波的传播

(a) 2 μs;(b) 4 μs;(c) 15 μs

由 2 μs 时刻压力扰动响应可以发现,由于热源分布不均,流场受激励产生压力扰动的区域并非是以上极板后缘端点为中心的半圆,而是呈前部强后缘弱的形态,随着压力扰动衰减和传播,压力扰动波才趋向均匀扩散。在特定情况下,这种初始压力扰动的不均匀性会在流场中发展并产生一道"尾巴",压力扰动"尾巴"的形成和激励电压与激励器尺寸参数有重要关联。本章模型中,激励器宽度仅为 3 mm,且激励电压较低,因为仿真与实验结果均未捕捉到"尾巴",而部分文献中,激励器宽度均为 6 mm 以上,电压达 15 kV 以上,这是压力场受激产生"尾巴"的主要原因。

放电引起的快速能量交换引起压力场剧烈变化,强扰动会造成极大的压力差,诱发气流产生以放电区域为中心的瞬时高速。图 15.22 为冲击波产生前后 0.5 μs、2 μs、5 μs 时刻流场速度云图与流线。由图可见,压缩波扰动产生的初始阶段,局部区域流体迅速向外呈扩张状运动,速度达到 100 m/s;随着压缩波的向外传播和衰减,局部流体速度降低且膨胀波后部气体由于压差而产生回流,从图 15.22(c)可见,由于压缩波的不均匀性,导致波后气体运动方向亦并非完全以上极板后缘为中心呈放射状向心流动,而是部分气流流向外侧。

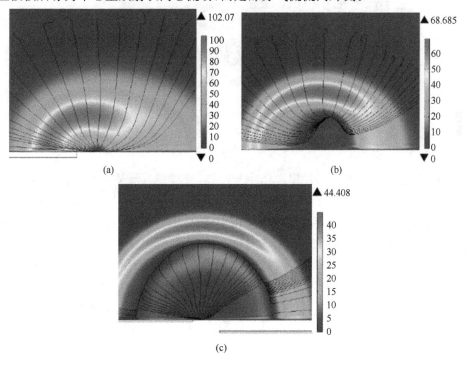

图 15.22　局部速度云图与流线

(a) $t=0.5$ μs;(b) $t=2$ μs;(c) $t=5$ μs

　　压力扰动波传播和衰减速度均十分迅速,由计算结果已知其在 15 μs 时即演化为传播速度低于当地声速的弱扰动波,而此时局部温度仍高达 800 K,温度变化将引起流体密度变化,极高的密度梯度诱导局部流体沿着密度梯度较大的方向做扩散运动。图 15.23 为 1 ms 时刻纳秒脉冲等离子体气动激励在静止空气中诱导的流场涡量与流线分布图。压力冲击扰动后,局部高温将继续作用于流体,并诱导局部涡结构。经计算,诱导涡结构内部流体速度为 0.1~5 m/s,其内部时均速度约为 0.3 m/s。为了验证纳秒脉冲等离子体气动激励在微秒至毫秒时间尺度所诱导涡结构的正确性,利用一周期内的时均流场反推体积力大小和空间分布,并计算得到稳定放电期间温度大小约为 328 K,恒定温度区域在本模型中分布在上极板后缘 84 μm 范围内且距绝缘介质层 16 μm 处。

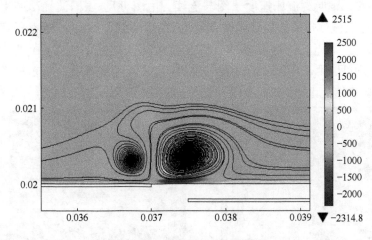

图 15.23　诱导涡量云图与流线

　　将等效体积力与温度条件定常作用于流体,计算得到流体涡量云图与速度矢如图 15.24(a)、(b)、(c)所示。施加激励初始阶段,空气由于局部温升形成以垂直上升方向为主导的热对流;在施加重频激励 13 s 左右,可见流场开始发生畸变,这是由纳秒脉冲放电形成的局部诱导涡结构反复作用于流场形成的累积作用;图 15.24(c)所示的是 25 s 左右,热对流效应和诱导涡对流场的作用达到了平衡状态,形成了稳定的斜向右上方向射流,计算得到射流速度约为 0.3 m/s。对比 PIV 实验研究结果图 15.26(a′)、(b′)、(c′)可见,二者涡量与速度矢分布随时间变化趋势一致,形成稳定斜射流的角度亦均为 60°。

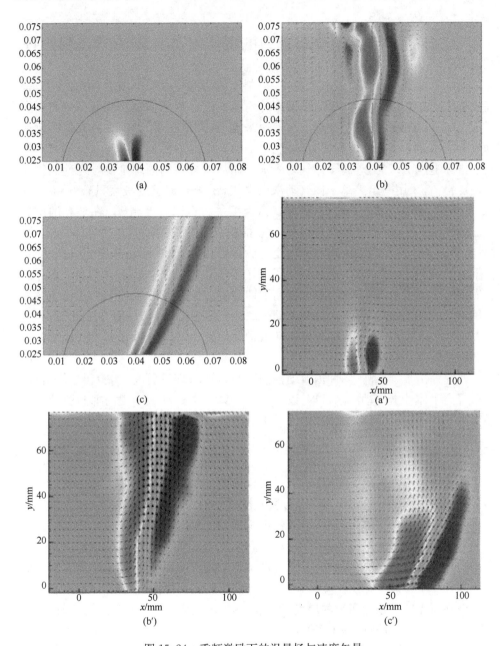

图 15.24 重频激励下的涡量场与速度矢量

(a) $t=2$ s；(b) $t=13$ s；(c) $t=25$ s；

(a′) $t=0.5$ s；(b′) $t=5$ s；(c′) $t=10$ s

15.4　提高抑制流动分离能力的等离子体冲击流动控制原理

流动分离是一种典型的流动现象,抑制流动分离可以减小阻力、增大升力、提高临界失速攻角。亚音速条件下,国内外对等离子体气动激励抑制流动分离开展了大量研究,早期的研究主要集中在低速来流条件,近年来,如何提高有效抑制流动分离的来流速度是已成为研究热点。

国际上广泛认为,等离子体气动激励抑制流动分离的原理是诱导近壁面气流加速。目前,采用一组等离子体气动激励电极,诱导气流速度最大只有 6 m/s,采用多组等离子体气动激励电极,诱导气流速度最大也只有 8 m/s。在现有的诱导气流速度水平下,等离子体气动激励有效抑制流动分离的速度范围在 30 m/s 以内;将等离子体气动激励由连续作用变为脉冲作用,可以在流场速度 70 m/s 的条件下有效抑制流动分离,其机制是除了诱导近壁面气流加速外,脉冲作用下诱导的旋涡促进了附面层与主流的掺混,提高了抑制流动分离的能力。但是,由于该脉冲激励产生的掺混作用有限,对抑制流动分离能力的提升仍然是不够的。为此,必须发展新的技术途径,提高等离子体气动激励的强度,才有可能显著提升等离子体气动激励抑制流动分离的能力。

研究提出了"等离子体冲击流动控制"原理,通过理论研究、实验和数值仿真,揭示等离子体冲击气动激励机理,以及等离子体冲击气动激励提高抑制流动分离能力的原理,并验证等离子体冲击气动激励提高抑制流动分离能力的有效性。

15.4.1　基本原理

作者近年来同时开展了激光冲击强化研究,其原理是:使用短脉冲(几十纳秒)、高功率(功率密度 $>10^9$ W/cm²)激光脉冲辐照金属材料表面,可以在瞬间诱导吉帕量级的等离子体爆轰波,显著提高金属材料的疲劳强度。如果采用激光诱导的等离子体爆轰波进行流动控制,显然激励强度足够大,但是,高功率激光脉冲辐照会导致金属材料表面损伤,并且很难实现大面积的激励,因此这种方式并不适合用于等离子体流动控制。

受到激光冲击强化研究的启发,借鉴脉冲放电的研究成果,基于等离子体流动控制的"冲击效应"原理,提出了"等离子体冲击流动控制"学术观点,即采用与高功率激光脉冲脉宽同一量级的短脉冲气体放电,产生温度升和压力升,将能量集中在瞬间释放,提高激励强度,在流场中产生强脉冲扰动甚至是冲击波扰动,进而提高诱导旋涡、促进附面层与主流掺混的能力。其内涵有三个方面:一是"冲击激励",即利用短时间尺度气体放电,提高放电的峰值功率,产生强的温度升和压力升,形成强脉冲扰动甚至是冲击波扰动;二是"涡流控制",冲击扰动在传播的过程中产生旋涡,通过涡流动控制,促进附面层与主流的能量掺混,借助主流的能量提高近壁面流动的动能,进而抑制流动分离;三是"频率耦合",使等离子体气动激励的脉冲频率接近流场的最佳响应频率,从非定常、非线性的角度,实现等离子体气动激励和流场耦合,既能提升等离子体流动控制的效果,又可以降低功耗。

"涡流控制"在流体力学中有较为系统的研究和描述,"频率耦合"是实现"涡流控制"的必然要求,涡流发生器和合成射流流动控制也正是基于该原理。而"冲击激励"是一个全新的概念,是等离子体冲击流动控制原理的核心。

15.4.2　等离子体冲击气动激励机理

气体放电过程中,电子从电场中获得能量,与中性粒子碰撞,导致激发、电离等物理化学过程的发生,伴随着能量的转移、释放,并通过转动激发、振动激发、离解、复合等途径导致气体加热,使得局部压力升高。激励电压波形的不同将导致不同的放电形态,对气体的加热机制和效果也不同。

大气环境放电产生非平衡等离子体的过程中,加热的典型物理化学过程包括: $N_2(\nu)$ 的振动-转动弛豫反应、电子碰撞导致的氮分子和氧分子离解、氧分子碰撞导致的氮分子电子激发态的熄灭、分子离子与电子的复合。根据约化电场强度 (E/N, E 为电场强度, N 为粒子数密度)的不同,电子能量分布发生变化,上述加热反应的发生概率也显著变化。如果约化电场强度大于 $80\sim100$ Td,高能电子增多,氮分子电子激发态的熄灭、分子离子与电子的复合、分子离解导致放电初始阶段的快速加热,并且随着约化电场强度的增大,加热速率也相应增大。

从前面纳秒脉冲放电的电压电流波形可以计算得到,约化电场强度峰值约为 500 Td,峰值功率达到几十千瓦,满足氮分子电子激发态的熄灭、分子离子与电子的复合、分子离解导致快速加热的条件,并且约化电场强度远大于 $80\sim100$ Td,加热速率大,局部产生快速温升。基于这样的快速加热机制和脉冲高功率,电极附近空气被快速加热,导致局部压力急剧升高;局部压力超过一定阈值,将产生冲击波。因此,脉冲高功率和高折合电场强度是产生快速加热,进而诱导冲击波的前提。

对于纳秒脉冲等离子体冲击气动激励特性,前面的实验和仿真结果均已表明,高功率纳秒脉冲放电可以产生冲击波。

15.4.3　提高抑制流动分离能力的数值仿真

仿真对象为 NACA 0015 翼型。将等离子体冲击气动激励简化为一个 0.1 mm $\times 0.1$ mm 的高压(5 atm)、高温(1488 K)点源,以一定的重复频率施加于流场,进行冲击气动激励抑制流动分离的数值仿真研究。共有五组冲击气动激励,分别位于 5%、20%、35%、50% 和 65% 弦长处。控制方程为二维雷诺平均 Navier-Stokes 方程,采用中心差分格式的有限体积法,利用四阶 Runge-Kutta 法迭代求解,采用k-ε 湍流模型,采用结构化网格,网格数为 18 万。前、上、下进口处给定速度进口边界,出口给定为压力出口,翼型表面给定无滑移壁面边界。

1. 冲击气动激励抑制翼型流动分离的原理仿真

来流速度为 200 m/s、攻角为 22°时,计算得到的施加冲击气动激励前后的翼型绕流流线图和涡量图如图 15.25 所示。冲击气动激励的脉冲频率为 1 kHz。未施加冲击气动激励时,翼型吸力面出现了严重的流动分离;施加冲击气动激励后,流动分离得到抑制,翼型的升力系数增大 60.9%,阻力系数减小 47.9%。

翼型流动分离后,产生包括自由剪切层和旋涡的复杂非定常流,如图 15.25(a)所示,流场包含了前缘剪切层不稳定、全局旋涡脱落不稳定等典型不稳定模态。抑制流动分离在很大程度上是对剪切层和旋涡的控制,由于旋涡之间存在相互作用,通过涡流控制的手段可以充分利用这种相互作用,以较小的能量触发系统内部的不稳定,使流场向需要的方向发展。通过施加周期性的等离子体冲击气动激励,在近壁面产生快速的压力扰动,调制分离剪切层,通过诱导产生大尺度的涡结构,旋涡周期性地向尾缘脱落,如图 15.25(b)~(d)所示。旋涡结构大大增强了附面层内部以及附面层与主流之间的质量和动量的交换,将高能流体卷吸到表面,从而大幅增强了流场抵抗逆压梯度的能力,进而抑制流动分离,如图 15.25(e)、(f)所示。

2. 提高抑制流动分离能力的原理仿真分析

不同的激励强度下,施加冲击气动激励前后的翼型表面压力分布如图 15.26 所示。压力为 2 atm 时,不能抑制流动分离,压力为 3 atm、4 atm 时,可以部分抑制流动分离,压力大于 5 atm 时,均能有效抑制流动分离。因此,存在一个激励强度的阈值,低于这一阈值,则不能有效抑制流动分离。根据前述的估算模型,产生 2 atm、3 atm、4 atm、5 atm 的激励强度,分别需要 6 kW、10 kW、14 kW、20 kW 的脉冲功率。

高强度的等离子体冲击气动激励是提高抑制流动分离能力的关键。这与合成射流抑制流动分离的研究结果是一致的,已有结果表明,合成射流速度与主流速度的比值是决定流动控制效果的关键参数,低于一个特定的阈值,将不能抑制流动分离。

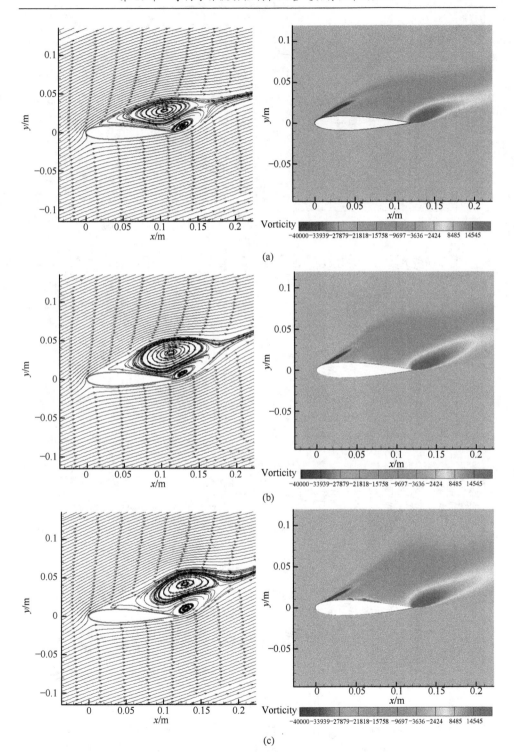

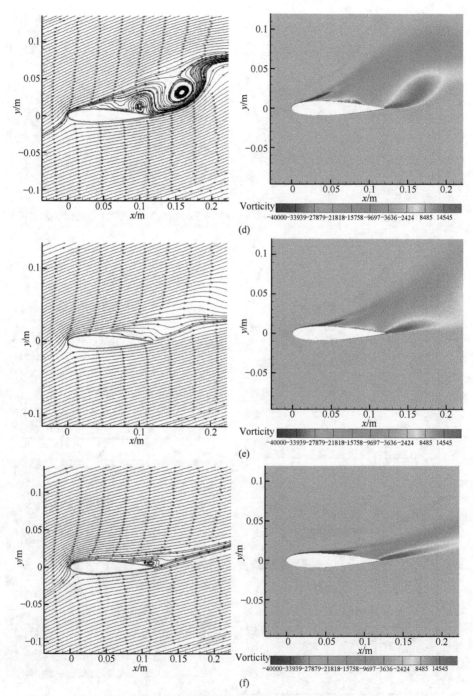

图 15.25　施加冲击气动激励前后的翼型绕流流场 (200 m/s, 20°)

(a) 基准流场 (0 μs); (b) 施加激励 (1/16T); (c) 施加激励 (1/8T);

(d) 施加激励 (1/4T); (e) 施加激励 (1/2T); (f) 施加激励 (T)

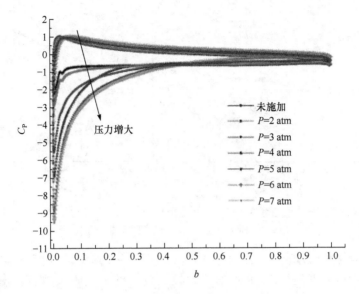

图 15.26　不同激励强度下的翼型表面压力分布

15.4.4　实验验证

1. 抑制翼型流动分离能力的对比实验

实验翼型选用 NACA 0015 翼型。翼型弦长为 0.12 m,展长 0.16 m,材料为有机玻璃,在翼型吸力面敷设三组激励器,分别位于 2%、20%、45%弦长处,在翼型上下表面各布置 6 个对称的静压测量孔,计算翼型升力,测压孔的水平位置分别位于 8%、15%、35%、40%、60%、80%弦长处。在距离翼型后缘两倍弦长处测量翼型尾迹区的速度分布,计算翼型阻力。

已有研究表明,微秒放电等离子体气动激励能够有效抑制流动分离的最大流场速度为 70 m/s。图 15.27 是来流速度为 100 m/s、攻角为 22°时,施加纳秒脉冲放电等离子体冲击气动激励前后的实验结果。激励电压、频率分别为 13 kV、1 kHz,接通全部三组电极。施加激励后流动分离被完全抑制,翼型的临界失速攻角由 22°增大到 25°,攻角为 22°时,翼型升力增大 17.4%,阻力减小 22.4%。100 m/s 达到喷气飞机起飞、降落速度,使等离子体气动激励抑制流动分离有了一定的实用价值。最新的实验表明,纳秒脉冲等离子体冲击气动激励可以在更高的速度下有效抑制流动分离。这也进一步表明等离子体冲击流动控制原理的正确性。

图 15.28 是来流速度为 100 m/s、攻角为 22°,接通全部三组电极,脉冲频率固定为 1.2 kHz,调整激励电压时,抑制流动分离的实验结果。激励电压为 11 kV

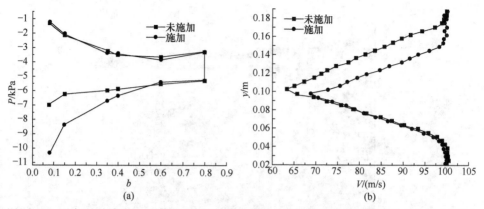

图 15.27　施加纳秒脉冲放电等离子体气动激励前后的实验结果(100 m/s,22°,13 kV,1 kHz)
(a) 翼型表面压力分布;(b) 翼型尾迹区速度分布

时,不能完全抑制流动分离;激励电压增大到 12 kV 后,流动分离得到完全的抑制;继续增大激励电压到 15 kV,对流动控制效果的影响不大,翼型升力增大约 17.8%,阻力减小约 22.1%。因此,激励电压必须超过一定的阈值,才能形成冲击气动激励,对流场形成高强度的扰动,进而有效抑制流动分离,这与数值仿真结果是一致的。

流动分离被完全抑制后,降低激励电压,流动不会马上回到分离状态,维持流动附着的电压要远小于抑制流动分离的阈值电压。来流速度为 100 m/s,攻角为 22°时,阈值电压为 12 kV,维持流动附着的电压为 10 kV。这也表明,等离子体气动激励的初始作用强度,或者说是瞬时作用强度对于能否抑制流动分离至关重要,只要瞬时激励强度超过一定阈值,流动分离即可以被完全抑制,然后便可以在较小激励强度的作用下使流动保持附着状态,通过控制激励电压的变化规律,在激励电压值远小于阈值电压时也可以维持流动附着,既可以显著降低能耗,又能够提高等离子体气动激励器的工作寿命。

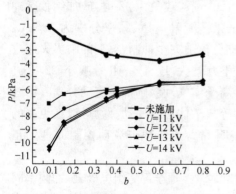

图 15.28　不同激励电压下的流动控制效果

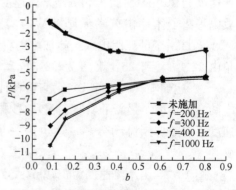

图 15.29　不同脉冲频率下的流动控制效果

激励电压固定为 13 kV,不同脉冲频率下的流动控制结果如图 15.29 所示,当脉冲频率为 200 Hz、300 Hz 时,只能部分抑制流动分离;当脉冲频率增大到 400 Hz 后,流动分离被完全抑制。

不同脉冲频率下有效抑制流动分离的阈值电压如图 15.30 所示。当脉冲频率为 800 Hz 时,使得 $F^+ = f \cdot c/v = 0.96$,抑制流动分离的阈值电压最小为 11 kV。因此,对应 $F^+ = 1$ 的频率为最佳脉冲频率,抑制流动分离所需的激励电压最小。

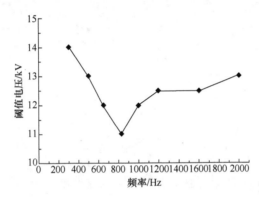

图15.30　不同脉冲频率下抑制流动分离的阈值电压

2. 抑制叶栅流动分离能力的对比实验

在不同流场参数和激励参数下,选用可控扩散叶型(CDA)开展了纳秒脉冲激励抑制叶栅流动分离的实验研究,揭示其作用效果与影响规律。图 15.31 分别为吸力面流向激励、端壁横向激励和组合激励方式的实验件。实验叶栅弦长 100 mm,展场 150 mm,叶型弯角 60°,进口角和出口角分别为 145°和 85°,安装角 104.87°,稠度 1.67,展弦比 1.5,最大挠度 8 mm。

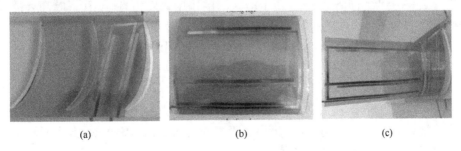

图 15.31　三种抑制叶栅流动分离等离子体激励器布局
(a) 吸力面流向激励;(b) 端壁横向激励;(c) 组合激励

在来流速度 $v_\infty = 95$ m/s、攻角 $i = 3°$ 时,对施加端壁横向激励前后总压损失随激励电压的分布进行测量,激励频率 $f = 3$ kHz,结果如图 15.32 所示。可以看出,随着激励电压的增大,栅距平均总压损失系数的相对变化率逐渐增加,流动控制效果逐渐提高,并趋于稳定。50％和70％叶高处的栅距平均总压损失系数最大可分别降低 6.4％和7.2％。

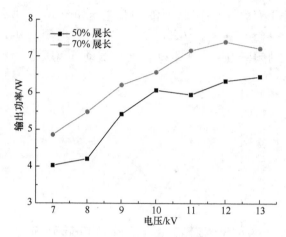

图 15.32　激励前后总压损失系数随激励电压的分布

在来流速度 $v_\infty = 95$ m/s、攻角 $i = 3°$ 时,对分别施加叶栅吸力面流向激励、端壁横向激励和组合激励前后总压损失随激励频率的分布进行测量,激励电压 $U = 10$ kV。实验结果如图 15.33 所示。

施加吸力面流向激励后,50％叶高处的流动控制效果强于 70％叶高处,并且存在两个最佳的激励频率:600 Hz 和 3.0 kHz;施加端壁横向激励后,70％叶高处的流动控制效果较强,而且随着激励频率的增大,作用效果逐渐增强,最佳激励频率为 4.0 kHz;施加组合激励后,两个叶高处的流动控制效果均有较大的提高,但最佳激励频率出现了分化:在 50％叶高处的最佳激励频率与吸力面流向激励基本保持一致,只是激励频率 3 kHz 和 4 kHz 时的作用效果相当;在 70％叶高处的最佳激励频率与端壁横向激励保持一致。由此可知,激励频率对纳秒脉冲等离子体气动激励抑制叶栅流动分离具有重要影响,并且不同激励布局对应的最优激励频率有显著区别。

图 15.34 为吸力面流向激励、端壁横向激励和组合激励的输出功率随激励频率的分布。可以看出,随着激励频率的增大,输出功率逐渐增加,并基本呈现线性关系。端壁横向激励的输出功率远小于吸力面流向激励和组合激励,表明输出功率与电极组数、电极长度直接相关。

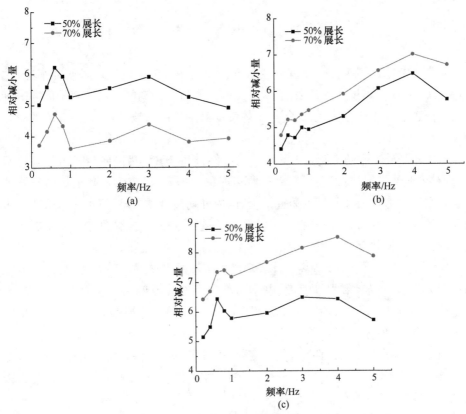

图 15.33　激励前后总压损失系数随激励频率的分布

（a）吸力面流向激励；（b）端壁横向激励；（c）组合激励

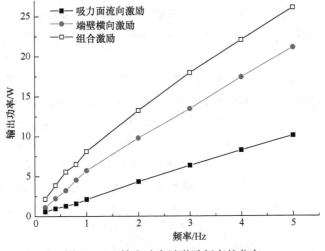

图 15.34　输出功率随激励频率的分布

15.5　小　结

本章主要综述了等离子体流动控制改善气动特性领域的国内外研究情况,重点论述了 DBD 等离子体气动激励特性,提高抑制流动分离能力的等离子体冲击流动控制原理。由于篇幅关系,对等离子体气动激励控制激波、压气机内部流动没有涉及。结论如下:

(1) 等离子体流动控制具有无需运动部件、响应迅速、激励频带宽等显著技术优势,有可能使飞行器/发动机气动特性实现重大提升,已成为国际上等离子体动力学与空气动力学交叉领域的研究前沿,国内外均高度重视,进行了大量研究。从国际上的进展来看,目前部分技术已经转向关键技术攻关,整体处于应用基础研究和关键技术攻关并存的阶段。

(2) 研究建立了 DBD 等离子体气动激励特性的测试手段和方法,获得了表面 DBD 等离子体的转动和振动温度、电子温度和密度等关键物理参数,以及等离子体气动激励诱导流动的演化过程;发现了正弦波、纳秒脉冲等离子体气动激励特性的显著区别,纳秒脉冲等离子体气动激励的约化电场强度更大,可以形成快速加热,进而产生冲击波;发现了随着气压变化,等离子体气动激励特性的变化规律,正弦波、纳秒脉冲放电分别在 45 Torr、80 Torr 左右发生丝状放电向辉光放电的转捩,电子温度等参数发生显著变化。

(3) 从提高等离子体气动激励抑制流动分离的能力出发,提出了基于冲击气动激励的等离子体冲击流动控制原理,其基本内涵是:采用与高功率激光脉冲脉宽同一量级的短脉冲气体放电,产生温度升和压力升,将能量集中在瞬间释放,提高激励强度,在流场中产生强脉冲扰动甚至是冲击波扰动,进而提高诱导旋涡、促进附面层与主流掺混的能力。其中,冲击气动激励是实现等离子体冲击流动控制的首要条件,纳秒脉冲放电是产生等离子体冲击气动激励的有效手段。在 100m/s 条件下实验验证了采用等离子体冲击气动激励提高抑制流动分离能力的有效性,存在一个有效抑制流动分离的阈值电压,存在一个最佳的非定常脉冲频率。最新的风洞试验研究表明,等离子体冲击气动激励可以在更高的来流速度下有效抑制流动分离。

(4) 综合国内外的研究情况,除了等离子体气动激励特性,等离子体气动激励抑制流动分离以外,等离子体气动激励推迟/促进附面层转捩、减弱激波强度、控制激波/附面层干扰、调控旋成体分离涡、扩大压气机稳定性等都得到了广泛研究,存在着大量需要研究解决的关键科学问题。对于等离子体流动控制应用来说,需要进一步研究突破小型化等离子体电源、长寿命等离子体激励器、抑制电磁干扰等关键技术,国内外都在进行积极探索。

参 考 文 献

[1] Bletzinger P, Ganguly B N, VanWie D, et al. Plasmas in high speed aerodynamics[J]. Journal of Physics D: Applied Physics, 2005, 38: R33-R57.

[2] Moreau E. Airflow control by non-thermal plasma actuators[J]. Journal of Physics D: Applied Physics, 2007, 40: 605-636.

[3] Corke T C, Enloe C L, Wilkinson S P. Dielectric barrier discharge plasma actuators for flow control[J]. Annual Review of Fluid Mechanics, 2010, 42: 505-529.

[4] Adamovich I V. Plasma dynamics and flow control applications// Encyclopedia of Aerospace Engineering[M]. New Jersey: Wiley, 2010.

[5] Li Y H, Wu Y, Song H M, et al. Plasma flow control[R]. Aeronautics and Astronautics, 2011:21-54.

[6] Starikovskiy A, Aleksandrov N. Nonequilibrium plasma aerodynamics[R]. Aeronautics and Astronautics,2011:55-96.

[7] Li Y H, Wu Y, Li J. Review of the investigation on plasma flow control in China[J]. International Journal of Flow Control, 2012, 4(1-2): 1-17.

[8] Wang J J, Choi K S, Feng L H, et al. Recent developments in DBD plasma flow control[J]. Progress in Aerospace Sciences, 2013, 62: 52-78.

[9] 李应红, 张朴, 刘建勋, 等. 基于等离子体的流动控制研究现状及分析[A]// 中国航空学会动力专业分会. 中国航空学会航空百年学术论坛动力分论坛论文集: 自动控制分册(七分册)[C]. 2003: 131-136.

[10] 李钢, 聂超群, 朱俊强, 等. DBD 等离子体流动控制技术的研究进展[J]. 科技导报, 2008, 26(4): 87-92.

[11] 李应红. 航空等离子体动力学与技术的发展[J]. 航空工程进展, 2011, 2(2): 127-132.

[12] 李应红, 吴云. 等离子体流动控制技术研究进展[J]. 空军工程大学学报, 2012, 13(3): 1-5.

[13] 聂万胜, 程钰锋, 车学科. DBD 等离子体流动控制研究进展[J]. 力学进展, 2012, 42(6): 722-734.

[14] 李应红, 吴云, 宋慧敏, 等. 等离子体流动控制的研究进展与机理探讨[A]//中国航空学会动力专业分会. 中国航空学会第六届动力年会论文集[C]. 北京: 中国航空学会动力专业分会, 2006: 790-799.

[15] Wu Y, Li Y H, Jia M, et al. Experimental investigation into characteristics of plasma aerodynamic actuation generated by dielectric barrier discharge[J]. Chinese Journal of Aeronautics, 2010, 23(1): 39-45.

[16] 梁华, 李应红, 宋慧敏, 等. 等离子体气动激励诱导空气流动的 PIV 研究[J]. 实验流体力学, 2011, 25(4): 22-25.

[17] Jia M, Song H M, Li Y H, et al. Influence of excitation voltage waveform on dielectric barrier discharge plasma aerodynamic actuation characteristics[J]. International Journal of Applied Electromagnetics and Mechanics, 2009, 33: 1405-1410.

[18] Wu Y, Li Y H, Jia M, et al. Experimental investigation of the nanosecond discharge plasma aerodynamic actuation[J]. Chinese Physics B, 2012, 21(4): 045202.

[19] Wu Y, Li Y H, Jia M, et al. Optical emission characteristics of surface nanosecond pulsed dielectric barrier discharge plasma[J]. Journal of Applied Physics, 2013, 113: 033303.

[20] Wu Y, Li Y H, Jia M, et al. Influence of operating pressure on surface dielectric barrier discharge plasma aerodynamic actuation characteristics[J]. Applied Physics Letters, 2008, 93(3): 031503.

[21] Wu Y, Li Y H, Jia M, et al. Effect of pressure on the emission characteristics of surface dielectric barrier discharge plasma[J]. Sensors and Actuators A: Physical, 2013, 203(7): 1-5.

[22] Zhu Y F, Wu Y, Cui W, et al. Numerical investigation of energy transfer for fast gas heating in atmospheric nanosecond pulsed DBD under different negative slopes[J]. Journal of Physics D: Applied Physics, 2013, 46(49): 495205.

[23] Zhu Y F, Wu Y, Cui W, et al. Modelling of plasma aerodynamic actuation driven by nanosecond SDBD discharge[J]. Journal of Physics D: Applied Physics, 2013, 46(35): 355205.

[24] Song H M, Li Y H, Jia M, et al. Nanosecond-pulse sliding discharge generated on a three-electrode plasma sheet actuator[J]. IEEE Transactions on Plasma Science, 2011, 39(11): 2160-2161.

[25] Song H M, Li Y H, Zhang Q G, et al. Experimental investigation of the characteristics of sliding discharge plasma aerodynamic actuation[J]. Plasma Science and Technology, 2011, 13(5): 608-611.

[26] Song H M, Zhang Q G, Li Y H, et al. Plasma sheet actuator driven by repetitive nanosecond pulses with a negative DC component[J]. Plasma Science and Technology, 2012, 14(4): 327-332.

[27] Jin D, Li Y H, Jia M, et al. Experimental characterization of the plasma synthetic jet actuator[J]. Plasma science and Technology, 2013, 15(10): 1034-1040.

[28] 李应红, 吴云, 张朴, 等. 等离子体激励抑制翼型失速分离的实验研究[J]. 空气动力学学报, 2008, 26(3): 372-377.

[29] 李应红, 梁华, 马清源, 等. 脉冲等离子体气动激励抑制翼型吸力面流动分离的实验研究[J]. 航空学报, 2008, 29(6): 1429-1435.

[30] 李应红, 吴云, 梁华, 等. 提高抑制流动分离能力的等离子体冲击流动控制原理[J]. 科学通报, 2010, 55(31): 3060-3068.

[31] Wu Y, Li Y H, Liang H, et al. On mechanism of plasma-shock-based flow control[C]. Recent Progresses in Fluid Dynamics Research. Proceedings of the Sixth International Con-

ference on Fluid Dynamics，2011：521-523.

[32] Li Y H，Wang J，Wang C，et al. Properties of surface arc discharge in a supersonic airflow[J].
Plasma Sources Science and Technology，2010，19(2)：025016.

[33] Wang J，Li Y H，Cheng B Q，et al. Effects of plasma aerodynamic actuation on oblique
shock wave in a cold supersonic flow[J]. Journal of Physics D：Applied Physics，2009，
42(16)：165503.

[34] Wang J，Li Y H，Xing F. Investigation on oblique shock wave control by arc discharge
plasma in supersonic airflow[J]. Journal of Applied Physics，2009，106(7)：073307.

[35] Su C B，Li Y H，Cheng B Q，et al. MHD flow control of oblique shock waves around ramps in
low-temperature supersonic flows[J]Chinese Journal of Aeronautics，2010，23(1)：22-32.

[36] Sun Q，Cheng B Q，Li Y H，et al. Computational and experimental analysis of Mach 2 air
flow over a blunt body with plasma aerodynamic actuation[J]. Science China E：Techno-
logical Sciences，2013，56(4)：795-802.

[37] Sun Q，Cheng B Q，Li Y H，et al. Experimental investigation on airfoil shock control by
plasma aerodynamic actuation [J]. Plasma Science and Technology，2013，15 (11)：
1136-1143.

[38] Sun Q，Cheng B Q，Li Y H，et al. Experimental investigation of hypersonic flow and plas-
ma aerodynamic actuation interaction[J]. Plasma Science and Technology，2013，15(9)：
908-914.

[39] Wu Y，Li Y H，Zhu J Q，et al. Experimental investigation of a subsonic compressor with
plasma actuation treated casing[R]. AIAA,2007:3849.

[40] 吴云,李应红,朱俊强,等.等离子体气动激励扩大低速轴流式压气机稳定性的实验研究[J].
航空动力学报，2007，22(12)：2025-2030. .

[41] 吴云,李应红,周敏,等.等离子体气动激励抑制压气机叶栅角区流动分离的仿真与实验[J].
航空动力学报,2009，24(4)：830-835. .

[42] Li Y H，Wu Y，Zhou M，et al. Control of the corner separation in a compressor cascade by
steady and unsteady plasma aerodynamic actuation[J]. Experiments in Fluids，2010，
48(6)：1015-1023.

[43] Zhao X H，Wu Y，Li Y H，et al. Topological analysis of plasma flow control on corner
separation in a highly loaded compressor cascade[J]. Acta Mechanica Sinica，2012，28(5)：
1277-1286.

[44] 赵小虎，吴云，李应红，等 . 高负荷压气机叶栅分离结构及其等离子体流动控制[J]. 航
空学报，2012，33(2)：208-219.

[45] Zhao X H，Li Y H，Wu Y，et al. Numerical investigation of flow separation control on
highly loaded compressor cascade by plasma aerodynamic actuation[J]. Chinese Journal of
Aeronautics，2012，25(3)：349-360.

[46] Zhao X H，Li Y H，Wu Y，et al. Investigation of endwall flow behavior with plasma flow

control in highly-loaded compressor cascade[J]. Journal of Thermal Science, 2012, 21(4): 295-301.

[47] Wu Y, Zhao X H, Li Y H, et al. Corner separation control in a highly loaded compressor cascade using plasma aerodynamic actuation[R]. ASME Turbo Expo 2012, ASME 2012: 69196.

第16章　大气压射频辉光放电等离子体在生物诱变育种中的应用

李和平　邢新会　张　翀

清华大学

　　大气压射频辉光放电(radio-frequency atmospheric-pressure glow discharge, RF-APGD)等离子体具有放电电压低、气体温度低、放电均匀性好、活性粒子种类丰富且浓度较高等特点。本章主要介绍 RF-APGD 的产生方法、物理特性，以及将 RF-APGD 等离子体射流作用于 DNA 和蛋白质的生物学效应的实验研究结果；在此基础上，介绍作者研究团队自主开发的常压室温等离子体(atmospheric and room temperature plasma, ARTP)生物诱变仪以及有关 ARTP 微生物诱变育种的研究进展。研究结果表明，ARTP 微生物诱变育种技术具有操作简便、安全可靠、环境友好、突变率高、所获得的突变体遗传性状稳定等特点。作为一种新兴的微生物诱变育种手段，它将对于生物技术领域的工业微生物菌种改造和研究生命进化起到积极的推动作用。

16.1　概　　述

16.1.1　大气压放电等离子体简介

　　等离子体通常被定义为当气体中的原子电离后所形成的正负带电粒子数基本相等的导电体，可以看作是由离子、电子、中性粒子及光子所组成的集合体，亦可称为物质的第四态。按照产生等离子体的环境压力的不同，等离子体可以在低气压($10^{-3} \sim 1$ Torr)、中等气压($1 \sim 100$ Torr)和高气压(>100 Torr)下产生和维持[1]。在大气压条件(通常为 760 Torr 左右，但也依不同的地域有所不同，如在美国洛斯阿拉莫斯的气压为 590 Torr[2])下不仅可以产生气体温度为 10000 K 量级的、接近于局域热力学平衡状态的热等离子体(thermal plasma)，以及气体温度接近于室温的、处于高度非平衡状态的冷等离子体(cold plasma)，还可以通过改变发生器几

　　本章研究工作得到了国家自然科学基金(11475103,10972119，61104204)、日本 JST CREST、清华大学自主科研计划(2011Z01019)以及日本东北大学流体科学研究所国际合作项目(J10047，J11071，J12067)资助。

何结构和电源激励频率等产生气体温度、活性粒子浓度以及非平衡程度均处于上述热等离子体和冷等离子体之间状态的等离子体,也有文献将其称为暖等离子体(warm plasma[3])。

在大气压开放环境条件下产生和维持等离子体,与低气压密闭环境条件下的一个显著的不同在于真空系统的存在与否。从等离子体实际应用的角度来看,由于在大气压开放条件下无需真空系统,一方面,等离子体自身的产生和维持系统变得简单、设备的制造和维护成本大大降低,等离子体源具有更好的移动性;另一方面,从等离子体材料加工的角度来看,真空系统的移除不仅使被加工的材料尺寸原则上不再受到真空腔的限制,而且整个工艺过程易于实现自动化的连续生产,整个工艺流程的时间明显缩短,从而使得等离子体材料加工的成本大大降低。另外,真空系统的移除也使得大气压放电等离子体,特别是大气压冷等离子体(cold atmospheric plasma,CAP)的应用领域(见图 16.1)得到了极大的拓展,如等离子体生物医学、流动控制、助燃、环境保护及战地生化洗消等应用都是在低气压封闭环境中无法完成的。从等离子体放电机制和特性的基础研究来看,大气压放电等离子体通常是在开放空气环境下产生和维持的,且等离子体工作气体处于流动状态。一方面,由于大气压条件下气体粒子间平均自由程较低气压条件下要短得多,当电子从外电场获得能量后,它将通过频繁的碰撞过程(包括弹性碰撞和非弹性碰撞过程)与重粒子进行能量交换;另一方面,等离子体中的各种活性粒子将随着气体做宏观的整体运动,并与环境气体间进行质量、能量和动量的交换。大气压条件下等离子体体系中电、磁、热、流动、化学反应多物理场耦合机制的研究还有待于深入开展。因此,发展面向实际应用的大气压等离子体科学与技术的应用基础研究势在必行。限于篇幅,本章我们着重论述面向等离子体微生物诱变育种的应用基础研究进展。

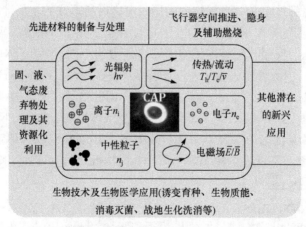

图 16.1　大气压冷等离子体基本特征及应用领域示意图

16.1.2 微生物诱变育种的发展趋势及对育种技术的要求

工业微生物通常是指通过工业规模培养能够获得特定产品或达到特定社会目的的微生物[4]，其在发酵工业、生物加工、工业酶制造、有机化合物催化转化、生物能源以及环境保护等各个领域均有广泛的应用。

依据获取方式的不同，工业微生物菌种可以分为天然菌种、诱变菌种和重组菌种[4]。其中，天然的工业微生物菌种是从自然界中筛选，通过对目标微生物的富集培养、分离和纯化而获得的性能优良的微生物菌种。自然选育的方法虽然简单易行，但获得优良菌种的概率较小，通常难以满足实际生产的需要。诱变菌种则是通过采用物理或化学诱变剂进行人工诱变、自然筛选与分离而获得的在产量、性状等方面得到改善的工业菌株。与自然选育方法相比，虽然通过使用诱变剂和定向筛选技术加速了诱变菌种的获得，但诱变所获得的工业菌株依然是类似于天然菌种的，属于非遗传修饰生物体(non genetic modification organism, non-GMO)。相比前面两类菌种，重组菌种的获得则需要采用遗传重组技术，如采用杂交、原生质体融合、代谢工程、基因工程等[4,5]对菌种进行定向遗传改良。通过导入外源基因使得生物体发生遗传整合和性状改变的重组菌种均属于遗传修饰生物体(GMO)。

以发酵工业为例，由于工业微生物育种技术能够在基因层面对微生物的遗传性状进行改变，从而获取性状优良(目标产物产量高、菌种鲁棒性强)、适合工业生产的菌株。因此，菌种的选育成为决定该菌种发酵过程成败与否和其最终的工业化价值的关键所在[5]。长期以来，微生物育种主要依靠传统的诱变手段(见表 16.1[4,5])进行选育。这些方法在工业微生物育种领域发挥了巨大的作用，但应用这些方法进行微生物育种所遇到的主要问题是工作量大、效率低、筛选优良菌株具有盲目性和随机性，而且所获得的突变株库容有限。近年来，随着现代分子生物学的发展，分子育种技术逐渐应用到微生物育种领域，通过基因工程、蛋白质工程、代谢工程等手段有目的地改变目的微生物的性状，从而达到菌种选育的目的。这些技术的应用需要专业设备，操作通常比较复杂，而且由于生物代谢系统的复杂性，结果往往无法预期。因此，目前的分子育种技术尚未广泛应用于产业界，成功的案例亦非常有限。

表 16.1　传统诱变育种方法比较

诱变方式及生物效应	诱变剂	说明
物理诱变:采用物理因子作用于生物体,使其 DNA 分子发生变化,如形成嘧啶二聚体、DNA 链断裂、碱基被氧化、碱基分子中 C—C 链断裂形成开环、单个核苷酸被击中后使碱基或磷酸酯游离出来、在 DNA 分子一条单链的碱基之间或两条链的碱基之间发生交联作用等	紫外线、X 射线、α 射线、β 射线、γ 射线、快中子、微波、超声波、激光、红外线、高能电子流等	电离辐射育种需要专业的设备,且所应用的射线均具有很强的穿透力,操作的危险性高
化学诱变:采用化学物质作用于生物体,使其 DNA 分子结构改变(如对嘌呤和嘧啶碱基进行化学修饰从而改变其氢键特性、作为碱基类似物在 DNA 复制过程中代替自然碱基掺入 DNA 分子中、作为插入因子在 DNA 复制过程中插入相邻的两个碱基对之间产生移码突变等)从而引起遗传变异	碱基类似物、烷化剂、脱氨剂、移码诱变剂、羟化剂、金属盐类、吖啶类化合物、秋水仙碱、抗生素等	化学诱变剂大多数具有毒性,且相当大一部分是致癌物质或极毒药品。因此,使用时不仅要注意人身安全,还要注意避免环境污染;使用后的处置和保藏也需进行安全防护
生物诱变:采用溶源性噬菌体引起生物体基因突变,或采用特定寡核苷酸在一定的条件下使得欲突变的生物体目的基因在复制或 PCR 过程中发生突变	噬菌体和基因诱变剂	基因诱变剂目前应用于点突变技术中还有一定的局限性,如只能对天然蛋白质中的某些氨基酸进行替换,而无法改变其高级结构等

　　微生物育种技术的核心是快速、简便地获取高容量、多样性的突变库。随着微生物育种技术的不断发展,诱变的对象范围需要从单基因向基因组、引入的变异多样性需要从少向多不断拓展,以满足构建高容量和多样性突变库的需求。因此,发展高通量、快速稳定、操作简便的工业微生物诱变育种方法、技术和装置,对于推动现代生物技术的发展和高效获取适合工业生产的优良菌种十分必要。

　　近十几年来,随着等离子体科学与技术的不断发展,特别是人们对于大气压冷等离子体源(CAP)研究的不断深入,大气压冷等离子体生物诱变育种技术得到了迅速发展。事实上,在等离子体生物诱变育种的研究方面,早在 20 世纪 80 年代就已经有研究者在低气压条件下采用离子束注入的方法进行生物诱变育种的研究[6]。近几年来,直接采用气体放电所形成的非平衡等离子体对生物体进行诱变育种处理受到了来自等离子体物理学以及生物学、农业科学等领域研究者和企业界的广泛关注。表 16.2 给出了低气压离子束注入、大气压介质阻挡放电(atmospheric-pressure dielectric barrier discharge,AP-DBD)等离子体射流用于生物诱变育种可能的作用机理、工作环境及其典型特征[6~11]。对应于上述三种生物诱变育种方法的典型装置如图 16.2 所示。限于篇幅,本章进一步将讨论的重点聚焦于大气压射频辉光放电等离子体射流微生物诱变育种方法。

表 16.2　基于等离子体的生物诱变育种技术比较

方法	可能的作用机理	工作环境	典型特征
低气压离子束注入	将等离子体发生设备产生的低能离子束(通常在 100 keV 以下)注入生物体内后发生质量、动量和能量的沉积和电荷交换过程,从而引起生物体遗传物质的改变(如细胞内染色体的重复、易位、倒位和缺失等),并可能改变细胞的跨膜电位、对细胞膜/壁进行刻蚀等	低气压条件下(靶室真空度通常在 0.001～1 Pa)进行	突变谱广、突变率高、遗传稳定;真空条件下生物体大量水分蒸发既破坏了束线真空,又使样品急剧冷却或过度失水而失活,从而影响等离子体生物效应的发挥;真空系统的建立、维护和运行成本昂贵
大气压介质阻挡放电	气体放电区的带电粒子、中性活性粒子、臭氧、紫外线、强电场、热效应等均可能导致生物体基因发生突变	大气压条件下等离子体放电区	操作简便、成本低、无毒性、突变率高,放电电压通常在 10 kV 量级;在等离子体放电区对生物体进行处理,操作空间狭小,被处理样品尺寸受限;高强度放电丝有可能对生物体产生强烈的热效应和致死效应;影响生物体基因突变的因素复杂,不易控制诱变效果,导致生物体突变的主要因素尚待进一步深入研究
大气压射频辉光放电等离子体射流	等离子体射流区的中性活性粒子和带电粒子可能是导致生物体基因突变的主要因素,臭氧及紫外线的作用相对较弱,而电场对生物体的作用则可以忽略不计	大气压条件下等离子体射流区	装置结构简单、建造和使用成本低、操作简便、安全可靠;放电均匀性好、等离子体射流区气体温度低且可控性高,易于控制致死率,被处理样品尺寸不受等离子体发生器结构和尺寸限制;环境友好、无污染;突变广谱、突变率高、突变库容大、遗传稳定性好;影响诱变效果的因素相对较少,有利于控制诱变效果;放电模式受等离子体工作气体化学成分影响较大;环境气体对等离子体射流特性及其诱变效果的研究有待深入

采用裸露金属电极结构的等离子体发生器所产生的 RF-APGD 等离子体有时

也简称为常压室温等离子体(atmospheric and room temperature plasma,APTP),是近些年来发展起来的一种新的适用于生物技术领域的大气压非平衡等离子体源,能够在常压(1 atm)下产生温度 25~40℃之间的、具有高活性粒子(如处于激发态的氢原子、氧原子、氮原子、OH 自由基等)浓度的等离子体射流。作者研究团队一直致力于 RF-APGD 等离子体射流微生物诱变育种新方法的研究,相对于其他传统诱变技术,RF-APGD 等离子体射流诱变育种的显著特点是在满足操作简便、设备简单、安全性高、诱变速度快的基础上,一次诱变操作(数分钟以内)可以获得 2~10 万个突变体,具有突变率高、突变库容大的特点。特别地,由于 RF-APGD 工作气源种类、流量、放电功率、处理时间等条件均可控,通过改变仪器操作条件,可以大大提高菌种突变的强度和突变库容量,结合筛选压力,能够成为一种新的诱变育种技术,而且具有其他诱变技术不具备的优势和应用潜力。而和新一代分子育种技术相比,作为一种物理诱变方法,其操作简便性和诱变速度均高于 DNA shuffling 和 gTME 等技术。

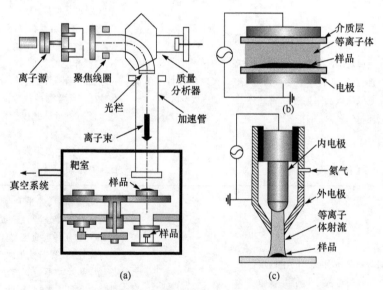

图 16.2　低气压离子束注入(a)、大气压 DBD(b)以及大气压射频辉光放电等离子体射流(c)诱变育种装置示意图

需要说明的是,虽然从 20 世纪 80 年代初已有研究者将等离子体应用于生物诱变育种,即低气压离子束注入诱变育种法[6]和大气压介质阻挡放电诱变育种法[7~9],但这两种等离子体诱变育种方法明显不同于本章所讨论的 RF-APGD 等离子体射流诱变育种法[10,11]。如表 16.2 所示,相对离子束注入法和大气压介质阻挡放电法两种育种方法,清华大学研发的 RF-APGD 等离子体射流诱变育种法具有生物学效应显著、设备结构简单、操作简便、安全性好等诸多优点。

16.2　大气压射频辉光放电等离子体源物理特性研究

RF-APGD 等离子体射流材料处理示意图如图 16.3 所示,被处理材料通常位于发生器喷嘴出口下游的射流区。可以看到,一方面,等离子体工作在开放大气环境中,另一方面,等离子体工作气体处于流动状态,当遇到被处理材料时形成冲击射流。将 RF-APGD 等离子体源应用于微生物诱变育种,不仅需要等离子体射流具有较低的气体温度水平,而且需要在一定程度上可控的活性粒子种类和浓度。面向等离子体微生物诱变育种,我们不仅需要采用不同化学成分的工作气体产生均匀(此处的均匀性是指在放电区不存在丝状放电)、稳定的辉光放电等离子体,而且需要研究气体流动状态、环境空气等因素对等离子体放电区和射流区特性的影响规律,进而获得对作用于生物体的等离子体射流特性比较全面的认识。

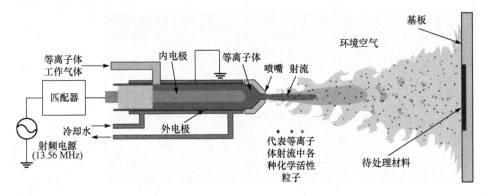

图 16.3　RF-APGD 等离子体射流材料处理示意图

16.2.1　等离子体产生方法

如图 16.4 所示,产生 RF-APGD 等离子体的发生器有平板型和同轴型两种典型结构。该发生器采用裸露的水冷金属(如铜、铝、不锈钢)电极,由射频电源驱动,通常情况下表现出容性放电的特征[2]。在大气压条件下,由于大部分气体的临界击穿场强(E_{crt})非常高(如空气和氮气的 E_{crt} 值为 $3.2 \times 10^6 \sim 3.5 \times 10^6$ V/m,氩气的 E_{crt} 约为 2.7×10^5 V/m[12])。因此,一方面,在大气压条件下产生气体击穿需要相对较高的外加电压;另一方面,即使在较高的外加电压下产生了气体的击穿过程,在如此高的电场强度下剧烈的电子雪崩效应也会使放电很快进入等离子体局部温度在数千度甚至上万度的丝状放电或电弧放电模式,而很难获得温度接近于室温的均匀的辉光放电等离子体[13]。

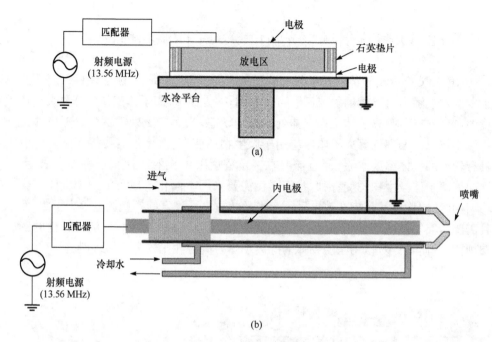

图 16.4　典型的 RF-APGD 等离子体发生器结构示意图
(a) 平板型;(b) 同轴型

　　早在 1933 年,Engel 等通过首先在低气压下获得辉光放电,然后逐渐升高气压的方式获得了大气压直流辉光放电[14]。Schwab 等[15,16]则是通过首先将两裸露金属铜电极接触,当外加电压增加到某一数值后再逐渐将两电极分开,从而获得大气压空气射频辉光放电等离子体。然而在给定的电极间距、开放的大气环境条件下直接获得空气的射频辉光放电一直是一件较为困难的事情。大多数的研究者是以氦气或氩气为主工作气体(可适当加入 O_2、N_2、CF_4 等气体)产生大气压射频辉光放电等离子体(如文献[2]、[11]、[17]～[19])。Massines 等在关于大气压介质阻挡放电的研究中指出,在放电发生之前若能够提供足够多的种子电子将有助于形成均匀的辉光放电[13]。基于这些研究结果,我们提出了两种产生各种气体的大气压射频辉光放电等离子体的方法,即诱导气体放电法和局部电场强化法[20～22]。

　　诱导气体放电法的基本思路是:将等离子体工作气体分为两类,一类是能够直接在大气压条件下击穿产生 RF-APGD 的等离子体诱导气体(如氦气、氩气),另一类则是目前无法在大气压条件下直接击穿并产生 RF-APGD 的等离子体形成气体(如氮气、氧气或空气等)。在图 16.4(a)所示的实验装置上,首先采用等离子体诱导气体实现均匀的 α 模式辉光放电,然后逐渐增加功率,使放电转变为 γ 模式(或者 α-γ 共存模式);接着调节配气系统的流量计开关,逐渐增加工作气体中等离子体形成气体的含量,同时逐步减小诱导气体的流量,直至完全关闭诱导气体流量计阀门,最终获得等离子体形成气体的稳定的 γ 模式辉光放电[20]。

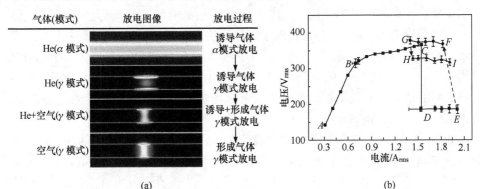

图 16.5 不同工作气体条件下的 RF-APGD 等离子体放电图像(a)及伏安特性曲线(b)

电极间距 3.1 mm,曝光时间 2.5 ms

以氦气诱导获得空气的 RF-APGD 等离子体为例,图 16.5(a)从上到下依次给出了纯氦 α 模式、纯氦 γ 模式、氦-空气 γ 模式以及空气 γ 模式放电时的照片(采用 Fujifilm S5500 型数码相机拍摄,曝光时间 2.5 ms)。另外,我们采用 Andor iStar 734 ICCD(型号为 DH734-18F-03/W/P43)所拍摄的放电图像进一步证明上述放电是均匀的辉光放电,即放电区没有丝状电弧存在[13,20]。图 16.5(b)给出了对应于图 16.5(a)整个放电过程的伏安特性曲线(初始氦气流量为 $Q_{He} = 1.0$ slpm)[20]。可以看到,在气体击穿前($A \sim B$),电压随电流线性增加,整个等离子体发生器可以看作一个纯电容;在 B 点氦气发生击穿,产生 α 模式均匀辉光放电,所对应的击穿电压(V_b)为 316 V;此后,放电电压随放电电流的增加而增大($B \sim C$),但曲线斜率较放电前明显减小,氦气 α 模式放电的区域逐渐充满了两电极间的全部空间,且放电强度逐渐增强;随着放电电流的进一步增大,在 C 点放电由 α 模式跳变为 γ 模式(D 点),在此放电模式下,放电电压减小到约 187 V,放电区体积亦迅速收缩;在 γ 放电模式下($D \sim E$),随着放电电流不断增加,放电电压的变化非常小,此时,向氦气中增加空气,在放电电流变化不大的情况下,放电电压显著增加,在 F 点获得了氦-空气混合气体($Q_{He} = Q_{air} = 1.0$ slpm)的 γ 模式放电,对应的放电电压为 373 V;之后,在保持等离子体工作气体流量不变的情况下,若减小放电电流,放电电压的变化依然非常小,这与纯氦 γ 模式放电的伏安特性规律是一致的。在此情况下,减小氦气流量至零,便获得了空气的 γ 模式辉光放电($H \sim I$),所对应的放电电压约为 325 V,较氦-空气 γ 模式的放电电压略有降低。在图 16.5(b)中的放电电压和电流均为三次测量的平均值,放电电压测量值的最大标准偏差为 12 V,电流的最大标准偏差为 0.15 A。

虽然采用诱导气体放电法可以获得多种气体及其混合气体的 RF-APGD 等离

子体,但不难看出,这种方法依然无法完全摆脱对氦气和氩气的依赖性。鉴于此,我们又发展了局部电场强化法[21],其基本思路是:如前所述,由于大气压下 N_2、O_2 以及空气的直流击穿电场很高,且粒子间的平均自由程很短,从而导致粒子间的碰撞频率较低气压下要高得多。因此,为了避免在高的外加电场下气体产生剧烈的雪崩效应,我们采用改变等离子体发生器结构的方法,在两裸露电极间的外加电压并不太高的情况下使发生器内部形成局部高场强的电场分布从而导致气体击穿,最终形成稳定的射频辉光放电。

如图 16.6 所示,在等离子体发生器两裸露电极间沿气流方向放置了一段直径为 D 的钨丝,并使其与上下电极均绝缘,其中绝缘材料的厚度(δ)为 40 μm,钨丝的直径(D)可以在 1.78~6.0 mm 之间变化。在电极间距(L)为 2.08 mm 的情况下,图 16.7(a)给出了当外加电压的有效值(V_{rms})为 300 V 时两电极间的电位分布,可以看到,在钨丝与电极内表面间存在着非常大的电位梯度。数值计算结果表明,这一局部强化的电场强度(5.4×10^6 V/m)大约是两电极间无钨丝时的平均电场强度的 26 倍,高于大气压条件下大部分气体(如氩、氮、空气)的临界击穿场强(0.27×10^6~3.5×10^6 V/m)[12],从而使得气体首先在钨丝和金属电极间产生丝状放电,为在两平板金属电极间产生稳定的 γ 模式辉光放电提供了种子电子。图 16.7(b)给出了采用局部电场强化法时纯氮、空气放电的伏安特性曲线及典型的放电图像[21]。

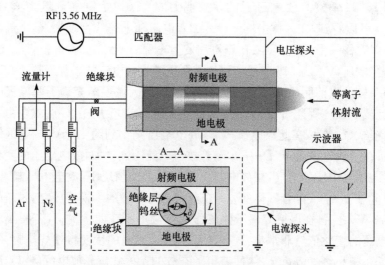

图 16.6　局部电场强化法实验平台示意图

16.2.2　环境空气对等离子体特性影响

从图 16.3 可以看到,RF-APGD 放电区和射流区的特性将有可能受到气体流

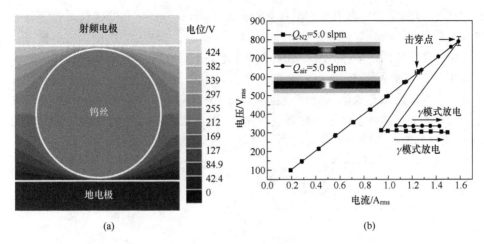

图 16.7 采用局部电场强化法得到的平板型等离子体发生器内部电位分布的
计算结果(a)与氮气和空气 γ 模式放电的伏安特性曲线及典型的放电照片(b)

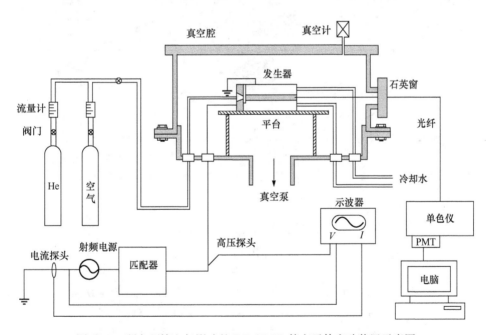

图 16.8 研究环境空气影响的 RF-APGD 等离子体实验装置示意图

动状态、周围环境空气以及被处理材料形状等的影响。但到目前为止,有关流动对
RF-APGD 放电特性影响的研究还非常有限。Wang 等[22]研究了大气环境中氦-
氧混合气体 RF-APGD 中气体流速与电源反射功率、放电电流和电压之间的关系,
发现放电电流和电压并非随着流速的变化而单调变化,而是存在一个对应于最大
电流均方根值、最小电压均方根值及最佳反射功率的流量。文献[23]、[24]则指

出,工作气体的流动可以消除掉消耗亚稳态的粒子(在电介质和电极表面的气态产物),从而有利于得到辉光放电。

我们采用如图 16.8 所示的实验平台研究了不同环境氛围下 RF-APGD 的放电特性[25]。实验采用图 16.4(a)所示的平板型等离子体发生器,且在等离子体发生器工作气体入口与放电区之间放置一个 2 mm 厚的多孔板来改善气流的均匀性。当该等离子体发生器放置在真空腔中时,可以实现纯氦气氛下的大气压辉光放电;而当移除真空腔的上端盖后则可获得大气环境中的辉光放电。

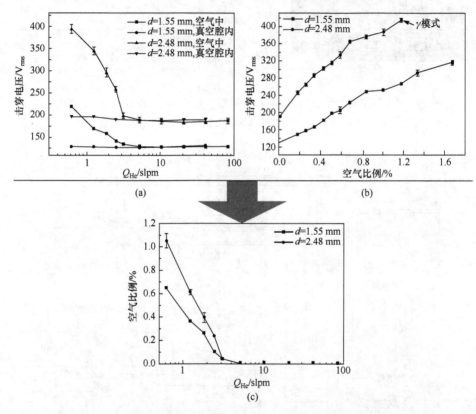

图 16.9　不同电极间距下气体击穿电压随氦气流量的变化规律(a)、
真空腔内气体击穿电压随空气含量的变化规律(b)
以及大气环境中氦气流量与空气混入比例的关系(c)

图 16.9(a)给出了在真空腔和大气氛围中不同氦气流量(Q_{He})、不同电极间距(d)下击穿电压随气体流量的变化规律。可以看到,在放电环境压力保持不变($p=1$ atm)的情况下,在大气氛围中,当氦气流量较小时(如小于 5 slpm),击穿电压对氦气流量很敏感,而当流量较大时,击穿电压趋于稳定;当在真空腔中重复上述实验时,击穿电压在很大的流量参数范围内($Q_{He}=0.6\sim82.6$ slpm)基本保持不

变,对应于 $d=1.55$ mm 和 2.48 mm 时的击穿电压平均值分别为 (131 ± 3) V 和 (192 ± 5) V。另外,特别值得注意的是,在相同的电极间距下,当氦气流量大于 5 slpm 时,大气氛围下测得的击穿电压与真空腔中的值基本一致。由此我们推论,小流量下空气氛围与真空腔中纯氦氛围下击穿电压的差别是由空气的反扩散所引起的。为了进一步验证这一猜测的可能性,我们使用氦和空气的混合气体(空气预先混入氦气内)作为工作气体在真空腔中进行了实验。在氦气流量保持不变 (15 slpm)的情况下,图 16.9(b)给出了击穿电压随等离子体工作气体中空气含量 $(=Q_{air}/(Q_{air}+Q_{He}))$ 的变化规律。可以清楚地看到,随着工作气体中空气含量的增加,击穿电压显著升高。由图 16.9(a)和图 16.9(b)可以估算出当放电在大气环境中进行时氦气流量 (Q_{He}) 与发生器放电区空气含量 (c) 间的关系,如图 16.9(c)所示。可以看出,当氦气在空气氛围中实现放电时,尽管空气反向扩散到氦气中的比例很小(一般小于 1%),但是空气的反向扩散会明显影响气体的放电特性,导致气体的击穿电压和放电电压显著升高(约为纯氦氛围下对应值的 2 倍);在氦气流量一定的情况下,电极间距越大,空气的混入比例也越大。

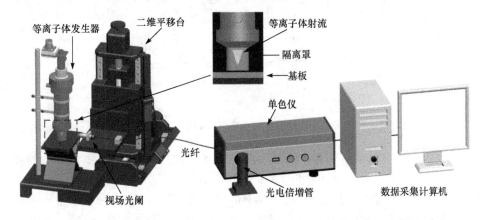

图 16.10　研究等离子体射流区基板和屏蔽罩影响的实验装置示意图

对于上述实验现象,可做如下的定性分析。由于气体的击穿电压(V_b)是等离子体发生器电极间距(d)和气压(p)的函数[12],即

$$V_b = \frac{B(p \cdot d)}{\ln[A(p \cdot d)] - \ln[\ln(1+1/\gamma_{se})]} \tag{16-1}$$

其中,A、B 对于某一种确定的工作气体均为不变的实验常数[12];γ_{se} 是电极材料的二次电子发射系数。实验采用铜质水冷电极,故可认为 γ_{se} 亦为常数。由于在实验中等离子体发生器放电区气体的流速很低,在发生器两极板间气体流动方向上的气体压降完全可以忽略不计。文献[25]的计算结果表明,在氦气流量 $Q_{He}=82.6$ slpm、电极间距 $d=1.55$ mm、极板流向长度 $z=50.0$ mm 的情况下,流动方

向上对应的压降为 $\Delta p = 55$ Pa，这个值远小于大气压（10^5 Pa）。因此可以认为，在电极间距不变的情况下，无论氩气流量如何变化，$(p \cdot d)$ 的值都可以看作常数。由此我们可以推断，对于某一种确定的气体，在其他实验参数（如电极间距、电极材料等）不变的情况下，工作气体的流速对于气体的击穿电压没有影响。这个结论与图 16.9 的实验测量结果是一致的。类似的研究结果在最近发表的文献［26］、［27］中亦得到了进一步的实验证实。

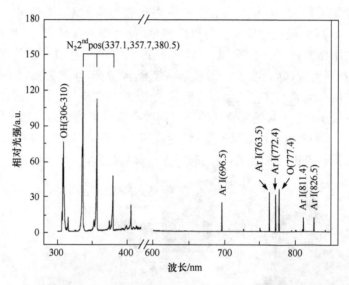

图 16.11　氩 RF-APGD 等离子体射流发射光谱（$P_{in} = 150$ W，$P_{in} = 4.0$ slpm）

随着工作气体流量的增加，虽然环境空气的反向扩散效应对放电区的影响减弱，但同时由于射流与环境气体间强烈的卷吸作用使得大量环境冷空气进入射流中心区，从而导致射流长度变短、活性粒子迅速湮灭，甚至产生实际应用中不希望出现的其他活性粒子［26,27］。文献［28］建立了如图 16.10 所示的实验平台，研究了四种不同的氩等离子体射流（即自由射流、屏蔽射流、冲击射流和冲击屏蔽射流）的特性。

图 16.11 给出了在电源输入功率（P_{in}）为 150 W、氩气流量（Q_{Ar}）为 4.0 slpm 时等离子体射流区的发射光谱。可以看到，对于氩 RF-APGD 自由射流，其中的活性粒子除了 Ar 以外，其他活性粒子（如 N_2、O、OH 等）的存在很有可能是因为空气中的氮气、氧气、水蒸气等分子卷吸进入射流区所产生的。图 16.12 给出了当等离子体发生器下游的射流区存在基板或/和固体屏蔽罩时四种不同类型射流的图像、氩原子 696.5 nm 谱线强度沿射流几何轴线的分布，以及在距等离子体发生器出口 1.2 mm 处氩原子谱线强度的径向分布。从图 16.12 可以看到，屏蔽罩的存在会抑制这种卷吸作用，使得射流区氩原子谱线的强度增大、射流的长度和径向宽

度增加;对于氩冲击射流,屏蔽罩对射流区氩原子 696.5 nm 谱线强度的影响较自由射流更加显著,这在一定程度上说明屏蔽罩和基板对射流特性具有一定的协同作用效果。另外,文献[28]的研究结果亦表明,随着射流区氩原子 696.5 nm 谱线强度的增强,相应位置处的气体温度亦有所升高。文献[29]、[30]也得到了有关等离子体射流屏蔽效应的类似结论。当然,到目前为止,针对上述 RF-APGD 等离子体射流特性的屏蔽效应研究还非常有限,还需要开展系统的数值模拟和实验研究工作。

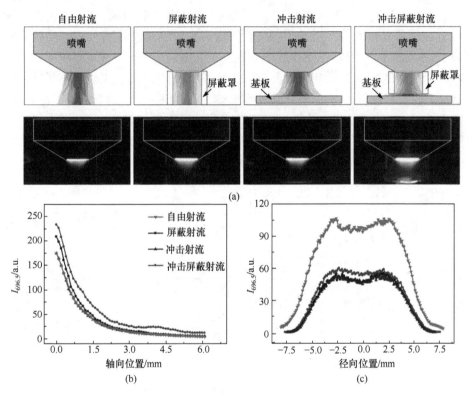

图 16.12　氩等离子体自由射流及约束射流示意图及相应的射流图像(a)以及氩原子 696.5 nm 谱线强度沿射流轴向(b)和径向(c)的分布规律

16.3　大气压射频辉光放电等离子体射流生物学效应

由上述有关 RF-APGD 等离子体源物理特性的实验研究结果可以看到,我们不仅可以在大气压条件下获得多种气体(如氦、氩、氮、氧及其混合气体等)的均匀、稳定的射频辉光放电等离子体,而且可以通过控制等离子体发生器的结构参数(如电极结构和间距、基板位置、屏蔽罩等)和工作参数(如电源功率、工作气体化学成分、气体流速等)在一定程度上实现对 RF-APGD 放电特性的调控,从而完全有可能获得气体温度低、活性粒子种类丰富且浓度较高的等离子体射流,用于等离子体微生物诱变育种。近几年来,作者研究小组从分子水平和细胞水平研究了 RF-APGD 等离子体射流对生物体的作用机制和效果,逐步发展了 ARTP 微生物诱变育种的方法和装置。

16.3.1 等离子体射流对生物体遗传物质的作用效果

图 16.13 为氦气 RF-APGD 等离子体射流生物学效应研究实验平台示意图[31]。在本节实验中,采用电流探头、电压探头和数字示波器测量放电的伏安特性、电源输入功率等参数,采用光纤+单色仪+光电倍增管+计算机系统测量等离子体射流区的发射光谱,采用一个精度为 1 K 的 K 型热电偶测量氦等离子体的射流温度。如上一节所述,为了防止环境空气被卷吸到等离子体射流区,在等离子体发生器喷嘴出口下游加了一个透明的圆筒形屏蔽罩。被处理的生物材料(环状重组质粒 pP-GFP DNA 和单链的寡聚核苷酸)盛放在专制的处理器皿中。实验中该器皿放置于一个可调节高度的平移台上,从而可以改变等离子体射流的作用距离。

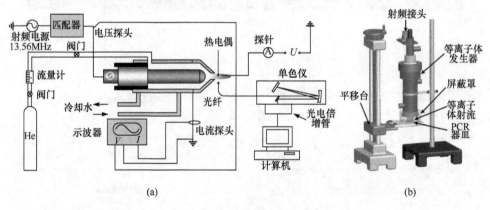

(a)　　　　　　　　　　　　　　　　　(b)

图 16.13　氦气 RF-APGD 等离子体射流生物学效应研究实验平台示意图

图 16.14 给出了氦气流量为 15 slpm 时 RF-APGD 等离子体放电电压及距等离子体发生器喷嘴出口 2.0 mm 处的等离子体射流温度随输入功率的变化规律。可以看到,当等离子体发生器两电极间所加的射频电压增加到 170 V 时,氦气在 A 点实现击穿产生辉光放电等离子体;当电源输入功率在 10~169 W 范围内变化时,放电始终处于 α 放电模式下;当电源输入功率从 10 W 增加到 120 W 时,热电偶所在位置处的射流温度呈现单调增加的趋势,当输入功率为 120 W 时,热电偶测得的射流温度平均值为 64 ℃。由于 DNA 在温度高于 90 ℃时将会分解,因此,本节实验中设定氦等离子体放电的电源输入功率在 10~120 W 的范围内,从而避

免由于等离子体射流温度过高对 DNA 产生破坏作用。

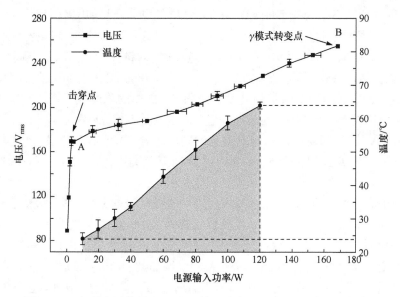

图 16.14　氦等离子体的电压-电源输入功率及温度-电源输入功率特性

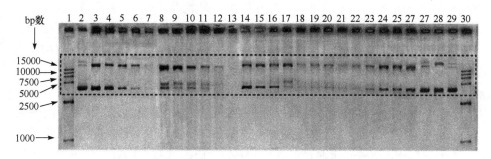

图 16.15　不同情况下的 pP-GFP 质粒电泳图

虚线框代表本章研究的 DNA 片段区域

泳道 1 和 30:标记物。泳道 2 和 29:对比组。泳道 3～7:处理时间分别为 30 s、1 min、3 min、5 min 和 10 min,氦气流量为 15 slpm,电源输入功率为 100 W,处理间距为 2.0 mm。泳道 8～13:氦气流量分别为 5 slpm、10 slpm、15 slpm、20 slpm、25 slpm 和 30 slpm,处理时间为 1.5 min,电源输入功率为 120 W,处理间距为 3.0 mm。泳道 14～21:电源输入功率分别为 10 W、20 W、30 W、40 W、60 W、80 W、100 W 和 120 W,氦气流量为 25 slpm,处理间距为 2.0 mm,处理时间为 2 min。泳道 22～26:等离子体处理间距分别为 2.0 mm、4.0 mm、6.0 mm、8.0 mm 和 10.0 mm,电源输入功率为 120 W,氦气流量为 15 slpm,处理时间为 1.5 min。泳道 27:80℃热空气处理 10 min。泳道 28:氦等离子体透过石英玻璃板处理 1.5 min,氦气流量为 15 slpm,电源输入功率为 120 W,处理间距为 4.0 mm

　　在本节实验中,0.75 μL 的 pP-GFP 质粒与 3.0 μL 的去离子水混合后通过移液器转移到碗状的专制处理容器中,然后分别用氦等离子体射流、热气体、紫外线等对其进行处理。处理后的 DNA 在浓度为 1.0% 的琼脂糖凝胶电泳液中处理 40 min,所得到的不同处理条件下的 pP-GFP 质粒电泳照片如图 16.15 所示,图中泳道 1 和 30 用来标记 DNA 片段的 bp 数(碱基对数目),泳道 2 和 29 表示未处理的质粒的电泳图像。同等大小的 DNA 在电泳时,双链闭合的 DNA 空间位阻最小,因而电泳速度最快,单链断裂的其次,而双链断开的 DNA 空间位阻最大,因而速度也最慢。电泳图中的泳带的亮度和面积与 DNA 的浓度成正比。在图 16.15 虚线框所包括的图像范围内,离电泳槽起点最近的是双链 DNA 片段;稍远一些的是单链 DNA 片段;而离电泳槽起点最远的则是闭合环状 DNA 片段,也是本章所研究的 pP-GFP 质粒的主要成分,其亮度和面积均比单链、双链 DNA 片段的要大。

从图 16.15 可以看到,与泳道 2 所代表的未处理过的 DNA 相比,泳道 3 代表的处理时间为 30 s 的单链 DNA 片段数目相对增加,这说明氦等离子体射流在 30 s 的作用时间内对 DNA 就已经有了比较明显的作用效果。在其他等离子体参数保持不变的情况下:①随着处理时间从 30 s 增加到 10 min,泳道 3～7 代表的所有 DNA 片段的颜色变浅,这说明随着等离子体处理时间的增加,越来越多的 DNA 链片段被打断。最终泳道 7 所代表的被氦等离子体射流处理 10 min 后的 DNA 电泳图像显示几乎没有 DNA 片段存在。因此可以认为,在泳道 3～7 对应的等离子体工作参数下,经过 10 min 的处理后,几乎所有的 DNA 链被打成碎片。②随着氦气流量从 5 slpm 增加到 30 slpm(泳道 8～13),氦等离子体射流对 DNA 的作用效果越来越明显,在氦气流量为 30 slpm 时,对应的泳道 13 图像显示几乎所有的 DNA 链已经被打成碎片。③随着电源输入功率的增加(泳道 14～21),氦等离子体射流对 DNA 的作用效果越来越强。④氦等离子体射流对 DNA 的作用效果随着距离的增加而变得越来越弱(泳道 22～26)。上述结果表明,氦等离子体射流对于 pP-GFP 质粒有很明显的、渐进的破坏作用,并且作用效果与等离子体工作参数,如电源输入功率、氦气流量、等离子体射流作用距离、处理时间等因素均有关系。另外,文献[32]的实验中通过与单纯热气体(图 16.15 中的泳道 27)和紫外线(图 16.15 中的泳道 28)处理效果进行比较,并结合实验测量得到的等离子体射流区发射光谱图,进一步证明在氦等离子体打断 DNA 双链结构的过程中,起主要作用的应该是射流中存在的大量的活性粒子,而不是热效应、强电场和紫外线的作用。当然,关于活性粒子具体的种类和相对的作用强度,还有待于进行深入、系统的理论和实验研究。

在电源输入功率为 120 W、气流量为 15 slpm 下将相对分子质量为 3632 的单链结构寡聚核苷酸放置在等离子体发生器下游 2.0 mm 处进行处理[10,32],图 16.16 给出了通过基质辅助激光解析电离飞行时间质谱(matrix-assisted laser desorption ionization time of flight mass spectrometry,MALDI-TOF)定性分析得到的氦等离子体射流处理前后寡聚核苷酸中各片段的质荷比的变化。可以看到，寡聚核苷酸经过氦等离子体处理之后，原有的质荷比为 1091 和 1420 的两个峰消失了，而同时新增加了质荷比为 1055、1189、1385、1494、1518 的几个峰，这说明氦等离子体处理寡聚核苷酸过程中，一部分片段被打断，另外生成了一些新的分子片段。也就是说，氦等离子体射流具有将类似于寡聚核苷酸链的大分子打断成小分子片段的能力。

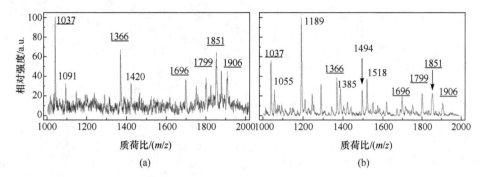

图 16.16　氦等离子体射流处理寡聚核苷酸之前(a)和之后(b)的 MALDI-TOF 质谱图

$P_{in}=120$ W，$Q_{He}=15$ slpm，作用距离 2.0 mm

16.3.2　等离子体射流对蛋白质的作用效果

除了 DNA 分子，我们还在分子水平上研究了氦气 RF-APGD 等离子体射流对蛋白质的作用效果[33]。在本节的实验中，我们选取的脂肪酶为 *Candida rugosa*（Type Ⅶ，L-1754，Sigma），相对分子质量约为 57 kDa（千道尔顿）。在本实验中，脂肪酶的酶量（浓度）采用碧云天生物技术研究所研制的 BCA（bicinchoninic acid）试剂盒测量，而酶活则通过传统的 p-NPP 方法测量得到[34]。

图 16.17 给出了在电源输入功率和气体流量分别为 180 W 和 10 slpm 时，脂肪酶的酶量和酶活随氦等离子体射流处理时间的相对变化量。可以看到，随着氦等离子体射流处理时间的增加，与其初始浓度相比，脂肪酶的酶量只是略有降低，这说明在本节实验参数下等离子射流对脂肪酶的作用比较温和，产生的致死效应很弱。与酶量的不变趋势截然不同的是酶活的变化，随着等离子体射流处理时间的增加，脂肪酶的酶活出现了较大幅度的上升。在酶活增大的同时，酶量并没有显著的变化，因此，从分子生物学角度分析，导致酶活增大的可能原因是脂肪酶内部的分子结构发生了变化。

为了进一步分析氦等离子体射流处理前后脂肪酶的分子结构变化情况，文献 [10]、[33]分别采用荧光分光光度计和圆二色光谱仪测量了不同等离子体处理时间下脂肪酶受激发射的 300～500 nm 波长范围内的荧光光谱以及圆二色光谱。

有关脂肪酶荧光光谱和圆二色光谱的细致分析可参见文献[10]。从图 16.18 可以看出,经氦等离子体射流处理后,脂肪酶的荧光光谱和圆二色光谱均发生了明显的变化,这在一定程度上反映了蛋白质二级结构和三级结构的变化。

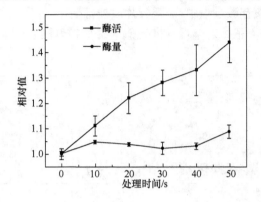

图 16.17　脂肪酶酶量和酶活随等离子体处理时间的变化规律

$P_{in}=180$ W,$Q_{He}=10$ slpm

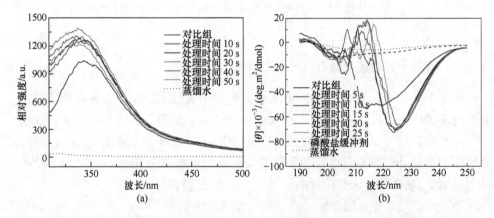

图 16.18　脂肪酶荧光光谱(a)和圆二色光谱(b)随等离子体处理时间的变化规律

$P_{in}=180$ W,$Q_{He}=10$ slpm

16.4　常压室温等离子体诱变育种研究进展

RF-APGD 等离子体射流的物理特性及其对生物大分子,特别是对生物体遗传物质 DNA 的渐进作用效果使得应用 RF-APGD 等离子体射流进行微生物的诱变育种成为可能。在实验室研究的基础上,作者研究团队与北京思清源生物科技有限公司合作开发了三代 ARTP 生物诱变仪,为国内外多个科研机构和企业提供了 40 多种工业微生物的诱变实验,取得了良好的效果。

16.4.1　常压室温等离子体生物诱变仪研制

图 16.19 给出了三代 ARTP 生物诱变仪的实物照片。其中,第一代 ARTP 生物诱变仪于 2007 年完成设计和制造,为全手工操作,是将 RF-APGD 等离子体射流用于微生物诱变育种所开发的原理样机。该样机包括了氦等离子体产生装置(射频电源系统、配气系统、冷却水系统及同轴型等离子体发生器)、可调高度的载物台、定时器、用于空间消毒的紫外灯、照明灯、无菌风机等部件。通过样机控制面板上的按钮可以调节射频电源的输入功率、等离子体工作气体压力、气流量,并可控制紫外灯和照明灯的开启与关闭。该样机进行微生物诱变育种工作的主要操作步骤为:①利用紫外灯对育种空间进行消毒并且打开无菌风机,避免育种过程中发生染菌事故;②设定好工作气体流量,打开冷却水,产生等离子体后,将制作好的菌片放置于升降台上;③调节升降台至合适距离后采用等离子体射流处理微生物,同时设定定时器时间并开始计时;④定时器到达设定的时间后自动关闭射频电源输出,取下菌片,完成一次等离子体处理过程。

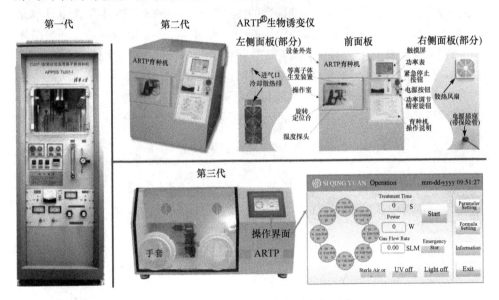

图 16.19　三代 ARTP 生物诱变仪照片

在第一代样机的基础上,作者引入自动控制方法,于 2009 年研制出了第二代 ARTP 生物诱变仪[35]。该机相比第一代样机体积缩小了 3/5,可以方便地放置于操作台面上,其显著特点是:以 SIMATIC S7-224XP 型可编程逻辑控制器作为控制核心,运行稳定、配置灵活,具有强大的计算、扩展和容错能力;采用 5.7 吋 STN 触摸式彩色液晶屏 SIMATIC TP177B 作为系统交互界面,具有 IP65 防护等级,系统控制按钮根据功能分区位于触摸屏和前面板中,整机设计充分考虑人体工程学原理和电磁兼容性(EMC),安全可靠、使用便捷;具有丰富的运行参数监控功能,处理时间、系统功率、气体流量、等离子体射流温度等参数可以直观显示在面板上;采用标准 Profibus-DP 现场总线作为通信接口,便于实现多系统协同组态。

2013 年,以北京思清源生物科技有限公司的研究人员为主在上两代诱变仪的基础上研发了更加方便操作的第三代 ARTP 生物诱变仪。相比第二代诱变仪,第三代诱变仪采用 0.3 μm 高效空气过滤器作为通风系统向诱变仪的操作腔提供清洁空气以保持操作腔内的无菌环境,而且一次诱变可以设定八个条件,自动化程度更高;另外,诱变仪操作腔前面板采用透明玻璃设计,并安装了采用人体工学设计的手套,在避免样品污染的同时为试验人员提供了一个舒适的操作环境。

16.4.2　常压室温等离子体诱变育种应用

作者研究团队应用第一代 ARTP 生物诱变仪进行工业微生物诱变育种的第一个案例是成功地对阿维链霉菌(*S. avermitilis*)进行了诱变育种[36]。阿维链霉菌是一种重要的生物农药——阿维菌素的生产菌株,它是在 1975 年首次由日本北里研究所从日本静冈县伊东市河奈地区的一个土壤样品中分离得到的。阿维菌素是由阿维链霉菌发酵产生的一组具有抗虫活性的十六元环大环内酯齐墩果糖双糖衍生物,有八种结构类似物(A1a、A1b、A2a、A2b、B1a、B1b、B2a 和 B2b)。此八种衍生物中又以 B1a 组分的抗虫活性最高。由于其作用机理独特,具有高效、广谱、低毒和对环境友好等特性,在农药、兽药等领域的应用前景十分广阔,具有显著的社会效益和经济效益[36]。

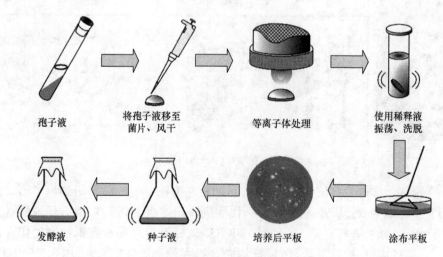

图 16.20　阿维链霉菌等离子体诱变实验操作流程图

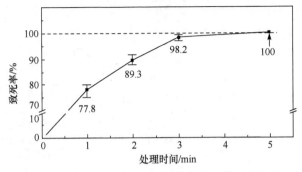

图 16.21　等离子体处理阿维链霉菌的致死率曲线

采用 ARTP 生物诱变仪进行阿维链霉菌诱变实验的操作流程,包括孢子载片的制备、等离子体处理及培养筛选过程,如图 16.20 所示,具体的操作流程和检测方法可参见文献[10]、[36]。图 16.21 给出了在氦气流量为 15 slpm、电源输入功率为 120 W 以及等离子体作用距离为 2.0 mm 时,阿维链霉菌的致死率随等离子体处理时间的变化曲线。可以看到,当处理时间超过 3 min 时,致死率已达到 95％以上。此处需要特别说明的是,由于突变本身具有随机性,其致死率和正突变率之间的关系并不十分清楚,其主要取决于诱变方法和菌株本身的特性。因此,当采用不同的方法进行微生物诱变实验时,对于不同的微生物,其最高正突变率所对应的致死率是不同的[10,32]。在本实验中,由于缺乏快速的突变菌筛选方法,为了便于选择单菌落,故选取致死率在 98％左右的条件(对应的处理时间为 3 min)进行阿维链霉菌诱变育种实验。

图 16.22 给出了阿维链霉菌经过氦等离子体射流处理后的突变株的形态图。

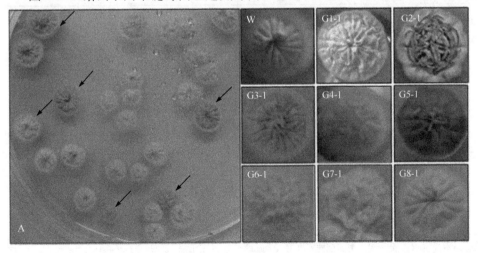

图 16.22　阿维链霉菌株基因突变后的形态
W 代表原始菌株,G1-1～G8-1 代表突变菌株

从图中可以看出,等离子体对阿维链霉菌具有很强的致畸突变能力。若按照不同形态对处理后的菌落进行分类,共可分成八种菌落,如图 16.22 中的 G1~G8 组菌落。每组菌落中随机选取两株菌落进行发酵培养,经提取后测定其总阿维菌素效价和阿维菌素 B1a 效价,结果如表 16.3 所示。分析表 16.3 的数据可以看到,突变株不仅总阿维菌素或者阿维菌素 B1a 的产量发生了明显的变化,而且其 B1a 产量与总阿维菌素的产量的比值也发生了明显的变化,最高可以达到 56%,远高于正常值 40%左右;而最低值则不足 30%,远低于正常值。为进一步表明突变株发酵产物中各个组分的含量和初始菌株相应值之间的差距,图 16.23 给出了发酵产物的高效液相色谱图。可以看到,突变株 G1-1 的 B1a 效价较原始菌株提高了 61%。

表 16.3　不同组别随机选取菌株发酵后检测效价结果($n=3$)

组别	菌落数	突变菌株	R_{B1a}*	R_{total}*	a**/%
		W	1.00±0.09	1.00±0.07	39.1
G1	7	G1-1	1.43±0.22	1.18±0.09	47.4
		G1-2	1.37±0.12	1.28±0.12	41.8
G2	11	G2-1	1.16±0.07	1.11±0.04	40.9
		G2-2	1.15±0.12	0.77±0.10	58.4
P	18				
G3	15	G3-1	0.53±0.08	0.37±0.04	56.0
		G3-2	0.35±0.15	0.53±0.11	25.8
G4	12	G4-1	0.66±0.08	0.47±0.05	54.9
		G4-2	0.39±0.07	0.32±0.03	47.7
G5	26	G5-1	0.37±0.04	0.30±0.04	48.2
		G5-2	0.44±0.07	0.40±0.03	43.0
G6	8	G6-1	0.91±0.05	0.92±0.09	38.7
		G6-2	0.44±0.10	0.39±0.04	43.3
G7	7	G7-1	0.05±0.01	0.10±0.02	—
		G7-2	0.24±0.12	0.30±0.08	27.3
M	86				
G8	202	G8-1	0.89±0.09	0.97±0.04	42.2
		G8-2	1.02±0.08	1.05±0.10	38.7
T	288				
	$R_M=M/T=30\%$			$R_P=P/T=21\%$	

　*R_{B1a}和R_{total}分别代表突变菌株阿维菌素 B1a 的产量与总阿维菌素产量与野生菌株相应产物的产量之间的比值。

　**a代表突变菌株阿维菌素 B1a 的产量与总阿维菌素产量之间的比值。

诱变育种所得菌株的遗传稳定性对于其在工业中的应用是非常重要的。为了验证突变菌株的遗传稳定性,将 G1-1 号菌株进行了传代培养,检测了其遗传稳定性。从表 16.4 可以看到,传代培养 15 代后,G1-1 号菌株依然具有良好的稳定性,这表明 ARTP 诱变得到的突变菌株具有良好的遗传稳定性。

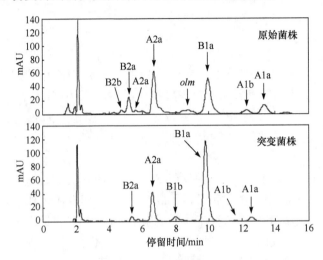

图 16.23　初始菌株和突变株 G1-1 的发酵产物的高效液相色谱图比较

表 16.4　高产突变株遗传稳定性检测

传代数	2	3	4	11	15
Y_{B1a}/(mg/L)	3430±520	3330±430	3960±400	4480±580	4420±380
Y_{total}/(mg/L)	6840±600	6710±540	7700±720	8230±830	8310±620

除了单纯应用 ARTP 进行微生物的诱变育种外,最近也有研究者将 ARTP 与基因工程手段结合使用进行微生物的诱变育种。例如,文献[37]首先采用紫外线辐射、低能离子束注入和 ARTP 手段对绿色木霉(T. viride)进行处理实现对基因组的全局随机突变,所获得的突变体的纤维素酶活性是原始菌株的 1.46 倍;然后,再对此突变菌株进行两轮的基因组洗牌操作,最终所获得的突变菌株的纤维素酶活性最高达到原始菌株的 1.97 倍。文献[38]对经密码子优化后的耐热脂肪酶的无孢黑曲霉转化子进行了 ARTP 诱变,结果发现虽然突变株与转化子的脂肪酶活力相差不大,但同转化子相比,突变株的脂肪酶比活力与处理菌株相比提高了约37%。这些最新的研究结果表明,ARTP 技术可以与多种基因工程手段相结合用于微生物的育种,从而突破基因工程的极限,进一步提高菌株特性。

ARTP 生物诱变仪因其操作简便、可控性强、安全可靠、环境友好等特点,已经逐步成为一种新型的微生物诱变育种技术,受到了国内外科研人员和企业界的高度关注。到目前为止,ARTP 生物诱变仪已经为国内外多家科研单位和企业服务,对包括细菌(如阿维链霉菌、阴沟肠杆菌、茂原链轮丝菌、芽孢杆菌 C2、产气肠杆菌、拜氏梭菌、小白链霉菌、嗜醋酸棒杆菌、甲烷氧化菌 OB3b、大肠杆菌 BA016)[11,36,39~46]、真菌(如绿色木霉 TL-124、圆红冬孢酵母)[37, 47, 48]和微藻(如螺旋藻)[49]等在内的 40 余种微生物进行了成功诱变。

16.5　小　　结

本章以 RF-APGD 等离子体射流微生物诱变育种为应用背景,讨论了有关 RF-APGD 等离子体的产生方法和物理特性,以及将 RF-APGD 等离子体射流(在生物学领域亦称为 ARTP)作用于 DNA 和蛋白质的生物学效应的实验研究结果。在此基础上,讨论了 ARTP 微生物诱变育种的研究进展。所得到的主要结论如下:

(1) 尽管到目前为止,作者所开发的 ARTP 生物诱变仪已经对包括细菌、真菌和微藻等在内的 40 余种微生物进行了成功的诱变,但这项工作依然处于起步阶段,有诸多方面的基础和应用研究工作需要来自不同领域,包括学术界和企业界科研人员的通力合作来共同完成。例如,对于在不同工作条件(特别是不同等离子体工作气体种类)下 RF-APGD 的放电机制和特性及其与微生物的相互作用机制等还需要开展深入、系统的数值模拟和实验研究,这方面的研究工作对于建立等离子体作用剂量的定量指标,进而精确控制等离子体对微生物的作用剂量十分必要;为了建立 ARTP 诱变育种的理论基础,需要就等离子体中不同种类的活性粒子对整细胞以及细胞内生物大分子的作用效果和机制分别从细胞水平和分子水平进行系统的研究,而这些研究工作的开展需要将等离子体物理学的分析方法与生物学中基因组学、蛋白组学等组学分析方法结合起来。

(2) 从工程应用的角度来讲,为了提高 ARTP 微生物诱变育种的效率,建立多样性丰富的生物突变库,需要开发多通道的等离子体射流产生系统以及合适的高通量筛选方法,从而能够在较短的时间内获得所需表型或功能的突变株。

参 考 文 献

[1] Raizer Y P, Shneider M N, Yatsenko N A. Radio-Frequency Capacitive Discharges[M]. London: CRC Press, 1995:3.

[2] Park J, Henins I, Herrmann H W, et al. Gas breakdown in an atmospheric pressure radio-frequency capacitive plasma source[J]. Journal of Applied Physics, 2001, 89: 15-19.

[3] Gutsol A, Rabinovich A, Fridman A. Combustion-assisted plasma in fuel conversion[J]. Journal of Physics D: Applied Physics, 2011, 44: 274001.

[4] 金志华, 林建平, 梅乐和. 工业微生物遗传育种学原理与应用[M]. 北京: 化学工业出版社, 2005:1-9.

[5] 施巧琴，吴松刚. 工业微生物育种学(第三版)[M]. 北京：科学出版社，2009：1-3.

[6] 余增亮. 离子束生物技术引论[M]. 合肥：安徽科学技术出版社，1998.

[7] 陈慧黠. 介质阻挡放电 等离子体对酵母细胞作用机理及诱变研究[D]. 大连：大连理工大学，2010.

[8] Dong X Y, Xiu Z L, Li S, et al. Dielectric barrier discharge plasma as a novel approach for improving 1,3-propanediol production in *Klebsiella pneumoniae*[J]. Biotechnology Letters, 2010, 32: 1245-1250.

[9] 周筑文，黄燕芬，杨思泽，等. 大气压等离子体处理对番茄生长发育及产量与品质的影响[J]. 安徽农业科学，2010，38：1085-1088.

[10] 王立言. 常压室温等离子体对微生物的作用机理及其应用基础研究[D]. 北京：清华大学，2009.

[11] Li H P, Wang Z B, Ge N, et al. Studies on the physical characteristics of the radio-frequency atmospheric-pressure glow discharge plasmas for the genome mutation of *Methylosinus trichosporium*[J]. IEEE Transactions on Plasma Science, 2012, 40: 2853-2860.

[12] Raizer Y P. Gas Discharge Physics[M]. Berlin: Springer, 1991:136-137.

[13] Massines F, Rabehi A, Decomps P, et al. Experimental and theoretical study of a glow discharge at atmospheric pressure controlled by dielectric barrier[J]. Journal of Applied Physics, 1998, 83: 2950-2957.

[14] Engel A V, Seeliger R, Steenbeck M. Über die Glimmentladung bei hohen Drucken[J]. Zeitchriftfür Physik, 1933, 85: 144-160.

[15] Schwab H A, Manka C K. A study of charge transport in a high-pressure RF discharge[J]. Journal of Applied Physics, 1969, 40: 696-706.

[16] Schwab H A, Hotz R F. Reignition voltage in a high-pressure rf discharge[J]. Journal of Applied Physics, 1970, 41: 1503.

[17] Vleugels M, Shama G, Deng X T, et al. Atmospheric plasma inactivation of biofilm-forming bacteria for food safety control[J]. IEEE Transactions on Plasma Science, 2005, 33: 824-828.

[18] Wang S, Schulz-von der Gathen V, Döbele H F. Discharge comparison of nonequilibrium atmospheric pressure Ar/O$_2$ and He/O$_2$ plasma jets[J]. Applied Physics Letters, 2003, 83: 3272-3274.

[19] Laimer J, Haslinger S, Meissl W, et al. Atmospheric pressure radio-frequency capacitive plasma jet operated with argon[C]. Proceedings of the 17th International Symposium Plasma Chemistry, Toronto, Canada, 2005.

[20] Li H P, Sun W T, Wang H B, et al. Electrical features of radio-frequency, atmospheric-pressure, bare-metallic-electrode glow discharges[J]. Plasma Chemistry and Plasma Processing, 2007, 27: 529-545.

[21] Li G, Li H P, Sun W T, et al. Discharge features of radio-frequency, atmospheric-pressure cold plasmas under an intensified local electric field (Fast Track Communication)[J]. Jour-

nal of Physics D: Applied Physics, 2008, 41: 202001.

[22] Wang S G, Li H J, Ye T C, et al. Basic characteristics of an atmospheric pressure rf generated plasma jet[J]. Chinese Physics, 2004, 13: 190-195.

[23] Gherardi N, Gouda G, Gat E, et al. Transition from glow silent discharge to micro-discharges in nitrogen gas[J]. Plasma Sources Science and Technology, 2000, 9: 340-346.

[24] Štefečka M, Korzec D, Širý M, et al. Experimental study of atmospheric pressure surface discharge in helium[J]. Science and Technology of Advanced Materials, 2001, 2: 587-593.

[25] Sun W T, Liang T R, Wang H B, et al. The back-diffusion effect of air on the discharge characteristics of atmospheric-pressure radio-frequency glow discharges using bare metal electrodes[J]. Plasma Sources Science and Technology, 2007, 16: 290-296.

[26] Niermann B, Kanitz A, Böke M, et al. Impurity intrusion in radio-frequency micro-plasma jets operated in ambient air[J]. Journal of Physics D: Applied Physics, 2011, 44: 325201.

[27] Qurat-ul-Ain, Laimer J, Störi H. RF discharges in nonequilibrium atmospheric-pressure plasma Jets at narrow gap sizes[J]. IEEE Transactions on Plasma Science, 2012, 40: 2883-2887.

[28] Li G, Le P S, Li H P, et al. Effects of the shielding cylinder and substrate on the characteristics of an argon radio-frequency atmospheric glow discharge plasma jet[J]. Journal of Applied Physics, 2010, 107: 103304.

[29] Hsu C C, Yang Y J. The increase of the jet size of an atmospheric-pressure plasma jet by ambient air control[J]. IEEE Transactions on Plasma Science, 2010, 38: 496-499.

[30] Tsai I H, Hsu C C. Numerical simulation of downstream kinetics of an atmospheric-pressure nitrogen plasma jet[J]. IEEE Transactions on Plasma Science, 2010, 38: 3387-3392.

[31] Li G, Li H P, Wang L Y, et al. Genetic effects of radio-frequency, atmospheric-pressure glow discharges with helium[J]. Applied Physics Letters, 2008, 92: 221504.

[32] 李果. 射频大气压非平衡等离子体特性及微生物育种实验研究[D]. 北京:清华大学, 2009.

[33] Li H P, Wang L Y, Li G, et al. Manipulation of lipase activity by the helium radio-frequency, atmospheric-pressure glow discharge plasma jet[J]. Plasma Processes and Polymers, 2011, 8: 224-229.

[34] Kuroda M, Nagasaki S, Ito R, et al. Sesquiterpene farnesol as a competitive inhibitor of lipase activity of *Staphylococcus aureus* [J]. FEMS Microbiology Letters, 2007, 273: 28-34.

[35] 葛楠. 大气压气体放电等离子体特性及其生物学效应的研究[D]. 北京:清华大学, 2011.

[36] Wang L Y, Huang Z L, Li G, et al. Novel mutation breeding method for *Streptomyces avermitilis* using an atmospheric-pressure glow discharge plasma[J]. Journal of Applied Microbiology, 2010, 108: 851-858.

[37] Xu F, Wang J, Chen S, et al. Strain improvement for enhanced production of cellulase in *Trichoderma viride*[J]. Applied Biochemistry and Microbiology, 2011, 47: 53-58.

[38] 陈婧，王斌，李德明，等.疏棉状嗜热丝孢菌耐热脂肪酶在无孢黑曲霉中的高效表达[J].
食品工业科技，2012，33：160-163.

[39] Hua X，Wang J，Wu Z，et al. A salt tolerant *Enterobacter cloacae* mutant for bioaugmenta-
tion of petroleum- and salt-contaminated soil[J]. Biochemical Engineering Journal，2010，
49：201-206.

[40] 夏书琴，刘龙，张东旭，等.大气压辉光放电低温等离子体诱变选育谷氨酰胺转氨酶高产
菌株[J]. 微生物学通报，2010. 37：1642-1649.

[41] 王风芹，原欢，谢慧，等.丁醇高产菌株诱变育种及发酵条件优化研究[J]. 中国酿造，
2011，5：84-86.

[42] Lu Y，Wang L Y，Ma K，et al. Characteristics of hydrogen production of an *Enterobacter
aerogenes* mutant generated by a new atmospheric and room temperature plasma（ARTP）
[J]. Biochemical Engineering Journal，2011，55：17-22.

[43] Guo T，Tang Y，Xi Y L，et al. *Clostridium beijerinckii* mutant obtained by atmospheric
pressure glow discharge producing high proportions of butanol and solvent yields[J]. Bio-
technology Letters，2011，33：2379-2383.

[44] Zong H，Zhan Y，Li X，et al. A new mutation breeding method for *Streptomyces albulus*
by an atmospheric and room temperature plasma[J]. African Journal of Microbiology Re-
search，2012，6：3154-3158.

[45] 郑明英，蔡友华，陆最青，等.常压室温等离子体快速诱变筛选高脯氨酸产率突变株[J].
食品与发酵工业，2013，39：36-40.

[46] Liu R，Liang L，Ma J，et al. An engineering *Escherichia coli* mutant with high succinic acid
production in the defined medium obtained by the atmospheric and room temperature plas-
ma[J]. Process Biochemistry，2013，48：1603-1609.

[47] 金丽华，方明月，张翀，等. 常压室温等离子体快速诱变产油酵母的条件及其突变株的特
性[J].生物工程学报，2011，27：461-467.

[48] Qi F，Kitahara Y，Wang Z，et al. Novel mutant strains of *Rhodosporidium toruloides* by
plasma mutagenesis approach and their tolerance for inhibitors in lignocellulosic hydrolyzate
[J]. Journal of Chemical Technology and Biotechnology，2014，89：735-742.

[49] Fang M Y，Jin L H，Zhang C，et al. Rapid mutation of *Spirulina platensis* by a new muta-
genesis system of atmospheric and room temperature plasmas（ARTP）and generation of a
mutant library with diverse phenotypes[J]. PLoS ONE，2013，8：e77046.

第17章 大气压分区激励等离子体反应器阵列及其高级氧化技术应用

张芝涛　白敏冬　俞　哲　田一平
大连海事大学

大气压DBD是产生大气压非平衡等离子体最具可实现性的方法,在等离子体化学应用领域具有重要的价值。然而,目前商业化的大气压介质阻挡放电装置多数采用同轴圆管结构,放电间隙宽,体积庞大,目标产物浓度低,无法满足现代环境工程应用领域的迫切需求。本章针对传统商用化装置存在的技术基础问题,从DBD反应器构成要素出发,系统分析大气压平板非平衡等离子体反应器的技术难点、结构优化途径、适宜的电介质层材料、金属电极材料的抗氧化性能等。在此基础上,重点阐述大气压介质阻挡微流注与微辉光交替放电模式的建立方法及由此引发的局域强电场演变特性;解析大气压平板等离子体反应器阵列尺度放大效应的成因,提出利用分区激励模式解决大气压平板等离子体反应器尺度放大效应的方法。同时,阐述基于大气压平板等离子体反应器产生高浓度活性氧协同水力空化技术构建的新型高级氧化技术模式,及其在远洋船舶压载水处理及生活饮用水应急消毒净化领域的应用实验效果。

17.1 引　言

大气压非平衡等离子体及其在现代工业、能源、资源环境、国防等领域的应用是21世纪具有全球性影响的科学与工程[1],对全球特别是我国高科技产业及其传统产业的技术进步有着直接的影响[2]。利用大气压非平衡等离子体可以高效制备活性氧[3],协同高效气液混溶技术,可以实现在船舶压载水的输运过程中杀灭海洋微小生物,阻断地理性隔离水体间外来入侵生物的传播途径,保护我国近岸海域不受外来入侵生物的侵袭。此外,在材料表面处理、紫外光源、高功率CO_2激光器、等离子体显示器、等离子体化学及环境保护等领域,利用大气压非平衡等离子体同样

本章工作得到国家自然科学基金(50877005)、国家高技术研究发展计划(2012AA062609)、国家杰出青年科学基金(61025001)、国家科技支撑计划(2013BAC06B02)和海洋公益性行业科研专项(201305027-5)的支持。

可以获得常规方法难以达到的处理效果,展示着大气压非平衡等离子体重要的应用价值[4,5]。

非平衡等离子体的现代工业应用要求其必须能够实现连续、规模、高效地制备高反应性活性粒子,大气压 DBD 无疑成为一种最具可实现性的放电方法。然而,传统的 DBD 装置采用同轴圆管结构,放电间隙宽度很大,通常在 2~3 mm,且难以保证放电间隙的均匀性,因此放电装置体积庞大,等效电容很高,仅能使用低频交流激励,激励电压很高,降低了装置的可靠性和安全性,难以在船舶压载水和生活饮用水应急安全保障等对装置体积和效能要求严格的场合应用。

大气压非平衡等离子体的应用与等离子体反应器的关系十分密切。大气压非平衡等离子体的未来发展趋势之一就是实现气态物质的规模化活化或转化,实现在高级氧化技术(advanced oxidation technology,AOT)、海洋环境污染防治、材料表面改性等领域的应用,这就需要有先进的等离子体反应器与之相适应。

采用 0.2~0.64 mm 窄放电间隙、96%~99% 高纯度 0.25~0.64 mm 厚 Al_2O_3 电介质层、平行板结构构建大气压平板等离子体反应器,采用微流注与微辉光交替促成放电模式强化等离子体化学反应,采用分区激励模式解决大气压平板等离子体反应器阵列的尺度放大效应,使放电装置的体积大幅度减小,效能进一步提高,依此促成了基于大气压平板等离子体反应器产生高浓度活性氧协同水力空化技术产生羟自由基的新型高级氧化技术模式的实现。

17.2　国内外研究现状

DBD 最早起源于对臭氧发生及应用技术的研究[6,7],同轴玻璃圆管式臭氧发生器是现代工业臭氧发生器的雏形,也是最早的大气压 DBD 等离子体发生装置。在此后 100 多年的时间里,尽管低温等离子体物理与工艺取得了较大发展,但作为低温非平衡等离子体重要组成部分的大气压 DBD 技术却没有得到发展,其原因是臭氧发生装置的效率十分低下,产生臭氧的成本非常高[8],限制了臭氧应用技术的发展,也限制了大气压 DBD 等离子体技术的发展。近 20 年来,由于工业等离子体化学合成与分解、环境污染治理等方面的需求,同时又由于材料科学和电力电子技术等相关学科取得了较大的发展,促进了对大气压 DBD 特性与应用技术的研究,并很快成为低温非平衡等离子体研究的热点。

国际上对大气压 DBD 非平衡等离子体的研究很多是针对放电模式展开的,最早起始于对臭氧发生器中微流注放电现象的观察[9]。研究发现,在大气压下,DBD 多数呈现细丝状结构,在放电气隙宽度小于数毫米时,微流注空间径向尺度小于毫米量级[10]。在微观尺度下,微放电呈现出复杂的动态时空演变过程,放电通道内的电场、电子能量和电子密度等参量在数十纳秒时间内随轴向和径向位置的不同而高度变化[11,12]，且强烈地依赖放电通道内空间电荷和电介质层表面沉积电荷的形成[13,14]，这意味着大气压介质阻挡微放电的演化实际上是一个高气压下的流注发展过程，微流注通道内的电子密度可达 10^{12} cm^{-3} 以上，微流注头部电场很强，与激励电场叠加最大可达几百 Td[15]，是加速电子碰撞原子、分子，促使其激发、电离或切断化学键的锋利"剪刀"。进一步研究发现[16,17]，在足够高激励电压作用下，大气压 DBD 还能产生一种与经典辉光放电非常相似但尺度很小，仅为毫米量级的微辉光放电形式。该微辉光仅存在于激励电流的负半周期，与微流注一起形成微流注与微辉光交替促成放电模式，进而由于强电场形成模式与时空分布的改变对非平衡等离子体化学反应产生影响。

大气压 DBD 最大的特点是可以在较大空间内获得高能量、高密度的非平衡等离子体，能够满足高质量流量等离子体化学反应的需要。然而，实际应用发现，简单的尺度放大会造成放电体系稳定性的破坏，严重影响非平衡等离子体反应器放电性能，原有尺度优化条件无法在新的放大体系上运用，尺度放大效应明显[18]。尺度放大效应的成因是激励变压器漏感和放电装置等效电容谐振频率失配造成的[19]，解决问题的途径是采用分区激励技术[20]。

我国研究者对非平衡等离子体的研究越来越重视，形成了许多新的研究热潮[21,22]，其中涉及大气压 DBD 机理、放电模式及其应用的研究成为热点之一。该方面工作主要集中在大气压均匀放电的建立和维持条件、高性能等离子体化学反应器及相关应用研究等方面，均取得了较大进展[23~26]，与当前国际水平相接近。然而，目前的研究还很少触及基于非平衡等离子体化学应用的大气压 DBD 结构优化、电介质材料优化、小型化规模化应用的技术基础等问题，制约了其在环境领域的应用拓展。

17.3 大气压平板等离子体反应器及其特性

17.3.1 平板等离子体反应器

大气压 DBD 可分为同轴圆管式和平行板式两种基本结构。由于不同放电管结构参数存在差异，同轴圆管式放电管很难实现小于 1 mm 的窄间隙放电，且由于 DBD 管具有容性负载特征，并联数量越多，放电装置等效电容越大，实现高频激励越困难，限制了等离子体化学反应效能。与同轴圆管结构相比，平行板式 DBD 装置原理结构简单，且由于可以采用介电性能和绝缘性能优良，纯度在 96%～99% 的 α-Al_2O_3 电介质材料制作薄电介质层，能够采用数十千赫兹的高频高压电源激励，因此可以在 0.10～0.64 mm 的极窄间隙内实现大气压强电场放电，放电空间的电离区域占空比很高，生成目标产物的浓度很高，等离子体化学反应效能得以充分发挥。

1. 大气压平板等离子体反应器技术难点

大气压平板等离子体反应器是氧等离子体化学规模化应用的核心部件,需要解决如图 17.1 所示的五个技术难点:

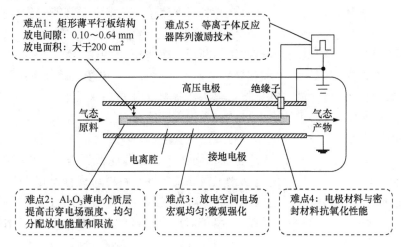

图 17.1　大气压平板等离子体反应器技术难点

难点 1:大气压平板等离子体反应器采用了矩形薄平行板结构,高压电极放置在两平行的接地电极之间,放电间隙控制在 0.1~0.64 mm,要求放电间隙误差小于 1%。由于放电间隙很窄,对加工精度要求就很高,加工难度很大,同时对覆盖高压电极电介质层的厚度和平整度要求也很高,误差不超过 1%。大气压平板等离子体反应器采用窄放电间隙结构的益处是能够实现大气压下的强电场放电,放电空间的电离度和电离区域占空比都会相应提高,进而增强了等离子体化学反应效能。放电间隙越小,约化电场强度越高,电离占空比越高,越有利于反应气体中活性粒子的产生。

难点 2:电介质层是形成 DBD 最核心的组件,一个高性能的 DBD 装置要求电介质层在材料上具有适宜的介电常数,尽可能低的介电损耗,较高的绝缘强度,组成成分均匀,可以制造得很薄且表面平整,具有良好的导热性能及力学性能,能够耐受长期的电荷轰击并具有较低的成本。目前,常用的电介质材料主要有硼硅酸盐玻璃、石英和搪瓷等。这些材料的介电常数较低(相对介电常数 4~7),机械强度差,易碎,无法将其制造得很薄,因此限制了能量向放电空间内的传递。相比之下,纯度在 96%~99% 的 α-Al_2O_3 是一种较为理想的 DBD 电介质材料,可以制作得很薄,厚度只有 0.25~0.64 mm,介电常数较高,相对介电常数在 10 左右,力学性能和导热性能非常好,与铸铁相似。因此,将纯度为 96%~99%,厚度为 0.25~0.64 mm 的 α-Al_2O_3 电介质层用于大气压平板等离子体反应器,一方面可以提高放电空间的击穿电场强度,另一方面也有利于提高放电能量的传递效率。然而,将高纯度 $\alpha\text{-}Al_2O_3$ 烧结成面积大于 $200\ cm^2$ 均匀平整的薄平板电介质层非常困难。

难点 3:宏观均匀电场的微观强化。工业应用的大气压 DBD 多数表现为微放电模式,为了提高放电空间的电离区域占空比,要求整个放电空间的击穿电场分布均匀,在宏观上体现出击穿电场的均匀性,以促使整个放电空间都能有效形成微放电通道。而在微观上,要求在每一个微放电通道中都能产生时空瞬变的局域强电场,以提高反应气体的电离度,有利于切断反应气体分子的化学键,提高目标产物的浓度。这样,在宏观均匀电场和微放电通道的微观强化电场的共同作用下,放电空间的电离度和电离区域占空比将得以大幅提高。从目前来看,在大气压平板等离子体反应器中通过改进放电电极结构和引入新的放电模式是在宏观均匀电场中强化微放电通道时空瞬变强电场的有效途径。

难点 4:电极材料和密封材料的抗氧化性能。在常规大气压 DBD 状况下,与大气压非平衡等离子体接触的不锈钢电极和反应器密封材料具有很好的抗氧化和抗腐蚀性能。然而,在大气压平板等离子体反应器中,由大气压强电场生成的等离子体其电子密度、电子温度大幅提高,离子对放电电极的轰击能力也相应增加,生成的化学活性物质的氧化能力进一步增强,结果导致原本在普通大气压 DBD 中具有良好抗氧化能力的 316L 不锈钢放电电极在强电场生成的大气压非平衡等离子体中被轻易氧化和腐蚀,降低了大气压平板等离子体反应器的性能和稳定性。同时,大气压平板等离子体反应器使用的密封和粘接材料在电子、离子和化学活性物质的共同作用下也会大大降低等离子体的化学反应效能。因此,寻求提高大气压平板等离子体反应器用电极材料和密封材料抗氧化性能的技术方法成为必须解决的技术困难之一。

难点 5:大气压平板等离子体反应器阵列激励技术。要实现大气压平板等离子体反应器规模化应用,需要将其通过串联和并联的方式组成阵列,以此扩大等离子体化学反应目标产物的产量。然而,由于大气压平板等离子体反应器对于激励电源来说属于容性负载,构成阵列后其等效电容会随使用反应器数量的增加而成比例增加,降低了大气压平板等离子体反应器阵列应用系统的谐振频率,规模尺度放大效应明显,大气压平板等离子体反应器的优化效能得不到充分发挥。另一方面,构成阵列的大气压平板等离子体反应器由于存在放电间隙等结构参数的差异,在常规电源激励时,部分放电间隙较宽的大气压平板等离子体反应器的放电性能出现劣化。因此,需要采用新的激励技术,如分区激励技术,解决大气压平板等离子体反应器阵列的规模尺度放大效应引发的放电性能劣化问题。

2. 大气压平板等离子体反应器结构

大气压平板等离子体反应器主要由高压电极、接地电极、气态原料入口均流槽、气态产物出口汇集槽和密封侧板等组成。其中,高压电极表面需要覆盖 $0.47\sim$ 0.64 mm 厚电介质层,电介质层材料为纯度 $96\%\sim99\%$ 的 α-Al_2O_3,相对介电常数为 10,电介质层厚度误差不超过 1%。覆盖电介质层的高压电极放置在两个相互平行的接地电极之间构成双电离腔结构,每个电离腔有效放电面积不小于 185 cm^2,电离腔的放电间隙宽度控制范围在 $0.25\sim0.64$ mm,放电间隙宽度误差不超过 1%。为了在宏观均匀电场中对微放电时空瞬变电场有效强化,可以在高压电极和接地电极中引入微放电电场强化结构,如微针阵列电极结构,但应控制针阵列电极的分布密度、尺度和曲率半径等在适宜的范围内,不应破坏宏观电场的均匀性,否则将会起适得其反的效果。接地电极上设计有冷却液循环结构,用以控制大气压平板等离子体反应器中的等离子体化学反应温度。通过电离腔的气体流速分布应均匀,由气态原料入口均流槽和气态产物出口汇集槽控制气体流速的分布。大气压平板等离子体反应器由于采用的是窄间隙放电结构,仅适用于气态等离子体化学反应,其等离子体化学反应原料、中间产物和最终产物必须为气态,不能有固态或液态产物的生成,否则将影响大气压平板等离子体反应器的实际应用效果和系统的稳定性。

　　图 17.2 给出的是大气压平板等离子体反应器实物照片。该反应器采用双电离腔结构,放电间隙 0.5 mm,高压电极由银浆制作,镀涂在电介质层的一侧,高频高电压由高压电缆引入,高压电缆一端焊接在银电极上。电介质层由 96% 的 α-Al_2O_3 制作,厚度 0.64 mm,相对介电常数为 10,有效放电面积 185 cm^2。该反应器的接地电极采用 5052 铝合金制作,接地电极安装前需做表面预氧化处理。将大气压平板等离子体反应器用于氧等离子体化学反应,采用频率 10 kHz、电压 5 kV 交流电源激励,工作气压 0.1 MPa,其产生的氧活性粒子(reactive oxygen species, ROS)单机最高浓度达 160 g/m^3,最高产量高于 40 g/h,每小时单位面积氧活性粒子产量达 220 mg/cm^2,高于现有商用设备 3 倍以上,在气体流量高于 3 L/min 的流量下,能耗效率高于 100 $g/(kW \cdot h)$,主要指标达到目前国际公开报道的最高水平。

3. 电介质层与镇流作用

　　大气压平板等离子体反应器中,电介质层的作用主要表现在两个方面:一是放电所需的能量需要通过电介质层分布电容耦合到放电空间,通过改变电介质层等效电容的大小有效控制放电电流的增长,使放电空间注入功率密度得以控制,同时也避免了微放电向弧光放电过渡;另一方面,电介质层的绝缘特性使电介质层表面沉积电荷的传导性很低,致使在放电空间某一位置发生微放电时,其电场变化仅影响微放电电离通道涉及的局域空间,对其他区域电场影响很小,微放电可以在整个放电空间内并行发生。这样,整个放电空间的电介质层等效电容可以认为是由若

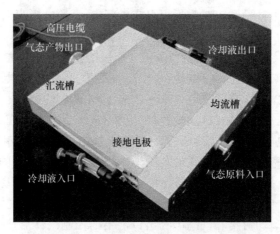

高压电缆
气态产物出口　　　　　　　　　　　　　　冷却液出口
汇流槽
均流槽
接地电极
冷却液入口　　　　　　　　　　　气态原料入口

图 17.2　大气压平板等离子体反应器实物

干个相等的分布电容并联组成,分布电容的作用使整个放电空间的放电均匀而稳定。电介质层在大气压平板等离子体反应器中起到了十分重要的镇流作用。

　　传统制作电介质层的材料主要是硅酸盐玻璃。由于玻璃的相对介电常数较低(4~7),力学强度差,易碎,无法制造得很薄。为了提高机械强度,必须将电介质层制造得很厚,这样就限制了放电能量的传输,从而使施加到放电间隙的功率较小,无法满足大气压平板等离子体反应器的需要。同硅酸盐玻璃相比,以 $\alpha\text{-}Al_2O_3$ 为主晶相,含量高于 96% 的氧化铝瓷介电常数等性能指标优良,且由于氧化铝瓷具有较高的强度及较强的抗热冲击和机械冲击性能,可以制造得很薄,大幅度增加了电介质层对放电能量的传递性能。因此,以 $\alpha\text{-}Al_2O_3$ 含量高于 96% 的氧化铝瓷替代硅酸盐玻璃作为电介质层材料,可以大幅度提高大气压平板等离子体反应器的性能,进而减小非平衡等离子体反应器的体积。

　　图 17.3 给出的是大气压平板等离子体反应器使用的 Al_2O_3 电介质材料的能谱与扫描电镜分析结果。该电介质层材料纯净,主要成分为 Al 和 O。加工成的 Al_2O_3 基板在微观结构上无缺陷,晶粒分布较为均匀,尺度在数微米左右,晶界上无微裂纹,气孔极少,有效避免了电介质层微观缺陷在强电场放电条件下导致的电介质层内部电荷分布和电场分布极不均匀现象的发生,提升了微放电在放电空间内分布的均匀性,减少了电介质层击穿损坏现象。

　　表 17.1 给出的是 Al_2O_3 含量为 96% 和 99% 的氧化铝瓷主要性能。这两种材料的主要结晶相均是 $\alpha\text{-}Al_2O_3$,耐高温,强度大,相对介电常数 10,高于硅酸盐玻璃 1 倍,损耗小,仅有硅酸盐玻璃 10%,热导率高,接近钢铁导热率,耐热冲击和机械冲击,可以制造得很薄,极大地提高了电介质层对放电能量的传递性能。

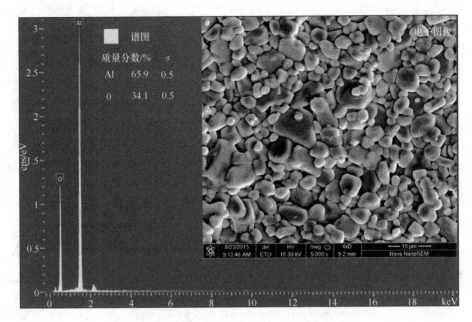

图 17.3　Al_2O_3 电介质材料能谱与扫描电镜分析

表 17.1　Al_2O_3 含量为 96% 和 99% 的氧化铝瓷主要性能

项目名称	测试方法或条件	单位	性能指标	性能指标
Al_2O_3 含量	—	%	96	99
主要结晶相	XRD	—	$\alpha\text{-}Al_2O_3$	$\alpha\text{-}Al_2O_3$
介电常数(ε_r)	25℃,1 MHz	—	10	10
损耗因数($\tan\delta$)	25℃,1 MHz	$\times10^{-4}$	≤4	≤3
体积电阻率	25℃	$\Omega\cdot cm$	≥10^{14}	≥10^{14}
	300℃	$\Omega\cdot cm$	≥10^{10}	≥10^{12}
绝缘强度	—	kV/mm	6~25	10~25
热导率	20℃	W/(m·℃)	≥21	≥22
最高使用温度	—	℃	1600	1600
体积密度	—	g/cm^3	3.7	3.9
抗折强度	—	MPa	≥274	≥290
吸水率	—	%	0	0
抗热冲击	—	—	强	强
抗机械冲击	—	—	强	强

4. 放电电极氧化问题

大气压平板等离子体反应器在以氧为原料气的情况下会生成 O_2^*、O_2^+、O_2^-、$O(^1D)$、$O(^3P)$、O_3 等活性氧粒子。由于单质 O 和 O_3 的氧化能力极强,氧化电位分别达 2.42 V 和 2.07 V,致使大气压平板等离子体反应器内生成的氧等离子体的氧化性极强,加之 O_2^+ 和 O_2^- 在强电场作用下会轰击放电电极表面,产生溅射,污染等离子体反应环境和反应产物,甚至影响大气压非平衡等离子体反应器的长期稳定运行,因此要求大气压平板等离子体反应器的放电电极能够抵御大气压非平衡氧等离子体引发的强氧化和轰击作用。

常规状况下,316L 不锈钢具有优异的抗腐蚀和抗氧化性能。然而,在大气压平板等离子体反应器产生的氧等离子体的作用下,不锈钢接地电极表面会沉积一薄层松散的固态粉末状物质,如图 17.4(a)所示,照片中接地电极表面的褐色物质即为沉积物。图 17.4(b)给出的是从不锈钢接地电极表面收集到的固态粉末状物质扫描电镜照片,可见其形态呈现明显的团聚、松散、无规则颗粒物特征。

(a)　　　　　　　　　　　　　　　(b)

图 17.4　316L 不锈钢接地电极及其表面沉积物

(a) 接地电极及表面沉积物;(b) 表面沉积物电镜照片

为了确定 316L 不锈钢接地电极表面沉积物的来源,使用荷兰 FEINova450 场发射扫描电镜和牛津 X-Max 电制冷能谱仪对收集到的表面沉积物进行能谱分析,样品的测试结果如图 17.5 所示。可以看出,收集的固态粉末样品成分包含 Fe、O、C、Cr、Ni、Al、Si、Mn、S 等,其中的 Fe、O、C、Cr、Ni 的含量较多。

实验用 316L 不锈钢电极材料的主要成分为 Fe、Cr、Ni、Mo、Mn、Si、Cu、P、N、C、S 等。316L 不锈钢电极材料与表面沉积物四个样品成分的比较如表 17.2 所示。可以看出,虽然原有 316L 不锈钢样品中并不含有 O 元素,四个表面沉积物样品中却均出现了 O 元素,而且含量很高,除沉积物样品(2)中的 O 元素含量略小(5.4%)外,其他三个样品的 O 元素含量非常高(37.8%、33.6%、34.7%),说明沉

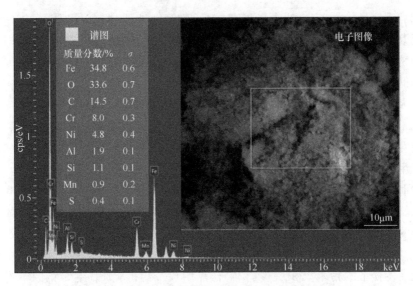

图 17.5　316L 不锈钢接地电极表面沉积物成分分析

积物样品中有氧化物存在。同时,316L 不锈钢电极材料的主要成分 Fe、Cr、Ni 也在四个表面沉积物样品中检测出来,而且含量很高,其中 Fe 的含量达到 24.6%～50.8%,Cr 的含量达到 5.7%～13.1%,Ni 的含量达到 3.5%～6.2%,所含 Fe、Cr、Ni 成分的比例也与 316L 不锈钢电极材料的成分比例相当。考虑到沉积物样品中 O 元素大量出现,可以确认四个表面沉积物样品均应含有 Fe、Cr、Ni 的氧化物成分。

表 17.2　316L 不锈钢电极材料与表面沉积物成分比较

材料名称	组成成分含量/%												
	Fe	Cr	Ni	Mo	Mn	Si	Cu	N	P	C	S	Al	O
316L 不锈钢	69.366	16.76	10.13	2.02	1.04	0.48	0.13	0.03	0.029	0.013	0.002	—	—
沉积物(1)	24.60	5.70	3.50	—	—	3.50	—	—	—	25.80	3.50	3.50	37.80
沉积物(2)	50.80	13.10	6.20	0.80	—	0.20	—	—	—	22.10	—	1.20	5.40
沉积物(3)	34.80	8.00	4.80	—	0.90	1.10	—	—	—	14.50	0.40	1.90	33.60
沉积物(4)	27.30	6.20	3.60	—	—	0.60	—	—	—	27.30	0.30	—	34.70

不锈钢材料具有抗腐蚀和抗氧化作用的原因是不锈钢中含有决定其耐腐蚀性能的最基本元素 Cr,在氧化性介质中,Cr 能使钢的表面很快形成一层致密的富铬氧化膜,该氧化膜与金属基体结合牢固,能够阻止腐蚀介质的透过,保护钢免受外界介质进一步氧化浸蚀。同时,Cr 还能有效提高钢的电极电位,当钢的铬含量不低于 12.5% 时,其电极电位会发生突变,由负电位升到正的电极电位,因而可显著

提高钢的耐腐蚀性能。Cr 的含量越高,钢的耐腐蚀性能越好。另外,在不锈钢中添加元素 Si 后,不锈钢的抗氧化性能会进一步提高。然而,在某种因素的作用下,如果不锈钢表面致密的富铬氧化膜遭受破坏,不锈钢的抗腐蚀和抗氧化性能将会明显降低。

由大气压平板等离子体反应器产生的氧等离子体中,不仅含有 O_2、O_2^*、$O(^1D)$、$O(^3P)$、O_3 等强氧化性粒子,而且还存在大量的带电粒子 e、O_2^+、O_2^-。虽然强氧化性粒子有助于在不锈钢表面形成致密的富铬氧化膜保护层,但在大气压强电场作用下,O_2^+ 和 O_2^- 会随激励周期的不断变化交替轰击 316L 不锈钢接地电极,形成溅射,破坏富铬氧化膜保护层。富铬氧化膜一旦破坏,铁基体和溅射出的 Fe、Cr、Ni、Mo、Mn、Si、C、S 等就会暴露在具有强氧化性的氧等离子体环境中,氧等离子体中的单质 O 和 O_3 的氧化能力极强,氧化电位分别达 2.42 V 和 2.07 V,很容易将铁基体和溅射出的 Fe、Cr、Ni、Mo、Mn、Si 等氧化,在 316L 不锈钢接地电极表面形成结构松散的粉末沉积层,沉积物样品中检测出的 316L 不锈钢原本不存在的高含量 O 元素就是 Fe、Cr、Ni、Mo、Mn、Si 等氧化物中的 O。

对比 316L 不锈钢接地电极,以铝合金作为大气压平板等离子体反应器的接地电极同样会在接地电极表面形成沉积物,沉积物呈现一薄层松散、无规则的粉末状物质,少量团聚,但沉积物的量要比 316L 不锈钢接地电极少得多。实验接地电极材料为 5052 铝合金,主要成分为 Al 以及少量的 Si、Cu、Mg、Zn、Mn、Cr、Fe 等。使用荷兰 FEINova450 场发射扫描电镜和牛津 X-Max 电制冷能谱仪对收集到的 5052 铝合金接地电极表面沉积物进行能谱分析,样品的测试结果如图 17.6 所示。可以看出,收集的固态粉末样品主要成分是 Al、O、C。

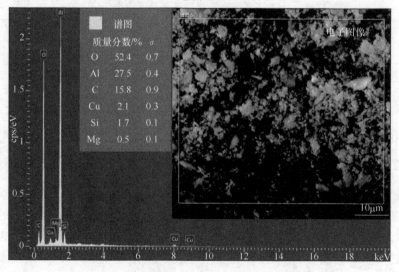

图 17.6　5052 铝合金接地电极表面沉积物成分分析

　　表 17.3 给出的是 5052 铝合金电极材料与表面沉积物三个样品成分的比较，与 316L 不锈钢接地电极沉积物相似，虽然原有 5052 铝合金样品中并不含有 O 元素，但三个表面沉积物样品中却均出现了 O 元素，而且含量很高，分别达 52.4%、20.8% 和 50.4%，说明铝合金电极表面沉积物样品中有氧化物存在。同时，5052 铝合金接地电极材料的主要成分 Al、Mg 均在三个表面沉积物样品中检测出来，而且含量很高，其中 Al 的含量达到 20.4%～59.6%，Mg 的含量也达到 0.4%～0.7%，考虑到沉积物样品中 O 元素大量出现，可以确认三个表面沉积物样品均应含有 Al、Mg 的氧化物成分。

表 17.3　5052 铝合金电极材料与表面沉积物成分比较

材料名称	组成成分含量(%)										
	Al	Mg	Fe	Cr	Si	Cu	Zn	Mn	O	C	Cl
5052 铝合金	96.25	2.80	0.40	0.15	0.25	0.10	0.02	0.03	—	—	—
沉积物(1)	27.50	0.50	—	—	1.70	2.10	—	—	52.40	15.80	—
沉积物(2)	59.60	0.70	1.10	—	1.00	2.30	—	—	20.80	14.50	—
沉积物(3)	20.40	0.40	—	—	1.00	1.40	—	—	50.40	26.20	0.20

　　图 17.7 给出的是收集到的 5052 铝合金接地电极表面沉积物粉末样品的 XRD 图，对比标准 XRD 谱图，测试样品的衍射峰与 α-Al_2O_3 标准 XRD 特征衍射峰完全匹配，说明铝合金接地电极表面收集到的粉末样品主要物相为 α-Al_2O_3。因此，在大气压平板等离子体反应器产生的氧等离子体的溅射与氧化作用下，沉积在铝合金接地电极表面的固态沉积物主要是铝的氧化物。总的来说，由于 Al 比 Cr 的溅射率低得多，5052 铝合金接地电极表面因离子轰击引发的溅射量很低，且由于大气压氧等离子体的强氧化作用，5052 铝合金接地电极表面很快被氧化形成 Al_2O_3 膜，虽然不致密，但减缓了接地电极被氧化的速度。因此，大气压平板等离子体反应器接地电极的抗氧化性能高于不锈钢，铝材是构建氧等离子体反应器接地电极较为理想的材料，且容易通过铝材表面预先氧化处理而减小固态产物的产生问题。

　　大气压平板等离子体反应器产生的氧等离子体对接地电极的作用也影响到电介质层表面，部分接地电极的氧化和溅射产物也沉积到了电介质层表面。图 17.8 给出的是 Al_2O_3 电介质层高压电极表面生成的固态颗粒产物，相应的接地电极为 316L 不锈钢。从这些扫描电镜图像看，这些固态颗粒产物的尺度大约在数十纳米至数百纳米之间，数量不多，但均匀地分布在 Al_2O_3 电介质层高压电极表面，积累到一定程度有可能对放电过程及稳定性造成影响。

　　为了考察这些纳米级固态颗粒产物的来源，将运行 1000 h 以上的 Al_2O_3 电介质层取下，利用荷兰 FEINova450 场发射扫描电镜和牛津 X-Max 电制冷能谱仪对

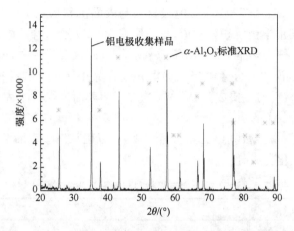

图 17.7　5052 铝合金接地电极表面沉积物 XRD 物相分析

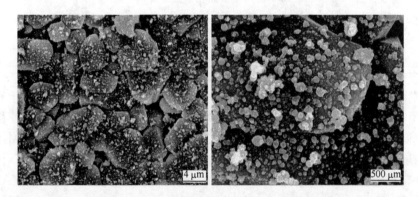

图 17.8　Al_2O_3 电介质层表面的固态颗粒生成物

该电介质层表面进行成分分析发现,这些沉积在电介质层表面纳米级的固态颗粒物的成分包含了 Al、O、Fe、C、Cr、Ni 等元素。可以推断,电介质层表面固态颗粒物的形成主要是大气压平板等离子体反应器中强电场放电产生的 O_2^+ 和 O_2^- 轰击 316L 不锈钢接地电极形成的溅射产物被氧化的结果。氧等离子体中 O_2^+ 和 O_2^- 轰击 316L 不锈钢接地电极,破坏了 316L 不锈钢的富铬氧化膜保护层,溅射出了 Fe、Cr、Ni 等 316L 不锈钢主要构成元素,这些元素在氧等离子体环境中被 O、O_2 和 O_3 氧化,氧化产物一部分随等离子体化学反应气态产物输出,一部分沉积在电介质层表面形成一层微黄的固态颗粒物沉积层。

17.3.2　放电模式

在大气压 DBD 体系中,微流注放电(micro-streamer discharge)是最常见、应用最广泛的放电模式。对于该放电模式,很多学者已进行了相当广泛的研究,其中,Balsur Eliasson 和 Ulrich Kogelschatz 教授在 1991 年提出的数值模型对微流注放电的形成演变机理进行了很好的理论阐释,最具代表性,受到普遍认可。2012年,俞哲等利用局域强电场在大气压 DBD 中产生了微辉光放电(micro-glow discharge),该放电在小于 1 mm 的微观尺度下仍然具有清晰可辨的经典的低气压辉光放电结构特征,仅存在于激励电压的负半周期,广布于整个放电空间内,有效地扩展了局域强电场的时间尺度,将微流注的瞬态强电场扩充至可持续半个激励周期的局域强电场。因此,在大气压平板等离子体反应器中引入微辉光放电,利用微辉光放电阴极区产生的强电场电离工作气体,结合微辉光放电的集体效应,可以有效提高高能电子在时间和空间上的占有率,进而为等离子体化学反应提供更加丰富的活性粒子,可有效提高大气压非平衡等离子体化学反应的效能。

1. 微放电特性

介质阻挡微放电特性可以通过透明电极清晰地观察到,并在一定程度上可以反映媒质气体放电的强弱。图 17.9 给出的是以 0.64 mm 石英玻璃为电介质层、5052 铝合金为接地电极构造的平板 DBD 装置在放电间距 0.64 mm、氮气流量0.2 L/min、气体压力 0.1 MPa、电源激励频率为 10 kHz 条件下,通过透明高压电极观察到的 DBD 几种典型的辐射状态。可以看出,DBD 的辐射强度依赖于激励电压的大小。当激励电压低于 2.4 kV 时,放电只发生在放电空间的局部,放电呈现许多明显的圆形放电通道且放电通道之间有明显的空间间隔。微放电在放电空间内相互独立且只发生在放电空间的局部是这种状态的特点;当激励电压达到2.4~2.6 kV 时,这些圆形放电通道逐渐充满整个放电空间,且大多数放电通道的周围仍有一定尺度的空间间隔,其空间间隔与电介质表面沉积电荷在电介质层表面扩散的直径相当,略小于 1 mm。这种放电状态的特点是微放电在空间上相互独立且较均匀分布于整个微放电空间内;当激励电压处于 2.8~3.2 kV 时,放电间隙内的击穿电场强度进一步增强,一些放电通道虽然可见,但已经不十分明显,放电通道与周围区域的辐射状态差别很小;如果将激励电压提高到 3.4 kV 以上,由透明电极观察到放电空间呈现十分均匀的辐射状态,且已很难观察到明显的放电通道。对图 17.9 中(a)、(b)影像进行局部放大可以看出,在一定的激励电压范围内,DBD 中的放电通道一般会形成“点”、“线”、“环”等几种轨迹。在媒质气体为静态的情况下,其轨迹以圆形的点状放电为主,显示出微放电的“静止”特性。在媒质气体以一定流速流动情况下,其轨迹以线状为主,动态观察可清楚地显示微放电的“移动”特性,且方向性很强。尽管点状与环状轨迹在这种情况下也存在,但不占主导地位。

利用一个电极被电介质覆盖的单电介质层 DBD 装置与两个电极均被电介质覆盖的双电介质层 DBD 装置,通过透明电极观察获得的辐射状态基本相同,只是

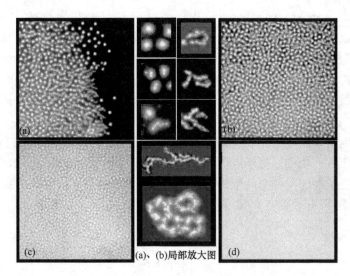

图 17.9　通过透明电极拍摄的 DBD 影像(曝光时间:1/100 s)

不同状态对应的激励电压有所不同。而如果从侧向观察,这两种结构的辐射状态会有很大差别。

　　图 17.10 给出的是单电介质层 DBD 装置侧向辐射影像。可以看出,在较低激励电压条件下,微流注放电在放电空间内是相互独立存在的。随着激励电压的增加,两个原来相互独立的微流注放电之间开始出现其他放电,这些微流注放电产生的电荷在激励电场的作用下会在电介质层表面沉积,形成一层以微放电为圆心的沉积电荷层,如图 17.10 中微放电通道的放大图所示。激励电压越高,其沉积电荷层的半径越大,并对相邻微放电产生影响,直至最后在电介质表面形成一层很强但并不十分均匀的电荷层。

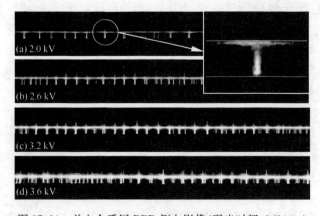

图 17.10　单电介质层 DBD 侧向影像(曝光时间:1/100 s)

　　图 17.11 是双电介质层 DBD 装置侧向辐射影像。可以看出,在较低的激励电压条件下,微放电在放电空间内也是相互独立存在的。随着激励电压的增加,原来相互独立的微流注放电之间同样也开始出现其他放电。微流注放电产生的空间电荷会在两个电介质层表面均产生电荷沉积,形成与单电介质层不同的辐射状态。当激励电压增加到一定程度时,从宏观已无法区分出微流注放电状态,沉积在电介质表面的电荷分布已相当均匀,宏观上形成了一种与单电介质层 DBD 装置完全不同的似辉光放电辐射状态。

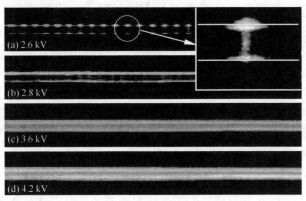

图 17.11　双电介质层 DBD 侧向影像(曝光时间:1/100 s)

　　单电介质层与双电介质层 DBD 装置辐射影像不同主要是由电介质层结构不同造成的。不同结构 DBD 装置辐射特性差异主要表现在微放电强度与微放电辐射均匀性两个方面。如果将单电介质层覆盖在其中一个电极上,则具有该结构 DBD 装置放电状态的特点是放电始终出现在放电空间的局部区域,即使在很高的激励电压条件下,相邻的放电区域之间总有一些区域没有发生放电,而发生放电的区域光辐射很强,说明在这些区域内气体的激发与电离非常激烈。如果将电介质层分别覆盖在 DBD 装置的两个电极上,则具有该双层结构 DBD 装置表现出的辐射特性与单电介质层覆盖在其中一个电极上的辐射特性有着较大的差别。双电介质层结构 DBD 装置辐射特性在激励电压达到一定程度时,放电在整个放电空间内表现得很均匀也很漫散,但光辐射强度远不及单电介质层结构 DBD 装置。从而说明在双层结构 DBD 装置中,气体的激发与电离也远不及单电介质层结构。从单一的微放电的对比也可以看出,单电介质层结构 DBD 装置只存在单电极扩散,而双电介质层结构 DBD 装置却存在双电极扩散,其扩散半径约为单电介质层 DBD 装置的二分之一。

　　单电介质层结构与双电介质层结构 DBD 装置产生放电强度方面差异的原因有两个:一是微放电传输电荷量的影响。实验中采用的电介质层是完全相同的,双电介质层总厚度相当于单电介质层的两倍,因此微放电中传输的电荷量双层结构要比单层结构小,从而造成带电粒子浓度与高能电子数量都较小而产生光辐射强度的差异。二是单电介质层存在二次电子的发射。单电介质层结构总有一个电极没有被电介质层所覆盖,因此在有离子碰撞到电极上时要引起二次电子发射,从而增大了带电粒子浓度,引起放电强度的增强。

2. 微流注放电模式

依据 Balsur Eliasson 和 Ulrich Kogelschatz 的微流注放电理论,一个微流注可分为三个阶段:一是放电击穿阶段,主要是通过种子电子被电场加速穿越放电气隙形成最初的电子雪崩;二是电流脉冲形成阶段,主要是完成大量放电电荷在放电气隙内的输运和电介质表面沉积电荷的形成;三是大量活性粒子产生阶段,主要是触发等离子体化学反应过程开始。其中,在前两个阶段,空间电荷产生的自感应电场对放电击穿和流注发展起到了重要的推动作用,而电介质表面沉积电荷产生的反向电场则对微流注的消失起着决定性的作用。Balsur Eliasson 和 Ulrich Kogelschatz 的介质阻挡微流注放电模型与人们用肉眼观察的微放电现象具有很好的一致性,宏观影像呈现轴对称特征,似乎微放电首先是沿轴线从一个电极开始向另一电极延伸发展,最后微流注头部的电子电荷再在电介质层表面以微流注轴为中心向周围均匀扩散。然而,通过对微流注短时曝光显微影像研究发现,这种基于轴对称特征的演变过程并不十分完善,很重要的原因是现有理论并未重视电介质层表面沉积电荷对微流注空间电荷的作用,也未考虑电介质层表面沉积电荷电场的非均匀性对微流注演变过程的影响。

在大气压 DBD 结构中,具有轴对称特征的微流注仅仅是在较低的激励电压条件下产生的。图 17.12 给出的是电介质层厚度为 0.64 mm,放电间隙为 0.9 mm 时,DBD 产生的微流注显微影像,其激励电压为 3 kV,激励频率为 10 kHz,曝光时间为 1 μs。可以看出,由于高压电极电场很强,DBD 微流注的发展首先从高压电极处开始,然后再不断向覆盖有电介质层的接地电极方向发展,直至贯穿整个放电间隙。同时可见,微流注发展过程中电介质表面不断有电荷沉积,且随微流注的发展不断增强。从微放电开始至微放电通道形成,整个微流注的发展过程一直是沿轴向进行的,放电通道近似圆柱,电介质表面沉积电荷层也以轴线为中心向四周呈近似圆周状向外扩散,显示了微流注发展的轴对称特征,这与许多研究者数值模拟的结果相接近。

然而,在较高激励电压情况下,这种轴对称特征发生改变,如图 17.13 所示。首先,微流注接近电介质层时并不是沿其头部开始向周围扩展,或者说在接近电介质层表面时其微流注的径向尺度并没有发生太大的变化,而是继续以相近的径向尺度发展并最终与电介质层表面相接触,这与我们从宏观观察到的微流注所呈现的锥形扩散的形态完全不同。其次,虽然 DBD 间距很小,但微流注的发展并不总

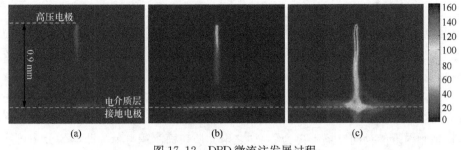

图 17.12　DBD 微流注发展过程

激励电压 3 kV;激励频率 10 kHz;介质层厚 0.64 mm;放电间隙 0.9 mm;曝光时间 1 μs

是沿直线进行,而是出现向侧向弯曲或偏移的现象,微流注沿弯曲路径触及较低反向电场处的电介质表面,微流注发展形态失去轴对称性。激励电压越高,这种弯曲现象越严重,而在通常情况下难以发现这种放电现象。第三,正如其他研究者所言,电介质表面会沉积电荷,沉积电荷形成的电场反过来要影响微流注的发展,最终在合成电场不足以维持放电时中断微流注的发展。但从图 17.13 中我们看到,沉积电荷形成的电场并不只是中断微流注的发展过程,还促使微流注的发展方向出现偏转,激励电压越高,沉积电荷越多,形成的反向电场越大,对微流注发展方向的改变越严重,并出现微流注围绕电荷沉积区域边缘高速游动的现象,这也是我们从宏观角度观察微放电呈现锥形放电形态的原因,是微流注多个发展过程的累积效应。第四,宏观所见的微流注锥形放电形态在电介质层表面呈现明亮的发光状态,而图 17.13 所见除电荷沉积区域边缘由于微流注主体呈现明亮发光现象外,电荷沉积区域大部分发光较暗,可以推测沉积区域内的电荷能量并不高,多数可能是慢电子,在电介质层表面的移动性可能也很差,其作用可能更有利于形成较为集中的局部反向强电场,并进一步影响微流注的发展形态。此外,激励电压不仅影响微流注的形态,还可能影响微流注中的带电粒子密度和能量,从微流注光辐射强度和径向尺度随激励电压增加而增大的现象看,其微流注中带电粒子密度必然随激励电压增加而增加,电介质表面沉积电荷和反向电场也必然随激励电压增加而增加。

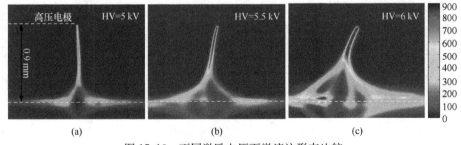

图 17.13　不同激励电压下微流注形态比较

激励频率 10 kHz;介质层厚 0.64 mm;放电间隙 0.9 mm;曝光时间 1 μs

与肉眼观察不同,利用微距高速 CCD 光谱相机获得的 DBD 微流注的发展呈现弯曲路径,空间形态失去轴对称性。在激励电压较低时,微流注头部的带电粒子主要是电子,这些电子在电场的作用下向接地电极加速迁移,并进一步促使中性粒子电离。尽管高压电极与接地电极构成的电场是非均匀电场,但由于激励电压较低电场呈现轴对称特征,轴线处横向电场几乎为零,微流注仅沿轴线发展演化并触及电介质层,部分电子沉积在电介质层上并沿中心向外扩散,微流注形态呈现轴对称特征。但在激励电压很高时,高压电极与接地电极构成的电场可能失去轴对称性,在轴心附近的径向电场不再为零,加之电介质表面沉积电荷的非均匀分布可能使轴心处的径向电场进一步增大,促使微流注偏离轴心发展。当微流注沿弯曲路径触及电介质层表面时,沉积电荷形成的反向电场的横向分量又促使微流注中的带电粒子偏离原始方向,沿新的路径发展,直至微流注发展过程结束。因此,一个微流注发展到一定程度后,可能还需要途经多条弯曲路径完成整个发展过程,持续时间数十纳秒。

除激励电压外,DBD 的结构因素也会影响微流注的形态与发展。图 17.14 给出的是不同放电间距下的微流注形态比较,其中图(a)的放电间距为 0.3 mm,图(b)的放电间距为 0.6 mm,图(c)的放电间距为 0.9 mm,图(d)的放电间距为 1.2 mm,放电时采用的激励电压为 6 kV,激励频率 10 kHz,平板接地电极上覆盖的电介质层厚度为 0.64 mm,所有影像的曝光时间均为 1 μs。可以看出,在不同的放电间距下,形成的微流注形态最大差异在于微流注从高压电极向接地电极发展过程中沿轴向直线发展的长度不同,放电间距越大,微流注轴向直线发展段的长度越长,放电间距越小,微流注轴向直线发展段的长度越短。在 0.3 mm 的放电间距下,基本上观察不到微流注沿轴向直线发展的情况。在 0.6 mm 的放电间距下,微流注沿轴向直线发展的长度大约在 0.29 mm。在 0.9 mm 的放电间距下,微流注沿轴向直线发展的长度大约在 0.59 mm。当放电间距增加到 1.2 mm 时,微流注沿轴向直线发展的长度大约在 0.85 mm 左右。由此可以推测,沉积电荷层的最大厚度在 0.31~0.35 mm,并不随放电间距的增加而增大,说明电介质表面沉积电荷层形成的反向电场影响空间有限,或在电介质层上沉积的电荷数量有限。

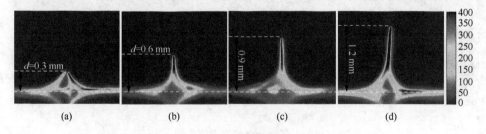

图 17.14　不同放电间距下微流注形态比较

激励电压 6 kV;激励频率 10 kHz;介质层厚 0.64 mm;曝光时间 1 μs

　　不同厚度电介质层对微流注形态的影响仅仅反映在微流注光辐射的强度上,对其结构形态的影响并不显现,如图 17.15 所示,该实验获得影像的条件是激励电压为 6 kV,激励频率为 10 kHz,放电间距为 0.9 mm,曝光时间 1 μs。可以看出,在平板接地电极上覆盖较薄的 0.47 mm 厚 Al_2O_3 电介质层时,其光辐射强度很强,而当电介质层厚度增加到 0.64 mm 时,光辐射强度有所减弱,当电介质层厚度增加到 1 mm 时,其光辐射已经非常弱了。产生这种影响的原因在于电介质层厚度决定了电介质层等效电容的数值,电介质层越薄,电介质层等效电容越大,在同等条件下传递的能量越多,微流注中的激发电离过程越强烈,由此产生的活性粒子数量越多,因此形成的光辐射越强,电子密度越大。反之,电介质层越厚,传递能量越小,微流注中的激发电离过程越弱,光辐射越弱,电子密度也越低。

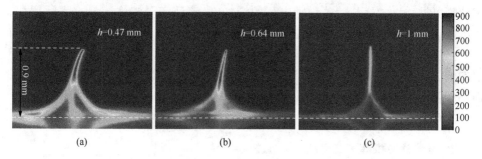

图 17.15　不同厚度电介质层对微流注形态的影响
激励电压 6 kV;激励频率 10 kHz;介质层厚 0.9 mm;曝光时间 1 μs

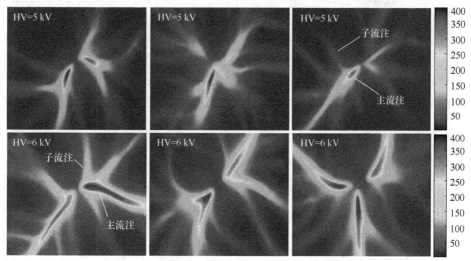

图 17.16　微流注放电在电介质层表面的投影影像
激励频率 10 kHz;介质层厚 0.64 mm;介质层厚 0.9 mm;曝光时间 1 μs

在垂直于电介质层表面正上方观察,可以获得清晰的微流注放电在电介质层表面的投影影像,如图 17.16 所示。在微流注放电模式下,微流注的发展并不是沿着垂直于电介质层表面的直线方向,而是沿弯曲或偏移垂直直线的路径发展,所有微流注投影路径均呈现弯曲路径或偏移垂直直线路径,并且微流注路径也不是仅有一条,而是在同一影像中显示出多条微流注发展路径轨迹,有强有弱,再一次显示出电介质层表面沉积电荷对微流注发展过程的影响,电介质表面沉积电荷总是驱使微流注向相对弱电场区域发展,形成以高压点电极为中心的微流注移动发展路径。微流注发展过程中,如果空间电荷电场足够强,还会产生很多微小子流注,这些子流注从主流注发出,结果进一步扩大了电介质层表面电荷区域沉积。

激励电压对微流注放电的影响非常大,主要体现在两个方面:一方面,随着激励电压的增加,微流注的发射光谱强度不断增大,激励电压越高,微流注发展路径越清晰可见;另一方面,随着激励电压的增加,微流注和子流注数量也不断增加。可以推测,随着激励电压的不断提高,击穿电场随之增强,媒质气体的电离过程加剧,这进一步增大了微流注中的电子密度和空间电荷密度,电子密度和空间电荷密度的增加又促使空间电荷电场不断增强,进一步加剧了微流注的电离发展过程,从而不但使单一微流注的辐射增强,也促使微流注移动频率增高,并促使新的微小子流注的产生。

3. 微流注与微辉光交替促成放电模式

由于 DBD 体系构造、反应器几何形状和尺度、电介质材料性质和结构、电极和反应器壁的材料、媒质气体的不同,常常促使 DBD 体系出现非常复杂的放电现象,表现出多种不同的放电模式,放电体系具有高度的复杂性。研究发现,在较高激励电压作用下,大气压 DBD 会产生一种既不完全相同于微流注放电,又不相同于氦气环境下的大气压辉光放电或氮气环境下的汤生放电模式,我们称之为大气压微流注与微辉光交替促成放电模式。该放电模式仅能在较高的激励电压情况下产生(本研究中的激励电压要高于 5 kV),但却在交流激励电压的正负半周内呈现出截然不同的放电特征,如图 17.17 所示。

在激励电压的正半周期,大气压 DBD 空间内呈现的是经典的微流注放电模式,而在激励电压的负半周期,大气压 DBD 空间内呈现的却是与经典微流注截然不同的放电模式。该放电模式在高压电极附近和平板接地电极上的电介质层表面局部区域同时出现明亮的辉光区域,同时在相邻辉光区域之间也同时存在两个暗区。两个暗区之间是一个径向尺度不断扩展的发光区域,但其亮度低于两极附近的辉光。将该放电模式同经典的低气压辉光放电相比具有极高的相似性,可以清晰地观察到负辉区、法拉第暗区、正柱区、阳极辉光区和阳极暗区等辉光放电基本特征的存在,但空间尺度却小得多,仅为毫米量级,这实际上就是一种大气压下的微尺度辉光放电模式。

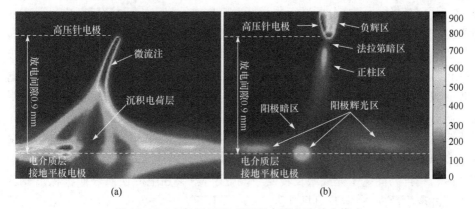

图 17.17　大气压 DBD 微流注与微辉光放电模式

(a) 微流注放电模式；(b) 微辉光放电模式

激励电压 6 kV；激励频率 10 kHz；介质层厚 0.64 mm；放电间隙 0.9 mm；曝光时间 1 μs

　　大气压介质阻挡微尺度辉光放电模式的产生机理实际上是基于非对称电极阴极电晕引发的 Trichel 脉冲放电在高激励电压下促成的，发生在 DBD 激励电压的负半周期。在这一时段，由于高压电极附近的阴极电场极强，会迅速引起高压电极附近产生强电离并生成大量的空间电荷，空间电荷形成的感应电场又进一步增强了阴极区电场强度。由于阴极区强电场建立速度极快，引发的强电离与二次电子发射过程导致阴极区附近的电子密度非常高，而阴极区之外的其他区域电场却很低，这样就促使在高电场下产生的 Trichel 脉冲很快过渡到稳定的微辉光放电模式。微辉光具有与经典低气压辉光放电相似的放电特征，因此放电功率大部分消耗在阴极区内，DBD 区域内的大部分电压降也就落在该区域内形成阴极位降区。阴极位降区的强电场可以将离子加速并以很高的速度碰撞阴极产生二次电子发射，增加放电区域内的电子密度。阴极位降区形成的电场越强，引发二次电子发射的 γ 过程就越显著，为介质阻挡非平衡等离子体放电体系贡献的电子就越多。在大气压平板等离子体反应器中，较高的激励电压、极不均匀的非对称电极结构、空间电荷都有助于阴极位降区强电场的形成，该强电场不仅有利于正离子以很高的速度轰击阴极，产生显著的 γ 过程，而且有利于阴极区内产生的大量电子被加速到很高的能量向阳极迁移，促使负辉光区及以后区域内的原子或分子产生激发和电离。负辉区是整个微辉光中发光最强的区域，在阴极区中被加速的电子进入负辉区后引起大量原子或分子产生激发与电离，从而产生很强的发光。但负辉区中的电场强度很弱，其电流全部由电子运载，电子在这一区域参与非弹性碰撞后，高能量电子会失去大部分能量转变为慢电子。慢电子迁移出负辉区之后，不再具有激发和电离分子或原子的能量，且由于复合和径向扩散也使电子密度有所降低，由此形成法拉第暗区，其净空间电荷很少，轴向电场也很小。法拉第暗区之后，尽管电场很低，电子仍然可以从相对较长的迁移路径中重新获得能量，激发或电离媒质气体,然后再与气体原子或分子进行非弹性碰撞失去能量,这一过程不断重复形成微辉光的正柱区。正柱区的电子密度很大,每立方厘米可能超过 $10^9 \sim 10^{10}$ 个电子。与经典低气压辉光放电特征不同的是,大气压介质阻挡微辉光放电的正柱区在接近平板正电极后形成阳极区,阳极区由阳极辉光区和阳极暗区组成,但由于平板电极表面覆盖有 Al_2O_3 电介质层,造成形态上与经典的低气压辉光放电阳极区有明显不同,阳极辉光区和阳极暗区分布在同一平面上。正柱区内的电子在到达电介质层表面以前的几个自由程内,电子从电场获得相当大的能量,这些高能电子激发和电离原子或分子,致使电介质层表面局部区域出现阳极辉光,其发光强度略高于正柱区。一旦高能电子完成激发转变为慢电子,就会在电介质层表面沉积形成负电荷区并产生反向电场,其电场强度要高于正柱区的电场强度,驱离正柱区中的高能电子在相邻的其他电场较低的区域形成新的阳极辉光区,原来的阳极辉光区转变为阳极暗区。

　　图 17.18 给出的是激励电压对微辉光放电的影响。随着激励电压的增加,放电电流不断增大,在阴极表面全部布满辉光之前,围绕高压阴极表面的负辉光区随放电电流的增加成比例扩大,而电流密度则保持定值,阴极位降也不随电流的变化而变化。激励电压影响的另一方面是微辉光正柱区的径向尺度和发光亮度、阳极辉光区的尺度和发光亮度随激励电压的增加而增大。这主要是激励电压增加使阴极区电场增强,电离过程增强,放电电流增大,促使这些区域的电子密度相应增加,高能电子数量随之增加而引起的。实际上,在微辉光的形成和发展过程中,阴极区强电场非常重要。一方面,阴极区强电场可以强化阴极区的电离过程,且可以引发二次电子发射,强化了阴极区的 γ 过程,进而为微辉光的发展提供了大量电子;另一方面,快速建立的阴极区强电场又使阴极区之外的其他区域电场强度很小,不足以引发空间电荷效应而转变为微流注。激励电压越高,由阴极区强电场引发的电离和二次电子发射过程越强烈,进而使阴极辉光区、正柱区、阳极辉光区的尺度和发光亮度随激励电压增加不断增加。

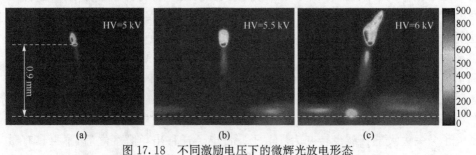

图 17.18　不同激励电压下的微辉光放电形态

激励频率 10 kHz;介质层厚 0.64 mm;放电间隙 0.9 mm;曝光时间 1 μs

　　在激励电场足够高时,大气压介质阻挡微放电模式发生改变,由微流注放电模式转变为微流注与微辉光共存于同一放电空间且随激励频率交替变换的放电模式,该模式的转变可以在放电电流波形中反映出来,如图 17.19 所示,放电电流波形的正负半周有着明显区别。在正半周期内,放电电流波形上叠加了大量的电流脉冲,而放电电流相位超前电压 90°,呈现电容性负载特征,由此说明正半周期内发生的是典型的微流注放电。而在负半周期内,放电电流没有显示出电流脉冲,从电流波形过零点看,电流相位仍然超前电压 90°,同样呈现电容性负载特征,但从电流幅值看,负半周期的电流幅值要远高于正半周期,且峰值不是出现在电压过零点处,而是右移了 34°,显示放电具有阻容性负载特征,可以判断负半周期内发生的是与微流注完全不同的一种放电模式,即大气压微辉光放电模式。

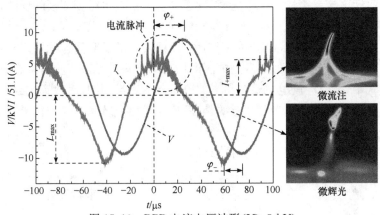

图 17.19　DBD 电流电压波形($V > 5$ kV)

放电间距 0.9 mm;Al_2O_3 电介质层厚 0.47 mm;频率 10 kHz

　　DBD 电流电压波形说明,在大气压空气条件下 DBD 中可以产生两种不同的微放电模式:微流注放电和微辉光放电。其产生过程可概括为:在激励电压的负半周期,如果激励电压足够高,高压电极附近的电场将被强化,这样就会引起高压电极附近的局域空间产生强电离和二次电子发射,致使高压电极附近的电子密度很高,且由于负半周期内迅速建立的强电场主要集中在阴极区域,放电间隙内其他区域的电场较弱,不足以引发空间电荷效应,而阴极附近产生的大量电子又为微辉光的形成提供了足够的种子电子,即使在很低的轴向电场的作用下,媒质气体仍然可以不断发生电子雪崩以维持电离通道的存在,而过低的电场又难以促使微流注放电的形成,这样在高电场下产生的 Trichel 脉冲就会很快过渡到稳定的微辉光放电模式。微辉光中的电子在到达电介质层表面前的几个自由程内,由于激发和电离失去了大部分能量而转变为慢电子,这些慢电子沉积在电介质层表面形成与激励电场相反的电子电荷电场。当激励电压反转到正半周期时,这一反向电场叠加到激励电场之上增强了放电电场强度,此时虽然高压电极附近的电场较强,但处于正极性的针电极并不能引发二次电子发射,而强电场虽然能促使局部区域气体迅速电离,但电子很快到达金属高压阳极而消失,电子密度增加得并不多,但正空间电荷增加的却很快进而引发空间电荷效应形成微流注,负半周期内电介质层表面电荷对正半周期内微流注的形成起到了加强作用。可以推测,正半周期内的强电场由空间电荷促成,是一种时空瞬变的动态强电场,而负半周期内的强电场则由阴极位降区促成,紧邻高压阴极附近,这种随激励电源频率交替变换的强电场有利于活性粒子的产生,进而可以提升等离子体化学反应的效能。

图 17.20 给出的是微流注与微辉光交替促成放电模式的电流及光辐射特性,光辐射观察使用的是光电倍增管(DM0036C, SENS-TECH)。可以看出,该放电模式下的放电电流特征与光辐射特征具有严格的时间对应性,电流波形上存在电流脉冲的时间区域是微流注产生区域,它在光辐射谱上也得到了清晰的反映,微流注的光辐射呈现光脉冲辐射特征。在激励电流的负半周期,大气压微辉光出现,在微辉光产生的时间区域光脉冲辐射特征消失,取而代之的是时间连续的光辐射特征,这种连续光辐射的光强幅值随激励电流的增减而增减。在微流注与微辉光交替促成放电模式中,微流注放电主要存在于放电电流的正半周期,而微辉光放电仅发生在放电电流的负半周期。需要注意的是,即使在发生微辉光放电的负半周期内,微流注仍然存在,只是它仅存在于微辉光的起始和终止时刻,即激励电流负半周的初始和终止时刻,此时的激励电压较低,高压电极附近能够引发 Trichel 脉冲放电向稳定辉光放电转变的强电场尚未建立和消失,因此在相对较低的电场下发展成了微流注。而激励电场一旦恢复到高于某一值,则在负半周期内稳定的微辉光放电模式就会迅速建立。

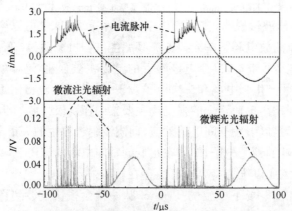

图 17.20 微流注与微辉光交替促成放电模式电流及光辐射特性

放电间距 0.9 mm;Al$_2$O$_3$电介质层厚 0.64 mm;

激励电压 5 kV;频率 10 kHz

大气压非平衡等离子体微流注与微辉光交替促成放电模式的产生条件是DBD 电极具有非对称性,可以形成极不均匀的局部电场,且激励电场强度足够高。

大气压非平衡等离子体微流注与微辉光交替促成放电模式的发现,增添了大气压介质阻挡非平衡等离子体的形成模式,为改善大气压非平衡等离子体化学反应效能奠定了理论基础。

17.3.3　尺度放大效应及其成因

大气压 DBD 间隙内气体的放电强度和等离子体化学反应效能会随着激励频率的提高而增强。但是在实际应用中,当电源激励频率提高到一定程度或 DBD 装置的尺度增大到一定程度,其放电强度与放电电流密度反而下降,从而劣化了等离子体反应器的化学反应效能,这就是大气压 DBD 非平衡等离子体的尺度效应。

根据物理结构,大气压 DBD 装置实际上可以看成是由放电电极、电介质层、放电间隙构成的有损耗电容器,对激励电源来说可等效为阻容性负载。大气压 DBD 系统工作时,激励电源装置首先需要将 50 Hz/60 Hz 工频交流电转变为 1~20 kHz 的高频交流电,再由高频高压变压器升压后施加到大气压 DBD 装置上。大气压 DBD 系统的等效电路如图 17.21 所示。图中,L 为谐振电感,r' 为谐振电感内阻,R 为限流电阻,R_p 为等离子体等效电阻,C_s 为电介质层等效电容,V 表示放电间隙等效电压。

由于电感 L 和电介质层等效电容 C_s 的存在,大气压 DBD 装置与激励电源实际上构成了一个串联谐振系统,该系统存在一个固有频率 f_0。当激励电源频率低于固有频率时,大气压 DBD 装置的性能随激励频率的提高而增加,当激励频率高于固有频率时,大气压 DBD 装置的性能随激励频率的提高反而降低。图 17.22 给出的是采用相同的激励电源和不同的大气压 DBD 模块数量获得的频率电流特性曲线。其中,C_s 表示一个大气压 DBD 模块,$2C_s$、$3C_s$、$4C_s$…,分别表示大气压平板等离子体反应器阵列包含的模块数量。

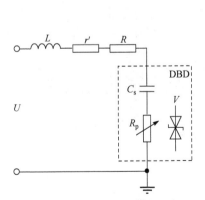

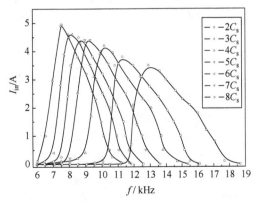

图 17.21　放电系统等效电路　　　图 17.22　相同激励电源不同负载的频率电流特性

在实际工程应用中,电介质层等效电容 C_s 与变压器的总漏感 L_s 这两个参量都是可以测量的,因此根据这两个参量可以初步确定大气压平板等离子体反应器放电系统的最佳工作频率范围或根据设计需要指导对相关参量的修改。大气压平板等离子体反应器放电系统的固有谐振频率近似等于:

$$f_0 \approx \frac{1}{2\pi \sqrt{L_s C_s}} \tag{17-1}$$

通过对大气压平板等离子体反应器放电系统的频率特性研究发现,大气压平板等离子体反应器放电系统中的确存在谐振现象,其谐振频率决定于激励电源高频高压变压器的漏感与大气压平板等离子体反应器中电介质层的等效电容。许多大气压平板等离子体反应器出现的随激励频率升高放电性能反而下降现象的原因正是由于大气压模块化等离子体源放电系统谐振造成的。

17.3.4　分区激励技术

大气压平板等离子体反应器阵列的尺度放大效应限制了其在工业领域的规模化应用。通过采用分区激励技术将变压器漏感和大气压平板等离子体反应器阵列等效电容分散到不同组成单元中,以提高大气压非平衡等离子体发生体系的系统谐振频率。分区激励技术需要重点解决的问题:一是单模块激励高频高压变压器的优化;二是设计峰值功率超过 10 kW 的高频低压逆变器。图 17.23 给出的是分区激励式大气压平板等离子体反应器阵列原理图。图中,1 为动力电接入端子;2 为 EMC 电磁兼容电路;3 为三相全桥整流电路;4 为启动限流电阻;5 为可控硅模块;6 为可控硅模块触发电路;7 为电容储能滤波电路;8 为 IGBT 高频功率变换电路;9 为功率输出汇流母线;10 为功率继电器;11 为电流传感器;12 为小型高频高压变压器;13 为 PWM 微机控制器;14 为 IGBT 驱动电路;15 为辅助电源;16 为控制键操作盘;17 为控制参数显示仪表;18 为可控硅模块触发控制信号输出接口;19 为可控硅模块触发控制信号输入接口;20 为放电电流信号输入接口;21 为大气压平板等离子体反应器单元模块;A 为分区激励式高频高压电源装置;B 为大气压平板等离子体反应器阵列。大气压平板等离子体反应器阵列由一台低压高频逆变电源集中控制所有单元模块的小型高频高压激励变压器,以此解决大气压平板式DBD 体系的尺度效应问题,提高大气压平板式 DBD 系统的固有谐振频率,保证大气压 DBD 非平衡等离子体发生阵列中每个放电单元模块均处于最优的工作模式,提高高能电子在时间和空间上的占有率,以此提高大气压非平衡等离子体的化学反应效能,扩大大气压非平衡等离子体化学反应规模。

图 17.24 给出的是大气压平板等离子体反应器阵列驱动用电源组件,其中,图(a)为 5 kW 分区激励电源控制组件,图(b)为 20 kW 分区激励电源控制组件,图(c)为干式高频高压变压器,图(d)为分区激励电源控制装置典型电流电压工作波形。利用该分区激励电源装置可以同时在最优模式下驱动 10~50 台大气压平板等离子体反应器模块。

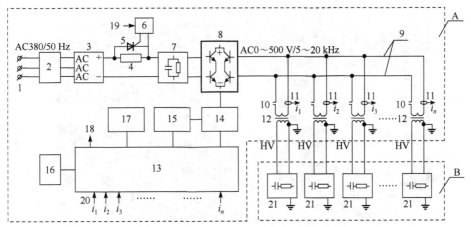

图 17.23　分区激励式大气压平板等离子体反应器阵列原理图

　　采用分区激励模式的优势是可以使构成大气压平板等离子体反应器阵列的每一个放电模块都处于最优的工作状态下,无论这些模块是以串联方式连接还是以并联方式连接。采用三模块串联组合方式,结合分区激励技术模式研制的分区激励式高浓度活性氧粒子发生装置如图 17.25 所示,在采用氧气为原料气的条件下,ROS 产生浓度超过 185 g/m³,产率超过 65 g/h,最低单位能耗在 12 kW·h/kg。除产率外,ROS 产生浓度接近国际商用装置最高值,单位能耗略优于国际商用装置最高值,产率则可通过阵列组合模式增加。

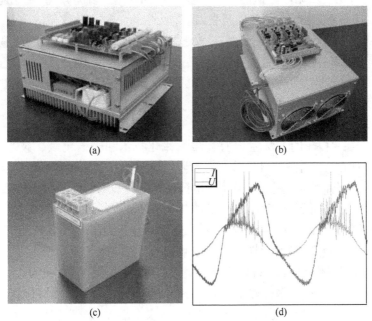

图 17.24　分区激励电源装置组件与工作波形

图 17.25　分区激励式高浓度活性氧粒子发生装置

17.4　高级氧化技术应用

17.4.1　高级氧化技术应用模式

高级氧化技术(advanced oxidation technology, AOT)是指产生羟自由基(·OH)及其诱发一系列·OH 链反应的过程,在海洋环境保护及饮用水处理等领域具有其他氧化技术无可比拟的技术优势。·OH 有很多优势:①氧化还原电位 $E_0 = 2.80$ V,与氟相当,氧化能力极强,是进攻性最强的化学物质之一;②具有非常高的反应速率常数(10^9 mol/(L·s)),是其他氧化剂的 10^7 倍以上,反应速度极快,在数秒内即可完成整个生化反应过程;③具有广谱致死特性,在水中会诱发一系列的自由基链反应,氧化分解几乎所有的生物体大分子、有机物和无机物,最终降解为 CO_2、H_2O 和微量无机盐;④是绿色的强氧化剂,剩余的·OH 分解成对环境无害的 H_2O、O_2,无任何残余药剂。

目前,产生·OH 的方法主要有光激发氧化技术和光催化氧化技术两大类。这两类方法存在着产生·OH 浓度低、产量小、工艺流程复杂、大量储存运输 H_2O_2 等药剂易引发爆炸等问题,致使在处理量极大的环境工程中应用所需的工艺处理时间很长,运行成本很高,高级氧化技术的优势并没有得到充分的发挥。相对而言,有活性氧粒子(如 O_3)参与的高级氧化过程产生·OH 的效能较高,甚至在适宜的情况下(如高 pH)仅有活性氧粒子也可以在水中产生·OH[27]。采用水力空化技术[28],可以强化 O_3 参与的高级氧化过程,产生浓度更高,数量更多的·OH。在温度不变的情况下,在水处理工艺系统的某个环节,将水中压强降低到某一临界压强以下,就会在水中产生大量的微小空穴,空穴中饱含水蒸气和溶解于水中的气体。随着时间的延长,空穴将不断膨胀和生长,而一旦空穴周围的液态水压强增高,空穴又会被压缩和溃灭。由于水中存在不凝结气体,空穴不会立即完全溃灭,而是压缩、反弹多次交替发生,直至溃灭消失。这种依靠水体压力变换,促使大量空穴初生、膨胀、压缩、溃灭的过程就是水力空化。空化过程时间很短,一般不到千分之六秒。

在水力空化系统中,数量庞大的空化气泡不断重复着膨胀、压缩、再膨胀和再压缩,直至溃灭的过程。空化气泡溃灭时将产生频率和幅值极高的冲击波,诱发空化气泡局部形成高压和高温,冲击波的压强可达 $1.01 \times 10^6 \sim 1.01 \times 10^7$ kPa,持续时间 $2 \sim 3$ μs,最高局部温度可达 10^4 K,进而对水溶液的物理和化学特性产生重要影响。对于球形空化气泡,它在水中溃灭时产生的最大压强 p_{max} 可由下式估算:

$$p_{max} = p_{go} \left[\frac{p(k-1)}{p_{go}} \right]^{k/(k-1)} \qquad (17\text{-}2)$$

式中,p_{go} 为空化气泡内初始气体压强;k 为空化气泡内气体的比热容。

如取 $k = 4/3$,对应于发生最大压强 p_{max} 时的最高温度 T_{max} 可由下式估算:

$$T_{max} = T \left(\frac{p^{3/4}}{3 p_{go}^{3/4}} \right) \qquad (17\text{-}3)$$

式中,T 为水体环境温度。

显然,在瞬态局域高温和高压的作用下,空化气泡区域的化学反应环境得到强化。一方面,瞬态的局域高温和高压可以改善高级氧化过程中产生·OH 的反应条件;另一方面,瞬态的局域高温和高压又会诱发 H_2O 离解,产生 OH^- 和 H^+,而 OH^- 又是·OH 链反应的引发剂,会进一步促进·OH 的生成;同时,由于水力空化作用水体中产生了数量庞大的空化气泡,直径在 $0.2 \sim 0.3$ μm,这些空化气泡在不断的膨胀和压缩过程中增大了活性氧粒子与水接触的比表面积,强化了活性氧粒子与水的混溶效果,提高了注入水体的活性氧浓度,更促进了高级氧化过程中产生·OH 的效果。

图 17.26 给出的是高级氧化水处理系统构成示意图,主要用于远洋船舶压载水和生活饮用水的高级氧化处理。该系统包含两部分:一是羟自由基产生设备;二是水处理工艺系统。其中,羟自由基产生设备基于高浓度活性氧协同水力空化技术模式构成。高浓度活性氧采用大气压平板等离子体反应器阵列发生,依靠分区激励技术提升活性氧粒子产生浓度。产生的高浓度活性氧注入水力空化气液混容器,依靠加压泵提升水力空化气液混容器收缩段流速,大幅降低收缩段水体压强,依此产生数量庞大的富含活性氧和水蒸气的空泡。这些空泡在高速水流的输送下进入水力空化气液混容器的扩散段,随着水流速的降低发生空泡聚集,扩散段的空泡密度上升,依此在空泡不断的膨胀、压缩和溃灭过程中促进·OH 的链反应过程。产生的富含·OH 的活性氧溶液通过液液混溶器再被注入压载水或生活饮用水处理系统中,在输送过程中完成对水体的净化。

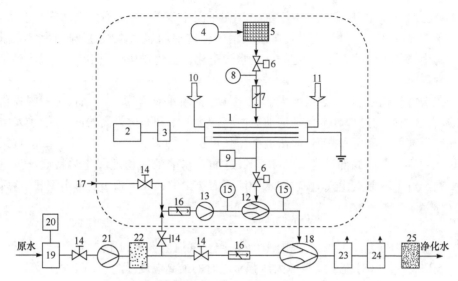

图 17.26　高级氧化水处理系统构成示意图

1. 大气压平板等离子体反应器阵列；2. 分区激励电源控制器；3. 高频高压变压器；4. 空压机；5. 富氧机；6. 气体电磁阀；7. 气体流量计；8. 气体压力表；9. ROS 检测仪；10. 冷却水入口；11. 冷却水出口；12. 水力空化气液混溶器；13. 加压泵；14. 手动阀；15. 液体压力表；16. 液体流量计；17. 引发剂入口；18. 液液混溶器；19. 微絮凝装置；20. 微絮凝控制器；21. 离心泵；22. 过滤器；23. 反应器 A；24. 反应器 B；25. 残余氧化剂消解器

17.4.2　船舶压载水高级氧化处理技术应用

　　外来有害生物入侵性传播造成的灾害,已被全球环境基金组织(GEF)认定为海洋面临的四大威胁之一。船舶排放的压载水是造成地理性隔离水体间有害生物传播的最主要途径。每年全球船舶携带的压载水超过 100 亿吨,平均每立方米压载水中有浮游动植物 1.1 亿个、细菌 10^3 亿个、病毒 10^4 亿个,每天全球在压载水中携带的生物有 3000～4000 种。与自然海洋生态环境相比,船舶压载水是一种特殊环境下的生态系统,经压载水驯化并存活的生物往往具有极强的生命力和竞争力。它们一旦释放到自然海洋环境中,就可能产生不可控制的"雪崩式"繁殖,对土著物种造成极大的冲击,甚至引起本地物种灭绝,引发生态灾害。随着我国经济的快速增长和国际贸易的不断发展,全国各大港口吞吐量不断上升,压载水交换量不断增大,2013 年中国沿海区域外贸船舶压载水输入总量超过 2.7 亿吨,输出总量超过 8.4 亿吨,加剧了海洋入侵生物的传播,使近岸海域的水生生物种群严重失衡,威胁港口海域海洋生物多样性与海洋生态环境,产生巨大的经济损失。采用图 17.26所示原理研制的船舶压载水羟自由基处理装置开展实船试验,处理后船舶压载水中有害水生生物和病原体达到了国际海事组织(IMO)制定的《船舶压载水和沉积物控制与管理公约》G8 导则和 D-2 排放标准的要求,实现了船舶压载水排放过程中杀灭外来海洋入侵生物的目的。

1. 试验装备

高级氧化压载水处理实船试验系统如图 17.27 所示,安装在育龙号远洋实习船的货舱内,试验使用两个压载舱,容积均为 273 m³,1 号舱为原水舱,用于装载待处理的海水,2 号舱为净水舱,用于装载高级氧化处理后的海水。处理前,首先过滤掉 50 μm 以上的水生生物。高级氧化压载水处理装置后接 15 m 长排放管,控制压载水流速为 2.5 m/s,处理时间为 6 s。

图 17.27　高级氧化压载水处理实船试验系统

2. 羟自由基致死海洋生物的有效性试验

1) 羟自由基致死压载水中细菌的试验结果

羟自由基致死压载水中细菌的试验结果如表 17.4 所示。在外排船舶压载水主管路中,大肠杆菌为 1.1×10^4 个/mL,肠道球菌为 0.87×10^4 个/mL,细菌总量为 1.8×10^4 个/mL。注入浓度为 0.40 mg/L 的羟自由基,处理时间 6.0 s,在主管路上取样,处理后大肠杆菌为 59 cfu/100mL,肠道球菌为 31 cfu/100mL,细菌总数为 198.00 cfu/100mL,致死率 100.00%,24 h 及 120 h 后均无再生现象。与对照舱相比,对照舱中细菌的自然死亡率在 24 h 时为 5.5%,120 h 时为 16.67%,符合国际海事组织的要求。

表 17.4 羟自由基致死压载水中细菌的检测结果

细菌种类	处理前密度/ (10⁴ 个/mL)	处理后密度/(cfu/100 mL)					
		0 h	致死率/%	24 h	致死率/%	120 h	致死率/%
大肠杆菌	1.1	59	~100.00	17	~100.00	15	~100.00
肠道球菌	0.87	31	~100.00	11	~100.00	10	~100.00
细菌总数	1.8	198	~100.00	51	~100.00	45	~100.00

注:依照 IMO 要求,本次试验只检测厌氧细菌中的大肠杆菌和肠道球菌。

2) 羟自由基致死压载水中浮游植物试验结果

羟自由基致死压载水中浮游植物试验结果如表 17.5 所示。在外排船舶压载水主管路中大于 50 μm 浮游植物含量为 3×10^2 个/mL,注入 TRO 浓度为 0.40 mg/L,处理时间为 6.0 s,在主管路上取样,处理后检出活的浮游植物 0 个/mL,致死率 100.00%,24 h 及 120 h 后均无再生现象。10~50 μm 浮游植物含量为 5×10^3 个/mL,处理后检出活的浮游植物 6 个/mL,致死率 99.88%,24 h 及 120 h 后均无再生现象。与对照舱相比,净水舱中>50 μm 浮游植物的自然死亡率在 24 h 时为 33.33%,120 h 时为 63.33%,10 μm≤体长≤50 μm 浮游植物的自然死亡率在 24 h 时为 20.00%,120 h 时为 56.00%,符合国际海事组织的要求。

表 17.5 羟自由基致死压载水中浮游植物检测结果

浮游植物	处理前密度/ (10³ 个/mL)	处理后密度/(个/mL)					
		0 h	致死率/%	24 h	致死率/%	120 h	致死率/%
体长>50μm	0.3	0	100.00	0	100.00	0	100.00
10μm≤体长≤50μm	5	3	99.94				100.00

羟自由基致死海洋生物的有效性试验表明,外排船舶压载水主管路中,体长大于 50 μm 的浮游植物浓度 3×10^2 个/mL,体长 10~50 μm 的浮游植物浓度 5×10^3 个/mL,细菌浓度为 1.8×10^4 个/mL。注入 0.40 mg/L 羟自由基溶液,处理时间 6.0 s,处理后压载水中的浮游植物为 3 个/mL,细菌总数为 198 cfu/100mL,致死率接近 100.00%,且 24 h 及 120 h 后均无再生现象,检测结果达到了国际海事组织 G8-D2 的排放标准。

远洋船舶压载水羟自由基处理技术装备实船试验结果显示了高级氧化技术在远洋船舶压载水处理中的可行性与可用性,为快速治理船舶压载水提供了成功的范例,为有效防治海洋外来生物入侵性传播,保护近岸海域生物多样性,保障国际远洋运输的海洋生态安全提供技术支撑。

17.4.3 生活饮用水高级氧化处理技术应用

我国是自然灾害和生化灾害频繁发生的国家,突发性卫生事件时有发生。在灾害发生地域,饮用水水源往往会受到严重污染,供水系统也会受到严重破坏,生活饮用水卫生难以保障。近年来,随着我国工业快速发展和城市化进程的加速,产生了大量的工业污水和生活污水,这些污水的绝大部分直接排入受纳水体,致使82%水域和93%城市饮用水水源被污染。更为严重的是被污染水中含有致癌、致畸、致突变(三致)物质,会严重危害人们的身体健康。饮用水快速高效的消毒技术与装备不仅可以保障灾害等特定条件下的安全供水,还能够极大地缓解我国部分农村地区及边防部队因水源卫生状况差,生物污染严重,而使群众和官兵身体健康受到威胁的问题。采用图 17.26 所示原理研制的生活饮用水高级氧化处理技术实验装置开展实验室实验,处理后的生活饮用水达到了国家《生活饮用水卫生标准》,验证了高级氧化技术在生活饮用水处理领域的应用价值。

1. 羟自由基生活饮用水消毒灭菌实验装置

图 17.28 给出的是高级氧化生活饮用水处理实验装置照片。该装置依据图 17.26 所示原理研制,将大气压平板等离子体反应器、循环冷却控制器、水力空化气液混溶器、过滤器、液液混溶器、加压泵等集成一体,适用于现场机动快速开展生活饮用水羟自由基处理实验,处理量为 1 t/h。

图 17.28　高级氧化生活饮用水处理实验装置

2. 羟自由基生活饮用水消毒灭菌实验

采用图 17.28 所示的饮用水羟自由基消毒灭菌实验装置,探索了饮用水羟自由基应急消毒的源水水质适用性。实验水源采用大连龙王塘水库水,实验水不储存,不做任何预处理,取水后直接用于实验。实验主要检测的水质指标包括浊度、色度、COD、菌落总数、总大肠菌群、耐热大肠菌群、大肠埃希氏菌等指标，以及水中的总氧化剂浓度(TRO)。

表 17.6　生活饮用水消毒灭菌技术工艺实验

指标	TRO 浓度	浊度	色度	COD	菌落总数	总大肠菌群	耐热大肠菌群	大肠埃希氏菌
单位	mg/L	NTU	TCU	mg/L	CFU/mL	MPN/100mL		
原样	0	6.66	33	6.78	10400	1600	540	80
处理 1	0.31	2.69	17	5.9	161	5	0	0
处理 2	0.82	2.36	12	5.57	50	2	0	0
处理 3	1.28	2.32	7	6.04	10	2	0	0
处理 4	2.10	2.28	3	5.79	8	0	0	0

实验日期:2013.7.3;水温:29 ℃;pH:6.5。

　　表 17.6 给出的是在饮用水羟自由基消毒灭菌工艺中增加快速过滤后的效果，可以看出在经过饮用水消毒灭菌装置后，除 COD 外，其他所有的检测技术指标均达到国家《生活饮用水卫生标准》GB 5749—2006 的要求，且在同样活性氧自由基投加量的情况下，水中的 TRO 浓度上升，说明处理同样的源水，羟自由基的消耗量更低。

　　利用高级氧化生活饮用水处理实验装置进行了为期 1 年共 30 余次的源水工艺试验。通过调节实验系统产生的 ROS 浓度，控制水中总氧化剂 TRO 的浓度为 0.3～2.1 mg/L，进行源水细菌杀灭试验。实验结果表明，针对龙王塘水库原水从 2012 年 9 月到 2013 年 9 月的不同水质，致死水中细菌的 TRO 阈值浓度最低为 0.8 mg/L，在 7 月份水库原水的水质条件最差情况下，菌落总数为 1×10^4 CFU/mL，浊度为 6.6 NTU，此时致死水中细菌的 TRO 浓度需 2 mg/L。对于浊度，在水质较差的 7、8 月份，原水浊度在 5～7 NTU 左右，经系统处理后，浊度仅能下降至 2 左右。在水质较好的其他月份，源水浊度一般低于 4 NTU，系统处理后可降至 1 NTU 以内。

17.5　小　结

　　(1) 大气压 DBD 可以产生两种不同的放电模式:微流注放电和微辉光放电。微流注主要在激励电流的正半周期内产生，而微辉光仅能在激励电流的负半周期内产生，且要求激励电场强度足够高。微流注能形成一种时空瞬变的动态强电场，持续时间数十纳秒，主要是由空间电荷促成的;微辉光能形成阴极区强电场，持续时间接近半个激励周期，主要是由阴极区位降促成。这种随激励电源频率交替变换的强电场有利于活性粒子的产生，进而可以提升等离子体化学反应的效能。

（2）窄间隙、非对称电极结构和性能优良的电介质层是提升大气压平板等离子体反应器的关键影响因素。采用窄间隙、非对称电极结构和纯度高于 96% 的薄 Al_2O_3 电介质层构成的大气压平板等离子体反应器产生活性氧粒子的浓度超过 185 g/m^3，而空间尺度不到常规发生器的 1/5，使用该反应器的氧等离子体化学反应效能明显提高。

（3）大气压平板等离子体反应器阵列存在尺度放大效应问题，其原因是激励变压器漏感和反应器等效电容谐振频率失配造成的，使用分区激励模式可以有效解决这一问题。

（4）基于大气压平板等离子体反应器产生高浓度活性氧协同水力空化技术构建了一种新的高级氧化技术模式，可以产生高浓度高产量的羟自由基，在环境保护领域具有重要的应用价值。将其应用于船舶压载水处理系统，处理后的压载水达到了 IMO 制定的 D2 排放标准，解决了在船在压载水排放过程中杀灭海洋入侵生物的难题；将其应用于生活饮用水应急净化系统，处理后的生活饮用水达到了国家《生活饮用水卫生标准》GB 5749—2006 的要求，为应急状况下的大量用水需求提供了技术支撑。

参 考 文 献

[1] Becker K H, Kogelschatz U, Schoenbach K H. Non-equilibrium air plasma at atmospheric pressure [M]. Philadelphia：IOP Publishing Ltd，2005.

[2] 等离子体物理学科发展战略研究课题组. 核聚变与低温等离子体：面向 21 世纪的挑战和对策[M]. 北京：科学出版社，2004.

[3] Bai X, Zhang Z, Bai M, et al. Killing of invasive species of ship's ballast water in 20t/h system using hydroxyl radicals[J]. Plasma Chemistry and Plasma Processing，2005，25(1)：41-54.

[4] Roth J R, Rahel J, Dai X, et al. The physics and phenomenology of one atmosphere uniform glow discharge plasma (OAUGDP) reactors for surface treatment applications[J]. Journal of Physics D：Applied Physics，2005，38：1-13.

[5] Kogelschatz U, Eliasson B, Egli W. From ozone generators to flat television screens：history and future potential of dielectric-barrier discharges[J]. Pure and Applied Chemistry，1999，71(10)：1819-1828.

[6] Kogelschatz U. Ozonesynthesis in gas discharge [A]// XVI International Conference on Phenomena in Ionized Gases (ICPIG XVI)[C]. Düsseldorf，Germany，1983：240-250.

[7] Kogelschatz U. Advancedozone generation [A]// Process Technologies for Water Treatment [C]. New York and London：S. Stucki，1988：87-120.

[8] Blaich L, Friedrich M, ShadiAkhy A H. Development of ozone technology and application [J]. Ozone Science and Engineering，2001，22(2)：203-216.

[9] Eliasson B, Hirth M, Kogelschatz U. Ozone synthesis from oxygen in dielectric barrier discharges[J]. Journal of Physics D: Applied Physics, 1987, 20:1421-1437.

[10] Bagirov M A, Nuraliev N E, Kurbanov M A. Investigation of discharge in air gap with dielectric and technique for determination of number of partial discharges[J]. Journal of Applied Physics, 1972, 43: 629.

[11] Ono R, Yamashita Y, Takezawa K, Oda T. Behaviour of atomic oxygen in a pulsed dielectric barrier discharge measured by laser-induced fluorescence[J]. Journal of Physics D: Applied Physics, 2005, 38:2812-2816.

[12] Kozlov K V, Wagner H E, Brandenburg R, et al. Spatio-temporally resolved spectroscopic diagnostics of the barrier discharge in air at atmospheric pressure[J]. Journal of Physics D: Applied Physics, 2001, 34:3164-3176.

[13] Shi J J, Liu D W, Kong, M G. Effects of dielectric barriers in radio-frequency atmospheric glow discharges[J]. IEEE Transactions on Plasma Science, 2007, 35(2): 137-142.

[14] Stollenwerk L, Amiranashvili S, Purwins H G. Forced random walks with memory in a glow mode dielectric barrier discharge[J]. New Journal of Physics, 2006, 8: 217.

[15] Georghiou G E, Papadakis A P, Morrow R et al. Numerical modelling of atmospheric pressure gas discharges leading to plasma production,[J]. Journal of Physics D: Applied Physics, 2005, 38: R303-328.

[16] 俞哲, 张芝涛, 于清旋, 等. 针-板 DBD 微流注与微辉光交替生成的机理研究[J]. 物理学报, 2012, 61(19): 195202.

[17] Yu Z, Yang H, Du H, et al. Transition of streamer, corona and glow discharges in needle-to-plane dielectric barrier discharge at atmospheric pressure air[J]. High Voltage Engineering, 2013, 39(10): 2553-2559.

[18] Zhang Z, Bai M, Bai X, et al. Effect of L-C Syntony on Micro-gap Dielectric Barrier Discharge at Ambient Pressure [C]. The 31st IEEE International Conference on Plasma Science, 2004, 389.

[19] 许阳. 大尺度 DBD 氧等离子体源构建的关键问题研究[D]. 大连: 大连海事大学硕士学位论文, 2006.

[20] 张芝涛, 于清旋, 俞哲, 等. 一种分区激励式大气压非平衡等离子体发生装置[P]: 中国, ZL201110278484.2. 2012.

[21] 江南. 我国低温等离子体研究进展 I [J]. 物理, 2006, 35(2): 130-139.

[22] 江南. 我国低温等离子体研究进展 II [J]. 物理, 2006, 35(3): 230-237.

[23] Wang X, Li C, Lu M, et al. Study on an atmospheric pressure glow discharge[J]. Plasma Sources Science, Technology, 2003, 12: 358-361.

[24] 王艳辉, 王德真. 介质阻挡均匀大气压氮气放电特性研究[J]. 物理学报, 2006, 55(11): 5923-5929.

[25] 邵建设, 严萍, 袁伟群. 大气压空气中同轴 DBD 微放电特性[J]. 高电压技术, 2006, 32(10): 65-68.

[26] 夏胜国，刘克富，何俊佳. DBD 中过零放电特性研究[J]. 高电压技术，2007，33(2)：14-18.

[27] 克里斯蒂安·戈特沙克，尤迪·利比尔，阿德里安·绍珀. 水和废水臭氧氧化-臭氧及其应用指南[M].北京：中国建筑工业出版社，2004.

[28] 王献孚.空化泡和超空化泡流动理论及应用[M].北京:国防工业出版社,2009.

第 18 章　高压脉冲电场食品非热加工技术

张若兵　陈　杰　王黎明

清华大学深圳研究生院

高压脉冲电场(pulsed electric field，PEF)设备匮乏、处理室放电、电极腐蚀等是限制 PEF 技术工业化应用的重要问题。本章在介绍 PEF 技术国内外研究进展的基础上，综述清华大学深圳研究生院在 PEF 食品非热加工技术中的研究进展。作者开发出基于恒流充电模式的指数波 PEF 系统及基于 IGBT 开关的双极性方波 THU-PEF 系统，解决了 PEF 设备匮乏问题；发现重复 PEF 作用下，处理室内溶液中产生气泡及其在电场作用下的放电和击穿，是引起 PEF 处理室放电的根本原因；PEF 作用下电极腐蚀规律与直流腐蚀不同，但都可以用电化学反应电流模型来模拟外部参数和内部反应之间的关系；根据 I-τ 曲线获得不发生电化学腐蚀的极限条件；概述 PEF 技术用于杀菌、钝酶、辅助提取、葡萄酒催陈、农残降解等方面的应用研究成果。

18.1　引　　言

杀菌是食品加工过程中的一个重要单元操作，通过杀菌操作可以钝化食品中的酶并杀死食品中存在的致病菌、腐败菌和产毒菌，以保证食品的安全性，延长产品的保藏期。根据食品是否被加热，将食品杀菌技术分为热力杀菌和非热力杀菌。

目前液态食品的加工通常采用热加工进行杀菌处理，但热杀菌对一些热敏性产品(如果蔬汁)的色、香、味等品质及所含的营养成分破坏严重，造成果蔬汁产品失去了其原有的新鲜度，影响产品的质量，而有的甚至还产生异味(如荔枝汁热加工后产生"红薯味")，严重影响产品质量。近年来人们对食品的新鲜度、营养、安全等品质的要求越来越高，希望食品在加工过程中能保持其原有品质，因而导致 MP 食品(minimally processed foods，MPF)概念的诞生，推动了对非热加工技术的研究开发。高压脉冲电场(PEF)技术是被业界公认为具有较好工业应用前景的

本章工作得到国家自然科学基金(51177082)、国家重点基础研究发展计划(2011AA100801)和深圳市科技计划(JCYJ20120616220833092)的支持。

技术[1]。

高压脉冲电场技术是将食品置于或流经处理室的两电极之间,在电极上施加脉冲高压形成高压脉冲电场,将电能以脉冲形式表达在微生物的细胞膜上,导致细胞膜发生穿孔,通透性增加,加速细胞胞内物质向外的传质过程,使细胞最终死亡。PEF 技术的常规处理场强一般为 15～80 kV/cm,施加时间通常为数十微秒,可有效地杀灭食品中微生物,而对食品的营养成分未造成任何破坏,保持原有的新鲜度和口感;同时该技术通常在常温下操作,处理过程中溶液温升低,节约能源。和热处理相比,PEF 技术不仅能够确保对食品中微生物的杀菌效果,保持营养成分不受破坏,而且该技术可以实现节能 20%。因此,美国食品和药物管理局(Food and Drug Administration, FDA)把 PEF 列为"可替代的食品处理技术"[2]。

PEF 技术是基于高压脉冲电场的生物效应,利用高电压技术的手段,解决食品加工领域的突出问题,是高电压技术与生物科学技术和食品领域的交叉。

1. 基本原理

现有研究证实 PEF 技术具有很好的杀菌效果,但有关杀菌机理的研究尚不成熟。目前国内外主流观点认为,PEF 的作用主要集中在脉冲电场对细胞膜的影响上。在 PEF 处理过程中,悬浮于处理样品中的细胞经历了跨膜电位形成、细胞膜极化和细胞膜击穿三个过程。首先,细胞受到外部施加电场作用时,会在细胞两侧形成一个电位差,即跨膜电位(transmembrane potential, TMP),其幅值可以由式(18-1)决定[3]:

$$\text{TMP} = k \cdot E \cdot r\cos(\varphi) \tag{18-1}$$

式中,r 为细胞外径;E 为外加电场强度;k 为形状参数(由细胞形状决定,对于球状细胞来说 $k=1.5$);φ 为电场与所选取细胞对称轴夹角。

有关 PEF 杀菌机理假说主要有:细胞电穿孔模型、电崩解模型、黏弹性模型、电解产物效应等,其中电崩解模型和电穿孔模型为目前的主流观点。

1) 电崩解模型[4]

该模型将微生物的细胞膜看成电学上一个注满电解质的电容器。未加电场时,细胞膜两边电位差 U'_m 很小,当外加电场作用时,细胞膜两侧将形成跨膜电位差 U_m,跨膜电位差与外加电场强度以及细胞直径呈正相关性。随着外加电场强度增加,U_m 也逐渐增加,细胞膜厚度逐渐减少。当 U_m 增加到临界崩解电位差时,细胞膜开始崩解,细胞膜上出现孔,孔内充满电解质,导致出现瞬间放电,将膜分解。电崩解是可逆的,若外加场强作用时间较短,孔面积较小,外加场强作用撤去后,孔将逐渐消失,但当细胞膜长时间地处于高于临界电场强度的作用下时,细胞膜上将出现大面积的崩解,使原本可逆的崩解逆转成不可逆,进而导致细胞的死亡。

2) 电穿孔模型[5]

在高压脉冲电场作用下,微生物细胞膜上的双磷脂层和蛋白质暂时变得不稳定,压缩并形成小孔,通透性增加,小分子(如水或其他离子)透过细胞膜进入细胞内(图18.1),导致细胞的体积膨胀,并最终使得细胞膜破裂,细胞内物质外漏,细胞死亡。

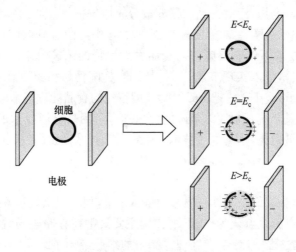

图 18.1　细胞膜电穿孔

E 为电场强度;E_c 为临界电场强度

2. 影响因素

影响 PEF 处理效果的主要参数可分为三大类:微生物(或细胞)特性参数、食品(被处理介质)特性参数和处理工艺参数。其中,微生物特性主要包括微生物的种类、细胞的面积和形状以及生长周期。

食品特性参数主要包括食品的电导率、pH、水活性及处理介质的成分。电导率是溶液的重要电气参数,pH 是细胞生长的重要外部参数,水活性会影响微生物细胞膜内外的渗透压。研究证明,PEF 对固体基质的处理效果比液体基质低很多。

处理工艺参数主要包括电场强度、脉冲波形、脉冲宽度(脉宽)、处理时间、频率、脉冲能量、处理温度等。脉冲电场强度和处理时间是 PEF 处理效果的关键因素。PEF 处理中常用的脉冲波形有指数波和方波(图18.2),而根据极性的不同,又可分为单极性波和双极性波。方波比指数波具有更高的能量利用效率,而双极性比单极性具有更低的处理室电化学腐蚀。处理时间由脉宽和频率决定,而脉冲能量中包含电场强度和处理时间,因此它们对处理效果的影响是电场强度、波形、脉宽、频率等基础电气参数的综合表现。最新的研究证明,脉冲波形的上升时间对

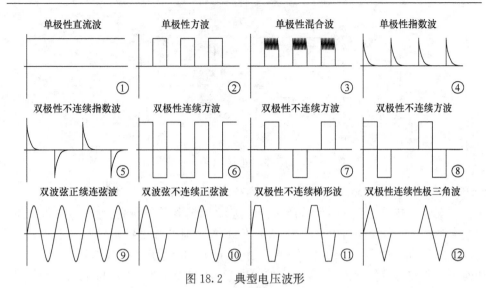

图 18.2　典型电压波形

PEF 的处理效果亦有重要影响[7]，而陡前沿的窄脉冲则较多用于细胞融合、细胞膜内操作、肿瘤治疗等领域。

值得注意的是，上述三大类影响因素之间又存在关联性。例如，处理介质的电导率决定着处理室等效阻抗的大小，而等效阻抗的大小又会影响脉冲电源输出的脉冲波形参数；对于方波，不同的负载阻抗又导致脉冲上升时间的差异。因此，分析处理效果的差异时，需要具体综合考虑处理参数、食品（处理介质）特性和微生物特性。

18.2　国内外研究现状

PEF 技术的主要设备是高压脉冲电场设备。通常，PEF 处理系统主要由高压脉冲电源、PEF 处理室、测量保护系统和给液系统组成，如图 18.3 所示。其中给液系统用于输送液体，测量系统对相关电气参数实时测量。高压脉冲电源和处理室分别是 PEF 脉冲波形产生和样品接受 PEF 处理的部件，是 PEF 系统中两个最重要的子系统。目前有关 PEF 设备研究主要集中在美国、德国、加拿大、瑞典等，相关设备造价高。例如，美国 DTI 公司功率 25 kW、最高电压为 ±25 kV、处理能力 400 L/h 的设备，售价高达 25 万美元[8]。

有关 PEF 技术在食品加工领域中的应用研究主要包括杀菌[9,10]、钝酶[11,12]、物质提取[13]、酒类催陈[14]、农药残留降解[15]等。

从 20 世纪 80 年代开始，高压脉冲电场技术（PEF）一直受到发达国家的政府、企业和研究单位的广泛重视。目前国外研究机构主要集中在美国和欧盟的德国、法国、荷兰等国家。以美国为例，便有俄亥俄州立大学（Ohio State University，

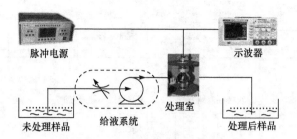

图 18.3　高压脉冲电场食品处理系统

OSU)、Diversified Technology 公司、华盛顿州立大学、明尼苏达州立大学以及国家食品安全与技术中心等科研院所及企业进行 PEF 相关的研究。其中,由俄亥俄州立大学和 DTI 公司组成的合作团队在 PEF 技术研究和设备研制上处于领先水平。在欧盟,也成立了 PEF 项目研究委员会,拥有四个学术实验室、两个研究中心和四个工业实验室。此外,加拿大圭尔夫大学、英国和荷兰的 Unilever 实验室、日本丰桥科技大学(Toyohashi University of Technology)等都在高压脉冲电场杀菌效果的研究方面取得了一定的进展。国内在 20 世纪 90 年代后期开始 PEF 杀菌方面的研究,中国农业大学、清华大学、华南理工大学、大连理工大学、吉林大学等院校都在开展 PEF 方面研究,但目前还未获得突破性进展。由于我国 PEF 研究起步晚,设备硬件技术基础和储备仍然比较薄弱,脉冲杀菌技术工业化进程与国外相比仍然有较大的差距。

1. 脉冲电源

高压脉冲电源是 PEF 系统的核心部分,典型高压脉冲电源主要由充电模块、能量储存模块、开关模块、升压模块、负载组成。而通过改变开关的控制方案,便可以形成不同的脉冲波形,图 18.4 给出了典型的指数波和方波脉冲的产生原理图[16]。

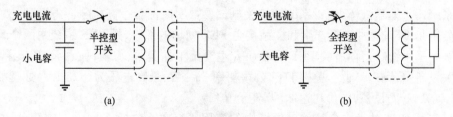

图 18.4　指数波与方波产生原理图

(a) 指数波产生原理图;(b) 方波产生原理图

早期的 PEF 高压脉冲电源采用火花隙开关,产生的波形多为指数衰减波。其特点是电源产生的脉冲前沿陡,重复频率较低,火花隙开关的关断过程不可控,开关电极存在放电腐蚀问题,因而寿命受到影响。另外开关过程中有较大的放电噪声,对周围设备的电磁干扰较大。

20世纪90年代,伴随着电力电子技术的发展,PEF电源的开关瓶颈问题得以解决,尤其是MOSFET、IGBT、IGCT、IPM等电力电子开关应用,开关过程可控的大功率PEF电源成功开发,可以实现方波脉冲的精确输出;采用升压拓扑时,可以使输出方波脉冲电压幅值进一步提高,从而使研制的PEF电源具有工业化应用的前景。

目前,国外PEF脉冲电源的研究主要集中在美国、德国、法国、加拿大和日本等国家,其中以俄亥俄州立大学和美国DTI公司组成的研究团队在PEF系统研制和技术研究上处于领先地位。OSU-4实验室规模方波PEF系统采用IPM作脉冲形成开关,能够产生幅值15 kV、脉宽1～10 μs、频率1～1000 Hz之间可调的单极性或双极性方波,最大处理量可达36 L/h。该系统输出波形上升时间在2 μs左右[17],脉冲波形受负载的影响较大,给系统性能评价带来困难。

该研究团队后续采用IGBT串联技术提高开关电压等级,研制出OSU-5、OSU-6系统。OSU-6系统采用无脉冲变压器的设计方案,是第一套商业规模的PEF系统,可产生±60 kV、电流幅值±600 A、频率2000 Hz的脉冲,最大处理量为3000 L/h。该系统脉冲电源由两个60 kV高压直流源和两个脉冲开关组成,电路结构如图18.5所示,其脉冲波形上升沿可达200 ns左右,但系统输出的波形稳定性差,如负载阻抗较小时,输出波形的上升时间急剧增大,方波已经畸变成三角波[18]。

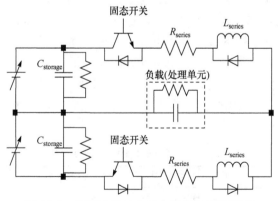

图18.5　OSU-6脉冲电源电路拓扑结构图[18]

国内有关PEF电源的研究起步晚,但进展迅速,如清华大学等高校对不同形式的PEF电源开展研究,取得了不同的成果。

2. 处理室

PEF处理室的性能对处理效果有重要影响。目前最常用的处理室有平板、同轴及同场三种类型,如图 18.6 所示。早期的处理室主要采用平板处理室,常用于间歇操作,样品提前预放在处理室中,随后接受 PEF 处理。通常适用于少量价格昂贵食品的理论研究。后期的处理室逐步改为流动处理方式,即处理样品通过进料泵进入处理室,接受 PEF 脉冲处理,然后流出处理室;在处理过程中,处理样品进出处理室和 PEF 处理同时进行。这种方式适用于 PEF 的工业化应用,因此为目前研究所采用的主要处理方式。

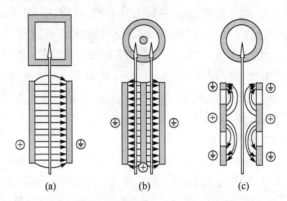

图 18.6　三种常见处理室
(a)平板处理室;(b)同轴处理室;(c)同场处理室

目前,有关 PEF 处理室的研究主要集中在处理室类型和结构对杀菌效果的影响,主要开展处理室的电场分布、温度场以及流体场的研究。由于处理室和食品直接接触,首先必须保证食品质量安全,这就要求选择能满足食品安全的材料。目前比较常用的是防腐蚀不锈钢电极和聚四氟乙烯外壳,亦有采用碳电极和陶瓷外壳,但其防腐蚀性能尚不清楚;其次,处理室设计亦要满足高压绝缘的要求。另外,处理室的结构设计要充分考虑电场分布情况,以及处理室内食品流体场和温度场分布。各种处理室在电场、温度场、流体场以及等效电阻上的优缺点特性如表 18.1 所示。

表 18.1　不同处理室的特性分析[16]

特性	平板处理室	同轴处理室	同场处理室
电场均匀性	★★★	★★	★★
电场畸变性	★★	★★	★★
流体场	★	★★	★★★
温度场	★	★★	★★★
等效电阻	★	★★	★★★

注:★代表性能优势

3. 处理室放电问题

理想的 PEF 处理过程中,处理室中的电场分布均匀,极大限度地降低处理过程对食品的影响。实际 PEF 设备运行过程中,当电场强度较高时,容易发生处理室内液态原料绝缘破坏而产生的放电现象。究其原因,一方面溶于液态食品中的气体由于处理时温度升高或连续流动,容易溢出在处理区域形成气泡,气泡的介电常数远小于液体,因此,脉冲电压基本上全施加在气泡上导致气泡击穿[19,20];另一方面,由于处理室电极设计不合理,在电极表面出现不平滑的微小金属凸起,导致处理区域电场分布不均匀,在微尖端处局部场强畸变形成集中的电流,使局部液体发热气化形成气泡,最终引起液态食品的绝缘击穿[21,22];此外,液态食品(如果汁等)含有固体颗粒,液体与固体颗粒界面容易产生放电现象,或食品电导率较高(如 $\geqslant 10$ mS/cm)时,流过食品的漏电电流增加,溶液中的热现象加剧,处理室击穿概率增大。

处理室运行过程中的放电问题,是目前国内外相关设备普遍面临的重要问题。研究发现,处理室内压强一定时,处理室内液体中气泡的存在会对处理室内的电场分布造成极大的影响,使处理室发生放电击穿的概率增加。当间距小于 3 mm 的处理室中出现直径大于 1 mm 气泡时,其介质击穿阈值电压远大于间距大于 5 mm 的处理室中出现直径小于 0.5 mm 气泡的情况[23]。另有研究针对处理室结构进行优化,以减少流速死区和局部的高温区域,降低流路中气泡产生的概率;或利用网状电极代替同场处理室的管状电极,并在同场处理室电极之间的处理区域中加入绝缘层以减少处理室发生击穿的概率。

18.3　高压脉冲电场设备及其关键技术

18.3.1　脉冲电源

针对 PEF 用脉冲电源开展研究,清华大学深圳研究生院已经研制出四代 THU-PEF 系列高压脉冲电场设备,其产生的脉冲波形包括单/双极性指数波、单/双极性方波。其中,THU-PEF1、THU-PEF2 输出波形为指数衰减波,THU-PEF3 输出波形为单/双极性方波[16]。

1. 指数衰减波脉冲电源

THU-PEF1 和 THU-PEF2 充电回路采用恒流充电方式,放电回路则由步进电机驱动旋转火花隙开关得到重复频率脉冲,放电频率可通过控制步进电机的转速调节。图 18.7 为 THU-PEF1、THU-PEF2 高压脉冲电源实物图,该脉冲电源的电路结构[24]和输出波形如图 18.8 所示。

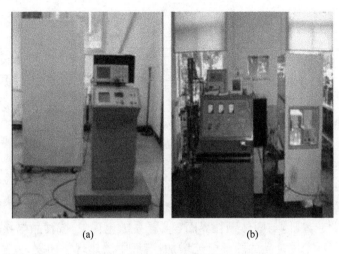

图 18.7　指数波系列 THU-PEF 系统

(a) THU-PEFI 系统；(b) THU-PEF2 系统

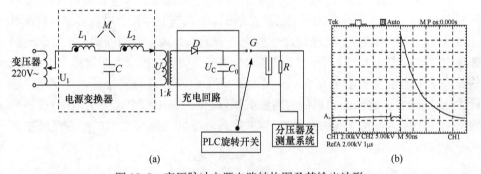

图 18.8　高压脉冲电源电路结构图及其输出波形

　　该脉冲电源采用电压源-电流源变换器,使充电过程中电流保持不变。由于电流源的内阻很大,电容器短路放电时也能保证输出不变,不会超过限流值;同时与恒压充电相比充电速度加快,恒流充电更加适合重复频率的大功率脉冲电路。

　　通过电源变换器恒流充电使充电效率增加,避免了以往由于串联电阻造成的损耗和电源短路的问题。充电方法简单易行,充电速度快,能满足重复频率的问题。

　　放电回路由电容器、开关、处理室三个主要部分构成,放电电压、电流、波形等主要参数也主要由这三个部分决定,因此,为了达到试验要求的电压参数,能够灵活调整各部分之间的参数关系是试验设计的关键。

2. 双极性方波脉冲电源

　　图 18.9 为清华大学深圳研究生院开发的方波脉冲 PEF 系列设备。THU-PEF3 采用现代大功率电力电子开关,通过 DSP 控制开关的导通和关断,并经高压

脉冲变压器变换后,产生 0∼30 kV 的高压方波脉冲,可以单/双极性运行,而频率和脉宽可通过控制界面精确调整。图 18.10 为 THU-PEF3 的电路结构图,右下方为其方波脉冲输出波形。

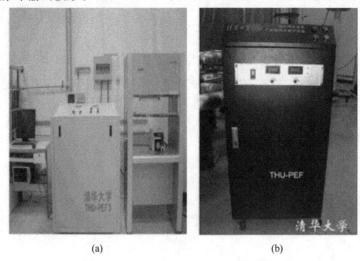

(a)　　　　　　　　　　　　(b)

图 18.9　方波脉冲系列 THU-PEF 系统

(a) THU-PEF3 系统;(b) THU-PEF4 系统

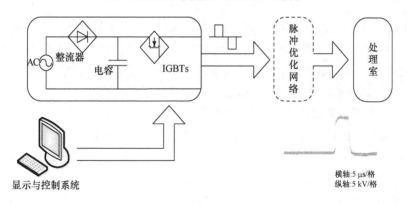

图 18.10　THU-PEF3 和 THU-PEF4 电路结构图及其输出波形[16]

对于脉冲电源的设计,要充分考虑到负载的特性,并进行有效的负载阻抗匹配设计,否则阻抗失匹,方波脉冲便会畸变,脉冲上升沿变缓。阻抗失匹到一定程度时,方波脉冲会畸变为三角波,从而导致方波的利用效率严重降低。另外,实际食品的电导率相差很大,处理室等效负载有很大差异。如果要求等效负载与脉冲变压器匹配,便会限制 PEF 设备的应用范围。基于以上原因,THU-PEF4 系统在继承 THU-PEF3 数字精确控制的同时,在脉冲变压器后面加入脉冲优化网络[7,25],使脉冲上升时间控制到低于 70 ns 的水平,使 PEF 系统对电导率的适应范围提高到 10 mS/cm。

表 18.2 给出了 THU-PEF 系列脉冲电源与国外产品的典型参数比较。清华大学自主研制的 THU-PEF4 系统,其电压等级和上升时间达到国外同等级设备的水平,且在波形稳定性、电导率适用性、放电抑制和保护等指标上超过国外设备水平。

表 18.2 国内外 PEF 脉冲电源研究

参数	OSU-4	OSU-5	OSU-6	THU-PEF3	THU-PEF4
电压等级/kV	15	40	60	30	30
上升时间/ns	2000	2000	200	2000	<100ns
处理量/(L/h)	36	400	3000	8	300
开关组件	单个 IPM	IGBT 串联	IGBT 串联	单个 IGBT	IGBT 组
放电控制	无	无	无	无	有
极性	双极性	双极性	双极性	单/双极性	单/双极性
规模	实验室	中试	商业	实验室	中试

18.3.2 PEF 处理室及放电问题

1. 处理室

PEF 处理室的设计必须满足食品质量安全和高压绝缘的要求。目前常用的材料是防腐蚀不锈钢电极和聚四氟乙烯外壳。处理室的结构设计要充分考虑电场分布和场强畸变,以及处理室内食品的流体场和温度场分布。另外,对高压方波脉冲,还需要考虑处理室的等效阻抗以满足变压器的阻抗匹配。

图 18.11 所示为采用的三种类型的处理室[16],图 18.12 为这三种处理室的电场分布仿真图。各种处理室在电场分布、温度场分布、流体场分布、等效电阻上的优缺点特性如表 18.3 所示。由表中比较可见,平板处理室具有电场分布均匀的优势,而同场处理室具有流体场、温度场和等效电阻小的优势。

(a) (b) (c)

图 18.11 处理室

(a) 平板处理;(b) 同轴处理室;(c) 同场处理室

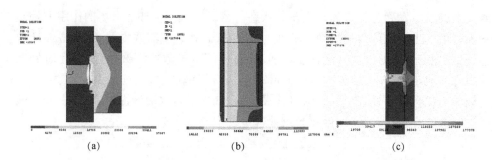

图 18.12　各种处理室电场分布图

(a) 平板处理室;(b) 同轴处理室;(c) 同场处理室

表 18.3　不同处理室的特性分析

特性	平板处理室	同轴处理室	同场处理室
电场均匀性	★★★	★★	★★
电场畸变性	★★	★★	★★
流体场	★	★★	★★★
温度场	★	★★	★★★
等效电阻	★	★★	★★★

2. 放电问题

PEF 作用下处理室的纯水中不含有肉眼可见气泡时,输出电压 30 kV 时不会发生放电击穿。对于平板处理室,外加脉冲电场平均可达 100 kV/cm;而对于同场处理室,外加的脉冲电场平均可达 75 kV/cm。通过温度和处理室内状态监测发现,在整个加压过程中处理室内部无气泡产生;监测发现,溶液流经处理室前后温度变化基本可以忽略。

对 PEF 杀菌应用,国际上通常采用的外加电场强度一般在为 30~60 kV/cm;而本试验中,纯水在 75 kV/cm 场强下处理规定时间,处理室内未见到放电发生。此时,流入处理室的样品中不含肉眼可见气泡,且处理过程中未见有肉眼可见的气泡产生。因此,在 PEF 作用下,当流入处理室中的样品不含有肉眼可见气泡时,处理室内不会发生放电和完全击穿。

1) 平板处理室击穿过程分析

如图 18.13 所示,电导率为 211 μS/cm 的水溶液经 PEF 处理,在电压为 16 kV(场强为 53.3 kV/cm)时,处理室发生放电击穿;PEF 处理过程中,随着电压的提高,样品温度有明显上升,在连续 PEF 实验加压 800 s 后,处理样品的温度达到 47.5 ℃。水溶液中产生气泡是导致处理室发生放电击穿的主要原因,并且处理室内放电的发生发展与气泡的产生及其状态有密切关系。在外加电场的作用下处理室入口处产生肉眼可辨的细微气泡并附着在 PEF 处理室器壁内部;继续增加外加电场,处理室入口处细微气泡密度增加,同时伴随有气泡的汇聚过程,且此时处理室内部其他与电极、绝缘外壳接触的部位也会有气泡产生;当气泡直径足够大时,气泡浮力便会大于处理室外壳壁对其吸附力,气泡沿着水溶液流路上升,上升气泡经过电极间强电场区域时,可能导致处理室发生放电击穿。

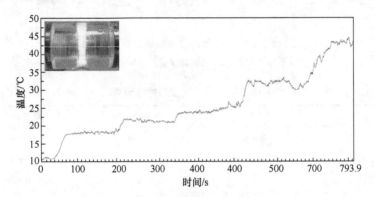

图 18.13 平板处理室加压过程中的温度变化

水溶液电导率 211 μS/cm

在 16 kV(场强为 53.3 kV/cm)电压施加的过程,当上升的单个气泡体积较小(直径 0.7 mm)时,在外加高场强的作用下,小气泡会发生局部的放电(图 18.14(a)),但此时处理室未击穿,而且伴随着气泡的快速上升流出处理室,放电很快消失。但当上升的单个气泡体积较大(直径大于 1 mm)时,上升的气泡会在两个电极之间导致击穿放电(图 18.14(b));此过程中气泡被击穿,气泡破裂产生的冲击力会导致汇聚有机玻璃管壁处的气泡迅速上升,充满处理室电极之间区域,从而造成处理室内整个区域的全面击穿。

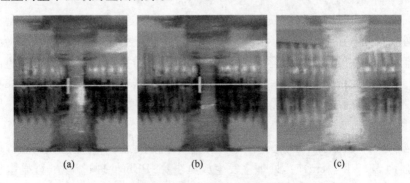

图 18.14 平板处理室 PEF 处理过程中不同放电状态

(a) 局部的放电;(b) 局部击穿;(c) 全部击穿

2) 同场处理室击穿过程分析

如图 18.15 所示，对电导率为 606 μS/cm 的水溶液，PEF 处理后样品的温度有明显上升；并且在电压为 16 kV(场强为 40 kV/cm)时，处理室发生了放电击穿，处理室的出口温度达到 29 ℃。

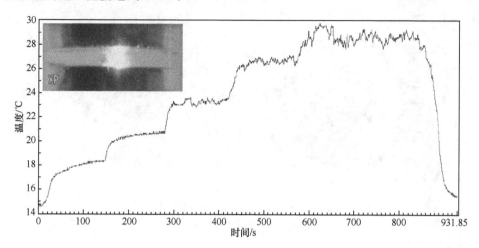

图 18.15　同场处理室出口温度变化

水溶液电导率 606 μS/cm

与平板处理室相类似，同场处理室击穿过程中也经历气泡产生、气泡汇聚、气泡上升、局部的放电、处理室击穿和再击穿的过程阶段，如图 18.16 所示。但同场处理室的流路相对平板处理室好，气泡产生后除少量气泡暂时附着在 PEF 处理室管壁处外，大多细微气泡会被流入的样品带出处理区域，此时上升的气泡体积过小，电压较低时无法引起处理室局部的放电。只有当电压加至 16 kV(场强为 40 kV/cm)时，处理室产生大量气泡，且气泡在处理室内汇聚和上升过程同时发生。当处理室内单个气泡直径超过 2 mm 时，处理室内便会发生局部的放电；而当处理室存在多个大直径气泡时，便会发生局部的击穿；气泡局部击穿导致的冲击波也会对其他气泡造成扰动，从而引发处理室的全面击穿。

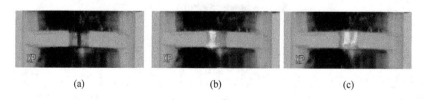

| (a) | (b) | (c) |

图 18.16　同场处理室的不同放电状态

(a) 局部的放电；(b) 局部击穿；(c) 全部击穿

18.3.3　PEF 技术杀菌过程中的电极腐蚀

PEF 技术处理过程中液体食品流经处理区域与电极表面接触,而电极表面有电流流过,形成电化学反应的条件。电极在长期运行过程中表面会有腐蚀现象,如图 18.17 所示。

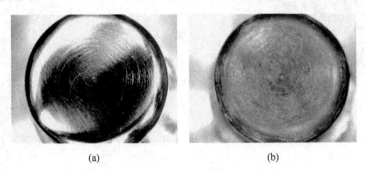

(a)　　　　　　　　　　　　　　(b)

图 18.17　新电极和腐蚀后电极表面形貌
(a) 新电极;(b) 腐蚀后的电极

在 PEF 作用下,脉冲电流较大,且单个脉宽较窄(微秒级),电极发生电化学反应的条件以及影响反应速度的因素与直流作用下有很大的区别。

1. 处理室等效电路

根据双电层电路模型,可以将整个处理室等效电路模型表征为两个双电层电路和一个溶液体电阻串联,如图 18.18 所示。决定溶液体阻大小的主要是处理室尺寸和溶液特性,双电层电容的大小和法拉第电阻值是随着极化电位不断变化的,而在如此高的电场强度下,现有的手段无法测量电极的极化曲线。

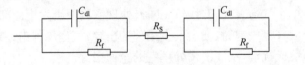

图 18.18　处理室等效电路

2. 电极电化学反应开始条件

每种电极材料都有其发生电化学反应的阈值电压,在双电层电压(电极电位)未达到阈值电压前,电化学反应不会发生。此时法拉第电阻 R_f 趋于无穷大,相当于开路,电流全部用于给双电层充电,为容性电流。双电层的充电电压达到阈值电压后,电化学反应才开始进行。

对 PEF 作用下的电化学反应,决定反应开始的因素有电源参数、溶液参数和电极材料特性。电源参数主要是电压幅值和脉冲宽度,溶液参数主要是溶液电导率和溶质类型,材料特性主要是电极发生电化学反应的阈值电压。要使反应开始,各参数必须满足一定的条件,即单个脉冲时间内,双电层充电电压必须达到反应的阈值电压。其中,脉冲宽度决定充电时间是否充分,电导率和电压决定充电电流密度,溶质和材料特性决定双电层微分电容特性和阈值电压。式(18-2)表示反应开始条件,其中,U_{dl}、U'_{dl} 为双电层电压,U_{th} 为电极材料电化学反应阈值电压。

$$U_{dl} > U_{th} \tag{18-2}$$

$$U'_{dl} = 2U_{dl} \tag{18-3}$$

对于平板处理室,最后可以得出,PEF 作用下,电极发生电化学反应的条件为脉冲宽度大于此条件下的最小充电时间,如式(18-4)所示。

$$t > \frac{2lC'_{dl}U_{th}}{\pi\kappa r^2 U} \tag{18-4}$$

图 18.19 给出了电流密度与不发生电化学反应的电源最大脉宽之间的关系,只有脉宽大于最大脉宽时才发生电化学腐蚀,小于最大脉宽则不发生电化学腐蚀。如图 18.19 所示,虚线部分表示整个加电过程中电极不发生电化学反应的区域,最大脉宽是指在一定电流密度下,电极不发生电化学反应前提下能施加电压脉宽的最大值,超过这个值,电化学反应将启动。同样,在要求

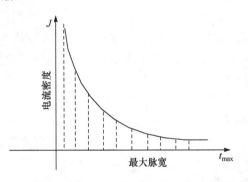

图 18.19　处理室电流密度-最大脉宽曲线

施加一定的脉宽时,电极上流过的电流密度也不能超过此条件下的电流密度上限,否则电化学反应将启动。排除双电层电容的变化的影响,对于一定的处理室和电极材料,电流密度和最大脉宽关系曲线是确定的。

3. 电极腐蚀规律和抑制方法

利用 THU-PEF4 系统,考察 PEF 作用下,钛和不锈钢电极的腐蚀规律。

(1) PEF 作用下电极腐蚀规律与直流腐蚀不同,但都可以用电化学反应电流模型来模拟外部参数和内部反应之间的关系。PEF 作用下双电层电容需要反复充放电,直流作用下双电层电容只需要充电一次,且在 PEF 的窄脉宽时间内电极腐蚀是一个暂态过程,不能达到稳态。

(2) 随着 PEF 处理室中的电场强度升高、脉宽增加和溶液电导率升高,电极电化学腐蚀加剧。电场强度和溶液电导率主要影响处理室的电流幅值,而电流是使电极发生电化学腐蚀的根本原因,随着电场强度和溶液电导率升高,处理室的电

流增加,使得电极容易发生电化学腐蚀,并提高腐蚀速度;脉宽决定了单个脉冲时间内电化学腐蚀能否开始,并且,在其他条件不变的情况下,随着脉宽的增加,单个脉冲内的电极极化电位平均值升高,也即是电化学腐蚀速度平均值提高。

(3) 电流和脉宽一致时,氯离子浓度越高,腐蚀速度越快。溶液中的氯离子半径较小,容易穿透氧化膜,与金属材料生成可溶性物质脱离金属表面,破坏氧化膜,从而增加电极腐蚀速度,而硝酸根离子不具有这样的性质。

(4) 钛电极比不锈钢电极更耐腐蚀。标准电极电势越负的且具有钝化特性的金属材料,由于表面钝化现象而表现出更优秀的耐腐蚀性。通过实验数据的比较发现,钛材料比不锈钢耐腐蚀、铬比镍耐腐蚀,钛的标准电极电势比不锈钢中各成分更负,铬的标准电极电位比镍的更负,表现出来的特征是由于表面生成的钝化膜,本来标准电极电势越负的材料跃迁到标准电极电势更正的特性,具有贵金属的耐腐蚀特征。

由双电层理论可知,当单个脉宽时间内双电层的充电电压达不到电极材料的电化学反应阈值电压,电极不会发生电化学反应,而且双电层上的电荷在一个周期内会充电然后归零,不会在下一个脉冲时间内造成电荷积累。因此,在整个循环处理过程中,单个脉冲时间电极电化学反应能否启动决定电极是否会发生腐蚀。PEF 输出电流波形,可近似看作方波,双电层的充电电压由通过电极的电流 I、双电层电容 C_{dl} 和脉宽 τ 决定。

为了研究钛电极的不发生电化学反应的极限条件,需要知道钛电极的阈值电压和电极-溶液界面的双电层电容。可以通过实验来确定电极不发生电化学反应的极限条件。图 18.20 给出电极不发生腐蚀的极限条件 I-τ 图,图中,腐蚀区是指电流和脉宽满足发生腐蚀的条件的区域,不腐蚀区是指电流和脉宽不足以使电极发生电化学腐蚀的区域。

实际上,加电腐蚀试验证实电源运行极性和频率对钛电极腐蚀影响不大。通过对电极表面状态的研究,发现电极表面会随着腐蚀出现坑洞,破坏表面氧化膜,从而腐蚀速度会随着腐蚀时间提高,然后趋于饱和。因此,PEF系统在实际运行中,在达到相同杀菌效果的前提下,可适当提高电源频率,减小脉宽从而达到减小腐蚀的目的;电极表面氧化膜有助于提高其耐腐蚀性;根据 I-τ 曲线得出的不发生电化学腐蚀的极限条件,设置电源参数,使得 I、τ 参数落在不腐蚀区。

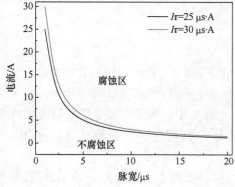

图 18.20　电极不发生电化学腐蚀的极限条件

18.4　高压脉冲电场应用

18.4.1　在液态食品杀菌中的应用

PEF 用于液态食品的非热杀菌是其在食品处理中的主要应用,主要包括杀菌、钝酶。

图 18.21(a)和(b)分别是 PEF 平板电极和同轴电极对酿酒酵母杀灭效果图。随脉冲数和电场强度增加,PEF 对酿酒酵母杀灭效果逐渐增强,不同电场强度和脉冲时间之间差异显著($p<0.05$)。当电场强度为 5 kV/cm 时,随脉冲数增加杀菌效果增强缓慢,当脉冲数增加到 1449 时,酿酒酵母的残活率为 -0.48 和 -1.48 个对数。随电场强度增加,杀菌效果显著增强,电场强度为 25 kV/cm、脉冲数为 1449 时酿酒酵母的残活率最高降低了 4.5 和 4.11 个对数。

图 18.22 是大肠杆菌和酿酒酵母的同轴、平板电极杀灭效果比较图。PEF 作用下,大肠杆菌和酿酒酵母表现出相同的变化趋势,在场强和脉冲数都较低时,即 $-\lg S$ 较小时,同轴电极处理效果强于平板电极,但场强和脉冲数增大,即 $-\lg S$ 进一步增大时,平板电极处理效果强于同轴平板电极。

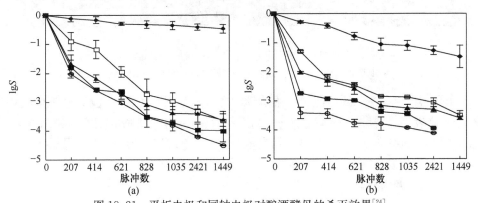

图 18.21　平板电极和同轴电极对酿酒酵母的杀灭效果[24]

(a) 平板电极;(b) 同轴电极

(◆) 5 kV/cm;(□) 10 kV/cm;(▲) 15 kV/cm;(■) 20 kV/cm;(○) 25kV/cm

图 18.23 是 PEF 处理前后大肠杆菌细胞 SEM 图,其中,图(a)和图(b)是未经 PEF 处理的大肠杆菌细胞的 SEM 图,图中清晰可见大肠杆菌细胞的形态呈长杆状,表面光滑,无黏附物,分散均匀;图(c)和图(d)是 PEF 处理后大肠杆菌的 SEM 图,发现 PEF 处理后的大肠杆菌细胞外形上大部分细胞仍然保持完好的杆状外形,但是部分细胞似乎破裂,大量黏附物从长杆状细胞中流出,可能是由于 PEF 处理细胞破裂后从细胞中流出的原生质。以上事实证实大肠杆菌经 PEF 处理后细胞发生破碎。

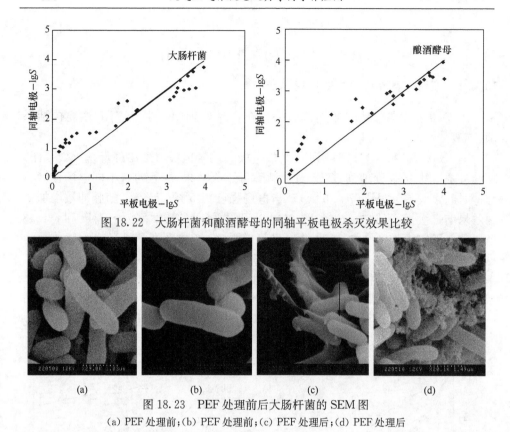

图 18.22　大肠杆菌和酿酒酵母的同轴平板电极杀灭效果比较

(a)　　　　　　(b)　　　　　　(c)　　　　　　(d)

图 18.23　PEF 处理前后大肠杆菌的 SEM 图

(a) PEF 处理前；(b) PEF 处理前；(c) PEF 处理后；(d) PEF 处理后

　　图 18.24 是 PEF 处理前后酿酒酵母的透射电镜图（TEM）。PEF 处理前酿酒酵母细胞表面光滑（图(a)），呈规则的椭圆状，具有完整而清晰的细胞壁和细胞膜，细胞内原生质分布均匀，细胞器分散在原生质中。PEF 处理后酿酒酵母（图(b)～(d)）细胞形状发生变化，芽痕增多，质壁分离，原生质收缩团聚，分布不均匀，颜色变深，细胞壁变粗糙，细胞壁和细胞膜受损。

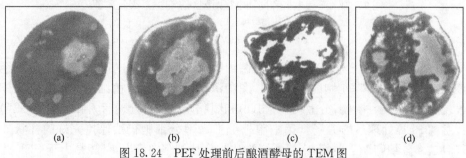

(a)　　　　　　(b)　　　　　　(c)　　　　　　(d)

图 18.24　PEF 处理前后酿酒酵母的 TEM 图

(a) PEF 处理前；(b) PEF 处理后；(c) PEF 处理后；(d) PEF 处理后

　　图 18.25 是 PEF 处理电场强度对酿酒酵母细胞溶液紫外吸收物质影响图。

由图可见,PEF 处理后酿酒酵母菌液在 260 nm 和 280 nm 下吸光值显著增高($p<$ 0.05),表明 PEF 处理后细胞内紫外吸收物质流失到溶液中,并随电场强度增大, 细胞内紫外吸收物质损失量增加,进一步证明 PEF 处理破坏了酿酒酵母细胞膜, 而且破坏程度随电场强度增大而增强。

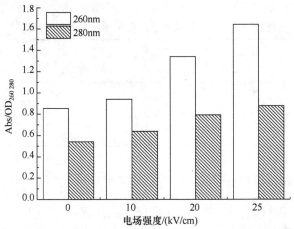

图 18.25　PEF 处理对酿酒酵母溶液中紫外吸收物质影响

脉冲时间 932 μs

作者研究发现,脉冲的上升时间对杀菌效果亦有重要影响。对含有金黄色葡 萄球菌的新鲜苹果汁进行 PEF 处理,分别施加上升时间为 200 ns 和 2 μs 的方波 脉冲,保持其他条件相同,处理后的效果差异如图 18.26 所示。可以看出,上升时 间为 200 ns 量级的方波脉冲处理效果比上升时间为 2 μs 量级的方波脉冲的处理 效果至少高出 0.5 个对数[7,25]。

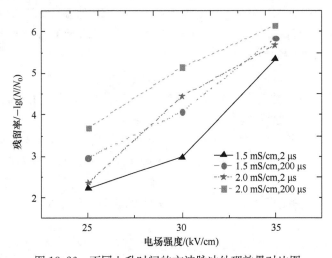

图 18.26　不同上升时间的方波脉冲处理效果对比图

　　更为重要的是,采用陡前沿的方波脉冲处理后的苹果汁具有更低的温升(表18.4),从而证明在保持处理室散热条件相同的情况下,陡前沿 PEF 方波脉冲能耗更低,这与能耗理论计算值有很好的验证关系。上述研究表明,陡前沿方波 PEF 具有更高的杀菌效率,而消耗的能量和产生的温升则更低。这对于方波 PEF 的工业应用具有重要的意义。

表 18.4　不同上升时间方波的能量消耗和处理样品温升

电场强度 E /(kV/cm)	$W_{t2\,\mu s}$ /(J/mL)	$W_{t200\,\mu s}$ /(J/mL)	$\Delta T_{2\,\mu s}$ /℃	$\Delta T_{200\,\mu s}$ /℃
25	9.38	8.75	8.5	7.4
30	11.81	10.35	13.9	12.1
35	19.23	18.98	23.1	21.1

18.4.2　在钝酶和食品货架期品质保持中的应用

　　微生物和酶是导致食品腐败变质的重要因素,研究证实,PEF 处理后,过氧化酶(HRP)、果胶甲基酯酶(PE)、多酚氧化酶(PPO)、脂肪氧化酶(LOX)等酶的活性均有所下降。

　　以 HRP 和 PE 为例,发现在 25 kV/cm 电场强度、1449 个脉冲情况下,HRP 和 PE 的相对活性分别降低了 33.2% 和 65.3%。通过采用圆二色谱分析(circular dichroism,CD)和荧光光谱分析对 HRP 和 PE 的二级结构和三级结构进行细致观察,发现 PEF 处理后 HRP 酶蛋白的 CD 光谱图发生变化,平均摩尔椭圆率比 PEF 处理前低,这与热处理时的情况相似,如图 18.27 所示。而荧光光谱分析发现,PEF 处理后 HRP 和 PE 的荧光强度都增加,说明 PEF 处理后 HRP 和 PE 酶蛋白构象发生变化,从而证实 PEF 处理可以钝化酶的活性,而其在微观上则表现为 PEF 处理可以改变酶的二级和三级结构[24]。

　　PEF 处理后,鲜榨胡萝卜汁中 LOX 的活性降低了 37.35%,PPO 的活性降低了 52.14%,并且两种酶的活性在 28 天的保存期里没有显著变化,而对照胡萝卜汁的酶活表现出了不稳定性。

　　PEF 处理的胡萝卜汁的色差低于 2,热处理后的胡萝卜汁色差达到 4,热处理后的胡萝卜汁 L 值及 b 值都明显比 PEF 处理的胡萝卜汁要低,而对照胡萝卜汁在保存一周以后色差变为 3.11,在 28 天以后增加到 8,证实未经处理的对照样品在保存期内发生了显著的颜色变化,而 PEF 处理的胡萝卜汁则没有发生很明显的颜色变化。

　　PEF 处理后立即测量的胡萝卜汁的褐变指数为 0.23,未经处理的对照胡萝卜汁的褐变指数是 0.22,热处理后的胡萝卜汁的褐变指数为 0.28。在保存期内,未

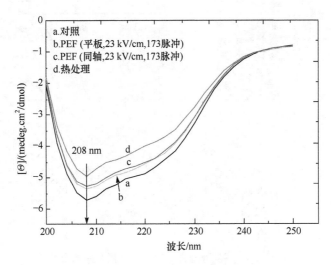

图 18.27　HRP 的 CD 光谱分析

HRP 浓度 2.89 μM

经处理的对照胡萝卜汁的褐变指数发生了非常明显的变化,增加到 0.40,热处理后的胡萝卜汁的褐变指数达到了 0.32,而 PEF 处理后的胡萝卜汁的褐变指数变化则要小得多。

18.4.3　在胞内物质提取和其他方面的应用

以红莓果实为对象,进行了 PEF 提取红莓细胞内天然色素矢车菊素-3-葡萄糖苷(Cy-3-glu)的试验,并同时对比传统冷冻提取方法对花色苷提取率的影响,其结果如图 18.28 所示。由图可见,PEF 处理样品获得最大的提取率 47.25%,而冷冻-解冻后样品的提取率仅为 29.08%,经这两种方式处理的样品分别比未经处理的样品提取率提高了 34.30% 和 18.13%[17,21]。扫描电镜结果证实,未经处理的样品所有的液泡表面完整,冷冻-解冻的样品液泡上形成了较大的由冰晶造成的机械损伤,经 PEF 处理的样品细胞受到更严重的破坏,大部分细胞撕裂,这表明 PEF 对细胞膜造成了不可修复的损伤[28]。

有机磷农药超标是制约我国浓缩果汁出口的一大瓶颈。不同 PEF 参数对豆浆中残留农药的降解效果,其结果如图 18.29 所示,PEF 处理后 6 种农药的残留率均有所下降,随着电场强度和处理时间(脉冲个数)的增加,农药残留率总体上呈下降趋势。

采用高效液相色谱(HPLC)法测定分析了脉冲电场(PEF)处理前后葡萄酒中黄烷-3-醇(flavan-3-ols)和酚酸(phenolic acids)两种酚类物质的含量变化以及葡萄酒色度与色调值的变化,如图 18.30 所示。

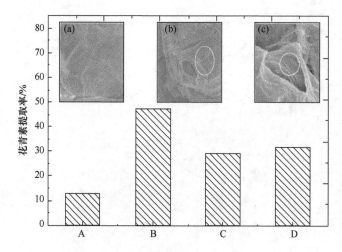

图 18.28　不同处理方法对花色苷提取率的影响

处理方法:A. 对照;B. PEF 处理;C. 冷冻-解冻;D. 冷冻-解冻-PEF

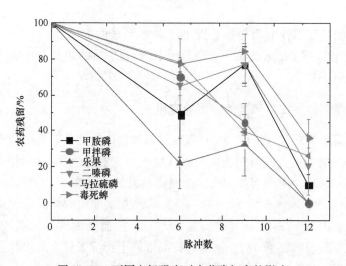

图 18.29　不同电场强度对农药降解率的影响

　　研究发现,经脉冲电场(电场能量密度:24.5 J/mL、40.5 J/mL、60.5 J/mL)处理后大部分酚类物质的含量都发生了显著变化,葡萄酒色度与色调值也有显著的提高,并且当注入电场能量密度为 60.5 J/mL 时处理效果最显著。经过研究分析发现,PEF 处理注入的脉冲电场能量促进了葡萄酒中花色素和单宁间的聚合反应,使得聚合色素的比例增加,从而使得葡萄酒的色度和色调值随着电场能量密度的增加而显著上升。这一变化与自然陈酿过程中葡萄酒的色度和色调改变具有相同的趋势[14]。

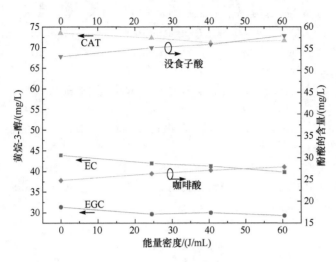

图 18.30　不同能量密度 PEF 处理前后酚酸、黄烷-3-醇含量的变化

18.5　小　　结

本章总结了清华大学深圳研究生院在高压脉冲电场(PEF)食品非热加工技术中的研究工作,获得的主要成果如下:

(1) 开发出了基于恒流充电模式的指数波 PEF 系统及基于 IGBT 开关的双极性方波 THU-PEF 系统,解决了 PEF 设备匮乏的问题。

(2) 发现重复 PEF 作用下,处理室内溶液中产生气泡及其在电场作用下的放电乃至击穿,是引起 PEF 处理室放电的根本原因。

(3) PEF 作用下电极发生电化学反应的条件及影响反应速度的因素与直流作用下有很大区别,但都可以用电化学反应电流模型来模拟外部参数和内部反应之间的关系;根据 I-τ 曲线获得了不发生电化学腐蚀的极限条件。

(4) 陡前沿的方波脉冲比普通方波脉冲具有更高的 PEF 利用效率,同时消耗的电能更低,因此,THU-PEF4 更适合于 PEF 的工业化应用。

(5) PEF 技术对液态食品具有很好的杀菌、钝酶效果;PEF 作用下细胞内的天然成分提取率可有效提高;脉冲电场作用下葡萄酒中的酚类发生变化,可使酒类陈化;农药残留在 PEF 作用下具有较好的降解效果。

参 考 文 献

[1] Shewfelt R L. Quality of minimally processed fruits and vegetables[J]. Journal of Food Quality, 1987, 10(3): 143-156.

[2] U. S. Food and Drug Administration Center. Kinetics of microbial inactivation for alternative

food processing technologies-pulsed electric fields [EB/OL]. http://www.fda.gov/Food/ScienceResearch/ResearchAreas/SafePracticesforFoodProcesses/ucm101662.htm.

[3] Neumann E. Membrane electroporation and direct gene transfer[J]. Journal of Electroanalytical Chemistry, 1992, 343(1): 247-267.

[4] Chang D C. Cell potation and cel fusion using an oscillating electric field[J]. Biophysics Journal, 1989, 56(4): 641-652.

[5] Zimmermann U. Electrical breakdown, electropermeabilization and electrofusion[M]. Berlin Heidelberg: Springer, 1986.

[6] 陈杰. 陡前沿双极性方波高压脉冲电场杀菌技术研究[D]. 北京: 清华大学, 2012.

[7] Chen J, Zhang R, Xiao J, et al. Influence of pulse rise time on the inactivation of Staphylococcus Aureus by pulsed electric fields[J]. IEEE Transactions on Plasma Science, 2010, 38(8): 1935-1941.

[8] Kempkes M, Gaudreau M, Hawkey T, et al. Scale-up of PEF systems for food and waste streams[C]. Proceedings of 16th IEEE International Pulsed Power Conference 2007: 1064-1067.

[9] Schoenbach K H, Joshi R P, Stark R H, et al. Bacterial decontamination of liquids with pulsed electric fields[J]. IEEE Transactions on Dielectrics and Electrical Insulation, 2000, 7(5): 637-645.

[10] Weaver J C. Electroporation of cells and tissues[J]. IEEE Transactions on Plasma Science, 2000, 28(1): 24-33.

[11] Zhang R, Cheng L, Wang L, et al. Inactivation effects of PEF on horseradish peroxidase (HRP) and pectinesterase (PE)[J]. IEEE Transactions on Plasma Science, 2006, 34(6): 2630-2636.

[12] 罗炜, 张若兵, 陈杰, 等. 脉冲电场对脂肪氧化酶及多酚氧化酶构象影响的光谱分析[J]. 光谱学与光谱分析, 2009 (8): 2122-2125.

[13] Schultheiss C, Bluhm H, Mayer H G, et al. Processing of sugar beets with pulsed-electric fields[J]. IEEE Transactions on Plasma Science, 2002, 30(4): 1547-1551.

[14] 陈杰, 张若兵, 王秀芹, 等. 脉冲电场对新鲜干红葡萄酒酚类物质和色泽影响的研究[J]. 光谱学与光谱分析, 2010, 30(1): 206-209.

[15] Chen F, Zeng L, Zhang Y, et al. Degradation behaviour of methamidophos and chlorpyrifos in apple juice treated with pulsed electric fields[J]. Food Chemistry, 2009, 112(4): 956-961.

[16] 张若兵, 陈杰, 肖健夫, 等. 高压脉冲电场设备及其在食品非热处理中的应用[J]. 高电压技术, 2011, 37(3): 777-786.

[17] Gaudreau M, Hawkey T, Petry J, et al. Solid-state power systems for pulsed electric field (PEF) processing[C]. 2005 IEEE Pulsed Power Conference, 2005: 1278-1281.

[18] Gaudreau M P J, Hawkey T, Petry J, et al. A solid state pulsed power system for food processing[C]. 2001. IEEE Pulsed Power Plasma Science. Digest of Technical PPPS, 2:

1174-1177.

[19] Góngora-Nieto M M, Pedrow P D, Swanson B G, et al. Impact of air bubbles in a dielectric liquid when subjected to high field strengths[J]. Innovative Food Science & Emerging Technologies, 2003, 4(1): 57-67.

[20] Aka-Ngnui T, Beroual A. Bubble dynamics and transition into streamers in liquid dielectrics under a high divergent electric field[J]. Journal of Physics D: Applied Physics, 2001, 34(9): 1408.

[21] Jaeger H, Meneses N, Knorr D. Impact of PEF treatment inhomogeneity such as electric field distribution, flow characteristics and temperature effects on the inactivation of E. coli and milk alkaline phosphatase[J]. Innovative Food Science & Emerging Technologies, 2009, 10(4): 470-480.

[22] Gaouda A M, El -Hag A H, Jayaram S H. Detection of Discharge Activities During Pulsed-Electric-Field Food Processing[J]. IEEE Transactions on Industry Applications, 2010, 46(1): 16-22.

[23] Góngora-Nieto M M, Pedrow P D, Swanson B G, et al. Impact of air bubbles in a dielectric liquid when subjected to high field strengths[J]. Innovative Food Science & Emerging Technologies, 2003, 4(1): 57-67.

[24] 史梓男. 高压脉冲电场食品杀菌抑酶及货架期影响研究[D]. 北京:清华大学, 2004.

[25] 王黎明, 莫孟斌, 张若兵, 等. PEF 中脉冲上升沿对金黄色葡萄球菌杀菌的影响[J]. 高电压技术, 2010 (4): 1000-1004.

[26] Liang D P, Zhang R B, Chen J, et al. R B. Research on the discharge characteristics of different types and micro-structures in the PEF treatment chamber[C]. 2012 IEEE Annual Report Conference on Electrical Insulation and Dielectric Phenomena, 2012: 416-419.

[27] 杜钢. 高压脉冲电场处理室电极腐蚀研究[D]. 北京:清华大学, 2012.

[28] 程伦. 高压脉冲电场非热加工及辅助提取色素的研究[D]. 北京:清华大学, 2006.